机器学习中的数学修炼

左飞 ◎ 编著
Zuo Fei

清華大學出版社
北京

内容简介

数学是机器学习和数据科学的基础，任何期望涉足相关领域并切实领悟具体技术与方法的人都无法绕过数学这一关。本书系统地整理并介绍了机器学习中所涉及的必备数学基础，具体包括概率论与数理统计、微积分（主要是与最优化内容相关的部分）、凸优化及拉格朗日乘数法、数值计算、泛函分析基础（例如核方法赖以建立的希尔伯特空间理论）以及蒙特卡洛采样（拒绝采样、自适应拒绝采样、重要性采样、吉布斯采样和马尔可夫链蒙特卡洛）等。

为了帮助读者强化所学，本书还从上述数学基础出发，介绍了回归、分类（感知机、逻辑回归、朴素贝叶斯、决策树、支持向量机、人工神经网络等）、聚类、降维与流形学习、集成学习以及概率图模型等机器学习中的重要话题。

本书既可作为机器学习及相关课程的教学参考书，适合高等院校人工智能、机器学习或数据挖掘等相关专业的师生研习之用，也可供从事计算机应用（特别是数据科学相关专业）的研发人员参考。

图书在版编目（CIP）数据

Python机器学习中的数学修炼/左飞编著. —北京：清华大学出版社，2021.1（2022.1重印）
（清华开发者书库・Python）
ISBN 978-7-302-57092-9

Ⅰ.①P… Ⅱ.①左… Ⅲ.①软件工具－程序设计 ②机器学习 Ⅳ.①TP311.561 ②TP181

中国版本图书馆CIP数据核字（2020）第251173号

责任编辑：赵　凯
封面设计：刘　键
责任校对：焦丽丽
责任印制：杨　艳

出版发行：清华大学出版社
　　网　　址：http://www.tup.com.cn，http://www.wqbook.com
　　地　　址：北京清华大学学研大厦A座　　**邮　　编**：100084
　　社 总 机：010-62770175　　**邮　　购**：010-83470235
　　投稿与读者服务：010-62776969，c-service@tup.tsinghua.edu.cn
　　质量反馈：010-62772015，zhiliang@tup.tsinghua.edu.cn
　　课件下载：http://www.tup.com.cn，010-83470236
印 刷 者：北京富博印刷有限公司
装 订 者：北京市密云县京文制本装订厂
经　　销：全国新华书店
开　　本：185mm×260mm　　**印　张**：29　　**字　　数**：705千字
版　　次：2021年3月第1版　　**印　　次**：2022年1月第2次印刷
印　　数：2001～3200
定　　价：99.00元

产品编号：090233-01

2008 年 7 月 25 日，美国卡内基-梅隆大学计算机系教授兰迪·波许(Randy Pausch)，因胰腺癌晚期及并发症去世，享年 47 岁。波许教授生前曾是人机界面领域的知名专家，国际计算机协会会士(ACM Fellow)。但更令其广为人知的是他于 2007 年 9 月(即去世前 10 个月)所做的一场题为《最后一课》(*The Last Lecture*)的著名演说。这篇演说反响极大，数以百万计的观众在线收看了演讲视频，美国广播电视网将他选为“2007 年度人物”之一，《时代》杂志将他列入了“世界上影响最大的 100 人”，同名书籍长期位列“纽约时报畅销书(建议类)”榜首。

在这篇演说中，波许教授回顾了自己人生中的若干重要片段，而“墙”这个意象也多次出现。例如在开篇部分，波许教授谈到自己童年的梦想是体验失重状态，但苦于无法实现。直到当上了教授之后，机会似乎终于出现了。美国宇航局(NASA)组织了一次大学生竞赛，优胜团队的奖励便是可以被送到高空，体验 25 秒的失重状态。波许教授指导的队伍，获得了比赛的第一名。但 NASA 却告诉他，只有学生才能飞上天空，指导老师不行。这样一个奇怪的规则就是挡在波许教授面前，令其无法实现儿时梦想的一堵墙。当然，就像人生中面对过的无数面墙一样，波许教授还是锲而不舍地找到了逾越它的办法。

在最后，波许教授语重心长地总结道：“你总会遇到挫折。但是记住，它们的出现并不是没有原因的。砖墙并不是为了挡住我们。它在那里，只是为了测试我们的决心到底有多迫切。它在那里挡住了那些没有强烈决心的人。它不让那些人通过。记住，砖墙的存在是为了显示我们自己付出的决心。它使得我们，同那些并不真的想实现梦想的人得以区分。”

这不禁让我想到了很多希望涉足人工智能与数据科学的初学者在面对数学时的感受。自从深度学习火爆起来之后，深度学习算法工程师、人工智能研究员，以及数据科学家等新兴职位迅速成为大家争相讨论的薪资高地。特别是在谷歌公司的人工智能程序 AlphaGo，于曾经一度被认为是人类智慧最后堡垒的围棋领域，大败世界冠军李世石后，各大 IT 名企纷纷成立所谓的人工智能研究院、深度学习实验室。像 Geoffrey Hinton、Yann LeCun、Ian Goodfellow、李飞飞和吴恩达等国际知名学者也纷纷被谷歌、Facebook 这样的 IT 巨头高薪延揽。

很多曾经的传统 IT 从业人员也不免心动，个个摩拳擦掌、跃跃欲试，希望趁早转行赶上 AI 这趟急速狂奔的列车。毕竟，人往高处走，水往低处流。然而，尽管人工智能和传统 IT 都是从计算机科学领域发展出来的，但两者之间却有着一堵明显的高墙，这堵高墙便是数学。传统的 IT 领域更加重视编程，而对数学的要求却相对较弱。但在人工智能学习的各个阶段，数学都是主要的攻坚对象，任何胸怀大志的人工智能学习者都不要幻想绕过数学。

有的人会认为人工智能工具化的趋势已经越发明显。借助现成的各种深度学习框架、函数库、软件包(例如 TensorFlow，scikit-learn 等)，即使不太了解算法背后的具体原理，更无须深究其中的数学细节，一个程序员稍加培训，也能很快训练出一个用于图像识别的深度神经网络。那是不是说明，借助工具化的方法就可以绕过数学这堵高墙了呢？

在一篇题为《放弃幻想，搞 AI 必须过数学关》的网文中，作者提出了这样的观点："数学不过关的人在 AI 这个圈子里是无法参与交流的，或者说得直白一点，是被人瞧不起的，根本无法被接纳成为 AI 圈子里的人。其次，数学不过关而只能调参数的人，并不能胜任实际工作。最后，即便是调参这件事情本身，懂不懂数学也是有很大差别的。"

作为补充，我想回到波许教授有关墙的理论框架。注意，在他眼里，墙的意义总体上是偏向积极的。他认为：砖墙的存在是为了彰显我们的决心，更将我们与那些并不真的想实现梦想之人区分开来。所以，如果说人工智能相关领域的职位薪资普遍更高，那也无疑是因为墙的存在，导致物以稀为贵的结果。

打个比方，在中华人民共和国建立初期，我国还不能自行生产抗生素。那时，像青霉素这种进口药都奇货可居，贵得离谱。后来，中国可以大规模自行生产青霉素之后，这种药自然就变得非常廉价了。同理，最开始能够从事人工智能相关工作的人少，所以薪资才高。毕竟在中国最开始的时候就能够熟练使用 TensorFlow 的程序员肯定不多，那么少数几个还能把这种框架用起来的人薪资高也说得过去。但如果大部分程序员，甚至相关专业本科毕业生都能熟练使用有关框架进行深度学习应用开发，可想而知，同样职位的薪资最后就必然会被统一拉低。这时就更能凸显拥有非对称优势者的价值。就拿调参数这种基本工作来说，"如果你数学不过关，对参数的意义和相关关系理解不深，方向感不强，只能半随机地刷参数，那么工作的单调性和烦琐性会大大上升，很难坚持到做出好的模型。"何况现实中的很多具体问题都要具体分析，本来就没有放之四海而皆准的模型或算法。于是真的到了需要对算法进行改进，甚至针对具体应用开发新算法的时候，那些不懂原理的调包侠就只能望洋兴叹了。

墙的存在使得真心实现梦想的践行者与其他只会空谈的人得以区别。对于前者，遇到困难和付出努力是难免的。正如荀子所言，无冥冥之志者，无昭昭之明；无惛惛之事者，无赫赫之功。真正的人生难道不就是应该在翻过一面面墙的同时，使得自己更加强大的过程吗？或许也只有这样，当你回首往事时，才不会因虚度年华而悔恨，也不会因碌碌无为而羞耻。因为，在这样的过程中，不是你成全了梦想，而是追梦本身成全了你的人生。

数学是机器学习和数据科学的基础，任何期望涉足相关领域并切实领悟具体技术与方法的人都无法绕过数学这一关。本书系统地整理并介绍了机器学习中所涉及的必备数学基础，这些都是笔者从浩如烟海的数学知识中精心选取的，在学习和研究机器学习技术时所必需的内容。具体包括概率论与数理统计、微积分(主要是与最优化内容相关的部分)、凸优化及拉格朗日乘数法、数值计算、泛函分析基础(例如核方法赖以建立的希尔伯特空间理论)以及蒙特卡洛采样(拒绝采样、自适应拒绝采样、重要性采样、吉布斯采样和马尔可夫链蒙特卡洛)等内容。此外,为了帮助读者强化所学,本书还从上述数学基础出发,介绍了回归(线性回归、多项式回归、非线性回归、岭回归,以及 LASSO 等)、分类(感知机、逻辑回归、朴素贝叶斯、决策树、支持向量机、人工神经网络等)、聚类(k 均值、EM 算法、密度聚类等)、降维与流形学习(SVD、PCA 和 MDS 等)、集成学习(Bootstrap、Bagging、Boosting、AdaBoost 与随机森林)以及概率图模型(贝叶斯网络、隐马尔可夫模型)等机器学习中的重要话题。本书可作为机器学习及相关课程的教学参考书,适合高等院校人工智能、机器学习或数据挖掘等相关专业的师生研习之用,也可供从事计算机应用(特别是数据科学相关专业)的研发人员参考。

自知论道须思量,几度无眠一文章。由于时间和能力有限,书中纰漏在所难免,真诚地希望各位读者和专家不吝批评、斧正。如果读者在阅读本书过程中遇到问题,或者有关于本书的各种意见和建议,可以通过在 CSDN 博客(博客名:白马负金羁)上留言的方式与我交流。本博客主要关注机器学习、数据挖掘、深度学习及数据科学等话题,提供的很多技术文章都可以作为本书的补充资料,供广大读者自学时参考。

编 者

2021 年 1 月

Python
目录

第 1 章 最优化基础

本章讨论的内容主要是为机器学习中无处不在的最优化问题所准备的铺垫。在本书的后续内容中，将会大量使用拉格朗日乘数法、詹森不等式、凸函数等知识点。这些必备的数学基础都将在本章中涉及。

1.1 泰勒公式

高等数学的研究对象是函数，有时对于一个复杂的函数求其在某一点时的函数值并不容易。例如对于函数 $f(x)=\mathrm{e}^x$，想知道当 $x=0.1$ 时，其函数值是多少，这显然是不容易求得的。这时比较容易想到去寻找一个简单的表达式近似等于 e^x 这样的函数值，这样就可以近似求得其在某一点的函数值。例如当 x 比较小的时候，可以用 $1+x$ 近似表示 e^x 这个表达式，这样函数值也就很容易近似求得了(对于为什么在 x 比较小的时候可以用 $1+x$ 近似表示 e^x 这个问题，本节之后读者就可以很容易得出答案了)。

设 x 为函数 $f(x)$在定义域上一点，x_0 为定义域上另一点，$x_0=x+\Delta x(\Delta x>0$ 或 $\Delta x<0)$。函数 $f(x)$在点 x_0 处可导时，$f(x)$在点 x_0 处也可微，其微分为 $\mathrm{d}y=f'(x_0)\Delta x$，而 $\mathrm{d}y$ 是增量 Δy 的近似表达式，以 $\mathrm{d}y$ 近似替代 Δy 时所产生的误差只有在 $\Delta x\to 0$ 时才趋近于零。

$$\Delta y=f(x)-f(x_0)=f'(x_0)(x-x_0)+o(x-x_0)$$

$$\Delta y=f(x)-f(x_0)\approx \mathrm{d}y=f'(x_0)(x-x_0)$$

即有 $f(x)\approx f(x_0)+f'(x_0)(x-x_0)$，如此函数 $f(x)$就被近似地表示成了关于 x 的一个一次多项式，这个关于 x 的一次多项式记作 $P_1(x)$。显然，用 $P_1(x)$近似表示 $f(x)$存在两点不足：首先，这种表示的精度仍然不够高(它仅仅是比 Δx 高阶的一个无穷小)；其次，这种方法难以具体估计误差的范围。

若干个单项式的和组成的式子叫作多项式。多项式中每个单项式叫作多项式的项，这些单项式中的最高次数，就是这个多项式的次数。多项式有许多优良的性质，它是简单的、

平滑的连续函数，且处处可导。我们很容易想到，通过提高多项式次数的方法可以提高函数近似表达式的精度。因此，现在问题就演化成了要用一个多项式 $P_n(x)=a_0+a_1(x-x_0)+a_2(x-x_0)^2+\cdots+a_n(x-x_0)^n$ 在 x_0 附近近似表示函数 $f(x)$，而且要求提高精度，并能够给出误差的表达式。

由前面的分析可知，$\Delta x\to 0$，即 $x_0\to x$ 时，$P_1(x)$ 就会趋近于 $f(x)$，而当 $x=x_0$ 时，两者就会相等，即有 $P_1(x_0)=f(x_0)$。换言之，我们希望用 $P_1(x)$ 表示 $f(x)$，而在点 $x=x_0$ 处，它们是相等的。而且，易见在 $x=x_0$，它们的导数也是相等的，即 $f'(x_0)=P_1'(x_0)$。因此，我们想到可以从“在 x_0 处 $f(x)$ 和 $P_n(x)$ 的各阶导数对应相等”这一条来出发求解多项式的各个系数。

因此，首先设函数 $f(x)$ 在含有 x_0 的开区间 (a,b) 内具有 $1\sim(n+1)$ 阶导数，且 $f^{(k)}(x_0)=P_n^{(k)}(x_0)$，其中 $k=0,1,2,\cdots,n$。其中，

当 $k=0$ 时，　　$f(x_0)=P_n(x_0)=a_0$

当 $k=1$ 时，　　$f'(x_0)=P_n'(x_0)=1\cdot a_1$

当 $k=2$ 时，　　$f^{(2)}(x_0)=P_n^{(2)}(x_0)=2!\cdot a_2$

当 $k=3$ 时，　　$f^{(3)}(x_0)=P_n^{(3)}(x_0)=3!\cdot a_3$

以此类推，可得 $f^{(n)}(x_0)=P_n^{(n)}(x_0)=n!\cdot a_n$，进而可得，

$$a_0=f(x_0),\quad a_1=f'(x_0),\quad a_2=(1/2!)\cdot f^{(2)}(x_0),$$

$$a_3=(1/3!)\cdot f^{(3)}(x_0),\cdots,a_n=(1/n!)\cdot f^{(n)}(x_0)$$

这样，$P_n(x)$ 这个多项式就构造成功了。即有

$$P_n(x)=f(x_0)+f'(x_0)(x-x_0)+\frac{f''(x_0)}{2!}(x-x_0)^2+\cdots+\frac{f^{(n)}(x_0)}{n!}(x-x_0)^n$$

注意到 $P_n(x)$ 是近似逼近 $f(x)$，而非完全等于 $f(x)$，所以 $f(x)$ 应该等于 $P_n(x)$ 再加上一个余项，这也就得到了泰勒公式(泰勒公式也称为泰勒中值定理)，现将其描述如下：

设函数 $f(x)$ 在包含点 x_0 的开区间 (a,b) 内具有 $n+1$ 阶导数，则当 $x\in(a,b)$ 时，有 $f(x)$ 的 n 阶泰勒公式如下：

$$f(x)=f(x_0)+f'(x_0)(x-x_0)+\frac{f''(x_0)}{2!}(x-x_0)^2+\cdots+\frac{f^{(n)}(x_0)}{n!}(x-x_0)^n+R_n(x)$$

其中，

$$R_n(x)=\frac{f^{(n+1)}(\xi)}{(n+1)!}(x-x_0)^{n+1}$$

被称为是拉格朗日余项，ξ 在 x 和 x_0 之间。在不需要余项的精确表达式时，$R_n(x)$ 可以记作 $o[(x-x_0)^n]$，这被称为皮亚诺余项。

证明：

对于任意 $x\in(a,b)$，$x\neq x_0$，以 x_0 与 x 为端点的区间 $[x,x_0]$ 或者 $[x_0,x]$，记为 I，$I\subset(a,b)$。构造一个函数 $R_n(t)=f(t)-P_n(t)$，$R_n(t)$ 在 I 上具有 $1\sim(n+1)$ 阶导数，通过计算易知：

$$R_n(x_0)=R_n'(x_0)=R_n''(x_0)=\cdots=R_n^{(n)}(x_0)=0$$

又因为 $P_n^{(n+1)}(t)=0$，所以有 $R_n^{(n+1)}(t)=f^{(n+1)}(t)$。

再构造一个函数 $q(t)=(t-x_0)^{n+1}$，$q(t)$在 I 上具有 $1\sim(n+1)$阶的非零导数，通过计算易知

$$q(x_0)=q'(x_0)=q''(x_0)=\cdots=q^{(n)}(x_0)=0, \quad 以及 \quad q^{(n+1)}(t)=(n+1)!$$

于是，对函数 $R_n(t)$和 $q(t)$在 I 上反复使用 $n+1$ 次柯西中值定理，则有

$$\frac{R_n(x)}{q(x)}=\frac{R_n(x)-R_n(x_0)}{q(x)-q(x_0)}=\frac{R'_n(\xi_1)}{q'(\xi_1)}, \quad \xi_1 \text{ 在 } x_0 \text{ 和 } x \text{ 之间}$$

$$\frac{R'_n(\xi_1)}{q'(\xi_1)}=\frac{R'_n(\xi_1)-R'_n(x_0)}{q'(\xi_1)-q'(x_0)}=\frac{R''_n(\xi_2)}{q''(\xi_2)}, \quad \xi_2 \text{ 在 } x_0 \text{ 和 } \xi_1 \text{ 之间}$$

$$\frac{R''_n(\xi_2)}{q''(\xi_2)}=\frac{R''_n(\xi_2)-R''_n(x_0)}{q''(\xi_2)-q''(x_0)}=\frac{R^{(3)}_n(\xi_3)}{q^{(3)}(\xi_3)}, \quad \xi_3 \text{ 在 } x_0 \text{ 和 } \xi_2 \text{ 之间}$$

$$\cdots$$

$$\frac{R^{(n)}_n(\xi_n)}{q^{(n)}(\xi_n)}=\frac{R^{(n)}_n(\xi_n)-R^{(n)}_n(x_0)}{q^{(n)}(\xi_n)-q^{(n)}(x_0)}=\frac{R^{(n+1)}_n(\xi_{n+1})}{q^{(n+1)}(\xi_{n+1})}, \quad \xi_{n+1} \text{ 在 } x_0 \text{ 和 } \xi_n \text{ 之间}$$

即有

$$\frac{R_n(x)}{q(x)}=\frac{R^{(n+1)}_n(\xi_{n+1})}{q^{(n+1)}(\xi_{n+1})}=\frac{f^{(n+1)}(\xi_{n+1})}{(n+1)!}$$

记 $\xi=\xi_{n+1}$，ξ 在 x 和 x_0 之间，则有

$$R_n(x)=\frac{f^{(n+1)}(\xi)}{(n+1)!}\cdot q(x)=\frac{f^{(n+1)}(\xi)}{(n+1)!}(x-x_0)^{n+1}$$

定理得证。

$P_n(x)$这个多项式可以在点 x_0 处近似逼近函数 $f(t)$，因此要加一个余项 $R_n(x)$，或者可以说 $f(t)\approx P_n(x)$。那么，在什么样的情况下(如果不追加一个余项)，$P_n(x)$可以等于 $f(t)$呢？一方面我们可以想到，当 n 趋近于无穷时，两者相等，即有(这也就是用极限形式表征的泰勒公式)：

$$f(x)=\sum_{k=0}^{\infty}\frac{f^{(k)}(x_0)}{k!}(x-x_0)^k$$

另一方面，显然，如果当函数 $f(t)$的形式本来就是一个多项式时，两者也会相等。例如我们知道，二项式展开

$$(a+b)^n=\sum_{k=0}^{n}C_n^k a^{n-k}b^k$$

是初等数学的精华。中国古代数学家用一个三角形形象地表示二项式展开式的各个系数，这被称为杨辉三角(或贾宪三角)，在西方则称为帕斯卡三角，它是二项式系数在三角形中的一种几何排列。

设令 $a=x_0$，$b=x-x_0$，则上式可以表示为

$$x^n=\sum_{k=0}^{n}C_n^k x_0^{n-k}(x-x_0)^k$$

我们惊讶地发现，上式竟然是 $f(x)=x^n$ 的泰勒展开式。幂函数是微积分中最简单、最基本的函数类型，而泰勒公式的实质在于用幂函数组合生成的多项式逼近一般函数。初等数学中的二项式展开实际上是高等数学的泰勒公式的原型。

在数学史上有很多公式都是欧拉发现的，它们都叫作欧拉公式，分散在各个数学分支之中。最著名的有，复变函数中的欧拉幅角公式——将复数、指数函数与三角函数联系起

来；拓扑学中的欧拉多面体公式；初等数论中的欧拉函数公式等。其中，在复变函数领域的欧拉公式为：对于任意实数 φ，存在

$$\mathrm{e}^{\mathrm{i}\varphi}=\cos\varphi+\mathrm{i}\sin\varphi$$

其中，当 $\varphi=\pi$ 时，欧拉公式的特殊形式为

$$\mathrm{e}^{\mathrm{i}\pi}+1=0$$

如图 1-1 所示为在复平面上对欧拉公式几何意义进行的图形化表示。

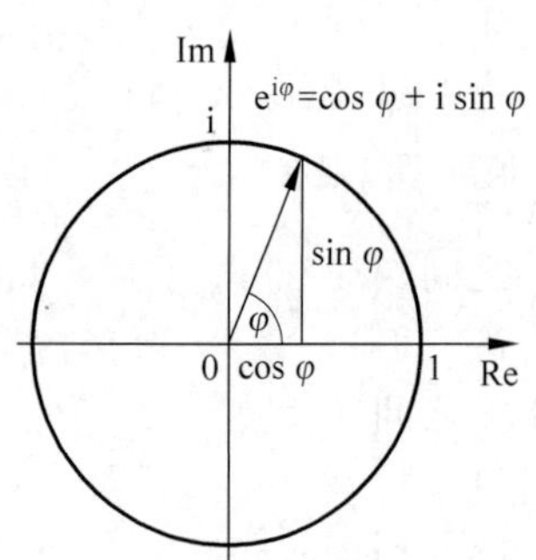

图 1-1　欧拉公式的图形表示

在正式运用泰勒公式证明欧拉公式之前，先来看看泰勒公式的一种简化形式。在泰勒公式中，如果取 $x_0=0$，记 $\xi=\theta x\ (0<\theta<1)$，则得到所谓的麦克劳林公式如下：

$$f(x)=f(0)+f'(0)x+\frac{f''(0)}{2!}x^2+\cdots+\frac{f^{(n)}(0)}{n!}x^n+\frac{f^{(n+1)}(\theta x)}{(n+1)!}x^{n+1}$$

例如，可以将函数 e^x 用麦克劳林公式展开，显然，当 $x=1$ 时，其实也就得到了此前我们已经推导过的纳皮尔(Napier)常数 e 的级数表示形式：

$$\mathrm{e}^x=1+x+\frac{x^2}{2!}+\frac{x^3}{3!}+\cdots+\frac{x^n}{n!}+R_n(x),\quad R_n(x)=\frac{\mathrm{e}^{\theta x}}{(n+1)!}x^{n+1}\quad(0<\theta<1)$$

下面由麦克劳林公式出发，证明欧拉公式。首先，将麦克劳林公式展开得：

$$\cos\varphi=1-\frac{\varphi^2}{2!}+\frac{\varphi^4}{4!}-\frac{\varphi^6}{6!}+\cdots$$

$$\sin\varphi=\varphi-\frac{\varphi^3}{3!}+\frac{\varphi^5}{5!}-\frac{\varphi^7}{7!}+\cdots$$

在 e^x 的展开式中把 x 换成 $\mathrm{i}\varphi$，代入可得：

$$\begin{aligned}\mathrm{e}^{\mathrm{i}\varphi}&=1+\mathrm{i}\varphi+\frac{(\mathrm{i}\varphi)^2}{2!}+\frac{(\mathrm{i}\varphi)^3}{3!}+\frac{(\mathrm{i}\varphi)^4}{4!}+\frac{(\mathrm{i}\varphi)^5}{5!}+\frac{(\mathrm{i}\varphi)^6}{6!}+\frac{(\mathrm{i}\varphi)^7}{7!}+\cdots\\&=1+\mathrm{i}\varphi-\frac{\varphi^2}{2!}-\frac{\mathrm{i}\varphi^3}{3!}+\frac{\varphi^4}{4!}+\frac{\mathrm{i}\varphi^5}{5!}-\frac{\varphi^6}{6!}-\frac{\mathrm{i}\varphi^7}{7!}+\cdots\\&=\left(1-\frac{\varphi^2}{2!}+\frac{\varphi^4}{4!}-\frac{\varphi^6}{6!}+\cdots\right)+\mathrm{i}\left(\varphi-\frac{\varphi^3}{3!}+\frac{\varphi^5}{5!}-\frac{\varphi^7}{7!}+\cdots\right)\\&=\cos\varphi\pm\mathrm{i}\sin\varphi\end{aligned}$$

定理得证。

泰勒逼近存在严重的缺陷：它的条件很苛刻，要求 $f(x)$ 足够光滑并提供它在点 x_0 处的各阶导数值；此外，泰勒逼近的整体效果较差，它仅能保证在展开点 x_0 的某个邻域内——即某个局部范围内有效。泰勒展开式对函数 $f(x)$ 的逼近仅仅能够保证在 x_0 附近有效，而且只有当展开式的长度不断变长，这个邻域的范围才会随之变大。

1.2　黑塞矩阵

回想一下我们是如何处理一元函数求极值问题的。例如函数 $f(x)=x^2$，通常先求一阶导数，即 $f'(x)=2x$，根据费马定理极值点处的一阶导数一定等于 0。但这仅仅是一个必要条件，而非充分条件。对于 $f(x)=x^2$ 来说，函数的确在一阶导数为零的点取得了极值；

但是对于 $f(x)=x^3$ 来说，显然只检查一阶导数是不足以下定论的。

这时需要再求一次导，如果二阶导数 $f''<0$，那么说明函数在该点取得局部极大值；如果二阶导数 $f''>0$，则说明函数在该点取得局部极小值；如果 $f''=0$，则结果仍然是不确定的，就不得不再通过其他方式来确定函数的极值性。

如果要在多元函数中求极值点，方法与此类似。作为一个示例，不妨用一个三元函数 $f=f(x,y,z)$ 作为示例。首先要对函数中的每个变量分别求偏导数，这会告诉我们该函数的极值点可能出现在哪里，即

$$\frac{\partial f}{\partial x}=0,\quad \frac{\partial f}{\partial y}=0,\quad \frac{\partial f}{\partial z}=0$$

接下来，要继续求二阶导数，此时包含混合偏导数的情况一共有 9 个，如果用矩阵形式表示的话就得到

$$\boldsymbol{H}=\begin{bmatrix}\frac{\partial^2 f}{\partial x\partial x} & \frac{\partial^2 f}{\partial x\partial y} & \frac{\partial^2 f}{\partial x\partial z}\\ \frac{\partial^2 f}{\partial y\partial x} & \frac{\partial^2 f}{\partial y\partial y} & \frac{\partial^2 f}{\partial y\partial z}\\ \frac{\partial^2 f}{\partial z\partial x} & \frac{\partial^2 f}{\partial\partial} & \frac{\partial^2 f}{\partial z\partial z}\end{bmatrix}$$

这个矩阵就称为黑塞(Hesse)矩阵。当然上面所给出的仅仅是一个三阶的黑塞矩阵。稍作扩展，可以对一个在定义域内二阶连续可导的实值多元函数 $f(x_1,x_2,\cdots,x_n)$ 定义其黑塞矩阵 $\boldsymbol{H}$ 如下：

$$\boldsymbol{H}=\begin{bmatrix}\frac{\partial^2 f}{\partial x_1^2} & \frac{\partial^2 f}{\partial x_1\partial x_2} & \cdots & \frac{\partial^2 f}{\partial x_1\partial x_n}\\ \frac{\partial^2 f}{\partial x_2\partial x_1} & \frac{\partial^2 f}{\partial x_2^2} & \cdots & \frac{\partial^2 f}{\partial x_2\partial x_n}\\ \vdots & \vdots & & \vdots\\ \frac{\partial^2 f}{\partial x_n\partial x_1} & \frac{\partial^2 f}{\partial x_n\partial x_2} & \cdots & \frac{\partial^2 f}{\partial x_n^2}\end{bmatrix}$$

当一元函数的二阶导数等于 0 时，并不能确定函数在该点的极值性。类似地，面对黑塞矩阵，仍然存在无法断定多元函数极值性的情况，即当黑塞矩阵的行列式为 0 时，无法确定函数是否能取得极值。甚至可能会得到一个鞍点，也就是一个既非极大值也非极小值的点，如图 1-2 所示。

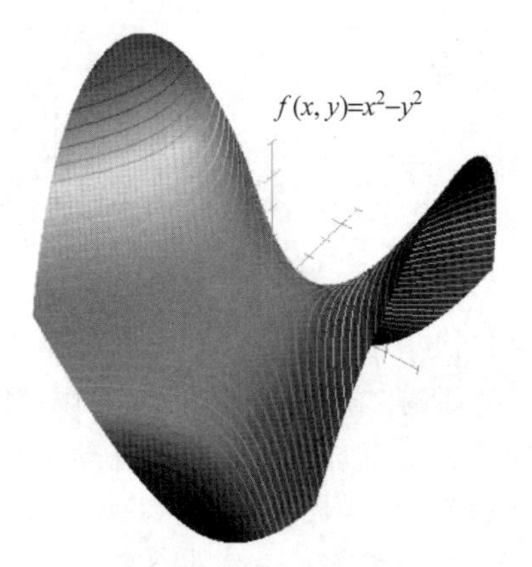

图 1-2 鞍点

基于黑塞矩阵，就可以判断多元函数的极值情况了，结论如下：

(1) 如果是正定矩阵，则临界点处是一个局部极小值；

(2) 如果是负定矩阵，则临界点处是一个局部极大值；

(3) 如果是不定矩阵，则临界点处不是极值。

如何判断一个矩阵是否是正定的、负定的，还是不定的呢？最常用的方法就是借助其顺序主子式。实对称矩阵为正定矩阵的充要条件是各顺序主子式都大于零。当然这个判定方法的计算量比较大。对于实二次型矩阵还有一个判定方法：实二次型矩阵为正定二次型的充要条件是矩阵的特征值全大于零。为负定二次型的充要条件是矩阵的特征值全小于零，否则是不定的。

如果你对二次型的概念仍然不很熟悉，这里也稍作补充。定义含有 n 个变量 $x_1,x_2,\cdots,x_n$ 的二次齐次函数

$$f(x_1,x_2,\cdots,x_n)=a_{11}x_1^2+a_{22}x_2^2+\cdots+a_{nn}x_n^2+2a_{12}x_1x_2+2a_{13}x_1x_3+\cdots+2a_{n-1,n}x_{n-1}x_n$$

为二次型。若取 $a_{ij}=a_{ji}$，则 $a_{ij}x_ix_j=a_{ji}x_jx_i$，于是上式可以写成

$$\begin{aligned}f&=a_{11}x_1^2+a_{12}x_1x_2+\cdots+a_{1n}x_1x_n+\\&\quad a_{21}x_2x_1+a_{22}x_2^2+\cdots+a_{2n}x_2x_n+\cdots+\\&\quad a_{n1}x_nx_1+a_{n2}x_nx_2+\cdots+a_{nn}x_n^2\\&=\sum_{i,j=1}^{n}a_{ij}x_ix_j\end{aligned}$$

更进一步地，如果用矩阵对上式进行改写，则有

$$\begin{aligned}f&=x_1(a_{11}x_1+a_{12}x_2+\cdots+a_{1n}x_n)+\\&\quad x_2(a_{21}x_1+a_{22}x_2+\cdots+a_{2n}x_n)+\cdots+\\&\quad x_n(a_{n1}x_1+a_{n2}x_2+\cdots+a_{nn}x_n)\\&=(x_1,x_2,\cdots,x_n)\begin{bmatrix}a_{11}x_1+a_{12}x_2+\cdots+a_{1n}x_n\\a_{21}x_1+a_{22}x_2+\cdots+a_{2n}x_n\\\vdots\\a_{n1}x_1+a_{n2}x_2+\cdots+a_{nn}x_n\end{bmatrix}\\&=(x_1,x_2,\cdots,x_n)\begin{bmatrix}a_{11}&a_{12}&\cdots&a_{1n}\\a_{21}&a_{22}&\cdots&a_{2n}\\\vdots&\vdots&&\vdots\\a_{n1}&a_{n2}&\cdots&a_{nn}\end{bmatrix}\begin{bmatrix}x_1\\x_2\\\vdots\\x_n\end{bmatrix}\end{aligned}$$

记

$$\boldsymbol{A}=\begin{bmatrix}a_{11}&a_{12}&\cdots&a_{1n}\\a_{21}&a_{22}&\cdots&a_{2n}\\\vdots&\vdots&&\vdots\\a_{n1}&a_{n2}&\cdots&a_{nn}\end{bmatrix},\quad \boldsymbol{x}=\begin{bmatrix}x_1\\x_2\\\vdots\\x_n\end{bmatrix}$$

则二次型可记作 $f=\boldsymbol{x}^{\mathrm{T}}\boldsymbol{A}\boldsymbol{x}$，其中 $\boldsymbol{A}$ 为对称阵。

设有二次型 $f=\boldsymbol{x}^{\mathrm{T}}\boldsymbol{A}\boldsymbol{x}$，如果对任何 $\boldsymbol{x}\neq 0$，都有 $f>0$，则称 f 为正定二次型，并称对称矩阵 $\boldsymbol{A}$ 是正定的；如果对任何 $\boldsymbol{x}\neq 0$，都有 $f<0$，则称 f 为负定二次型，并称对称矩阵 $\boldsymbol{A}$ 是负定的。

正定矩阵一定是非奇异的。对阵矩阵 $\boldsymbol{A}$ 为正定的充分必要条件是：$\boldsymbol{A}$ 的特征值全为正。由此还可得到下面这个推论：对阵矩阵 $\boldsymbol{A}$ 为正定的充分必要条件是 $\boldsymbol{A}$ 的各阶主子式

都为正。如果将正定矩阵的条件由 $\boldsymbol{x}^{\mathrm{T}}\boldsymbol{A}\boldsymbol{x}>0$ 弱化为 $x^{\mathrm{T}}\boldsymbol{A}x\geqslant 0$，则称对称矩阵 $\boldsymbol{A}$ 是半正定的。

现在把 1.1 节给出的一元函数泰勒公式稍做推广，从而给出二元函数的泰勒公式。设二元函数 $z=f(x,y)$ 在点 (x_0,y_0) 的某一邻域内连续且有直到 $n+1$ 阶的连续偏导数，则有

$$
\begin{aligned}
f(x,y)=(x_0,y_0)+&\left[(x-x_0)\frac{\partial}{\partial x}+(y-y_0)\frac{\partial}{\partial y}\right]f(x_0,y_0)+\\
&\frac{1}{2!}\left[(x-x_0)\frac{\partial}{\partial x}+(y-y_0)\frac{\partial}{\partial y}\right]^2 f(x_0,y_0)+\cdots+\\
&\frac{1}{n!}\left[(x-x_0)\frac{\partial}{\partial x}+(y-y_0)\frac{\partial}{\partial y}\right]^n f(x_0,y_0)+\\
&\frac{1}{(n+1)!}\left[(x-x_0)\frac{\partial}{\partial x}+(y-y_0)\frac{\partial}{\partial y}\right]^{n+1} f[x_0+\theta(x-x_0),y_0+\theta(y-y_0)]
\end{aligned}
$$

其中，$0<\theta<1$，记号

$$\left[(x-x_0)\frac{\partial}{\partial x}+(y-y_0)\frac{\partial}{\partial y}\right]f(x_0,y_0)$$

表示

$$(x-x_0)f_x(x_0,y_0)+(y-y_0)f_y(x_0,y_0)$$

记号

$$\left[(x-x_0)\frac{\partial}{\partial x}+(y-y_0)\frac{\partial}{\partial y}\right]^2 f(x_0,y_0)$$

表示

$$(x-x_0)^2 f_{xx}(x_0,y_0)+2(x-x_0)(y-y_0)f_{xy}(x_0,y_0)+(y-y_0)^2 f_{yy}(x_0,y_0)$$

一般地，记号

$$\left[(x-x_0)\frac{\partial}{\partial x}+(y-y_0)\frac{\partial}{\partial y}\right]^m f(x_0,y_0)$$

表示

$$\sum_{p=0}^{m} C_m^p (x-x_0)^p (y-y_0)^{m-p} \frac{\partial^m f}{\partial x^p \partial y^{m-p}}\bigg|_{(x_0,y_0)}$$

当然，可以用一种更加简洁的形式重写上面的和式，则有

$$
\begin{aligned}
f(x,y)=\sum_{k=0}^{n}\frac{1}{k!}&\left[(x-x_0)\frac{\partial}{\partial x}+(y-y_0)\frac{\partial}{\partial y}\right]^k f(x_0,y_0)+\\
&\frac{1}{(n+1)!}\left[(x-x_0)\frac{\partial}{\partial x}+(y-y_0)\frac{\partial}{\partial y}\right]^{n+1} f[x_0+\theta(x-x_0),y_0+\theta(y-y_0)]
\end{aligned}
$$

其中，$0<\theta<1$。

当余项 $R_n(x,y)$ 采用上面这种形式时称为拉格朗日余项，如果采用皮亚诺余项，则二元函数的泰勒公式可以写成

$$f(x,y)=\sum_{k=0}^{n}\frac{1}{k!}\left[(x-x_0)\frac{\partial}{\partial x}+(y-y_0)\frac{\partial}{\partial y}\right]^k f(x_0,y_0)+o(\rho^n)$$

特别地，对于一个多维向量 $\boldsymbol{x}$，以及在点 $\boldsymbol{x}_0$ 的邻域内有连续二阶偏导数的多元函数

$f(\boldsymbol{x})$，可以写出该函数在点 $\boldsymbol{x}_0$ 处的(二阶)泰勒展开式

$$f(\boldsymbol{x})=f(\boldsymbol{x}_0)+(\boldsymbol{x}-\boldsymbol{x}_0)^{\mathrm{T}}\nabla f(\boldsymbol{x}_0)+\frac{1}{2!}(\boldsymbol{x}-\boldsymbol{x}_0)^{\mathrm{T}}\nabla^2 f(\boldsymbol{x}_0)(\boldsymbol{x}-\boldsymbol{x}_0)+o(\|\boldsymbol{x}-\boldsymbol{x}_0\|^2)$$

其中，$o(\|\boldsymbol{x}-\boldsymbol{x}_0\|^2)$是高阶无穷小表示的皮亚诺余项。而$\nabla^2 f(\boldsymbol{x}_0)$显然就是一个黑塞矩阵。所以上述式子也可以写成

$$f(\boldsymbol{x})=f(\boldsymbol{x}_0)+(\boldsymbol{x}-\boldsymbol{x}_0)^{\mathrm{T}}\nabla f(\boldsymbol{x}_0)+\frac{1}{2!}(\boldsymbol{x}-\boldsymbol{x}_0)^{\mathrm{T}}\boldsymbol{H}(\boldsymbol{x}_0)(\boldsymbol{x}-\boldsymbol{x}_0)+o(\|\boldsymbol{x}-\boldsymbol{x}_0\|^2)$$

我们已经知道，对于 n 元函数 $u=f(x_1,x_2,\cdots,x_n)$在点 M 处有极值，则有

$$\nabla f(M)=\left\{\frac{\partial f}{\partial x_1},\frac{\partial f}{\partial x_2},\cdots,\frac{\partial f}{\partial x_n}\right\}_M=0$$

也就是说，这是一个必要条件，而充分条件在本节前面已经给出。

1.3 正定与半正定矩阵

矩阵的正定(Positive Definite)或半正定(Positive Semi-definite)性质在凸优化中有着非常广泛的应用。回想一下，如何判断一元函数是否为凸函数？一般是求解该函数的二阶导数，并判断二阶导数是否大于或等于 0。那么对于多元函数，如何判断其是否为凸函数呢？此时需要的就是求解此函数的黑塞矩阵，并判断黑塞矩阵是否为半正定的。下面将简单给出矩阵正定和半正定的定义及相关的性质。

正定矩阵定义为：给定一个大小为 $n\times n$ 的实对称矩阵 $\boldsymbol{A}$，若对任意非零向量 $\boldsymbol{x}\in\mathbb{R}^n$，有 $\boldsymbol{x}^{\mathrm{T}}A\boldsymbol{x}>0$ 恒成立，则称矩阵 $\boldsymbol{A}$ 为正定矩阵。正定矩阵有许多实用的性质，下面简单给出两条：

(1) 若 $\boldsymbol{A}$ 为正定矩阵，则其行列式恒为正；

(2) 若 $\boldsymbol{A}$ 为正定矩阵，则其特征值均为正数。

半正定矩阵定义为：给定一个大小为 $n\times n$ 的实对称矩阵 $\boldsymbol{A}$，若对任意非零向量 $\boldsymbol{x}\in\mathbb{R}^n$，有 $\boldsymbol{x}^{\mathrm{T}}A\boldsymbol{x}\geqslant 0$ 恒成立，则称矩阵 $\boldsymbol{A}$ 为半正定矩阵。根据定义可以发现，正定矩阵一定是半正定矩阵。半正定矩阵同样有许多实用的性质，在此也给出两条：

(1) 若 $\boldsymbol{A}$ 为半正定矩阵，则其行列式恒为非负数；

(2) 若 $\boldsymbol{A}$ 为半正定矩阵，则其特征值均为非负数。

1.4 凸函数与詹森不等式

函数的凹凸性在求解最优化问题时是一种非常有利的工具。不仅在图像处理，甚至在机器学习中也常被用到。例如，在 EM 算法和支持向量机的推导中都用到了凸函数的性质。与函数的凹凸性紧密相连的是著名的詹森(Jensen)不等式。本书后续的许多定理都可以利用詹森不等式加以证明。

1.4.1 凸函数的概念

凸函数是一个定义在某个向量空间的凸子集 C（区间）上的实值函数 f，而且对于凸子集 C 中任意两个向量 $\boldsymbol{p}_1$ 和 $\boldsymbol{p}_2$，以及存在任意有理数 $\theta \in (0,1)$，则有

$$f[\theta \boldsymbol{p}_2 + (1-\theta)\boldsymbol{p}_1] \leqslant \theta f(\boldsymbol{p}_2) + (1-\theta) f(\boldsymbol{p}_1)$$

如果 f 连续，那么 θ 可以改为(0,1)中的实数。若这里的凸子集 θ 即某个区间，那么 f 就为定义在该区间上的函数，$\boldsymbol{p}_1$ 和 $\boldsymbol{p}_2$ 则为该区间上的任意两点。

如图 1-3 所示为一个凸函数示意图，结合图形，不难分析在凸函数的定义式中，$\theta \boldsymbol{p}_2 + (1-\theta)\boldsymbol{p}_1$ 可以看作是 $\boldsymbol{p}_1$ 和 $\boldsymbol{p}_2$ 的加权平均，因此 $f[\theta \boldsymbol{p}_2 + (1-\theta)\boldsymbol{p}_1]$ 是位于函数 f 曲线上介于 $\boldsymbol{p}_1$ 和 $\boldsymbol{p}_2$ 区间内的一点。而 $\theta f(\boldsymbol{p}_2) + (1-\theta) f(\boldsymbol{p}_1)$ 则是 $f(\boldsymbol{p}_1)$ 和 $f(\boldsymbol{p}_2)$ 的加权平均，也就是以 $f(\boldsymbol{p}_1)$ 和 $f(\boldsymbol{p}_2)$ 为端点的一条直线段上的一点。或者也可以从直线的两点式方程考查它。已知点 (x_1, y_1) 和 (x_2, y_2)，则可以确定一条直线的方程为：

$$\frac{y - y_1}{y_2 - y_1} = \frac{x - x_1}{x_2 - x_1}$$

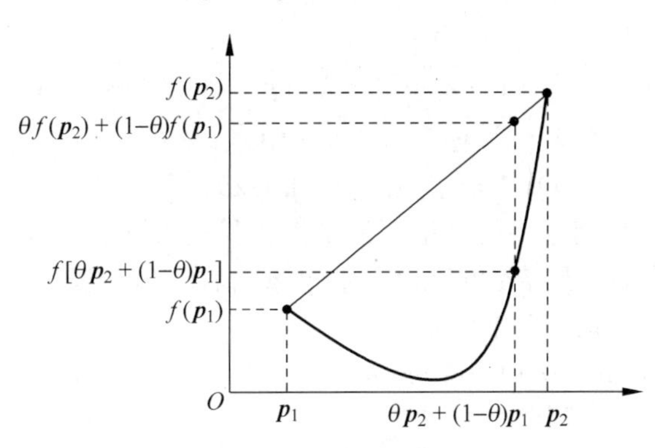

图 1-3 凸函数示意图

现在我们知道，直线上的两个点为 $[\boldsymbol{p}_1, f(\boldsymbol{p}_1)]$ 和 $[\boldsymbol{p}_2, f(\boldsymbol{p}_2)]$，于是便可根据上式写出直线方程，即

$$\frac{y - f(\boldsymbol{p}_1)}{f(\boldsymbol{p}_2) - f(\boldsymbol{p}_1)} = \frac{x - \boldsymbol{p}_1}{\boldsymbol{p}_2 - \boldsymbol{p}_1}$$

然后又知道直线上一点的横坐标为 $\theta \boldsymbol{p}_2 + (1-\theta)\boldsymbol{p}_1$，代入上式便可求得其对应的纵坐标为 $\theta f(\boldsymbol{p}_2) + (1-\theta) f(\boldsymbol{p}_1)$。

如果 f 是定义在一个开区间 (a,b) 上的可微实值函数，那么 f 是一个凸函数的充要条件就是 f' 为定义在 (a,b) 上的一个单调递增的函数。

现在证明这个结论。首先来证明充分性。即假设 f' 在区间 (a,b) 上是单调递增的，现在证明 f 是一个凸函数。假设 $\boldsymbol{p}_1 < \boldsymbol{p}_2 < \boldsymbol{p}_3$ 是区间 (a,b) 上的 3 个点。根据拉格朗日中值定理，在 $(\boldsymbol{p}_1, \boldsymbol{p}_2)$ 内至少存在一点 ξ_1，使得

$$f'(\xi_1) = \frac{f(\boldsymbol{p}_2) - f(\boldsymbol{p}_1)}{\boldsymbol{p}_2 - \boldsymbol{p}_1}$$

同理，在 $(\boldsymbol{p}_2, \boldsymbol{p}_3)$ 内至少存在一点 ξ_2，使得

$$f'(\xi_2)=\frac{f(\boldsymbol{p}_3)-f(\boldsymbol{p}_2)}{\boldsymbol{p}_3-\boldsymbol{p}_2}$$

又因为 f'是单调递增的，所以 $f'(\xi_1)\leqslant f'(\xi_2)$，即

$$\frac{f(\boldsymbol{p}_2)-f(\boldsymbol{p}_1)}{\boldsymbol{p}_2-\boldsymbol{p}_1}\leqslant\frac{f(\boldsymbol{p}_3)-f(\boldsymbol{p}_2)}{\boldsymbol{p}_3-\boldsymbol{p}_2}$$

因为 $\boldsymbol{p}_2\in(\boldsymbol{p}_1,\boldsymbol{p}_3)$，所以必然有一个 $\lambda\in(0,1)$ 使得 $\boldsymbol{p}_2=\lambda\boldsymbol{p}_1+(1-\lambda)\boldsymbol{p}_3$，进而有

$$\frac{f[\lambda\boldsymbol{p}_1+(1-\lambda)\boldsymbol{p}_3]-f(\boldsymbol{p}_1)}{\lambda\boldsymbol{p}_1+(1-\lambda)\boldsymbol{p}_3-\boldsymbol{p}_1}\leqslant\frac{f(\boldsymbol{p}_3)-f[\lambda\boldsymbol{p}_1+(1-\lambda)\boldsymbol{p}_3]}{\boldsymbol{p}_3-\lambda\boldsymbol{p}_1-(1-\lambda)\boldsymbol{p}_3}$$

$$\Rightarrow\frac{f(\lambda\boldsymbol{p}_1+\boldsymbol{p}_3-\lambda\boldsymbol{p}_3)-f(\boldsymbol{p}_1)}{\lambda\boldsymbol{p}_1+\boldsymbol{p}_3-\lambda\boldsymbol{p}_3-\boldsymbol{p}_1}\leqslant\frac{f(\boldsymbol{p}_3)-f(\lambda\boldsymbol{p}_1+\boldsymbol{p}_3-\lambda\boldsymbol{p}_3)}{\boldsymbol{p}_3-\lambda\boldsymbol{p}_1-\boldsymbol{p}_3+\lambda\boldsymbol{p}_3}$$

$$\Rightarrow\frac{f(\lambda\boldsymbol{p}_1+\boldsymbol{p}_3-\lambda\boldsymbol{p}_3)-f(\boldsymbol{p}_1)}{\lambda\boldsymbol{p}_1+\boldsymbol{p}_3-\lambda\boldsymbol{p}_3-\boldsymbol{p}_1}\leqslant\frac{f(\boldsymbol{p}_3)-f(\lambda\boldsymbol{p}_1+\boldsymbol{p}_3-\lambda\boldsymbol{p}_3)}{-\lambda\boldsymbol{p}_1+\lambda\boldsymbol{p}_3}$$

$$\Rightarrow\lambda(\boldsymbol{p}_3-\boldsymbol{p}_1)[f(\lambda\boldsymbol{p}_1+\boldsymbol{p}_3-\lambda\boldsymbol{p}_3)-f(\boldsymbol{p}_1)]$$
$$\leqslant[f(\boldsymbol{p}_3)-f(\lambda\boldsymbol{p}_1+\boldsymbol{p}_3-\lambda\boldsymbol{p}_3)](1-\lambda)(\boldsymbol{p}_3-\boldsymbol{p}_1)$$

$$\Rightarrow\lambda[f(\lambda\boldsymbol{p}_1+\boldsymbol{p}_3-\lambda\boldsymbol{p}_3)-f(\boldsymbol{p}_1)]\leqslant[f(\boldsymbol{p}_3)-f(\lambda\boldsymbol{p}_1+\boldsymbol{p}_3-\lambda\boldsymbol{p}_3)](1-\lambda)$$

$$\Rightarrow\lambda f[\lambda\boldsymbol{p}_1+(1-\lambda)\boldsymbol{p}_3]-\lambda f(\boldsymbol{p}_1)$$
$$\leqslant f(\boldsymbol{p}_3)-f[\lambda\boldsymbol{p}_1+(1-\lambda)\boldsymbol{p}_3]-\lambda f(\boldsymbol{p}_3)+\lambda f[\lambda\boldsymbol{p}_1+(1-\lambda)\boldsymbol{p}_3]$$

$$\Rightarrow-\lambda f(\boldsymbol{p}_1)\leqslant f(\boldsymbol{p}_3)-f[\lambda\boldsymbol{p}_1+(1-\lambda)\boldsymbol{p}_3]-\lambda f(\boldsymbol{p}_3)$$

$$\Rightarrow\lambda f(\boldsymbol{p}_1)+(1-\lambda)f(\boldsymbol{p}_3)\geqslant f[\lambda\boldsymbol{p}_1+(1-\lambda)\boldsymbol{p}_3]$$

这其实已经得到了我们想要的结论。但是最初我们假设 $\boldsymbol{p}_1<\boldsymbol{p}_3$，这在原命题中是不存在的。为了去除这个条件，还需要再讨论 $\boldsymbol{p}_1>\boldsymbol{p}_3$ 的情况。但基于已经得到的结论，这方面的讨论是非常容易的。此时，可以得到

$$\lambda f(\boldsymbol{p}_3)+(1-\lambda)f(\boldsymbol{p}_1)\geqslant f[\lambda\boldsymbol{p}_3+(1-\lambda)\boldsymbol{p}_1]$$

这时可以令 $\alpha=1-\lambda$，便会得到

$$\alpha f(\boldsymbol{p}_1)+(1-\alpha)f(\boldsymbol{p}_3)\geqslant f[\alpha\boldsymbol{p}_1+(1-\alpha)\boldsymbol{p}_3]$$

于是，当明 f'是一个单调递增函数时，f 就是一个凸函数的结论得证。

现在证明必要性。即由 f 是一个凸函数出发来证明 f'是一个单调递增函数。

方法一：假设 f 是定义在(a,b)上的凸函数。那么根据凸函数的定义，可得

$$f[\lambda\boldsymbol{p}_1+(1-\lambda)\boldsymbol{p}_3]\leqslant\lambda f(\boldsymbol{p}_1)+(1-\lambda)f(\boldsymbol{p}_3)$$

其中 $\boldsymbol{p}_1$ 和 $\boldsymbol{p}_3$ 则为区间(a,b)上的任意两点，且 $\boldsymbol{p}_1<\boldsymbol{p}_3$。对于 $\boldsymbol{p}_1$ 和 $\boldsymbol{p}_3$ 之间的任一点 $\boldsymbol{p}_2$，将之前的求证过程从后向前推导，便会得到结论

$$\frac{f(\boldsymbol{p}_2)-f(\boldsymbol{p}_1)}{\boldsymbol{p}_2-\boldsymbol{p}_1}\leqslant\frac{f(\boldsymbol{p}_3)-f(\boldsymbol{p}_2)}{\boldsymbol{p}_3-\boldsymbol{p}_2}$$

由导数的定义，可知

$$\lim_{\boldsymbol{p}_2\to\boldsymbol{p}_1}\frac{f(\boldsymbol{p}_2)-f(\boldsymbol{p}_1)}{\boldsymbol{p}_2-\boldsymbol{p}_1}=f'(\boldsymbol{p}_1)\leqslant\frac{f(\boldsymbol{p}_3)-f(\boldsymbol{p}_1)}{\boldsymbol{p}_3-\boldsymbol{p}_1}$$

$$\lim_{\boldsymbol{p}_2\to\boldsymbol{p}_3}\frac{f(\boldsymbol{p}_3)-f(\boldsymbol{p}_2)}{\boldsymbol{p}_3-\boldsymbol{p}_2}=f'(\boldsymbol{p}_3)\geqslant\frac{f(\boldsymbol{p}_3)-f(\boldsymbol{p}_1)}{\boldsymbol{p}_3-\boldsymbol{p}_1}$$

因此可得

$$f'(\boldsymbol{p}_1)\leqslant\frac{f(\boldsymbol{p}_3)-f(\boldsymbol{p}_1)}{\boldsymbol{p}_3-\boldsymbol{p}_1}\leqslant f'(\boldsymbol{p}_3)$$

即 $f'(\boldsymbol{p}_1) \leqslant f'(\boldsymbol{p}_3)$，所以 f' 是单调递增的，必要性得证。

方法二： 假设 f 是定义在 (a,b) 上的凸函数。那么根据凸函数的定义，可得

$$f[\lambda \boldsymbol{p}_1 + (1-\lambda)\boldsymbol{p}_2] \leqslant \lambda f(\boldsymbol{p}_1) + (1-\lambda)f(\boldsymbol{p}_2)$$

其中，$\boldsymbol{p}_1$ 和 $\boldsymbol{p}_2$ 则为区间 (a,b) 上的任意两点，且 $0 \leqslant \lambda \leqslant 1$。

对于给定的 $a < \boldsymbol{p}_1 < \boldsymbol{p}_2 < b$，定义函数

$$g(\lambda) := f[\lambda \boldsymbol{p}_1 + (1-\lambda)\boldsymbol{p}_2] - \lambda f(\boldsymbol{p}_1) - (1-\lambda)f(\boldsymbol{p}_2)$$

显然，在 $[0,1]$ 上有 $g \leqslant 0$，而且 $g(0)=g(1)=0$。可见，函数 g 在两个端点处取得最大值，也就是说，g 在大于 0 的某个子区间内是递减的，而在小于 1 的某个子区间内则是递增的，即 $g'(0) \leqslant 0 \leqslant g'(1)$。再根据链式求导法则可得

$$\begin{aligned} g'(0) &\leqslant f'(\boldsymbol{p}_2) \cdot (\boldsymbol{p}_1 - \boldsymbol{p}_2) - f(\boldsymbol{p}_1) + f(\boldsymbol{p}_2) \\ &\leqslant g'(1) = f'(\boldsymbol{p}_1) \cdot (\boldsymbol{p}_1 - \boldsymbol{p}_2) - f(\boldsymbol{p}_1) + f(\boldsymbol{p}_2) \end{aligned}$$

因为 $\boldsymbol{p}_1 < \boldsymbol{p}_2$，可知 $f'(\boldsymbol{p}_1) \leqslant f'(\boldsymbol{p}_2)$，所以 f' 是单调递增的。

综上所述，结论得证。

更进一步地，如果对于每个 $x \in (a,b)$ 而言，$f''(x)$ 都存在，那么 $f''(x) \geqslant 0$ 也是 f 为凸函数的充分必要条件。

可以把本节开头给出的凸函数定义拓展到 3 个变量 $\boldsymbol{p}_1$、$\boldsymbol{p}_2$、$\boldsymbol{p}_3$ 和 3 个权重 λ_1、λ_2、λ_3 的情况。此时，$\lambda_1+\lambda_2+\lambda_3=1$，即 $\lambda_2+\lambda_3=1-\lambda_1$，所以有

$$\begin{aligned} f(\lambda_1 \boldsymbol{p}_1 + \lambda_2 \boldsymbol{p}_2 + \lambda_3 \boldsymbol{p}_3) &= f\left[\lambda_1 \boldsymbol{p}_1 + (1-\lambda_1)\frac{\lambda_2 \boldsymbol{p}_2 + \lambda_3 \boldsymbol{p}_3}{\lambda_2+\lambda_3}\right] \\ &\leqslant \lambda_1 f(\boldsymbol{p}_1) + (1-\lambda_1) f\left(\frac{\lambda_2 \boldsymbol{p}_2 + \lambda_3 \boldsymbol{p}_3}{\lambda_2+\lambda_3}\right) \\ &= \lambda_1 f(\boldsymbol{p}_1) + (1-\lambda_1) f\left(\frac{\lambda_2}{\lambda_2+\lambda_3}\boldsymbol{p}_2 + \frac{\lambda_3}{\lambda_2+\lambda_3}\boldsymbol{p}_3\right) \\ &\leqslant \lambda_1 f(\boldsymbol{p}_1) + (\lambda_2+\lambda_3)\left[\frac{\lambda_2}{\lambda_2+\lambda_3}f(\boldsymbol{p}_2) + \frac{\lambda_3}{\lambda_2+\lambda_3}f(\boldsymbol{p}_3)\right] \\ &= \lambda_1 f(\boldsymbol{p}_1) + \lambda_2 f(\boldsymbol{p}_2) + \lambda_3 f(\boldsymbol{p}_3) \end{aligned}$$

事实上，上面这个不等式关系很容易推广到 n 个变量和 n 个权重的情况，这个结论就是著名的詹森不等式。

1.4.2 詹森不等式及其证明

从凸函数的性质中引申出来的一个重要结论就是詹森不等式：如果 f 是定义在实数区间 $[a,b]$ 上的连续凸函数，$x_1, x_2, \cdots, x_n \in [a,b]$，并且有一组实数 $\lambda_1, \lambda_2, \cdots, \lambda_n \geqslant 0$ 满足 $\sum_{i=1}^{n}\lambda_i = 1$，则有下列不等式关系成立

$$f\left(\sum_{i=1}^{n}\lambda_i x_i\right) \leqslant \sum_{i=1}^{n}\lambda_i f(x_i)$$

如果函数 f 是凹函数，那么不等号方向逆转。

下面试着用数学归纳法来证明詹森不等式，注意我们仅讨论凸函数的情况，凹函数的证明与此类似。

证明： 当 $n=2$ 时，则根据 2.3.1 节给出的凸函数定义可得命题显然成立。设 $n=k$ 时

命题成立，即对任意 $x_1,x_2,\cdots,x_k\in[a,b]$ 以及 $\alpha_1,\alpha_2,\cdots,\alpha_k\geqslant 0$ 满足 $\sum_{i=1}^{k}\alpha_i=1$ 都有

$$f\left(\sum_{i=1}^{k}\alpha_i x_i\right)\leqslant\sum_{i=1}^{k}\alpha_i f(x_i)$$

现在假设 $x_1,x_2,\cdots,x_k,x_{k+1}\in[a,b]$ 以及 $\lambda_1,\lambda_2,\cdots,\lambda_k,\lambda_{k+1}\geqslant 0$ 满足 $\sum_{i=1}^{k+1}\lambda_i=1$，令

$$\alpha_i=\frac{\lambda_i}{1-\lambda_{k+1}},\quad i=1,2,\cdots,k$$

显然满足 $\sum_{i=1}^{k}\alpha_i=1$。由数学归纳法假设可推得(注意，第一个不等号的取得利用了 $n=2$ 时的詹森不等式)

$$f(\lambda_1x_1+\lambda_2x_2+\cdots+\lambda_kx_k+\lambda_{k+1}x_{k+1})=f\left[(1-\lambda_{k+1})\frac{\lambda_1x_1+\lambda_2x_2+\cdots+\lambda_{k+1}x_{k+1}}{1-\lambda_{k+1}}\right]$$
$$\leqslant(1-\lambda_{k+1})f(\alpha_1x_1+\alpha_2x_2+\cdots+\alpha_kx_k)+\lambda_{k+1}f(x_{k+1})$$
$$\leqslant(1-\lambda_{k+1})[\alpha_1f(x_1)+\alpha_2f(x_2)+\cdots+\alpha_kf(x_k)]+\lambda_{k+1}f(x_{k+1})$$
$$=(1-\lambda_{k+1})\left[\frac{\lambda_1}{1-\lambda_{k+1}}f(x_1)+\frac{\lambda_2}{1-\lambda_{k+1}}f(x_2)+\cdots+\frac{\lambda_k}{1-\lambda_{k+1}}f(x_k)\right]+\lambda_{k+1}f(x_{k+1})$$
$$=\sum_{i=1}^{k+1}\lambda_if(x_i)$$

故命题成立。

不同资料所给出的詹森不等式可能具有不同的形式(但本质上它们是统一的)。如果把 $\lambda_1,\lambda_2,\cdots,\lambda_n$ 看作是一组权重，那么可以从数学期望的角度去理解詹森不等式。即如果 f 是凸函数，X 是随机变量，有 $E[f(X)]\geqslant f(E[X])$。特别地，如果 f 是严格的凸函数，当且仅当 X 是常量时，上式取等号。

用图形表示詹森不等式的结论是一目了然的。仍然以图 2-3 为例，假设随机变量 X 由 θ 的可能性取得值 $\boldsymbol{p}_2$，由 $(1-\theta)$ 的可能性取得值 $\boldsymbol{p}_1$，根据数学期望的定义可知，$E[X]=\theta\boldsymbol{p}_2+(1-\theta)\boldsymbol{p}_1$。同理，$E[f(X)]=\theta f(\boldsymbol{p}_2)+(1-\theta)f(\boldsymbol{p}_1)$，所以可得

$$f(E[X])=f(\theta\boldsymbol{p}_2+(1-\theta)\boldsymbol{p}_1)\leqslant\theta f(\boldsymbol{p}_2)+(1-\theta)f(\boldsymbol{p}_1)=E[f(X)]$$

下面给出一个更为严谨的证明。假设 f 是一个可微的凸函数，对于任意的 $\boldsymbol{p}_1<\boldsymbol{p}_2$，一定存在一个点 ξ，$\boldsymbol{p}_1<\xi<\boldsymbol{p}_2$，满足

$$f(\boldsymbol{p}_1)-f(\boldsymbol{p}_2)=(\boldsymbol{p}_1-\boldsymbol{p}_2)f'(\xi)\leqslant(\boldsymbol{p}_1-\boldsymbol{p}_2)f'(\boldsymbol{p}_2)$$

注意，这里应用了 1.4.1 节给出的定理，即 f' 是单调递增函数这个结论，进而有

$$f(\boldsymbol{p}_1)\leqslant f(\boldsymbol{p}_2)+(\boldsymbol{p}_1-\boldsymbol{p}_2)f'(\boldsymbol{p}_2)$$

令 $\boldsymbol{p}_1=X$，$\boldsymbol{p}_2=E[X]$，重写上式为

$$f(X)\leqslant f(E[X])+(X-E[X])f'(E[X])$$

然后对两边同时取期望，就得

$$E[f(X)]\leqslant E[f(E[X])+(X-E[X])f'(E[X])]$$

其中，不等式右边可进一步化简得

$$f(E[X])+f'(E[X])E[X-E[X]]=f(E[X])$$

于是结论得证。

1.4.3 詹森不等式的应用

詹森不等式在诸多领域都有重要应用，其中一个重要的用途就是证明不等式。本节举两个例子演示詹森不等式的应用。首先，来看一下重要的算术-几何平均值不等式：

设 $x_1,x_2,\cdots,x_n$ 为 n 个正实数，它们的算术平均数是 $A_n=(x_1+x_2+\cdots+x_n)/n$，它们的几何平均数是 $G_n=\sqrt[n]{x_1\cdot x_2\cdots x_n}$。算术-几何平均值不等式表明，对于任意的正实数，总有 $A_n\geqslant G_n$，等号成立当且仅当 $x_1=x_2=\cdots=x_n$。

第 3 章中还会演示利用拉格朗日乘数法证明算术-几何平均值不等式的方法。现在先来看看如何用詹森不等式证明它。

证明：因为 $-\ln x$ 是一个凸函数，那么 $\ln x$ 显然就是一个凹函数。根据詹森不等式

$$\begin{aligned}\ln\left(\frac{x_1+x_2+\cdots+x_n}{n}\right)&\geqslant\frac{\ln x_1+\ln x_2+\cdots+\ln x_n}{n}\\&=\frac{1}{n}\ln(x_1x_2\cdots x_n)\\&=\ln\left[(x_1x_2\cdots x_n)^{\frac{1}{n}}\right]\end{aligned}$$

因为 $\ln x$ 是单调递增的，所以

$$\frac{x_1+x_2+\cdots+x_n}{n}\geqslant\sqrt[n]{x_1\cdot x_2\cdots x_n}$$

结论得证。

第 3 章会谈到闵可夫斯基(Minkowski)不等式和柯西-施瓦兹不等式。闵可夫斯基不等式的证明用到了赫尔德(Hölder)不等式，柯西-施瓦兹不等式则可被认为是赫尔德不等式的特殊情况。所以，下面试着利用詹森不等式证明赫尔德不等式。

赫尔德不等式：设对 $i=1,2,\cdots,n,a_i>0,b_i>0$，又 $p>1,p'>1,(1/p)+(1/p')=1$，则

$$\sum_{i=1}^{n}a_ib_i\leqslant\left(\sum_{i=1}^{n}a_i^p\right)^{\frac{1}{p}}\left(\sum_{i=1}^{n}b_i^{p'}\right)^{\frac{1}{p'}}$$

特别地，当 $p=p'=2$ 时，得

$$\sum_{i=1}^{n}a_ib_i\leqslant\left(\sum_{i=1}^{n}a_i^2\right)^{\frac{1}{2}}\left(\sum_{i=1}^{n}b_i^2\right)^{\frac{1}{2}}$$

这其实就是本书后面还会介绍的柯西-施瓦兹不等式。

证明赫尔德不等式之前，先证明一个引理：当 $a>0,b>0,p>1,(1/p)+(1/p')=1$，则

$$ab\leqslant\frac{1}{p}a^p+\frac{1}{p'}b^{p'}$$

证明：令 $f(x)=-\ln x$，则 $f''(x)=x^{-2}>0,x\in(0,+\infty)$。这样显然 $f(x)$ 是定义在$(0,+\infty)$上的凸函数。令 $1/p=\lambda_1,1/p'=\lambda_2,a^p>0,b^{p'}>0$。由于 $p>1$，显然 $p'>1$。由詹森不等式可知，

$$-\ln\left|\frac{1}{p}a^p+\frac{1}{p'}b^{p'}\right|\leqslant-\left|\frac{1}{p}\ln a^p+\frac{1}{p'}\ln b^{p'}\right|=-|\ln ab|$$

两边同时取指数，于是可得证原结论成立。

下面证明赫尔德不等式。

证明：设

$$a=\frac{a_i}{\left(\sum_{i=1}^{n}a_i^p\right)^{\frac{1}{p}}},\quad b=\frac{b_i}{\left(\sum_{i=1}^{n}b_i^{p'}\right)^{\frac{1}{p'}}}$$

则由上述引理可知，

$$ab=\frac{a_ib_i}{\left(\sum_{i=1}^{n}a_i^p\right)^{\frac{1}{p}}\left(\sum_{i=1}^{n}b_i^{p'}\right)^{\frac{1}{p'}}}\leqslant\frac{1}{p}\frac{a_i^p}{\sum_{i=1}^{n}a_i^p}+\frac{1}{p'}\frac{b_i^{p'}}{\sum_{i=1}^{n}b_i^{p'}}$$

把 $i=1,2,\cdots,n$ 的 n 个不等式相加，则有

$$\frac{\sum_{i=1}^{n}a_ib_i}{\left(\sum_{i=1}^{n}a_i^p\right)^{\frac{1}{p}}\left(\sum_{i=1}^{n}b_i^{p'}\right)^{\frac{1}{p'}}}\leqslant\frac{1}{p}\frac{\sum_{i=1}^{n}a_i^p}{\sum_{i=1}^{n}a_i^p}+\frac{1}{p'}\frac{\sum_{i=1}^{n}b_i^{p'}}{\sum_{i=1}^{n}b_i^{p'}}=1$$

$$\sum_{i=1}^{n}a_ib_i\leqslant\left(\sum_{i=1}^{n}a_i^p\right)^{\frac{1}{p}}\left(\sum_{i=1}^{n}b_i^{p'}\right)^{\frac{1}{p'}}$$

结论得证。

1.5 泛函与抽象空间

泛函分析的主要研究对象之一是抽象空间。其实在学习线性代数的过程中，读者已经建立了一种从矩阵到线性方程组之间的一种联系。在泛函分析中，实数系、矩阵、多项式以及函数族这些看似关联不大的概念都可以抽象成空间。由于泛函分析是一门比较晦涩抽象的学问，应该注意联系以往学习中比较熟悉的一些已知的、具体的概念，从而帮助自己理解那些全新的、抽象的概念。

1.5.1 线性空间

线性空间是最基本的一种抽象空间。实数的全体 R_1、二维平面向量的全体 R_2、三维空间向量的全体 R_3 以及所有次数不大于 n 的实系数多项式的全体等，都是线性空间的实例。

定义：设 E 为非空集合，如果对于 E 中任意两个元素 x 和 y，均对应于 E 中的一个元素，称为 x 与 y 之和，记为 $x+y$；对于 E 中任意元素 x 和任意实数 λ，均对应于 E 中的一个元素，称为 x 与 λ 的数乘，记为 λx；并且上述两种运算满足下列运算规律（x、y、z 为 E 中任意一个元素，λ 与 μ 为任意实数）：

(1) $x+y=y+x$；

(2) $x+(y+z)=(x+y)+z$；

(3) E 中存在唯一的零元素 θ（有时也记为 0），它满足 $\theta+x=x$，并且对任意 x 均存在唯一的“负元素”$-x\in E$，它满足 $x+(-x)=\theta$；

(4) $\lambda(\mu x)=(\lambda\mu)x$；

(5) $1x=x, 0x=0$；

(6) $\lambda(x+y)=\lambda x+\lambda y$；

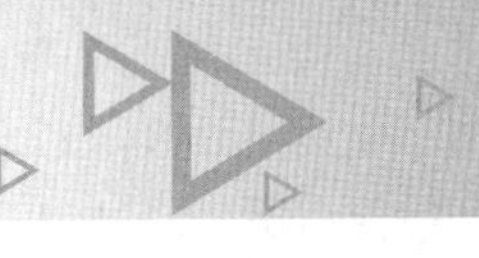

(7) $(\lambda+\mu)x=\lambda x+\mu x$。

则称 E 是实线性空间。由于本部分内容只考虑实数的情况，因此也可以将 E 简称为线性空间。由定义可见，线性空间的核心思想就在于引入加法和乘法两种代数运算基础上同时保证封闭性。

根据上述定义可以证明下列结论成立：

(1) 所有次数不大于 n 的实系数多项式所构成的集合 P_n 是线性空间。

(2) 所有在区间 $[a,b]$ 上连续的实函数所构成的集合 $C[a,b]$ 是线性空间。

(3) 所有在区间 $[a,b]$ 上具有连续的 k 阶导数的实函数所构成的集合 $C^k[a,b]$ 是线性空间。

与线性代数类似，可以在线性空间中引入线性相关、线性无关以及基的概念。设 x_1，x_2，…，x_n 是线性空间 E 中的 n 个元素，其中 $n\geqslant 1$，如果存在不全为零的常数 $\lambda_1,\lambda_2,\cdots,\lambda_n$，使得

$$\lambda_1x_1+\lambda_2x_2+\cdots+\lambda_nx_n=\theta$$

则称 $x_1,x_2,\cdots,x_n$ 是线性相关的；反之，若由 $\lambda_1x_1+\lambda_2x_2+\cdots+\lambda_nx_n=\theta$ 的成立可导出 $\lambda_1=\lambda_2=\cdots=\lambda_n=0$，则称 $x_1,x_2,\cdots,x_n$ 是线性无关的。回忆线性代数中关于线性相关的解释，向量组 $\boldsymbol{x}_1,\boldsymbol{x}_2,\cdots,\boldsymbol{x}_n$ 线性相关的充分必要条件是其中至少有一个向量可以由其余 $n-1$ 个向量线性表示。尽管上述结论表明向量组中的线性相关性与其中某一个向量可用其他向量线性表示之间的联系。但是它并没有断言究竟是哪一个向量可以由其他向量线性表示。关于这个问题可以用下面这个结论来回答。如果向量组 $\boldsymbol{e}_1,\boldsymbol{e}_2,\cdots,\boldsymbol{e}_n,\boldsymbol{x}$ 线性相关，而向量组 $\boldsymbol{e}_1,\boldsymbol{e}_2,\cdots,\boldsymbol{e}_n$ 线性无关，那么向量 $\boldsymbol{x}$ 就可以由向量组 $\boldsymbol{e}_1,\boldsymbol{e}_2,\cdots,\boldsymbol{e}_n$ 线性表示，而且表示形式唯一。

基于上述讨论，便可引出基的概念。如果线性空间 E 中存在 n 个线性无关的元素 e_1，e_2，…，e_n，使得 E 中任意一个元素 x 均可以表示为

$$x=\sum_{i=1}^{n}\xi_ie_i$$

则称 $\{e_1,e_2,\cdots,e_n\}$ 为空间 E 的一组基，并称 n 为空间 E 的维数，记为 $\dim E=n$。而 E 称为有限维(n 维)线性空间。不是有限维的线性空间称为无穷维线性空间。易见，P_n 是有限维的，而 $C[a,b]$ 和 $C^k[a,b]$ 都是无穷维的。

1.5.2 距离空间

尽管在线性空间上已经可以完成简单的线性运算，但这仍然不能满足我们的需求。为了保证数学刻画的精确性，还必须引入距离的概念。最初是从极限开始讲起的，极限是微积分的必备要素之一，而极限的概念显然也是基于距离上无限接近这样一种角度描述的。

定义：设 X 是非空集合，若对于 X 中任意两个元素 x 和 y，均有一个实数与之对应，此实数记为 $d(x,y)$，它满足如下条件。

(1) 非负性：$d(x,y)\geqslant 0$；而 $d(x,y)=0$ 的充分条件是 $x=y$；

(2) 对称性：$d(x,y)=d(y,x)$；

(3) 三角不等式：$d(x,y)\leqslant d(x,z)+d(z,y)$。

其中，z 也是 X 中的任意元素，则称 $d(x,y)$ 为 x 和 y 的距离，并称 X 是以 d 为距离的距离

空间。

例如,通常 n 维向量空间 R_n,其中任意两个元素 $x=[\xi_i]_{i=1}^n$ 和 $y=[\eta_i]_{i=1}^n$ 的距离定义为

$$d_2(x,y)=\left[\sum_{i=1}^n |\xi_i-\eta_i|^2\right]^{\frac{1}{2}}$$

因此,R_n 就是以上式为距离的距离空间。同样,在 R_n 中还可以引入距离

$$d_1(x,y)=\sum_{i=1}^n |\xi_i-\eta_i|$$

或

$$d_p(x,y)=\left[\sum_{i=1}^n |\xi_i-\eta_i|^p\right]^{\frac{1}{p}},\quad p>1$$

或

$$d_\infty(x,y)=\max_{1\leqslant i\leqslant n}|\xi_i-\eta_i|$$

可见,在同一个空间内可以通过不同方式引入距离。而且在同一空间中引入不同的距离后,就认为是得到了不同的距离空间。因此常用符号(X,d)来表示距离空间。例如(R_n,d_1)、(R_n,d_p)等。

同样,还可以考虑定义在区间$[a,b]$上的连续函数的全体 $C[a,b]$,其中任意两个元素 $x(t)$和 $y(t)$的距离可定义为

$$d(x,y)=\max_{a\leqslant t\leqslant b}|x(t)-y(t)|$$

现在我们想问以上述距离定义为基础的连续函数空间是否是一个距离空间?显然,定义中的前两个条件很容易满足。下面简单地证明最后一条。

$$\begin{aligned}|x(t)-y(t)| &\leqslant |x(t)-z(t)|+|z(t)-y(t)|\\ &\leqslant \max_{a\leqslant t\leqslant b}|x(t)-z(t)|+\max_{a\leqslant t\leqslant b}|z(t)-y(t)|\\ &=d(x,z)+d(z,y)\end{aligned}$$

对所有的 $t\in[a,b]$成立,且上式右端与 t 无关,因此有

$$d(x,y)=\max_{a\leqslant t\leqslant b}|x(t)-y(t)|\leqslant d(x,z)+d(z,y)$$

现在来考虑如何在距离空间中定义极限。设$\{x_n\}_{n=1}^\infty$ 是距离空间(X,d)中的元素序列,如果(X,d)中的元素 x 满足

$$\lim_{n\to\infty} d(x_n,x)=0$$

则称$\{x_n\}$是**收敛序列**,x 称为它的**极限**,记为 $x_n\to x$。

而且易得,如果序列$\{x_n\}$有极限,则极限是唯一的。实际上,如果 x 与 y 都是$\{x_n\}$的极限,则在式 $0\leqslant d(x,y)\leqslant d(x,x_n)+d(x_n,y)$ 中令 $n\to\infty$,即可得出 $d(x,y)=0$,从而 $x=y$。

不难看出,在 n 维空间 R_n 中,不论距离是 d_1、d_2、$d_p(p>1)$或 d_∞,序列$\{x_n\}$的收敛都是指按(每个)坐标收敛。而连续函数空间 $C[a,b]$中序列$\{x_n(t)\}$的收敛就是一致收敛。

下面再引入"球形邻域"的概念:设 r 为一个正数,集合

$$S_r(x_0)=\{x\in X;d(x,x_0)<r\}$$

称为距离空间(X,d)中的**球形邻域**,或简称**球**。x_0 称为 $S_r(x_0)$的中心,r 称为半径。

基于球形邻域的概念,可以定义距离空间中的开集和闭集。

定义:设(X,d)为距离空间,M 是其中的一个子集。$x\in M$。若存在关于 x 的球形邻

域$S_r(x_0)$，它满足$S_r(x_0) \subset M$，则称x是集合M的**内点**。如果集合M的元素都是M的内点，则称M为**开集**。

定义：设$M \subset (X,d)$，$x_0 \in X$，如果任一包含x_0的球$S_r(x_0)$中总含有集合M的异于x_0，则称x_0是集合M的**聚点**（**或极限点**）。

显然，x_0是集合M的聚点的充分必要条件是M中存在异于x_0的序列$\{x_n\}_{n=1}^{\infty}$，使得$x_n \to x_0$。另外需要说明的是，聚点不一定属于集合M。例如在R_1中，设集合

$$M = \left\{1, \frac{1}{2}, \frac{1}{3}, \frac{1}{4}, \cdots\right\}$$

则0是M的聚点，但$0 \notin M$。

定义：记集合$M \subset (X,d)$的所有聚点所构成的结合为M'，那么集合$\overline{M} = M \cup M'$称为集合M的**闭包**。如果集合M满足$M \supset \overline{M}$，称为M的**闭集**。

由此，在距离空间中，可以引入"任意逼近"的概念，即极限概念。一般来说，一个集合如果能够在其中确切地引入任意逼近的概念，就称之为"拓扑空间"。而距离空间是一种最常用的拓扑空间。

1.5.3　赋范空间

每个实数或复数都有相对应的绝对值或者模，每一个n维向量，也都可以定义其长度。如果把"长度"的概念推广到一般抽象空间中的元素上，就可以得到范数这个概念。

定义：设E为线性空间，如果对于E中的任一个元素x，都对应于一个实数，它记为$\|x\|$，且满足：

(1) $\|x\| \geqslant 0$，当且仅当$x=0$时，$\|x\|=0$；

(2) $\|\lambda x\| = |\lambda| \|x\|$，$\lambda$为实数；

(3) $\|x+y\| \leqslant \|x\| + \|y\|$，$x,y \in E$。

则称$\|x\|$为元素x的**范数**；E称为按范数$\|\cdot\|$的**线性赋范空间**。

例如，n维向量空间R_n中的元素$x=[\xi_i]_{i=1}^n$的范数可以定义为如下形式，下面这个范数式也称为欧几里得范数，简称欧氏范数。

$$\|x\|_2 = \left(\sum_{i=1}^n |\xi_i|^2\right)^{\frac{1}{2}}$$

或者，可以更一般地定义为（p为任意不小于1的数）

$$\|x\|_p = \left(\sum_{i=1}^n |\xi_i|^p\right)^{\frac{1}{p}}$$

还可以定义为

$$\|x\|_\infty = \max_{1 \leqslant i \leqslant n} |\xi_i|$$

很容易证明上述3个定义式都满足范数定义中的3个条件。这里不做具体讨论，但可以指出的是，$\|\cdot\|_p$满足条件(3)可以由闵可夫斯基不等式证明。

闵可夫斯基不等式：设$a_i>0$，$b_i>0(i=1,2,\cdots,n)$，$p>1$，则

$$\left[\sum_{i=1}^n (a_i+b_i)^p\right]^{\frac{1}{p}} \leqslant \left(\sum_{i=1}^n a_i^p\right)^{\frac{1}{p}} + \left(\sum_{i=1}^n b_i^p\right)^{\frac{1}{p}}$$

证明:

$$\sum_{i=1}^{n}(a_i+b_i)^p=\sum_{i=1}^{n}a_i(a_i+b_i)^{p-1}+\sum_{i=1}^{n}b_i(a_i+b_i)^{p-1}$$

对上式右端两个和数分别应用赫尔德不等式,得到

$$\sum_{i=1}^{n}(a_i+b_i)^p\leqslant\left(\sum_{i=1}^{n}a_i^p\right)^{\frac{1}{p}}\left[\sum_{i=1}^{n}(a_i+b_i)^{(p-1)p'}\right]^{\frac{1}{p'}}+\left(\sum_{i=1}^{n}b_i^p\right)^{\frac{1}{p}}\left[\sum_{i=1}^{n}(a_i+b_i)^{(p-1)p'}\right]^{\frac{1}{p'}}$$

$$=\left[\left(\sum_{i=1}^{n}a_i^p\right)^{\frac{1}{p}}+\left(\sum_{i=1}^{n}b_i^p\right)^{\frac{1}{p}}\right]\left[\sum_{i=1}^{n}(a_i+b_i)^{(p-1)p'}\right]^{\frac{1}{p'}}$$

由于 $1/p+1/p'=1$,所以上述不等式可以改写为

$$\sum_{i=1}^{n}(a_i+b_i)^p\leqslant\left[\left(\sum_{i=1}^{n}a_i^p\right)^{\frac{1}{p}}+\left(\sum_{i=1}^{n}b_i^p\right)^{\frac{1}{p}}\right]\left[\sum_{i=1}^{n}(a_i+b_i)^p\right]^{\frac{1}{p'}}$$

然后用最后一个因式作除式,等式两边同时做除法,即得到要证明的不等式。

基于前面3个范数的定义,可知空间 R_n 是按范数 $\|\cdot\|_2$、$\|\cdot\|_p$ 和 $\|\cdot\|_\infty$ 的线性赋范空间。为了区别,通常把这3种线性赋范空分别记为 ℓ_n^2、ℓ_n^p 和 ℓ_n^∞。由此可见,同一线性空间中可以引入多种范数。

连续函数空间 $C[a,b]$ 中,元素 $x(t)$ 的范数可以定义为

$$\|x(t)\|=\max_{a\leqslant t\leqslant b}|x(t)|$$

因此,$C[a,b]$ 是按上述范数式的线性赋范空间,仍将它记为 $C[a,b]$。此外,还可以定义 $x(t)$ 的范数表达式为($p\geqslant1$)

$$\|x(t)\|_p=\left\{\int_a^b|x(t)|^p\mathrm{d}t\right\}^{\frac{1}{p}}$$

它称为"p 范数"。此时,所对应的线性赋范空间记为 $\widetilde{L}^p[a,b]$。$\|\cdot\|_p$ 可以成为范数的原因同样是由前面讲过的闵可夫斯基不等式来保证的,但此时的闵可夫斯基不等式需将原来求和号改为积分符号,即

$$\left(\int_a^b|x(t)+y(t)|^p\mathrm{d}t\right)^{\frac{1}{p}}\leqslant\left(\int_a^b|x(t)|^p\mathrm{d}t\right)^{\frac{1}{p}}+\left(\int_a^b|y(t)|^p\mathrm{d}t\right)^{\frac{1}{p}}$$

易见,线性赋范空间同时也是距离空间,因为可以定义 $d(x,y)=\|x-y\|$。于是,线性赋范空间中的序列 $\{x_n\}$ 收敛于 x 就是指 $\|x_n-x\|\to0,(n\to\infty)$。例如,空间 $C[a,b]$ 中的收敛性是一致收敛,而 $\widetilde{L}^p[a,b]$ 中序列 $x_n(t)$ 收敛于 $x(t)$ 是"p 幂平均收敛":

$$\int_a^b|x_n(t)-x(t)|^p\mathrm{d}t\to0$$

在线性赋范空间中的收敛性:$\|x_n-x\|\to0$ 又称为依范数收敛。

设 X_1 和 X_2 都是线性赋范空间。记有次序的元素对 $\{x_1,x_2\}$(其中 $x_1\in X_1,x_2\in X_2$)的全体所构成的集合为 $X_1\times X_2$。定义 $\{x_1,x_2\}+\{y_1,y_2\}=\{x_1+y_1,x_2+y_2\}$,$\lambda\{x_1,x_2\}=\{\lambda x_1,\lambda x_2\}$ 及 $\|\{x_1,x_2\}\|=\|x_1\|+\|x_2\|$,则 $X_1\times X_2$ 是线性赋范空间。它称为空间 X_1 和 X_2 的**乘积空间**。

接下来介绍几条关于范数和依范数收敛的基本性质。

(1) 范数 $\|x\|$ 关于变元 x 是连续的,即当 $x_n\to x$ 时,$\|x_n\|\to\|x\|$。

(2) 若 $x_n\to x,y_n\to y$,则 $x_n+y_n\to x+y$。

(3) 若 $x_n\to x$,且数列 $a_n\to a$,则 $a_nx_n\to ax$。

(4) 收敛序列必为有界序列，即若 $x_n \to x$，则 $\{\|x_n\|\}$ 是有界序列。

1.5.4 巴拿赫空间

定义：设 X 为线性赋范空间，$\{x_n\}_{n=1}^{\infty}$ 是空间 X 中的无穷序列。如果对于任给的 $\varepsilon>0$，总存在自然数 N，使得当 $n>N$ 时，对于任意给定的自然 p，均有 $\|x_{n+p}-x_n\|<\varepsilon$，则称序列 $\{x_n\}$ 是 X 中的**基本序列**(或称**柯西序列**)。

显然，X 中的任何收敛序列都是基本序列。为了证明该结论不妨设 $x_n \to x$，即任给的 $\varepsilon>0$，总存在自然数 N，使得当 $n>N$ 时，有 $\|x_n-x\|<\varepsilon/2$ 成立。于是对于任意的自然数 p，同时还有 $\|x_{n+p}-x\|<\varepsilon/2$。根据三角不等式，有 $\|x_{n+p}-x_n\| \leqslant \|x_{n+p}-x\| + \|x_n-x\|<\varepsilon$。然而，基本序列却不一定收敛。

定义：如果线性赋范空间 X 中的任何基本序列都收敛于属于 X 的元素，则称 X 为**完备的线性赋范空间，或称为巴拿赫(Banach)空间**。

下面考虑 $\widetilde{L}^2[-1,1]$ 是不是巴拿赫空间。为此不妨考查空间 $\widetilde{L}^2[-1,1]$ 中的序列

$$x_n(t)=\begin{cases}-1, & t \in [-1,-1/n] \\ nt, & t \in [-1/n,1/n] \\ +1, & t \in [1/n,1]\end{cases}$$

显然 $x_n(t)$ 都是连续函数，且 $|x_n(t)| \leqslant 1$，因此 $\|x_{n+p}(t)-x_n(t)\| \leqslant 2$，从而当 $n \to \infty$ 时，

$$\begin{aligned}\|x_{n+p}(t)-x_n(t)\|^2 &= \int_{-1}^{1} |x_{n+p}(t)-x_n(t)|^2 \mathrm{d}t \\ &= \int_{-\frac{1}{n}}^{\frac{1}{n}} |x_{n+p}(t)-x_n(t)|^2 \mathrm{d}t \leqslant 4\int_{-\frac{1}{n}}^{\frac{1}{n}} \mathrm{d}t = \frac{8}{n} \to 0\end{aligned}$$

这表明 $\{x_n(t)\}$ 是空间 $\widetilde{L}^2[-1,1]$ 中的基本序列。但同时当 $n \to \infty$ 时，$x_n(t)$ 的极限函数是间断函数，换言之，$x_n(t)$ 的极限函数不属于空间 $\widetilde{L}^2[-1,1]$。因此，序列 $\{x_n(t)\}$ 是空间 $\widetilde{L}^2[-1,1]$ 中没有极限，或者说 $\{x_n(t)\}$ 不是该空间中的收敛序列。既然线性赋范空间中的存在不收敛于属于该空间中元素的基本序列，那么空间 $\widetilde{L}^2[-1,1]$ 就不是巴拿赫空间。一般地，$\widetilde{L}^p[a,b]$，其中 $p \geqslant 1$，都不是巴拿赫空间。

但是空间 $C[a,b]$ 是巴拿赫空间。为了说明这一点，不妨设 $\{x_n(t)\}$ 是 $C[a,b]$ 中的基本序列，即任给 $\varepsilon>0$，存在自然数 N，使得当 $n>N$ 时，对于任意的自然数 p 均有

$$\max_{a \leqslant t \leqslant b} |x_{n+p}(t)-x_n(t)|<\varepsilon$$

根据前面介绍的函数序列一致收敛的柯西准则可知，$\{x_n(t)\}$ 是一致收敛序列。由于每个函数 $x_n(t)$ 在 $[a,b]$ 上都连续，因此它的极限函数在 $[a,b]$ 上连续，即该极限函数属于空间 $C[a,b]$。类似地，$C^k[a,b]$ 也是完备的。

关于有限维空间的完备性，有如下这样一个一般化的结论：任一有限维线性赋范空间必为巴拿赫空间。由此还可以得到一个推论：任一线性赋范空间的有限维子空间都是闭子空间。

于是得到了无穷维空间与有限维空间的一个重要差别：无穷维空间可以不完备，而有限维空间一定完备。

现在研究巴拿赫空间中级数的情形。

定理：巴拿赫空间中的级数 $\sum_{k=1}^{\infty} x_k$ 收敛的充分必要条件是：对于任给的 $\varepsilon>0$，总存在一个自然数 N，当 $n>N$ 时，对任何自然数 p，均有

$$\left\|\sum_{k=n}^{n+p} x_k\right\|<\varepsilon$$

定义：若数值级数 $\sum_{k=1}^{\infty}\|x_k\|$ 收敛，则称级数 $\sum_{k=1}^{\infty} x_k$ 绝对收敛。

回想一下魏尔斯特拉斯（Weierstrass）判别法（又称 M 判别法）：如果函数项级数 $\sum_{n=1}^{\infty} u_n(x)$ 在区间 I 上满足条件，$\forall x\in I$，$|u_n(x)|\leqslant M_n\ (n=1,2,\cdots)$，并且正向级数 $\sum_{n=1}^{\infty} M_n$ 收敛，则函数项级数 $\sum_{n=1}^{\infty} u_n(x)$ 在区间 I 上一致收敛。

此处便得到了一个更加泛化的表述（只要把其中的 $|u_n(x)|\leqslant M_n$ 替换成 $\|f_n(x)\|\leqslant M_n$）：如果函数序列 $\{f_n: X\to Y\}$ 的陪域[①]是一个巴拿赫空间 $(Y,\|\cdot\|)$，$\forall x\in X$，存在 $\|f_n(x)\|\leqslant M_n(n=1,2\cdots)$，并且正向级数 $\sum_{n=1}^{\infty} M_n$ 收敛，即 $\sum_{n=1}^{\infty} M_n<\infty$，则函数项级数 $\sum_{n=1}^{\infty} f_n(x)$ 一致收敛。

证明：考虑级数的部分和序列 $s_n=\sum_{i=1}^{n} f_i$，并取任意 $p,n\in\mathbb{N}$，其中 $p\leqslant q$，那么对于任意 $x\in X$，有

$$\|s_q(x)-s_p(x)\|=\left\|\sum_{k=p+1}^{q} f_k(x)\right\|\leqslant\sum_{k=p+1}^{q}\|f_k(x)\|\leqslant\sum_{k=p+1}^{q} M_k$$

因为正向级数 $\sum_{n=1}^{\infty} M_n$ 收敛，根据数项级数的柯西收敛定理，对于任意 $\varepsilon>0$，总存在自然数 N，使得当 $p>N$，以及 $x\in X$，使得

$$\left\|\sum_{k=p+1}^{q} f_k(x)\right\|\leqslant\sum_{k=p+1}^{q} M_k<\varepsilon$$

本节前面介绍过的定理也给出了巴拿赫空间中的级数收敛的充分必要条件，由此该定理得证。

从这个证明过程中，其实还得到了 M 判别法在巴拿赫空间中的一种更简单的表述：若级数 $\sum_{k=1}^{\infty} x_k$ 是巴拿赫空间中的绝对收敛级数，则 $\sum_{k=1}^{\infty} x_k$ 收敛（或表述为：当空间是巴拿赫空间时，若其中的级数绝对收敛，则该级数一定收敛）。注意，该定理在描述时并没有强调一致收敛，这是因为一致收敛是针对函数项级数而言的，而此处所得到的泛化结果是对巴拿赫空间中的元素来说的，即并不要求其中的元素一定是函数，所以也就不再强调一致收敛。

这是因为，如果级数 $\sum_{k=1}^{\infty} x_k$ 是巴拿赫空间中的绝对收敛，那么根据定义，就意味着数值

---

① 陪域又称上域或到达域，给定一个函数 $f: A\to B$，集合 B 称为是 f 的陪域。一般来说，值域只是陪域的一个子集。

级数 $\sum_{k=1}^{\infty}\|x_k\|$ 收敛。同样根据数项级数的柯西收敛定理可知，对于任意 $\varepsilon>0$，总存在自然数 N，使得当 $n>N$，对于任何自然数 p 均有

$$\sum_{k=n+1}^{p}\|x_k\|<\varepsilon$$

又因为

$$\left\|\sum_{k=n+1}^{p}x_k\right\|\leqslant\sum_{k=n+1}^{p}\|x_k\|$$

即

$$\left\|\sum_{k=n+1}^{p}x_k\right\|<\varepsilon$$

由此定理得证。

最后，考虑上述定理的逆命题。

定理：如果线性赋范空间 X 中的任意绝对收敛级数都是收敛的，则 X 是巴拿赫空间。

证明：设 $\{x_n\}$ 是 X 中的基本序列，则显然它是有界序列：$\|x_n\|\leqslant c$，且可以选出某一子序列 $\{x_{n_k}\}$，使得

$$\|x_{n_k}-x_{n_{k+1}}\|<\frac{1}{2^k},\quad k\geqslant 2$$

于是级数

$$x_{n_1}+(x_{n_2}-x_{n_1})+\cdots+(x_{n_k}-x_{n_{k+1}})+\cdots$$

绝对收敛。这是因为级数 $c+\sum(1/2^k)$ 收敛。根据定理假设，上述级数收敛。设其部分和为 s_k，则 $s_k\to x\in X$。但是 $s_k=x_{n_k}$，于是序列 $\{x_n\}$ 有一子序列 $\{x_{n_k}\}$ 收敛于 $x\in X$（当 $k\to\infty$ 时）。因此，对于任给的 $\varepsilon>0$，总存在自然数 N_1，当 $n_k>N_1$ 时，

$$\|x_{n_k}-x\|<\frac{\varepsilon}{2}$$

又因 $\{x_n\}$ 是基本序列，因此存在自然数 N（不妨设 $N>N_1$），当 n 和 $n_k>N$ 时，

$$\|x_n-x_{n_k}\|<\frac{\varepsilon}{2}$$

于是，

$$\|x_n-x\|\leqslant\|x_n-x_{n_k}\|+\|x_{n_k}-x\|<\varepsilon$$

这就表明 $x_n\to x$，定理得证。

通过前面的介绍，读者应该知道 n 维空间中任一元素 x 均可表示为其中某一组 $\{e_1,e_2,\cdots,e_n\}$ 的线性组合

$$x=\sum_{i=1}^{n}\xi_i e_i$$

这组基的元素正好是 n 个。现在要在无穷维空间中讨论类似的问题。

以空间 $\ell_\infty^p\,(p\geqslant 1)$ 为例，令 $\boldsymbol{e}_k=[0,\cdots,0,1,0,\cdots]$，其第 k 个分量为 1，其余为 0，则显然 ℓ_∞^p 中任一元素 $x=[\xi_1,\xi_2,\cdots]$ 可唯一地表示为

$$x=\sum_{k=1}^{\infty}\xi_k\boldsymbol{e}_k$$

因此，元素组$\{\boldsymbol{e}_k\}_{k=1}^{\infty}$可以作为空间$\ell_{\infty}^{p}$的一组基，但这组基的元素个数不是有限的。一个无穷集合，如果它的全部元素可以按照某种规则与自然数集合$\{1,2,\cdots\}$建立一一对应关系，则称此无穷集合为可数集(或称可列集)。显然有限个可数集的和集仍然是可数集，甚至"可数"个可数集的和集也是可数集，所以全部有理系数的多项式所构成的集合P_0是可数集。

显然，空间ℓ_{∞}^{p}的基$\{e_1,e_2,\cdots\}$是一个可数集，这样的基称为"可数基"。由此，可以进行下面的讨论。

定义：设M是线性赋范空间X的子集，如果对于任意的元素$x\in X$及正数ε，均可在M中找到一个元素m。使得$\|x-m\|<\varepsilon$，则称M在X中稠密。

稠密性有下列等价定义：

(1) X中的任一球形邻域内必含有M的点。

(2) 任取$x\in X$，则必有序列$\{x_n\}\subset M$，使得$x_n\to x$。

(3) M在X中稠密的另一个充分必要条件是$\overline{M}\supset X$。

定义：如果线性赋范空间X中存在可数的稠密子集，则称空间X是可分的。

例如，实数集ℓ_1^p是可分的，因为所有有理数在其中是稠密的，而有理数集是可数集。进而n维空间$\ell_n^p(1\leqslant p<\infty)$也是可分的，因为坐标为有理数的点的全体构成其中的一个可数稠密子集。

定理：具有可数基的巴拿赫空间是可分的。

空间的完备性是实数域的基本属性的抽象和推广。完备的线性赋范空间具有许多类似实数域的优良性质，其关键是可以在其中顺利地进行极限运算。而且不完备的空间也可以在一定的意义下进行完备化。连续函数空间$\widetilde{L}^p[a,b]$的完备化空间记作$L^p[a,b]$，称为p次勒贝格(Lebesgue)可积函数空间。鉴于本书后续内容中会对此有涉及，因此这里需要指出，当$p=1$时，空间$L^1[a,b]$的元素称为勒贝格可积函数。空间$L^1[a,b]$中的元素是"可积"的函数，其积分是关于上限的连续函数；另外，$L^1[a,b]$中两个函数$x(t)$和$y(t)$相等是指

$$\int_a^b |x(t)-y(t)|\,\mathrm{d}t=0$$

此时，如果$x(t)$和$y(t)$仅在个别点(例如有限个点或者一个可数点集)上取值不等，并不影响上式成立，因此常称$x(t)$和$y(t)$是"几乎处处"相等的。关于空间$L^p[a,b]$，其元素是p次可积的：

$$\int_a^b |x(t)|^p\,\mathrm{d}t<\infty$$

例如，空间$L^2[a,b]$表示平方可积函数的全体。物理上，平方可积函数可以表示能量有限的信号。此外，有关系$L^1[a,b]\supset L^2[a,b]$，由下式得知：

$$\begin{aligned}\int_a^b |x(t)|\,\mathrm{d}t&=\int_a^b |x(t)|\cdot 1\mathrm{d}t\leqslant\left[\int_a^b |x(t)|^2\mathrm{d}t\right]^{\frac{1}{2}}\left[\int_a^b 1^2\,\mathrm{d}t\right]^{\frac{1}{2}}\\&\leqslant\sqrt{b-a}\left[\int_a^b |x(t)|^2\mathrm{d}t\right]^{\frac{1}{2}}\end{aligned}$$

其中用到了赫尔德不等式。一般地，如果$p'<p$，则$L^{p'}[a,b]\supset L^p[a,b]$。

另外还要指出，当$1\leqslant p<\infty$时，空间$L^p[a,b]$是可分的。因为有理系数多项式集P_0在$\widetilde{L}^p[a,b]$中稠密，而$\widetilde{L}^p[a,b]$在$L^p[a,b]$中稠密。

1.5.5　内积空间

定义：已知向量 $\boldsymbol{a}=a_1\boldsymbol{i}+a_2\boldsymbol{j}+a_3\boldsymbol{k}$，$\boldsymbol{b}=b_1\boldsymbol{i}+b_2\boldsymbol{j}+b_3\boldsymbol{k}$，则 $\boldsymbol{a}$ 与 $\boldsymbol{b}$ 之内积为

$$\boldsymbol{a}\cdot\boldsymbol{b}=a_1b_1+a_2b_2+a_3b_3$$

借由内积，也可以给方向余弦一个更明确的意义，即

$$\cos\alpha=\cos(\boldsymbol{a},\boldsymbol{i})=\frac{a_1}{|\boldsymbol{a}|}=\frac{\boldsymbol{a}\cdot\boldsymbol{i}}{|\boldsymbol{a}||\boldsymbol{i}|}$$

$$\cos\beta=\cos(\boldsymbol{a},\boldsymbol{j})=\frac{a_2}{|\boldsymbol{a}|}=\frac{\boldsymbol{a}\cdot\boldsymbol{j}}{|\boldsymbol{a}||\boldsymbol{j}|}$$

$$\cos\gamma=\cos(\boldsymbol{a},\boldsymbol{k})=\frac{a_3}{|\boldsymbol{a}|}=\frac{\boldsymbol{a}\cdot\boldsymbol{k}}{|\boldsymbol{a}||\boldsymbol{k}|}$$

内积的性质：$\boldsymbol{a}$、$\boldsymbol{b}$ 是两个向量，$k\in\mathbb{R}$，则内积满足如下性质：

(1) $\boldsymbol{a}\cdot\boldsymbol{b}=\boldsymbol{b}\cdot\boldsymbol{a}$

(2) $\boldsymbol{a}\cdot(k\boldsymbol{b})=k(\boldsymbol{b}\cdot\boldsymbol{a})$，$(k\boldsymbol{a})\cdot\boldsymbol{b}=k(\boldsymbol{a}\cdot\boldsymbol{b})$

(3) $\boldsymbol{a}\cdot(\boldsymbol{b}+\boldsymbol{c})=\boldsymbol{a}\cdot\boldsymbol{b}+\boldsymbol{a}\cdot\boldsymbol{c}$，$(\boldsymbol{a}+\boldsymbol{b})\cdot\boldsymbol{c}=\boldsymbol{a}\cdot\boldsymbol{c}+\boldsymbol{b}\cdot\boldsymbol{c}$

(4) $|\boldsymbol{a}|^2=\boldsymbol{a}\cdot\boldsymbol{a}>0(\boldsymbol{a}\neq 0)$

在给出向量内积这个概念的前提下，我们知道两个向量的夹角之余弦可以定义成这两个向量的内积与其模的乘积之比。对于平面向量而言，即向量都是二维的，向量的内积也可以表示成这样一种形式：$\boldsymbol{a}\cdot\boldsymbol{b}=|\boldsymbol{a}||\boldsymbol{b}|\cos\theta$。由此也可推出两个向量 $\boldsymbol{a}$、$\boldsymbol{b}$ 相互垂直的等价条件就是 $\boldsymbol{a}\cdot\boldsymbol{b}=0$，因为 $\cos(\pi/2)=0$。当然，这也是众多教科书上介绍向量内积常常用到的一种定义方式。但必须明确，这种表示方式仅仅是一种非常狭隘的定义。从这个定义出发来介绍向量内积，其实是本末倒置的。因为对于高维向量而言，夹角的意义是不明确的。例如，在三维坐标空间中，再引入一维时间坐标，形成一个四维空间，那么时间向量与空间向量的夹角该如何解释呢？所以读者务必明确，首先应该是给出如本节最开始时给出的内积定义，然后才能由此给出二维或三维空间下的夹角定义。在此基础上，我们来证明余弦定律。

余弦定律：已知三角形$\triangle ABC$，其中$\angle CAB=\theta$，则 $\overline{BC}^2=\overline{AB}^2+\overline{AC}^2-2\overline{AB}\,\overline{AC}\cos\theta$。

证明：令 $\overrightarrow{AB}=\boldsymbol{a}$，$\overrightarrow{AC}=\boldsymbol{b}$，则 $\overrightarrow{CB}=\boldsymbol{a}-\boldsymbol{b}$

$$\begin{aligned}|\overrightarrow{BC}|^2&=\overrightarrow{BC}\cdot\overrightarrow{BC}=(\boldsymbol{a}-\boldsymbol{b})(\boldsymbol{a}-\boldsymbol{b})\\&=\boldsymbol{a}\cdot\boldsymbol{a}-2\boldsymbol{a}\cdot\boldsymbol{b}+\boldsymbol{b}\cdot\boldsymbol{b}\\&=|\boldsymbol{a}|^2-2|\boldsymbol{a}||\boldsymbol{b}|\cos\theta+|\boldsymbol{b}|^2\\&=\overline{AB}^2+\overline{AC}^2-2\overline{AB}\,\overline{AC}\cos\theta\end{aligned}$$

注意到 $|\overrightarrow{BC}|^2$ 与 $\overline{BC}^2$ 是相等的，因为一个向量与自身的夹角为 0，而 $\cos(0)=1$，所以结论得证。

柯西-施瓦兹不等式：$\boldsymbol{a}$、$\boldsymbol{b}$ 是两个向量，则其内积满足不等式 $|\boldsymbol{a}\cdot\boldsymbol{b}|\leqslant|\boldsymbol{a}||\boldsymbol{b}|$，当 $\boldsymbol{b}=\lambda\boldsymbol{a}$，$\lambda\in\mathbb{R}$ 时等号成立。

若根据 $\boldsymbol{a}\cdot\boldsymbol{b}=|\boldsymbol{a}||\boldsymbol{b}|\cos\theta$ 这个定义，因为 $0\leqslant\cos\theta\leqslant 1$，显然柯西-施瓦兹不等式是成立的。但是这样的证明方式同样又犯了本末倒置的错误。柯西-施瓦兹不等式并没有限定向量的维度，换言之，它对于任意维度的向量都是成立的，这时夹角的定义是不明确的。正

确的思路同样应该从本节最开始的定义出发证明柯西-施瓦兹不等式,因为存在这样一个不等式关系,然后我们才会想到内积与向量模的乘积之间存在一个介于0和1之间的系数,然后才用$\cos\theta$表述这个系数,才会得到$\boldsymbol{a}\cdot\boldsymbol{b}=|\boldsymbol{a}||\boldsymbol{b}|\cos\theta$这个表达式。下面就来证明柯西-施瓦兹不等式。

证明:

若x是任意实数,则必然有$(\boldsymbol{a}+x\boldsymbol{b})\cdot(\boldsymbol{a}+x\boldsymbol{b})\geqslant 0$,展开得

$$\boldsymbol{a}\cdot\boldsymbol{a}-2\boldsymbol{a}\cdot\boldsymbol{b}x+\boldsymbol{b}\cdot\boldsymbol{b}x^2\geqslant 0$$

这是一条开口向上的抛物线且在x轴上方,于是由抛物线的性质,可得判别式小于或等于0,即

$$\Delta=(2\boldsymbol{a}\cdot\boldsymbol{b})^2-4(\boldsymbol{a}\cdot\boldsymbol{a})(\boldsymbol{b}\cdot\boldsymbol{b})\leqslant 0$$

$$(\boldsymbol{a}\cdot\boldsymbol{b})^2\leqslant|\boldsymbol{a}|^2|\boldsymbol{b}|^2\Rightarrow|\boldsymbol{a}\cdot\boldsymbol{b}|\leqslant|\boldsymbol{a}||\boldsymbol{b}|$$

由证明过程可知,等式若要成立,则$\boldsymbol{a}+x\boldsymbol{b}$必须是零向量,换言之,向量$\boldsymbol{a}$、$\boldsymbol{b}$是线性相关的,即$\boldsymbol{b}=\lambda\boldsymbol{a}$,$\lambda\in\mathbb{R}$。

由柯西-施瓦兹不等式自然可以证明三角不等式,三角不等式在前面也用到过,它的完整表述如下。

三角不等式:$\boldsymbol{a}$、$\boldsymbol{b}$是两个向量,则$|\boldsymbol{a}+\boldsymbol{b}|\leqslant|\boldsymbol{a}|+|\boldsymbol{b}|$。

证明:

$$\begin{aligned}|\boldsymbol{a}+\boldsymbol{b}|^2&=(\boldsymbol{a}+\boldsymbol{b})\cdot(\boldsymbol{a}+\boldsymbol{b})\\&=\boldsymbol{a}\cdot\boldsymbol{a}+2\boldsymbol{a}\cdot\boldsymbol{b}+\boldsymbol{b}\cdot\boldsymbol{b}\leqslant|\boldsymbol{a}|^2+2|\boldsymbol{a}||\boldsymbol{b}|+|\boldsymbol{b}|^2=(|\boldsymbol{a}|+|\boldsymbol{b}|)^2\end{aligned}$$

得证。

接下来,我们对刚刚讨论过的内积进行推广,并以公理化的形式给出内积的广义定义。

定义:设E为实线性空间,如果对于E中任意两个元素x和y,均有一个实数与之对应,此实数记为(x,y),且它满足:

(1) $(x,x)\geqslant 0$,当且仅当$x=\theta$时,$(x,x)=0$;

(2) $(x,y)=(y,x)$;

(3) $(\lambda x,y)=\lambda(x,y)$,($\lambda$为任意实数);

(4) $(x+y,z)=(x,z)+(y,z)$,($z\in E$);

则称数(x,y)为x和y的内积,称E为**实内积空间**(或称**欧几里得空间**)。

例如,n维实向量空间R_n中任意两个向量$\boldsymbol{x}=[\xi_1,\xi_2,\cdots,\xi_n]^{\mathrm{T}}$和$\boldsymbol{y}=[\eta_1,\eta_2,\cdots,\xi_n]^{\mathrm{T}}$的内积定义为

$$(\boldsymbol{x},\boldsymbol{y})=\sum_{i=1}^{n}\xi_i\eta_i=\boldsymbol{x}^{\mathrm{T}}\boldsymbol{y}$$

可以验证,这个内积的定义是满足前面介绍的4个条件的。此外,这种n维实向量空间通常也称为n维欧几里得空间,记为E_n。

再例如,空间$L^2[a,b]$中的两个函数$x(t)$和$y(t)$的内积可以定义为

$$(x,y)=\int_a^b x(t)y(t)\mathrm{d}t$$

很容易验证,这种定义对于上述4个条件都是满足的。

定理:(柯西-施瓦兹不等式)内积空间中的任意两个元素x和y满足不等式

$$|(x,y)| \leqslant \sqrt{(x,x)}\sqrt{(y,y)}$$

当且仅当 $x=\lambda y$ 或 x、y 中有一为零元素时等号成立。

需要指出的是，内积空间是线性赋范空间。这只要令

$$\|x\| = \sqrt{(x,x)}$$

此时三角不等式是成立的：

$$\|x+y\|^2 = |(x+y,x+y)| \leqslant |(x,x)| + |(x,y)| + |(y,x)| + |(y,y)|$$
$$\leqslant (x,x) + 2\sqrt{(x,x)}\sqrt{(y,y)} + (y,y) = (\|x\| + \|y\|)^2$$

这个证明过程中用到了柯西-施瓦兹不等式。由于内积空间是线性赋范空间，因此线性赋范空间所具有的性质在内积空间中同样成立。

另外，显然柯西-施瓦兹不等式还可以写成这样的形式：$|(x,y)| \leqslant \|x\| \cdot \|y\|$。

1.5.6　希尔伯特空间

定义：在由内积所定义的范数意义下完备的内积空间称为**希尔伯特(Hilbert)空间**。

希尔伯特空间是一类性质非常好的线性赋范空间，在工程上有着非常广泛的应用，而且在希尔伯特空间中最佳逼近问题可以得到比较完满的解决。

定义：设 X 为某一距离空间。设 B 是 X 中的一个集合。$x \in X$ 且 $x \notin B$。现记 $d(x,B)$ 为点 x 到集合 B 的距离：

$$d(x,B) = \inf_{y \in B} d(x,y)$$

如果集合 B 中存在元素 $\tilde{x}$，使得

$$d(x,\tilde{x}) = d(x,B)$$

则称元素 $\tilde{x} \in B$ 是元素 $x \in X$ 在集合 B 中的**最佳逼近元**，或简称为**最佳元**。

下面给出关于希尔伯特空间 H 中闭凸子集的最佳元存在的唯一性定理。

定理：设 B 是 H 中的闭凸子集，$x \in H$ 且 $x \notin B$，则存在唯一的 $\tilde{x} \in B$，使得

$$\|x-\tilde{x}\| = \inf_{y \in B} \|x-y\|$$

上述定理中提到了有关凸集的概念，其定义如下。

定义：设 M 是线性空间 E 中的一个集合，若对任意 $x,y \in M$ 及满足 $\lambda+\mu=1$ 之 $\lambda \geqslant 0$，$\mu \geqslant 0$，均有 $\lambda x+\mu y \in M$，则称 M 是 E 中的**凸集**。

下面对上述最佳元存在的唯一性定理进行证明。

证明：记

$$d = d(x,B) = \inf_{y \in B} \|x-y\|$$

根据下确界的定义，对于任意自然数 n，必存在 $y_n \in B$，使得

$$d \leqslant \|x-y_n\| < d + \frac{1}{n}$$

下面证明 $\{y_n\}$ 是 H 中的基本序列。为此，对 $x-y_n$ 与 $x-y_m$ 应用平行四边形法则：

$$2\|x-y_n\|^2 + 2\|x-y_m\|^2 = \|2x-y_n-y_m\|^2 + \|y_n-y_m\|^2$$

由 B 的凸性可知，$(y_n-y_m)/2 \in B$，从而

$$\|2x-y_n-y_m\|^2 = 4\left\|x-\frac{y_n-y_m}{2}\right\|^2 \geqslant 4d^2$$

由此便有

$$\begin{aligned}\| y_n - y_m \|^2 &= 2\| x - y_n \|^2 + 2\| x - y_m \|^2 - \| 2x - y_n - y_m \|^2 \\ &\leqslant 2\left(d + \frac{1}{n}\right)^2 + 2\left(d + \frac{1}{m}\right)^2 - 4d^2 \\ &= \frac{4d}{n} + \frac{4d}{m} + \frac{2}{n^2} + \frac{2}{m^2}\end{aligned}$$

显然，当 $n \to \infty, m \to \infty$ 时，有 $0 \leqslant \| y_n - y_m \|^2 \leqslant 0$，于是即知 $\{y_n\}$ 是基本序列。对于一个完备的空间而言，其中每个基本序列都收敛，故存在 $\tilde{x} \in B$（因为 B 是闭集）使得 $y_n \to \tilde{x}$，即得

$$\| x - \tilde{x} \| = d$$

最后证明 $\tilde{x}$ 的唯一性。设另有 $\tilde{x}_1 \in B$ 满足 $\| x - \tilde{x}_1 \| = d$，再次应用平行四边形法则，即有

$$\begin{aligned}4d^2 = 2\| x - \tilde{x} \|^2 + 2\| x - \tilde{x}_1 \|^2 &= \| \tilde{x} - \tilde{x}_1{}^2 + 4\left\| x - \frac{\tilde{x} + \tilde{x}_1}{2} \right\|^2 \\ &\geqslant \| \tilde{x} - \tilde{x}_1 \|^2 + 4d^2\end{aligned}$$

于是 $\| \tilde{x} - \tilde{x}_1 \|^2 \leqslant 0$，即 $\| \tilde{x} - \tilde{x}_1 \| = 0$，$\tilde{x} = \tilde{x}_1$。定理得证。

定义：如果 $x, y \in H$，且 $(x, y) = 0$，则称元素 x 与 y 是正交的，并记为 $x \perp y$。设 S 为 H 的子集，而元素 $x \in H$ 与 S 中任一元素都正交。则称元素 x 与集合 S 正交，记为 $x \perp S$。

显然，零元素 θ 与任何元素都正交。

定理：（勾股定理）若 $x \perp y$，则 $\| x + y \|^2 = \| x \|^2 + \| y \|^2$。

定理：（投影定理）设 L 是 H 的闭子空间，$x \in H$ 但 $x \notin L$，则 $\tilde{l}$ 是在中的最佳元的充分必要条件是 $(x - \tilde{l}) \perp L$。亦即对任意的 $l \in L$，均有 $(x - \tilde{l}, l) = 0$。

证明：设 $\tilde{l}$ 是最佳逼近元。则对于任意的实数 λ 和任意的元素 $l \in L$，有

$$\| x - \tilde{l} \|^2 \leqslant \| x - \tilde{l} + \lambda l \|^2$$

即 $(x - \tilde{l}, x - \tilde{l}) \leqslant (x - \tilde{l} + \lambda l, x - \tilde{l} + \lambda l)$，也就是 $2\lambda(x - \tilde{l}, l) + \lambda^2 \| l \|^2 \geqslant 0$。不妨设 $l \neq \theta$，取

$$\lambda = -\frac{(x - \tilde{l}, l)}{\| l \|^2}$$

则原式变为

$$-\frac{(x - \tilde{l}, l)^2}{\| l \|^2} \geqslant 0$$

于是有 $(x - \tilde{l}, l) = 0$，即必要性得证。

反之，设 $(x - \tilde{l}, l) = 0$ 对任意的元素 $l \in L$ 都成立，则由勾股定理推得

$$\| x - l \|^2 = \| x - \tilde{l} + \tilde{l} - l \|^2 = \| x - \tilde{l} \|^2 + \| \tilde{l} - l \|^2 \geqslant \| x - \tilde{l} \|^2$$

即

$$\inf_{l \in L} \| x - l \|^2 = \| x - \tilde{l} \|^2$$

充分性得证。定理证明完毕。

在此基础上，若 L 是 H 中的有限维子空间，下面的步骤实现了求出 x 到 L 的距离 d 的具体表达式。

定义：设 $\boldsymbol{x}_1, \boldsymbol{x}_2, \cdots, \boldsymbol{x}_k$ 是内积空间中的任意 k 个向量，这些向量的内积所组成的矩阵

$$G(\boldsymbol{x}_1,\boldsymbol{x}_2,\cdots,\boldsymbol{x}_k)=\begin{bmatrix}(\boldsymbol{x}_1,\boldsymbol{x}_1)(\boldsymbol{x}_2,\boldsymbol{x}_2) & \cdots & (\boldsymbol{x}_1,\boldsymbol{x}_k)\\(\boldsymbol{x}_2,\boldsymbol{x}_1)(\boldsymbol{x}_2,\boldsymbol{x}_2) & \cdots & (\boldsymbol{x}_2,\boldsymbol{x}_k)\\ \vdots & & \vdots\\(\boldsymbol{x}_k,\boldsymbol{x}_1)(\boldsymbol{x}_k,\boldsymbol{x}_2) & \cdots & (\boldsymbol{x}_k,\boldsymbol{x}_k)\end{bmatrix}$$

称为 k 个向量 $\boldsymbol{x}_1,\boldsymbol{x}_2,\cdots,\boldsymbol{x}_k$ 的格拉姆(Gram)矩阵，k 阶格拉姆矩阵 $\boldsymbol{G}_k=\boldsymbol{G}(\boldsymbol{x}_1,\boldsymbol{x}_2,\cdots,\boldsymbol{x}_k)$ 的行列式称为格拉姆行列式，通常用 $\Gamma(\boldsymbol{x}_1,\boldsymbol{x}_2,\cdots,\boldsymbol{x}_k)$ 表示，或者记成 $|\boldsymbol{G}(\boldsymbol{x}_1,\boldsymbol{x}_2,\cdots,\boldsymbol{x}_k)|$。

定理：设 $\boldsymbol{x}_1,\boldsymbol{x}_2,\cdots,\boldsymbol{x}_n$ 是内积空间中的一组向量，则格拉姆矩阵 $\boldsymbol{G}_n$ 必定是半正定矩阵，而 $\boldsymbol{G}_n$ 是正定矩阵的充要条件是 $\boldsymbol{x}_1,\boldsymbol{x}_2,\cdots,\boldsymbol{x}_n$ 线性无关。

证明：根据内积空间的定义，对任意的 n 维列向量 $\boldsymbol{\lambda}=[\lambda_1,\lambda_2,\cdots,\lambda_n]^{\mathrm{T}}$ 有

$$\boldsymbol{\lambda}^{\mathrm{T}}\boldsymbol{G}_n\boldsymbol{\lambda}=\sum_{i=1}^{n}\sum_{j=1}^{n}\lambda_i\lambda_j(\boldsymbol{x}_i,\boldsymbol{x}_j)=\sum_{i=1}^{n}\sum_{j=1}^{n}(\lambda_i\boldsymbol{x}_i,\lambda_j\boldsymbol{x}_j)=\Big(\sum_{i=1}^{n}\lambda_i\boldsymbol{x}_i,\sum_{j=1}^{n}\lambda_j\boldsymbol{x}_j\Big)\geqslant 0$$

因此，n 阶格拉姆矩阵 $\boldsymbol{G}_n=\boldsymbol{G}(\boldsymbol{x}_1,\boldsymbol{x}_2,\cdots,\boldsymbol{x}_n)$ 是半正定对称矩阵。

从上述证明过程中不难得到如下推论：内积空间中的任意 n 个向量 $\boldsymbol{x}_1,\boldsymbol{x}_2,\cdots,\boldsymbol{x}_n$ 的格拉姆行列式恒为非负实数，即 $\Gamma(\boldsymbol{x}_1,\boldsymbol{x}_2,\cdots,\boldsymbol{x}_n)\geqslant 0$，当且仅当 $\boldsymbol{x}_1,\boldsymbol{x}_2,\cdots,\boldsymbol{x}_n$ 线性相关时，等号成立。如果 $\boldsymbol{x}_1,\boldsymbol{x}_2,\cdots,\boldsymbol{x}_n$ 是线性无关的，则必然可推出 $\Gamma(\boldsymbol{x}_1,\boldsymbol{x}_2,\cdots,\boldsymbol{x}_n)\neq 0$。因为如果 $\Gamma(\boldsymbol{x}_1,\boldsymbol{x}_2,\cdots,\boldsymbol{x}_n)=0$，则表明 $\boldsymbol{G}_n$ 的列向量线性相关，即存在不全为零的 $\mu_1,\mu_2,\cdots,\mu_n$ 使得

$$\sum_{j=1}^{n}\mu_j(\boldsymbol{x}_i,\boldsymbol{x}_j)=0,\quad i=1,2,\cdots,n$$

由此可知(因为内积空间也是线性赋范空间)

$$\Big(\sum_{j=1}^{n}\mu_j\boldsymbol{x}_j,\sum_{i=1}^{n}\mu_i\boldsymbol{x}_i\Big)=0\Rightarrow\Big\|\sum_{j=1}^{n}\mu_j\boldsymbol{x}_j\Big\|^2=0$$

即

$$\sum_{j=1}^{n}\mu_j\boldsymbol{x}_j=\theta$$

这显然与 $\boldsymbol{x}_1,\boldsymbol{x}_2,\cdots,\boldsymbol{x}_n$ 线性无关矛盾。

定理：设 $\{x_1,x_2,\cdots,x_n\}$ 是 H 中的线性无关组。由它们生成的子空间记为 L，其维数为 n。H 中任一点 x 到 L 的距离 d 为

$$d^2=\frac{\Gamma(x_1,x_2,\cdots,x_n,x)}{\Gamma(x_1,x_2,\cdots,x_n)}$$

证明：设 x 的最佳元为 $\tilde{l}\in L$，则 $\tilde{l}$ 可表示为(相当于对 $\tilde{l}$ 做了一个线性展开)

$$\tilde{l}=\sum_{j=1}^{n}\lambda_j x_j$$

根据投影定理

$$(x-\tilde{l})\perp x_i,\quad i=1,2,\cdots,n$$

这也等价于下列关于 λ_j 的线性方程组

$$\Big(x-\sum_{j=1}^{n}\lambda_j x_j,x_i\Big)=0\Rightarrow(x,x_i)-\Big(\sum_{j=1}^{n}\lambda_j x_j,x_i\Big)=0$$

继续利用内积空间定义中的若干性质便会得到(如下方程组也称最佳逼近问题的正规方程)

$$\sum_{j=1}^{n}\lambda_j(x_j,x_i)=(x,x_i),\quad i=1,2,\cdots,n$$

其系数行列式$|G_n|\neq 0$,因此有唯一解。再由内积的定义及投影定理得到

$$d^2=\|x-\tilde{l}\|^2=(x-\tilde{l},x-\tilde{l})=(x,x)-(\tilde{l},x)-(x-\tilde{l},\tilde{l})$$

其中$(x-\tilde{l},\tilde{l})=0$,即得

$$\sum_{j=1}^{n}\lambda_j(x_j,x)+d^2=(x,x)$$

现在把已经得到的两个和式联立起来,便得到下列关于$n+1$个未知数$\lambda_1,\lambda_2,\cdots,\lambda_n$,$d^2$的$n+1$个方程:

$$\begin{cases}\lambda_1(x_1,x_1)+\cdots+\lambda_n(x_n,x_1)+0\cdot d^2=(x,x_1)\\ \lambda_1(x_1,x_2)+\cdots+\lambda_n(x_n,x_2)+0\cdot d^2=(x,x_2)\\ \qquad\vdots\\ \lambda_1(x_1,x_n)+\cdots+\lambda_n(x_n,x_n)+0\cdot d^2=(x,x_n)\\ \lambda_1(x_1,x)+\cdots+\lambda_n(x_n,x)+1\cdot d^2=(x,x)\end{cases}$$

由线性代数中的克莱姆法则即可求得d^2的表达式即为定理中所列出之形式,于是定理得证。

下面给出希尔伯特空间中当逼近集为闭凸集时的最佳元的特征定理。

定理:设B是希尔伯特空间H中的闭凸子集,$x\in H$,$x\notin B$,则下列命题等价:

(1) $\tilde{x}\in B$是x的最佳元,即对任意的$b\in B$,均有$\|x-\tilde{x}\|\leqslant\|x-b\|$;

(2) $\tilde{x}\in B$满足:对任意的$b\in B$,均有$(x-\tilde{x},b-\tilde{x})\leqslant 0$;

(3) $\tilde{x}\in B$满足:对任意的$b\in B$,均有$(x-b,\tilde{x}-b)\geqslant 0$。

最后研究希尔伯特空间中的傅里叶级数展开。

定义:设$\{e_1,e_2,\cdots\}$是内积空间H中的一组元素,如果对任意的$i\neq j$,均有$(e_i,e_j)=0$,则称$\{e_1,e_2,\cdots\}$是H中的正交系;如果每一个e_i的范数为1,则称之为规范正交系。

换言之,$\{e_1,e_2,\cdots\}$是H中规范正交系是指

$$(e_i,e_j)=\delta_{ij}=\begin{cases}1, & i=j\\ 0, & i\neq j\end{cases}$$

其中,δ_{ij}是克罗内克(Kronecker)函数[①]。

内积空间中的正交系一定是线性无关组。

现在设$\{x_1,x_2,\cdots\}$是内积空间中的一组线性无关元素。下面讨论的方法实现了由该组元素导出一组规范正交系$\{e_1,e_2,\cdots\}$使得每一e_n是$x_1,x_2,\cdots,x_n$的线性组合。

首先,取$e_1=x_1/\|x_1\|$,再令$u_2=x_2-(x_2,e_1)e_1$,$e_2=u_2/\|u_2\|$,那么显然$\{e_1,e_2\}$是规范正交的。以此类推,若已有规范正交组$\{e_1,e_2,\cdots,e_{n-1}\}$,就再令

$$u_n=x_n-\sum_{i=1}^{n-1}(x_n,e_i)e_i$$

---

① 克罗内克函数δ_{ij}是一个二元函数,得名于数学家克罗内克。克罗内克函数的自变量(输入值)一般是两个整数,如果两者相等,则其输出值为1,否则为0。克罗内克函数的值一般简写为δ_{ij}。注意,尽管克罗内克函数和狄拉克函数都使用δ作为符号,但是克罗内克δ用的时候带两个下标,而狄拉克δ函数则只有一个变量。

及 $e_n=u_n/\|u_n\|$，则显然 e_n 与 $e_1,e_2,\cdots,e_{n-1}$ 都正交，从而 $\{e_1,e_2,\cdots,e_n\}$ 是规范正交的。如此继续下去，就可以得到规范正交系 $\{e_1,e_2,\cdots\}$。

上述由线性无关组 $\{x_1,x_2,\cdots\}$ 构造出规范正交系 $\{e_1,e_2,\cdots\}$ 的方法通常称为格拉姆-施密特正交化方法。

例如，显然 $\{1,t,t^2,\cdots,t^n,\cdots\}$ 是空间 $L^2[-1,1]$ 中的线性无关组，但不是正交系。利用格拉姆-施密特方法，可以得到基于内积

$$(x,y)=\int_a^b x(t)y(t)\mathrm{d}t$$

的一个规范正交系。为此，令 $x_0=1,x_1=t,\cdots,x_n=t^n,\cdots$，由于 $\{x_n\}$ 是线性无关的，故可取 $e_0=x_0/\|x_0\|=1/\sqrt{2}$，$u_1=x_1-(x_1,e_0)e_0=t$，进而取 $e_1=u_1/\|u_1\|=\sqrt{3/2}\,t$，类似地有

$$e_2=\sqrt{\frac{5}{2}}\cdot\frac{1}{2}(3t^2-1),\cdots,e_n=\sqrt{\frac{2n+1}{2}}\cdot P_n(t)\quad n=1,2,\cdots$$

其中，

$$P_n(t)=\frac{1}{2^n n!}\frac{\mathrm{d}^n}{\mathrm{d}t^n}(t^2-1)^n$$

称为 n 阶勒让德(Legendre)多项式，而 $\{e_0(t),e_1(t),e_2(t)\cdots,e_n(t),\cdots\}$ 是 $L^2[-1,1]$ 中的规范正交系。

之前已经推导出了 H 中任一点 x 到其中有限维子空间 L 的距离公式，下面考虑无限维子空间的情况。设 $\{e_1,e_2,\cdots,e_n\}$ 是希尔伯特空间 H 中的规范正交系。现在根据前面讨论过的有限维子空间距离公式来求 H 中任一元素 x 到由 $\{e_1,e_2,\cdots,e_n\}$ 所生成的子空间 L 的距离 d。

显然 $\boldsymbol{G}(e_1,e_2,\cdots,e_n)$ 是单位矩阵，因此 $|\boldsymbol{G}(e_1,e_2,\cdots,e_n)|=1$，而

$$|\boldsymbol{G}(e_1,e_2,\cdots,e_n,x)|=\begin{vmatrix}1 & & & (x,e_1)\\ & \ddots & & \vdots\\ & & 1 & (x,e_n)\\ (e_1,x) & \cdots & (e_n,x) & (x,x)\end{vmatrix}=\|x\|^2-\sum_{i=1}^{n}|c_i|^2$$

其中，$c_i=(x,e_i)$。上述化简计算过程中需用到一点线性代数的技巧。根据行列式的性质，把行列式中的某一行(或列)的元素都乘以同一个系数后，再加到另一行(或列)的对应元素上去，则行列式的值不变。于是不妨把第 1 行乘以 $-(e_1,x)$ 后加到最后一行上，把第 2 行乘以 $-(e_2,x)$ 后加到最后一行上……最终把原矩阵化成一个上三角矩阵。而上三角矩阵的行列式的值就等于主对角线上所有元素的乘积。基于上述计算结果便可得到

$$d^2=\frac{|\boldsymbol{G}(e_1,e_2,\cdots,e_n,x)|}{|\boldsymbol{G}(e_1,e_2,\cdots,e_n)|}=\|x\|^2-\sum_{i=1}^{n}|c_i|^2$$

而 x 在 L 中的最佳逼近元 $\tilde{x}$(即元素 x 在 n 维子空间 L 中的投影)可以由一组正交基展开，即

$$\tilde{x}=\sum_{j=1}^{n}c_j e_j$$

根据投影定理

$$(x-\tilde{x})\perp e_i,\quad i=1,2,\cdots,n$$

这也等价于下列关于 c_j 的线性方程组

$$(x-\sum_{j=1}^{n}c_je_j,e_i)=0\Rightarrow(x,e_i)-(\sum_{j=1}^{n}c_je_j,e_i)=0$$

于是有

$$\sum_{j=1}^{n}c_j(e_j,e_i)=(x,e_i),\quad i=1,2,\cdots,n$$

注意到$\{e_1,e_2,\cdots\}$是规范正交系，所以当 $j\neq i$ 时，$(e_j,e_i)=0$；而当 $j=i$ 时，$(e_j,e_i)=1$，所以有

$$c_i=(x,e_i)$$

进而有

$$\tilde{x}=\sum_{i=1}^{n}c_ie_i=\sum_{i=1}^{n}(x,e_i)e_i$$

其中系数 $c_i=(x,e_i)$称为元素 x 关于规范正交系$\{e_1,e_2,\cdots,e_n\}$的傅里叶系数。

定义：设内积空间 H 中有一个规范正交系$\{e_1,e_2,\cdots,e_n\}$，则数列$\{(x,e_i)\}(n=1,2,\cdots)$称为 x 关于规范正交系$\{e_1,e_2,\cdots,e_n\}$的**傅里叶系数**。

事实上，内积空间中的元素关于规范正交系的傅里叶系数就是微积分中的傅里叶系数概念的推广。泛函分析中的理论可以被用来验证或证明之前在微积分中给出的与傅里叶系数有关的许多结论。

定理：设 H 为无穷维希尔伯特空间，$\{e_1,e_2,\cdots\}$为 H 中的一组规范正交系，L 是由$\{e_1,e_2,\cdots\}$张成的一个子空间，即 $L=\mathrm{span}\{e_1,e_2,\cdots,e_n\}$。对于 H 中的任一元素 x，则

$$\tilde{x}=\sum_{i=1}^{n}(x,e_i)e_i$$

为元素 x 在L 上的投影，且

$$\|\tilde{x}\|^2=\sum_{i=1}^{n}|(x,e_i)|^2$$

$$\|x-\tilde{x}\|^2=\|x\|^2-\|\tilde{x}\|^2$$

这个定理根据前面推导而得的结论（H 中任一点 x 到其中无限维子空间 L 的距离公式）

$$d^2=\|x\|^2-\sum_{i=1}^{n}|c_i|^2$$

可以很容易证明，此处不再赘述。

贝塞尔(Bessel)不等式：设$\{e_n\}$为内积空间 H 中的标准正交系，令 $n\to\infty$，则

$$\sum_{i=1}^{\infty}|(x,e_i)|^2\leqslant\|x\|^2$$

这个不等式同样可以根据 H 中任一点 x 到其中无限维子空间 L 的距离公式推得。当贝塞尔不等式取等号的时候，就得到了**帕塞瓦尔(Parseval)等式**：

$$\|x\|^2=\sum_{i=1}^{\infty}|(x,e_i)|^2$$

定义：设 H 为一内积空间，$\{e_n\}$为 H 中的一个标准正交系，若 $x\in H$，$x\perp e_n(n=1,2,\cdots)$，则必有 $x=\theta$。换言之，H 中不再存在非零元素，使它与所有的 e_n 正交，则称$\{e_n\}$为 H 中的

完全的标准正交系。

定理：设$\{e_n\}$是希尔伯特空间 H 中的一个标准正交系，且闭子空间 $L=\overline{\text{span}\{e_n \mid n=1,2,\cdots\}}$，则下述4个条件是等价的：

(1) $\{e_n\}$为 H 中的完全的标准正交系；

(2) $L=H$；

(3) 对任意 $x\in H$，帕塞瓦尔等式成立；

(4) 对任意 $x\in H$，

$$x=\sum_{i=1}^{\infty}(x,e_i)e_i$$

通常把上述定理中的最后一条称为 x 关于完全标准正交系的傅里叶级数(或 x 按$\{e_n\}$展开的傅里叶级数)。该定理把微积分中的傅里叶展开推广到抽象的希尔伯特空间中去，并揭示了完全标准正交系、帕塞瓦尔等式以及傅里叶展开之间的本质联系。

证明：(1) ⇒(2)设$\{e_n\}$为完全的标准正交系。若 $L\neq H$，必存在非零元素 $x\in H-L$。由投影定理，存在 $x_0\in L$，$x_1\perp L$，使 $x=x_0+x_1$，因为 $x\neq x_0$，所以有 $x_1=x-x_0\neq\theta$，而 $x_1\perp e_n$，这与$\{e_n\}$的完全性相矛盾。

(2) ⇒(3)若 $L=H$，$x\in H=L$，则 x 可表示为$\{e_n\}$的线性组合的极限。对任意有限个 e_i，譬如 $e_1,e_2,\cdots,e_n$，有

$$x_n=\sum_{i=1}^{n}(x,e_i)e_i$$

根据前面介绍过的定理，可得

$$\|x-x_n\|^2=\|x\|^2-\|x_n\|^2=\|x\|^2-\sum_{i=1}^{n}|(x,e_i)|^2$$

另一方面，利用反证法，若由帕塞瓦尔等式不成立，以及贝赛尔不等式，则

$$\|x\|^2-\sum_{i=1}^{\infty}|(x,e_i)|^2=a^2>0$$

因而对于任意的 n 有

$$\|x-\sum_{i=1}^{n}(x,e_i)e_i\|^2=\|x\|^2-\sum_{i=1}^{\infty}|(x,e_i)|^2\geqslant a^2$$

即

$$x\neq\sum_{i=1}^{n}(x,e_i)e_i$$

这与假设条件矛盾，因此命题得证。

(3) ⇒(4)对任意 $x\in H$，帕塞瓦尔等式成立，则由前面介绍过的定理得出

$$\|x-x_n\|^2=\left\|x-\sum_{i=1}^{n}(x,e_i)e_i\right\|^2=\|x\|^2-\sum_{i=1}^{n}|(x,e_i)|^2$$

根据帕塞瓦尔等式，可知

$$\lim_{n\to\infty}\left\|x-\sum_{i=1}^{n}(x,e_i)e_i\right\|^2=\lim_{n\to\infty}\left[\|x\|^2-\sum_{i=1}^{n}|(x,e_i)|^2\right]=0$$

即证明了

$$x=\sum_{i=1}^{\infty}(x,e_i)e_i$$

(4) ⇒(1)对任意 $x\in H$,

$$x=\sum_{i=1}^{\infty}(x,e_i)e_i$$

并设 $x\perp e_i(i=1,2,\cdots)$,显然有 $x=\theta$,因此$\{e_n\}$为 H 中的完全的标准正交系。

1.6 从泛函到变分法

作为数学分析的一个分支,变分法(Calculus of Variations)在物理学、经济学以及信息技术等诸多领域都有着广泛而重要的应用。变分法是研究依赖于某些未知函数的积分型泛函极值的普遍方法。换句话说,求泛函极值的方法就称为变分法。

1.6.1 理解泛函的概念

变分法是现代泛函分析理论的重要组成部分,但变分法却是先于泛函理论建立的。因此,即使我们不过深地涉及泛函分析之相关内容,亦可展开对于变分法的学习。在前面介绍的有关抽象空间的内容基础之上来讨论泛函的概念是非常方便的。

定义:设 X 和 Y 是两个给定的线性赋范空间,并有集合$\mathcal{D}\subset X$。若对于$\mathcal{D}$中的每一个元素 x,均对应于 Y 中的一个确定的元素 y,就说这种对应关系确定了一个**算子**。算子通常用大写字母 $T,A,\cdots$来表示,记为 $y=Tx$ 或 $y=T(x)$。y 称为 x 的**象**,x 称为 y 的**原象**。集合$\mathcal{D}$称为算子 T 的**定义域**,常记为$\mathcal{D}(T)$;而集合$\mathcal{R}(T)=\{y\in Y;y=Tx,x\in\mathcal{D}(T)\}$称为算子 T 的**值域**。对于算子 T,常用下述记号 $T:X\mapsto Y$,读作"T 是由 X 到 Y 的算子"。但应注意这种表示方法并不意味着$\mathcal{D}(T)=X$ 及$\mathcal{R}(T)=Y$。

当 X 和 Y 都是实数域时,T 就是微积分中的函数。因此算子是函数概念的推广,但是算子这个概念又要比函数更抽象,也更复杂。

设 X 为实(或复)线性赋范空间,则由 X 到实(或复)数域的算子称为泛函。例如,若 $x(t)$是任意一个可积函数:$x(t)\in L^2[a,b]$,则其积分

$$f(x)=\int_a^b x(t)\mathrm{d}t$$

就是一个定义在 $L^1[a,b]$上的泛函,而且是线性的

$$f(\alpha x+\beta y)=\alpha\int_a^b x(t)\mathrm{d}t+\beta\int_a^b y(t)\mathrm{d}t=\alpha f(x)+\beta f(x)$$

还是有界的

$$|f(x)|\leqslant\int_a^b|x(t)|\mathrm{d}t=\|x\|$$

需要说明的是,此处所讨论的仅限于实数范围内的泛函。

如果把上述泛函定义中的线性赋范空间局限于函数空间,那么也可以从另外一个角度理解此处所要讨论的泛函。

把具有某种共同性质的函数构成的集合称为函数类,记作 F。对于函数类 F 中的每一个函数 $y(x)$,在$\mathbb{R}$ 中变量$\mathcal{J}$都有一个确定的数值按照一定的规律与之相对应,则$\mathcal{J}$称为函

数 $y(x)$的泛函,记作$\mathcal{J}=\mathcal{J}[y(x)]$或者$\mathcal{J}=\mathcal{J}[y]$。函数 $y(x)$称为泛函$\mathcal{J}$的宗量。函数类 F 称为泛函$\mathcal{J}$的定义域。可以这样理解,泛函是以函数类为定义域的实值函数。为了与普通函数相区别,泛函所依赖的函数用方括号括起来。

由泛函的定义可知,泛函的值是数,其自变量是函数,而函数的值与其自变量都是数,所以泛函是变量与函数的对应关系,它是一种广义上的函数。而函数是变量与变量的对应关系,这是泛函与函数的基本区别。此外还应当意识到,泛函的值既不取决于自变量 x 的某个值,也不取决于函数 $y(x)$的某个值,而是取决于函数类 F 中 y 与 x 的函数关系。

由于一元函数在几何上是用曲线表示的,因此它的泛函也可以称为是曲线函数。类似地,二元函数在几何上的表现形式通常都是曲面,因此它的泛函也可以称为是曲面函数。如果 x 是多维域$(x_1,x_2,\cdots,x_n)$上的变量时,以上定义的泛函也适用。此时,泛函记为$\mathcal{J}=\mathcal{J}[u(x_1,x_2,\cdots,x_n)]$。同时也可以定义依赖于多个未知函数的泛函,记为$\mathcal{J}=\mathcal{J}[y_1(x),y_2(x),\cdots,y_m(x)]$。其中,$y_1(x),y_2(x),\cdots,y_m(x)$都是独立变化的。另外,泛函记为$\mathcal{J}=\mathcal{J}[y_1(x_1,x_2,\cdots,x_n),y_2(x_1,x_2,\cdots,x_n),\cdots,y_m(x_1,x_2,\cdots,x_n)]$,同样要求 $y_1(x_1,x_2,\cdots,x_n),y_2(x_1,x_2,\cdots,x_n),\cdots,y_m(x_1,x_2,\cdots,x_n)$也是独立变化的。这就表示该泛函的定义依赖于多个未知函数,且每个未知函数又依赖于多维变量。

设已知函数 $F(x,y(x),y'(x))$是由定义在区间$[x_0,x_1]$上的 3 个独立变量 x、$y(x)$、$y'(x)$所共同确定的,并且是二阶连续可微的,则泛函

$$\mathcal{J}[y(x)]=\int_{x_0}^{x_1}F(x,y(x),y'(x))\mathrm{d}x$$

称为**最简单的积分型泛函**,或简称为**最简泛函**,被积函数 F 称为泛函的核。

同理,还可以定义变量函数为二元函数 $u(x,y)$时的泛函为

$$\mathcal{J}[y]=\iint_S F(x,y,u,u_x,u_y)\,\mathrm{d}x\,\mathrm{d}y$$

其中,$u_x=\partial u/\partial x$,$u_y=\partial u/\partial y$。

此处所讨论的主要是古典变分法的内容。它所研究的主要问题可以归结为:在适当的函数类中选择一个函数使得类似于上述形式的积分取得最值。而这一问题又归结为求解欧拉-拉格朗日方程。这看起来并非一个复杂的问题,而且方法似乎也平常无奇。但依靠这种方法,可以发现原来自然世界中许多千差万别的问题居然能够使用统一的数学程序来求解,而且奇妙的变分原理还可以用来解释无数的自然规律。下面将从最简泛函开始导出欧拉-拉格朗日方程。

1.6.2 关于变分概念

我们知道,一个函数在某一点处取极值,那么函数在该点处的导数(如果存在的话)必为零。要考虑一个泛函的极值问题,就不妨参照函数求极值的思想引入一个类似的概念,为此需引入变分的概念,这也是得出欧拉-拉格朗日方程的关键所在。

对于任意定值 $x\in[x_0,x_1]$,可取函数 $y(x)$与另一可取函数 $y_0(x)$之差 $y(x)-y_0(x)$称为函数 $y(x)$在 $y_0(x)$处的变分,记作 δy,δ 称为变分符号,此时有

$$\delta y=y(x)-y_0(x)=\varepsilon\eta(x)$$

式中 ε 是一个小参数,$\eta(x)$是 x 的任意函数。由于可取函数都通过区间的端点,即它们在

区间的端点的值都相等,因此在区间的端点,任意函数 $\eta(x)$满足

$$\eta(x_0)=\eta(x_1)=0$$

因为可取函数 $y(x)$是泛函$\mathcal{J}[y(x)]$的宗量,故也可以这样定义变分:泛函的宗量 $y(x)$与另一宗量 $y_0(x)$之差 $y(x)-y_0(x)$称为宗量 $y(x)$在 $y_0(x)$处的变分。

上述变分的定义也可以推广到多元函数的情形。

显然,函数 $y(x)$的变分 δy 是 x 的函数。注意函数变分 δy 与函数增量 Δy 的区别。函数的变分 δy 是两个不同函数 $y(x)$与 $y_0(x)$在自变量 x 取固定值时之差 $\alpha\eta(x)$,函数发生了改变;函数的增量 Δy 是由于自变量 x 取了一个增量而使得函数 $y(x)$产生的增量,函数仍然是原来的函数。

如果函数 $y(x)$与另一函数 $y_0(x)$都可导,则函数的变分 δy 有如下性质:

$$\delta y'=y'(x)-y_0'(x)=[y(x)-y_0(x)]'=(\delta y)'$$

由此得到变分符号 δ 与导数符号之间的关系

$$\delta\left(\frac{\mathrm{d}y}{\mathrm{d}x}\right)=\frac{\mathrm{d}}{\mathrm{d}x}(\delta y)$$

即函数导数的变分等于函数变分的导数。换言之,求变分与求导数这两种运算次序可以交换。在进行变分法的推导时要经常用到变分的这个性质。上面这些性质亦可推广到高阶导数的变分情形,具体这里不再赘述。

上面介绍了函数的变分,下面考虑泛函的变分。例如,对于泛函

$$\mathcal{J}[y]=\int_a^b y^2(x)\mathrm{d}x$$

的增量可以表示为

$$\begin{aligned}\Delta\mathcal{J}&=\mathcal{J}[y_1(x)]-\mathcal{J}[y_2(x)]=Q[y(x)+\delta y]-\mathcal{J}[y(x)]\\&=\int_a^b[y(x)+\delta y]^2\mathrm{d}x-\int_a^b y^2(x)\mathrm{d}x\\&=\int_a^b[y^2(x)+2y(x)\delta y+(\delta y)^2]\mathrm{d}x-\int_a^b y^2(x)\mathrm{d}x\\&=\int_a^b 2y(x)\delta y\,\mathrm{d}x+\int_a^b(\delta y)^2\mathrm{d}x\end{aligned}$$

其中,$\delta y=y_1(x)-y(x)$。

可见,此泛函$\mathcal{J}$的增量$\Delta\mathcal{J}$由两项相加而得。将第一项记为

$$\int_a^b 2y(x)\delta y\,\mathrm{d}x=T[y(x),\delta y]$$

当函数 $y(x)$固定时,$T[y(x),\delta y]$是关于 δy 的线性泛函。这是因为对任何常数 C 而言,有

$$T[y(x),C\delta y]=\int_a^b 2y(x)C\delta y\,\mathrm{d}x=C\int_a^b 2y(x)\delta y\,\mathrm{d}x=CT[y(x),\delta y]$$

且

$$\begin{aligned}T[y(x),\delta y_1+\delta y_2]&=\int_a^b 2y(x)(\delta y_1+\delta y_2)\mathrm{d}x\\&=\int_a^b 2y(x)\delta y_1\mathrm{d}x+\int_a^b 2y(x)\delta y_2\mathrm{d}x\end{aligned}$$

$$= T[y(x), \delta y_1] + T[y(x), \delta y_2]$$

再来考查第二项，此处 $\delta y = y_1(x) - y(x)$，其中 $y(x)$ 是已经给定的函数，$y_1(x)$ 是任取的函数，$y(x)$ 和 $y_1(x)$ 均属于 $C[a,b]$。

若

$$\max_{a \leqslant x \leqslant b} |y_1(x) - y(x)| = \max|\delta y| \rightarrow 0$$

由

$$\left|\int_a^b (\delta y)^2 \mathrm{d}x\right| \leqslant \max_{a \leqslant x \leqslant b} (\delta y)^2 (b-a)$$

可知

$$\frac{\int_a^b (\delta y)^2 \mathrm{d}x}{\max|\delta y|} \rightarrow 0$$

上式表明，当 $\max|\delta y| \rightarrow 0$ 时，分子是比分母更高阶的无穷小量，不妨记为

$$\int_a^b (\delta y)^2 \mathrm{d}x = 0(\delta y)$$

于是 $\Delta \mathcal{J} = T[y(x), \delta y] + 0(\delta y)$。这其实表明，原泛函的增量可以分解为两个部分：第一部分是 δy 的线性泛函，第二部分是比 δy 更高阶的无穷小量。回想函数微分的概念，函数的微分其实是函数增量的线性主要部分。换言之，微分就是当自变量的变化非常小时，用来近似等于因变量的一个量。上述对函数增量及微分关系的分析其实在提示我们，是否可以用泛函增量中的线性主要部分近似等于泛函的增量。其实这种所谓的泛函增量中的线性主要部分就是下面定义中给出的泛函的变分。

定义：对于泛函 $\mathcal{J}[y(x)]$，给 $y(x)$ 以增量 δy，即 $y(x)$ 的变分，则泛函 $\mathcal{J}$ 有增量 $\Delta \mathcal{J} = \mathcal{J}[y(x)+\delta y] - \mathcal{J}[y(x)]$。如果 $\Delta \mathcal{J}$ 可以表示为 $\Delta \mathcal{J} = T[(x), \delta y] + \beta[(x), \delta y]$。其中，当 $y(x)$ 给定时，$T[y(x), \delta y]$ 对 δy 是线性泛函，而当 $\max|\delta y| \rightarrow 0$ 时，

$$\frac{\beta[(x), \delta y]}{\max|\delta y|} \rightarrow 0$$

那么，$T[y(x), \delta y]$ 称为泛函的变分，记作 $\delta \mathcal{J}$。可见泛函 $\mathcal{J}[y(x)]$ 的变分 $\delta \mathcal{J}$ 本质上讲就是 $\mathcal{J}$ 的增量的线性主要部分。

1.6.3 变分法的基本方程

导致变分法创立的著名问题是由瑞士数学家约翰·伯努利于 1696 年提出的最速降线(Brachistorone)问题。牛顿、莱布尼茨、约翰·伯努利及其学生洛必达各自采用不同的方法都成功地解决了这一问题，尽管他们所采用的方法各不相同，但最终殊途同归，所得答案都是一致的。后来，欧拉也对最速降线问题进行了研究。1734 年，欧拉给出了更为广泛的最速降线问题的解答。但欧拉对自己当时采用的方法不甚满意，进而开始寻求解决这类问题的一种普适方法。而在此过程中，欧拉便建立了变分法。1736 年，欧拉在其著作中给出了变分法中的基本方程，这正是后来变分法所依托的重要基础。欧拉在推导该基本方程时采用的方法非常复杂，而拉格朗日则给出了一个非常简洁的方法，并于 1755 年在信中将该方法告知了欧拉。所以后来人们便称这个基本方程为欧拉-拉格朗日方程。

在推导出欧拉-拉格朗日方程之前，先给出一个预备定理，它也被称为是变分学引理：

如果函数 $y=f(x)$在$[a,b]$上连续,又

$$\int_a^b f(x)\eta(x)\mathrm{d}x=0$$

对任何具有如下性质的函数 $\eta(x)$成立,这些性质是:

(1) $\eta(x)$在$[a,b]$上有连续导数;

(2) $\eta(a)=0=\eta(b)$;

(3) $|\eta(x)|<\varepsilon$,这里 ε 是任意给定的正数。

那么,函数 $f(x)$在$[a,b]$上恒为零。

此处不对该定理进行详细证明,有兴趣的读者可以参阅变分法或数学分析方面的相关资料以了解更多。但我们同时可以对上述预备定理进行推广,即如果把 3 个条件中的第一条改为:$\eta(x)$在$[a,b]$上有 n 阶连续导数。其中 n 为任何给定的非负整数,而且我们规定 $\eta(x)$的零阶导函数就是其本身。那么原命题中的结论仍然成立。特别地,当 $n=1$ 时,所描述的就是原来的预备定理。

至此准备工作已经基本就绪,接下来便可以开始考虑最简泛函的极值问题了。首先,可以利用类似函数极值的概念来定义泛函的极值。当变量函数为 $y(x)$时,泛函$\mathcal{J}[y]$取极小值的含义就是:对于极值函数 $y(x)$及其"附近"的变量函数 $y(x)+\delta y(x)$,恒有

$$\mathcal{J}[y+\delta y]\geqslant\mathcal{J}[y]$$

所谓函数 $y(x)+\delta y(x)$在另一个函数 $y(x)$的"附近",指的是:首先,$|\delta y(x)|<\varepsilon$;其次,有时还要求$|(\delta y)'(x)|<\varepsilon$。

接下来,可以仿照函数极值必要条件的导出办法,导出泛函取极值的必要条件。不妨不失普遍性地假定,所考虑的变量函数均通过固定的两个端点 $y(x_0)=a$,$y(x_1)=b$,即 $\delta y(x_0)=0$,$\delta y(x_1)=0$。

考虑泛函的差值

$$\mathcal{J}[y+\delta y]-\mathcal{J}[y]=\int_{x_0}^{x_1}F(x,y+\delta y,y'+(\delta y)')\mathrm{d}x-\int_{x_0}^{x_1}F(x,y,y')\mathrm{d}x$$

当函数的变分 $\delta y(x)$足够小时,可以将第一项的被积函数在极值函数的附近进行泰勒展开,于是有

$$F(x,y+\delta y,y'+\delta y')\approx F(x,y,y')+\left[\frac{\partial F}{\partial y}\delta y+\frac{\partial F}{\partial y'}(\delta y)'\right]$$

由于舍弃掉了二次项及以上高次项,所以这里用的是约等号。由上式也可推出

$$\mathcal{J}[y+\delta y]-\mathcal{J}[y]=\int_{x_0}^{x_1}\left[\frac{\partial F}{\partial y}\delta y+\frac{\partial F}{\partial y'}(\delta y)'\right]\mathrm{d}x$$

上式就称为是$\mathcal{J}[y]$的一阶变分,记为 $\delta\mathcal{J}[y]$。泛函$\mathcal{J}[y]$取极值的必要条件是泛函的一阶变分为 0,即

$$\delta\mathcal{J}[y]\equiv\int_{x_0}^{x_1}\left[\frac{\partial F}{\partial y}\delta y+\frac{\partial F}{\partial y'}(\delta y)'\right]\mathrm{d}x=0$$

应用分部积分,同时代入边界条件,就有

$$\delta\mathcal{J}[y]=\int_{x_0}^{x_1}\frac{\partial F}{\partial y}\delta y\mathrm{d}x+\int_{x_0}^{x_1}\frac{\partial F}{\partial y'}(\delta y)'\mathrm{d}x$$

$$=\int_{x_0}^{x_1}\frac{\partial F}{\partial y}\delta y\,\mathrm{d}x+\frac{\partial F}{\partial y'}\delta y\Bigg|_{x_0}^{x_1}-\int_{x_0}^{x_1}\delta y\,\frac{\mathrm{d}}{\mathrm{d}x}\left(\frac{\partial F}{\partial y'}\right)\mathrm{d}x$$

$$=\int_{x_0}^{x_1}\delta y\left(\frac{\partial F}{\partial y}-\frac{\mathrm{d}}{\mathrm{d}x}\frac{\partial F}{\partial y'}\right)\mathrm{d}x$$

由于δy的任意性,结合前面给出的预备定理,就可以得到

$$\frac{\partial F}{\partial y}-\frac{\mathrm{d}}{\mathrm{d}x}\frac{\partial F}{\partial y'}=0$$

上述方程称为欧拉-拉格朗日方程(Euler-Lagrange Equation),而在力学中它往往被称为拉格朗日方程。变分法的关键是欧拉-拉格朗日方程。它对应于泛函的临界点,它是泛函取极小值的必要条件的微分形式。需要指出的是,欧拉-拉格朗日方程方程只是泛函有极值的必要条件,并不是充分条件。

同理,可得二维情况下泛函极值问题的欧拉-拉格朗日方程为

$$\frac{\partial F}{\partial u}-\frac{\mathrm{d}}{\mathrm{d}x}\left(\frac{\partial F}{\partial u_x}\right)-\frac{\mathrm{d}}{\mathrm{d}y}\left(\frac{\partial F}{\partial u_y}\right)=0$$

定理:设$F(x,y,y')$是3个变量的连续函数,且当点(x,y)在平面上的某个有界域B内,而y'取任何值时,$F(x,y,y')$及其直到二阶的偏导数(指对变量x,y及y'的偏导数)均连续。若满足:

(1) $y(x)\in C^1[a,b]$;

(2) $y(a)=y_0$,$y(b)=y_1$;

(3) $y(x)$曲线位于平面上的有界区域B内的函数集合中,泛函$\mathcal{J}[y(x)]$在某一条确定的曲线$y(x)$上取极值,且此曲线$y(x)$在$[a,b]$有二阶连续导数,那么函数$y(x)$满足微分方程

$$\frac{\partial F}{\partial y}-\frac{\mathrm{d}}{\mathrm{d}x}\frac{\partial F}{\partial y'}=0$$

最后,尝试利用欧拉-拉格朗日方程解决著名的“最速降线问题”。该问题的描述是这样的:设平面V与地面垂直,A和B是此平面上任取的两点,A点的位置高于B点。质点M在重力作用下沿着曲线$\overset{\frown}{AB}$由A点降落到B点。现在问$\overset{\frown}{AB}$是什么曲线时,总时间最短?设质点在A点处的初速度为零,而且A点不位于B点的正上方。

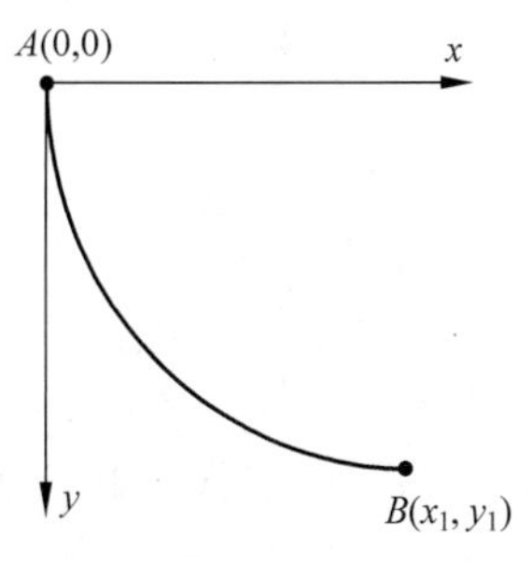

图1-4 最速降线问题

解:取坐标系如图1-4所示,并记质点的质量为m,速度为v,时间为t,则质点下落时动能的增加就等于势能的减少,则$mv^2/2=mgy\Rightarrow v=\sqrt{2gy}$。曲线$y=y(x)$的弧长微分是$\mathrm{d}S=\sqrt{1+y'^2}\,\mathrm{d}x$,又有$v=\mathrm{d}S/\mathrm{d}t$,所以得到

$$\mathrm{d}t=\mathrm{d}S/v=\sqrt{(1+y'^2)/2gy}\,\mathrm{d}x$$

于是得到质点滑落的总时长T为

$$T=\int_0^{x_1}\sqrt{(1+y'^2)/2gy}\,\mathrm{d}x=\mathcal{J}[y(x)]/\sqrt{2g}$$

由此可见,只需求出函数$y=y(x)$,使泛函

$$\mathcal{J}[y(x)]=\int_0^{x_1}\sqrt{(1+y'^2)/y}\,\mathrm{d}x$$

在此曲线 $y(x)$ 上取得极小值即可。现在设法写出欧拉-拉格朗日方程，因为有

$$F(x,y,y')=\sqrt{(1+y'^2)/y}$$

于是得到

$$\frac{\partial F}{\partial y}=\sqrt{1+y'^2}\left(-\frac{1}{2}\right)y^{-\frac{3}{2}}$$

$$\frac{\partial F}{\partial y'}=\frac{y'}{\sqrt{y(1+y'^2)}}$$

所以，得到欧拉-拉格朗日方程

$$\sqrt{1+y'^2}\left(-\frac{1}{2}\right)y^{-\frac{3}{2}}=\frac{\mathrm{d}}{\mathrm{d}x}\left[\frac{y'}{\sqrt{y(1+y'^2)}}\right]$$

下面求解此方程。为了便于读者更加直观地理解计算过程，不妨将等式右边的 $\partial F/\partial y'$ 用 f 代替。注意 f 是关于 y 和 y' 的一个多元复合函数，而 y 和 y' 又分别都是关于 x 的函数。所以在计算的时候还需用到复合函数的链式求导法则。于是，可得方程的右边为

$$\frac{\mathrm{d}f}{\mathrm{d}x}=\frac{\partial f}{\partial y}\frac{\mathrm{d}y}{\mathrm{d}x}+\frac{\partial f}{\partial y'}\frac{\mathrm{d}y'}{\mathrm{d}x}=\frac{\partial}{\partial y}\left(\frac{\partial F}{\partial y'}\right)\frac{\mathrm{d}y}{\mathrm{d}x}+\frac{\partial}{\partial y'}\left(\frac{\partial F}{\partial y'}\right)\frac{\mathrm{d}y'}{\mathrm{d}x}$$

于是，上面得到的欧拉-拉格朗日方程可以写为

$$F_y-F_{y'y}y'-F_{y'y'}y''=0$$

而且上式等价于

$$\frac{\mathrm{d}}{\mathrm{d}x}(F-y'F_{y'})=0$$

这是因为

$$\begin{aligned}\frac{\mathrm{d}}{\mathrm{d}x}(F-y'F_{y'})&=F_y y'+F_{y'}y''-y''F_{y'}-y'(F_{y'y}y'-F_{y'y'}y'')\\&=y'(F_y-F_{y'y}y'-F_{y'y'}y'')\\&=0\end{aligned}$$

将

$$\frac{\mathrm{d}}{\mathrm{d}x}(F-y'F_{y'})=0$$

做一次积分得到(其中 C 表示任意常数)

$$F-y'F_{y'}=C$$

将 F 的表达式代数上式，得

$$[y(1+y'^2)]^{-\frac{1}{2}}=C$$

即 $y(1+y'^2)=D$，D 亦为任意常数。

令 $y'=\tan\theta$，则

$$y=D/(1+\tan^2\theta)=D\cos^2\theta=D(1+\cos2\theta)/2,\quad \mathrm{d}y=-D\sin2\theta\,\mathrm{d}\theta$$

又有

$$\mathrm{d}x=\frac{\mathrm{d}y}{y'}=-\frac{-D\sin2\theta\,\mathrm{d}\theta}{\tan\theta}=-\frac{-2D\sin\theta\cos\theta\,\mathrm{d}\theta}{\tan\theta}=-D(1+\cos2\theta)\,\mathrm{d}\theta$$

于是有(其中 E 是任意常数)

$$\begin{cases} x=-D\theta-\dfrac{D}{2}\sin 2\theta+E \\ y=\dfrac{D}{2}(1+\cos 2\theta) \end{cases}$$

这就是最速降线问题的欧拉-拉格朗日方程的解。如果令 $2\theta=\pi-\varphi$,则上式化为

$$\begin{cases} x=\dfrac{D}{2}(\varphi-\sin\varphi)-\dfrac{\pi}{2}D+E \\ y=\dfrac{D}{2}(1-\cos\varphi) \end{cases}$$

又当 $\varphi=0$ 时,取 $x=0=y$,于是

$$\begin{cases} x=\dfrac{D}{2}(\varphi-\sin\varphi) \\ y=\dfrac{D}{2}(1-\cos\varphi) \end{cases}$$

最终得到,最速降线问题的解是一条旋轮线(也称摆线)。推荐对旋轮线感兴趣的读者可参阅文献[11]。

最后讨论其他一些特殊形式变分问题的欧拉方程。

定理:使泛函(其中 F 是具有三阶连续可微的函数,y 是具有四阶连续可微的函数)

$$\mathcal{J}[y(x)]=\int_{x_0}^{x_1}F(x,y,y',y'')\,\mathrm{d}x$$

取极值且满足固定边界条件 $y(x_0)=y_0,y(x_1)=y_1,y'(x_0)=y'_0,y'(x_1)=y_1$ 的极值曲线 $y=y(x)$,必满足微分方程

$$F_y-\frac{\mathrm{d}}{\mathrm{d}x}F_{y'}+\frac{d^2}{\mathrm{d}x^2}F_{y''}=0$$

上式称为欧拉-泊松方程。

特别地,对含有未知函数的 n 阶导数,或未知函数有两个或两个以上的固定边界变分问题,若被积函数 F 足够光滑,则可得到如下推论

推论:使依赖于未知函数 $y(x)$的 n 阶导数的泛函

$$\mathcal{J}[y(x)]=\int_{x_0}^{x_1}F(x,y,y',y'',\cdots,y^{(n)})\,\mathrm{d}x$$

取极值且满足固定边界条件

$$y^{(i)}(x_0)=y_0^{(k)},\quad y^{(i)}(x_1)=y_i^{(k)}\quad k=0,1,2,\cdots,n-1$$

的极值曲线 $y=y(x)$必满足欧拉-泊松方程:

$$F_y-\frac{\mathrm{d}}{\mathrm{d}x}F_{y'}+\frac{\mathrm{d}^2}{\mathrm{d}x^2}F_{y''}-\cdots+(-1)^n\frac{\mathrm{d}^n}{\mathrm{d}x^n}F_y^{(n)}=0$$

式中,F 具有 $n+2$ 阶连续导数,y 具有 $2n$ 阶连续导数,这是个 $2n$ 阶微分方程,它的通解中含有 $2n$ 个待定常数,可由 $2n$ 个边界条件确定。

定理:设 D 是平面区域,$(x,y)\in D,u(x,y)\in C^2(D)$,使泛函

$$\mathcal{J}[u(x,y)]=\iint_D F(x,y,u,u_x,u_y)\,\mathrm{d}x\mathrm{d}y$$

取极值且在区域 D 的边界 L 上满足边界条件，极值函数 $u=u(x,y)$ 必满足偏微分方程

$$F_u-\frac{\partial}{\partial x}F_{u_x}-\frac{\partial}{\partial y}F_{u_y}=0$$

这个方程称为奥斯特洛格拉茨基(Ostrogradsky)方程，简称奥氏方程。它是欧拉方程的进一步发展。

例：已知$(x,y)\in D$，求下述泛函的奥氏方程。

$$\mathcal{J}[u(x,y)]=\iint_D\left[\left(\frac{\partial u}{\partial x}\right)^2+\left(\frac{\partial u}{\partial y}\right)^2\right]\mathrm{d}x\,\mathrm{d}y$$

根据前面给出的公式，可以写出奥氏方程为

$$\frac{\partial^2 u}{\partial x^2}+\frac{\partial^2 u}{\partial y^2}=0$$

这也就是二维拉普拉斯方程。

例：已知$(x,y)\in D$，写出泛函

$$\mathcal{J}[u(x,y)]=\iint_D\left[\left(\frac{\partial u}{\partial x}\right)^2+\left(\frac{\partial u}{\partial y}\right)^2+2uf(x,y)\right]\mathrm{d}x\,\mathrm{d}y$$

的奥氏方程，其中在区域 D 的边界上 u 与 $f(x,y)$ 均为已知。

根据前面给出的公式，不难写出奥氏方程为

$$\frac{\partial^2 u}{\partial x^2}+\frac{\partial^2 u}{\partial y^2}=f(x,y)$$

这就是人们所熟知的泊松方程。

1777 年，拉格朗日研究万有引力作用下的物体运动时指出：在引力体系中，每一质点的质量 m_k 除以它们到任意观察点 P 的距离 r_k，并且把这些商加在一起，其总和

$$\sum_{k=1}^{n}\frac{m_k}{r_k}=V(x,y,z)$$

就是 P 点的势函数，势函数对空间坐标的偏导数正比于在 P 点的质点所受总引力的相应分力。此后在 1782 年，拉普拉斯证明：引力场的势函数满足偏微分方程

$$\frac{\partial^2 V}{\partial x^2}+\frac{\partial^2 V}{\partial y^2}+\frac{\partial^2 V}{\partial z^2}=0$$

该方程叫作势方程，后来通称拉普拉斯方程。1813 年，泊松撰文指出，如果观察点 P 在充满引力物质的区域内部，则拉普拉斯方程应修改为

$$\frac{\partial^2 V}{\partial x^2}+\frac{\partial^2 V}{\partial y^2}+\frac{\partial^2 V}{\partial z^2}=-4\pi\rho$$

该方程叫作泊松方程，式中 ρ 为引力物质的密度。

1.6.4 哈密顿原理

1.3.3 节从最简泛函开始导出了变分法的基本方程——欧拉-拉格朗日方程。但我们仍然不禁要问为什么要以形如最简泛函那样的一种表达式作为问题的开始。事实上，数学中的很多问题都不是凭空而来的，每一个看似高深的数学问题背后往往都有一个具体的实际问题作为支撑。数学问题也仅是实际问题抽象化的结果。本节将从物理问题的角度阐

释变分法的发展与应用。

当牛顿建立了以三大定律及万有引力定律为基础的力学理论之后，无数的自然现象都得到了定量说明。这部分知识在中学物理中都已经涵盖，大学物理的部分也仅仅从微积分的角度对这部分内容进行了更为细致的阐述。貌似经典物理学所讨论的内容已经相当完善。然而科学发展的脚步并未因此而停滞。后来，拉格朗日提出了一个变分原理，从这个原理出发，运用变分法，不仅能够十分方便地解决力学问题，而且还能够推导出力学中的主要定律。这些成果后来都收录在他的著作《分析力学》中。拉格朗日还创立了“拉格朗日运动方程”，它比牛顿运动方程的适应范围更广泛，用起来也更加方便。

下面导出描写质点运动的拉格朗日方程。先设质点只有一个广义坐标 x。因为质点的位置由广义坐标 $x(t)$决定，即位置是时间的函数。于是动能 T 和位能 U 是 x 和 x'(距离对时间的导数其实就是速度)的函数。把 $T-U$ 叫作拉格朗日函数，记为

$$T-U=L=L(t,x,x')$$

于是，质点的作用量定义为

$$S=\int_{t_2}^{t_1} L(t,x,x')\mathrm{d}t$$

根据之前的推导，因为 S 取极值，所以真实轨迹 $x(t)$满足

$$\frac{\partial L}{\partial x}-\frac{\mathrm{d}}{\mathrm{d}t}\frac{\partial L}{\partial x'}=0$$

这就是力学中著名的拉格朗日方程。同样，若质点系的位置由广义坐标 $x_1,x_2,\cdots,x_k$ 决定，且 $x_i(t_1)$及 $x_i(t_2)$均已给定，其中 $i=1,2,\cdots,k$，即在 $t=t_1$ 及 $t=t_2$ 两个时刻，体系的位置均已给定。当质点系由 t_1 时刻的位置变到 t_2 时刻的位置时，作用量

$$S=\int_{t_2}^{t_1} L(t,x_1,x_2,\cdots,x_k,x'_1,x'_2,\cdots,x'_k)\mathrm{d}t$$

取极值。这种形如

$$\mathcal{J}[y_1(x),y_2(x),\cdots,y_k(x)]=\int_a^b F[x,y_1,y_2\cdots,y_n,y'_1,y'_2,\cdots,y'_n]\mathrm{d}t$$

的泛函，其对应的欧拉-拉格朗日方程为(具体证明过程略)

$$F_{y_i}-\frac{\mathrm{d}}{\mathrm{d}x}F_{y'_i}=0,\quad i=1,2,\cdots,n$$

由此可知，真实轨迹 $x_i(t),i=1,2,\cdots,k$，满足

$$\frac{\partial L}{\partial x_i}-\frac{\mathrm{d}}{\mathrm{d}t}\frac{\partial L}{\partial x'_i}=0,\quad i=1,2,\cdots,k$$

这就是质点系的拉格朗日方程组。它是在广义坐标系中质点系的运动方程，表达了质点系运动的一般规律。

此后，哈密顿又发展了拉格朗日的理论，他在1834年提出了一个著名的原理，即哈密顿原理，大意为：在质点(甚至是质点系或物体)的一切可能的运动中，真实的运动应当使得积分

$$S=\int_{t_1}^{t_2}(T-U)\mathrm{d}t$$

取极值。在此，T 和 U 分别是动能和位能，t_1 和 t_2 是两个任取的时刻。

这个原理后来成为了力学中的基本原理。以它为基础，可以导出牛顿三大定律以及能

量、动量和动量矩守恒定律。

哈密顿原理的精确表述是：假定在 $t=t_1$ 及 $t=t_2$ 时刻质点的位置已分别确定在 A 点和 B 点，那么质点运动的真实轨道及速度，使积分

$$S=\int_{t_1}^{t_2}(T-U)\,\mathrm{d}t=\int_{t_1}^{t_2}L\,\mathrm{d}t$$

取极值，即

$$\delta S=\delta\int_{t_1}^{t_2}(T-U)\,\mathrm{d}t=\delta\int_{t_1}^{t_2}L\,\mathrm{d}t=0$$

同前，S 是“作用量”，而 T 和 U 分别表示质点的动能和位能，$L=T-U$ 称为拉格朗日函数。

接下来，尝试利用哈密顿原理及变分法证明欧氏平面上两点之间直线距离最短这个命题。

解：建立如图 1-5 所示的坐标系，则曲线 $\widehat{AB}$ 的长度可以用弧长积分表示为

$$\mathcal{J}[x(t)]=\int_{t_1}^{t_2}\sqrt{1+x'^2(t)}\,\mathrm{d}t$$

因为 $F(t,x,x')=\sqrt{1+x'^2(t)}$，于是 $F_x=0$，又

$$F_{x'}=\frac{x'}{\sqrt{1+x'^2}}$$

所以得到欧拉-拉格朗日方程为

$$\frac{\mathrm{d}}{\mathrm{d}x}\left(\frac{x'}{\sqrt{1+x'^2}}\right)=0$$

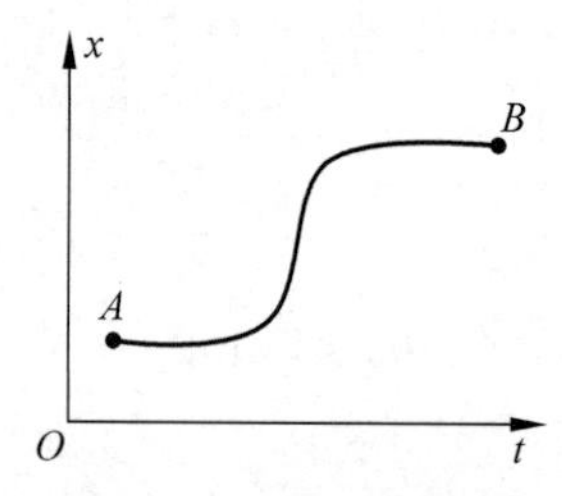

图 1-5　两点间的距离

于是有(其中 C 是任意常数)，

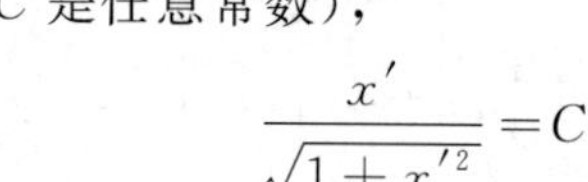

$$\frac{x'}{\sqrt{1+x'^2}}=C$$

由此解得(其中 $C^2\neq1$)

$$x'=\pm\frac{C}{\sqrt{1-C^2}}$$

即 $x'=D$，D 为任意常数。由此式便可看出 $x(t)$ 是一条直线。结论得证。

1.6.5　等式约束下的变分

在许多极值或最优化问题中，往往要求极值点或最优解满足一定的约束条件。这些所谓的约束条件可能是用等式表示的，也可能是用不等式表示的。这里主要关注采用等式约束的形式。为此，首先介绍著名的拉格朗日乘子法。

定理：(拉格朗日乘子法)设泛函 f 在 $x_0\in X$ 的邻域内连续可微，x_0 是 Φ 的正则点。如果 x_0 是泛函 f 在约束条件 $\Phi(x)=0$ 下的极值点，则存在有界线性泛函 $z_0^*\in Z^*$，使得拉格朗日函数

$$L(x)=f(x)+z_0^*\Phi(x)$$

以 x_0 为驻点，即

$$f'(x_0)+z_0^*\Phi'(x_0)=0$$

其中，上式左端的第二项应该理解为两个有界线性算子的复合(乘积)。

例如，在约束条件

$$\begin{cases}\Phi_1(x_1,x_2,\cdots,x_n)=0\\ \Phi_2(x_1,x_2,\cdots,x_n)=0\\ \quad\vdots\\ \Phi_k(x_1,x_2,\cdots,x_n)=0\end{cases}$$

下求 $F=F(x_1,x_2,\cdots,x_n)$ 的极值，其中 $k<n$。如果要利用拉格朗日乘子法，则设有拉格朗日乘子 $\lambda_1,\lambda_2,\cdots,\lambda_k$，并有

$$F^*=F(x_1,x_2,\cdots,x_n)+\sum_{i=1}^{k}\lambda_i\Phi_i(x_1,x_2,\cdots,x_n)$$

把 F^* 作为 $x_1,x_2,\cdots,x_n$；$\lambda_1,\lambda_2,\cdots,\lambda_k$ 等变量的函数求极值。

$$\mathrm{d}F^*=\sum_{j=1}^{n}\left[\frac{\partial F}{\partial x_j}+\sum_{i=1}^{k}\lambda_i\frac{\partial\Phi_i}{\partial x_j}\right]\mathrm{d}x_j+\sum_{i=1}^{k}\Phi_i(x_1,x_2,\cdots,x_n)\mathrm{d}\lambda_i$$

其中，x_j 和 λ_i 都是独立变量，于是得

$$\begin{cases}\dfrac{\partial F}{\partial x_j}+\displaystyle\sum_{i=1}^{k}\lambda_i\frac{\partial\Phi_i}{\partial x_j}=0, & j=1,2,\cdots,n\\ \Phi_i(x_1,x_2,\cdots,x_n)=0, & i=1,2,\cdots,k\end{cases}$$

于是，便得到了求解 $n+k$ 个变量的 $n+k$ 个方程。

上式也可以通过下面的考虑求得。首先，$F=F(x_1,x_2,\cdots,x_n)$ 的变分极值要求

$$\mathrm{d}F=\sum_{j=1}^{n}\frac{\partial F}{\partial x_j}\mathrm{d}x_j=0$$

然而，由于问题伊始所给出的 k 个约束条件，这些 $\mathrm{d}x_j$ 中只有 $n-k$ 个是独立的。于是从原 k 个约束条件可以求得下列微分条件

$$\sum_{j=1}^{n}\frac{\partial\Phi_i}{\partial x_j}\mathrm{d}x_j=0,\quad i=1,2,\cdots,k$$

将上式乘以 λ_i，再加到 $\mathrm{d}F$ 的表达式上，就会得到

$$\mathrm{d}F+\sum_{i=1}^{k}\lambda_i\sum_{j=1}^{n}\frac{\partial\Phi_i}{\partial x_j}\mathrm{d}x_j=\sum_{j=1}^{n}\left[\frac{\partial F}{\partial x_j}+\sum_{i=1}^{k}\lambda_i\frac{\partial\Phi_i}{\partial x_j}\right]\mathrm{d}x_j=0$$

这里的 λ_i 是任选的，其中 $i=1,2,\cdots,k$，如果选择 k 个特定的 λ_i，使 k 个条件

$$\frac{\partial F}{\partial x_j}+\sum_{i=1}^{k}\lambda_i\frac{\partial\Phi_i}{\partial x_j}=0,\quad j=1,2,\cdots,k$$

满足，就可以得到

$$\sum_{j=k+1}^{n}\left[\frac{\partial F}{\partial x_j}+\sum_{i=1}^{k}\lambda_i\frac{\partial\Phi_i}{\partial x_j}\right]\mathrm{d}x_j=0$$

这里只有 $n-k$ 个微分 $\mathrm{d}x_j(j=k+1,k+2,\cdots,n)$，它们是作为独立的微分来处理的。于是

$$\frac{\partial F}{\partial x_j}+\sum_{i=1}^{k}\lambda_i\frac{\partial\Phi_i}{\partial x_j},\quad j=k+1,k+2,\cdots,n$$

综上所述，得到了同样的求解极值的方程。这也就证明了拉格朗日乘子法。

为了帮助读者加深对拉格朗日乘子法的理解，这里给出一个例子。证明算术-几何平均值不等式：设 $x_1,x_2,\cdots,x_n$ 为 n 个正实数，它们的算术平均数是 $A_n=(x_1+x_2+\cdots+x_n)/n$，它们的几何平均数是 $G_n=\sqrt[n]{x_1\cdot x_2\cdot\cdots\cdot x_n}$。算术-几何平均值不等式表明，对于任意的正实数，总有 $A_n\geqslant G_n$，等号成立当且仅当 $x_1=x_2=\cdots=x_n$。

证明这个不等式的方法有很多，这里采用条件极值的方法来对其进行证明。此时，问题转化为：总和等于常数 $C,C>0$ 的 n 个非负实数，它们的乘积 P 的最大值为多少？

考虑采用拉格朗日乘子法来求 n 元函数 $P=x_1x_2\cdots x_n$ 对如下条件的极大值，条件为这 n 个非负实数的和等于C，即 $x_1+x_2+\cdots+x_n=C,x_i\geqslant 0(i=1,2,\cdots,n)$。于是构造如下函数

$$L=x_1x_2\cdots x_n+\lambda(x_1+x_2+\cdots+x_n-C)$$

其中，λ 是拉格朗日乘子，然后分别对 $x_1,x_2,\cdots,x_n$ 求偏导数，然后令其结果等于0，构成如下方程组

$$\begin{cases}\dfrac{\partial L}{\partial x_1}=x_2x_3\cdots x_n+\lambda=0\\ \dfrac{\partial L}{\partial x_2}=x_1x_3\cdots x_n+\lambda=0\\ \qquad\vdots\\ \dfrac{\partial L}{\partial x_n}=x_1x_2\cdots x_{n-1}+\lambda=0\end{cases}$$

求解方程组，可得 $x_1=x_2=\cdots=x_n=C/n$。因为根据题目的描述，P 的极小值是等于0的，而当 x_i 满足上述条件时显然 P 是不等于0的，所以可知此时函数取极大值，这个极大值就等于

$$P_{\max}=\frac{C}{n}\cdot\frac{C}{n}\cdots\frac{C}{n}=\left(\frac{C}{n}\right)^n$$

即

$$\left(\frac{x_1+x_2+\cdots+x_n}{n}\right)^n\geqslant x_1x_2\cdots x_n$$

对两边同时开根号，显然有下式成立，所以原不等式得证。

$$\frac{x_1+x_2+\cdots+x_n}{n}\geqslant\sqrt[n]{x_1x_2\cdots x_n}$$

下面参照上述函数条件极值问题的解决思路处理泛函在约束条件 $\Phi_i(x,y_1,y_2,\cdots,y_n)=0$ 作用下的极值问题，其中 $i=1,2,\cdots,k$。

定理：泛函

$$\mathcal{J}=\int_{x_1}^{x_2}F(x,y_1,y_2,\cdots,y_n,y_1',y_2',\cdots,y_n')\,\mathrm{d}x$$

在约束条件 $\Phi_i(x,y_1,y_2,\cdots,y_n)=0,i=1,2,\cdots,k,k<n$ 下的变分极值问题所定义的函数 $y_1,y_2,\cdots,y_n$ 必须满足由泛函

$$\mathcal{J}^*=\int_{x_1}^{x_2}\left\{F+\sum_{i=1}^{k}\lambda_i(x)\Phi_i\right\}\mathrm{d}x=\int_{x_1}^{x_2}F^*\,\mathrm{d}x$$

的变分极值问题所确定的欧拉方程：

$$\frac{\partial F^*}{\partial y_j} - \frac{\mathrm{d}}{\mathrm{d}x}\left(\frac{\partial F^*}{\partial y_j'}\right) = 0, \quad j = 1,2,\cdots,n$$

其中$\lambda_i(x)$为k个拉格朗日乘子。在前面式子的变分中，把y_j和$\lambda_i(x)$都看作是泛函$\mathcal{J}^*$的宗量，所以$\Phi_i = 0$同样也可以看作是泛函$\mathcal{J}^*$的欧拉方程。上述欧拉方程也可以写成

$$\frac{\partial F}{\partial y_j} + \sum_{i=1}^{k} \lambda_i(x) \frac{\partial \Phi_i}{\partial y_j} - \frac{\mathrm{d}}{\mathrm{d}x}\left(\frac{\partial F}{\partial y_j'}\right) = 0, \quad j = 1,2,\cdots,n$$

我们不对该定理做详细证明。有兴趣的读者可以参阅变分法方面的资料以了解更多。此处尝试运用该定理解决一个著名的变分问题——短程线问题。设$\varphi(x,y,z)=0$为一已知曲面，求曲面上所给两点A和B间长度最短的曲线。这个最短曲线叫作短程线。位于曲面$\varphi(x,y,z)=0$上的$A(x_1,y_1,z_1)$和$B(x_2,y_2,z_2)$两点间的曲线长度为

$$L = \int_{x_1}^{x_2} \sqrt{1 + y'^2 + z'^2}\, \mathrm{d}x$$

其中，$y=y(x)$，$z=z(x)$满足$\varphi(x,y,z)=0$的条件。

此处把问题描述为：在$y=y(x)$，$z=z(x)$满足$z=\sqrt{1-x^2}$的条件下，从所有$y=y(x)$，$z=z(x)$的函数中，选取一对$y(x)$和$z(x)$使得上述泛函L为最小。

用拉格朗日乘子$\lambda(x)$建立泛函

$$L^* = \int_{x_1}^{x_2} \left\{\sqrt{1 + y'^2 + z'^2} + \lambda\varphi\right\} \mathrm{d}x$$

其变分(把y、z和λ当作独立函数)为

$$\delta L^* = \int_{x_1}^{x_2} \left\{\frac{y'}{\sqrt{1 + y'^2 + z'^2}}\delta y' + \frac{z'}{\sqrt{1 + y'^2 + z'^2}}\delta z' + \lambda \frac{\partial \varphi}{\partial y}\delta y + \lambda \frac{\partial \varphi}{\partial z}\delta z + \varphi\delta\lambda\right\} \mathrm{d}x$$

对积分符号中的首两项做分部积分，得到

$$\delta L^* = \int_{x_1}^{x_2} \left\{\left[-\frac{\mathrm{d}}{\mathrm{d}x}\left(\frac{y'}{\sqrt{1 + y'^2 + z'^2}}\right) + \lambda \frac{\partial \varphi}{\partial y}\right]\delta y + \left[-\frac{\mathrm{d}}{\mathrm{d}x}\left(\frac{z'}{\sqrt{1 + y'^2 + z'^2}}\right) + \lambda \frac{\partial \varphi}{\partial z}\right]\delta z + \varphi\delta\lambda\right\} \mathrm{d}x$$

根据变分法的预备定理，把δy、δz和$\delta\lambda$都看成是独立的函数变分，$\delta L^*=0$给出欧拉方程

$$\begin{cases} \lambda \dfrac{\partial \varphi}{\partial y} - \dfrac{\mathrm{d}}{\mathrm{d}x}\left(\dfrac{y'}{\sqrt{1 + y'^2 + z'^2}}\right) = 0 \\ \lambda \dfrac{\partial \varphi}{\partial z} - \dfrac{\mathrm{d}}{\mathrm{d}x}\left(\dfrac{z'}{\sqrt{1 + y'^2 + z'^2}}\right) = 0 \\ \varphi(x,y,z) = 0 \end{cases}$$

这是求解$y(x)$、$z(x)$和$\lambda(x)$的3个微分方程。

现在设所给的约束条件为一个圆柱面$z=\sqrt{1-x^2}$，于是上述方程组可以写成

$$\begin{cases}\dfrac{\mathrm{d}}{\mathrm{d}x}\left(\dfrac{y'}{\sqrt{1+y'^2+z'^2}}\right)=0\\ \dfrac{\mathrm{d}}{\mathrm{d}x}\left(\dfrac{z'}{\sqrt{1+y'^2+z'^2}}\right)=\lambda(x)\\ z=\sqrt{1-x^2}\end{cases}$$

第一、第二式可以积分一次，同时引入弧长 s，则 $\mathrm{d}s=\sqrt{1+y'^2+z'^2}\,\mathrm{d}x$，则积分以后原方程组可以写成

$$\begin{cases}\mathrm{d}y=a\,\mathrm{d}s\\ \mathrm{d}z=\Lambda(x)\mathrm{d}x\\ z=\sqrt{1-x^2}\end{cases}$$

其中，a 为积分常数，$\Lambda(x)$为

$$\Lambda(x)=\int_0^x\lambda(x)\mathrm{d}x+a$$

从方程组中的第二式和第三式，可得

$$\mathrm{d}x=-\frac{\sqrt{1-x^2}}{x}\mathrm{d}z=-\frac{\sqrt{1-x^2}}{x}\Lambda(x)\mathrm{d}s$$

因此，根据 $\mathrm{d}s$ 的定义有

$$\mathrm{d}s^2=\mathrm{d}x^2+\mathrm{d}y^2+\mathrm{d}z^2=\left[\frac{1-x^2}{x^2}\Lambda^2(x)+a^2+\Lambda^2(x)\right]\mathrm{d}s^2$$

它可以化简为 $\Lambda(x)=\sqrt{1-a^2}\,x$。于是，把上式代入 $\mathrm{d}x$ 的表达式，消去 $\Lambda(x)$，即得

$$-\frac{\mathrm{d}x}{\sqrt{1-x^2}}=\sqrt{1-a^2}\,\mathrm{d}s$$

积分后，得$\arccos x=\sqrt{1-a^2}\,s+d$，其中 d 为另一积分常数，或为

$$x=\cos(\sqrt{1-a^2}\,s+d)$$

还可以得到

$$z=\sin(\sqrt{1-a^2}\,s+d)$$

以及 $y=as+b$，其中 b 亦为一积分常数。于是便得到了本题的参数解，弧长 s 为参数。积分常数 a、b、d 由起点和终点的坐标决定。这个解就是圆柱面 $z=\sqrt{1-x^2}$ 上的螺旋线。

还可以对原定理加以推广，使得 Φ_i 不仅是 $x,y_1,y_2,\cdots,y_n$ 的函数，而且是 $y'_1,y'_2,\cdots,y'_n$的函数的情况，于是有推广后的定理如下：泛函

$$\mathcal{J}=\int_{x_1}^{x_2}F(x,y_1,y_2,\cdots,y_n,y'_1,y'_2,\cdots,y'_n)\mathrm{d}x$$

在约束条件 $\Phi_i(x,y_1,y_2,\cdots,y_n,y'_1,y'_2,\cdots,y'_n)=0,i=1,2,\cdots,k,k<n$ 下的变分极值问题所定义的函数 $y_1,y_2,\cdots,y_n$ 必须满足由泛函

$$\mathcal{J}^*=\int_{x_1}^{x_2}\left\{F+\sum_{i=1}^{k}\lambda_i(x)\Phi_i\right\}\mathrm{d}x=\int_{x_1}^{x_2}F^*\mathrm{d}x$$

的变分极值问题所确定的欧拉方程

$$\frac{\partial F^*}{\partial y_j} - \frac{\mathrm{d}}{\mathrm{d}x}\left(\frac{\partial F^*}{\partial y'_j}\right) = 0, \quad j = 1, 2, \cdots, n$$

或

$$\frac{\partial F}{\partial y_j} - \sum_{i=1}^{k} \lambda_i(x) \frac{\partial \Phi_i}{\partial y_j} - \frac{\mathrm{d}}{\mathrm{d}x}\left\{\frac{\partial F}{\partial y'_j} + \sum_{i=1}^{k} \lambda_i(x) \frac{\partial \Phi_i}{\partial y'_j}\right\} = 0, \quad j = 1, 2, \cdots, n$$

在前面式子的变分中，把 y_j 和 $\lambda_i(x)$ 都看作是泛函 $\mathcal{J}^*$ 的宗量，所以 $\Phi_i = 0$ 同样也可以看作是泛函 $\mathcal{J}^*$ 的欧拉方程。

第 2 章

概率论基础

概率论是研究随机性或不确定性等现象的数学。统计学的研究对象是反映客观现象总体情况的统计数据，它是研究如何测定、收集、整理、归纳和分析这些数据，以便给出正确认识的方法论科学。概率论与统计学联系密切，前者也是后者的理论基础。本章介绍一些关于概率论的内容，统计学方面的话题会留在后续章节讨论。

2.1 概率论的基本概念

由随机试验 E 的全部可能结果所组成的集合称为 E 的样本空间，记为 S。例如，考虑将一枚质地均匀的硬币投掷 3 次，观察其正面(用 H 表示)、反面(用 T 表示)出现的情况，则上述掷硬币的试验之样本空间为

$$S=\{(\mathrm{TTT}),(\mathrm{TTH}),(\mathrm{THT}),(\mathrm{HTT}),(\mathrm{THH}),(\mathrm{HTH}),(\mathrm{HHT}),(\mathrm{HHH})\}$$

随机变量(Random Variable)是定义在样本空间之上的试验结果的实值函数。如果令 Y 表示投掷硬币 3 次后正面朝上出现的次数，那么 Y 就是一个随机变量，它的取值为 0、1、2、3 之一。显然 Y 是一个定义在样本空间 S 上的函数，它的取值范围就是集合 S 中的任何一种情况，而它的值域就是 0～3 的一个整数。例如，$Y(\mathrm{TTT})=0$。

因为随机变量的取值由试验结果决定，所以也对随机变量的可能取值赋予概率。例如，针对随机变量 Y 的不同可能取值，其对应的概率分别为

$$P\{Y=0\}=P\{(\mathrm{TTT})\}=\frac{1}{8}$$

$$P\{Y=1\}=P\{(\mathrm{TTH}),(\mathrm{THT}),(\mathrm{HTT})\}=\frac{3}{8}$$

$$P\{Y=2\}=P\{(\mathrm{THH}),(\mathrm{HTH}),(\mathrm{HHT})\}=\frac{3}{8}$$

$$P\{Y=3\}=P\{(\mathrm{HHH})\}=\frac{1}{8}$$

对于随机变量 X，如下定义的函数 F

$$F(x)=P\{X\leqslant x\},\quad -\infty<x<+\infty$$

称为 X 的累积分布函数(Cumulative Distribution Function，CDF)，简称分布函数。因此，对任一给定的实数 x，分布函数等于该随机变量小于或等于 x 的概率。

假设 $a\leqslant b$，由于事件$\{X\leqslant a\}$包含于事件$\{X\leqslant b\}$，可知前者的概率 $F(a)$小于或等于后者的概率 $F(b)$。换句话说，$F(x)$是 x 的非降函数。

如果一个随机变量最多有可数多个可能取值，则称这个随机变量为离散的。对于一个离散型随机变量 X，定义它在各特定取值上的概率为其概率质量函数(Probability Mass Function，PMF)，即 X 的概率质量函数为

$$p(a)=P\{X=a\}$$

概率质量函数 $p(a)$在最多可数个 a 上取非负值，也就是说，如果 X 的可能取值为 x_1，x_2，…，那么 $p(x_i)\geqslant 0$，$i=1,2,\cdots$，对于所有其他 x，则有 $p(x)=0$。由于 X 必取值于$\{x_1,x_2,\cdots\}$，因此有

$$\sum_{i=1}^{\infty}p(x_i)=1$$

离散型随机变量的可能取值个数或者是有限的，或者是可数无限的。除此之外，还有一类随机变量，它们的可能取值是无限不可数的，这种随机变量就称为连续型随机变量。

对于连续型随机变量 X 的累积分布函数 $F(x)$，如果存在一个定义在实轴上的非负函数 $f(x)$，使得对于任意实数 x，有下式成立：

$$F(x)=\int_{-\infty}^{x}f(t)\mathrm{d}t$$

则称 $f(x)$为 X 的概率密度函数(Probability Density Function，PDF)。显然，当概率密度函数存在的时候，累积分布函数是概率密度函数的积分。

由定义知道，概率密度函数 $f(x)$具有如下性质：

(1) $f(x)\geqslant 0$

(2) $\int_{-\infty}^{\infty}f(x)\mathrm{d}x=1$

(3) 对于任意实数 a 和 b，且 $a\leqslant b$，则根据牛顿-莱布尼茨公式，有

$$P\{a\leqslant X\leqslant b\}=F(b)-F(a)=\int_{a}^{b}f(x)\mathrm{d}x$$

在上式中令 $a=b$，可以得到

$$P\{X=a\}=\int_{a}^{a}f(x)\mathrm{d}x=0$$

也就是说，对于一个连续型随机变量，取任何固定值的概率都等于 0。因此对于一个连续型随机变量，有

$$P\{X<a\}=P\{X\leqslant a\}=F(a)=\int_{-\infty}^{a}f(x)\mathrm{d}x$$

概率质量函数与概率密度函数的不同之处在于：概率质量函数是对离散随机变量定义的，其本身就代表该值的概率；而概率密度函数是对连续随机变量定义的，它本身并不是概

率，只有对连续随机变量的概率密度函数在某区间内进行积分后才能得到概率。

对于一个连续型随机变量而言，取任何固定值的概率都等于 0，也就是说，考查随机变量在某一点上的概率取值是没有意义的。因此，在考查连续型随机变量的分布时，我们看的是它在某个区间上的概率取值。这时更需要的是其累积分布函数。

以正态分布为例，做其累积分布函数。对于连续型随机变量而言，累积分布函数是概率密度函数的积分。如图 2-1(b)横坐标等于 1 的点，它对应的函数值约为 0.8413。如果在图 2-1(a)中过横坐标等于 1 的点作一条垂直于横轴的直线，根据积分的几何意义，则该直线与图 2-1(a)的正态分布概率密度函数曲线所围成的面积就约等于 0.8413。

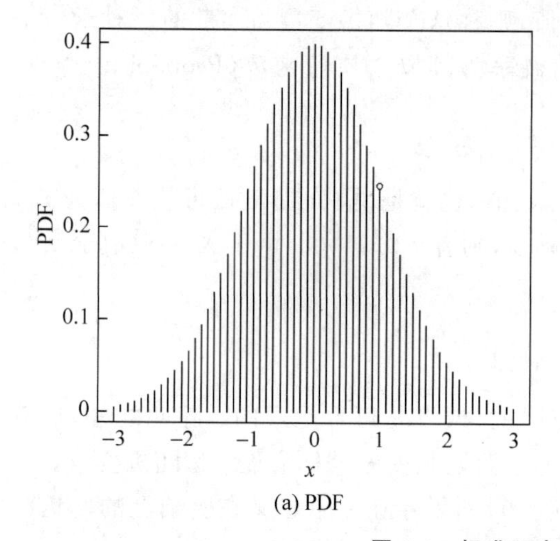

(a) PDF

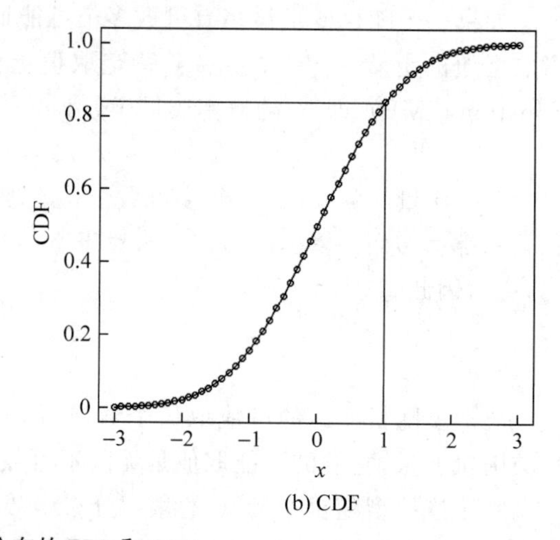

(b) CDF

图 2-1　标准正态分布的 PDF 和 CDF

用数学公式表达，则标准正态分布的概率密度函数为

$$p(x)=\frac{1}{\sqrt{2\pi}}\mathrm{e}^{-\frac{x^2}{2}}\quad -\infty<x<+\infty$$

所以有

$$y=F(x_i)=P\{X\leqslant x_i\}=\int_{-\infty}^{x_i}\frac{1}{\sqrt{2\pi}}\mathrm{e}^{-\frac{x^2}{2}}\mathrm{d}x$$

这也符合前面所给出的结论，即累积分布函数 $F(x_i)$是 x_i 的非降函数。

继续前面的例子，易得

$$P\{X\leqslant 1.0\}=\int_{-\infty}^{1.0}\frac{1}{\sqrt{2\pi}}\mathrm{e}^{-\frac{x^2}{2}}\mathrm{d}x\approx 0.8413$$

上式可以解释为：在标准正态分布中，随机变量取值小于或等于 1.0 的概率是 84.13%。这其实已经隐约看到分位数的影子了，而分位数的特性在累积分布函数中表现得更为突出。

分位数是在连续随机变量场合中使用的另外一个常见概念。设连续随机变量 X 的累积分布函数为 $F(x)$，概率密度函数为 $p(x)$，对于任意 α，$0<\alpha<1$，假如 x_α 满足条件

$$F(x_\alpha)=\int_{-\infty}^{x_\alpha}p(x)\mathrm{d}x=\alpha$$

则称 x_α 是 X 分布的 α 分位数，或称 α 下侧分位数。假如 x'_α 满足条件

$$1-F(x'_{\alpha})=\int_{x'_{\alpha}}^{+\infty}p(x)\mathrm{d}x=\alpha$$

则称 x'_{α} 是 X 分布的 α 上侧分位数。易见，$x'_{\alpha}=x_{1-\alpha}$，即 α 下侧分位数可转化为 $1-\alpha$ 上侧分位数。中位数就是 0.5 分位数。

从分位数的定义中还可看出，分位数函数是相应累积分布函数的反函数，则有 $x_{\alpha}=F^{-1}(\alpha)$。如图 2-2 所示为正态分布的累积分布函数及其反函数(将自变量与因变量的位置对调)。根据反函数的基本性质，它的函数图形与原函数图形关于 $x=y$ 对称，关于这一点，图 2-2 所示的结果是显然的。

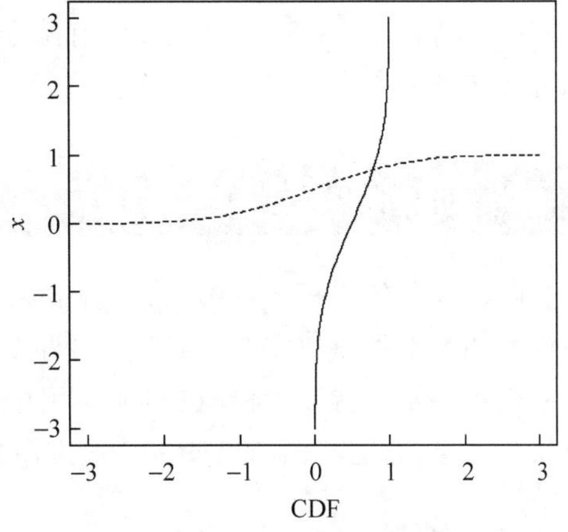

图 2-2 累积分布函数及其反函数

累积分布函数就是值到其在分布中百分等级的映射。如果累积分布函数 CDF 是 x 的函数，其中 x 是分布中的某个值，计算给定 x 的 CDF(x)，就是计算样本中小于或等于 x 的值的比例。分位数函数则是累积分布函数的反函数，它的自变量是一个百分等级，而它输出的值是该百分等级在分布中对应的值。这就是分位数函数的意义。

累积分布函数通常是可逆的，这一点非常有用，后面在介绍蒙特卡洛采样法时还会再用到累积分布函数及其反函数。

当随机变量 X 和 Y 相互独立时，从它们的联合分布求出 $X+Y$ 的分布常常是十分重要的。假如 X 和 Y 是相互独立的连续型随机变量，其概率密度函数分别为 f_X 和 f_Y，那么 $X+Y$ 的分布函数可以如下得到：

$$\begin{aligned}F_{X+Y}(\alpha)&=P\{X+Y\leqslant\alpha\}\\&=\iint_{x+y\leqslant\alpha}f_X(x)f_Y(y)\mathrm{d}x\mathrm{d}y\\&=\int_{-\infty}^{\infty}\int_{-\infty}^{\alpha-y}f_X(x)f_Y(y)\mathrm{d}x\mathrm{d}y\\&=\int_{-\infty}^{\infty}\int_{-\infty}^{\alpha-y}f_X(x)\mathrm{d}xf_Y(y)\mathrm{d}y\\&=\int_{-\infty}^{\infty}F_X(\alpha-y)f_Y(y)\mathrm{d}y\end{aligned}$$

通过对上式求导，还可以得到 $X+Y$ 的概率密度函数 f_{X+Y} 如下：

$$\begin{aligned}f_{X+Y}(\alpha)&=\frac{\mathrm{d}}{\mathrm{d}\alpha}\int_{-\infty}^{\infty}F_X(\alpha-y)f_Y(y)\mathrm{d}y\\&=\int_{-\infty}^{\infty}\frac{\mathrm{d}}{\mathrm{d}\alpha}F_X(\alpha-y)f_Y(y)\mathrm{d}y\\&=\int_{-\infty}^{\infty}f_X(\alpha-y)f_Y(y)\mathrm{d}y\end{aligned}$$

可见，f_{X+Y} 是 f_X 和 f_Y 的卷积。

设随机变量 X 和 Y 相互独立，$X\sim N(\mu_1,\sigma_1^2)$，$Y\sim N(\mu_2,\sigma_2^2)$，则由上述结论还可以推

得 $Z=X+Y$ 仍然服从正态分布，且有 $Z \sim N(\mu_1+\mu_2,\sigma_1^2+\sigma_2^2)$。这个结论还能推广到 n 个独立正态随机变量之和的情况。即如果 $X_i \sim N(\mu_i,\sigma_i^2)(i=1,2,\cdots,n)$，且它们相互独立，则它们的和 $Z=X_1+X_2+\cdots+X_n$ 仍然服从正态分布，且有 $Z \sim N(\mu_1+\mu_2+\cdots+\mu_n,\sigma_1^2+\sigma_2^2+\cdots+\sigma_n^2)$。更一般地，可以证明有限个相互独立的正态随机变量的线性组合仍然服从正态分布。

2.2 随机变量数字特征

随机变量的累积分布函数、离散型随机变量的概率质量函数或者连续型随机变量的概率密度函数都可以较完整地对随机变量加以描述。除此之外，一些常数也可以被用来描述随机变量的某一特征，而且在实际应用中，人们往往对这些常数更感兴趣。由随机变量的分布所确定的，能刻画随机变量某一方面特征的常数称为随机变量的数字特征。

2.2.1 期望

概率论中一个非常重要的概念就是随机变量的期望。如果 X 是一个离散型随机变量，并具有概率质量函数

$$p(x_k)=P\{X=x_k\},\quad k=1,2,\cdots$$

如果级数

$$\sum_{k=1}^{\infty} x_k p(x_k)$$

绝对收敛，则称上述级数的和为 X 的期望，记为 $E[X]$，即

$$E[X]=\sum_{k=1}^{\infty} x_k p(x_k)$$

换言之，X 的期望就是 X 所有可能取值的加权平均，每个值的权重就是 X 取该值的概率。

如果 X 是一个连续型随机变量，其概率密度函数为 $f(x)$，若积分

$$\int_{-\infty}^{\infty} x f(x)\mathrm{d}x$$

绝对收敛，则称上述积分的值为随机变量 X 的数学期望，记为 $E(X)$。即

$$E(X)=\int_{-\infty}^{\infty} x f(x)\mathrm{d}x$$

定理：设 Y 是随机变量 X 的函数，$Y=g(X)$，g 是连续函数。如果 X 是离散型随机变量，它的概率质量函数为 $p(x_k)=P\{X=x_k\}(k=1,2,\cdots)$，若

$$\sum_{k=1}^{\infty} g(x_k)p(x_k)$$

绝对收敛，则有

$$E(Y)=E[g(X)]=\sum_{k=1}^{\infty} g(x_k)p(x_k)$$

如果 X 是连续型随机变量，它的概率密度函数为 $f(x)$，若

$$\int_{-\infty}^{\infty} g(x)f(x)\mathrm{d}x$$

绝对收敛，则有

$$E(Y)=E[g(X)]=\int_{-\infty}^{\infty} g(x)f(x)\mathrm{d}x$$

该定理的重要意义在于当求 $E(Y)$时，不必算出 Y 的概率质量函数(或概率密度函数)，利用 X 的概率质量函数(或概率密度函数)即可。这里不具体给出该定理的证明，但由此定理可得如下推论。

推论：若 a 和 b 是常数，则 $E[aX+b]=aE[X]+b$。

证明：(此处仅证明离散的情况，连续的情况与此类似)

$$\begin{aligned}E[aX+b]&=\sum_{x:p(x)>0}(ax+b)p(x)\\&=a\sum_{x:p(x)>0}xp(x)+b\sum_{x:p(x)>0}p(x)\\&=aE[X]+b\end{aligned}$$

于是推论得证。

2.2.2 方差

方差(Variance)是用来度量随机变量及其数学期望之间偏离程度的量。

定义：设 X 是一个随机变量，X 的期望 $\mu=E(X)$，若 $E[(X-\mu)^2]$ 存在，则称 $E[(X-\mu)^2]$为 X 的方差，记为 $D(X)$或 $\mathrm{var}(X)$，即

$$D(X)=\mathrm{var}(X)=E\{[X-E(X)]^2\}$$

在应用上还引入量$\sqrt{D(X)}$，记为 $\sigma(X)$，称为标准差或均方差。

随机变量的方差是刻画随机变量相对于期望值的散布程度的一个度量。下面导出 $\mathrm{var}(X)$的另一公式

$$\begin{aligned}\mathrm{var}(X)&=E[(X-\mu)^2]\\&=\sum_x(x-\mu)^2p(x)\\&=\sum_x(x^2-2\mu x+\mu^2)p(x)\\&=\sum_x x^2p(x)-2\mu\sum_x xp(x)+\mu^2\sum_x p(x)\\&=E[X^2]-2\mu^2+\mu^2=E[X^2]-\mu^2\end{aligned}$$

也即

$$\mathrm{var}(X)=E[X^2]-(E[X])^2$$

可见，X 的方差等于 X^2 的期望减去 X 期望的平方。这也是实际应用中最方便的计算方差的方法。上述结论对于连续型随机变量的方差也成立。

最后，给出关于方差的几个重要性质。

(1) 设是 C 常数，则 $D(C)=0$；

(2) 设 X 是随机变量，C 是常数，则有

$$D(CX)=C^2D(X),\quad D(X+C)=D(X)$$

(3) 设 X、Y 是两个随机变量，则有

$$D(X+Y)=D(X)+D(Y)+2E\{[X-E(X)][Y-E(Y)]\}$$

特别地，如果 X、Y 彼此独立，则有

$$D(X+Y)=D(X)+D(Y)$$

这一性质还可以推广到任意有限多个相互独立的随机变量之和的情况。

(4) $D(X)=0$ 的充要条件是 X 以概率 1 取常数 $E(X)$，即

$$P\{X=E(X)\}=1$$

前 3 个性质请读者自行证明，最后一个性质的证明将在本章的后续篇幅中给出。

设随机变量 X 具有数学期望 $E(X)=\mu$，方差 $D(X)=\sigma^2\neq 0$，记

$$X^*=\frac{X-\mu}{\sigma}$$

则 X^* 的数学期望为 0、方差为 1，并称 X^* 为 X 的标准化变量。

证明：

$$E(X^*)=\frac{1}{\sigma}E(X-\mu)=\frac{1}{\sigma}[E(X)-\mu]=0$$

$$D(X^*)=E(X^{*2})-[E(X^*)]^2=E\left[\left(\frac{X-\mu}{\sigma}\right)^2\right]=\frac{1}{\sigma^2}E[(X-\mu)^2]=\frac{\sigma^2}{\sigma^2}=1$$

根据 2.2.1 节最后给出的结论，若 $X_i\sim N(\mu_i,\sigma_i^2)$，$i=1,2,\cdots,n$，且相互独立，则它们的线性组合 $C_1X_1+C_2X_2+\cdots+C_nX_n$，仍服从正态分布，$C_1,C_2,\cdots,C_n$ 是不全为 0 的常数。于是，由数学期望和方差的性质可知

$$C_1X_1+C_2X_2+\cdots+C_nX_n\sim N\left(\sum_{i=1}^{n}C_i\mu_i,\sum_{i=1}^{n}C_i^2\sigma_i^2\right)$$

2.2.3 矩与矩母函数

随机变量 X 的期望 $E[X]$ 也称为 X 的均值或者一阶矩(Moment)，此外，方差 $D(X)$ 是 X 的二阶中心矩。更广泛地，有如下概念：

若 $E[X^k]$($k=1,2,\cdots$)存在，则称其为 X 的 k 阶原点矩，简称 k 阶矩。根据之前给出的定理，亦可知

$$E[X^k]=\sum_{x:p(x)>0}x^kp(x)$$

若 $E\{[X-E(X)]^k\}$ 存在，其中 $k=2,3,\cdots$，则称其为 X 的 k 阶中心矩。

概率论中不仅有中心矩，事实上还有其他形式的矩。下面总结了不同的"矩"概念之定义。设 X、Y 是两个随机变量，

(1) 若 $E(X^k)$($k=1,2,\cdots$)存在，则称它为 X 的 k 阶原点矩，记为 $v_k=E(X^k)$。

(2) 若 $E\{[X-E(X)]^k\}$($k=1,2,\cdots$)存在，则称它为 X 的 k 阶中心矩，记为 $\mu_k=E[X-E(X)]^k$。

(3) 若 $E(X^kY^l)$($k,l=1,2,\cdots$)存在，则称它为 X、Y 的 $k+l$ 阶混合原点矩。

(4) 若 $E\{[X-E(X)]^k[Y-E(Y)]^l\}$($k,l=1,2,\cdots$)存在，则称它为 X、Y 的 $k+l$ 阶混合中心矩。

所以,数学期望、方程、协方差都是矩,是特殊的矩。

有了矩的概念之后,还需要知道矩母函数(Moment-Generating Function,MGF)的定义,后面在进行中心极限定理的证明时,还会遇到它。

在概率论中,随机变量的矩母函数是描述其概率分布的一种可选方式。随机变量 X 的矩母函数定义为

$$M_X(t)=E(\mathrm{e}^{tX}), \quad t\in\mathbb{R}$$

前提是这个期望值存在。事实上,矩母函数确实并非一直都存在。

根据上面的定义还可知道,如果 X 服从离散分布,其概率质量函数为 $p(x)$,则

$$M_X(t)=\sum_x \mathrm{e}^{tx}p(x)$$

如果 X 服从连续分布,其概率密度函数为 $p(x)$,则

$$M_X(t)=\int_{-\infty}^{\infty}\mathrm{e}^{tx}p(x)\mathrm{d}x$$

之所以称为矩母函数,就在于通过它的确可以生成随机变量的各阶矩。根据麦克劳林公式(MacLaurin's Series)

$$\mathrm{e}^{tX}=1+tX+\frac{t^2X^2}{2!}+\frac{t^3X^3}{3!}+\cdots+\frac{t^nX^n}{n!}+\cdots$$

因此有

$$\begin{aligned}M_X(t)=E(\mathrm{e}^{tX})&=1+tE(X)+\frac{t^2E(X^2)}{2!}+\frac{t^3E(X^3)}{3!}+\cdots+\frac{t^nE(X^n)}{n!}+\cdots\\&=1+tv_1+\frac{t^2v_2}{2!}+\frac{t^3v_3}{3!}+\cdots+\frac{t^nv_n}{n!}+\cdots\end{aligned}$$

对于上式逐次求导,并计算 $t=0$ 点的值就会得到

$$M'_X(t)=E[X\mathrm{e}^{tX}], \quad M^n_X(t)=E[X^n\mathrm{e}^{tX}], \quad M^n_X(0)=E[X^n]$$

最后,作为一个例子,我们来讨论正态分布的矩母函数。令 Z 为标准正态随机变量,则有

$$\begin{aligned}M_Z(t)=E[\mathrm{e}^{tZ}]&=\frac{1}{\sqrt{2\pi}}\int_{-\infty}^{\infty}\mathrm{e}^{tx}\mathrm{e}^{-x^2/2}\mathrm{d}x=\frac{1}{\sqrt{2\pi}}\int_{-\infty}^{\infty}\exp\left\{-\frac{x^2-2tx}{2}\right\}\mathrm{d}x\\&=\frac{1}{\sqrt{2\pi}}\int_{-\infty}^{\infty}\exp\left\{-\frac{(x-t)^2}{2}+\frac{t^2}{2}\right\}\mathrm{d}x=\mathrm{e}^{t^2/2}\frac{1}{\sqrt{2\pi}}\int_{-\infty}^{\infty}\mathrm{e}^{-(x-t)^2/2}\mathrm{d}x=\mathrm{e}^{t^2/2}\end{aligned}$$

因此,标准正态随机变量的矩母函数为 $M_Z(t)=\mathrm{e}^{t^2/2}$。对于一般的正态随机变量,只需做线性变换 $X=\mu+\sigma Z$,其中 μ 和 σ 分别是 Z 的期望和标准差。此时可得

$$\begin{aligned}M_X(t)&=E[\mathrm{e}^{tX}]=E[\mathrm{e}^{t(\mu+\sigma Z)}]=E[\mathrm{e}^{t\mu}\mathrm{e}^{t\sigma Z}]\\&=\mathrm{e}^{t\mu}E[\mathrm{e}^{t\sigma Z}]=\mathrm{e}^{t\mu}M_Z(t\sigma)=\mathrm{e}^{t\mu}\mathrm{e}^{(t\sigma)^2/2}=\mathrm{e}^{\frac{(t\sigma)^2}{2}+t\mu}\end{aligned}$$

2.2.4 协方差与协方差矩阵

前面谈到,方差是用来度量随机变量和其数学期望之间偏离程度的量。随机变量与其数学期望之间的偏离其实就是误差。所以方差也可以认为是描述一个随机变量内部误差的统计量。与此相对应地,协方差(Covariance)是一种用来度量两个随机变量之总体误差的统计量。

更为正式的表述应该是：设(X,Y)是二维随机变量，则称$E\{[X-E(X)][Y-E(Y)]\}$为随机变量X与Y的协方差，记为$\mathrm{cov}(X,Y)$，即

$$\mathrm{cov}(X,Y)=E\{[X-E(X)][Y-E(Y)]\}$$

协方差表示的是两个变量的总体误差。如果两个变量的变化趋势一致，也就是说，如果其中一个大于自身的期望值，另外一个也大于自身的期望值，那么两个变量之间的协方差就是正值。如果两个变量的变化趋势相反，即其中一个大于自身的期望值，另外一个却小于自身的期望值，那么两个变量之间的协方差就是负值。

与协方差息息相关的另外一个概念是相关系数（或称标准协方差），它的定义为：设(X,Y)是二维随机变量，若$\mathrm{cov}(X,Y)$、$D(X)$、$D(Y)$都存在，且$D(X)>0$，$D(Y)>0$，则称ρ_{XY}为随机变量X与Y的相关系数，即

$$\rho_{XY}=\frac{\mathrm{cov}(X,Y)}{\sqrt{D(X)}\sqrt{D(Y)}}$$

还可以证明：$-1\leqslant\rho_{XY}\leqslant 1$。

如果协方差的结果为正值，则说明两者是正相关的；结果为负值就说明是负相关的；如果结果为0，也就是统计上说的“相互独立”，即两者不相关。另外，从协方差的定义上也可以看出一些显而易见的性质，如

(1) $\mathrm{cov}(X,X)=D(X)$

(2) $\mathrm{cov}(X,Y)=\mathrm{cov}(Y,X)$

显然第一个性质其实就表明：方差是协方差的一种特殊情况，即当两个变量是相同的情况。

两个随机变量之间的关系可以用一个协方差表示。对于由n个随机变量组成的一个向量，我们想知道其中每对随机变量之间的关系，就会涉及多个协方差。协方差多了就自然会想到用矩阵形式表示，也就是协方差矩阵。

设n维随机变量$(X_1,X_2,\cdots,X_n)$的二阶中心矩存在，记为

$$c_{ij}=\mathrm{cov}(X_i,Y_j)=E\{[X_i-E(X_i)][Y_j-E(Y_j)]\},\quad i,j=1,2,\cdots,n$$

则称矩阵

$$\boldsymbol{\Sigma}=(c_{ij})_{n\times n}=\begin{bmatrix} c_{11} & c_{12} & \cdots & c_{1n} \\ c_{21} & c_{22} & \cdots & c_{2n} \\ \vdots & \vdots & & \vdots \\ c_{n1} & c_{n2} & \cdots & c_{nn} \end{bmatrix}$$

为n维随机变量$(X_1,X_2,\cdots,X_n)$的协方差矩阵。

2.3 基本概率分布模型

概率分布是概率论的基本概念之一，它被用来表述随机变量取值的概率规律。从广义上说，概率分布是指称随机变量的概率性质；从狭义上说，它是指随机变量的概率分布函数。或称累积分布函数。可以将概率分布大致分为离散和连续两种类型。

2.3.1 离散概率分布

1. 伯努利分布

伯努利分布(Bernoulli Distribution)又称两点分布。设试验只有两个可能的结果：成功(记为1)与失败(记为0)，则称此试验为伯努利试验。若一次伯努利试验成功的概率为 p，则其失败的概率为 $1-p$，而一次伯努利试验的成功的次数就服从一个参数为 p 的伯努利分布。伯努利分布的概率质量函数是

$$P(X=k)=p^k(1-p)^{1-k},\quad k=0,1$$

显然，对于一个随机试验，如果它的样本空间只包含两个元素，即 $S=\{e_1,e_2\}$，总能在 S 上定义一个服从伯努利分布的随机变量

$$X=X(e)=\begin{cases}0, & e=e_1\\ 1, & e=e_2\end{cases}$$

来描述这个随机试验的结果。满足伯努利分布的试验有很多，例如，投掷一枚硬币观察其结果是正面还是反面，或者对新生婴儿的性别进行登记等。

可以证明，如果随机变量 X 服从伯努利分布，那么它的期望为 p，方差为 $p(1-p)$。

2. 二项分布

考查由 n 次独立试验组成的随机现象，它满足以下条件：重复 n 次随机试验，且这 n 次试验相互独立；每次试验中只有两种可能的结果，而且这两种结果发生与否互相对立，即每次试验成功的概率为 p，失败的概率为 $1-p$。事件发生与否的概率在每一次独立试验中都保持不变。显然，这一系列试验构成了一个 n 重伯努利试验。重复进行 n 次独立的伯努利试验，试验结果所满足的分布就称为是二项分布(Binomial Distribution)。当试验次数为1时，二项分布就是伯努利分布。

设 X 为 n 次独立重复试验中成功出现的次数，显然 X 是可以取 $0,1,2,\cdots,n$ 共 $n+1$ 个值的离散随机变量，则当 $X=k$ 时，其概率质量函数表示为

$$P(X=k)=\binom{n}{k}p^k(1-p)^{n-k}$$

很容易证明，服从二项分布的随机变量 X 以 np 为期望，以 $np(1-p)$ 为方差。

3. 负二项分布

如果伯努利试验独立地重复进行，每次成功的概率为 p，$0<p<1$，一直进行到累积出现了 r 次成功时停止试验，则试验失败的次数服从一个参数为 (r,p) 的负二项分布。可见，负二项分布与二项分布的区别在于：二项分布是固定试验总次数的独立试验中，成功次数 k 的分布；而负二项分布是累积到成功 r 次时即终止的独立试验中，试验总次数的分布。如果令 X 表示试验的总次数，则

$$P(X=n)=\binom{n-1}{r-1}p^r(1-p)^{n-r},\quad n=r,r+1,r+2,\cdots$$

上式之所以成立，是因为要使得第 n 次试验时正好是第 r 次成功，那么前 $n-1$ 次试验中有 $r-1$ 次成功，且第 n 次试验必然是成功的。前 $n-1$ 次试验中有 $r-1$ 次成功的概

率是

$$\binom{n-1}{r-1} p^{r-1}(1-p)^{n-r}$$

而第 n 次试验成功的概率为 p。因为这两件事相互独立,将两个概率相乘就得到前面给出的概率质量函数。而且还可以证明:如果试验一直进行下去,那么最终一定能得到 r 次成功,即有

$$\sum_{n-1}^{\infty} P(X=n)=\sum_{n-1}^{\infty}\binom{n-1}{r-1} p^{r}(1-p)^{n-r}=1$$

若随机变量 X 的概率质量函数由前面的式子给出,那么称 X 为参数(r,p)的负二项随机变量。负二项分布又称帕斯卡分布。特别地,参数为$(1,p)$的负二项分布就是下面将介绍的几何分布。

可以证明,服从负二项分布的随机变量 X 之期望为 r/p,而它的方差为 $r(1-p)/p^2$。

4. 多项分布

二项分布的典型例子是扔硬币,硬币正面朝上概率为 p,重复扔 n 次硬币,k 次为正面的概率即为一个二项分布概率。把二项分布公式推广至多种状态,就得到了多项分布(Multinomial Distribution)。一个典型的例子就是投掷 n 次骰子,出现1点的次数为 y_1,出现2点的次数为 y_2,……,出现6点的次数为 y_6,那么试验结果所满足的分布就是多项分布,或称多项式分布。

多项分布的PMF为

$$P(y_1,y_2,\cdots,y_k,p_1,p_2,\cdots,p_k)=\frac{n!}{y_1!\,y_2!\cdots y_k!}p_1^{y_1}p_2^{y_2}\cdots p_k^{y_k}$$

其中,

$$n=\sum_{i=1}^{k} y_i$$

$$P(y_1)=p_1,P(y_2)=p_2,\cdots,P(y_k)=p_k$$

5. 几何分布

考虑独立重复试验,每次的成功率为 p,$0<p<1$,一直进行到试验成功。如果令 X 表示需要试验的次数,那么

$$P(X=n)=(1-p)^{n-1}p,\quad n=1,2,\cdots$$

上式成立是因为要使得 X 等于 n,充分必要条件是前 $n-1$ 次试验失败而第 n 次试验成功。又因为假定各次试验都是相互独立的,于是得到上式成立。

由于

$$\sum_{n-1}^{\infty} P(X=n)=p\sum_{n-1}^{\infty}(1-p)^{n-1}=\frac{p}{1-(1-p)}=1$$

这说明试验最终会成功的概率为1。若随机变量的概率质量函数由前式给出,则称该随机变量是参数为 p 的几何随机变量。

可以证明,服从几何分布的随机变量 X 之期望等于 $1/p$,而它的方差等于$(1-p)/p^2$。

6. 超几何分布

超几何分布是统计学上的一种离散型概率分布,从一个有限总体中进行不放回的采样

时常会遇到它。假设 N 件产品中有 M 件次品，在不放回的采样中，抽取 n 件时得到 $X=k$ 件次品的概率分布就是超几何分布，它的概率质量函数为

$$P(X=k)=\frac{C_M^k C_{N-M}^{n-k}}{C_N^n}, \quad k=0,1,2,\cdots,r$$

其中 $r=\min(n,M)$。

最后讨论服从参数为 (n,N,M) 的超几何随机变量 X 的期望和方差。

$$E[X^k]=\sum_{i=0}^{n} i^k P\{X=i\}=\sum_{i=1}^{n} i^k \frac{C_M^i C_{N-M}^{n-i}}{C_N^n}$$

利用恒等式

$$iC_M^i=MC_{M-1}^{i-1}, \quad nC_N^n=NC_{N-1}^{n-1}$$

可得

$$\begin{aligned}E[X^k]&=\frac{nM}{N}\sum_{i=1}^{n} i^{k-1} \frac{C_{M-1}^{i-1} C_{N-M}^{n-i}}{C_{N-1}^{n-1}}\\&=\frac{nM}{N}\sum_{j=0}^{n-1} (j+1)^{k-1} \frac{C_{M-1}^{j} C_{N-M}^{n-j-1}}{C_{N-1}^{n-1}}\\&=\frac{nM}{N}E[(Y+1)^{k-1}]\end{aligned}$$

其中，Y 是服从超几何分布的随机变量，其参数为 $(n-1,N-1,M-1)$。因此，在上面的等式中令 $k=1$，有 $E[X]=nM/N$。

再令上面式子中的 $k=2$，可得

$$E[X^2]=\frac{nM}{N}E[Y+1]=\frac{nM}{N}\left[\frac{(n-1)(M-1)}{N-1}+1\right]$$

后一个等式用到了前面关于超几何分布之期望的计算结果。又由 $E[X]=nM/N$，可推出

$$\operatorname{var}(X)=\frac{nM}{N}\left[\frac{(n-1)(M-1)}{N-1}+1-\frac{nM}{N}\right]$$

令 $p=M/N$，且利用等式

$$\frac{M-1}{N-1}=\frac{Np-1}{N-1}=p-\frac{1-p}{N-1}$$

得到

$$\operatorname{var}(X)=np\left[(n-1)p-(n-1)\frac{1-p}{N-1}+1-np\right]=np(1-p)\left(1-\frac{n-1}{N-1}\right)$$

可见，当 n 远小于 N 时，即抽取的个数远小于产品总数 N 时，每次抽取后，总体中的不合格品率 $p=M/N$ 改变甚微，这时不放回采样就可以近似看成是放回采样，超几何分布可用二项分布近似。

7. 泊松分布

最后考虑另外一种重要的离散概率分布——泊松(Poisson)分布。单位时间、单位长度、单位面积、单位体积中发生某一事件的次数常可以用泊松分布刻画。例如，某段高速公路上一年内的交通事故数和某办公室一天中收到的电话数可以认为近似服从泊松分布。泊松分布可以看成是二项分布的特殊情况。在二项分布的伯努利试验中，如果试验次数 n 很大，而二项分布的概率 p 很小，且乘积 $\lambda=np$ 比较适中，则事件出现次数的概率可以用泊松分布逼近。事实上，二项分布可以看作泊松分布在离散时间上的对应物。泊松分布的概

率质量函数为

$$P(X=k)=\frac{e^{-\lambda}\lambda^{k}}{k!}$$

其中,参数 λ 是单位时间(或单位面积)内随机事件的平均发生率。

接下来利用二项分布的概率质量函数以及微积分中的一些关于数列极限的知识来证明上述公式。

$$\begin{aligned}
\lim_{n\to\infty}P(X=k)&=\lim_{n\to\infty}\binom{n}{k}p^{k}(1-p)^{n-k}\\
&=\lim_{n\to\infty}\frac{n!}{(n-k)!\ k!}\left(\frac{\lambda}{n}\right)^{k}\left(1-\frac{\lambda}{n}\right)^{n-k}\\
&=\lim_{n\to\infty}\left[\frac{n!}{n^{k}(n-k)!}\right]\left(\frac{\lambda^{k}}{k!}\right)\left(1-\frac{\lambda}{n}\right)^{n}\left(1-\frac{\lambda}{n}\right)^{-k}\\
&=\lim_{n\to\infty}\underbrace{\left[\left(1-\frac{1}{n}\right)\left(1-\frac{2}{n}\right)\cdots\left(1-\frac{k-1}{n}\right)\right]}_{\to 1}\left(\frac{\lambda^{k}}{k!}\right)\underbrace{\left(1-\frac{\lambda}{n}\right)^{n}}_{\to e^{-\lambda}}\underbrace{\left(1-\frac{\lambda}{n}\right)^{-k}}_{\to 1}\\
&=\left(\frac{\lambda^{k}}{k!}\right)e^{-\lambda}
\end{aligned}$$

结论得证。

最后,为了帮助读者更好地理解证明过程,这里对其中一项极限的计算做如下补充解释。因为已知 $\lambda=np$,并且 $n\to\infty$,相应地有 $p\to 0$,于是

$$\lim_{n\to\infty}\left(1-\frac{\lambda}{n}\right)^{n}=\lim_{p\to 0}(1-p)^{\frac{\lambda}{p}}=\lim_{p\to 0}\left[(1-p)^{-\frac{1}{p}}\right]^{-\lambda}=e^{-\lambda}$$

或者也可以从另外一个角度证明这个问题,如下

$$\lim_{n\to\infty}\left(1-\frac{\lambda}{n}\right)^{n}=\lim_{n\to\infty}\left[1+\left(\frac{1}{-n/\lambda}\right)\right]^{(-n/\lambda)\cdot(-\lambda)}$$

令 $m=n/\lambda$,显然当 $n\to\infty$ 时,有 $m\to\infty$,于是考虑如下极限

$$\begin{aligned}
\lim_{n\to\infty}\left[1+\left(\frac{1}{-n/\lambda}\right)\right]^{(-n/\lambda)}&=\lim_{m\to\infty}\left[1-\frac{1}{m}\right]^{-m}=\lim_{m\to\infty}\left[\frac{m}{m-1}\right]^{m}\\
&=\lim_{m\to\infty}\left[1+\frac{1}{m-1}\right]^{m}\\
&=\lim_{m\to\infty}\left[1+\frac{1}{m-1}\right]^{m-1}\cdot\left[1+\frac{1}{m-1}\right]=e
\end{aligned}$$

所以,

$$\lim_{n\to\infty}\left(1-\frac{\lambda}{n}\right)^{n}=e^{-\lambda}$$

2.3.2 连续概率分布

1. 均匀分布

均匀分布是最简单的连续概率分布。如果连续型随机变量 X 具有如下概率密度函数

$$f(x)=\begin{cases}\dfrac{1}{a-b}, & a<x<b\\ 0, & \text{其他}\end{cases}$$

则称 X 在区间 (a,b) 上服从均匀分布，记为 $X\sim U(a,b)$。

在区间 (a,b) 上服从均匀分布的随机变量 X，具有如下意义的等可能性，即它落在区间 (a,b) 中任意长度的子区间内的可能性是相同的。或者说它落在区间 (a,b) 的子区间内的概率只依赖于子区间的长度，而与子区间的位置无关。

由概率密度函数的定义式，可得服从均匀分布的随机变量 X 的累积分布函数为

$$F(x)=\begin{cases}0, & x<a\\ \dfrac{x-a}{b-a}, & a\leqslant x<b\\ 1, & x\geqslant b\end{cases}$$

如果随机变量 X 在 (a,b) 上服从均匀分布，那么它的期望就等于该区间的中点的值，即 $(a+b)/2$，而它的方差则等于 $(b-a)^2/12$。

2. 指数分布

泊松过程的等待时间服从指数分布。若连续型随机变量 X 的概率密度函数为

$$f(x)=\begin{cases}\lambda \mathrm{e}^{-\lambda x}, & x>0\\ 0, & \text{其他}\end{cases}$$

其中，$\lambda>0$ 为常数，则称 X 服从参数为 λ 的指数分布。如图 2-3 所示为不同参数下的指数分布概率密度函数图。

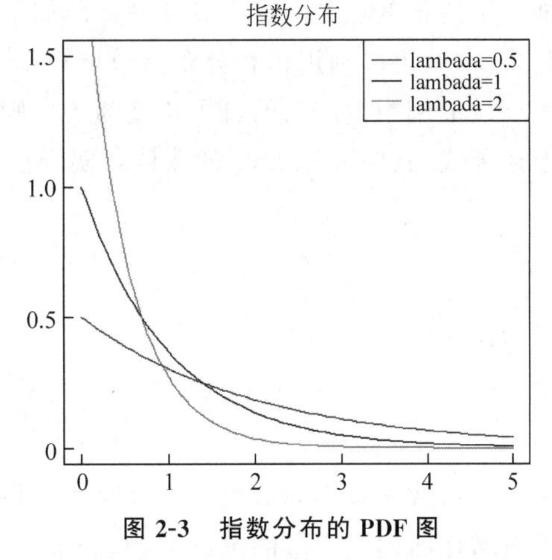

图 2-3 指数分布的 PDF 图

由前面给出的概率密度函数，可得满足指数分布的随机变量 X 的分布函数如下：

$$F(x)=\begin{cases}1-\mathrm{e}^{-\lambda x}, & x>0\\ 0, & \text{其他}\end{cases}$$

特别地，服从指数分布的随机变量 X 具有以下特别的性质：对于任意 $s,t>0$，有

$$P\{X>s+t\mid X>s\}=P\{X>t\}$$

这是因为

$$\begin{aligned}P\{X>s+t\mid X>s\}&=\frac{P\{(X>s+t)\cap(X>s)\}}{P\{X>s\}}\\&=\frac{P\{X>s+t\}}{P\{X>s\}}=\frac{1-F(s+t)}{1-F(s)}\\&=\frac{\mathrm{e}^{-\lambda(s+t)}}{\mathrm{e}^{-\lambda s}}=\mathrm{e}^{-\lambda t}=P\{X>t\}\end{aligned}$$

上述性质称为无记忆性。如果 X 是某一元件的寿命，那么该性质表明：已知元件使用了 s 小时，它总共能用至少 $s+t$ 小时的条件概率，与从开始使用时算起它至少能使用 t 小时的概率相等。这就是说，元件对它已使用过 s 小时是没有记忆的。指数分布的这一特性

也正是其应用广泛的原因所在。

如果随机变量 X 服从以 λ 为参数的指数分布，那么它的期望等于 $1/\lambda$，方差等于期望的平方，即 $1/\lambda^2$。

3. 正态分布

高斯分布又称正态分布，最早是由法国数学家棣莫弗在求二项分布的渐近公式中得到的。大数学家高斯在研究测量误差时从另一个角度导出了它。后来，拉普拉斯和高斯都对其性质进行过研究。一维高斯分布的概率密度函数为

$$p(x)=\frac{1}{\sqrt{2\pi}\sigma}\mathrm{e}^{-\frac{(x-\mu)^2}{2\sigma^2}}\qquad -\infty<x<+\infty$$

式中第一个参数 μ 是遵从高斯分布的随机变量的均值，第二个参数 σ 是此随机变量的标准差，所以高斯分布可以记作 Gauss(μ,σ)。但需要注意的是，此时的记法应写作 $N(\mu,\sigma^2)$，这里 σ^2 是随机变量的方差。

可以将正态分布函数简单地理解为“计算一定误差出现概率的函数”。例如某工厂生产长度为 L 的钉子，而由于制造工艺的原因，实际生产出来的钉子长度存在一定的误差 d，即钉子的长度在区间 $(L-d,L+d)$，如果想知道生产出的钉子中某一特定长度钉子的概率是多少，就可以利用正态分布函数计算。

设上例中生产出的钉子长度为 L_1，则生产出长度为 L_1 的钉子的概率为 $p(L_1)$，套用上述公式，其中 μ 取 L，σ 的取值与实际生产情况有关，则有

$$p(L_1)=\frac{1}{\sqrt{2\pi}\sigma}\mathrm{e}^{-\frac{(L_1-L)^2}{2\sigma^2}}$$

设误差 $x=L_1-L$，则

$$p(x)=\frac{1}{\sqrt{2\pi}\sigma}\mathrm{e}^{-\frac{x^2}{2\sigma^2}}$$

当参数 σ 取不同值时，$p(x)$ 曲线如图 2-4 所示。可见，正态分布描述了一种概率随误差量增加而逐渐递减的统计模型，正态分布是概率论中最重要的一种分布，经常用来描述测量误差、随机噪声等随机现象。服从正态分布的随机变量的概率分布规律为：取 μ 邻近

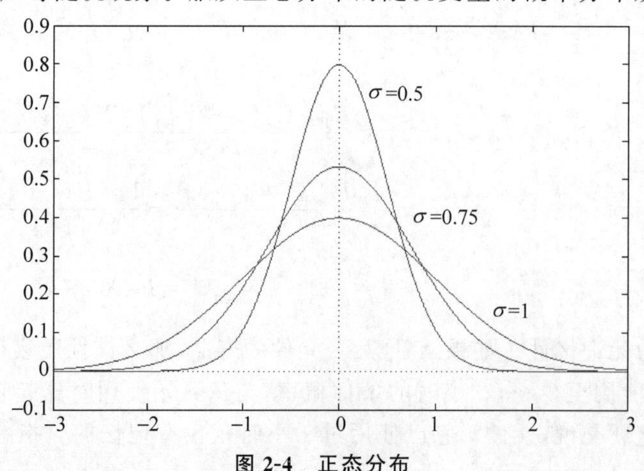

图 2-4　正态分布

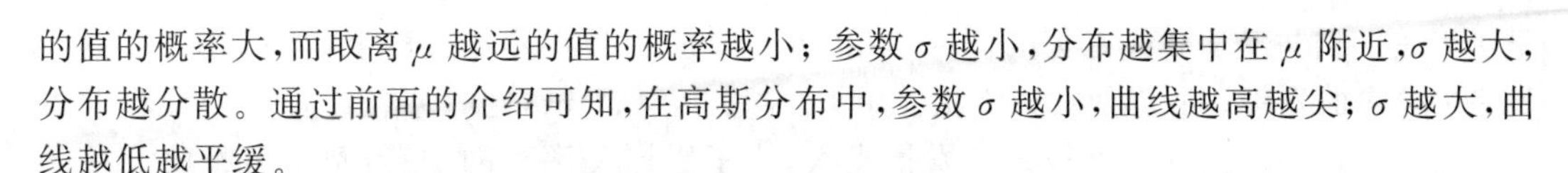

的值的概率大，而取离 μ 越远的值的概率越小；参数 σ 越小，分布越集中在 μ 附近，σ 越大，分布越分散。通过前面的介绍可知，在高斯分布中，参数 σ 越小，曲线越高越尖；σ 越大，曲线越低越平缓。

从函数的图像中可以发现，正态分布的概率密度函数是关于 μ 对称的，且在 μ 处达到最大值，在正(负)无穷远处取值为 0。它的形状是中间高两边低的，图像是一条位于 x 轴上方的钟形曲线。当 $\mu=0,\sigma^2=1$ 时，称为标准正态分布，记作 $N(0,1)$。

概率积分是标准正态概率密度函数的广义积分，根据基本的概率知识，我们知道

$$\int_{-\infty}^{+\infty}\frac{1}{\sqrt{2\pi}}\mathrm{e}^{-\frac{x^2}{2}}\mathrm{d}x=1$$

那么如何证明呢？借助本书第 2 章中已经得到的概率积分就能非常容易地证明上面这个结论。概率积分表明

$$\int_{-\infty}^{+\infty}\mathrm{e}^{-x^2}\mathrm{d}x=\sqrt{\pi}$$

可以令 $y=x/\sqrt{2}$，即 $x=\sqrt{2}y$，然后做变量替换，得

$$\int_{-\infty}^{+\infty}\frac{1}{\sqrt{2\pi}}\mathrm{e}^{-\frac{x^2}{2}}\mathrm{d}x=\int_{-\infty}^{+\infty}\frac{1}{\sqrt{2\pi}}\mathrm{e}^{-y^2}\sqrt{2}\,\mathrm{d}y=\frac{\sqrt{2\pi}}{\sqrt{2\pi}}=1$$

4. 学生 t 分布

设 $X_1,X_2,\cdots,X_n$ 是来自正态总体 $N(\mu,\sigma^2)$ 的一个样本，样本均值和样本方差分别是 $\overline{X}$ 和 s^2，则有

$$\frac{\overline{X}-\mu}{s/\sqrt{n}}\sim t(n-1)$$

其中，$t(n-1)$ 表示自由度为 $n-1$ 的 t 分布。当 n 足够大时，t 分布近似于标准正态分布(此时即变成中央极限定理所描述之情况)。对于较小的 n 而言，t 分布与标准正态分布有较大差别。

学生 t 分布，简称 t 分布，是类似正态分布的一种对称分布，但它通常要比正态分布更加平坦和分散。一个特定的 t 分布依赖于称为自由度的参数。自由度越小，那么 t 分布的图形就越平坦，随着自由度的增大，t 分布也逐渐趋近于正态分布。如图 2-5 所示为标准正态分布以及两个自由度不同的 t 分布。

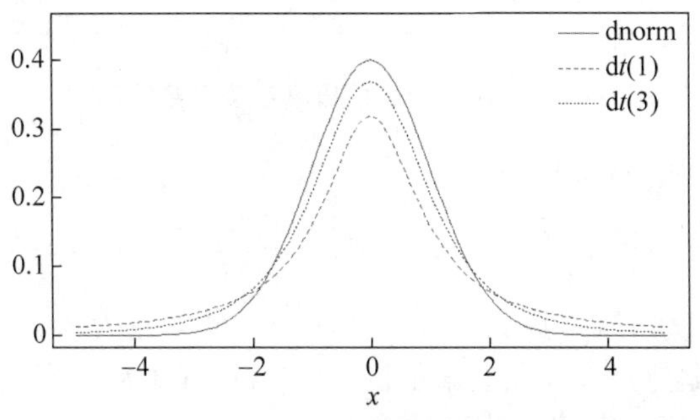

图 2-5 标准正态分布与 t 分布

这里谈到的学生 t 分布最初是由英国化学家和统计学家威廉·戈塞特(Willam Gosset)于 1908 年提出的。当时，他还在爱尔兰都柏林的一家酿酒厂工作。酒厂虽然禁止

员工发表一切与酿酒研究有关的研究成果，但还是允许他在不提到酿酒的前提下，以笔名发表 t 分布的发现。所以他在论文里使用了"学生"(Student)这一笔名。后来，t 检验方法以及相关理论经由统计学家费希尔发扬光大，为了感谢戈塞特的功劳，费希尔将此分布命名为学生 t 分布(Student's t-distribution)。

5. 伽马分布

伽马函数 $\Gamma(x)$ 定义为

$$\Gamma(x)=\int_0^{\infty} t^{x-1}\mathrm{e}^{-t}\,\mathrm{d}t$$

根据分部积分法，可以证明伽马函数具有如下递归性质：

$$\Gamma(x+1)=x\Gamma(x)$$

容易发现，它还可以看作是阶乘在实数集上的延拓，即

$$\Gamma(x)=(x-1)!$$

如果随机变量具有密度函数

$$p(x)=\begin{cases}\dfrac{\lambda^{\alpha}}{\Gamma(\alpha)}x^{\alpha-1}\mathrm{e}^{-\lambda x}, & x\geqslant 0\\ 0, & x<0\end{cases}$$

则称该随机变量具有伽马分布，其参数为 (α,λ)，其中 $\alpha>0$ 称为形状参数，$\lambda>0$ 称为尺度参数。

图 2-6 演示了固定 λ 值，α 取不同值时的伽马分布概率密度函数图形。可见当 $\alpha\leqslant 1$ 时，函数是单调递减的。当 $\alpha>1$ 时函数会出现一个单峰，峰值位于 $x=(\alpha-1)/\lambda$ 处。随着 α 值的增大，函数图形变得越来越低矮且平缓。而且 $\alpha=1$ 的伽马分布就是前面已经介绍过的指数分布。

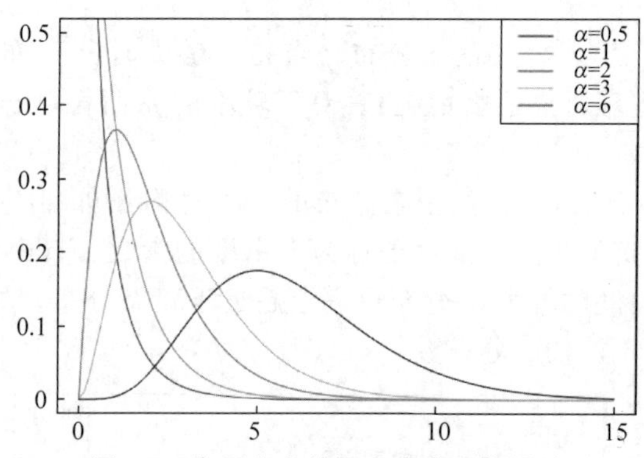

图 2-6　伽马分布的概率密度函数图形

利用伽马函数的性质，可以算得

$$E(X)=\frac{\lambda^{\alpha}}{\Gamma(\alpha)}\int_0^{\infty}x^{\alpha}\mathrm{e}^{-\lambda x}\,\mathrm{d}x=\frac{\Gamma(\alpha+1)}{\Gamma(\alpha)}\frac{1}{\lambda}=\frac{\alpha}{\lambda}$$

即伽马分布的数学期望为 α/λ。据此还推出伽马分布的方差为 $\mathrm{var}(X)=\alpha/\lambda^2$。

$\lambda=1/2,\alpha=n/2$ 的伽马分布(n 是一个正整数)称为自由度为 n 的 χ^2 分布，记作 $X\sim\chi^2(n)$，其数学期望 $E(X)=n$，概率密度函数为

$$p(x)=\frac{1}{\Gamma\left(\frac{n}{2}\right)2^{\frac{n}{2}}}x^{\frac{n}{2}-1}\mathrm{e}^{-\frac{x}{2}},\quad x\geqslant 0$$

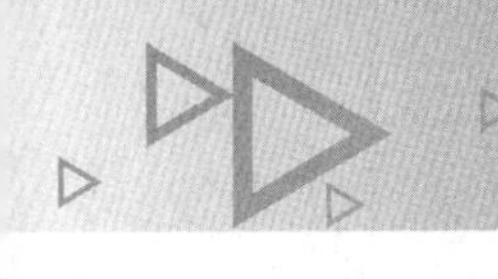

设想在 n 维空间中试图击中某一个靶子，其中各坐标的偏差相互独立且为标准正态分布，则偏差的平方服从自由度为 n 的 χ^2 分布。χ^2 分布与正态分布关系密切，它也是统计学中最重要的三大分布之一，本章后面还会再用到它。

6. 贝塔分布

贝塔函数的定义为

$$\beta(a,b)=\int_0^1 x^{a-1}(1-x)^{b-1}\mathrm{d}x,\quad a>0;\ b>0$$

而且贝塔函数还与伽马函数有如下关系：

$$\beta(a,b)=\frac{\Gamma(a)\Gamma(b)}{\Gamma(a+b)}$$

如果随机变量具有密度函数

$$p(x)=\frac{\Gamma(a+b)}{\Gamma(a)\Gamma(b)}x^{a-1}(1-x)^{b-1},\quad 0\leqslant x\leqslant 1$$

则称该随机变量具有贝塔分布（在其他 x 处，$p(x)=0$，上述将此略去未表），记作 beta(a,b)，其中 $a>0$ 和 $b>0$ 都是形状参数。显然贝塔分布的概率密度函数还可以写成

$$p(x)=\frac{1}{\beta(a,b)}x^{a-1}(1-x)^{b-1},\quad 0\leqslant x\leqslant 1$$

当形状参数中 a 和 b 取不同值时，贝塔分布的概率密度函数图形会出现非常显著的差异，如图 2-7 所示。从图中也可以看出，beta(1,1)在[0,1]区间上均匀分布。

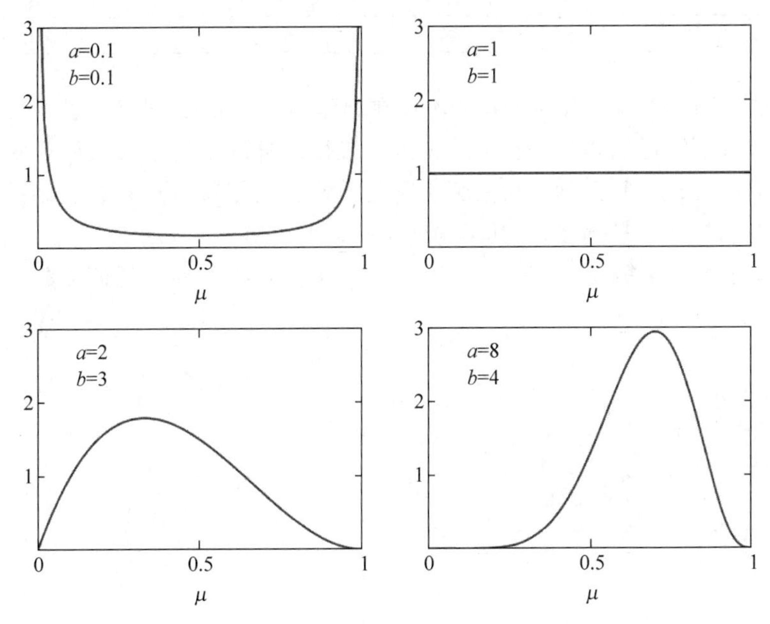

图 2-7 贝塔分布的概率密度函数图形

贝塔函数的数学期望为 $a/(a+b)$，这是因为

$$E(X)=\frac{\Gamma(a+b)}{\Gamma(a)\Gamma(b)}\int_0^1 x^{a}(1-x)^{b-1}\mathrm{d}x$$

$$=\frac{\Gamma(a+b)}{\Gamma(a)\Gamma(b)}\frac{\Gamma(a+1)\Gamma(b)}{\Gamma(a+b+1)}=\frac{a}{a+b}$$

还可以证明贝塔函数的方差为

$$\text{var}(X)=\frac{ab}{(a+b)^2(a+b+1)}$$

2.4 概率论中的重要定理

本节介绍概率论中最为基础也最为重要的两个定理，即大数定理及中心极限定理。

2.4.1 大数定理

法国数学家蒲丰曾经做过一个非常著名的掷硬币试验，发现硬币正面出现的次数与反面出现的次数总是十分相近，投掷的次数越多，正反面出现的次数便越接近。其实，历史上很多数学家都做过类似的实验，如表 2-1 所示。从中不难发现，试验次数越多，其结果便越接近在一个常数附近摆动。

表 2-1 掷硬币实验

实 验 者	投掷次数(n)	正面朝上次数(m)	频数(m/n)
德摩根	2048	1061	0.5181
蒲丰	4040	2048	0.5069
费勒	10 000	4979	0.4979
皮尔逊	24 000	12 012	0.5005

正如恩格斯所说的："在表面上是偶然性在起作用的地方，这种偶然性始终是受内部的隐藏着的规律支配的，而问题只是在于发现这些规律。"掷硬币这个实验所反映出来的规律在概率论中称为大数定理，又称大数法则。它是描述相当多次数重复试验结果的定律。根据这个定律知道，样本数量越多，则其平均就越趋近期望值。

定理：(马尔可夫不等式)设 X 为取非负值的随机变量，则对于任何常数 $a\geqslant 0$，有

$$P\{X\geqslant a\}\leqslant\frac{E[X]}{a}$$

证明：对于 $a\geqslant 0$，令

$$I=\begin{cases}1, & X\geqslant a\\0, & \text{其他}\end{cases}$$

由于 $X\geqslant 0$，所以有

$$I\leqslant\frac{X}{a}$$

两边求期望，得

$$E[I]\leqslant\frac{1}{a}E[X]$$

上式说明 $E[X]/a\geqslant E[I]=P\{X\geqslant a\}$，即定理得证。

作为推论，可得下述定理。

定理：(切比雪夫不等式)设 X 是随机变量，它的期望 $E(X)=\mu$，方差 $D(X)=\sigma^2$，则对

任意 $k>0$，有

$$P\{|X-\mu|\geqslant k\}\leqslant\frac{\sigma^2}{k^2}$$

证明：由于 $(X-\mu)^2$ 为非负随机变量，利用马尔可夫不等式，得

$$P\{(X-\mu)^2\geqslant k^2\}\leqslant\frac{E[(X-\mu)^2]}{k^2}$$

由于 $(X-\mu)^2\geqslant k^2$ 与 $|X-\mu|\geqslant|k|$ 是等价的，因此

$$P\{|X-\mu|\geqslant|k|\}\leqslant\frac{E[(X-\mu)^2]}{k^2}=\frac{\sigma^2}{k^2}$$

所以结论得证。

马尔可夫(Markov)不等式和切比雪夫(Chebyshev)不等式的重要性在于：在只知道随机变量的期望，或期望和方差都已知的情况下，可以导出概率的上界。当然，如果概率分布已知，就可以直接计算概率的值而无须计算概率的上界。所以，切比雪夫不等式的用途更多的是证明理论结果(例如下面这个定理)，更重要的是它可以用来证明大数定理。

定理：$\mathrm{var}(X)=0$，则 $P\{X=E[X]\}=1$。也就是说，一个随机变量的方差为 0 的充要条件是这个随机变量的概率等于常数。

证明：利用切比雪夫不等式，对任意 $n\geqslant1$

$$P\left\{|X-\mu|>\frac{1}{n}\right\}=0$$

令 $n\to\infty$，得

$$0=\lim_{n\to\infty}P\left\{|X-\mu|>\frac{1}{n}\right\}=P\left\{\lim_{n\to\infty}\left[|X-\mu|>\frac{1}{n}\right]\right\}=P\{X\neq\mu\}$$

结论得证。

弱大数定理：(辛钦大数定理)设 $X_1,X_2,\cdots,X_n,\cdots$ 是独立同分布的随机变量序列，它们具有公共的、有限的数学期望 $E(X_i)=\mu$，其中 $i=1,2,\cdots$，做前 n 个变量的算术平均

$$\frac{1}{n}\sum_{k=1}^{n}X_k=\frac{X_1+X_2+\cdots+X_n}{n}$$

则对于任意 $\varepsilon>0$，有

$$\lim_{n\to\infty}P\left\{\left|\frac{1}{n}\sum_{k=1}^{n}X_k-\mu\right|<\varepsilon\right\}=1$$

证明：此处只证明大数定理的一种特殊情形，即在上述定理所列条件基础上，再假设 $\mathrm{var}(X_i)$ 为有限值，即原随机变量序列具有公共的有限的方差上界。不妨设这个公共上界为常数 C，则 $\mathrm{var}(X_i)\leqslant C$。这种特殊形式的大数定理也称为切比雪夫大数定理。此时，

$$E\left[\frac{1}{n}\sum_{k=1}^{n}X_k\right]=\mu$$

$$D\left[\frac{1}{n}\sum_{k=1}^{n}X_k\right]=\frac{1}{n^2}\sum_{k=1}^{n}D(X_k)\leqslant\frac{C}{n}$$

利用切比雪夫不等式，得

$$P\left\{\left|\frac{1}{n}\sum_{k=1}^{n}X_k-\mu\right|\geqslant\varepsilon\right\}\leqslant D\left[\frac{1}{n}\sum_{k=1}^{n}X_k\right]/\varepsilon^2=\frac{C}{n\varepsilon^2}$$

由上式可以看出，定理显然成立。

设 $Y_1, Y_2, \cdots, Y_n, \cdots$ 是随机变量序列，a 是常数。若对任意 $\varepsilon>0$，有

$$\lim_{n\to\infty} P\{|Y_n - a| < \varepsilon\} = 1$$

则称序列 $Y_1, Y_2, \cdots, Y_n, \cdots$ 依概率收敛于 a，记为

$$Y_n \xrightarrow{P} a$$

依概率收敛的序列有以下性质：设 $X_n \xrightarrow{P} a, Y_n \xrightarrow{P} b$，又设函数 $g(x,y)$ 在点 (a,b) 处连续，则有

$$g(X_n, Y_n) \xrightarrow{P} g(a,b)$$

如此一来，上述弱大数定理又可表述如下。

设随机变量 $X_1, X_2, \cdots, X_n, \cdots$ 独立同分布，且具有公共的数学期望 $E(X_i)=\mu$，其中 $i=1,2,\cdots$，则序列

$$\overline{X} = \frac{1}{n}\sum_{k=1}^{n} X_k$$

依概率收敛于 μ。

弱大数定理最早是由雅各布·伯努利证明的，而且他所证明的其实是大数定理的一种特殊情况，其中 X_i 只取 0 或 1，即 X 为伯努利随机变量。他对该定理的陈述和证明收录在 1713 年出版的巨著《猜度术》一书中。而切比雪夫是在伯努利逝世一百多年后才出生的，换言之，在伯努利生活的时代，切比雪夫不等式还不为人所知。伯努利必须借助十分巧妙的方法证明其结果。上述弱大数定理是独立同分布序列的大数定理的最一般形式，它是由苏联数学家辛钦(Khinchin)证明的。

与弱大数定理相对应的，还有强大数定理。强大数定理是概率论中最著名的结果。它表明，独立同分布的随机变量序列，前 n 个观察值的平均值以概率 1 收敛到分布的平均值。

定理：(强大数定理) 设 $X_1, X_2, \cdots$ 为独立同分布的随机变量序列，其公共期望值 $E(X_i)=\mu$ 有限，其中 $i=1,2,\cdots$，则有下式成立：

$$\lim_{n\to\infty} P\left\{\frac{1}{n}\sum_{k=1}^{n} X_k = \mu\right\} = 1$$

法国数学家波莱尔(Borel)最早在伯努利随机变量的特殊情况下给出了强大数定理的证明。上述这个一般情况下的强大数定理则是由苏联数学家柯尔莫哥洛夫(Kolmogorov)证明的。限于篇幅，本书不再给出详细证明，有兴趣的读者可以参阅相关资料。但我们有必要分析一下强、弱大数定理的区别所在。弱大数定理只能保证对于充分大的 n^*，随机变量 $(X_1+X_2+\cdots+X_{n^*})/n^*$ 趋近于 μ。但不能保证对一切 $n>n^*$，$(X_1+X_2+\cdots+X_n)/n$ 也一定在 μ 的附近。这样，$|(X_1+X_2+\cdots+X_n)/n-\mu|$ 就可以无限多次偏离 0(尽管出现较大偏离的频率不会很高)。而强大数定理则恰恰能保证这种情况不会出现，强大数定理能够以概率 1 保证：对于任意正数 $\varepsilon>0$，有

$$\left|\frac{1}{n}\sum_{k=1}^{n} X_k - \mu\right| > \varepsilon$$

只可能出现有限次。

大数定理保证了一些随机事件的均值具有长期稳定性。在重复试验中，随着试验次数

增加，事件发生的频率趋于一个稳定值；人们同时也发现，在对物理量的测量实践中，测定值的算术平均也具有稳定性。例如，向上抛一枚硬币，硬币落下后哪一面朝上本来是偶然的，但当上抛硬币的次数足够多后(例如，达到上万次甚至几十万、几百万次以后)，我们就会发现，硬币每一面向上的次数约占总次数的二分之一。因此，偶然中必定包含着必然。

2.4.2 中心极限定理

中心极限定理是概率论中最著名的结果之一。中心极限定理说明，大量相互独立的随机变量之和的分布以正态分布为极限。准确地说，中心极限定理是概率论中的一组定理，这组定理是数理统计学和误差分析的理论基础，它同时为现实世界中许多实际的总体分布情况提供了理论解释。

下面就给出独立同分布下的中心极限定理，又被称为林德贝格-列维中心极限定理，它是由芬兰数学家林德贝格(Lindeberg)和法国数学家列维(Lévy)分别独立获得的。

定理：设 $X_1, X_2, \cdots$ 为独立同分布的随机变量序列，其公共分布的期望为 μ，方差为 σ^2，假如方差 σ^2 有限且不为 0，则前 n 个变量之和的标准化随机变量

$$Y_n^* = \frac{X_1 + X_2 + \cdots + X_n - n\mu}{\sigma\sqrt{n}}$$

的分布，当 $n \to \infty$ 时收敛于标准正态分布 $\Phi(a)$。即对任意 $a \in (-\infty, +\infty)$，存在

$$\lim_{n\to\infty} P\{Y_n^* \leqslant a\} \to \Phi(a)$$

其中，

$$\Phi(a) = \frac{1}{\sqrt{2\pi}}\int_{-\infty}^{a} \mathrm{e}^{-\frac{x^2}{2}}\,\mathrm{d}x$$

上述定理证明的关键在于下面这条引理，由于其中涉及太多数学上的细节，此处就不给出该引理的详细证明，而仅将其作为一个结论帮助证明中心极限定理。

引理：设 $Z_1, Z_2, \cdots$ 为随机变量序列，其分布函数为 F_{Z_n}，相应的矩母函数为 M_{Z_n}，$n \geqslant 1$；又设 Z 的分布为 F_Z，矩母函数为 M_Z，若 $M_{Z_n}(t) \to M_Z(t)$ 对一切 t 成立，则 $F_{Z_n}(t) \to F_Z(t)$ 对 $F_Z(t)$ 所有的连续点成立。

若 Z 为标准正态分布，则 $M_Z(t) = \mathrm{e}^{t^2/2}$，利用上述引理可知，若

$$\lim_{n\to\infty} M_{Z_n}(t) \to \mathrm{e}^{\frac{t^2}{2}}$$

则有(其中 Φ 是标准正态分布的分布函数)

$$\lim_{n\to\infty} F_{Z_n}(t) \to \Phi(t)$$

下面基于上述结论给出中心极限定理的证明。

证明：首先，假定 $\mu = 0, \sigma^2 = 1$，我们只在 X_i 的矩母函数 $M(t)$ 存在且有限的假定下证明定理。现在，$X_i/\sqrt{n}$ 的矩母函数为

$$E\left[\mathrm{e}^{tX_i/\sqrt{n}}\right] = M\left(\frac{t}{\sqrt{n}}\right)$$

由此可知，$\sum_{i=1}^{n} X_i/\sqrt{n}$ 的矩母函数为

$$\left[M\left(\frac{t}{\sqrt{n}}\right)\right]^n$$

记 $L(t)=\ln M(t)$。对于 $L(t)$，有

$$L(0)=0$$
$$L'(0)=M'(0)/M(0)=\mu=0$$
$$L''(0)=\frac{M(0)M''(0)-[M'(0)]^2}{[M(0)]^2}=E[X]^2=1$$

要证明定理，由上述引理，必须证明

$$\lim_{n\to\infty}[M(t/\sqrt{n})]^n\to e^{\frac{t^2}{2}}$$

或等价地有

$$\lim_{n\to\infty}nL(t/\sqrt{n})\to t^2/2$$

下面一系列等式说明这个极限式成立(其中使用了洛必达法则)。

$$\begin{aligned}\lim_{n\to\infty}nL(t/\sqrt{n})&=\lim_{n\to\infty}\frac{-L'(t/\sqrt{n})n^{-3/2}t}{-2n^{-2}}\\&=\lim_{n\to\infty}\frac{L'(t/\sqrt{n})t}{2n^{-1/2}}=\lim_{n\to\infty}\left[-\frac{L''(t/\sqrt{n})n^{-3/2}t^2}{-2n^{-3/2}}\right]\\&=\lim_{n\to\infty}\left[L''\left(\frac{t}{\sqrt{n}}\right)\frac{t^2}{2}\right]=\frac{t^2}{2}\end{aligned}$$

如此便在 $\mu=0,\sigma^2=1$ 的情况下，证明了定理。对于一般情况，只需考虑标准化随机变量序列 $X_i^*=(X_i-\mu)/\sigma$，由于 $E[X_i^*]=0$，$\mathrm{var}(X_i^*)=1$，将已经证得的结果应用于序列 X_i^*，便可得到一般情况下的结论。

需要说明的是，虽然上述中心极限定理只说对每一个常数 a，有

$$\lim_{n\to\infty}P\{Y_n^*\leqslant a\}\to\Phi(a)$$

事实上，这个收敛是对 a 一致的。当 $n\to\infty$ 时，$f_n(a)\to f(a)$ 对 a 一致，是指对任何 $\varepsilon>0$，存在 N，使得当 $n\geqslant N$ 时，不等式 $|f_n(a)-f(a)|<\varepsilon$ 对所有的 a 都成立。

下面给出相互独立随机变量序列的中心极限定理。注意与前面情况不一样的地方在于，这里不再强调“同分布”，即不要求有共同的期望和一致的方差。

定理：设 $X_1,X_2,\cdots$ 为相互独立的随机变量序列，相应的期望和方差分别为 $\mu_i=E[X_i]$，$\sigma_i^2=\mathrm{var}(X_i)$。若 X_i 为一致有界的，即存在 M，使得 $P\{|X_i|<M\}=1$ 对一切 i 成立；且 $\sum_{i=1}^{+\infty}\sigma_i^2=+\infty$，则对一切 a，有

$$\lim_{n\to\infty}P\left\{\frac{\sum_{i=1}^{n}(X_i-\mu_i)}{\sqrt{\sum_{i=1}^{n}\sigma_i^2}}\leqslant a\right\}\to\Phi(a)$$

中心极限定理的证明涉及内容较多，也非常复杂。对于实际应用而言，记住结论可能比深挖其数学细节更为重要。

中心极限定理告诉我们：若有独立同分布的随机变量序列 $X_1,X_2,\cdots X_n$，它们的公共

期望和方差分别为$\mu=E[X_i]$,$\sigma^2=D(X_i)$。不管其分布如何,只要n足够大,则随机变量之和服从正态分布。即

$$\sum_{i=1}^{n} X_i \to N(n\mu, n\sigma^2), \quad \frac{\sum_{i=1}^{n} X_i - n\mu}{\sqrt{n}\sigma} \to N(0,1)$$

另外一个事实是,如果$Y_i \sim N(\mu_i, \sigma_i^2)$,并且$Y_i$相互独立,其中$i=1,2,\cdots,m$,则它们的线性组合$C_1Y_1+C_2Y_2+\cdots+C_mY_m$,仍服从正态分布,其中$C_1,C_2,\cdots,C_m$是不全为0的常数。于是,由数学期望和方差的性质可知,

$$C_1Y_1 + C_2Y_2 + \cdots + C_mY_m \sim N\left(\sum_{i=1}^{m} C_i\mu_i, \sum_{i=1}^{m} C_i^2\sigma_i^2\right)$$

如果令上式中的$C_2,C_3,\cdots,C_m$均为0,令$Y_1=\overline{X}$,$C_1=1/n$,则进一步可知随机变量的均值也服从正态分布:

$$\frac{1}{n}\sum_{i=1}^{n} X_i \to N\left(\mu, \frac{\sigma^2}{n}\right), \quad \frac{\frac{1}{n}\sum_{i=1}^{n} X_i - \mu}{\sigma/\sqrt{n}} \to N(0,1)$$

于是得到下面这个结论:设$X_1,X_2,\cdots,X_n$是来自正态总体$N(\mu,\sigma^2)$的一个样本,$\overline{X}$是样本的均值,则有

$$\overline{X} \sim N\left(\mu, \frac{\sigma^2}{n}\right)$$

第一个版本的中心极限定理最早是由法国数学家棣莫弗于1733年左右给出的。他在论文中使用正态分布去估计大量抛掷硬币出现正面次数的分布。这个超越时代的成果险些被历史所遗忘,所幸的是,法国数学家拉普拉斯在1812年发表的著作中拯救了这个默默无名的理论。拉普拉斯扩展了棣莫弗的理论,指出二项分布可用正态分布逼近。但同棣莫弗一样,拉普拉斯的发现在当时并未引起很大反响。而且拉普拉斯对于更一般化形式的中心极限定理所给出之证明并不严格。事实上,沿用他的方法也不可能严格化。后来直到19世纪末,中心极限定理的重要性才被世人所知。1901年,切比雪夫的学生俄国数学家李雅普诺夫(Lyapunov)用更普通的随机变量定义中心极限定理并在数学上进行了精确的证明。

高斯分布在概率论中之所以如此重要,很大程度上得益于中心极限定理所给出的结论。由高斯分布和中心极限定理出发,还可以进一步推广出许多有用的结论,这些结论在统计学中具有非常重要的意义。

2.5 经验分布函数

设$(X_1,X_2,\cdots,X_n)$是总体X的一个样本。如果X_i^* $(i=1,2,\cdots,n)$是关于样本$(X_1,X_2,\cdots,X_n)$的函数并满足如下条件:它总是取样本观察值$(x_1,x_2,\cdots,x_n)$,按从小到大排序后第i个值为观测值,那么就称$X_1^*,X_2^*,\cdots,X_n^*$为顺序统计量。顺序统计量可以简记为

$$X_k^* = \{X_1, X_2, \cdots, X_n \text{ 中第} k \text{ 个小的值}\}, \quad k=1,2,\cdots,n$$

特别地,

$$X_1^* = \min(X_1, X_2, \cdots, X_n)$$
$$X_n^* = \max(X_1, X_2, \cdots, X_n)$$

称 X_1^* 和 X_n^* 分别为样本的最小值和最大值，并称 $R = X_n^* - X_1^*$ 为样本的极差。

此外，还可以定义

$$\widetilde{X} = \begin{cases} X_{\frac{n+1}{2}}^*, & n\text{ 为奇数} \\ \frac{1}{2}\left(X_{\frac{n}{2}}^* + X_{\frac{n}{2}+1}^*\right), & n\text{ 为偶数} \end{cases}$$

为样本的中位数。

基于顺序统计量，就可以讨论经验分布函数(Empirical Distribution Functions, EDF)等概念了。设 $x_1, x_2, \cdots, x_n$ 是总体X 的一组容量为n 的样本观测值，将它们按从小到大的顺序重新排列为 $x_1^*, x_2^*, \cdots, x_n^*$，对于任意实数 x，定义函数

$$F_n(x) = \begin{cases} 0, & x < x_1^* \\ k/n, & x_k^* \leqslant x < x_{k+1}^*, \quad k = 1, 2, \cdots, n-1 \\ 1, & x_n^* \leqslant x \end{cases}$$

则称 $F_n(x)$为总体 X 的经验分布函数。它还可以简记为 $F_n(x) = \frac{1}{n} \cdot {}^*\{x_1, x_2, \cdots, x_n\}$，其中${}^*\{x_1, x_2, \cdots, x_n\}$表示 $x_1, x_2, \cdots, x_n$ 中不大于 x 的个数。

另外一种常见的表示形式为

$$F_n(x) = \frac{1}{n}\sum_{i=1}^{n} I\{x_i \leqslant x\}$$

其中，I 是指示函数(Indicator Function)，即

$$I\{x_i \leqslant x\} = \begin{cases} 1, & x_i \leqslant x \\ 0, & \text{其他} \end{cases}$$

因此，求经验分布函数 $F_n(x)$在一点 x 处的值，只要求出随机变量 X 的 n 个观测值 $x_1, x_2, \cdots, x_n$ 中小于或等于 x 的个数，再除以观测次数 n 即可。由此可见，$F_n(x)$就是在 n 次重复独立实验中事件$\{X \leqslant x\}$出现的频率。

经验分布函数 $F_n(x)$的图形(如图 2-8 所示)是一条呈跳跃上升的阶梯形曲线。如果样本观测值 $x_1, x_2, \cdots, x_n$ 中没有重复的数值，则每一跳跃为 $1/n$，若有重复 l 次的值，则按 $1/n$

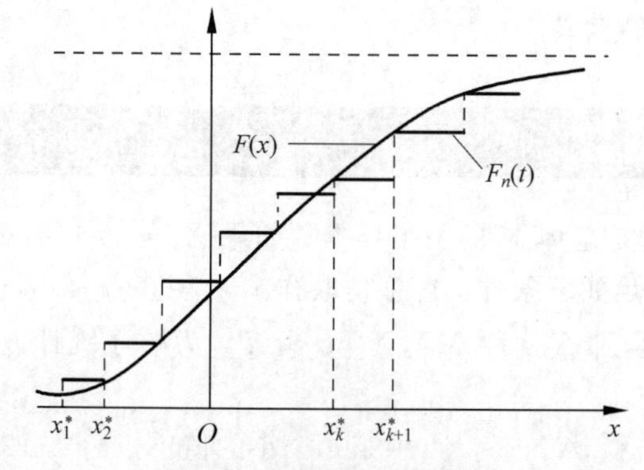

图 2-8　经验分布函数图形

的 l 倍跳跃上升。图中圆滑曲线是总体 X 的理论分布函数 $F(x)$的图形。若把经验分布函数的图形连成折线，那么它实际就是累积频率直方图的上边。这与概率分布函数的性质是一致的。

由大数定理可知，当试验次数增大时，事件的频率稳定于概率。那么，当试验次数增大时，表示事件$\{X \leqslant x\}$出现频率的经验分布函数是否接近于事件$\{X \leqslant x\}$出现概率的总体分布函数呢？这个问题可由格利文科定理(Glivenko Theorem)回答。

格利文科定理：设总体 X 的分布函数为 $F(x)$，经验分布函数为 $F_n(x)$，则有

$$P\{\lim_{n \to \infty} \sup_{-\infty < x < +\infty} |F_n(x) - F(x)| = 0\} = 1$$

该定理揭示了总体 X 的理论分布函数与经验分布函数之间的内在联系。它指出当样本容量足够大时，从样本算得的经验分布函数 $F_n(x)$与总体分布函数 $F(x)$相差的最大值也可以足够小，这就是用样本推断总体的数学依据。

第 3 章

统计推断

统计推断是以带有随机性的样本观测数据为基础，结合具体的问题条件和假定，而对未知事物做出的，以概率形式表述的推断。它是数理统计的主要任务。统计推断要面对的基本问题可以分为两大类：一类是参数估计；另一类是假设检验。其中，假设检验又分为参数假设检验和非参数假设检验两大类。本章所讲的假设检验都属于参数假设检验的范畴。此外，参数估计也分为两大类，即参数的点估计和区间估计。用于点估计的方法一般有矩方法和最大似然估计法(Maximum Likelihood Estimate，MLE)两种。先验概率、后验概率和似然是贝叶斯推断中最基本也是最重要的几个概念。充分理解似然这个概念并掌握最大似然估计法是深入探讨机器学习领域中相关内容所必备的数学基础。

3.1 随机采样

概率分布是对现实世界中客观规律的高度抽象和数学表达，在统计分析中它们无处不在。但又因为分布仅仅是一种抽象的数学表达，所以要设法从观察中找到一个合适的分布并非易事，甚至某些分布很难用常规的、现成的数学模型描述。在处理这类问题时，采样就变得非常重要。在统计学中，采样(或称抽样)是一种推论统计方法，它是指从目标总体(Population)中抽取一部分个体作为样本(Sample)，通过观察样本的某一或某些属性，依据所获得的数据对总体的数量特征得出具有一定可靠性的估计判断，从而达到对总体的认识。

在数理统计中，我们往往对有关对象的某一项数量指标感兴趣。为此，考虑开展与这一数量指标相联系的随机试验，并对这一数量指标进行试验或者观察。通常将试验的全部可能的观察值称为总体，并将每一个可能的观察值称为个体。总体中包含的个体数目称为总体的容量。容量有限的称为有限总体，容量为无限的则称为无限总体。

总体中的每个个体是随机试验的一个观察值(Observation)，因此它与某一随机变量 X

的值相对应。一个总体对应于一个随机变量 X。于是，对总体的研究就变成了对一个随机变量 X 的研究，X 的分布函数和数字特征就称为总体的分布函数和数字特征。这里将总体和相应的随机变量统一看待。

在实际中，总体的分布一般是未知的，或者只知道它具有某种形式而其中包含着未知参数。在数理统计中，人们都是通过从总体中抽取一部分个体，然后再根据获得的数据对总体分布作出推断。被抽出的部分个体称为总体的一个样本。

所谓从总体抽取一个个体，就是对总体 X 进行一次观察并记录其结果。在相同的条件下对总体 X 进行 n 次重复的、独立的观察，并将 n 次观察结果按照试验的次序记为 X_1，X_2，…，X_n。由于 X_1，X_2，…，X_n 是对随机变量 X 观察的结果，且各次观察是在相同的条件下独立完成的，所以可以认为 X_1，X_2，…，X_n 是相互独立的，且都是与 X 具有相同分布的随机变量。这样得到的 X_1，X_2，…，X_n 称为来自总体 X 的一个简单随机样本，n 称为这个样本的容量。如无特定说明，我们所提到的样本都是指简单随机样本。当 n 次观察一经完成，便得到一组实数 x_1，x_2，…，x_n，它们依次是随机变量 X_1，X_2，…，X_n 的观察值，称为样本值。

设 X 是具有某种分布函数 F 的随机变量，若 X_1，X_2，…，X_n 是具有同一分布函数 F 的、相互独立的随机变量，则称 X_1，X_2，…，X_n 为从分布函数 F（或总体 F 或总体 X）得到的容量为 n 的简单随机样本，简称样本，它们的观察值 x_1，x_2，…，x_n 称为样本值，又称为 X 的 n 个独立的观察值。也可将样本看成是一个随机向量，写成$(X_1,X_2,\cdots,X_n)$，此时样本值相应地写成$(x_1,x_2,\cdots,x_n)$。若$(x_1,x_2,\cdots,x_n)$与$(y_1,y_2,\cdots,y_n)$都是对应于样本$(X_1,X_2,\cdots,X_n)$的样本值，一般来说它们是不相同的。

样本是进行统计推断的依据。在应用时，往往不是直接使用样本本身，而是针对不同的问题构造样本的适当函数，利用这些样本的函数进行统计推断。

设 X_1，X_2，…，X_n 是来自总体 X 的一个样本，$g(X_1,X_2,\cdots,X_n)$是 X_1，X_2，…，X_n 的函数，若 g 中不含未知参数，则称 $g(X_1,X_2,\cdots,X_n)$是一个统计量。

因为 X_1，X_2，…，X_n 都是随机变量，而统计量 $g(X_1,X_2,\cdots,X_n)$是随机变量的函数，因此统计量是一个随机变量。设 x_1，x_2，…，x_n 是相应于样本 X_1，X_2，…，X_n 的样本值，则称 $g(x_1,x_2,\cdots,x_n)$是 $g(X_1,X_2,\cdots,X_n)$的观察值。

样本均值和样本方差是两个最常用的统计量。假设 X_1，X_2，…，X_n 是来自总体 X 的一个样本，x_1，x_2，…，x_n 是这一样本的观察值。定义样本均值如下：

$$\overline{X}=\frac{1}{n}\sum_{i=1}^{n}X_i$$

样本方差为

$$s^2=\frac{1}{n-1}\sum_{i=1}^{n}(X_i-\overline{X})^2=\frac{1}{n-1}\sum_{i=1}^{n}X_i^2-n\overline{X}^2$$

标准差(也称均方差)就是方差的算术平方根，即

$$s=\sqrt{\frac{\sum_{i=1}^{n}(X_i-\overline{X})^2}{n-1}}$$

很多人会对上面的公式感到困惑，疑问之处就在于为什么样本方差计算公式里分母为

$n-1$？简单地说，这样做的目的是为了使方差的估计无偏。无偏估计（Unbiased Estimator）的意思是估计量的数学期望等于被估计参数的真实值，否则就是有偏估计（Biased Estimator）。之所以进行采样，就是因为现实中，总体的获取可能有困难或者代价太高。退而求其次，我们用样本的一些数量指标对相应的总体指标做估计。例如对于总体 X，样本均值就是总体 X 之数学期望的无偏估计，即

$$E(X)=\frac{1}{n}\sum_{i=1}^{n}X_i$$

那为什么样本方差分母必须是 $n-1$ 而不是 n 才能使得该估计无偏呢？这是令很多人倍感迷惑的地方。

首先，假定随机变量 X 的数学期望 μ 是已知的，然而方差 σ^2 未知。在这个条件下，根据方差的定义，有

$$E\left[(X_i-\mu)^2\right]=\sigma^2,\quad i=1,2,\cdots,n$$

由此可得

$$E\left[\frac{1}{n}\sum_{i=1}^{n}(X_i-\mu)^2\right]=\sigma^2$$

因此

$$\frac{1}{n}\sum_{i=1}^{n}(X_i-\mu)^2$$

是方差 σ^2 的一个无偏估计，注意式中的分母 n。这个结果符合直觉，并且在数学上也是显而易见的。

现在，考虑随机变量 X 的数学期望 μ 是未知的情形。这时，我们会倾向于直接用样本均值 $\overline{X}$ 替换上面式子中的 μ。这样做的后果是什么呢？后果就是如果直接使用

$$\frac{1}{n}\sum_{i=1}^{n}(X_i-\overline{X})^2$$

作为估计，将会倾向于低估方差。这是因为

$$\begin{aligned}\frac{1}{n}\sum_{i=1}^{n}(X_i-\overline{X})^2&=\frac{1}{n}\sum_{i=1}^{n}\left[(X_i-\mu)+(\mu-\overline{X})\right]^2\\&=\frac{1}{n}\sum_{i=1}^{n}(X_i-\mu)^2+\frac{2}{n}\sum_{i=1}^{n}(X_i-\mu)(\mu-\overline{X})+\frac{1}{n}\sum_{i=1}^{n}(\mu-\overline{X})^2\\&=\frac{1}{n}\sum_{i=1}^{n}(X_i-\mu)^2+2(\overline{X}-\mu)(\mu-\overline{X})+(\mu-\overline{X})^2\\&=\frac{1}{n}\sum_{i=1}^{n}(X_i-\mu)^2-(\mu-\overline{X})^2\end{aligned}$$

换言之，除非正好 $\overline{X}=\mu$，否则一定有

$$\frac{1}{n}\sum_{i=1}^{n}(X_i-\overline{X})^2<\frac{1}{n}\sum_{i=1}^{n}(X_i-\mu)^2$$

而不等式右边的才是对方差的“无偏”估计。这个不等式说明，为什么直接使用

$$\frac{1}{n}\sum_{i=1}^{n}(X_i-\overline{X})^2$$

会导致对方差的低估。那么，在不知道随机变量真实数学期望的前提下，如何“正确”地估

计方差呢？答案是把上式中的分母 n 换成 $n-1$，通过这种方法把原来的偏小的估计“放大”一点点，就能获得对方差的正确估计了。这个结论是可以证明的。

下面证明

$$E\left[\frac{1}{n-1}\sum_{i=1}^{n}(X_i-\overline{X})^2\right]=\sigma^2$$

记 $D(X_i)$和 $E(X_i)$为 X_i 的方差和期望，显然有 $D(X_i)=\sigma^2$、$E(X_i)=\mu$。

$$D(\overline{X})=D\left(\frac{1}{n}\sum_{i=1}^{n}X_i\right)=\frac{1}{n^2}D\left(\sum_{i=1}^{n}X_i\right)=\frac{1}{n^2}\left[\sum_{i=1}^{n}D(X_i)\right]=\frac{\sigma^2}{n}$$

$$E(\overline{X}^2)=D(\overline{X})+E^2(\overline{X})=\frac{\sigma^2}{n}+\mu^2$$

而且有

$$E\left[\sum_{i=1}^{n}X_i^2\right]=\sum_{i=1}^{n}E\left[X_i^2\right]=\sum_{i=1}^{n}\left[D(X_i)+E^2(X_i)\right]=n(\sigma^2+\mu^2)$$

$$E\left[\sum_{i=1}^{n}X_i\overline{X}\right]=E\left[\overline{X}\sum_{i=1}^{n}X_i\right]=nE(\overline{X}^2)=n\left(\frac{\sigma^2}{n}+\mu^2\right)$$

所以可得

$$\begin{aligned}E\left[\frac{1}{n-1}\sum_{i=1}^{n}(X_i-\overline{X})^2\right]&=\frac{1}{n-1}E\left[\sum_{i=1}^{n}(X_i-\overline{X})^2\right]\\&=\frac{1}{n-1}E\left[\sum_{i=1}^{n}(X_i^2-2X_i\overline{X}+\overline{X}^2)\right]\\&=\frac{1}{n-1}\left[n(\sigma^2+\mu^2)-2n\left(\frac{\sigma^2}{n}+\mu^2\right)+n\left(\frac{\sigma^2}{n}+\mu^2\right)\right]=\sigma^2\end{aligned}$$

结论得证。

既然已经知道样本方差的定义式为

$$s^2=\frac{\sum_{i=1}^{n}\left[X_i-\overline{X}\right]\left[X_i-\overline{X}\right]}{n-1}$$

那么也就可以据此给样本协方差定义如下：

$$\operatorname{cov}(X,Y)=\frac{\sum_{i=1}^{n}\left[X_i-\overline{X}\right]\left[Y_i-\overline{Y}\right]}{n-1}$$

设总体 X(无论服从什么分布，只要均值和方差存在)的均值为 μ、方差为 σ^2，X_1，X_2，…X_n 是来自总体 X 的一个样本，$\overline{X}$ 和 s^2 分别是样本均值和样本方差，则有

$$E(\overline{X})=\mu,\quad D(\overline{X})=\frac{\sigma^2}{n}$$

而

$$\begin{aligned}E(s^2)&=E\left[\frac{1}{n-1}\sum_{i=1}^{n}(X_i^2-n\overline{X}^2)\right]\\&=\frac{1}{n-1}\sum_{i=1}^{n}\left[E(X_i^2)-nE(\overline{X}^2)\right]\end{aligned}$$

$$=\frac{1}{n-1}\sum_{i=1}^{n}\left[(\sigma^2+\mu^2)-n\left(\frac{\sigma^2}{n}+\mu^2\right)\right]$$
$$=\sigma^2$$

即 $E(s^2)=\sigma^2$。

回忆前面给出的一个结论：设 $X_1,X_2,\cdots,X_n$ 是来自正态总体 $N(\mu,\sigma^2)$的一个样本，$\overline{X}$ 是样本的均值，则有

$$\overline{X}\sim N\left(\mu,\frac{\sigma^2}{n}\right)$$

如果将其转换为标准正态分布的形式，就会得出

$$\frac{\overline{X}-\mu}{\sigma/\sqrt{n}}\sim N(0,1)$$

很多情况下，无法得知总体方差 σ^2，此时就需要使用样本方差 s^2 替代。但这样做的结果就是，上式将发生些许变化。最终的形式由下面这个定理给出。这也是本章后面将多次用到的一个重要结论。

定理：设 $X_1,X_2,\cdots X_n$ 是来自正态总体 $N(\mu,\sigma^2)$的一个样本，样本均值和样本方差分别是 $\overline{X}$ 和 s^2，则有

$$\frac{\overline{X}-\mu}{s/\sqrt{n}}\sim t(n-1)$$

其中，$t(n-1)$表示自由度为 $n-1$ 的 t 分布。

3.2 参数估计

统计推断是以带有随机性的样本观测数据为基础，结合具体的问题条件和假定，而对未知事物做出的，以概率形式表述的推断。它是数理统计的主要任务。总的来说，统计推断的基本问题可以分为两大类：一类是参数估计；另一类是假设检验。在参数估计部分，本节将重点关注点估计和区间估计这两类问题。

3.2.1 参数估计的基本原理

如果想知道某所中学高三年级全体男生的平均身高，其实只要测定他们每个人的身高然后再取均值即可。但是若想知道我国成年男性的平均身高似乎就不那么简单了，因为这个研究的对象群体实在过于庞大，要想获得我国成年男性的身高数据显然有点不切实际。这时一种可以想到的办法就是对这个庞大的总体进行采样，然后根据样本参数来推断总体参数，于是便引出了参数估计(Parameter Estimation)的概念。参数估计就是用样本统计量去估计总体参数的方法。比如，可以用样本均值来估计总体均值，用样本方差来估计总体方差。如果把总体参数(均值、方差等)笼统地用一个符号 θ 来表示，而用于估计总体参数的统计量用 $\hat{\theta}$ 来表示，那么参数估计也就是用 $\hat{\theta}$ 来估计 θ 的过程，其中 $\hat{\theta}$ 也称为估计量(Estimator)，而根据具体样本计算得出的估计量数值就是估计值(Estimated Value)。

看一个例子。2014 年 10 月 28 日，为了纪念美国实验医学家、病毒学家乔纳斯·爱德

华·索尔克(Jonas Edward Salk)诞辰百年,谷歌特别在其主页上刊出了一幅纪念画,如图 3-1 所示。第二次世界大战以后,由于缺乏有效的防控手段,脊髓灰质炎逐渐成为美国公共健康的最大威胁之一。其中,1952 年的大流行是美国历史上最严重的爆发。那年报道的病例有 58 000 人,3145 人死亡,21 269 人致残,且多数受害者是儿童。直到索尔克研制出首例安全有效的"脊髓灰质炎疫苗",曾经让人闻之色变的脊髓灰质炎才开始得到有效的控制。

图 3-1 索尔克纪念画

索尔克在验证他发明的疫苗的效果时,设计了一个随机双盲对照试验,实验结果是在全部 200 745 名接种了疫苗的儿童中,最后患上脊髓灰质炎的一共有 57 例。那么采用点估计的办法就可以推断该疫苗的整体失效率大约为

$$\hat{p}=\frac{57}{200\ 745}=0.0284\%$$

虽然在重复采样下,点估计的均值可以期望等于总体的均值,但由于样本是随机抽取的,由某一个具体样本算出的估计值可能并不等同于总体均值。在用矩估计法对总体参数进行估计时,还应该给出点估计值与总体参数真实值间的接近程度。通常我们会围绕点估计值来构造总体参数的一个区间,并用这个区间来度量真实值与估计值之间的接近程度,这就是区间估计。

区间估计(Interval Estimate)是在点估计的基础上,给出总体参数估计的一个区间范围,而这个区间通常是由样本统计量加减估计误差得到的。与点估计不同,进行区间估计时,根据样本统计量的采样分布可以对样本统计量与总体参数的接近程度给出一个概率度量。

例如,在以样本均值估计总体均值的过程中,由样本均值的采样分布知,在重复采样或无限总体采样的情况下,样本均值的数学期望等于总体均值,即 $E(\bar{x})=\mu$。回忆前面曾经给出过的一些结论,还可以知道,样本均值的标准差等于 $\sigma_{\bar{x}}=\sigma/\sqrt{n}$,其中 σ 是总体的标准差,n 是样本容量。根据中心极限定理可知,样本均值的分布服从正态分布。这就意味着,样本均值 $\bar{x}$ 落在总体均值 μ 的两侧各一个采样标准差范围内的概率为 0.6827;落在两个采样标准差范围内的概率为 0.9545;落在 3 个采样标准差范围内的概率是 0.9973。

事实上,完全可以求出样本均值落在总体均值两侧任何一个采样标准差范围内的概率。但实际估计时,情况却是相反的。所知的仅是样本均值 $\bar{x}$,而总体均值 μ 未知,也正是需要估计的。由于 $\bar{x}$ 与 μ 之间的距离是对称的,如果某个样本均值落在 μ 的两个标准差范围之内,反过来 μ 也就被包括在以 $\bar{x}$ 为中心左右两个标准差的范围之内。因此,大约有 95%的样本均值会落在 μ 的两个标准差范围内。或者说,约有 95%的样本均值所构造的两

个标准差区间会包括 μ。图 3-2 给出了区间估计的示意图。

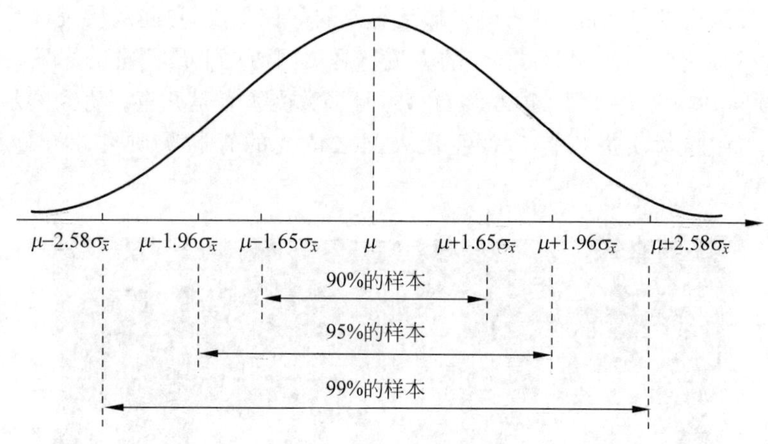

图 3-2　区间估计示意图

在区间估计中，由样本统计量所构造的总体参数之估计区间被称为置信区间(Confidence Interval)，而且如果将构造置信区间的步骤重复多次，置信区间中所包含的总体参数真实值的次数之占比称为置信水平或置信度。在构造置信区间时，可以使用希望的任意值作为置信水平。常用的置信水平和正态分布曲线下右侧面积为 $\alpha/2$ 时的临界值如表 3-1 所示。

表 3-1　常用置信水平临界值

置信水平	α	$\alpha/2$	临界值
90%	0.10	0.050	1.645
95%	0.05	0.025	1.96
99%	0.01	0.005	2.58

3.2.2　单总体参数区间估计

1. 总体比例的区间估计

比例问题可以看作是一项满足二项分布的试验。例如，在索尔克的随机双盲对照试验中，实验结果是在全部 200 745 名接种了疫苗的儿童中，最后患上脊髓灰质炎的一共有 57 例。这就相当是做了 200 745 次独立的伯努利试验，而且每次试验的结果必为两种可能之一：要么是患病，要么是不患病。服从二项分布的随机变量 $X\sim B(n,p)$ 以 np 为期望，以 $np(1-p)$ 为方差。可以令样本比例 $\hat{p}=X/n$ 作为总体比例 p 的估计值，而且可以得知

$$E(\hat{p})=\frac{1}{n}E(X)=\frac{1}{n}\cdot np=p$$

同时还有

$$\operatorname{var}(\hat{p})=\frac{1}{n^2}\operatorname{var}(X)=\frac{1}{n^2}\cdot np(1-p)=\frac{p(1-P)}{n};\quad se(\hat{p})=\sqrt{\frac{p(1-P)}{n}}$$

由此便已经具备了进行区间估计的必备素材。

第一种进行区间估计的方法被称为 Wald 方法，它是一种近似方法。根据中心极限定

理，当 n 足够大时，将会有

$$\hat{p} \sim N\left(p, \sqrt{\frac{p(1-P)}{n}}\right)$$

3.2.1 节中也给出了标准正态分布中，95%置信水平下的临界值，即 1.96，即

$$\Pr\left(-1.96 < \frac{\hat{p}-p}{\sqrt{p(1-p)/n}} < 1.96\right) \approx 0.95$$

$$\Rightarrow \Pr\left(\hat{p} - 1.96\sqrt{\frac{p(1-p)}{n}} < p < \hat{p} + 1.96\sqrt{\frac{p(1-p)}{n}}\right) \approx 0.95$$

Wald 方法对上述结果做了进一步的近似，即把根号下的 p 用 $\hat{p}$ 代替，于是总体比例 p 在 95%置信水平下的置信区间即为

$$\left(\hat{p} - 1.96\sqrt{\frac{\hat{p}(1-\hat{p})}{n}}, \hat{p} + 1.96\sqrt{\frac{\hat{p}(1-\hat{p})}{n}}\right)$$

以索尔克的随机双盲对照试验为例，可以在算得总体比例估计的置信区间，保留小数点后 6 位有效数字的结果为(0.000 210,0.000 358)。

Wald 方法的基本原理是利用正态分布来对二项分布进行近似，与之相对的另外一种方法是 Clopper-Pearson 方法。该方法完全是基于二项分布的，所以它是一种更加精确的区间估计方法。利用 Clopper-Pearson 方法，可以算得保留小数点后 6 位有效数字的 95%置信水平下的区间估计结果为(0.000215,0.000369)。这一数值已经与 Wald 方法所得的结果非常相近了。

2. 总体均值的区间估计

在对总体均值进行区间估计时，需要分几种情况。首先若考虑的总体是正态分布且方差 σ^2 已知，或总体不满足正态分布但为大样本($n \geqslant 30$)时，样本均值 $\bar{x}$ 的采样分布均为正态分布，数学期望为总体均值 μ，方差为 σ^2/n。而样本均值经过标准化以后的随机变量服从标准正态分布，即

$$z = \frac{\bar{x}-\mu}{\sigma/\sqrt{n}} \sim N(0,1)$$

由此可知，总体均值 μ 在 $1-\alpha$ 置信水平下的置信区间为

$$\left(\bar{x} - z_{\alpha/2}\frac{\sigma}{\sqrt{n}}, \bar{x} + z_{\alpha/2}\frac{\sigma}{\sqrt{n}}\right)$$

其中 α 是显著水平，它是总体均值不包含在置信区间内的概率；$z_{\alpha/2}$ 是标准正态分布曲线与横轴围成的面积等于 $\alpha/2$ 时的 z 值。

如果总体服从正态分布但 σ^2 未知，或总体并不服从正态分布，只要是在大样本条件下，都可以用样本方差 s^2 代替总体方差 σ^2，此时总体均值在 $1-\alpha$ 置信水平下的置信区间为

$$\left(\bar{x} - z_{\alpha/2}\frac{s}{\sqrt{n}}, \bar{x} + z_{\alpha/2}\frac{s}{\sqrt{n}}\right)$$

需要注意的是，也是本书前面着重讨论的一点，如果设 $X_1, X_2, \cdots, X_n$ 是来自总体 X 的一个样本，那么作为总体方差 σ^2 之无偏估计的样本方差公式为

$$s^2 = \frac{1}{n-1}\sum_{i=1}^{n}(X_i - \overline{X})^2 = \frac{1}{n-1}\sum_{i=1}^{n}X_i^2 - n\overline{X}^2$$

此外，考虑总体是正态分布，但方差 σ^2 未知且属于小样本（$n<30$）的情况，仍需用样本方差 s^2 替代总体方差 σ^2。但此时样本均值经过标准化以后的随机变量，将服从自由度为（$n-1$）的 t 分布

$$t=\frac{\bar{x}-\mu}{s/\sqrt{n}}\sim t(n-1)$$

于是，就需要采用学生 t 分布建立总体均值 μ 的置信区间。根据 t 分布建立的总体均值 μ 在 $1-\alpha$ 置信水平下的置信区间为

$$\left(\bar{x}-t_{\alpha/2}\frac{s}{\sqrt{n}},\bar{x}+t_{\alpha/2}\frac{s}{\sqrt{n}}\right)$$

式中，$t_{\alpha/2}$ 是自由度为 $n-1$ 时，t 分布中右侧面积为 $\alpha/2$ 的 t 值。

表 3-2 对本部分介绍的关于单总体均值的区间估计方法进行了总结，供有需要的读者参阅。

表 3-2　单总体均值的区间估计

总体分布	样本量	总体方差 σ^2 已知	总体方差 σ^2 未知
正态分布	大样本（$n\geqslant 30$）	$\bar{x}\pm z_{\alpha/2}\frac{\sigma}{\sqrt{n}}$	$\bar{x}\pm z_{\alpha/2}\frac{s}{\sqrt{n}}$
	小样本（$n<30$）	$\bar{x}\pm z_{\alpha/2}\frac{\sigma}{\sqrt{n}}$	$\bar{x}\pm t_{\alpha/2}\frac{s}{\sqrt{n}}$
非正态分布	大样本（$n\geqslant 30$）	$\bar{x}\pm z_{\alpha/2}\frac{\sigma}{\sqrt{n}}$	$\bar{x}\pm z_{\alpha/2}\frac{s}{\sqrt{n}}$

3. 总体方差的区间估计

此处仅讨论正态总体方差的估计问题。根据样本方差的采样分布可知，样本方差服从自由度为 $n-1$ 的 χ^2 分布。所以考虑用 χ^2 分布构造总体方差的置信区间。给定一个显著水平 α，用 χ^2 分布建立总体方差 σ^2 的置信区间，其实就是要找到一个 χ^2 值，使得

$$\chi^2_{1-\alpha/2}\leqslant\chi^2\leqslant\chi^2_{\alpha/2}$$

由于

$$\frac{(n-1)s^2}{\sigma^2}\sim\chi^2(n-1)$$

所以可以用其来替代 χ^2，于是有

$$\chi^2_{1-\alpha/2}\leqslant\frac{(n-1)s^2}{\sigma^2}\leqslant\chi^2_{\alpha/2}$$

根据上式推导出总体方差 σ^2 在 $1-\alpha$ 置信水平下的置信区间为

$$\frac{(n-1)s^2}{\chi^2_{\alpha/2}}\leqslant\sigma^2\leqslant\frac{(n-1)s^2}{\chi^2_{1-\alpha/2}}$$

据此便可对总体方差的置信区间进行估计。

3.2.3　双总体均值差的估计

前面曾经指出，若 $X_i\sim N(\mu_i,\sigma_i^2)$，其中 $i=1,2,\cdots,n$，且相互独立，则它们的线性组

合：$C_1X_1+C_2X_2+\cdots+C_nX_n$，仍服从正态分布，其中 $C_1,C_2,\cdots,C_n$ 是不全为0的常数。由数学期望和方差的性质可知

$$C_1X_1+C_2X_2+\cdots+C_nX_n \sim N\left(\sum_{i=1}^{n}C_i\mu_i,\sum_{i=1}^{n}C_i^2\sigma_i^2\right)$$

所以，假设随机变量的估计符合正态分布的一个潜在的好处就是它们的线性组合仍然可以满足正态分布的假设。如果有 $X_1\sim N(\mu_1,\sigma_1^2)$ 和 $X_2\sim N(\mu_2,\sigma_2^2)$，显然有

$$aX_1+bX_2 \sim N\left(a\mu_1+b\mu_2,\sqrt{a^2\sigma_1^2+b^2\sigma_2^2}\right)$$

当 $a=1,b=-1$ 时，有

$$X_1-X_2 \sim N\left(\mu_1-\mu_2,\sqrt{\sigma_1^2+\sigma_2^2}\right)$$

这其实给出了两个独立的正态分布的总体之差的分布。

从 X_1 和 X_2 这两个总体中分别抽取样本量为 n_1 和 n_2 的两个随机样本，样本均值分别为 $\bar{x}_1$ 和 $\bar{x}_2$。则样本均值 $\bar{x}_1$ 满足 $\bar{x}_1\sim(\mu_1,\sigma_1^2/n_1)$，样本均值 $\bar{x}_2$ 满足 $\bar{x}_2\sim(\mu_2,\sigma_2^2/n_2)$。进而样本均值之差 $\bar{x}_1-\bar{x}_2$ 满足

$$(\bar{x}_1-\bar{x}_2) \sim N\left(\mu_1-\mu_2,\sqrt{\frac{\sigma_1^2}{n_1}+\frac{\sigma_2^2}{n_2}}\right)$$

由此即得到了进行双总体均值之差区间估计的所需素材。在具体讨论时将问题分成两类，即独立样本数据的双总体均值差估计问题，以及配对样本数据的双总体均值差估计问题。

1. 独立样本

如果两个样本是从两个总体中独立抽取的，即一个样本中的元素与另一个样本中的元素相互独立，则称之为独立样本(Independent Samples)。

当两总体的方差 σ_1^2 和 σ_2^2 已知时，根据前面推出的结论，类似于单个总体区间估计，可以得出 $\mu_1-\mu_2$ 的置信水平为 $1-\alpha$ 的双尾置信区间为

$$\left(\bar{x}_1-\bar{x}_2-z_{\alpha/2}\sqrt{\frac{\sigma_1^2}{n_1}+\frac{\sigma_2^2}{n_2}},\bar{x}_1-\bar{x}_2+z_{\alpha/2}\sqrt{\frac{\sigma_1^2}{n_1}+\frac{\sigma_2^2}{n_2}}\right)$$

如果两个总体的方差未知，可以用两个样本方差 s_1^2 和 s_2^2 代替，这时 $\mu_1-\mu_2$ 的置信水平为 $1-\alpha$ 的双尾置信区间为

$$\left(\bar{x}_1-\bar{x}_2-z_{\alpha/2}\sqrt{\frac{s_1^2}{n_1}+\frac{s_2^2}{n_2}},\bar{x}_1-\bar{x}_2+z_{\alpha/2}\sqrt{\frac{s_1^2}{n_1}+\frac{s_2^2}{n_2}}\right)$$

对于两个总体的方差未知的情况，将进一步划分为两种情况。首先当两个总体方差相同，即 $\sigma_1^2=\sigma_2^2$，但未知时，可以得到

$$t=\frac{\bar{x}_1-\bar{x}_2-(\mu_1-\mu_2)}{s'\sqrt{\dfrac{1}{n_1}+\dfrac{1}{n_2}}} \sim t(n_1+n_2-2)$$

其中，

$$s'=\sqrt{\frac{(n_1-1)s_1^2+(n_2-1)s_2^2}{n_1+n_2-2}}$$

此处的 s_1^2 和 s_2^2 分别是样本方差。与之前的做法类似，可以得到 $\mu_1-\mu_2$ 的置信水平为 $1-\alpha$ 的双尾置信区间为

$$\left(\bar{x}_1-\bar{x}_2-t_{\alpha/2}(n_1+n_2-2)s'\sqrt{\frac{1}{n_1}+\frac{1}{n_2}},\bar{x}_1-\bar{x}_2+t_{\alpha/2}(n_1+n_2-2)s'\sqrt{\frac{1}{n_1}+\frac{1}{n_2}}\right)$$

看一个例子。假设有编号为 1 和 2 的两种饲料，现在分别用它们喂养两组肉鸡，然后记录每只鸡的增重情况，数据如表 3-3 所示。

表 3-3 喂食不同饲料的肉鸡增重情况

饲料	增重/g
1	42,68,85
2	42,97,81,95,61,103

首先分别计算两组数据的均值和方差，均值分别为 65 和 79.83，方差分别为 21.66 和 23.87。两组样本观察值的标准差是非常相近的，因此假设两个总体的方差是相等的。

根据上面给出的公式，首先计算 s' 的值，计算过程如下。

$$s'=\sqrt{\frac{2\times21.66^2+5\times23.87^2}{3+6-2}}=23.26$$

因此，$\mu_1-\mu_2$ 在 95%置信水平下的置信区间为

$$65-79.83\pm c_{0.975}(t_7)\times23.26\sqrt{\frac{1}{6}+\frac{1}{3}}$$
$$=-14.83\pm38.90=(-53.72,24.06)$$

此外，当两总体的方差未知，且 $\sigma_1^2\neq\sigma_2^2$ 时，可以证明

$$t=\frac{\bar{x}_1-\bar{x}_2-(\mu_1-\mu_2)}{\sqrt{\frac{s_1^2}{n_1}+\frac{s_2^2}{n_2}}}\sim t(\nu)$$

近似成立，其中，

$$\nu=\left(\frac{\sigma_1^2}{n_1}+\frac{\sigma_2^2}{n_2}\right)^2\Bigg/\left[\frac{(\sigma_1^2)^2}{n_1^2(n_1-1)}+\frac{(\sigma_2^2)^2}{n_2^2(n_2-2)}\right]$$

但由于 σ_1^2 和 σ_2^2 未知，所以用样本方差 s_1^2 和 s_2^2 近似，即

$$\hat{\nu}=\left(\frac{s_1^2}{n_1}+\frac{s_2^2}{n_2}\right)^2\Bigg/\left[\frac{(s_1^2)^2}{n_1^2(n_1-1)}+\frac{(s_2^2)^2}{n_2^2(n_2-2)}\right]$$

可以近似地认为 $t\sim t(\hat{\nu})$。并由此得到 $\mu_1-\mu_2$ 的置信水平为 $1-\alpha$ 的双尾置信区间为

$$\left(\bar{x}_1-\bar{x}_2-t_{\alpha/2}(\hat{\nu})\sqrt{\frac{s_1^2}{n_1}+\frac{s_2^2}{n_2}},\bar{x}_1-\bar{x}_2+t_{\alpha/2}(\hat{\nu})\sqrt{\frac{s_1^2}{n_1}+\frac{s_2^2}{n_2}}\right)$$

仍以饲料和肉鸡增重的数据为例，可以算得

$$\frac{s_1^2}{n_1}=\frac{21.66^2}{3}\approx156.3852,\quad\frac{s_2^2}{n_2}=\frac{23.87^2}{6}\approx94.9628$$

进而有

$$\hat{\nu}=\frac{(156.3852+94.9628)^2}{(156.3852^2/2)+(94.9628^2/5)}\approx4.503$$

因此，$\mu_1-\mu_2$ 在 95%置信水平下的置信区间为

$$65-79.83\pm c_{0.975}(t_{4.503})\times\sqrt{\frac{23.87^2}{6}+\frac{21.66^2}{3}}$$
$$=-14.83\pm 2.6585\times 15.85=(-56.97,27.30)$$

2. 配对样本

在前面的例子中，为了讨论两种饲料的差异，从两个独立的总体中进行了采样，但使用独立样本来估计两个总体均值之差也潜在一些弊端。试想一下，如果喂食饲料1的肉鸡和喂食饲料2的肉鸡体质上本来就存在差异，可能其中一种吸收更好而另一组则略差，显然试验结果的说服力将大打折扣。这种“有失公平”的独立采样往往会掩盖一些真正的差异。

在实验设计中，为了控制其他有失公平的因素，尽量降低不利影响，使用配对样本(Paired Sample)就是一种值得推荐的做法。所谓配对样本，就是指一个样本中的数据与另一个样本中的数据是相互对应的。例如，在验证饲料差异的试验中，可选用同一窝诞下的一对小鸡作为一个配对组，因为我们认为同一窝诞下的小鸡之间差异最小。按照这种思路，如表3-4所示，一共有6个配对组参与实验。然后从每组中随机选取一只小鸡喂食饲料1，然后向另外一只喂食饲料2，并记录肉鸡体重增加的数据如下。

表3-4 配对试验数据 (单位：g)

饲料	配对1组	配对2组	配对3组	配对4组	配对5组	配对6组
1	44	55	68	85	90	97
2	42	61	81	95	97	103

使用配对样本进行估计时，在大样本条件下，两个总体均值之差$\mu_1-\mu_2$在$1-\alpha$置信水平下的置信区间为

$$\left(\bar{d}-z_{\alpha/2}\frac{\sigma_d}{\sqrt{n}},\bar{d}+z_{\alpha/2}\frac{\sigma_d}{\sqrt{n}}\right)$$

其中，d是一组配对样本之间的差值，$\bar{d}$表示各差值的均值；σ_d表示各差值的标准差。当总体σ_d未知时，可用样本差值的标准差s_d代替。

在小样本情况下，假定两个总体观察值的配对差值服从正态分布。那么两个总体均值之差$\mu_1-\mu_2$在$1-\alpha$置信水平下的置信区间为

$$\left(\bar{d}-t_{\alpha/2}(n-1)\frac{s_d}{\sqrt{n}},\bar{d}+t_{\alpha/2}(n-1)\frac{s_d}{\sqrt{n}}\right)$$

例如，根据表3-4中的数据可以算得各配对组之差分别为-2、6、13、10、7和6，以及$\bar{d}=6.667$，$s_d=5.046$。因此，总体均值之差$\mu_1-\mu_2$在95%置信水平下的置信区间为

$$6.667\pm c_{0.975}(t_5)\times\frac{5.046}{\sqrt{6}}\approx(1.37,11.96)$$

3.2.4 双总体比例差的估计

由样本比例的采样分布可知，从两个满足二项分布的总体中抽出两个独立的样本，那么两个样本比例之差的采样服从正态分布，即

$$(\hat{p}_1-\hat{p}_2) \sim N\left(p_1-p_2, \sqrt{\frac{p_1(1-p_1)}{n_1}+\frac{p_2(1-p_2)}{n_2}}\right)$$

再对两个样本比例之差进行标准化，即得

$$z=\frac{(\hat{p}_1-\hat{p}_2)-(p_1-p_2)}{\sqrt{\frac{p_1(1-p_1)}{n_1}+\frac{p_2(1-p_2)}{n_2}}} \sim N(0,1)$$

当两个总体的比例 p_1 和 p_2 未知时，可用样本比例 $\hat{p}_1$ 和 $\hat{p}_2$ 代替。所以，根据正态分布建立的两个总体比例之差 p_1-p_2 在 $1-\alpha$ 置信水平下的置信区间为

$$(\hat{p}_1-\hat{p}_2) \pm z_{\alpha/2}\sqrt{\frac{\hat{p}_1(1-\hat{p}_1)}{n_1}+\frac{\hat{p}_2(1-\hat{p}_2)}{n_2}}$$

下面看一个例子。在某电视节目的收视率调查中，从农村随机调查了 400 人，其中 128 人表示收看了该节目；从城市随机调查了 500 人，其中 225 人表示收看了该节目。请以 95%的置信水平估计城市与农村收视率差距的置信区间。

利用上述公式，不难算出置信区间为(6.68%，19.32%)，即城市与农村收视率差值的 95%的置信区间为 6.68%～19.32%。如果使用连续性修正，为 6.46%～19.54%。

3.3 假设检验

假设检验是除参数估计之外的另一类重要的统计推断问题。它的基本思想可以用小概率原理解释。所谓小概率原理，就是认为小概率事件在一次试验中是几乎不可能发生的。换言之，对总体的某个假设是真实的，那么不利于或不能支持这一假设的事件在一次试验中几乎不可能发生；如果在一次试验中该事件竟然发生了，我们就有理由怀疑这一假设的真实性，进而拒绝这一假设。

3.3.1 基本概念

戴维·萨尔斯伯格(David Salsburg)在《女士品茶：20 世纪统计怎样变革了科学》一书中，以英国剑桥一群科学家及其夫人们在一个慵懒的午后所做的一个小小的实验为开篇，为读者展开了一个关于 20 世纪统计革命的别样世界。而开篇的这个品茶故事大约是这样的，当时一位女士表示向一杯茶中加入牛奶和向一杯奶中加入茶水，两者的味道品尝起来是不同的。她的这一表述立刻引起了当时在场的众多睿智头脑的争论。其中一位科学家决定用科学的方法测试一下这位女士的假设。这个人就是大名鼎鼎的英国统计与遗传学家、现代统计科学的奠基人罗纳德·费希尔(Ronald Fisher)。费希尔给这位女士提供了 8 杯兑了牛奶的茶，其中一些是先放的牛奶，另一些则是先放的茶水，然后费希尔让这位女士品尝后判断每一杯茶的情况。

现在问题来了，这位女士能够成功猜对多少杯茶的情况才足以证明她的理论是正确的？8 杯？7 杯？还是 6 杯？解决该问题的一个有效方法是计算一个 P 值，然后由此推断假设是否成立。P 值(P-value)就是当原假设为真时所得到的样本观察结果或更极端结果出现的概率。如果 P 值很小，则说明原假设情况的发生的概率很小。而如果确实出现了 P

值很小的情况,根据小概率原理,就有理由拒绝原假设。P 值越小,拒绝原假设的理由就越充分。就好比说“种瓜得瓜,种豆得豆”。在原假设“种下去的是瓜”这个条件下,正常得出来的也应该是瓜。相反,如果得出来的是瓜这件事越不可能发生,我们否定原假设的把握就越大。如果得出来的是豆,也就表明得出来的是瓜这件事的可能性小到为零,这时就有足够的理由推翻原假设。也就是说可以确定种下去的根本就不是瓜。

假定总共的 8 杯兑了牛奶的茶中,有 6 杯的情况都被猜中了。现在就来计算 P 值。不过在此之前,还需要先建立原假设和备择假设。原假设通常是指那些单纯由随机因素导致的采样观察结果,通常用 H_0 表示。而备择假设,则是指受某些非随机原因影响而得到的采样观察结果,通常用 H_1 表示。从假设检验具体操作的角度来说,常常把一个被检验的假设称为原假设,当原假设被拒绝时而接受的假设称为备择假设,原假设和备择假设往往成对出现。此外,原假设往往是研究者想收集证据予以反对的假设,当然也是有把握的、不能轻易被否定的命题,而备择假设则是研究者想收集证据予以支持的假设,同时也是无把握的、不能轻易肯定的命题作。

就当前所讨论的饮茶问题而言,显然在不受非随机因素影响的情况下,那个常识性的,似乎很难被否定的命题应该是“无论是先放茶水还是先放牛奶是没有区别的”。如果将这个命题作为 H_0,其实也就等同于那个女士对茶的判断完全是随机的,因此她猜中的概率应该是 0.5。这时随机变量 $X \sim B(8, 0.5)$,即满足 $n=8, P=0.5$ 的二项分布。相应的备择假设 H_1 为该女士能够以大于 0.5 的概率猜对茶的情况。

直观上,如果 8 杯兑了牛奶的茶中,有 6 杯的情况都被猜中了,则可以算出 $\hat{P}=6/8=0.75$,这个值大于 0.5,但这是否大到可以令我们相信先放茶水还是先放牛奶确有不同这个结论。所以需要计算一下 P 值,即 $\Pr(X \geqslant 6)$。可以算得 P 值是 0.144 531 2。P 值并不是很显著。通常都需要 P 值小于 0.05,才能令我们有足够的把握拒绝原假设。而本题所得之结果则表明没有足够的证据支持我们拒绝原假设。所以如果那位女士猜对了 8 杯中的 6 杯,也没有足够的证据表明先加牛奶或者先加茶水会有何不同。

还应该注意到以上所讨论的是一个单尾的问题。因为备择假设是说该女士能够以大于 0.5 的概率猜对茶的情况。我们日常遇到的很多问题也有可能是双尾的,例如原假设是概率等于某个值,而备择假设则是不等于该值,即大于或者小于该值。在这种情况下,通常需要将算得的 P 值翻倍,除非已经求得的 P 值大于 0.5,此时就令 P 值为 1。另外,当 n 较大的时候,还可以用正态分布近似二项分布。

1965 年,美国联邦最高法院对斯文诉亚拉巴马州一案做出了裁定。该案也是法学界在研究预断排除原则时常常被提及的著名案例。本案的主角斯文是一个非洲裔美国人,他被控于亚拉巴马州的塔拉迪加地区对一名白人妇女实施了强奸犯罪,并因此被判处死刑。案件被上诉至最高法院,理由是陪审团中没有黑人成员,斯文据此认为自己受到了不公正的审判。

最终,最高法院驳回了上述请求。根据亚拉巴马州法律,陪审团成员是从一个 100 人的名单中抽选的,而当时的 100 个备选成员中有 8 名是黑人。根据诉讼过程中的无因回避原则,这 8 名黑人被排除在了此处审判的陪审团之外,而无因回避原则本身是受法律保护的。最高法院在裁决书中也指出:“无因回避的功能不仅在于消除双方的极端不公正,也要确保

陪审员仅仅依赖于呈现在他们面前的证据做出裁决，而不能依赖于其他因素……无因回避可允许辩护方通过预先审核程序中的调查提问以确定偏见的可能，消除陪审员的敌意。”此外最高法院还认为，在陪审团备选名单上有 8 名黑人成员，表明整体比例上的差异很小，所以也就不存在刻意引入或者排除一定数量的黑人成员的意图。

亚拉巴马州当时规定只要超过 21 岁就符合陪审团成员的资格。而在塔拉迪加地区满足这个条件的人大约有 16 000 人，其中 26% 是非洲裔美国人。现在的问题就是，如果这 100 名备选的陪审团成员确实是从符合条件的人群中随机选取的，那么其中黑人成员的数量会否是 8 人或者更少？

可以算得这个概率是 0.000 004 7，也就相当于二十万分之一的机会。

对于假设检验而言，也可以使用正态分布的近似参数来计算置信区间。唯一的不同在于此时是在原假设 $H_0: p=p_0$ 的前提下计算概率值，所以原来在计算置信区间时所采用的近似

$$\frac{p(1-p)}{n} \approx \frac{\hat{p}(1-\hat{p})}{n}$$

现在就不再需要了。取而代之的是在计算标准误差和 P 值是直接使用 p_0 即可。

如果估计值用 $\hat{p}$ 表示，其（估计的）标准误差是

$$\sqrt{p_0(1-p_0)/n}$$

检验统计量为

$$Z=\frac{\hat{p}-p_0}{\sqrt{p_0(1-p_0)/n}}$$

是当 n 比较大时，在原假设前提下，通过对标准正态分布的近似得到的。

继续前面的例子，现在原假设可以表述为 $H_0: p=0.26$，相对应的备择假设为 $H_1: p<0.26$。在一个 100 人的备选陪审团名单中有 8 名黑人成员，此时 P 值可由下式给出

$$\Pr\left(Z \leqslant \frac{0.08-0.26}{\sqrt{0.26 \times 0.74/100}}\right)=\Pr(Z \leqslant -4.104)=0.000\,020$$

由此便可以拒绝原假设，从而认为法院的裁定在很大程度上是错误的。

需要说明的是，当使用正态分布（它是连续的）作为二项分布（它是离散的）的近似时，要对二项分布中的离散整数 x 进行连续性修正，将数值 x 用从 $x-0.5$ 到 $x+0.5$ 的区间代替（即加上与减去 0.5）。就本题而言，为了得到一个更好的近似，连续性修正就是令 $\Pr(X \leqslant 8) \approx \Pr(X^* < 8.5)$。所以有

$$\Pr\left(Z \leqslant \frac{0.085-0.26}{\sqrt{0.26 \times 0.74/100}}\right)=\Pr(Z \leqslant -3.989\,657)=0.000\,033$$

此处无意要对连续性修正做过多的解释，但请记住，若不使用连续性修正，那么所得之 P 值将总是偏小，相应的置信区间也偏窄。

3.3.2 两类错误

对原假设提出的命题，要根据样本数据提供的信息进行判断，并得出“原假设正确”或者“原假设错误”的结论。这个判断有可能正确，也有可能错误。前面在假设检验的基本思

想中已经指出，假设检验所依据的基本原理是小概率原理，由此原理对原假设做出判断，而在整个推理判断过程中所运用的是一种反证法的思路。由于小概率事件，无论其概率多么小，仍然还是有可能发生的，所以利用前面的方法进行假设检验时，有可能做出错误的判断。这种错误的判断有两种情形。

一方面，当原假设 H_0 成立时，由于样本的随机性，结果拒绝了 H_0，犯了"弃真"错误，又称为第一类错误，也就是当应该接受原假设 H_0 而拒绝这个假设时，称为犯了第一类错误。当小概率事件确实发生时，就会导致拒绝 H_0 而犯第一类错误，因此犯第一类错误的概率为 α，即假设检验的显著性水平。

另一方面，当原假设 H_0 不成立时，因样本的随机性，结果接受了 H_0，便犯了"存伪"错误，又称为第二类错误，即当应该拒绝原假设 H_0 而接受了这个假设时，称为犯了第二类错误。犯第二类错误的概率为 β。

当原假设 H_0 为真，我们却将其拒绝，如果犯这种错误的概率用 α 表示，那么当 H_0 为真时，我们没有拒绝它，就表示做出来正确的决策，其概率显然就应该是 $1-\alpha$；当原假设 H_0 为假，我们却没有拒绝它，犯这种错误的概率用 β 表示。那么，当 H_0 为假，我们也正确地拒绝了它，其概率自然为 $1-\beta$。正确决策和错误决策的概率可以归纳为表 3-5。

表 3-5　假设检验中各种可能结果及其概率

情　形	接受 H_0	拒绝 H_0
H_0 为真	决策正确($1-\alpha$)	弃真错误(α)
H_1 为真	取伪错误(β)	决策正确($1-\beta$)

人们总是希望两类错误发生的概率 α 和 β 都越小越好，然而，实际上却很难做到。当样本容量 n 确定后，如果 α 变小，则检验的拒绝域变小，相应的接受域就会变大，β 值也就随之变大；相反，若 β 变小，则不难想到 α 又会变大。有时不得不在两类错误之间权衡。通常来说，哪一类错误所带来的后果更严重、危害更大，在假设检验中就应该把哪一类错误作为首选的控制目标。但实际检验时，通常所遵循的原则都是控制犯第一类错误的概率 α，而不考虑犯第二类错误的概率 β，这样的检验称为显著性检验。这里所讨论的检验都是显著性检验。又由于显著性水平 α 是预先给定的，因而犯第一类错误的概率是可以控制的，而犯第二类错误的概率通常是不可控的。

3.3.3　均值检验

根据假设检验的不同内容和进行检验的不同条件，需要采用不同的检验统计量，其中，z 统计量和 t 统计量是两个最主要也最常用的统计量。它们常常用于均值和比例的假设检验。具体选择哪个统计量往往需要考虑样本量的大小以及总体标准差 σ 是否已知。事实上，因为统计实验往往是针对来自某一总体的一组样本而进行的，所以在更多的情况下，我们都认为总体标准差 σ 是未知的。3.2 节已经介绍了对单总体样本的均值估计以及双总体样本的均值差估计，本节的内容大致上都是基于前面这些已经得到的结果而进行的。

样本量大小是决定选择哪种统计量的一个重要考虑因素。因为大样本条件下，如果总体是正态分布，样本统计量将也服从正态分布；即使总体是非正态分布的，样本统计量也趋

近于正态分布。所以大样本下的统计量将都被看成是正态分布的，此时即需要使用 z 统计量。z 统计量是以标准正态分布为基础的一种统计量，当总体标准差 σ 已知时，它的计算公式如下：

$$z=\frac{\bar{x}-\mu_0}{\sigma/\sqrt{n}}$$

正如前面刚刚说过的，实际中总体标准差 σ 往往很难获取，这时一般用样本标准差 s 代替，如此一来，上述式子便可改写为

$$z=\frac{\bar{x}-\mu_0}{s/\sqrt{n}}$$

在样本量较小的情况下，且总体标准差未知，由于检验所依赖的信息量不足，只能用样本标准差代替总体标准差，此时样本统计量就服从 t 分布，故应使用 t 统计量，其计算公式为

$$t=\frac{\bar{x}-\mu_0}{s/\sqrt{n}}$$

这里 t 统计量的自由度为 $n-1$。

仍以土壤 pH 值检验的数据为例，现在我们想问该区域的土壤是否是中性的(即 pH=7)？为此首先提出原假设和备择假设如下：

$$H_0:\mathrm{pH}=7,\quad H_1:\mathrm{pH}\neq 7$$

该题目显然属于小样本且总体方差未知的情况，此时可以计算其 t 统计量如下

$$t=\frac{6.676\,47-7}{0.454\,88/\sqrt{17}}\approx-2.9326$$

因为这是一个双尾检验，所以计算其 P 值为 0.009 757 353。

下面来分析一下这个结果。首先可以查表或者使用数学软件求出双尾检验的两个临界值分别为 -2.1199 和 2.1199。由于原假设是 pH=7，那么它不成立的情况就有两种：要么 pH>7，要么 pH<7，所以它是一个双尾检验。如图 3-3 所示，其中两部分阴影的面积之和占总图形面积的 5%，即两边各 2.5%。一方面已经算得的 t 统计量要小于临界值 -2.1199，对称地，t 统计量的相反数也大于另外一个临界值 2.1199，即样本数据的统计量落入了拒绝域中。样本数据的统计量对应的 P 值也小于 0.05 的显著水平，所以应该拒绝原假设。由此认为该区域的土壤不是中性的。

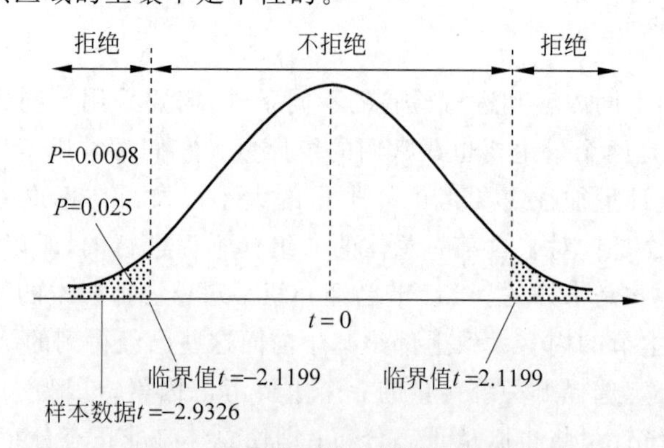

图 3-3 双尾检测的拒绝域与接受域

除了进行双尾检验以外，当然还可执行一个单尾检验。例如，现在问该区域的土壤是否呈酸性(即 pH<7)，那么可提出如下的原假设与备择假设：

$$H_0: \mathrm{pH}=7, \quad H_1: \mathrm{pH}<7$$

此时所得之 t 统计量并未发生变化，但是 P 值却不同了，可以算得 P 值为 0.004 878 676。

如图 3-4 所示，t 统计量小于临界值－1.7459，即样本数据的统计量落入拒绝域中。样本数据的统计量对应的 P 值也小于 0.05 的显著水平，所以应该拒绝原假设。由此认为该区域的土壤是酸性的。

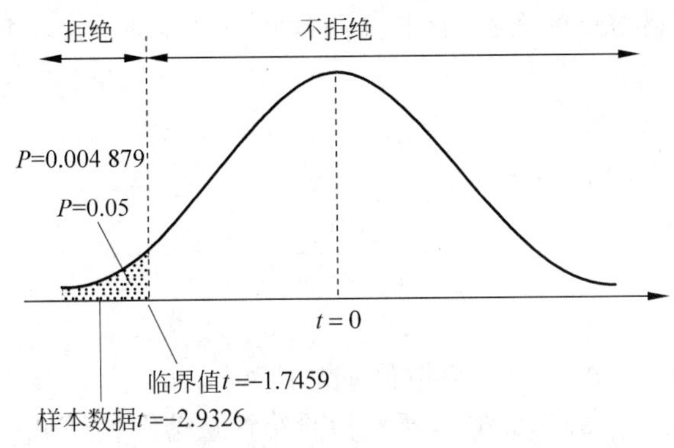

图 3-4　单尾检测的拒绝域与接受域

相比之下，讨论双总体均值之差的假设检验其实更有意义。因为在统计实践中，最常被问到的问题就是两个总体是否有差别。例如，医药公司研发了一种新药，在进行双盲对照实验时，新药常被用来与安慰剂做比较。如果新药在统计上不能表现出与安慰剂的显著差别，那么这种药就是无效的。再例如前面讨论过的饲料问题，当我们对比两种饲料的效果时，必然了解它们之间是否有差别。

同在研究双总体均值差的区间估计问题时所遵循的思路一致，仍然分独立样本数据和配对样本数据两种情况讨论。

对于独立样本数据而言，如果两个总体的方差 σ_1^2 和 σ_2^2 未知，但是可以确定 $\sigma_1^2=\sigma_2^2$，那么在此情况下，检验统计量的计算公式为

$$t=\frac{\bar{x}_1-\bar{x}_2-(\mu_1-\mu_2)}{s'\sqrt{\dfrac{1}{n_1}+\dfrac{1}{n_2}}}$$

其中 s' 的表达式本章前面曾经给出，这里不再重复。另外，t 分布的自由度为 n_1+n_2-2。

仍然以饲料与肉鸡增重的数据为例，现在想知道两种饲料在统计上是否有差异，为此提出原假设和备择假设如下：

$$H_0: \mu_1=\mu_2, \quad H_1: \mu_1 \neq \mu_2$$

在原假设前提下，可以计算检验统计量的数值为

$$t=\frac{\bar{x}_1-\bar{x}_2}{s'\sqrt{\dfrac{1}{n_1}+\dfrac{1}{n_2}}}=\frac{-14.83}{16.447}\approx -0.9019$$

这仍然是一个双尾检测，所以可以求得检验临界值为－2.365 和 2.365。

因为－2.365⩽－0.9019⩽2.365，所以检验统计量落在了接受域中。

更进一步,还可以算得与检验统计量相对应的 P 值等于0.397,大于0.05的显著水平,所以无法拒绝原假设,即不能认为两种饲料之间存在差异。

对于独立样本数据而言,若两个总体的方差 σ_1^2 和 σ_2^2 未知,且 $\sigma_1^2 \neq \sigma_2^2$,那么在此情况下检验统计量的计算公式为

$$t=\frac{(\bar{x}_1-\bar{x}_2)-(\mu_1-\mu_2)}{\sqrt{s_1^2/n_1+s_2^2/n_2}}$$

此时,检验统计量近似服从一个自由度为 $\hat{\nu}$ 的 t 分布,$\hat{\nu}$ 前面已经给出,这里不再重复。

仍然以饲料与肉鸡增重的数据为例,并假设两个总体的方差不相等,同样提出原假设和备择假设如下:

$$H_0:\mu_1=\mu_2,\quad H_1:\mu_1\neq\mu_2$$

在原假设前提下,可以计算检验统计量的数值为

$$t=\frac{\bar{x}_1-\bar{x}_2}{\sqrt{s_1^2/n_1+s_2^2/n_2}}=\frac{65-79.83}{\sqrt{\frac{21.66^2}{3}+\frac{23.87^2}{6}}}=\frac{-14.83}{15.854}\approx -0.9357$$

这仍然是一个双尾检测,可以求得检验临界值为−2.658和2.658。

因为−2.658⩽−0.9357⩽2.658,所以检验统计量落在接受域中。更进一步,还可以算得与检验统计量相对应的 P 值等于0.3968,大于0.05的显著水平,所以无法拒绝原假设,即不能认为两种饲料之间存在差异。

最后研究双总体均值差的假设检验中,样本数据属于配对样本的情况。此时的假设检验其实与单总体均值的假设检验基本相同,即把配对样本之间的差值看成是从单一总体中抽取的一组样本。在大样本条件下,两个总体间各差值的标准差 σ_d 未知,所以用样本差值的标准差 s_d 代替,此时统计量的计算公式为

$$z=\frac{\bar{d}-\mu}{s_d/\sqrt{n}}$$

其中,d 是一组配对样本之间的差值,$\bar{d}$ 表示各差值的均值;μ 表示两个总体中配对数据差的均值。

在样本量较小的情况下,样本统计量就服从 t 分布,故应使用 t 统计量,其计算公式为

$$t=\frac{\bar{d}-\mu}{s_d/\sqrt{n}}$$

这里 t 统计量的自由度为 $n-1$。

继续前面关于双总体均值差中配对样本的讨论,检验喂食了两组不同饲料的肉鸡在增重数据方面是否具有相同的均值,现提出下列原假设和备择假设:

$$H_0:\mu_1=\mu_2,\quad H_1:\mu_1\neq\mu_2$$

在原假设前提下,很容易得出配对差的均值 μ 也为零的结论,于是可以计算检验统计量如下:

$$t=\frac{6.67}{5.05\sqrt{6}}=\frac{6.67}{2.062}\approx 3.235$$

这仍然是一个双尾检测,可以求得检验临界值−2.571和2.571。

因为 3.235≥2.571,所以检验统计量落在了拒绝域中。更进一步,还可以算得与检验统计量相对应的 P 值等于 0.023 05,小于 0.05 的显著水平,所以应该拒绝原假设,即认为两种饲料之间存在差异。

3.4 最大似然估计

本节主要介绍用于点估计的最大似然估计法(Maximum Likelihood Estimate,MLE)。

3.4.1 最大似然法的基本原理

最大似然这个思想最初是由德国著名数学家卡尔·高斯(Carl Gauss)提出的,但真正将其发扬光大的则是英国的统计学家罗纳德·费希尔。费希尔在其 1922 年发表的一篇论文中提出了最大似然估计这个思想,并且首先探讨了这种方法的一些性质。而且,费希尔当年正是凭借这一方法彻底撼动了皮尔逊在统计学界的统治地位。从此,统计学研究正式进入费希尔时代。

为了引入最大似然估计法的思想,先来看一个例子。假设一个口袋中有黑白两种颜色的小球,并且知道这两种球的数量比为 3∶1,但不知道具体哪种球占 3/4,哪种球占 1/4。现在从袋子中有返回地任取 3 个球,其中有一个是黑球,那么试问袋子中哪种球占 3/4,哪种球占 1/4。

设 X 是抽取 3 个球中黑球的个数,又设 p 是袋子中黑球所占的比例,则有 $X \sim B(3,p)$,即

$$P(X=k)=\binom{3}{k}p^k(1-p)^{3-k}, \quad k=0,1,2,3$$

当 $X=1$ 时,不同的 p 值对应的概率分别为

$$P\left(X=1;p=\frac{3}{4}\right)=3\times\frac{3}{4}\times\left(\frac{1}{4}\right)^2=\frac{9}{64}$$

$$P\left(X=1;p=\frac{1}{4}\right)=3\times\frac{1}{4}\times\left(\frac{3}{4}\right)^2=\frac{27}{64}$$

由于第一个概率小于第二个概率,所以判断黑球的占比应该是 1/4。

在上面的例子中,p 是分布中的参数,它只能取 3/4 或者 1/4。我们需要通过采样结果决定分布中参数究竟是多少。在给定了样本观察值以后再去计算该样本的出现概率,而这一概率依赖于 p 的值。所以就需要用 p 的可能取值分别去计算最终的概率,在相对比较之下,最终所取的 p 值应该是使得最终概率最大的那个 p 值。

最大似然估计的基本思想就是根据上述想法引申出来的。设总体含有待估参数 θ,它可以取很多值,所以就要在 θ 的一切可能取值中选出一个使样本观测值出现的概率为最大的 θ 值,记为 $\hat{\theta}$,并将此作为 θ 的估计,并称 $\hat{\theta}$ 为 θ 的最大似然估计。

首先考虑 X 属于离散型概率分布的情况。假设在 X 的分布中含有未知参数 θ,记为

$$P(X=a_i)=p(a_i;\theta), \quad i=1,2,\cdots,\theta\in\Theta$$

现从总体中抽取容量为 n 的样本,其观测值为 $x_1,x_2,\cdots,x_n$,这里每个 x_i 为 $a_1,a_2,\cdots$ 中的某个值,该样本的联合分布为

$$\prod_{i=1}^{n} p(x_i;\theta)$$

由于这一概率依赖于未知参数 θ,故可将它看成是 θ 的函数,并称其为似然函数,记为

$$\mathcal{L}(\theta)=\prod_{i=1}^{n} p(x_i;\theta)$$

对不同的 θ,同一组样本观察值 $x_1,x_2,\cdots,x_n$ 出现的概率$\mathcal{L}(\theta)$也不一样。当 $P(A)>P(B)$时,事件 A 出现的可能性比事件 B 出现的可能性大,如果样本观察值 $x_1,x_2,\cdots,x_n$ 出现了,当然就要求对应的似然函数$\mathcal{L}(\theta)$的值达到最大,所以应该选取这样的 $\hat{\theta}$ 作为 θ 的估计,使得

$$\mathcal{L}(\hat{\theta})=\max_{\theta\in\Theta}\mathcal{L}(\theta)$$

如果 $\hat{\theta}$ 存在,则称 $\hat{\theta}$ 为 θ 的最大似然估计。

此外,当 X 是连续分布时,其概率密度函数为 $p(x;\theta)$,θ 为未知参数,且 $\theta\in\Theta$,这里的 Θ 表示一个参数空间。现从该总体中获得容量为 n 的样本观测值 $x_1,x_2,\cdots,x_n$,那么在 $X_1=x_1,X_2=x_2,\cdots,X_n=x_n$ 时,联合密度函数值为

$$\prod_{i=1}^{n} p(x_i;\theta)$$

它也是 θ 的函数,也称为似然函数,记为

$$\mathcal{L}(\theta)=\prod_{i=1}^{n} p(x_i;\theta)$$

对不同的 θ,同一组样本观察值 $x_1,x_2,\cdots,x_n$ 的联合密度函数值也是不同的,因此应该选择 θ 的最大似然估计 $\hat{\theta}$,从而满足

$$\mathcal{L}(\hat{\theta})=\max_{\theta\in\Theta}\mathcal{L}(\theta)$$

3.4.2 求最大似然估计的方法

当函数关于参数可导时,可以通过求导方法获得似然函数极大值对应的参数值。在求最大似然估计时,为求导方便,常对似然函数$\mathcal{L}(\theta)$取对数,称 $l(\theta)=\ln\mathcal{L}(\theta)$为对数似然函数,它与$\mathcal{L}(\theta)$在同一点上达到最大。根据微积分中的费马定理,当 $l(\theta)$对 θ 的每一分量可微时,可通过 $l(\theta)$对 θ 的每一分量求偏导并令其为 0 求得,称

$$\frac{\partial l(\theta)}{\partial\theta_j}=0,\quad j=1,2,\cdots,k$$

为似然方程,其中 k 是 θ 的维数。

下面结合一个例子演示这个过程。假设随机变量 $X\sim B(n,p)$,又知 $x_1,x_2,\cdots,x_n$ 是来自 X 的一组样本观察值,现在求 $P(X=T)$时,参数 p 的最大似然估计。首先写出似然函数

$$\mathcal{L}(p)=\prod_{i=1}^{n} p^{x_i}(1-p)^{1-x_i}$$

然后对上式左右两边取对数,可得

$$l(p)=\sum_{i=1}^{n}[x_i\ln p+(1-x_i)\ln(1-p)]$$

$$=n\ln(1-p)+\sum_{i=1}^{n}x_i[\ln p-\ln(1-p)]$$

将 $l(p)$对 p 求导,并令其导数等于0,得似然方程

$$\frac{\mathrm{d}l(p)}{\mathrm{d}p}=-\frac{n}{1-p}+\sum_{i=1}^{n}x_i\left(\frac{1}{p}+\frac{1}{1-p}\right)$$

$$=-\frac{n}{1-p}+\frac{1}{p(1-p)}\sum_{i=1}^{n}x_i$$

$$=0$$

解似然方程得

$$\hat{p}=\frac{1}{n}\sum_{i=1}^{n}x_i=\bar{x}$$

可以验证,当 $\hat{p}=\bar{x}$ 时,$\partial^2 l(p)/\partial p^2<0$,这就表明 $\hat{p}=\bar{x}$ 可以使函数取得极大值。最后将题目中已知的条件代入,可得 p 的最大似然估计为 $\hat{p}=\bar{x}=T/n$。

再来看一个连续分布的例子。假设有随机变量 $X\sim N(\mu,\sigma^2)$,μ 和 σ^2 都是未知参数,$x_1,x_2,\cdots,x_n$ 是来自 X 的一组样本观察值,试求 μ 和 σ^2 的最大似然估计值。首先写出似然函数

$$\mathcal{L}(\mu,\sigma^2)=\prod_{i=1}^{n}\frac{1}{\sqrt{2\pi}\sigma}\mathrm{e}^{-\frac{(x_i-\mu)^2}{2\sigma^2}}=(2\pi\sigma^2)^{-\frac{n}{2}}\cdot\mathrm{e}^{-\frac{\sum_{i=1}^{n}(x_i-\mu)^2}{2\sigma^2}}$$

然后对上式左右两边取对数,可得

$$l(\mu,\sigma^2)=-\frac{n}{2}\ln(2\pi\sigma^2)-\frac{1}{2\sigma^2}\sum_{i=1}^{n}(x_i-\mu)^2$$

将 $l(\mu,\sigma^2)$分别对 μ 和 σ^2 求偏导数,并令它们的导数等于0,可得似然方程

$$\begin{cases}\dfrac{\partial l(\mu,\sigma^2)}{\mu}=\dfrac{1}{\sigma^2}\displaystyle\sum_{i=1}^{n}(x_i-\mu)=0\\[2ex]\dfrac{\partial l(\mu,\sigma^2)}{\sigma^2}=-\dfrac{n}{2\sigma^2}+\dfrac{1}{2\sigma^4}\displaystyle\sum_{i=1}^{n}(x_i-\mu)^2=0\end{cases}$$

求解似然方程,可得

$$\hat{\mu}=\bar{x},\quad \hat{\sigma}^2=\frac{1}{n}\sum_{i=1}^{n}(x_i-\bar{x})^2=0$$

还可以验证 $\hat{\mu}$ 和 $\hat{\sigma}^2$ 可以使得 $l(\mu,\sigma^2)$达到最大。用样本观察值替代后便得出 μ 和 σ^2 的最大似然估计分别为

$$\hat{\mu}=\overline{X},\quad \hat{\sigma}^2=\frac{1}{n}\sum_{i=1}^{n}(X_i-\overline{X})^2=S_n^2$$

因为 $\hat{\mu}=\overline{X}$ 是 μ 的无偏估计,但 $\hat{\sigma}^2=S_n^2$ 并不是 σ^2 的无偏估计,可见参数的最大似然估计并不能确保无偏性。

最后给出一个被称为“不变原则”的定理:设 $\hat{\theta}$ 是 θ 的最大似然估计,$g(\theta)$是 θ 的连续

函数，则 $g(\theta)$ 的最大似然估计为 $g(\hat{\theta})$。

这里并不打算对该定理进行详细证明。下面将通过一个例子说明它的应用。假设随机变量 X 服从参数为 λ 的指数分布，$x_1, x_2, \cdots, x_n$ 是来自 X 的一组样本观察值，试求 λ 和 $E(X)$ 的最大似然估计值。首先写出似然函数

$$\mathcal{L}(\lambda) = \prod_{i=1}^{n} \lambda \mathrm{e}^{-\lambda x_i} = \lambda^n \mathrm{e}^{-\lambda \sum_{i=1}^{n} x_i}$$

然后对上式左右两边取对数，可得

$$l(\lambda) = n \ln \lambda - \lambda \sum_{i=1}^{n} x_i$$

将 $l(\lambda)$ 对 λ 求导，得似然方程为

$$\frac{\mathrm{d} l(\lambda)}{\mathrm{d} \lambda} = \frac{n}{\lambda} - \sum_{i=1}^{n} x_i = 0$$

解似然方程得

$$\hat{\lambda} = \frac{n}{\sum_{i=1}^{n} x_i} = \frac{1}{\bar{x}}$$

可以验证，它使 $l(\lambda)$ 达到最大，而且上述过程对一切样本观察值都成立，所以 λ 的最大似然估计值为 $\hat{\lambda} = 1/\overline{X}$。此外，$E(X) = 1/\lambda$，它是 λ 的函数，其最大似然估计可用不变原则进行求解，即用 $\hat{\lambda}$ 代入 $E(X)$，可得 $E(X)$ 的最大似然估计为 $\overline{X}$，这与矩法估计的结果一致。

第 4 章

采样方法

本书前面曾经介绍过采样的概念。例如，想知道一所大学里所有男生的平均身高，但是因为学校里的男生可能有上万人之多，所以为每个人都测量一下身高可能存在困难，于是从每个学院随机挑选出 100 名男生来作为样本，这个过程就是采样。然而，本章将要讨论的采样则有另外一层含义。现实中的很多问题可能求解起来是相当困难的。这时就可能会想到利用计算机模拟的方法来帮助求解。在使用计算机进行模拟时所说的采样，是指从一个概率分布中生成观察值的方法。这个分布通常是由其概率密度函数来表示的。即使在已知概率密度函数的情况下，让计算机自动生成观测值也不是一件容易的事情。

4.1 蒙特卡洛法求定积分

蒙特卡洛(Monte Carlo)法是一类随机算法的统称。它是 20 世纪 40 年代中期由于科学技术的发展，尤其是电子计算机的发明，而被提出并发扬光大的一种以概率统计理论为基础的数值计算方法。其核心思想就是使用随机数(或更准确地说是伪随机数)解决一些复杂的计算问题。现今，蒙特卡洛法已经在诸多领域展现出了超强的能力。本节将通过蒙特卡洛法最为常见的一种应用——求解定积分，演示这类算法的核心思想。

4.1.1 无意识统计学家法则

作为预备知识，先介绍无意识统计学家法则(Law of the Unconscious Statistician)。在概率论与统计学中，如果知道随机变量 X 的概率分布，但是并不显式地知道函数 $g(X)$的分布，那么无决识统计学家法则就是一个可以用来计算关于随机变量 X 的函数 $g(X)$之期望的定理。该法则的具体形式依赖于随机变量 X 之概率分布的描述形式。

如果随机变量 X 的分布是离散的，而且我们知道它的 PMF 是 f_X，但不知道 $f_{g(X)}$，那么 $g(X)$的期望是

$$E[g(X)]=\sum_x g(x)f_X(x)$$

其中和式是在取遍 X 的所有可能值 x 后求得。

如果随机变量 X 的分布是连续的，而且我们知道它的 PDF 是 f_X，但不知道 $f_{g(X)}$，那么 $g(X)$ 的期望是

$$E[g(X)]=\int_{-\infty}^{\infty} g(x)f_X(x)$$

简言之，已知随机变量 X 的概率分布，但不知道 $g(X)$ 的分布，此时用无意识统计学家法则的公式能计算出函数 $g(X)$ 的数学期望。其实就是在计算期望时，用已知的 X 之 PDF（或 PMF）代替未知的 $g(X)$ 之 PDF（或 PMF）。

4.1.2 投点法

投点法是讲解蒙特卡洛法基本思想的一个最基础也最直观的实例。这个方法常被用来求圆周率 π。现在我们用它来求函数的定积分。如图 4-1 所示，有一个函数 $f(x)$，若要求它从 a 到 b 的定积分，其实就是求曲线下方的面积。

可以用一个比较容易算得面积的矩形罩在函数的积分区间上（假设其面积为 Area），然后随机地向这个矩形框里面投点，其中落在函数 $f(x)$ 下方的点为菱形，其他点为三角形，之后统计菱形点的数量占所有点（菱形＋三角形）数量的比例为 r，就可以据此估算出函数 $f(x)$ 从 a 到 b 的定积分为 Area$\times r$。

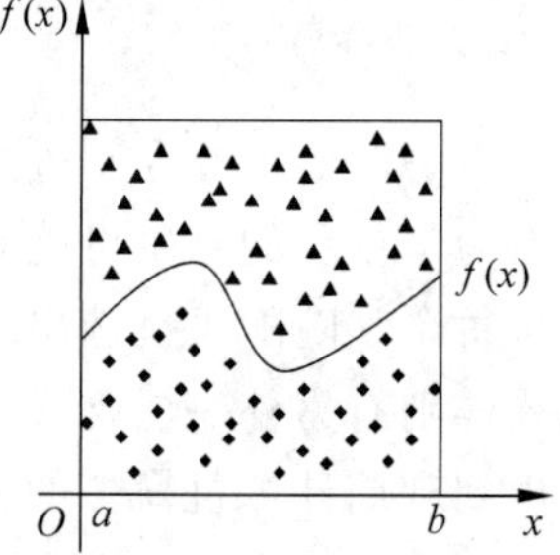

图 4-1　投点法求定积分

注意，由蒙特卡洛法得出的值并不是一个精确值，而是一个近似值。当投点的数量越来越大时，这个近似值也越接近真实值。

4.1.3 期望法

下面重点介绍利用蒙特卡洛法求定积分的第二种方法——期望法，有时也称为平均值法。

任取一组相互独立、同分布的随机变量 $\{X_i\}$，X_i 在 $[a,b]$ 上服从分布律 f_X，也就是说，f_X 是随机变量 X 的 PDF（或 PMF）。令 $g^*(x)=\dfrac{g(x)}{f_X(x)}$，则 $g^*(X_i)$ 也是一组独立同分布的随机变量，而且因为 $g^*(x)$ 是关于 x 的函数，所以根据无意识统计学家法则可得

$$E[g^*(X_i)]=\int_a^b g^*(x)f_X(x)\mathrm{d}x=\int_a^b g(x)\mathrm{d}x=I$$

由强大数定理

$$\Pr\left(\lim_{N\to\infty}\frac{1}{N}\sum_{i=1}^{N}g^*(X_i)=I\right)=1$$

若选

$$\bar{I}=\frac{1}{N}\sum_{i=1}^{N}g^*(X_i)$$

则 $\bar{I}$ 依概率 1 收敛到 I。平均值法就用 $\bar{I}$ 作为 I 的近似值。

假设要计算的积分有如下形式：

$$I=\int_a^b g(x)\mathrm{d}x$$

其中，被积函数 $g(x)$ 在区间 $[a,b]$ 内可积。任意选择一个简便方法可以进行采样的概率密度函数 $f_X(x)$，使其满足下列条件：

(1) 当 $g(x)\neq 0$ 时，$f_X(x)\neq 0(a\leqslant x\leqslant b)$；

(2) $\int_a^b f_X(x)\mathrm{d}x=1$。

如果记

$$g^*(x)=\begin{cases}\dfrac{g(x)}{f_X(x)}, & f_X(x)\neq 0\\ 0, & f_X(x)=0\end{cases}$$

那么原积分式可以写成

$$I=\int_a^b g^*(x)f_X(x)\mathrm{d}x$$

因而求积分的步骤是：

(1) 产生服从分布律 f_X 的随机变量 $X_i(i=1,2,\cdots,N)$；

(2) 计算均值

$$\bar{I}=\frac{1}{N}\sum_{i=1}^{N}g^*(X_i)$$

并用它作为 I 的近似值，即 $I\approx\bar{I}$。

如果 a、b 为有限值，那么 f_X 可取作为均匀分布：

$$f_X(x)=\begin{cases}\dfrac{1}{b-a}, & a\leqslant x\leqslant b\\ 0, & \text{其他}\end{cases}$$

此时原来的积分式变为

$$I=(b-a)\int_a^b g(x)\frac{1}{b-a}\mathrm{d}x$$

因而求积分的步骤是：

(1) 产生 $[a,b]$ 上的均匀分布随机变量 $X_i(i=1,2,\cdots,N)$；

(2) 计算均值

$$\bar{I}=\frac{b-a}{N}\sum_{i=1}^{N}g(X_i)$$

并用它作为 I 的近似值，即 $I\approx\bar{I}$。

最后看一下平均值法的直观解释。注意积分的几何意义就是 $[a,b]$ 区间内曲线下方的面积，如图 4-2 所示。

当在 $[a,b]$ 之间随机取一点 x 时，对应的函数值就是 $f(x)$，然后可以用 $f(x)\cdot(b-a)$ 粗略估计曲线下方的面积(也就是积分)，如图 4-3 所示，当然这种估计(或近似)是非常粗略的。

于是想到在 $[a,b]$ 之间随机取一系列点 x_i 时(x_i 满足均匀分布)，然后把估算出来的面积取平均作为积分估计的一个更好的近似值，如图 4-4 所示。可以想象，如果这样的采样点

越来越多，对于这个积分的估计也就越来越接近。

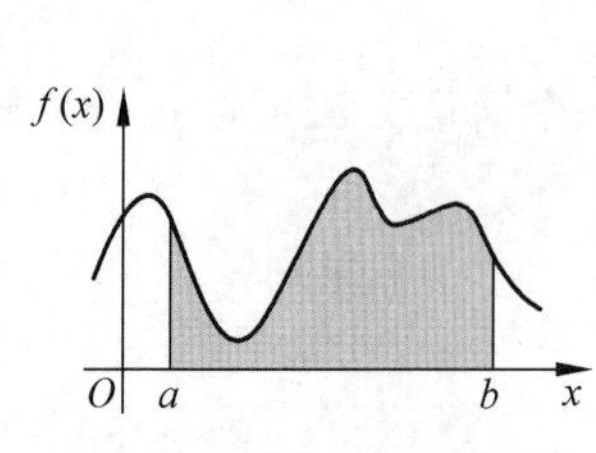

图 4-2 积分的几何意义

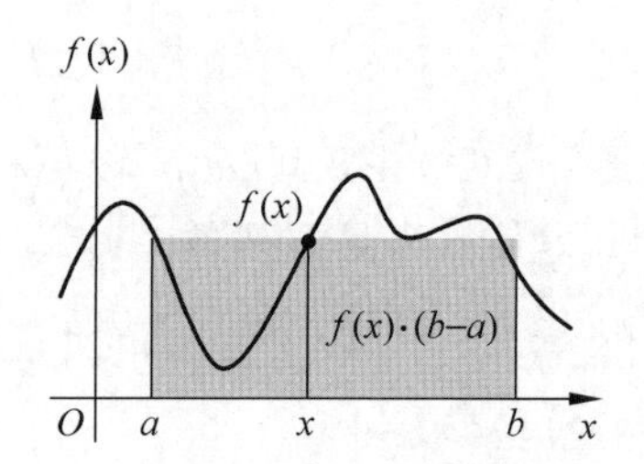

图 4-3 对积分值进行粗略估计

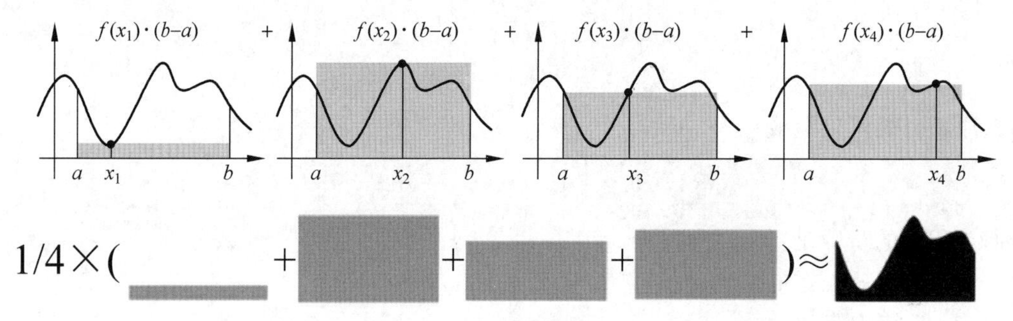

图 4-4 对积分值进行估计

按照上面这个思路，得到积分公式为

$$\bar{I}=(b-a)\frac{1}{N}\sum_{i=0}^{N-1}f(X_i)=\frac{1}{N}\sum_{i=0}^{N-1}\frac{f(X_i)}{\dfrac{1}{b-a}}$$

注意，其中的$\frac{1}{b-a}$就是均匀分布的 PMF。这跟我们之前推导出来的蒙特卡洛积分公式是一致的。

4.2 蒙特卡洛采样

4.1 节通过求解定积分这个具体的例子，演示了蒙特卡洛方法的基本思想，其中的核心就是使用随机数。当所求解问题可以转化为某种随机分布的特征数(例如随机事件出现的概率或者随机变量的期望值等)时，往往就可以考虑使用蒙特卡洛方法。通过随机采样的方法，以随机事件出现的频率估计其概率，或者以采样的数字特征估算随机变量的数字特征，并将其作为问题的解。这种方法多用于求解复杂的高维积分问题。

在实际应用中，所要面对的第一个问题就是如何采样？注意，在计算机模拟时，这里所说的采样其实是指从一个概率分布中生成观察值的方法。而这个分布通常是由其概率密度函数表示的。前面曾经提过，即使在已知 PDF 的情况下，让计算机自动生成观测值也不是一件容易的事情。从本质上说，计算机只能实现对均匀分布的采样。幸运的是，仍然可以在此基础上对更为复杂的分布进行采样。

4.2.1 逆采样

比较简单的一种情况是，可以通过 PDF 与 CDF 之间的关系，求出相应的 CDF。或者根本就不知道 PDF，但是知道 CDF。此时就可以使用 CDF 反函数（及分位数函数）的方法进行采样。这种方法又称为逆变换采样（Inverse Transform Sampling）。

假设已经得到了 CDF 的反函数 $F^{-1}(u)$，如果想得到 m 个观察值，则重复下面的步骤 m 次：

(1) 从 $U(0,1)$ 中随机生成一个值（计算机可以实现从均匀分布中采样），用 u 表示。

(2) 计算 $F^{-1}(u)$ 的值 x，则 x 就是从目标分布 $f(x)$ 中得出的一个采样点。

面对一个具有复杂表达式的函数，逆变换采样法真的有效吗？来看一个例子，假设现在希望从具有下面这个 PDF 的分布中采样：

$$f(x)=\begin{cases}8x, & 0\leqslant x<0.25\\ \dfrac{8}{3}-\dfrac{8x}{3}, & 0.25\leqslant x\leqslant 1\\ 0, & \text{其他}\end{cases}$$

可以算得相应的 CDF 为

$$F(x)=\begin{cases}0, & x<0\\ 4x^2, & 0\leqslant x<0.25\\ \dfrac{8x}{3}-\dfrac{4x^2}{3}-\dfrac{1}{3}, & 0.25\leqslant x\leqslant 1\\ 1, & x>1\end{cases}$$

对于 $u\in[0,1]$，上述 CDF 的反函数为

$$F^{-1}(u)=\begin{cases}\dfrac{\sqrt{u}}{2}, & 0\leqslant x<0.25\\ 1-\dfrac{\sqrt{3(1-u)}}{2}, & 0.25\leqslant x\leqslant 1\end{cases}$$

在 Python 中利用前面的方法采样 10 000 个点，并绘制采样点的分布图与真实分布 PDF 的图像。通过比较采样点的分布和真实分布的图表，可以验证逆采样的有效性。

```python
import math
import numpy as np
import matplotlib.pyplot as plt
import seaborn as sns

# 在[0,1]区间随机采样 10000 个点
uniform_arr = np.random.uniform(size = 10000)

# 根据反函数计算采样分布的 x 值
def inverseCDF(u):
    if u >= 0 and u < 0.25:
        return math.sqrt(u)/2
    elif u >= 0.25 and u <= 1:
        return 1 - math.sqrt(3 * (1 - u))/2
```

```
# 根据 CDF 的反函数将均匀分布的采样点转换成目标分布的采样点
x_arr = [inverseCDF(u) for u in uniform_arr]

# 定义 PDF
def PDF(x):
    if x >= 0 and x < 0.25:
        return 8 * x
    elif x >= 0.25 and x <= 1:
        return (8/3) - (8 * x)/3
    else:
        return 0

# 定义画布
plt.figure(figsize=(8,6))
sns.set()

# 在[0,1]间生成间隔均匀的 100 个点
xs = np.linspace(0,1,100)

# 根据 PDF 计算每个点的函数值
y = np.array([PDF(x) for x in xs])

# 绘制真实分布的概率密度函数
plt.plot(xs, y, label="true distribution", linestyle="-", color="steelblue")

# 绘制采样点拟合的概率分布
sns.kdeplot(x_arr, label="sample distribution", linestyle="--", color="orange")

# 添加图例
plt.legend()

# 展示图表
plt.show()
```

将得到的结果与真实的 PDF 函数图形进行对照，如图 4-5 所示。可见由逆变换采样法得到的点所呈现的分布与目标分布非常吻合。

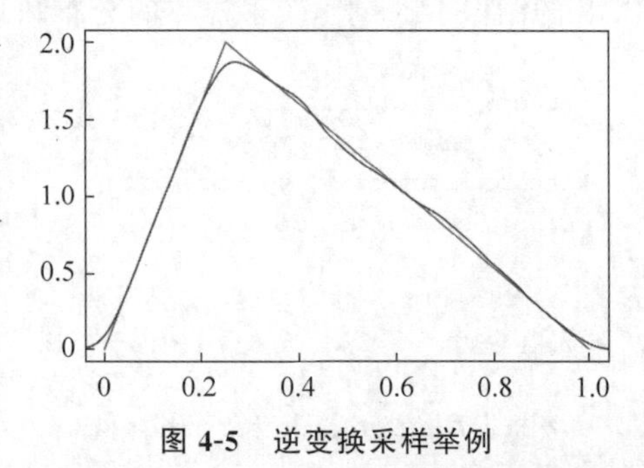

图 4-5 逆变换采样举例

下面再举一个稍微复杂一点的例子，已知分布的 PDF 如下：

$$h(x)=\frac{2m^2}{(1-m^2)x^3},\quad x\in[m,1]$$

可以算得相应的 CDF 为

$$H(x)=\int_{-\infty}^{x}h(t)\mathrm{d}t=\begin{cases}0, & x<m\\ \dfrac{1}{1-m^2}-\dfrac{m^2}{(1-m^2)x^2}, & x\in[m,1]\\ 1, & x>1\end{cases}$$

对于 $u\in[0,1]$，它的反函数为

$$H^{-1}(u)=\sqrt{\frac{m^2}{1-(1-m^2)u}}$$

同样，基于给定的 CDF 反函数可以直接进行逆变换采样。在 Python 中的示例代码如下：

```
# 在[0,1]区间随机采样 1000 个点
uniform_arr = np.random.uniform(size = 1000)

# 根据反函数计算采样分布的 x 值
def inverseCDF(u, m = .5):
    return math.sqrt(m ** 2 / (1 - (1 - m ** 2) * u))

# 转换成采样数据点
x_arr = [inverseCDF(u) for u in uniform_arr]
```

前面的例子，都是根据已知的 CDF 反函数直接进行逆变换采样的。假如想知道待采样分布的 PDF，那就需要手动计算积分得到 CDF，再计算 CDF 相应的反函数。能不能通过 Python 程序直接根据 PDF 自动得到 CDF 的反函数呢？SciPy 中的内置方法为达成这一目标提供了帮助。

下面这段代码利用 SciPy 中提供的积分、解方程等方法，实现了已知 PDF 时的逆变换采样方法。新定义的函数被命名为 samplePDF()。当然，对于那些过于复杂的 PDF 函数(例如很难积分的)，samplePDF()确实有力所不及的情况。但是对于标准的常规 PDF，该函数的效果还是不错的。

```
from scipy import integrate
from scipy.optimize import fsolve

# 根据 PDF 进行逆变换采样
def samplePDF(n, pdf, spdf_lower = .5, spdf_upper = np.inf, limit = 1000, tol = 1e - 4):

    # 使用 integrate.quad 方法就积分得到 CDF
    vpdf = lambda t: pdf(t)
    cdf = lambda x: integrate.quad(vpdf, spdf_lower, x)[0]

    # 定义 CDF 的反函数
    def invcdf(u):
        subcdf = lambda x: cdf(x) - u        # subcdf = 0 的解即为反函数的解
        solution = fsolve(subcdf, np.random.rand(), epsfcn = 1e - 5)[0] # 使用 fsolve 解方程
        return solution

    # 进行逆变换采样
    randoms = np.random.uniform(size = n)
    raw_samples = [invcdf(u) for u in randoms]

    # 根据 CDF 筛选出收敛的解作为样本
    samples = [x for u,x in zip(randoms, raw_samples) if abs(cdf(x) - u) < tol]

    return samples
```

使用前面定义的 samplePDF 函数，对前文给定的 PDF 即 h(x)采样。下述代码绘制了 samplePDF 采样结果的密度图，以及基于 CDF 反函数直接进行逆变换采样得到的结果的密度图。代码执行结果如图 4-6 所示，可见 samplePDF 的采样结果和直接通过 CDF 反函数得到的结果相差不大。

```
# 定义 PDF
def PDF(x, m = .5):
    if x >= m and x <= 1:
        return 2 * (m ** 2) / (1 - m ** 2) / x ** 3
    else:
        return 0

# 使用 samplePDF 方法采样
x_arr2 = samplePDF(1000, PDF, limit = 3000)

# 设置画布
plt.figure(figsize = (8,6))

# 绘制真实分布的概率密度函数
sns.kdeplot(x_arr2, label = "samplePDF", linestyle = " - ", color = "steelblue")

# 绘制采样点拟合的概率分布
sns.kdeplot(x_arr, label = "inverseCDF", linestyle = " -- ", color = "orange")

# 添加图例
plt.legend()

# 展示图表
plt.show()
```

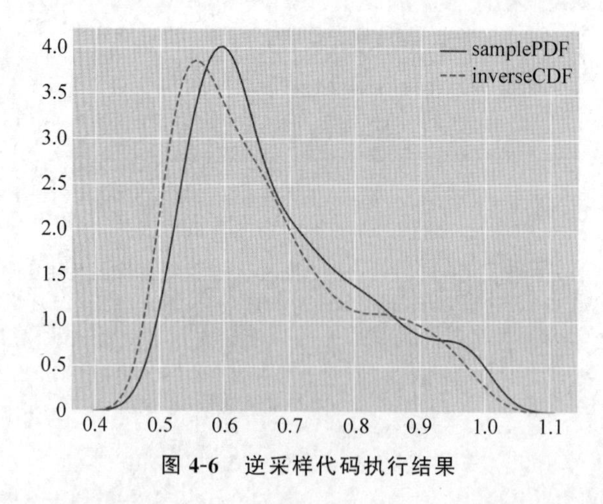

图 4-6　逆采样代码执行结果

4.2.2　博克斯-穆勒变换

博克斯-穆勒变换(Box-Muller Transform)最初由乔治·博克斯(George Box)与默

文·穆勒(Mervin Muller)在1958年共同提出。博克斯是统计学领域的一代大师,统计学中的很多名词术语都以其名字命名。博克斯之于统计学的家学渊源相当深厚,他的导师是统计学开山鼻祖皮尔逊的儿子,英国统计学家埃贡·皮尔逊(Egon Pearson),博克斯还是统计学的另外一位巨擘级奠基人费希尔的女婿。统计学中的名言"所有模型都是错的,但其中一些是有用的"也出自博克斯之口。

本质上来说,计算机只能生产符合均匀分布的采样。如果要生成其他分布的采样,就需要借助一些技巧性的方法。而在众多的"其他分布"中,正态分布无疑占据着相当重要的地位。下面这个定理就为我们生成符合正态分布的采样(随机数)提供了一种方法,而且这也是很多软件或者编程语言的库函数中生成正态分布随机数时所采样的方法。

定理(博克斯-穆勒变换):如果随机变量 U_1 和 U_2 是独立同分布的,且 $U_1, U_2 \sim U[0,1]$,则

$$Z_0 = \sqrt{-2\ln U_1}\cos(2\pi U_2)$$

$$Z_1 = \sqrt{-2\ln U_1}\sin(2\pi U_2)$$

这里,Z_0 和 Z_1 独立且服从标准正态分布。

如何证明这个定理呢?这需要用到一些微积分中的知识,首先回忆一下二重积分化为极坐标下累次积分的方法:

$$\iint_D f(x,y)\mathrm{d}x\mathrm{d}y = \int_\alpha^\beta \mathrm{d}\theta \int_{\rho_1(\theta)}^{\rho_2(\theta)} f(\rho\cos\theta, \rho\sin\theta)\rho\mathrm{d}\rho$$

假设现在有两个独立的标准正态分布 $X \sim N(0,1)$ 和 $Y \sim N(0,1)$,由于两者相互独立,则联合概率密度函数为

$$p(x,y) = p(x)\cdot p(y) = \frac{1}{\sqrt{2\pi}}\mathrm{e}^{-\frac{x^2}{2}} \cdot \frac{1}{\sqrt{2\pi}}\mathrm{e}^{-\frac{y^2}{2}} = \frac{1}{\sqrt{2\pi}}\mathrm{e}^{-\frac{x^2+y^2}{2}}$$

做极坐标变换,则 $x = R\cos\theta$, $y = R\sin\theta$,则有

$$\frac{1}{2\pi}\mathrm{e}^{-\frac{x^2+y^2}{2}} = \frac{1}{2\pi}\mathrm{e}^{-\frac{R^2}{2}}$$

这个结果可以看成是两个概率分布的密度函数的乘积,其中一个可以看成是$[0,2\pi]$上均匀分布,将其转换为标准均匀分布则有 $\theta \sim U(0,2\pi) = 2\pi U_2$。

另外一个的密度函数为

$$P(R) = \mathrm{e}^{-\frac{R^2}{2}}$$

则其累计分布函数 CDF 为

$$P(R \leqslant r) = \int_0^r \mathrm{e}^{-\frac{\rho^2}{2}}\rho\mathrm{d}\rho = -\mathrm{e}^{-\frac{\rho^2}{2}}\bigg|_0^r = -\mathrm{e}^{-\frac{r^2}{2}} + 1$$

这个 CDF 函数的反函数可以写成

$$F^{-1}(u) = \sqrt{-2\log(1-u)}$$

根据逆变换采样的原理,如果有个 PDF 为 $P(R)$的分布,那么对齐 CDF 的反函数进行均匀采样所得的样本分布将符合 $P(R)$的分布,而如果 u 是均匀分布的,那么 $U_1 = 1-u$ 也将是均匀分布的,于是用 U_1 替换 $1-u$,最后可得

$$X = R\cdot\cos\theta = \sqrt{-2\log U_1}\cdot\cos(2\pi U_2)$$

$$X = R \cdot \sin\theta = \sqrt{-2\log U_1} \cdot \sin(2\pi U_2)$$

结论得证。最后来总结一下利用博克斯-穆勒变换生成符合高斯分布的随机数的方法：

(1) 产生两个随机数 $U_1, U_2 \sim U[0,1]$；

(2) 用它们来创造半径 $R = \sqrt{-2\log(U_1)}$ 和夹角 $\theta = 2\pi U_2$；

(3) 将 (R, θ) 从极坐标转换到笛卡儿坐标：$(R\cos\theta, R\sin\theta)$。

4.2.3 拒绝采样与自适应拒绝采样

读者已经看到逆变换采样的方法确实有效。但其实它的缺点也是很明显的，那就是有些分布的 CDF 可能很难通过对 PDF 的积分得到，再或者 CDF 的反函数也很不容易求。这时可能需要用到另外一种采样方法，这就是下面即将要介绍的拒绝采样(Reject Sampling)。

图 4-7 很好地阐释了拒绝采样的基本思想。假设想对 PDF 为 $p(x)$ 的函数进行采样，但是由于种种原因(例如这个函数很复杂)，对其进行采样是相对困难的。但是另外一个 PDF 为 $q(x)$ 的函数则相对容易采样，例如采用逆变换方法可以很容易对它进行采样，甚至 $q(x)$ 就是一个均匀分布(别忘了计算机可以直接进行采样的分布就只有均匀分布)。那么，当将 $q(x)$ 与一个常数 M 相乘之后，可以实现如图 4-7 所示的关系，即 $M \cdot q(x)$ 将 $p(x)$ 完全“罩住”。

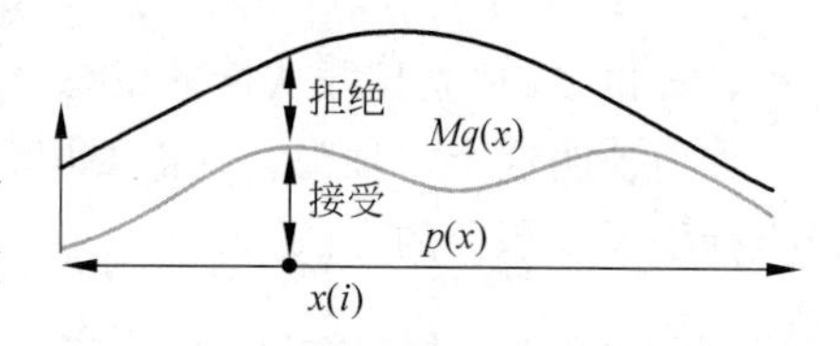

图 4-7　拒绝采样的原理

然后重复如下步骤，直到获得 m 个被接受的采样点：

(1) 从 $q(x)$ 中获得一个随机采样点 x_i；

(2) 对于 x_i 计算接受概率(Acceptance Probability)

$$\alpha = \frac{p(x_i)}{Mq(x_i)}$$

(3) 从 $U(0,1)$ 中随机生成一个值，用 u 表示；

(4) 如果 $\alpha \geqslant u$，则接受 x_i 作为一个来自 $p(x)$ 的采样值，否则就拒绝 x_i 并回到步骤(1)。

当然可以采用严密的数学推导证明拒绝采样的可行性。但它的原理从直观上解释也是比较容易理解的。可以想象一下在图 4-7 的例子中，从哪些位置抽出的点会比较容易被接受。显然，上方的曲线和下方的曲线所示之函数更加接近的地方接受概率较高，也即更容易被接受，所以在这样的地方采到的点就会比较多，而在接受概率较低(即两个函数差距较大)的地方采到的点会比较少，这也就保证了这个方法的有效性。

还是以本章前面给出的那个分段函数 $f(x)$ 为例演示拒绝采样方法。如图 4-8 所示，所选择的参考分布是均匀分布(当然也可以选择其他的分布，但采用均匀分布显然是此处最简单的一种处理方式)，而且令常数 $M=3$。

下面给出 Python 中的示例代码，此处采样点数目为 10 000。

```
import random

# 定义 PDF
def PDF(x):
```

```
    if x >= 0 and x < 0.25:
        return 8 * x
    elif x >= 0.25 and x <= 1:
        return (8/3) - (8 * x)/3
    else:
        return 0

# 基于均匀分布的拒绝采样
def uniform_reject_sampling(n, m, pdf):
    samples = []

    # 循环采样直至获得足够的样本
    while len(samples) < n:
        x = random.random()              # 根据辅助分布(均匀分布)采样
        acc_prob = pdf(x) / m            # 计算接受概率
        u = random.random()              # 随机采样

        # 若接受采样值则存储在容器 samples 中
        if acc_prob >= u:
            samples.append(x)

    return samples

# 设置画布
plt.figure(figsize=(8,6))
sns.set()

# 在[0,1]间生成间隔均匀的 100 个点
xs = np.linspace(0,1,100)

# 根据 PDF 计算每个点的函数值
y = np.array([PDF(x) for x in xs])

# 绘制真实分布的概率密度函数
plt.plot(xs, y, label="true distribution", linestyle="-", color="steelblue")

# 使用拒绝采样法采样 10000 个点
samples = uniform_reject_sampling(10000, 3, PDF)

# 绘制采样点拟合的概率分布
sns.kdeplot(samples, label="sample distribution", linestyle="--", color="orange")

# 添加图例
plt.legend()

# 展示图表
plt.show()
```

上述代码的执行结果如图 4-9 所示，可见采样结果是非常理想的。

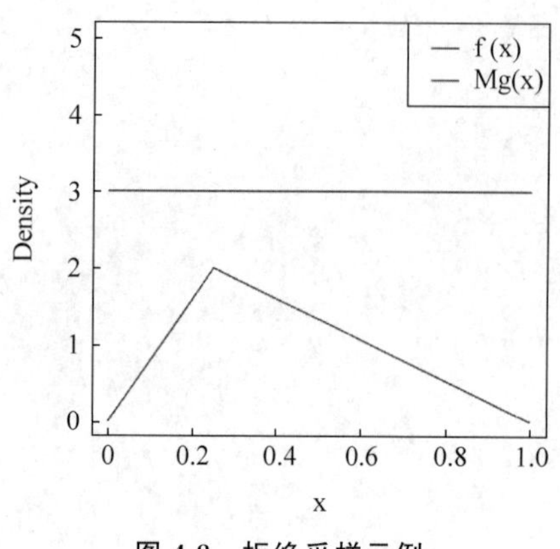

图 4-8 拒绝采样示例

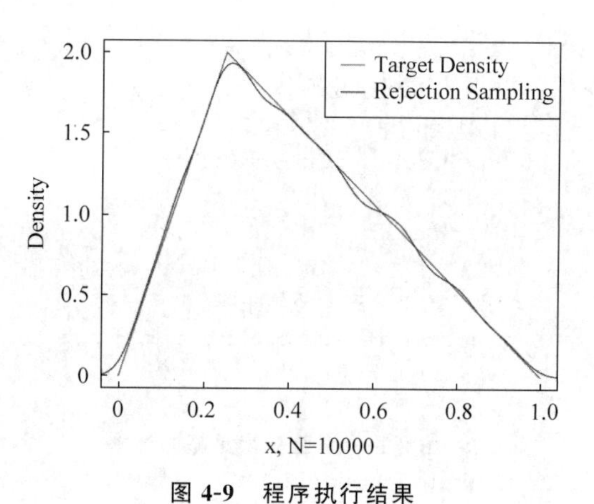

图 4-9 程序执行结果

下面的例子演示了对(表达式非常复杂的)Beta(3,6)分布进行拒绝采样的效果。这里采用均匀分布作为参考分布。而且这里的 $Mq(x)$所取之值就是 Beta(3,6)分布的极大值，它的函数图形应该是与 Beta(3,6)的极值点相切的一条水平直线。

```
from scipy import stats

# 批量采样
def batch_uniform_reject_sampling(pdf, n=5000):
    # 批量采样
    candidate_samples = np.random.uniform(size=n)

    # 批量计算概率密度
    prob_density = np.array([pdf(x) for x in candidate_samples])

    # 批量计算接受概率
    max_density = max(prob_density)
    acc_probs = prob_density / max_density

    # 根据接受概率随机采样
    random_samples = np.random.uniform(size=n)
    mixed = zip(random_samples, acc_probs, candidate_samples)
    accept_samples = [x for u, p, x in mixed if u <= p]

    return accept_samples

# 基于拒绝采样法批量采样
acc_samples = batch_uniform_reject_sampling(stats.beta(3, 6).pdf)

# 基于拒绝采样法逐个采样
acc_samples2 = uniform_reject_sampling(2000,3,stats.beta(3, 6).pdf)
```

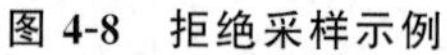

上述代码中利用拒绝采样批量生成了 Beta(3,6)分布的样本，具体流程和逐个样本采样的流程是一致的。当然，也可以使用上个例子中使用的 uniform_reject_sampling()方法，逐个采样生成所需数量的样本。下面的代码中同时绘制了批量采样和逐个采样所得样本的分布和真实分布。

```
# 设置画布
plt.figure(figsize = (16,6))
sns.set()

# 在[0,1]间生成间隔均匀的 1000 个点
xs = np.linspace(0,.8,1000)

# 根据 Beta(3,6)计算每个点的函数值
y = np.array([stats.beta(3, 6).pdf(x) for x in xs])

# 绘制真实分布的概率密度函数
plt.subplot(1,2,1)
plt.title("(a) Batch sampling", y=- 0.15)
plt.plot(xs, y, label = "true distribution", linestyle = " - ", color = "steelblue")
sns.distplot(acc_samples, label = "sample distribution", color = "grey",
             kde = False, norm_hist = True)
plt.legend()

# 绘制采样点拟合的概率分布
plt.subplot(1,2,2)
plt.title("(b) Single sampling", y=- 0.15)
plt.plot(xs, y, label = "true distribution", linestyle = " - ", color = "steelblue")
sns.distplot(acc_samples2, label = "sample distribution", color = "grey",
             kde = False, norm_hist = True)
plt.legend()

# 展示图表
plt.show()
```

图 4-10(a)给出了批量采样的样本分布的直方图和真实分布；图(b)给出了逐个采样的样本分布的直方图和真实分布。可见两者几乎没有区别，且均与目标分布 Beta(3,6)吻合得非常好。

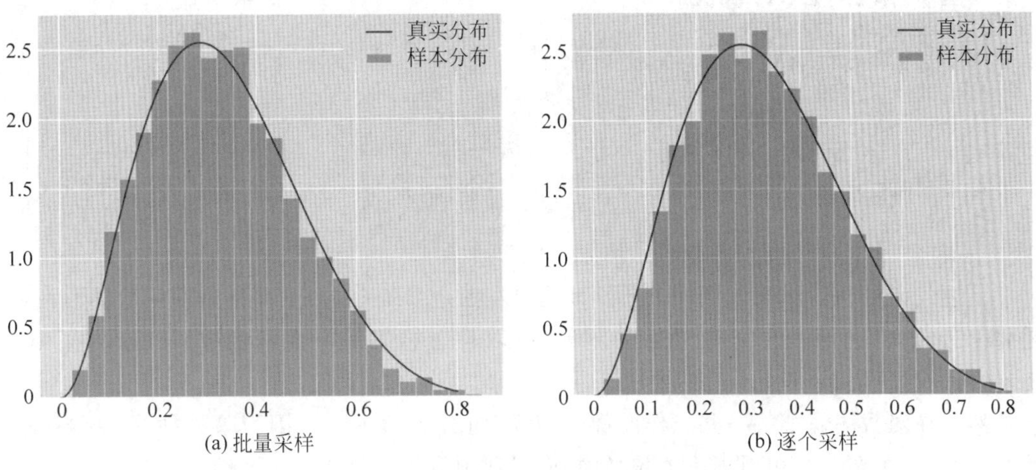

(a) 批量采样　　(b) 逐个采样

图 4-10　拒绝采样举例

拒绝采样的方法确实可以解决我们的问题。但是它的一个不足涉及其采样效率的问题。针对上面给出的例子，我们选择了离目标函数最近的参考函数，就均匀分布而言，已经不能有更进一步的方法了。但即使这样，在这个钟形图形两侧其实仍然会拒绝掉很多采样点，这种开销相当浪费。最理想的情况下，参考分布应该与目标分布越接近越好，从图形上来看就是包裹得越紧实越好。但是这种情况的参考分布往往又不那么容易得到。在满足某些条件的时候也确实可以采用所谓的改进方法，即自适应的拒绝采样（Adaptive Rejection Sampling）。

拒绝采样的弱点在于当被拒绝的点很多时，采样的效率会非常不理想。同时我们也知道，如果能够找到一个跟目标分布函数非常接近的参考函数，那么就可以保证被接受的点占大多数（被拒绝的点很少）。这样一来，便克服了拒绝采样效率不高的弱点。如果函数是log-concave，那么可以采用自适应的拒绝采样方法。什么是log-concave呢？还是回到之前介绍过的贝塔分布，用下面的代码来绘制Beta(2,3)的概率密度函数图像，以及将Beta(2,3)的函数取对数之后的图形。

```
# 设置画布
plt.figure(figsize = (16,6))
sns.set()

# 在[0,1]间生成间隔均匀的 1000 个点
xs = np.linspace(0,1,1000,endpoint = False)[1:]

# 根据 Beta(3,6)计算每个点的函数值
beta = [stats.beta(2, 3).pdf(x) for x in xs]
log_beta = [math.log10(x) for x in beta]

# 绘制真实分布的概率密度函数
plt.subplot(1,2,1)
plt.title("(a) Beta(2,3)", y=- 0.15)
plt.plot(xs, beta, linestyle = " - ", color = "steelblue")
plt.legend()

# 绘制采样点拟合的概率分布
plt.subplot(1,2,2)
plt.title("(b) log Beta(2,3)", y=- 0.15)
plt.plot(xs, log_beta, linestyle = " - ", color = "steelblue")
plt.legend()

# 展示图表
plt.show()
```

上述代码的执行结果如图4-11所示，其中左图是Beta(2,3)的概率密度函数图形，右图是将Beta(2,3)的函数取对数之后的图形，可以看出结果是一个凹函数（concave）。那么Beta(2,3)就满足log-concave的要求。

然后在对数图像上找一些点作图像的切线，如图4-12所示。因为取对数后的函数是凹函数，所以每个切线都相当于一个超平面，而对数图像只会位于超平面的一侧。

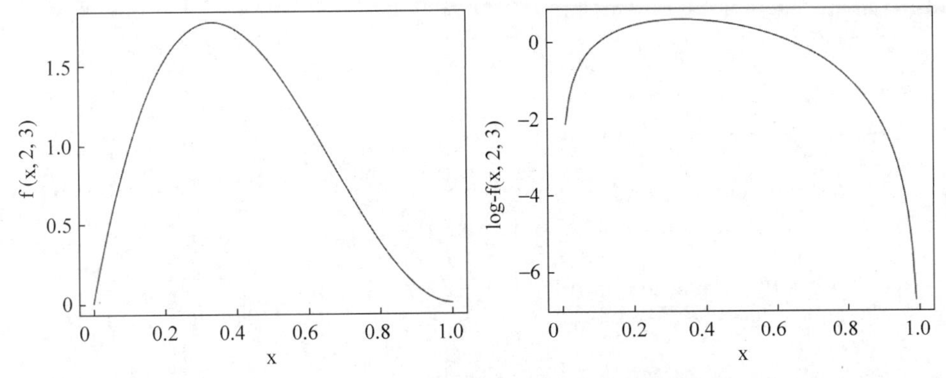

图 4-11　贝塔函数与其取对数后的函数图形

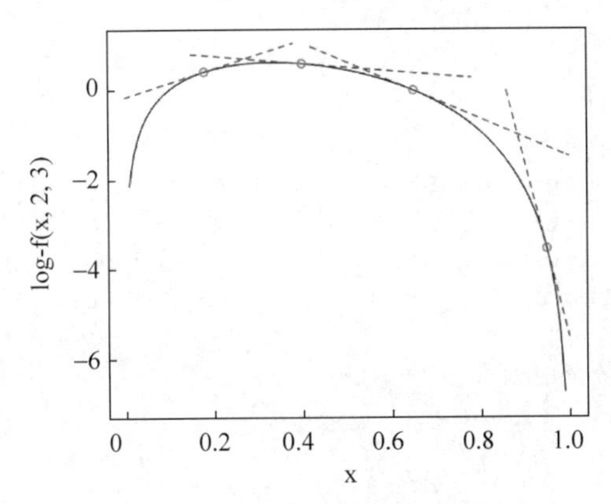

图 4-12　取对数后的图形的切线

同时给出用以绘制图 4-12 的代码。

```
# 返回绘制曲线的坐标数据
def get_line_points(start, end, f, n = 1000):
    # 在[start,end]间生成间隔均匀的 n 个点
    xs = np.linspace(start,end,n)

    # 根据切线方程计算对应的 y 值
    ys = [f(x) for x in xs]

    return xs, ys

# 返回 log_beta 函数的结果
def log_beta(x, alpha = 2, beta = 3):
    return math.log(stats.beta(alpha, beta).pdf(x))

# 返回 log_beta 函数的导数
def g_beta(x, alpha = 2, beta = 3):
    return (alpha - 1)/x - (beta - 1)/(1 - x)

# 切线方程
def line(x,g,b):
```

```
    return g * x + b

# 挑选四个点
xs_points = [0.18, 0.40, 0.65, 0.95]

# 计算个点的 log Beta(2,3)取值
ys_log_beta = [log_beta(x) for x in xs_points]

# 计算各个点处切线的斜率
gs = [g_beta(x) for x in xs_points]

# 计算各个切线的偏移
mixed = zip(ys_log_beta, gs, xs_points)
bs = [y - g * x for y,g,x in mixed]

# 准备各条切线的绘图点
from functools import partial
x0, y0 = get_line_points(0,0.38,partial(line,g=gs[0],b=bs[0]))
x1, y1 = get_line_points(0.15,0.78,partial(line,g=gs[1],b=bs[1]))
x2, y2 = get_line_points(0.42,1,partial(line,g=gs[2],b=bs[2]))
x3, y3 = get_line_points(0.86,1,partial(line,g=gs[3],b=bs[3]))

# 准备 log Beta(2,3)的绘图点
xb, yb = get_line_points(0.01, 0.99, log_beta)

# 设置画布
plt.figure(figsize=(8,6))
sns.set()
# 绘制各切线和 log Beta(2,3)
plt.plot(xb, yb, linestyle="-", color="steelblue")
plt.plot(x0, y0, linestyle="--", color="orange")
plt.plot(x1, y1, linestyle="--", color="orange")
plt.plot(x2, y2, linestyle="--", color="orange")
plt.plot(x3, y3, linestyle="--", color="orange")
# 绘制
plt.show()
```

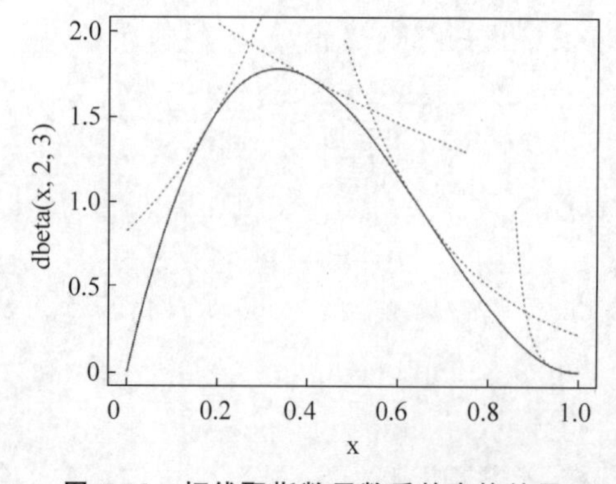

图 4-13　切线取指数函数后的变换结果

再把这些切线转换回原始的 Beta(2,3)图像中，显然原来的线性函数会变成指数函数，它们将对应于图 4-13 中的一些曲线，这些曲线会被原函数的图形紧紧包裹住。特别是当这些指数函数变得很多很稠密时，以彼此的交点作为分界线，其实相当于得到了一个分段函数。这个分段函数是原函数的一个逼近。用这个分段函数作为参考函数再执行拒绝采样，自然就完美地解决了之前的问题。

下面是用来画出图 4-13 代码。

```
# 返回 Beta(2,3)函数的结果
def beta(x, alpha = 2, beta = 3):
    return stats.beta(alpha, beta).pdf(x)

# 将切线映射回原始空间
def exp_line(x,g,b):
    return math.exp(g * x + b)

# 准备各条切线的绘图点
from functools import partial
e_x0, e_y0 = get_line_points(0,0.3,partial(exp_line,g = gs[0],b = bs[0]))
e_x1, e_y1 = get_line_points(0.2,0.75,partial(exp_line,g = gs[1],b = bs[1]))
e_x2, e_y2 = get_line_points(0.48,1,partial(exp_line,g = gs[2],b = bs[2]))
e_x3, e_y3 = get_line_points(0.86,1,partial(exp_line,g = gs[3],b = bs[3]))

# 准备 log Beta(2,3)的绘图点
xb, yb = get_line_points(0.01, 0.99, beta)

# 设置画布
plt.figure(figsize = (8,6))
sns.set()

# 绘制各切线和 log Beta(2,3)
plt.plot(xb, yb, linestyle = "-", color = "steelblue")
plt.plot(e_x0, e_y0, linestyle = "--", color = "orange")
plt.plot(e_x1, e_y1, linestyle = "--", color = "orange")
plt.plot(e_x2, e_y2, linestyle = "--", color = "orange")
plt.plot(e_x3, e_y3, linestyle = "--", color = "orange")

# 绘制
plt.show()
```

这无疑是一个绝妙的想法，而且这种想法在前面其实已经暗示过。在前面的例子中，我们其实就是选择了一个与原函数相切的均匀分布函数作为参考函数。我们当然会想去选择更多与原函数相切的函数，然后用这个函数的集合来作为新的参考函数。只是由于原函数的凹凸性无法保证，所以直线并不是一种好的选择。而自适应拒绝采样（Adaptive Rejection Sampling，ARS）所采用的策略则非常巧妙地解决了问题。当然函数是 log-concave 的条件必须满足，否则就不能使用 ARS。

下面给出一个在 Python 中进行自适应拒绝采样的例子。显然，该例子要比之前的代码简单许多。因为 Python 中第三方包 ARSpy 的 ars 模块已经提供了一个现成的用于执行自适应拒绝采样的函数，即 adaptive_rejection_sampling()。关于该函数在用法上的一些细节，读者可以通过阅读此函数的使用文档来了解更多，这里不再赘述。

```
from arspy import ars
# log Beta(1.3, 2.7)
def log_f(x,a = 1.3,b = 2.7):
```

```
    return stats.distributions.beta.logpdf(x, a, b)

# 调用第三方自适应拒绝采样函数
samples = ars.adaptive_rejection_sampling(logpdf = log_f, a = 0.01, b = 0.99, domain = (0, 1),
                                          n_samples = 10000)

# 设置画布
plt.figure(figsize = (8,6))
sns.set()

# 在[0,1]间生成间隔均匀的 1000 个点
X = np.linspace(0,1,num = 1000)

# 根据 Beta(1.3,2.7)计算每个点的函数值
Y = [stats.distributions.beta.pdf(x, 1.3, 2.7) for x in X]

# 绘制 Beta(1.3, 2.7)分布的概率密度函数
plt.plot(X, Y, label = "true distribution", linestyle = " - ", color = "steelblue")

# 绘制根据自适应拒绝采样点拟合的概率分布
sns.distplot(samples, label = "sample distribution", color = "grey",
             kde = False, norm_hist = True)

# 添加图例
plt.legend()

#展示图表
plt.show()
```

上述代码的执行结果如图 4-14 所示。

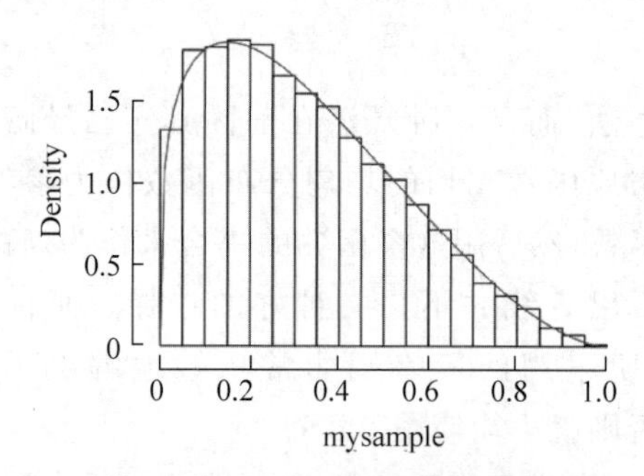

图 4-14　自适应采样代码执行结果

4.3　矩阵的极限与马尔可夫链

先来看一个例子。社会学家经常把人按其经济状况分成 3 类：下层(lower-class)、中层(middle-class)、上层(upper-class)，用 1、2、3 分别代表这 3 个阶层。社会学家们发现，决定一个人的收入阶层的最重要的因素就是其父母的收入阶层。如果一个人的收入属于下

层类别，那么他的孩子属于下层收入的概率是0.65，属于中层收入的概率是0.28，属于上层收入的概率是0.07。从父代到子代，收入阶层变化的转移概率如图4-15所示。

状态		子代		
		1	2	3
父代	1	0.65	0.28	0.07
	2	0.15	0.67	0.18
	3	0.12	0.36	0.52

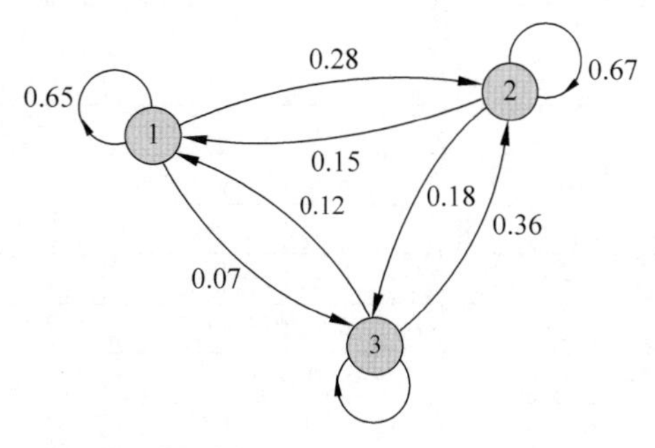

图 4-15 阶层变化的转移概率

使用矩阵的表示方式，转移概率矩阵记为

$$\boldsymbol{P}=\begin{bmatrix}0.65 & 0.28 & 0.07\\ 0.15 & 0.67 & 0.18\\ 0.12 & 0.36 & 0.52\end{bmatrix}$$

假设当前这一代人处在下、中、上层的人的比例是概率分布向量$\boldsymbol{\pi}_0=[\pi_0(1),\pi_0(2),\pi_0(3)]$，那么他们的子女的分布比例将是$\boldsymbol{\pi}_1=\boldsymbol{\pi}_0P$，孙子代的分布比例将是$\boldsymbol{\pi}_2=\boldsymbol{\pi}_1P=\boldsymbol{\pi}_1P^2=\cdots$，第$n$代子孙的收入分布比例将是$\boldsymbol{\pi}_n=\boldsymbol{\pi}_{n-1}P=\cdots=\boldsymbol{\pi}_0P^n$。假设初始概率分布为$\boldsymbol{\pi}_0=[0.21,0.68,0.11]$，则可以计算前$n$代人的分布状况如下：

第n代人	下层	中层	上层
0	0.210	0.680	0.110
1	0.252	0.554	0.194
2	0.270	0.512	0.218
3	0.278	0.497	0.225
4	0.282	0.490	0.226
5	0.285	0.489	0.225
6	0.286	0.489	0.225
7	0.286	0.489	0.225
8	0.289	0.488	0.225
9	0.286	0.489	0.225
10	0.286	0.489	0.225
…	…	…	…

可以发现，从第7代人开始，这个分布就稳定不变了，这是偶然的吗？我们换一个初始概率分布$\boldsymbol{\pi}_0=[0.75,0.15,0.1]$试试看，继续计算前$n$代人的分布状况如下：

第n代人	下层	中层	上层
0	0.75	0.15	0.1
1	0.522	0.347	0.132
2	0.407	0.426	0.167

续表

第 n 代人	下层	中层	上层
3	0.349	0.459	0.192
4	0.318	0.475	0.207
5	0.303	0.482	0.215
6	0.295	0.485	0.220
7	0.291	0.487	0.222
8	0.289	0.488	0.225
9	0.286	0.489	0.225
10	0.286	0.489	0.225
…	…	…	…

结果，到第9代人的时候，分布又收敛了。最为奇特的是，两次给定不同的初始概率分布，最终都收敛到概率分布 $\boldsymbol{\pi}=[0.286,0.489,0.225]$，也就是说，收敛的行为和初始概率分布 $\boldsymbol{\pi}_0$ 无关。这说明这个收敛行为主要是由概率转移矩阵 $\boldsymbol{P}$ 决定的。计算一下 $\boldsymbol{P}^n$，

$$\boldsymbol{P}^{20}=\boldsymbol{P}^{21}=\cdots=\boldsymbol{P}^{100}=\cdots=\begin{bmatrix}0.286 & 0.489 & 0.225\\0.286 & 0.489 & 0.225\\0.286 & 0.489 & 0.225\end{bmatrix}$$

可以发现，当 n 足够大的时候，这个 $\boldsymbol{P}^n$ 矩阵的每一行都是稳定地收敛到 $\boldsymbol{\pi}=[0.286,0.489,0.225]$ 这个概率分布。自然地，这个收敛现象并非是这个例子所独有，而是绝大多数"马尔可夫链"的共同行为。

为了求得一个理论上的结果，再来看一个更小规模的例子（这将方便后续的计算演示），假设在一个区域内，人们要么是住在城市，要么是住在乡村。下面的矩阵表明人口迁移的一些规律（或倾向）。例如，第1行第1列就表示，当前住在城市的人口，明年将会有90%的人选择继续住在城市。

$$\begin{matrix} & \text{当前住在城市} & \text{当前住在乡村} \\ \text{下一年住在城市} & 0.90 & 0.02 \\ \text{下一年住在乡村} & 0.10 & 0.98 \end{matrix} \quad \begin{pmatrix}0.90 & 0.02\\0.10 & 0.98\end{pmatrix}=\boldsymbol{A}$$

作为一个简单的开始，来计算一下现今住在城市的人中两年后会住在乡村的概率有多大。分析可知，当前住在城市的人，一年后，会有90%继续选择住在城市，另外10%的人则会选择搬去乡村居住。然后又过了一年，上一年中选择留在城市的人中又会有10%的人搬去乡村。而上一年中搬到乡村的人中将会有98%的选择留在乡村。这个分析过程如图4-16所示，最终可以算出现今住在城市的人中两年后会住在乡村的概率为 $0.90\times0.10+0.10\times0.98$。

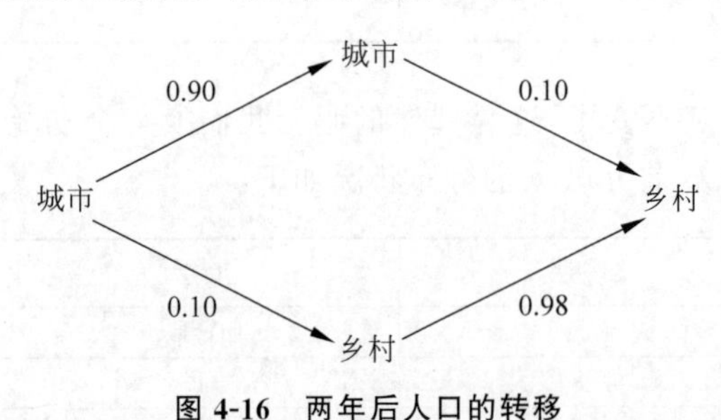

图 4-16 两年后人口的转移

其实上述计算过程就是在做矩阵的平方。在下面给出的矩阵乘法中，你会发现结果矩阵中第2行第1列的计算就是在执行上

面在处理的操作。在此基础上，还可以继续计算 n 年后的情况，也就是计算矩阵 $\boldsymbol{A}$ 自乘 n 次后的结果。

$$\boldsymbol{A}^2=\begin{bmatrix}0.90 & 0.02\\0.10 & 0.98\end{bmatrix}\begin{bmatrix}0.90 & 0.02\\0.10 & 0.98\end{bmatrix}=\begin{bmatrix}(\boldsymbol{A}^2)_{11} & (\boldsymbol{A}^2)_{12}\\(\boldsymbol{A}^2)_{21} & (\boldsymbol{A}^2)_{22}\end{bmatrix}$$

如果假设最开始的时候，城乡人口的比例为 7∶3，可以用一个列向量表示：$\boldsymbol{P}=[0.7,0.3]^{\mathrm{T}}$，想知道最终城乡人口的比例为何，就是要计算。如果最初城乡人口的比例为 9∶1，结果又如何呢？这些都要借助矩阵的极限，对角化操作以及马尔可夫链等概念来辅助计算。

来辨析 3 个概念：随机过程、马尔可夫过程、马尔可夫链。这 3 个概念都涉及对象及其对应的状态这两个要素。在刚刚给出的例子中，研究的对象就是人，人的状态分为住在城市或者住在乡村两种。

三者之中，最宽泛的概念就是随机过程，限制最多的就是马尔可夫链。对于马尔可夫链，必须满足两个条件：

(1) 当前状态仅跟上一个状态有关；

(2) 总共的状态数是有限的。

如果状态数可以是无限多个，那样的问题就称为马尔可夫过程。但在马尔可夫过程中仍然要求，时间是离散的，例如前面的例子是以“年”为单位的。如果时间允许是连续的，那样的问题就称为随机过程。本书仅仅讨论马尔可夫链。

在某个时间点上，对象的状态为 s_1，下一个时刻，它的状态以某种概率转换到其他状态(也包含原状态 s_1)，这里所说的“以某种概率转换”最终是通过状态转移矩阵(或称随机矩阵)的形式来给出的。转移矩阵的定义如下：

令 $\boldsymbol{A}\in\boldsymbol{M}_{n\times n}(\mathbb{R})$，假设：

(1) $A_{ij}\geqslant 0$；

(2) 对于所有的 $1\leqslant j\leqslant n$，$\sum_{i=1}^{n}A_{ij}=1$。

那么，$\boldsymbol{A}$ 称为一个转移矩阵(或随机矩阵)。矩阵 $\boldsymbol{A}$ 的列向量被称为概率向量。

此外，如果矩阵的某个次幂仅包含正数项，该转移矩阵称为是正则的。这里，“某个”的意思就是存在一个整数 n 使得对于所有的 i,j，$(\boldsymbol{A}^n)_{ij}>0$。

从状态转移矩阵中，(结合之前的例子)可以看出 A_{ij} 元素给出的信息就是(在一个单位时间间隔内)对象从状态 j 转移到状态 i 的概率。令 $\boldsymbol{P}=(p_0,p_1,p_2,\cdots,p_n)^{\mathrm{T}}$ 是一个向量，如果对于所有的 i，有 $p_i\geqslant 0$ 以及 $\sum p_i=1$，那么 $\boldsymbol{P}$ 就称为一个概率向量(Probability Vector)。可以看出，任意一个转移矩阵中的某一列都是一个概率向量。

定理：令 $\boldsymbol{A}$ 是一个 $n\times n$ 的正则转移矩阵。那么：

(1) 1 一定是矩阵 $\boldsymbol{A}$ 的一个特征值，并且 1 的几何重数等于 1，除此之外，所有其他的特征值之绝对值都小于 1；

(2) $\boldsymbol{A}$ 可以对角化，并且 $\lim\limits_{m\to\infty}\boldsymbol{A}^m$ 存在；

(3) $\boldsymbol{L}=\lim\limits_{m\to\infty}\boldsymbol{A}^m$ 是一个转移矩阵；

(4) $\boldsymbol{AL}=\boldsymbol{LA}=\boldsymbol{L}$；

(5) 矩阵 $\boldsymbol{L}=[\boldsymbol{v},\boldsymbol{v},\cdots,\boldsymbol{v}]$,即 $\boldsymbol{L}$ 的每一列都一样,都是 $\boldsymbol{v}$。而且 $\boldsymbol{v}$ 就是矩阵 $\boldsymbol{A}$ 相对于特征值 1 的特征向量;

(6) 对于任意概率向量 $\boldsymbol{w}$,都有 $\lim\limits_{m\to\infty}(\boldsymbol{A}^m\boldsymbol{w})=\boldsymbol{v}$。

这个定理非常奇妙的地方在于它解答了之前那个令人困扰的问题!原问题是:如果假设最开始的时候,城乡人口的比例为 7∶3,可以用一个列向量表示它 $\boldsymbol{P}=[0.7,0.3]^{\mathrm{T}}$,要知道最终城乡人口的比例为何,则就是要计算 $\boldsymbol{A}^n\boldsymbol{P}$,如果最开始的城乡人口的比例为 9∶1,结果又如何。上述定理中的最后一条就表明,当 n 趋近于无穷大的时候,$\boldsymbol{A}^n\boldsymbol{P}$ 就等于 $\boldsymbol{v}$,而且与 $\boldsymbol{P}$ 是无关的。更精妙的地方还在于,这个定理还告诉我们 $\boldsymbol{v}$ 是一个概率向量,而且它就是特征值 1 所对应的特征向量。

这个定理的证明已经超出本书的范围,但可以用之前给出的例子验证一下它。注意到如果想要计算 $\boldsymbol{A}^n\boldsymbol{P}$,其实就是要先设法计算矩阵 $\boldsymbol{A}$ 自乘 n 次的结果,这时为了计算方便应该先将矩阵 $\boldsymbol{A}$ 对角化。为此,先求矩阵 $\boldsymbol{A}$ 的特征多项式,通过其特征多项式便知道矩阵 $\boldsymbol{A}$ 有两个特征值:一个是 1,一个是 0.88。根据定理,1 必然是该矩阵的特征值。更进一步,特征值 1 对应的特征向量是 $[1,5]^{\mathrm{T}}$,特征值 0.88 对应的特征向量是 $[1,-1]^{\mathrm{T}}$。所以知道矩阵对角化时所用的 $\boldsymbol{Q}$ 和 $\boldsymbol{Q}^{-1}$ 分别为

$$\boldsymbol{Q}=\begin{bmatrix}1 & 1\\ 5 & -1\end{bmatrix},\quad \boldsymbol{Q}^{-1}=-\frac{1}{6}\begin{bmatrix}-1 & -1\\ -5 & 1\end{bmatrix}$$

于是可知,矩阵 $\boldsymbol{A}$ 的对角化结果如下:

$$\begin{bmatrix}1 & 0\\ 0 & 0.88\end{bmatrix}=\boldsymbol{D}=\boldsymbol{Q}^{-1}\boldsymbol{A}\boldsymbol{Q}$$

所以有

$$\boldsymbol{A}=\boldsymbol{Q}\boldsymbol{D}\boldsymbol{Q}^{-1}\Rightarrow\boldsymbol{A}^m=\boldsymbol{Q}\boldsymbol{D}^m\boldsymbol{Q}^{-1}$$

$$\lim_{m\to\infty}\boldsymbol{A}^m=\lim_{m\to\infty}\boldsymbol{Q}\boldsymbol{D}^m\boldsymbol{Q}^{-1}=\boldsymbol{Q}(\lim_{m\to\infty}\boldsymbol{D}^m)\boldsymbol{Q}^{-1}$$

然后把值代进去就能算出最终结果如下:

$$\lim_{m\to\infty}\boldsymbol{A}^m=\begin{bmatrix}1/6 & 1/6\\ 5/6 & 5/6\end{bmatrix}$$

之前计算过特征值 1 对应的一个特征向量是 $[1,5]^{\mathrm{T}}$,特征向量乘以一个系数仍然是特征向量(注意要求最后的特征向量同时是一个概率向量,所以会得到 $[1/6,5/6]^{\mathrm{T}}$),可见上述计算与定理所揭示的结果是完全一致的。

矩阵的极限,其实就是在讨论 $\lim\limits_{m\to\infty}\boldsymbol{A}^m$ 的存在性,也就是把矩阵 $\lim\limits_{m\to\infty}\boldsymbol{A}^m$ 自乘 m 次后,如果结果矩阵中每个元素的极限都存在,就说这个矩阵的极限是存在的。而矩阵极限是否存在可以由下面的定理保证。

定理:矩阵极限存在的充要条件:

(1) $|\lambda|<1$ 或者 $\lambda=1$,其中 λ 是 $\boldsymbol{A}$ 的任意特征值。

(2) 如果 $\lambda=1$,那么它对应的几何重数等于代数重数。

定理:矩阵极限存在的充分条件:

(1) $|\lambda|<1$ 或者 $\lambda=1$,其中 λ 是 $\boldsymbol{A}$ 的任意特征值。

(2) 矩阵 $\boldsymbol{A}$ 是可对角化的。

4.4 查普曼-柯尔莫哥洛夫等式

还是先从一个例子来谈起。图 4-1 中左侧是状态转移矩阵,其中每个位置都表示从一个状态转移到另外一个状态的概率。例如,从状态 1 转移到状态 2 的概率是 0.28,所以在第 1 行第 2 列的位置,给出的数值是 0.28。

在马尔可夫链中,随机变量在一个按时间排序的数组 $T_1, T_2, \cdots, T_n$ 中,状态转移矩阵让我们可以非常直观地得知当前时刻某一状态在下一时刻变到任意状态的概率,如图 4-17 所示。

现在的问题是能不能做更进一步的预测。例如,当前时刻 T_1 时的状态为 a,能否知道在下下时刻 T_3 时状态为 b 的概率是多少呢?这其实也相当容易做到,如图 4-18 所示。

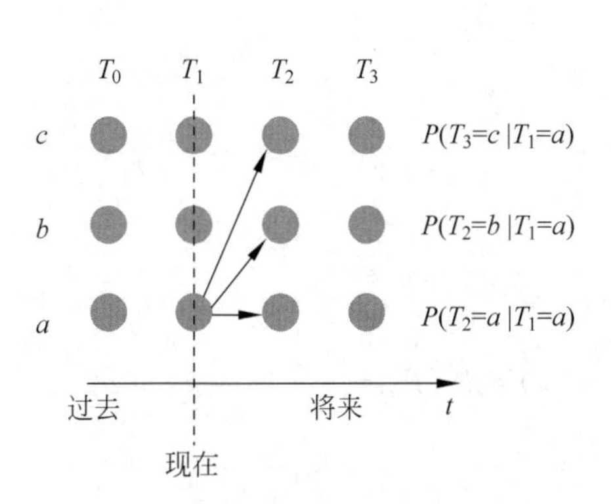

图 4-17 按时间排序的状态转移情况

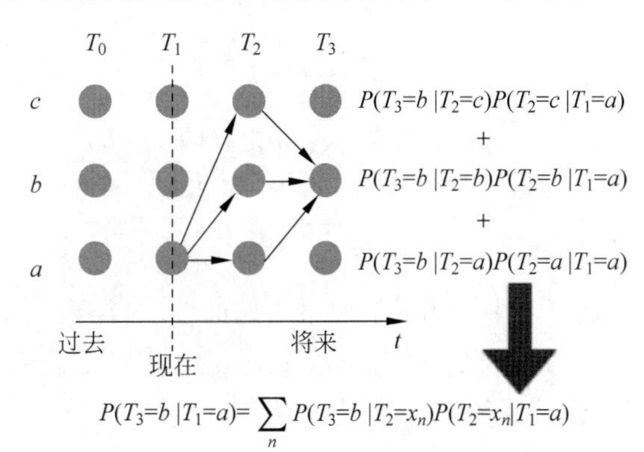

图 4-18 计算下下时刻某状态的概率

这个过程用转移矩阵的自乘来表示是非常直观且方便的。矩阵 $\boldsymbol{P}$ 中第 1 行就表示,当前时刻状态 a 在下一时刻变到状态 a、b、c 的概率,矩阵 $\boldsymbol{P}$ 中第 2 列就表示,由状态 a、b、c,在下一时刻转移到状态 b 的概率。那么根据矩阵的乘法公式,$\boldsymbol{P}^2$ 中第 1 行第 2 列的位置就表示"当前时刻 T_1 时的状态为 a,在下下时刻 T_3 时状态为 b 的概率"。也就是说,如果想得到跨越 2 个时刻的转移矩阵,就把跨越 1 个时刻的转移矩阵乘以跨越 1 个时刻的转移矩阵即可。同理,如果想跨越 3 个时刻的转移矩阵,就把跨越 2 个时刻的转移矩阵乘以跨越 1 个时刻的转移矩阵即可。更普遍地有 $\boldsymbol{P}^{m+n}=\boldsymbol{P}^m\boldsymbol{P}^n$,而这个关系就被称为柯尔莫哥洛夫-查普曼等式(Kolmogorov Chapman Equation)。

下面是柯尔莫哥洛夫-查普曼等式的一个表述:令 T 是一个离散状态空间中的 n 步马尔可夫链,其状态转移矩阵为

$$\boldsymbol{P}^n=[p^n(j,k)]_{j,k\in S}$$

其中,$p^n(j,k)=P(T_{m+n}=k \mid T_m=j)=p^n_{j,k}$ 是 n 步状态转移概率。那么,$\boldsymbol{P}^{m+n}=\boldsymbol{P}^m\boldsymbol{P}^n$,或等价地有

$$p^{n+m}_{i,j}=\sum_{k\in S}p^n_{i,k}p^m_{k,j}$$

最后,给出柯尔莫哥洛夫-查普曼等式的证明。

首先考虑在 n 时刻,系统正处在什么状态。给定 $T_0=i$,$p_{i,k}^n=P(T_n=k|T_0=i)$就表示(在时刻 n)系统处于 k 状态的概率。但是,此后再给定 $T_n=k$,在第 n 时刻之后的情况就与过去的历史彼此独立了。于是,再过 m 个时间单位后,处在状态 j 的概率是 $p_{k,j}^m$ 将满足乘积

$$p_{i,k}^n p_{k,j}^m = P(T_{n+m}=j, T_n=k \mid T_0=i)$$

将所有 k 的情况进行加总就会得到要证明之结论。一个更加严格的证明如下:

$$\begin{aligned}
p_{i,j}^{n+m} &= P(T_{n+m}=j \mid T_0=i) \\
&= \sum_{k\in S} P(T_{n+m}=j, T_n=k \mid T_0=i) \\
&= \sum_{k\in S} \frac{P(T_{n+m}=j, T_n=k, T_0=i)}{P(T_0=i)} \\
&= \sum_{k\in S} \frac{P(T_{n+m}=j \mid T_n=k, T_0=i) P(T_n=k, T_0=i)}{P(T_0=i)} \\
&= \sum_{k\in S} \frac{p_{k,j}^m P(T_n=k, T_0=i)}{P(T_0=i)} \\
&= \sum_{k\in S} p_{i,k}^n p_{k,j}^m
\end{aligned}$$

上述证明中运用了马尔可夫链的性质,得到

$$P(T_{n+m}=j \mid T_n=k, T_0=i) = P(T_{n+m}=j \mid T_n=k) = P(T_m=j \mid T_0=k) = p_{k,j}^m$$

最终,结论得证。

4.5 马尔可夫链蒙特卡洛方法

在以贝叶斯方法为基础的各种机器学习技术中,常常需要计算后验概率,再通过最大后验概率(MAP)的方法进行参数推断和决策。然而,在很多时候,后验分布的形式可能非常复杂,这个时候寻找其中的最大后验估计或者对后验概率进行积分等计算往往非常困难,此时可以通过采样的方法求解。这其中非常重要的一个基础就是马尔可夫链蒙特卡洛(Markov Chain Monte Carlo,MCMC)。

4.5.1 重要性采样

前面已经详细介绍了基于随机算法进行定积分求解的技术。这里主要用到其中的平均值法。这里仅做简单回顾。

在计算定积分 $\int_a^b g(x)\mathrm{d}x$ 时,会把 $g(x)$ 拆解成两项的乘积,即 $g(x)=f(x)p(x)$,其 $f(x)$ 是某种形式的函数,而 $p(x)$ 是关于随机变量 X 的概率分布(也就是 PDF 或 PMF)。如此一来,上述定积分就可以表示为求 $f(x)$ 的期望,即

$$\int_a^b g(x)\mathrm{d}x = \int_a^b f(x)p(x)\mathrm{d}x = E[f(x)]$$

当然,$g(x)$ 的分布函数可能具有很复杂的形式,仍然无法直接求解,这时就可以用采样

的方法去近似。这时积分可以表示为

$$\int_a^b g(x)\mathrm{d}x = E[f(x)] = \frac{1}{n}\sum_{i=1}^{n} f(x_i)$$

在贝叶斯分析中，蒙特卡洛积分运算常常被用来在对后验概率进行积分时做近似估计。例如要计算

$$I(y) = \int_a^b f(y \mid x)p(x)\mathrm{d}x$$

便可以使用下面的近似形式

$$\hat{I}(y) = \frac{1}{n}\sum_{i=1}^{n} f(y \mid x_i)$$

可以发现，在利用蒙特卡洛法进行积分求解时，非常重要的一个环节就是从特定的分布中进行采样。这里的“采样”的意思也即是生成满足某种分布的观测值。之前已经介绍过“逆采样”和“拒绝采样”等方法。

采样的目的很多时候都是为了做近似积分运算，前面的采样方法（逆采样和拒绝采样）都是先对分布进行采样，然后再用采样的结果近似计算积分。下面介绍的另外一种方法“重要性采样”(Importance Sampling)则两步并做一步，直接地近似计算积分。

现在的目标是计算下面的积分：

$$E[f(x)] = \int f(x)p(x)\mathrm{d}x$$

按照蒙特卡洛求定积分的方法，将从满足 $p(x)$ 的概率分布中独立地采样出一系列随机变量 x_i，然后便有

$$E[f(x)] \approx \frac{1}{n}\sum_{i=1}^{n} f(x_i)$$

但是现在的困难是对满足 $p(x)$ 的概率分布进行采样非常困难，毕竟实际中很多 $p(x)$ 的形式都相当复杂。这时该怎么做呢？于是想到做等量变换，于是有

$$\int f(x)p(x)\mathrm{d}x = \int f(x)\frac{p(x)}{q(x)}q(x)\mathrm{d}x$$

如果把其中的 $f(x)\dfrac{p(x)}{q(x)}$ 看成是一个新的函数 $h(x)$，则有

$$\int f(x)p(x)\mathrm{d}x = \int h(x)q(x)\mathrm{d}x \approx \frac{1}{n}\sum_{i=1}^{n} f(x_i)\frac{p(x_i)}{q(x_i)}$$

其中，$\dfrac{p(x_i)}{q(x_i)}$ 是 x_i 的权重或重要性权重(Importance Weight)。所以，这种采样的方法就被称为是重要性采样(Importance Sampling)。

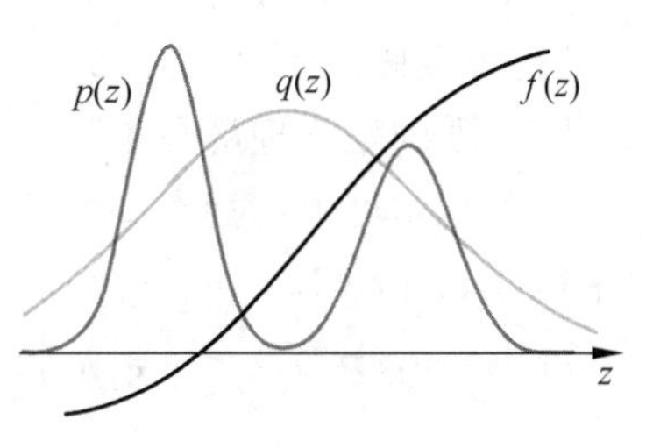

图 4-19 重要性采样原理

如图 4-19 所示，在使用重要性采样时，并不会拒绝掉某些采样点，这与在使用拒绝采样时不同。此时，所有的采样点都将为我们所用，但是它们的权重是不同的。因为权重为 $\dfrac{p(x_i)}{q(x_i)}$，所以在图 4-19 中，当 $p(x_i)>q(x_i)$

时，采样点 x_i 的权重就大，反之就小。重要性采样就是通过这种方式从一个“参考分布” $q(x)$中获得“目标分布”$p(x)$的。

4.5.2 马尔可夫链蒙特卡洛方法的基本概念

马尔可夫链蒙特卡洛方法是一类用于从一个概率分布中进行采样的算法，该类方法以构造马尔可夫链为基础，而被构造的马尔可夫链(Markov Chain)分布应该同需要之分布等价。

MCMC 构造马尔可夫链，使其稳态分布等于要采样的分布，这样就可以通过马尔可夫链进行采样。如何来理解这种等价是深入探讨具体操作方法之前需要先攻克的一个问题。在此之前，希望读者对马尔可夫链已经有了一个比较清晰的认识。

现在，用下面公式表示每一步(时刻推进)中从状态 s_i 到状态 s_j 的转移概率：

$$p(i,j)=p(i\to j)=P(X_{t+1}=s_j \mid X_t=s_i)$$

这里的一步是指时间从时刻 t 过渡到下一时刻 $t+1$。

马尔可夫链在时刻 t 处于状态 j 的概率可以表示为 $\pi_j(t)=P(X_t=s_j)$。这里用向量 $\boldsymbol{\pi}(t)$表示在时刻 t 各个状态的概率向量。在初始时刻，需要选取一个特定的$\boldsymbol{\pi}(0)$，通常情况下可以使向量中一个元素为 1，其他元素均为 0，即从某个特定的状态开始。随着时间的推移，状态会通过转移矩阵，向各个状态扩散。

马尔可夫链在 $t+1$ 时刻处于状态 s_i 的概率可以通过 t 时刻的状态概率和转移概率求得，并可通过查普曼-柯尔莫哥洛夫等式得到：

$$\begin{aligned}\boldsymbol{\pi}_i(t+1) &= P(X_{t+1}=s_i)\\ &= \sum_k P(X_{t+1}=s_i \mid X_t=s_k)P(X_t=s_k)\\ &= \sum_k p(k\to i)\boldsymbol{\pi}_k(t)\\ &= \sum_k p(i \mid k)\boldsymbol{\pi}_k(t)\end{aligned}$$

用转移矩阵写成矩阵的形式如下：

$$\boldsymbol{\pi}(t+1)=\boldsymbol{\pi}(t)\boldsymbol{P}$$

其中，转移矩中的元素 $p(i,j)$表示 $p(i\to j)$。因此，$\boldsymbol{\pi}(t)=\boldsymbol{\pi}(0)\boldsymbol{P}^t$。此外，$p_{i,j}^n$ 表示矩阵 $\boldsymbol{P}^n$ 中第 ij 个元素，即 $p_{i,j}^n=P(X_{t+n}=s_j \mid X_t=s_i)$。

一条马尔可夫链有一个平稳分布$\boldsymbol{\pi}^*$，是指给定任意一个初始分布$\boldsymbol{\pi}(0)$，经过有限步之后，最终都会收敛到平稳分布$\boldsymbol{\pi}^*$。平稳分布具有性质$\boldsymbol{\pi}^*=\boldsymbol{\pi}^*\boldsymbol{P}$。可以结合本章前面谈到的矩阵极限的概念理解马尔可夫链的平稳分布。

一条马尔可夫链拥有平稳分布的一个充分条件是对于任意两个状态 i 和 j，其满足细致平衡(Detailed Balance)：$p(j\to i)\boldsymbol{\pi}_j=p(i\to j)\boldsymbol{\pi}_i$。可以看到，此时

$$(\boldsymbol{\pi}\boldsymbol{P})_j=\sum_i \boldsymbol{\pi}_i p(i\to j)=\sum_i \boldsymbol{\pi}_j p(j\to i)=\boldsymbol{\pi}_j\sum_i p(j\to i)=\boldsymbol{\pi}_j$$

所以$\boldsymbol{\pi}=\boldsymbol{\pi}\boldsymbol{P}$，明显满足平稳分布的条件。如果一条马尔可夫链满足细致平衡，则说它是可逆的。

最后总结一下 MCMC 的基本思想。在拒绝采样和重要性采样中，当前生成的样本点与之前生成的样本点之间是没有关系的，它的采样都是独立进行的。然而，MCMC 是基于马尔可夫链进行的采样。这就表明，当前的样本点生成与上一时刻的样本点是有关的。如图 4-20 所示，假设当前时刻生成的样本点是 x，下一次时刻采样到 x' 的（转移）概率就是 $p(x|x')$，或者写成 $p(x \to x')$。我们希望的是这个过程如此继续下去，最终的概率分布收敛到 $\boldsymbol{\pi}(x)$，也就是要采样的分布。

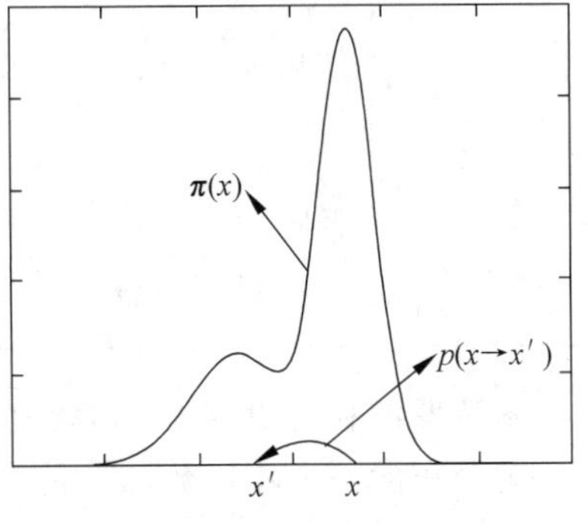

图 4-20　MCMC 的基本原理

易见，转移概率 $p(x|x')$ 与采样分布 $\boldsymbol{\pi}(x)$ 之间必然存在某种联系，因为希望依照 $p(x|x')$ 进行转移采样最终能收敛到 $\boldsymbol{\pi}(x)$。那这个关系到底是怎么样的呢？首先，给定所有可能的 x，然后求从 x 转移到 x' 的概率，所得结果就是 x' 出现的概率，如果用公式表示即

$$\boldsymbol{\pi}(x') = \int \boldsymbol{\pi}(x) p(x' \mid x) \mathrm{d}x$$

这其实也就是查普曼-柯尔莫哥洛夫等式所揭示的关系。如果马尔可夫链是平稳的，那么基于该马尔可夫链的采样过程最终将收敛到平稳状态

$$\boldsymbol{\pi}^*(x') = \int \boldsymbol{\pi}^*(x') p(x \mid x') \mathrm{d}x'$$

而平稳状态的充分条件又是满足细致平衡：

$$\boldsymbol{\pi}(x) p(x' \mid x) \mathrm{d}x = \boldsymbol{\pi}(x) p(x \mid x')$$

可见，细致平衡的意思是说从 x 转移到 x' 的概率应该等于从 x' 转移到 x 的概率，在这样的情况下，采样过程将最终收敛到目标分布。也就是说，设计的 MCMC 算法，只要验证其满足细致平衡的条件，那么用这样的方法做基于马尔可夫链的采样，最终就能收敛到一个稳定状态，即目标分布。

在实际应用中，有两个马尔可夫链蒙特卡洛采样算法十分常用，它们是米特罗波利斯-黑斯廷斯算法（Metropolis-Hastings Algorithm）算法与吉布斯采样（Gibbs Sampling），可以证明吉布斯采样是米特罗波利斯-黑斯廷斯算法的一种特殊情况，而且两者都满足细致平衡的条件。

4.5.3　米特罗波利斯-黑斯廷斯算法

对给定的概率分布，如果从中直接采样比较困难，那么米特罗波利斯-黑斯廷斯算法就是一个从中获取一系列随机样本的 MCMC 方法。这里所说的米特罗波利斯-黑斯廷斯算法和模拟退火方法中所使用的米特罗波利斯-黑斯廷斯算法本质上是一回事。用于模拟退火和 MCMC 的原始算法最初是由米特罗波利斯提出的，后来黑斯廷斯对其进行了推广。米特罗波利斯提出没有必要使用一个对称的参考分布（Proposal Distribution）。当然达到均衡分布的速度与参考分布的选择有关。

米特罗波利斯-黑斯廷斯算法的执行步骤如下：

1. 初始化 x^0
2. 对于 $i=0$ 到 $N-1$

    $u \sim U(0,1)$

    $x^* \sim q(x^* | x^{(i)})$

    如果 $u < \alpha(x^*) = \min\left[1, \dfrac{\pi(x^*)p(x|x^*)}{\pi(x)p(x^*|x)}\right]$

    $x^{(i+1)} = x^*$

    否则

    $x^{(i+1)} = x^{(i)}$

米特罗波利斯-黑斯廷斯算法的执行步骤是先随便指定一个初始的样本点 x^0，u 是来自均匀分布的一个随机数，x^* 是来自 p 分布的样本点，样本点是否从前一个位置跳转到 x^*，由 $\alpha(x^*)$ 和 u 的大小关系决定。如果接受，则跳转，即新的采样点为 x^*，否则就拒绝，即新的采用点仍为上一轮的采样点。这个算法看起来非常简单，难免让人疑问照此步骤来执行，最终采样分布能收敛到目标分布吗？根据之前的讲解，可知要想验证这一点，就需要检查细致平衡是否满足。下面是具体的证明过程。

$$
\begin{aligned}
\boldsymbol{\pi}(x)p(x^* \mid x)\alpha(x^*) &= \boldsymbol{\pi}(x)p(x^* \mid x)\min\left[1, \frac{\boldsymbol{\pi}(x^*)p(x \mid x^*)}{\boldsymbol{\pi}(x)p(x^* \mid x)}\right] \\
&= \min\left[\boldsymbol{\pi}(x)p(x^* \mid x), \boldsymbol{\pi}(x^*)p(x \mid x^*)\right] \\
&= \boldsymbol{\pi}(x^*)p(x \mid x^*)\min\left[1, \frac{\boldsymbol{\pi}(x)p(x^* \mid x)}{\boldsymbol{\pi}(x^*)p(x \mid x^*)}\right] \\
&= \boldsymbol{\pi}(x^*)p(x \mid x^*)\alpha(x)
\end{aligned}
$$

既然已经从理论上证明米特罗波利斯-黑斯廷斯算法的确实可行，下面举一个简单的例子来看看实际中米特罗波利斯-黑斯廷斯算法的效果。稍微有点不一样的地方是，这里并未出现$\boldsymbol{\pi}(x)p(x'|x)$这样的后验概率形式，作为一个简单的示例，下面只演示从柯西分布中进行采样的做法。

柯西分布也叫作柯西-洛伦兹分布，它是以奥古斯丁·路易·柯西与亨德里克·洛伦兹名字命名的连续概率分布，其概率密度函数为

$$
f(x;x_0,\gamma) = \frac{1}{\pi\gamma\left[1+\left(\dfrac{x-x_0}{\gamma}\right)^2\right]} = \frac{1}{\pi}\left[\frac{\gamma}{(x-x_0)^2+\gamma^2}\right]
$$

其中，x_0 是定义分布峰值位置的位置参数，γ 是最大值一半处的一半宽度的尺度参数。$x_0=0$ 且 $\gamma=1$ 的特例称为标准柯西分布，其概率密度函数为

$$
f(x;0,1) = \frac{1}{\pi(1+x^2)}
$$

下面是在 Python 中进行基于米特罗波利斯-黑斯廷斯算法对柯西分布进行采样的示例代码。

```
# 柯西 - 洛伦兹函数
def cauchy(x, x0 = 0, gamma = 1):
    return 1/(math.pi * gamma * (1 + ((x - x0)/gamma) ** 2))

# 米特罗波利斯 - 黑斯廷斯采样
def metropolis_hastings(f, reps = 40000):
    chain = [0]
    for i in range(reps - 1):
        # 获取备选采样值
        proposal = chain[i] + np.random.uniform(size = 1, low =- 1.0, high = 1.0)[0]
        # 计算接受概率并判断是否接受采样值
        accept = random.random() < f(proposal)/f(chain[i])
        # 根据判断结果得到本次采样值
        tempx = proposal if accept else chain[i]
        # 缓存采样结果
        chain.append(tempx)
    return chain

# 使用米特罗波利斯 - 黑斯廷斯采样法采样
chain_samples = metropolis_hastings(cauchy)

# 设置画布
plt.figure(figsize = (8,6))

# 绘制采样点数值随采样轮次的变化情况
plt.xlabel("Index")
plt.ylabel("Chain")
plt.plot(range(40000), chain_samples, linestyle = " - ", color = "steelblue")

# 展示图表
plt.show()
```

图 4-21 所示为每次采样点的数值分布情况。

为了更清晰明确地看到采样结果符合预期分布，这里也绘制了分布的密度图并与实际的分布密度进行对照，如图 4-22 所示，实线是采样分布的密度图，而虚线则是实际柯西分布的密度图，可见两者吻合得相当好。

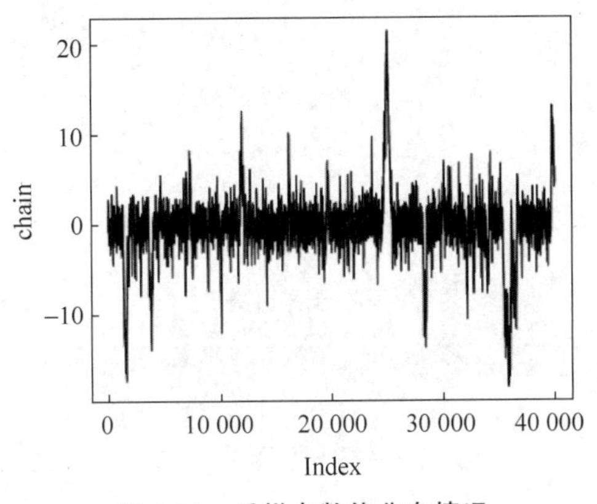

图 4-21　采样点数值分布情况

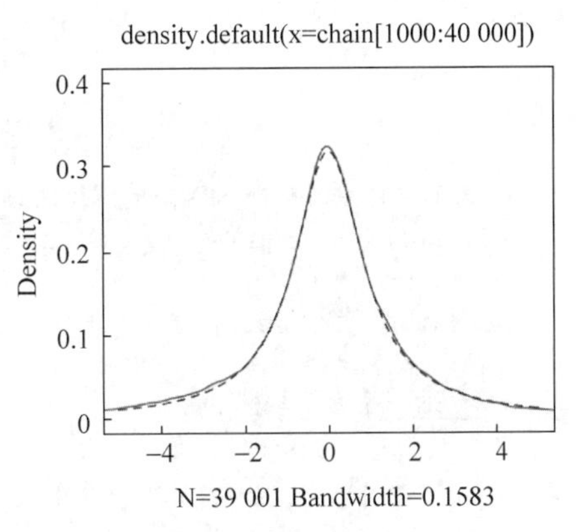

图 4-22　密度图对比

当然，作为一个简单的开始，上面的例子中并没有涉及 $p(y|x)$，接下来的这个例子则会演示涉及后验概率的基于米特罗波利斯-黑斯廷斯算法的 MCMC。这里将用米特罗波利斯-黑斯廷斯算法从瑞利分布（Rayleigh Distribution）中采样，瑞利分布的密度为

$$f(x)=\frac{x}{\sigma^2}\mathrm{e}^{-\frac{x^2}{2\sigma^2}},\quad x\geqslant 0,\sigma>0$$

然后取自由度为 X_t 的卡方分布为参考分布。实现代码如下：

```
# 设置画布
plt.figure(figsize = (10,6))
sns.set()

# 在[ - 12,12]间生成间隔均匀的 3000 个点
xs = np.linspace( - 12,12,3000)

# 根据柯西 - 洛伦兹分布的 PDF 计算每个点的函数值
y = np.array([cauchy(x) for x in xs])

# 绘制真实分布的概率密度函数
plt.plot(xs, y, label = "true distribution", linestyle = " - ", color = "steelblue")

# 绘制采样点拟合的概率分布(前 1000 个采样轮次为燃烧期)
samples = chain_samples[1000:]
sns.kdeplot(samples, label = "sample distribution", linestyle = " -- ", color = "orange")

# 添加图例
plt.legend()

# 展示图表
plt.show()

# 定义瑞利分布
def rayleigh(x, sigma):
    assert sigma > 0
    if x < 0:
        return 0
    else:
        return (x / sigma ** 2) * math.exp( - x ** 2 / (2 * sigma ** 2))

# 基于米特罗波利斯 - 黑斯廷斯算法采样
def sampling(f, sigma = 4, m = 40000):
    chain = [0] * m
    chain[1] = stats.distributions.chi2.rvs(df = 1)          #采样卡方分布

    for i in range(2, m):
        xt = chain[i - 1]
        y = stats.distributions.chi2.rvs(df = xt)             #采样卡方分布

        # 计算接受概率
```

```
        numerator = f(y, sigma) * stats.chi2.pdf(xt, df = y)
        denominator = f(xt, sigma) * stats.chi2.pdf(y, df = xt)
        accept = random.random() < numerator/denominator

        # 缓存采样点
        chain[i] = y if accept else xt

    return chain
```

然后要验证一下,生产的采样数据是否真的符合瑞利分布。注意在上述代码中直接对卡方分布进行采样,需要依赖 Scipy 中的 stats 模块。下面的代码中使用上面实现的采样方法对瑞利分布进行采样,并对比了采样分布和真实分布。

```
# 设置画布
plt.figure(figsize = (10,6))
sns.set()

# 在[-3,16]间生成间隔均匀的 3000 个点
xs = np.linspace(-3,16,3000)

# 根据瑞利分布的 PDF 计算每个点的函数值
y = np.array([rayleigh(x,sigma = 4) for x in xs])

# 绘制真实分布的概率密度函数
plt.plot(xs, y, label = "true distribution", linestyle = "-", color = "steelblue")

# 使用米特罗波利斯-黑斯廷斯采样法采样
rayleigh_samples = sampling(rayleigh)

#绘制采样点拟合的概率分布(前 1000 个采样轮次为燃烧期)
samples = rayleigh_samples [1000:]
sns.kdeplot(samples, label = "sample distribution", linestyle = "--", color = "orange")

# 添加图例
plt.legend()

# 展示图表
plt.show()
```

从图 4-23 中不难看出,采样点分布确实符合预期。当然,这仅仅是一个演示用的小例子。显然,它并不高效。因为采用自由度为 X_t 的卡方分布作为参考函数,大约有 40%的采样点都被拒绝掉了。如果换作其他更加合适的参考函数,可以大大提升采样的效率。

4.5.4 吉布斯采样

吉布斯采样是一种用来获取一系列观察值的 MCMC 算法,这些观察值近似于来自一个指定的多变量概率分布,但从该分布中直接采样较为困难。吉布斯采样可以被看成是米

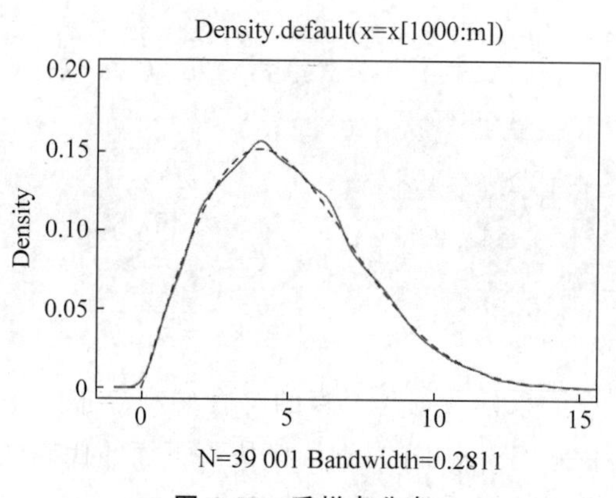

图 4-23 采样点分布

特罗波利斯-黑斯廷斯算法的一个特例。而这个特殊之处就在于，使用吉布斯采样时，通常是对多变量分布进行采样的。例如，现在有一个分布 $p(z_1,z_2,z_3)$，可见它是定义在 3 个变量上的分布。这种分布在实际中还有很多，例如一维的正态分布也是关于其均值和方差这两个变量的分布。在算法的第 t 步，选出了 3 个值 $z_1^{(t)}$、$z_2^{(t)}$、$z_3^{(t)}$。这时，既然 $z_2^{(t)}$ 和 $z_3^{(t)}$ 是已知的，那么可以由此获得一个新的 $z_1^{(t+1)}$，并用这个新的值替代原始的 $z_1^{(t)}$，而新的 $z_1^{(t+1)}$ 可以由下面这个条件分布获得

$$p(z_1 \mid z_2^{(t)},z_3^{(t)})$$

同理，接下来再用一个新的 $z_2^{(t+1)}$ 替代原始的 $z_2^{(t)}$，而这个新的 $z_2^{(t+1)}$ 可以由下面这个条件分布获得

$$p(z_2 \mid z_1^{(t+1)},z_3^{(t)})$$

可见，刚刚获得的新值 $z_1^{(t+1)}$ 已经被直接用上了。同理，最后用 $z_3^{(t+1)}$ 来更新 $z_3^{(t)}$，而新的值由下面这个条件分布来获得

$$p(z_3 \mid z_1^{(t+1)},z_2^{(t+1)})$$

按照这个顺序如此往复即可。下面给出更为完整的吉布斯采样的算法描述。

1. 初始化$\{z_i : i=1,2,\cdots,M\}$
2. 对于 $\tau=1,2,\cdots,T$：
   — 采样 $z_1^{(\tau+1)} \sim p(z_1 | z_2^{(\tau)},z_3^{(\tau)},\cdots,z_M^{(\tau)})$
   — 采样 $z_2^{(\tau+1)} \sim p(z_2 | z_1^{(\tau+1)},z_3^{(\tau)},\cdots,z_M^{(\tau)})$
   ⋮
   — 采样 $z_j^{(\tau+1)} \sim p(z_j | z_1^{(\tau+1)},\cdots,z_{j-1}^{(\tau+1)},z_{j+1}^{(\tau)}\cdots,z_M^{(\tau)})$
   ⋮
   — 采样 $z_M^{(\tau+1)} \sim p(z_M | z_1^{(\tau+1)},z_2^{(\tau+1)},\cdots,z_{M-1}^{(\tau+1)})$

当然如果要从理论上证明吉布斯采样确实可以得到预期的分布，就应该考查它是否满足细致平衡。但是前面也讲过，吉布斯采样是米特罗波利斯-黑斯廷斯算法的一个特例。所以其实甚至无须费力去考查其是否满足细致平衡，如果能够证明吉布斯采样就是米特罗波利斯-黑斯廷斯算法，而米特罗波利斯-黑斯廷斯算法是满足细致平衡，其实也就得到了我们

想要的。下面是证明的过程，其中 $\boldsymbol{x}_{-k}$ 表示一个向量$(x_1, x_2, \cdots, x_{k-1}, x_{k+1}, \cdots, x_D)$，也就是从中剔除了 x_k 元素。

令 $\boldsymbol{x} = x_1, x_2, \cdots, x_D$。

当采样第 k 个元素，$p_k(\boldsymbol{x}^* | \boldsymbol{x}) = \pi(\boldsymbol{x}^*_{-k} | \boldsymbol{x}_{-k})$

当采样第 k 个元素，$\boldsymbol{x}^*_{-k} = \boldsymbol{x}_{-k}$

$$\frac{\pi(\boldsymbol{x}^*)p(\boldsymbol{x} \mid \boldsymbol{x}^*)}{\pi(\boldsymbol{x})p(\boldsymbol{x}^* \mid \boldsymbol{x})} = \frac{\pi(\boldsymbol{x}^*)\pi(x_{-k} \mid \boldsymbol{x}^*_{-k})}{\pi(\boldsymbol{x})\pi(x^*_{-k} \mid \boldsymbol{x}_{-k})} = \frac{\pi(x^*_{-k} \mid \boldsymbol{x}^*_{-k})\pi(x_{-k} \mid \boldsymbol{x}^*_{-k})}{\pi(x_{-k} \mid \boldsymbol{x}_{-k})\pi(x^*_{-k} \mid \boldsymbol{x}_{-k})} = 1$$

以吉布斯采样为基础实现的 MCMC 在自然语言处理中的 LDA 里有重要应用。如果读者正在或者后续准备研究 LDA 的话，这些内容将是非常必要的基础。

第 5 章

信息论基础

1948 年，美国科学家、信息论之父克劳德・香农(Claude Shannon)发表了《通信的数学理论》一文，这便是现代信息论研究的发端。信息论是运用概率与数理统计的方法研究信息、通信、数据传输和压缩以及密码学等问题的应用数学学科。机器学习中也大量地借鉴了信息论研究的成果，例如最大熵模型和决策树中都用到了熵这个概念。

5.1 信息论中的熵

如果 X 是一个离散随机变量，它的取值空间为 S，那么 X 的熵(Entropy)定义为经过 n 次实验之后，随着 n 变成任意大时，所产生的 X 之结果能够给出的平均信息量，并用符号 $H(X)$表示。

例如，我们投掷一枚均匀的硬币，那么这个事件的熵就等于 1 比特，因为所有可能的结果(要么是 0，要么是 1)都可以用 1 比特长度的编码来表示。如果投掷这枚硬币 n 次，那么结果就可以被编码成长度为 n 比特的信息。也就是说，n 次实验之后所得的信息量是 n 比特，取平均之后即为 1 比特。

如果 S 中有 2^b 个可能的结果，其中 b 是一个正整数，且每个结果出现的可能均等：

(1) 每个结果可以被编码成长度为 b 的二进制串；

(2) n 次实验产生的信息量为 bn 比特；

(3) 经过 n 次实验后，产生的平均信息量就是 b 比特，即 $H(X)=b$。

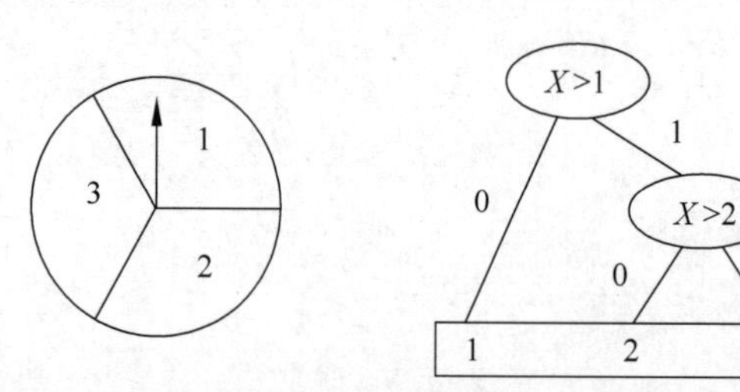

图 5-1 转盘模型与其对应的编码树

随之而来的一个问题是，如果结果的数量不是 2 的 b 次幂呢？例如，现在假设有图 5-1 中左图所示的一个转盘，转盘的结果等可能地是 1、2 或者 3，那么转动转盘

一次的信息量就是 1.67 比特。因为出现 1、2、3 的机会均等，1 需要 1 比特的编码，2 和 3 则各需要 2 比特的编码，所以 5/3＝1.67。或者可以用图 5-1 中右侧的树状结构来表示这个编码的过程。

但是我们需要做的是重复这个实验，以使得 n 的值任意大。先假设做两次实验，按照之前的思路，每次的信息都是 1.67 比特，两次平均的结果仍然是 1.67。事实上你这样继续做下去，平均的信息量总是 1.67。但这并不一定是最短的编码，显然我们并没有采用任何的优化算法。

为了演示确实存在一种更短的编码，把进行两次实验所有可能的结果列出如图 5-2 所示。

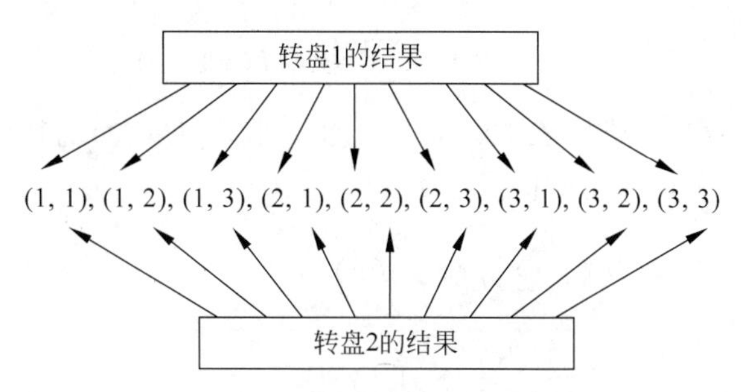

图 5-2 进行两次转盘实验的所有可能结果

然后采用一种平衡树的编码方式，如图 5-3 所示。可见有 7 种结果需要 3 比特，2 个结果需要 4 比特。于是，做两次实验，平均的信息量就是 1.611 比特。更进一步地，如果做这样的实验，按照这种方式，平均信息会进一步缩小。随着 n 的增大，基于平衡树的编码方式，所得出的平均信息量为 $\log_2 3=1.5849$ 比特。

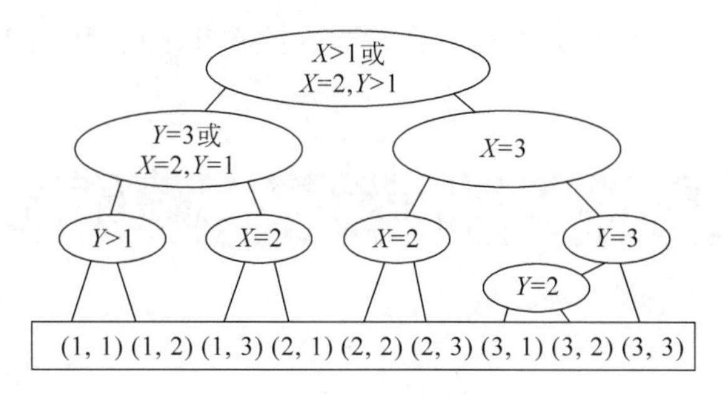

图 5-3 基于平衡树的编码

现在，把已经得到的结论泛化。假设每次实验可能出现的结果有 M 种。执行 n 次实验，因为我们采用了一种平衡二叉树的结构，根据数据结构的基本知识可知：大约需要 $\log_2 M^n$ 比特来编码经过 n 次实验之后的结果。所以平均信息量就应该等于 $\log_2 M^n/n$。

根据前面关于熵的定义，可得如下结论：对于一个等可能地产生 M 个结果的过程而言，它的熵为 $H(X)=\log_2 M$。进而还有，如果每种结果都是等可能性的，则

$$H(X)=\log_2 M=-\log_2\frac{1}{M}=-\log_2 p(x)=I(x)$$

如果所有的事件机会均等，熵（平均信息）就是自信息（self-information），也即对所有可能的结果进行二进制编码的最短长度。假设一个概率空间中存在一个事件，或者一个离散随机变量的值，那么与这个事件（或随机变量）相关的信息内容便可以用自信息加以度量。

自信息有时也称为惊异(Surprisal),它反映了事件与预期的差别程度。例如,对于太阳明天从东方升起这件事,因为它与预期毫无差别,所以它带给我们的惊异为零,即该事件的熵为零。相反,如果太阳明天从西边升起,因为它与预期背道而驰或者说完全超出预期,那么它所包含的信息量(也就是熵)是无穷大的。

如果所有结果并非等可能性的,熵又该等于多少呢?基于平衡树的编码方法仍然有效,只是要在上面方法的基础上略作调整,这种算法通常称为香农-法诺编码。有兴趣的读者可以参阅信息论相关资料,这里不做深入讨论。但由此可得到一个关于熵的更加泛化的表达式,即

$$H(X)=\sum_{x=1}^{M}p(x)I(x)$$

而且很容易证明之前的等可能性 $H(X)$是这个泛化版本 $H(X)$的特殊情况。在等可能性条件下,对于所有的 X,有 $I(x)=\log_2 M$,所以

$$\begin{aligned}H(X)&=\sum_{x=1}^{M}p(x)I(x)\\&=\sum_{x=1}^{M}p(x)\log_2 M\\&=\log_2 M\sum_{X=1}^{M}p(x)=\log_2 M=I(x)\end{aligned}$$

下面给出的是更为广泛采用的熵的定义,我们又称其为香农熵:

$$H(X)=\sum_{x=1}^{M}p(x)I(x)=-\sum_{x=1}^{M}p(x)\log_2 p(x)$$

这里,$H(X)$是期望惊异。它也是在经过任意多次的实验之后,随机变量 X 的值所产生的平均信息。

5.2 微分熵与 Kullback-Leibler 散度

5.2.1 微分熵

前面已经介绍过香农熵的概念了。一个非常重要的前提是,所讨论的香农熵是对离散型随机变量 X 而言的。现在要把这一概念推广到连续型随机变量的情况,此时便会得到一个非常重要的概念——微分熵(Differential Entropy)。

一个连续型随机变量 X 的 PDF 是 $f(X)$,那关于 X 的微分熵 $h(X)$定义如下:

$$h(X)=-\int_{S}f(x)\log f(x)\mathrm{d}x$$

其中,$\mathcal{S}$是该随机变量的支撑集(Support Set)。在数学中,一个定义在某个集合上的实值函数 f 的支撑集,是指该集合的一个子集,并且满足 f 的值恰好在这个子集上非 0。注意,因为这里的 $f(X)$是 PDF,所以要求 f 的值在支撑集上大于 0。

例如,对于一个均匀分布 $X\sim U(0,a)$来说,易知从 $0\sim a$,其密度是 $1/a$,其他地方均为 0。那么它的微分熵就是

$$h(X) = -\int_0^a \frac{1}{a}\log\frac{1}{a}\mathrm{d}x = \log a$$

特别地，当 $a<1$ 时，$\log a<0$，微分熵可能是负的，这一点上与离散的世界截然不同。

再如对于高斯分布 $X \sim N(0,\sigma^2)$ 而言，它的 PDF 为 $\phi(x)=\frac{1}{\sqrt{2\pi\sigma^2}}\mathrm{e}^{-\frac{x^2}{2\sigma^2}}$，那么

$$\begin{aligned} h(X) &= -\int \phi(x)\log\phi(x)\mathrm{d}x \\ &= -\int \phi(x)\left(\log\frac{1}{\sqrt{2\pi\sigma^2}} - \frac{x^2}{2\sigma^2}\log\mathrm{e}\right)\mathrm{d}x \\ &= \frac{1}{2}\log(2\pi\sigma^2) + \frac{\log\mathrm{e}}{2\sigma^2}E_{\phi}[X^2] = \frac{1}{2}\log(2\pi\mathrm{e}\sigma^2) \end{aligned}$$

更进一步地，还可以推出高斯分布具有最大微分熵这一结论（注意下列证明用到了詹森不等式）。

假设一个随机变量 X 的概率密度函数 $f(x)$ 的均值为 0，方差为 σ^2，请问其最大微分熵是多少？假设 $\phi(x)$ 是 $N(0,\sigma^2)$ 的 PDF。

$$\begin{aligned} h(X) + \int f(x)\log\phi(x)\mathrm{d}x &= \int f(x)\log\frac{\phi(x)}{f(x)}\mathrm{d}x \\ &\leqslant \log\left(\int f(x)\frac{\phi(x)}{f(x)}\mathrm{d}x\right) \\ &= \log\int\phi(x)\mathrm{d}x \\ &= 0 \end{aligned}$$

即

$$h(X) \leqslant -\int f(x)\log\phi(x)\mathrm{d}x = \frac{1}{2}\log(2\pi\mathrm{e}\sigma^2)$$

当 $f(x)=\phi(x)$ 时，上式中的等号成立。

微分熵与香农熵有很多不一样的地方，这主要体现在以下方面。

(1) 坏消息：

- $h(X)$ 并不给出 X 中的信息量；
- $h(X)$ 不必是正的；
- $h(X)$ 随着坐标系统的改变而改变。

(2) 好消息：

- $h_1(X)-h_2(X)$ 比较了两个连续分布的随机变量的不确定性（量化到相同精度）；
- 相对熵与互信息仍然有效；
- 如果 X 到取值范围被标准化到 1，那么 X 就会被量化为 n 比特，由此而得离散随机变量的熵近似于 $h(X)+n$。

下面主要证明坏消息中的第三条：$h(X)$ 在变量改变的情况下是可变的。根据坐标系统的不同，一个分布可能会得出不同的连续熵。这意味着由不同变量所代表的相同的基础分布，可能不会有相同的连续熵。

为了理解这其中的缘由，注意包含在一个微分区域内概率不会因为变量的改变而改

变，也就是说，对于 x 和 y，有

$$|f_Y(y)\mathrm{d}y| = |f_X(x)\mathrm{d}x|$$

进一步地，定义 $g(x)$是从 x 到 y 的映射，它的反函数为 $g^{-1}(y)$。那么可得如下引理：

引理：

$$f_Y(y) = \frac{\mathrm{d}}{\mathrm{d}y}(g^{-1}(y))f_X(g^{-1}(y))$$

证明：

$$\begin{aligned} f_Y(y) &= \frac{\mathrm{d}x}{\mathrm{d}y}f_X(x) \\ &= \frac{\mathrm{d}}{\mathrm{d}y}(x)f_X(x) \\ &= \frac{\mathrm{d}}{\mathrm{d}y}(g^{-1}(y))f_X(g^{-1}(y)) \end{aligned}$$

在接下来的证明中，上述引理就会被用到。现在，假设有一个关于无穷多个圆形的概率分布。令 $p(x)$是它们半径的分布，$q(w)$是它们面积的分布。同时，$x(w)=\sqrt{w/\pi}$，以及 $x(w)=\pi x^2$。你可能会期望无论其表达形式为何，该分布都拥有相同的连续熵。事实上，下面就来证明：$H(p)\neq H(q)$。

证明：

$$\begin{aligned} p(x) &= \left|\frac{\mathrm{d}}{\mathrm{d}y}(g^{-1}(x))\right|q(w) \\ &= w'(x)q(w) \\ &= 2x\pi q(w) \end{aligned}$$

于是，有 $q(w)=p(x)/2x\pi$。

因此，

$$\begin{aligned} H(w) &= \int q(w)\log\frac{1}{q(w)}\mathrm{d}w \\ &= \int\frac{p(x)}{2x\pi}\log\frac{2x\pi}{p(x)}(2x\pi\mathrm{d}x) \\ &= \int p(x)(\log(2x\pi) - \log(p(x)))\mathrm{d}x \\ &= \int p(x)\log(2x\pi)\mathrm{d}x + \int p(x)\log\frac{1}{p(x)}\mathrm{d}x \\ &= H(x) + \int p(x)\log(2x\pi)\mathrm{d}x \\ &\neq H(x) \end{aligned}$$

5.2.2 微分熵与香农熵的关系

离散化一个连续随机变量的概率密度函数 $f(x)$，如图 5-4 所示把区间切分成很多小的长度为 Δ 的小区间。

根据拉格朗日中值定理，有

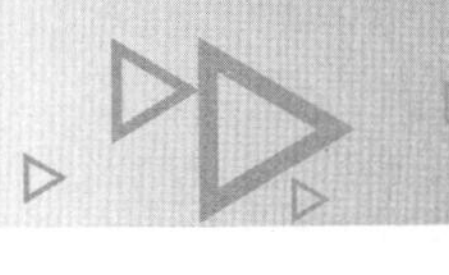

$$f(x_i)\Delta = \int_{i\Delta}^{(i+1)\Delta} f(x)\mathrm{d}x$$

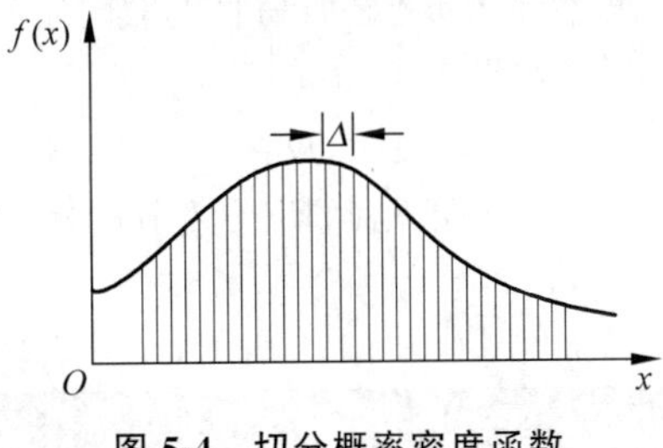

图 5-4 切分概率密度函数

由香农熵的公式可得：

$$\begin{aligned} H(X) &= -\sum_{i=1}^{n} f(x_i)\Delta x_i \log[f(x_i)\Delta x_i] \\ &= -\sum_{i=1}^{n} f(x_i)\log[f(x_i)]\Delta x_i \\ &\quad - \left[\sum_{i=1}^{n} f(x_i)\Delta x_i\right]\log(\Delta x_i) \end{aligned}$$

其中，$\log(\Delta x_j)$是一个常量，所以可以提到求和符号的外面，而且我们还知道

$$\sum f(x_i)\Delta x_i = \int f(x)\mathrm{d}x = 1$$

在黎曼可积的条件下，在最大的 Δx_i 趋近于零的情况下取极限，则有

$$H(X) = -\int_{-\infty}^{\infty} f(x)\log[f(x)]\,\mathrm{d}x - \lim_{\max\limits_{j=1,2,\cdots,n}(\Delta x_i)\to 0} \log(\Delta x_i)$$

令 $\Delta = 2^{-n}$，则$-\log\Delta = n$。可得 $H(X) = h(X) + n$。

通常，$h(X)+n$ 是以 n 位精度来描述一个连续随机变量 X 所需的平均比特数。举个例子，如果 X 是在[0,1/8]上的均匀分布，前 3 位必然是 0。为了以 n 位精度来描述 X，需要 $n-3$ 个比特。这与 $h(X) = -3$ 相符。类似地，如果 $X \sim N(0,100)$，$n + h(X) = n + 0.5\log(2\pi e \cdot 100) = n + 5.37$。这也就是前面好消息中第三条的由来。

5.2.3 相对熵

相对熵(Relative Entropy)又称为 KL 散度(Kullback-Leibler Divergence)。KL 散度是两个概率分布 P 和 Q 差别的非对称性的度量。KL 散度是用来度量使用基于 Q 的编码来编码来自 P 的样本平均所需的额外的位元数。典型情况下，P 表示数据的真实分布，Q 表示数据的理论分布、模型分布或 P 的近似分布。

假设随机变量 X 的概率密度函数为 $p(X)$，随机变量 Y 的概率密度函数为 $p(Y)$，则有

$$\begin{aligned} D_{\mathrm{KL}}(X \,||\, X) &= -\int_{-\infty}^{\infty} p(x)\log q(x)\mathrm{d}x + \int_{-\infty}^{\infty} p(x)\log p(x)\mathrm{d}x \\ &= -\int_{-\infty}^{\infty} p(x)\left[\log q(x) - \log p(x)\right]\mathrm{d}x \\ &= -\int_{-\infty}^{\infty} p(x)\log\frac{q(x)}{p(x)}\mathrm{d}x \end{aligned}$$

一个非常好的性质是，无论离散情况还是连续情况，KL 散度都适用，对于离散情况

$$D_{\mathrm{KL}}(P \,\|\, Q) = \sum_i P(i)\log\frac{P(i)}{Q(i)}$$

其中 P 和 Q 是 PMF。

KL 散度具有如下性质：

(1) $D_{\mathrm{KL}}(X||X) = 0$

(2) $D_{\mathrm{KL}}(X||Y) \geqslant 0$

其中，性质(1)是显而易见的；性质(2)可以由香农辅助定理来证明。关于这个定理，我们留在后面介绍。

最后需要说明，$D_{KL}(X||Y)$并不一定等于$D_{KL}(Y||X)$，所以KL散度是一种差异性的度量，但它并不是确切意义上的距离，因为它并不满足对称性，所以这里所用的词是散度(Divergence)。

5.3 率失真函数

人们总是试图以更快的速度来传输信息。这种日益增长的对于传输速度的需求常常需要信息以某种速率在信道中传递，从而获得超越信道容量的效果。在这种情况下失真就在所难免。为了将这种失真降到最小，我们所要做的首先是根据信息在最终目的地处的重要性来对其进行排序，然后在实际传输之前，要么是进行某种形式的浓缩，要么删减相对不太重要的部分。那些被设计出来用于从信源的输出中提取重要信息，并且除去冗余或不相关成分的方案就称为数据压缩算法。早期的数据压缩算法更多的是从直觉角度出发设计的。显然，为数据压缩科学发展一套严密的数学理论是非常有必要的。由信息论提供的数学基础作为理论框架，并以此为起点来发展针对数据压缩的数学理论无疑是一个值得考虑的选择。站在信息论的角度来看待数据压缩的相关理论原理就被称为率失真理论。

率失真(Rate Distortion)理论是信息论的一个分支，它让我们可以在无须考虑特定的编码方法的情况下，计算编码性能的上下限。特别地，如果介于发射端的原始图像x和接收端的重构图像y之间的失真D没有超出最大可以接受的失真范围D^*，那么率失真理论给出了最小的传输比特率R。遗憾的是，该理论并没有给我们一个用于构建实际最优编解码器的方法。尽管如此，我们将看到率失真理论能够提供非常重要的提示，这些提示涉及关于最优数字信号编解码器的一些属性。

率失真理论中有两个核心的概念，即"互信息"(Mutual Information)和"失真"。互信息是信息论中一种有用的信息度量，它是指两个事件集合之间的相关性。一般而言，信道中总是存在着噪声和干扰，信源X发出消息x，通过信道后接收端Y只可能收到由干扰作用引起的某种变形y。接收端收到y后推测信源发出x的概率，这一过程可由后验概率$p(x|y)$描述。相应地，信源发出x的概率$p(x)$称为先验概率。设X和Y是两个离散的随机变量，事件$Y=y_j$的出现对事件$X=x_i$的出现的"互信息"定义为x的后验概率与先验概率比值的对数，也称交互信息量(简称互信息)，即

$$I(x_i;y_j)=\log_2 \frac{p(x_i \mid y_j)}{p(x_i)}$$

互信息是一个用来测度发送端和接收端信息传递的对称概念。尽管对于发送端和接收端都有各自的互信息，但是这个分析框架却是统一的。相对于互信息而言，我们更关注的是信息论中的平均量。两个集合X和Y之间的平均互信息定义为单个事件之间互信息的数学期望(其中X表示输入端或发送端，Y表示输出端或接收端)：

$$\begin{aligned}I(X;Y)=E[I(x_i;y_j)]&=\sum_{i=1}^{n}\sum_{j=1}^{m}p(x_i,y_j)\log_2\frac{p(x_i \mid y_j)}{p(x_i)}\\&=\sum_{i=1}^{n}\sum_{j=1}^{m}p(x_iy_j)\log_2\frac{p(x_iy_j)}{p(x_i)p(y_j)}\end{aligned}$$

这里，$p(x,y)$表示集合 X 和 Y 中的随机变量 x 和 y 的联合概率密度函数，也可以记作 $p(xy)$，根据概率知识，对于联合概率密度函数有 $p(xy)=p(y|x)\cdot p(x)=p(x|y)\cdot p(y)$，其中 $p(x)$和 $p(y)$分别表示对应的边缘概率密度函数。我们可以设想 x 表示发送端的原始图像信号，而 y 表示接收端的重构图像信号。

平均互信息 $I(X;Y)$代表了接收到每个输出符号 Y 后获得的关于 X 的平均信息量，单位为比特/符号。易见，平均互信息显然具有对称性，即 $I(X;Y)=I(Y;X)$，简单证明如下：

$$\begin{aligned}I(X;Y)&=\sum_i\sum_j p(x_iy_j)\log\frac{p(x_iy_j)}{p(x_i)p(y_j)}\\&=\sum_i\sum_j p(y_jx_i)\log\frac{p(y_jx_i)}{p(y_j)p(x_i)}=I(Y;X)^{①}\end{aligned}$$

平均互信息与集合的微分熵 $h(X)$有关，其离散形式定义为

$$h(X)=\sum_i p(x_i)\log\frac{1}{p(x_i)}$$

此外，平均互信息同时与(在给定集合 Y 的条件下)集合 X 的条件微分熵(或简称条件熵) $h(X|Y)$有关，其离散形式定义为

$$h(X\mid Y)=\sum_i\sum_j p(x_iy_j)\log\frac{1}{p(x_i\mid y_j)}$$

平均互信息与微分熵的关系可由下述定理表述：

$$I(X;Y)=h(X)-h(X\mid Y)=h(Y)-h(Y\mid X)$$

其中，$h(X)$代表接收到输出符号以前关于信源 X 的先验不确定性(称为先验熵)，而 $h(X|Y)$代表接收到输出符号后残存的关于 X 的不确定性(称为损失熵或信道疑义度)，两者之差即应为传输过程获得的信息量。

下面对上述定理做简单证明，根据 $I(X;Y)$的定义式可得

$$\begin{aligned}I(X;Y)&=\sum_i\sum_j p(x_iy_j)\log\frac{p(x_i\mid y_j)}{p(x_i)}\\&=\sum_i\sum_j p(x_iy_j)\log\frac{1}{p(x_i)}-\sum_i\sum_j p(x_iy_j)\log\frac{1}{p(x_i\mid y_j)}\end{aligned}$$

其中

$$\begin{aligned}\sum_i\sum_j p(x_iy_j)\log\frac{1}{p(x_i)}&=\sum_i\left[\log\frac{1}{p(x_i)}\sum_j p(x_iy_j)\right]\\&=\sum_i p(x_i)\log\frac{1}{p(x_i)}^{②}\end{aligned}$$

从而 $I(X;Y)=h(X)-h(X|Y)$得证，同理，$I(X;Y)=h(Y)-h(Y|X)$也成立。

关于平均互信息的另外一种定义式表述如下：

$$I(X;Y)=h(X)+h(Y)-h(XY)$$

其中，$h(XY)$是联合熵(Joint Entropy)，其定义为

$$h(XY)=\sum_i\sum_j p(x_iy_j)\log\frac{1}{p(x_iy_j)}$$

---

① 此处采用简略记法，以下类同。

② 根据全概率公式 $p(B)=\sum_j p(B\mid A_j)p(A_j)$，则有 $\sum_j p(x_iy_j)=\sum_j p(x_i\mid y_j)p(y_j)=p(x_i)$。

证明：

$$
\begin{aligned}
I(X;Y) &= \sum_i \sum_j p(x_i y_j) \log \frac{p(x_i y_j)}{p(x_i) p(y_j)} \\
&= \sum_i \sum_j p(x_i y_j) \log \frac{1}{p(x_i)} + \sum_i \sum_j p(x_i y_j) \log \frac{1}{p(y_j)} - \\
&\quad \sum_i \sum_j p(x_i y_j) \log \frac{1}{p(x_i y_j)}
\end{aligned}
$$

定理得证。

联合熵 $h(XY)$表示输入随机变量 X，经信道传输到达信宿，输出随机变量 Y，即收、发双方通信后，整个系统仍然存在的不确定度。而 $I(X;Y)$表示通信前后整个系统不确定度的减少量。在通信前把 X 和 Y 看成两个相互独立的随机变量，整个系统的先验不确定度为 $h(X)+h(Y)$；通信后把信道两端出现 X 和 Y 看成是由信道的传递统计特性联系起来的、具有一定统计关联关系的两个随机变量，这时整个系统的后验不确定度由 $h(XY)$描述。根据各种熵的定义，从该式可以清楚地看出平均互信息量是一个表征信息流通的量，其物理意义就是信源端的信息通过信道后传输到信宿端的平均信息量。可见，对互信息 $I(x;y)$求统计平均后正是平均互信息 $I(X;Y)$，两者分别代表了互信息的局部和整体含义，在本质上是统一的。从平均互信息 $I(X;Y)$的定义中，可以进一步理解：熵只是对不确定性的描述，而不确定性的消除才是接收端所获得的信息量。

互信息 $I(x;y)$的值可能取正，也可能取负，这可以通过具体计算来验证。但平均互信息 $I(X;Y)$的值不可能为负。非负性是平均互信息的另外一个重要性质，即 $I(X;Y)\geqslant 0$，当 X 与 Y 统计独立时等号成立。下面证明这个结论。

证明：根据自然对数的性质，有不等式 $\ln x \leqslant x-1$，其中 $x>0$。当且仅当 $x=1$ 时取等号。

另外，根据对数换底公式①可得$\log_2 \mathrm{e} \cdot \log_{\mathrm{e}} x = \ln x \ \log_2 \mathrm{e}$。

因为

$$
I(X;Y) = \sum_i \sum_j p(x_i y_j) \log \frac{p(x_i y_j)}{p(x_i) p(y_j)}
$$

所以

$$
\begin{aligned}
-I(X;Y) &= \sum_i \sum_j p(x_i y_j) \log \frac{p(x_i) p(y_j)}{p(x_i y_j)} \\
&= \sum_i \sum_j p(x_i y_j) \ln \frac{p(x_i) p(y_j)}{p(x_i y_j)} \log_2 \mathrm{e} \\
&\leqslant \sum_i \sum_j p(x_i y_j) \left[\frac{p(x_i) p(y_j)}{p(x_i y_j)} - 1 \right] \log_2 \mathrm{e} \\
&= \left[\sum_i \sum_j p(x_i) p(y_j) - \sum_i \sum_j p(x_i y_j) \right] \log_2 \mathrm{e} \\
&= \left[\sum_i p(x_i) \sum_j p(y_j) - \sum_i \sum_j p(x_i y_j) \right] \log_2 \mathrm{e} = 0
\end{aligned}
$$

---

① $\log_a b = \frac{\log_n b}{\log_n a} = \log_a n \cdot \log_n b$。

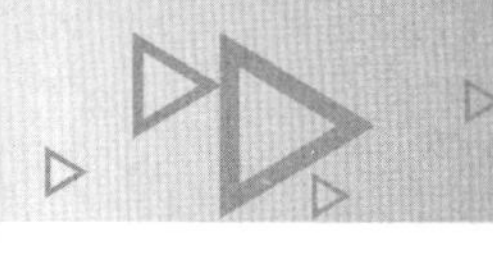

结论得证。

而当 X 与 Y 统计独立时，有 $p(xy)=p(x)p(y)$，则

$$I(X;Y)=\sum_{i}\sum_{j}p(x_iy_j)\log\frac{p(x_iy_j)}{p(x_i)p(y_j)}=\sum_{i}\sum_{j}p(x_iy_j)\log 1=0$$

平均互信息不会取负值，且一般情况下总大于 0，仅当 X 与 Y 统计独立时才等于 0。这个性质告诉我们：通过一个信道获得的平均信息量不可能是负的，而且一般总能获得一些信息量，只有在 X 与 Y 统计独立的极端情况下，才接收不到任何信息。

编码器端的原始图像和解码器端的重构图像之间的平均互信息 $I(X;Y)$ 与发送端 X 和接收端 Y 之间的可用信道容量 C 有关。信道容量就是在给定一个信息传输速率时，传输信道在无错码的情况下可以提供的最大每符号比特值[①]。信道容量可被表示为发送端和接收端之间的平均互信息的最大值，即 $I(X;Y)\leqslant C$。更进一步，平均互信息应该有 $I(X;Y)\leqslant H(X)$。这也是我们需要提及的关于平均互信息的最后一条特性——极值性。

可以根据信道疑义度的定义式来证明这一结论。由于 $-\log p(x_i|y_j)\geqslant 0$，而 $h(X|Y)$ 即是对 $-\log p(x_i|y_j)$ 求统计平均，因此有 $h(X|Y)\geqslant 0$。所以 $I(X;Y)=h(X)-h(X|Y)\leqslant h(X)$。这一性质的直观含义为：接收者通过信道获得的信息量不可能超过信源本身固有的信息量。只有当信道为无损信道，即信道疑义度 $h(X|Y)=0$ 时，才能获得信源中的全部信息量。

综合互信息的非负性和极值性有 $0\leqslant I(X;Y)\leqslant h(X)$。对于这个公式，当信道输入 X 与输出 Y 统计独立时，左边的等号成立；而当信道为无损信道时，上式右边的等号成立。

综合以上讨论的内容，我们再稍做一些补充。$I(X;Y)$ 表示接收到 Y 后获得的关于 X 的信息量；相对应地，$I(Y;X)$ 为发出 X 后得到的关于 Y 的信息量。这两者是相等的，当 X 与 Y 统计独立时有 $I(X;Y)=I(Y;X)=0$。该式表明此时不可能由一个随机变量获得关于另一个随机变量的信息。而当输入 X 与输出 Y 一一对应时，则有 $I(X;Y)=I(Y;X)=h(X)=h(Y)$，即从一个随机变量可获得另一个随机变量的全部信息。

平均互信息 $I(X;Y)$ 与信源熵 $h(X)$、信宿熵 $h(Y)$、联合熵 $h(XY)$、信道疑义度 $h(X|Y)$ 及信道噪声熵 $h(Y|X)$ 之间的相互关系可用图 5-5 表示出来。例如，图中圆 $h(X)$ 减去其左边部分 $h(X|Y)$，即得到中间部分 $I(X;Y)$，以此类推，之前所提到的所有关系式都可以通过该图得到形象的解释。

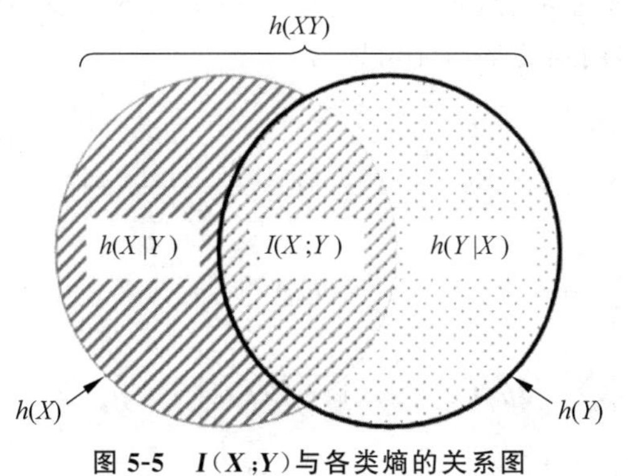

图 5-5 $I(X;Y)$与各类熵的关系图

---

① 码字(符号)的每一个比特携带信息的效率就是编码效率(携带信息的效率也可以理解为信道传输的速率)，也称编码速率，所以速率的单位是比特/符号。

研究通信问题,主要研究的是信源和信道,它们的统计特性可以分别用消息先验概率$p(x)$及信道转移概率$p(y|x)$来描述,而平均互信息$I(X;Y)$是经过一次通信后信宿所获得的信息。平均互信息定义为

$$I(X;Y)=\sum_i\sum_j p(x_iy_j)\log\frac{p(x_iy_j)}{p(x_i)p(y_j)}$$
$$=\sum_i\sum_j p(y_j\mid x_i)p(x_i)\log\frac{p(y_j\mid x_i)}{\sum_i p(y_j\mid x_i)p(x_i)}$$

其中

$$\sum_i p(y_j\mid x_i)p(x_i)=\sum_i p(x_iy_j)=p(y_j)$$

上式说明$I(X;Y)$是信源分布概率$p(x)$和信道转移概率$p(y|x)$的函数,平均互信息量是$p(x_i)$和$p(y_j|x_i)$的函数,即$I(X;Y)=f[p(x_i),p(y_j|x_i)]$;若固定信道,调整信源,则平均互信息$I(X;Y)$是$p(x_i)$的函数,即$I(X;Y)=f[p(x_i)]$;若固定信源,调整信道,则平均互信息$I(X;Y)$是$p(y_j|x_i)$的函数,即$I(X;Y)=f[p(y_j|x_i)]$。

平均互信息$I(X;Y)$函数的凸性特征是导出率失真函数概念的重要依据。本书前面已经对凸函数的有关知识做过介绍。凸函数(图形上呈∪形)是一个定义在某个向量空间的凸子集C(区间)上的实值函数f,而且对于凸子集C中任意两个向量$\boldsymbol{p}_1$和$\boldsymbol{p}_2$,以及存在任意有理数$\theta\in(0,1)$,则有

$$f[\theta\boldsymbol{p}_1+(1-\theta)\boldsymbol{p}_2]\leqslant\theta f(\boldsymbol{p}_1)+(1-\theta)f(\boldsymbol{p}_2)$$

如果f连续,那么θ可以改为(0,1)中的实数。类似地,如果有

$$f[\theta\boldsymbol{p}_1+(1-\theta)\boldsymbol{p}_2]\geqslant\theta f(\boldsymbol{p}_1)+(1-\theta)f(\boldsymbol{p}_2)$$

则函数显然就是凹的。

假设已知$I(X;Y)$是$p(x_i)$的凹函数,即同一信源集合$\{x_1,x_2,\cdots,x_n\}$,对应两个不同概率分布$p_1(x_i)$和$p_2(x_i)$,其中$i=1,2,\cdots,n$,且有小于1的正数$0<\theta<1$,则必有下列不等式成立

$$\theta f[p_1(x_i)]+(1-\theta)f[p_2(x_i)]\leqslant f[\theta p_1(x_i)+(1-\theta)p_2(x_i)]$$

下面简单证明这一定理。令$p_3(x_i)=\theta p_1(x_i)+(1-\theta)p_2(x_i)$,因为$p_3(x_i)$是$p_1(x_i)$和$p_2(x_i)$的线性组合,$p_3(x_i)$构成了一个新的概率分布。当固定信道特性为$p_0(y_i|x_i)$时,由$p_3(x_i)$确定的平均互信息为

$$I[p_3(x_i)]=f[\theta p_1(x_i)+(1-\theta)p_2(x_i)]$$
$$=\sum_i\sum_j p_3(x_i)p_0(y_j\mid x_i)\log\frac{p_0(y_j\mid x_i)}{p_3(y_j)}$$
$$=\sum_i\sum_j[\theta p_1(x_i)+(1-\theta)p_2(x_i)]\,p_0(y_j\mid x_i)\log\frac{p_0(y_j\mid x_i)}{p_3(y_j)}$$
$$=-\sum_i\sum_j[\theta p_1(x_i)+(1-\theta)p_2(x_i)]\,p_0(y_j\mid x_i)\log\frac{p_3(y_j)}{p_0(y_j\mid x_i)}$$
$$=-\theta\sum_i\sum_j p_1(x_i)p_0(y_j\mid x_i)\log[p_3(y_j)]-(1-\theta)$$
$$\sum_i\sum_j p_2(x_i)p_0(y_j\mid x_i)\log[p_3(y_j)]+$$

$$\sum_i \sum_j [\theta p_1(x_i) + (1-\theta) p_2(x_i)]\, p_0(y_j \mid x_i) \log [p_0(y_j \mid x_i)]$$

$$= -\theta \sum_j p_1(y_j) \log [p_3(y_j)] - (1-\theta) \sum_j p_2(y_j) \log [p_3(y_j)] +$$

$$\sum_i \sum_j [\theta p_1(x_i) + (1-\theta) p_2(x_i)]\, p_0(y_j \mid x_i) \log [p_0(y_j \mid x_i)]$$

根据香农辅助定理：

$$-\sum_{i=1}^{n} p(x_i) \log q(x_i) \geqslant -\sum_{i=1}^{n} p(x_i) \log p(x_i)$$

有

$$-\sum_{j=1}^{m} p_1(y_j) \log p_3(y_j) \geqslant -\sum_{j=1}^{m} p_1(y_j) \log p_1(y_j)$$

$$-\sum_{j=1}^{m} p_2(y_j) \log p_3(y_j) \geqslant -\sum_{j=1}^{m} p_2(y_j) \log p_2(y_j)$$

将

$$-\sum_{j=1}^{m} p_2(y_j) \log p_3(y_j) \geqslant -\sum_{j=1}^{m} p_2(y_j) \log p_2(y_j)$$

代入

$$I[p_3(x_i)] = -\theta \sum_j p_1(y_j) \log[p_3(y_j)] - (1-\theta) \sum_j p_2(y_j) \log[p_3(y_j)] +$$

$$\sum_i \sum_j [\theta p_1(x_i) + (1-\theta) p_2(x_i)] p_0(y_j \mid x_i) \log[p_0(y_j \mid x_i)]$$

有

$$I[p_3(x_i)] \geqslant -\theta \sum_j p_1(y_j) \log [p_1(y_j)] - (1-\theta) \sum_j p_2(y_j) \log [p_2(y_j)] +$$

$$\sum_i \sum_j [\theta p_1(x_i) + (1-\theta) p_2(x_i)]\, p_0(y_j \mid x_i) \log [p_0(y_j \mid x_i)]$$

$$= -\theta \sum_i \sum_j p_1(x_i) p_0(y_j \mid x_i) \log [p_1(y_j)] -$$

$$(1-\theta) \sum_i \sum_j p_2(x_i) p_0(y_j \mid x_i) \log [p_2(y_j)] +$$

$$\theta \sum_i \sum_j p_1(x_i) p_0(y_j \mid x_i) \log [p_0(y_j \mid x_i)] +$$

$$(1-\theta) \sum_i \sum_j p_2(x_i) p_0(y_j \mid x_i) \log [p_0(y_j \mid x_i)]$$

$$= \theta \sum_i \sum_j p_1(x_i) p_0(y_j \mid x_i) \log \left[\frac{p_0(y_j \mid x_i)}{p_1(y_j)}\right] +$$

$$(1-\theta) \sum_i \sum_j p_2(x_i) p_0(y_j \mid x_i) \log \left[\frac{p_0(y_j \mid x_i)}{p_2(y_j)}\right]$$

$$= \theta I [p_1(x_i)] + (1-\theta) I [p_2(x_i)]$$

易见，仅当 $p_1(x_i) = p_2(x_i) = p_3(x_i)$ 时等号成立，一般情况下 $I[p_3(x_i)] > \theta I[p_1(x_i)] + (1-\theta) I[p_2(x_i)]$，定理得证。

关于香农辅助定理，其描述如下：

$$h(p_1, p_2, \cdots, p_n) = -\sum_{i=1}^{n} p_i \log p_i \leqslant -\sum_{i=1}^{n} p_i \log q_i$$

其中，$\sum_{i=1}^{n} p_i = 1, \sum_{i=1}^{n} q_i = 1$。

可简单证明如下(其中不等号由对数不等式 $\log x \leqslant x-1$ 得到)：

$$\begin{aligned} h(p_1,p_2,\cdots,p_n)+\sum_{i=1}^{n} p_i \log q_i &= -\sum_{i=1}^{n} p_i \log p_i + \sum_{i=1}^{n} p_i \log q_i \\ &= \sum_{i=1}^{n} p_i \log \frac{q_i}{p_i} \leqslant \sum_{i=1}^{n} p_i \left(\frac{q_i}{p_i}-1\right) \\ &= \sum_{i=1}^{n} q_i - \sum_{i=1}^{n} p_i = 0 \end{aligned}$$

显然，当 $q_i/p_i=1$ 时，等号成立。从而定理得证。

由于 $I(X;Y)$ 是 $p(x_i)$ 的凹函数，所以当固定信道特性时，对于不同的信源分布，信道输出端获得的信息量是不同的。因此，对于每一个固定信道，一定存在一种信源(也是一种分布)$p(x)$，使输出端获得的信息量最大，即凹函数的极大值。

同理，还可以知道 $I(X;Y)$ 是 $p(y_j|x_i)$ 的凸函数，即当信源特性 $p(x_i)$ 固定时，有两个不同信道特性 $p_1(y_j|x_i)$ 和 $p_2(y_j|x_i)$ 将信道两端的输入和输出(即 X 和 Y)联系起来，如果用小于 1 的正数 $0<\theta<1$ 对 $p_1(y_j|x_i)$ 和 $p_2(y_j|x_i)$ 进行线性组合，则可得到信道特性：

$$f\left[\theta p_1(y_j \mid x_i)+(1-\theta) p_2(y_j \mid x_i)\right] \leqslant \theta f\left[p_1(y_j \mid x_i)\right]+(1-\theta) f\left[p_2(y_j \mid x_i)\right]$$

可见，当信源特性固定时，$I(X;Y)$ 就是信道特性 $p(y_j|x_i)$ 的函数。而且由于函数是凸的，所以一定存在一个极小值，由于 $I(X;Y)\geqslant 0$，所以极小值为零。位于极小值点时，说明信源的全部信息都损失在信道中了，这也是一种最差的信道。

在信息论中，失真这个概念用来表示接收端收到的消息和发送端发出的消息之间的误差。信息在传递过程中难免会产生失真，实际应用中一定程度上的失真是可以被接受的。那么如何描述和度量失真这个概念呢？通常，如果 x 表示一个原始数据(例如一幅图像)，而 y 就表示 x 的一个复制品，那么每一对(x,y)，指定一个非负函数 $d(x,y)$ 为单个符号的失真度(失真函数)，它表示信源发出一个符号 x，在接收端收到 y，两者之间的误差。我们规定 $d(x,y)\geqslant 0$，显然当 $x=y$ 时取等号。

失真函数 $d(x,y)$ 只能表示两个特定的具体符号 x 和 y 之间的失真，而对于信源整体在压缩、复制和传输时引起的失真测度，就需要求得平均失真。平均失真定义为失真函数的数学期望。因此，它可以从总体上对整个信源的失真情况进行描述。平均失真 D 的离散情形(加权和)定义为

$$D \triangleq E\left[d(x_i,y_j)\right]=\sum_{i=1}^{n}\sum_{j=1}^{m} p(x_i y_j) d(x_i,y_j)$$

连续情形(概率积分)定义为

$$D \stackrel{\text{def}}{=} E\left[d(x,y)\right]=\int_y \int_x p(xy) d(x,y) \mathrm{d}x \mathrm{d}y$$

香农第一定理(又称可变长无失真信源编码定理)揭示了这样一个道理：如果编码后信源序列信息传输速率(又称为信息传输率、信息率、信息速率)R 不小于信源的熵 $h(X)$，则一定存在一种无失真信源编码方法；反之，不存在这样一种无失真信源编码方法。香农第二定理(又称有噪信道编码定理)又告诉我们：当信道的信息传输率 R 不超过信道容量 C

时，采用合适的信道编码方法可以实现任意高的传输可靠性。但如果信息传输率超过了信道容量，就不可能实现可靠传输。所以，理论上只要满足条件 $h(X) \leqslant R \leqslant C$，总能找到一种编码，使在信道上能以任意小的错误概率和无限接近于 C 的传输速率传送信息。

然而，实际上“消息完全无失真传送”是很难实现的。实际的信源常常是连续信源，连续信源的绝对熵无穷大，要无失真传送，则信息率 R 也需无限大，信道容量 C 也必须为无穷大。而实际信道带宽是有限的，所以信道容量受限制。既然无法满足无失真传输的条件，那么传输质量则必然会受影响。尽管信息在传送过程中难免会产生失真，但是实际应用中一定程度上的失真也是可以被接受的，如果给定一个允许失真为 D^*，则称 $D \leqslant D^*$ 为保真度准则。信源概率分布 $P(X)$ 或概率密度函数 $p(x)$ 不变时调整信道，满足保真度准则的所有信道被称为测试信道，用 $P_{D^*}(Y|X)$ 或 $p_{D^*}(y|x)$ 表示。

香农第三定理表明：对于任意的失真度 $D^* \geqslant 0$，只要码字足够长，那么总可以找到一种编码方法，使编码后每个信源符号的信息传输率不小于 $R(D^*)$，而码的平均失真度 $D \leqslant D^*$。据此，可以在允许一定失真度 D^* 的情况下，将信源输出的信息率压缩到 $R(D^*)$。由此便引出了率失真函数的定义：给定信源和失真函数，要使信源编码后的平均失真 D 不超过 D^*(D^* 为给定的失真上限)，则需找到某种编码方法，使其经过编码后可以达到一个允许的最小信息速率，也就是 $R(D^*)$。不妨将这个过程看成是让信源通过一个有失真的传输信道(满足一定的信道转移概率分布或转移概率密度函数)，使在该信道(即前面所说的测试信道)上传输的信息速率达到最小，这个最小的信息速率称为信息率失真函数(简称率失真函数)，记作 $R(D^*)$。

由前面的介绍可知，当信源固定时，平均互信息是信道转移概率分布 $P(Y|X)$ 的严格凸函数。所以，在测试信道中可以找到一种信道转移概率分布 $P(Y|X)$，使通过信道的平均互信息在保真度准则下达到最小。由此便引出了率失真函数的定义：信源概率分布 $P(X)$ 不变时，在保真度准则下平均互信息的最小值为信源的率失真函数，用 $R(D^*)$ 表示，即

$$R(D^*) = \min_{P(Y|X) \in P_{D^*}} I(X;Y) = \min_{D \leqslant D^*} I(X;Y)$$

对于时不变连续信源的率失真函数，则记为如下形式：

$$R(D^*) = \inf_{P(Y|X) \in P_{D^*}} \{I(X;Y): D \leqslant D^*\}$$

$R(D^*)$ 是平均互信息的最大下界(下确界)，并服从平均失真 D 没有超过 D^* 这个约束条件。在不会引起混淆的情况下，也可以丢掉后面的星号，并用 $R(D)$ 来表示率失真函数。根据定义，所有的测试信道中只有一个信道特性使得平均互信息对应率失真函数，因此它反映的是信源特性，与信道无关。具体而言，显然，

$$R(D^*) = \min_{D \leqslant D^*} I(X;Y) \leqslant I(X;Y) = H(X) - H(X \mid Y) \leqslant H(X)$$

其中，$h(X)$ 是无失真信源编码速率的下限，即允许失真条件下，信源编码速率可以“突破”无失真编码速率的下限，或者说以低于熵率的速率进行传输。进一步地，允许的失真越大，$R(D^*)$ 可以越小，相反则越大，直至 $h(X)$。允许失真 D^* 是平均失真度 D 的上界，允许失真 D^* 的给定范围受限于平均失真度的可能取值。

当平均失真 $D = D_{\min} = 0$ 时，说明信源压缩后无失真，即没有进行任何压缩。因此，压缩后的信息速率 $R(D)$ 其实就等于压缩前的(也即信源熵)：$R(D) = R(0) = I(X;Y) = h(X) - h(X|Y) = h(X)$。对于连续信源，$R(0) = h(X) = \infty$，因为绝对熵为无穷大，因此，

连续信源要进行无失真地压缩传输，需要传送的信息量就是无穷大的，这便需要一个具有无穷大的信道容量的信道才能完成。而实际信道传输容量有限，所以要实现连续信源的无失真传送是不可能的，必须允许一定的失真，使 $R(D)$ 变为有限值，传送才有可能。

因为率失真函数是在保真度准则下平均互信息的最小值，平均失真 D 越大，则 $R(D)$ 越小，而当出现最大失真，即 D 大到一定程度时，平均互信息的最小值就是 0，所以在此时 $R(D)=0$，即压缩后的信源没有任何信息量。简言之，当平均失真 $D=D_{\max}$ 时，$R(D_{\max})=0$。所以率失真函数 $R(D^*)$ 的定义域是 $(0,D_{\max})$，并且它在定义域上是严格单调递减的、非负的、连续的凸函数。率失真函数 $R(D^*)$ 的大致曲线如图 5-6 所示。

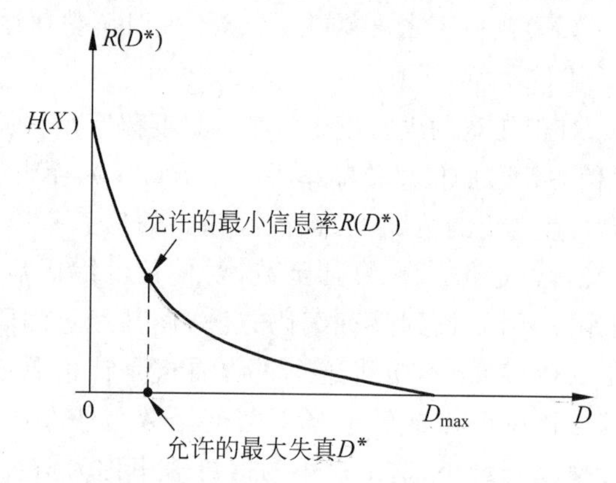

图 5-6　率失真函数 $R(D^*)$ 的图形表示

率失真函数是一个性能(编码速率)边界，没有信源编码器能够打破这个边界。相反，率失真理论说明一个性能上任意接近率失真函数的信源编码器是存在的。理论上，典型的最优信源编码器对非常多的符号进行联合编码，因此需要一个非常大的记忆体，并导致一个非常大的时延。这可能是非常不现实的。然而，这也提示我们一个好的编码器需要对许多符号进行联合编码。子带编码的思想正是由这一概念出发的。

5.4　香农下边界

香农三大定理分别给出了 3 个界限，它们被称为香农界。其中，第三定理给出了信息率压缩的极限 $R(D^*)$，即率失真函数是在允许失真为 D^* 的条件下，信源编码给出的平均互信息的下边界，也就是数据压缩的极限码率。这个极限值 $R(D^*)$ 被称为香农下边界(Shannon Lower Bound，SLB)。那么理论上香农下边界应该是多少呢，本节我们就一同去寻找它。

通过简单的坐标系变换，可以很容易地得到下面这个等式：

$$h(X-Y\mid Y)=h(X\mid Y)$$

其中，$X-Y$ 是重构误差集，这个集合由幅值连续的 $x-y$ 所组成。下面给出上述等式的简单证明过程(请注意此处采用了条件熵的连续定义，离散定义与此同理)。不妨令 $Z=X-Y$，所以有 $X=Z+Y$。然后构造一个新函数 $g(z,y)=p(z+y,y)$，易见函数 g 和 p 都是二元联合概率密度函数，所以它们对应三维坐标空间内的一个曲面，函数 g 是由函数 p 平移得到的。根据条件概率公式同时可以得到：$g(z|y)=p(z+y|y)$。

$$h(Z \mid Y)=h(X-Y \mid Y)=-\int_Y\int_Z g(z,y)\log[g(z \mid y)]\,\mathrm{d}z\mathrm{d}y$$
$$=-\int_Y\int_Z p(z+y,y)\log[p(z+y \mid y)]\,\mathrm{d}z\mathrm{d}y$$
$$=-\int_Y\int_X p(x,y)\log[p(x \mid y)]\,\mathrm{d}x\mathrm{d}y=h(X \mid Y)$$

在此基础上，可以对率失真函数做如下改写：

$$R(D^*)=\inf_{P(Y|X)\in P_{D^*}}\{h(X)-h(X \mid Y):D\leqslant D^*\}$$
$$=h(X)-\sup_{P(Y|X)\in P_{D^*}}\{h(X \mid Y):D\leqslant D^*\}$$
$$=h(X)-\sup_{P(Y|X)\in P_{D^*}}\{h(X-Y \mid Y):D\leqslant D^*\}$$

因为 $I(X;Y)=h(X)-h(X|Y)\geqslant 0$，所以得到一个被称为“条件作用削减熵值”的原理，据此可得 $h(X-Y|Y)\leqslant h(X-Y)$，所以香农下边界可达：

$$R(D^*)\geqslant h(X)-\sup_{P(Y|X)\in P_{D^*}}\{h(X-Y):D\leqslant D^*\}$$

上述两个不等式在 $X-Y$ 与 Y 统计独立时取等号。因此，理想的信源编码方案所引入的重构误差 $x-y$ 应该与重构信号 y 无关。注意：有时这种理想化的设想是不可实现的，特别是在速率较低的情况下。然而，它却为高效的编码方案设计提供了另外一种指导。

设随机变量 X 服从正态分布 $N(\mu,\sigma^2)$，其密度函数如下，又因为 μ 是 X 的均值，所以 $\mu=E[X]=\int_{-\infty}^{+\infty}x\cdot p(x)\mathrm{d}x$；因为 σ^2 是 X 的方差，所以

$$\sigma^2=E[(X-\mu)]^2=\int_{-\infty}^{+\infty}(x-\mu)^2\cdot p(x)\mathrm{d}x$$

$$p(x)=\frac{1}{\sqrt{2\pi}\sigma}\mathrm{e}^{-\frac{(x-\mu)^2}{2\sigma^2}}$$

根据微分熵的定义，计算可得(注意下面计算过程用到了对数公式 $\log_a M^n=n\log_a M$)：

$$h(X)=-\int_{-\infty}^{+\infty}p(x)\log p(x)\mathrm{d}x=-\int_{-\infty}^{+\infty}p(x)\log\left[\frac{1}{\sqrt{2\pi}\sigma}\mathrm{e}^{-\frac{(x-\mu)^2}{2\sigma^2}}\right]\mathrm{d}x$$
$$=\int_{-\infty}^{+\infty}p(x)\log(\sqrt{2\pi}\sigma)\mathrm{d}x-\int_{-\infty}^{+\infty}p(x)\log[\mathrm{e}^{-\frac{(x-\mu)^2}{2\sigma^2}}]\mathrm{d}x$$
$$=\log(\sqrt{2\pi}\sigma)\int_{-\infty}^{+\infty}p(x)\mathrm{d}x+\int_{-\infty}^{+\infty}p(x)\left[\frac{(x-\mu)^2}{2\sigma^2}\right]\cdot\log\mathrm{e}\mathrm{d}x$$
$$=\log(\sqrt{2\pi}\sigma)+\frac{1}{2}\log\mathrm{e}=\frac{1}{2}\log(2\pi\mathrm{e}\sigma^2)$$

进一步地，我们还可以得到这样一个结论：设 U 为任意实连续随机变量，具有密度函数 $p(u)$，并且 $E[(U-\mu)^2]=\sigma^2$，则其微分熵

$$h(U)\leqslant\frac{1}{2}\log(2\pi\mathrm{e}\sigma^2)$$

当且仅当 U 服从正态分布时，等号成立。这也就表明，在方差为 σ^2 的所有连续随机变量中，以正态随机变量的微分熵最大。

证明：设 U^* 为一服从正态分布的随机变量，其密度函数为 $p^*(u)$，由前面的推导可知：

$$h(U^*)=\frac{1}{2}\log(2\pi e\sigma^2)$$

另一方面

$$\begin{aligned}-\int_{-\infty}^{+\infty}p(u)\log p^*(u)\mathrm{d}u&=\int_{-\infty}^{+\infty}p(u)\left[\log(\sqrt{2\pi}\sigma)+\left[\frac{(u-\mu)^2}{2\sigma^2}\right]\cdot\log e\right]\mathrm{d}u\\&=\frac{1}{2}\log(2\pi e\sigma^2)\end{aligned}$$

所以可得

$$\begin{aligned}h(U^*)-h(U)&=-\int_{-\infty}^{+\infty}p^*(u)\log p^*(u)\mathrm{d}u+\int_{-\infty}^{+\infty}p(u)\log p(u)\mathrm{d}u\\&=-\int_{-\infty}^{+\infty}p(u)\log p^*(u)\mathrm{d}u+\int_{-\infty}^{+\infty}p(u)\log p(u)\mathrm{d}u\\&=\int_{-\infty}^{+\infty}p(u)\log\frac{p(u)}{p^*(u)}\mathrm{d}u\geqslant\int_{-\infty}^{+\infty}p(u)\left[1-\frac{p^*(u)}{p(u)}\right]\mathrm{d}u^{①}\\&=\int_{-\infty}^{+\infty}p(u)\mathrm{d}u-\int_{-\infty}^{+\infty}p^*(u)\mathrm{d}u=1-1=0\end{aligned}$$

当且仅当 $p(u)=p^*(u)$ 时，等号成立，定理得证。

此外，如果给定失真函数，还能从前面所说的 SLB 中得到另一个结论。考虑一个单符号失真函数 $d=(x-y)^2$，可见这个失真度量就是根据具体采样点逐项计算的(原始图像和重构图像之间的)平方误差。在均方误差 $D\leqslant D^*$ 的条件下，重构误差的微分熵有界。因为 $d=(x-y)^2$，根据定义，$D=E[d(x,y)]$，所以 $D=E[(X-Y)^2]$。

另外，前面已经证明正态随机变量的微分熵最大，所以若将 $X-Y$ 看作是一个整体，并且有 $E[(X-Y-0)^2]=\sigma^2$，即我们构造了一个 $\mu=0,\sigma^2=E[(X-Y)^2]$ 的正态分布，则有

$$\begin{aligned}H(X-Y)&\leqslant H[N(0,E(X-Y)^2)]\\&=\frac{1}{2}\log[2\pi eE(X-Y)^2]\\&=\frac{1}{2}\log(2\pi eD)\end{aligned}$$

又因为 $D\leqslant D^*$，所以有

$$H(X-Y)\leqslant\frac{1}{2}\log(2\pi eD^*)$$

当 $X-Y$ 呈高斯分布，且方差为 D^* 时，上式等号成立。综上，可以得出在失真函数由平方误差决定时，香农下边界应该为

$$R_{\mathrm{SLB}}(D^*)=h(X)-\frac{1}{2}\log(2\pi eD^*)$$

误差 $x-y$ 的连续值(也就是噪声)应当都是独立同分布随机序列，因此，对于均方误差失真函数，它的一个最优信源编码器应该产生独立于重构信号的高斯白噪声(White Gaussian Noise)，即最好的编码方法产生的误差图像应该只包含高斯白噪声。

---

① 对于 $u>0$，有 $\log u\geqslant 1-1/u$，当且仅当 $u=1$ 时等号成立。

第 6 章

一元线性回归

与本章内容相关的数学概念包括最小二乘法、求导法则、方差、标准差、正规方程组、置信区间、协方差、P 值。

线性回归是统计分析中最常被用到的一种技术。在其他的领域，例如机器学习理论和计量经济研究中，回归分析也是不可或缺的重要组成部分。本章将要介绍的一元线性回归是最简单的一种回归分析方法，其中所讨论的诸多基本概念在后续更为复杂的回归分析中也将被常常用到。

6.1 回归分析的性质

回归一词最早由英国科学家弗朗西斯·高尔顿(Francis Galton)提出，他还是著名的生物学家、进化论奠基人查尔斯·达尔文(Charles Darwin)的表弟。高尔顿深受进化论思想的影响，并把该思想引入到人类研究，从遗传的角度解释个体差异形成的原因。高尔顿发现，虽然有一个趋势——父母高，儿女也高；父母矮，儿女也矮。但给定父母的身高，儿女辈的平均身高却趋向于或者“回归”到全体人口的平均身高。换句话说，即使父母双方都异常高或者异常矮，儿女的身高还是会趋向于人口总体的平均身高。这也就是所谓的普遍回归规律。高尔顿的这一结论被他的朋友，英国数学家、数理统计学的创立者卡尔·皮尔逊(Karl Pearson)所证实。皮尔逊收集了一些家庭的1000多名成员的身高记录，发现对于一个父亲高的群体，儿辈的平均身高低于他们父辈的身高；而对于一个父亲矮的群体，儿辈的平均身高则高于其父辈的身高。这样就把高的和矮的儿辈一同“回归”到所有男子的平均身高，用高尔顿的话说，这是“回归到中等”。

回归分析是被用来研究一个被解释变量(Explained Variable)与一个或多个解释变量(Explanatory Variable)之间关系的统计技术。被解释变量有时也被称为因变量(Dependent Variable)，与之相对应，解释变量也被称为自变量(Independent Variable)。回

归分析的意义在于通过重复采样获得的解释变量的已知或设定值估计或者预测被解释变量的总体均值。

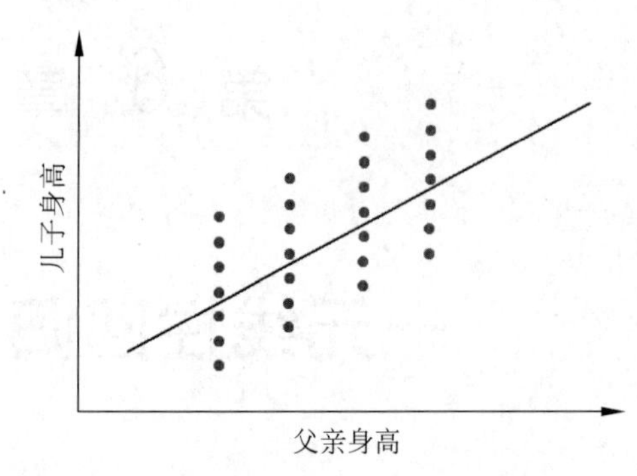

图 6-1　父亲身高与儿子身高的关系

在高尔顿的普遍回归规律研究中,他的主要兴趣在于发现为什么人口的身高分布有一种稳定性。我们现在关心的是,在给定父辈身高的条件下,找出儿辈平均身高的变化规律。也就是一旦知道了父辈的身高,怎样预测儿辈的平均身高。图 6-1 展示了对应于设定的父亲身高,儿子在一个假想人口总体中的身高分布情况。不难发现,对于任一给定的父亲身高,我们都能从图中确定出儿子身高的一个分布范围,同时随着父亲身高的增加,儿子的平均身高也会增加。为了更加清晰地表示这种关系,在散点图上勾画了一条描述这些数据点分布规律的直线,用来表明被解释变量与解释变量之间关系,即儿子的平均身高与父亲身高之间的关系。这条直线就是所谓的回归线,后面还会对此进行详细讨论。

在回归分析中,变量之间的关系与物理学公式中所表现的那种确定性依赖关系不同。回归分析中因变量与自变量之间呈现出来的是一种统计性依赖关系。在变量之间的统计依赖关系中,主要研究的是随机变量,也就是有着概率分布的变量。但是函数或确定性依赖关系中所要处理的变量并非是随机的,而是一一对应的关系。例如,粮食产量对气温、降雨和施肥的依赖关系是统计性质的。这个性质的意义在于:这些解释变量固然重要,但并不能据此准确地预测粮食的产量。首先是因为对这些变量的测量有误差,其次是还有很多影响收成的因素,很难一一列举。事实上,无论考虑多少个解释变量,都不可能完全解释粮食产量这个因变量,毕竟粮食作物的生长过程是受到许多随机因素影响的。

与回归分析有密切关联另外一种技术是相关分析,但两者在概念上仍然具有很大差别。相关分析是用来测度变量之间线性关联程度的一种分析方法。例如,我们常常会研究吸烟与肺癌发病率、金融发展与经济增长等之间的关联程度。而在回归分析中,我们对变量之间的这种关系并不感兴趣,回归分析更多的是通过解释变量的设定值来估计或预测因变量的平均值。回归与相关在对变量进行分析时是存在很大分歧的。在回归分析中,对因变量和自变量的处理方法上存在着不对称性。此时,因变量被当作是统计的、随机的,也就是存在着一个概率分布,而解释变量则被看成是(在重复采样中)取有规定值的一个变量。因此在图 5-1 中,假定父亲的身高变量是在一定范围内分布的,而儿子的身高却反映在重复采样后的一个由回归线给出的稳定值。但在相关分析中,我们将对称地对待任何变量,即因变量和自变量之间不加区别。例如,同样是分析父亲身高与儿子身高之间的相关性,那么这时我们所关注的将不再是由回归线给出的那个稳定值,儿子的身高变量也是在一定范围内分布的。大部分的相关性理论都建立在变量的随机性假设上,而回归理论往往假设解释变量是固定的或非随机的。

虽然回归分析研究是一个变量对另外一个或几个变量的依赖关系,但它并不意味着因果关系。莫里斯·肯达尔(Maurice Kendall)和艾伦·斯图亚蒂(Alan Stuart)曾经指出:"一个统计关系式,不管多强也不管多么有启发性,都永远不能确立因果关系的联系;对因

果关系的理念必须来自统计学以外，最终来自这种或那种理论。”比如前面谈到的粮食产量的例子中，将粮食产量作为降雨等因素的因变量没有任何统计上的理由，而是出于非统计上的原因。而且常识还告诉我们不能将这种关系倒转，即我们不可能通过改变粮食产量的做法控制降雨。再如，古人将月食归因于“天狗吃月”，所以每当发生月食时，人们就会敲锣打鼓意图吓走所谓的天狗。而且这种方法屡试不爽，只要人们敲锣打鼓一会儿，被吃掉的月亮就会恢复原样。显然，敲锣打鼓与月食结束之间有一种统计上的关系。但现代科技告诉我们月食仅仅是一种自然现象，它与敲锣打鼓之间并没有因果联系，事实上即使人们不敲锣打鼓，被吃掉的月亮也会恢复原状。总之，统计关系本身不可能意味着任何因果关系。谈及因果关系必须进行先验的或理论上的思考。

6.2 回归的基本概念

本节将从构建最简单的回归模型开始，结合具体例子向读者介绍与回归分析相关的一些基本概念。随着学习的深入，我们渐渐会意识到，更为一般的多变量之间的回归分析，在许多方面都是最简情形的逻辑推广。

6.2.1 总体的回归函数

经济学中的需求法则认为，当影响需求的其他变量保持不变时，商品的价格和需求量之间呈反向变动的关系，即价格越低，需求量越多；价格越高，需求量越少。据此，假设总体回归直线式线性的，便可以用下面的模型描述需求法则

$$E(y \mid x_i) = w_0 + w_1 x_i$$

这是直线的数学表达式，它给出了与具体的 x 值相对应的(或条件的) y 的均值，即 y 的条件期望或条件均值。下标 i 代表第 i 个子总体，读作“在 x 取特定值 x_i 时，y 的期望值”。该式也称为非随机的总体回归方程。

这里需要指出，$E(y|x_i)$是 x_i 的函数，这意味着 y 依赖于 x，也称为 y 对 x 的回归。回归可以简单地定义为在给定 x 值的条件下 y 值分布的均值，即总体回归直线经过 y 的条件期望值，而上式就是总体回归函数的数学形式。其中，w_0 和 w_1 为参数，也称为回归系数。w_0 又称为截距，w_1 又称为斜率。斜率度量了 x 每变动一个单位，y 的均值的变化率。

回归分析就是条件回归分析，即在给定自变量的条件下，分析因变量的行为。所以，通常可以省略“条件”二字，表达式 $E(y|x_i)$也简写成 $E(y)$。

6.2.2 随机干扰的意义

现通过一个例子来说明随机干扰项的意义。表 6-1 给出了 21 种车型燃油消耗。

表 6-1 车型及相关数据

车　　型	油耗/(L/100km)	车重/kg
Alpha Romeo	9.5	1242

续表

车　型	油耗/(L/100km)	车重/kg
Audi A3	8.8	1160
BA Falcon Futura	12.9	1692
Chrysler PT Cruiser Classic	9.8	1412
Commodore VY Acclaim	12.3	1558
Falcon AU II Futura	11.4	1545
Holden Barina	7.3	1062
Hyundai Getz	6.9	980
Hyundai LaVita	8.9	1248
Kia Rio	7.3	1064
Mazda 2	7.9	1068
Mazda Premacy	10.2	1308
Mini Cooper	8.3	1050
Mitsubishi Magna Advance	10.9	1491
Mitsubishi Verada AWD	12.4	1643
Peugeot 307	9.1	1219
Suzuki Liana	8.3	1140
Toyota Avalon CSX	10.8	1520
Toyota Camry Ateva V6	11.5	1505
Toyota Corolla Ascent	7.9	1103
Toyota Corolla Conquest	7.8	1081

在Python中使用下列命令读入数据文件，并绘制散点图，还可以用一条回归线拟合这些散点。

```
import numpy as np
import pandas as pd
import matplotlib.pyplot as plt
%matplotlib inline

from sklearn import linear_model

#读取数据文件
df_car = pd.read_csv('racv.csv')
X = df_car['mass.kg']
y = df_car['lp100km']

#线性回归拟合
reg = linear_model.LinearRegression()
X = np.array(X).reshape(-1, 1)
reg.fit(X, y)
y_pred = reg.predict(X)

#绘图
plt.scatter(X, y, color='black')
```

```
plt.plot(X, y_pred, color = 'blue', linewidth = 2)
plt.xlabel("Mass (kg)", fontsize = '16')
plt.ylabel("Fuel consumption (L/100km)", fontsize = '16')
plt.show()
```

从图 6-2 中可以看出,车的油耗与车重成正比关系,即车辆越重,油耗越高。如果用数学公式表述这种关系,很自然地会想到采用直线方程来将这种依赖关系表示成下式

$$y_i = E(y) + e_i = w_0 + w_1 x_i + u_i$$

其中,u_i 表示误差项。上式也称为随机总体回归方程。

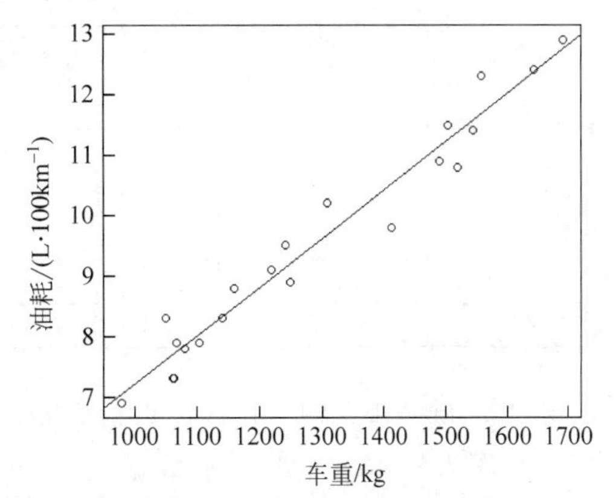

图 6-2　油耗与车重的关系

易见,某一款车型的燃油消耗量等于两个部分的和:第一部分是由相应重量决定的燃油消耗期望 $E(y) = w_0 + w_1 x_i$,也就是在重量取 x_i 时,回归直线上相对应的点,这一部分称为系统的或者非随机的部分;第二部分 u_i 称为非系统的或随机的部分,在本例中由除了车重以外的其他因素所决定。

误差项 u_i 是一个随机变量,因此,其取值无法先验地知晓,通常用概率分布描述。随机误差项可能代表了人类行为中一些内在的随机性。即使模型中已经包含了所有的决定燃油消耗的有关变量,燃油消耗的内在随机性也会发生变化,这是做任何努力都无法解释的。即使人类行为是理性的,也不可能是完全可以预测的。所以在回归方程中引入 u_i 是希望可以反映人类行为中的这一部分内在随机性。

此外,随机误差项可以代表测量误差。在收集、处理统计数据时,由于仪器的精度、操作人员的读取或登记误差,总是会导致有些变量的观测值并不精准地等于实际值。所以误差项 u_i 也代表了测量误差。

随机误差项也可能代表了模型中并未包括的变量的影响。有时在建立统计模型时,并非事无巨细、无所不包的模型就是最好的模型。恰恰相反,有时只要能说明问题,建立的模型可能越简单越好。即使知道其他变量可能对因变量有影响,也倾向于将这些次要因素归入随机误差项 u_i 中。

6.2.3　样本的回归函数

如何求得总体回归函数中的参数 w_0 和 w_1 呢?显然在实际应用中,很难获知整个总体的全部数据。更多的时候,我们仅有来自总体的一部分样本。于是任务就变成了根据样本提供的信息来估计总体回归函数。下面来看一个类别数据的例子。

一名园艺师想研究某种树木的树龄与树高之间的关系,于是他随机选定了 24 株树龄在 2～7 年的树苗,每个特定树龄选择 4 棵,并记录下每棵树苗的高度,具体数据如表 6-2 所示。表中同时给出了每个树龄对应的平均树高,例如对于树龄为 2 的 4 棵树苗,它们的平均树高是 5.35m。但在这个树龄下,并没有哪棵树苗的树高恰好等于 5.35。那么我们如何解

释在某一个树龄下，具体某一棵树苗的树高呢？不难看出每个树龄对应的一棵树苗的高度等于平均树高加上或减去某一个数量，用数学公式表达即为

$$y_{ij}=w_0+w_1x_i+u_{ij}$$

某一个树龄 i 下，第 j 棵树苗的高度可以看作是两个部分的和：第一部分为该树龄下所有树苗的平均树高，即 $w_0+w_1x_i$，反映在图形上，就是在此树龄水平下，回归直线上相对应的点。另一部分是随机项 u_{ij}。

表 6-2　树高与树龄

树龄/a	树高/m				平均树高/m
2	5.6	4.8	5.3	5.7	5.350
3	6.2	5.9	6.4	6.1	6.150
4	6.2	6.7	6.4	6.7	6.500
5	7.1	7.3	6.9	6.9	7.050
6	7.2	7.5	7.8	7.8	7.575
7	8.9	9.2	8.5	8.7	8.825

在上述例子中，我们并无法获知所有树苗的高度数据，而仅仅是从每个树龄中抽取了4棵树苗作为样本。而且类别数据也可以向非类别数据转换，我们也会在后面演示在Python中处理这类问题的方法。

样本回归函数可以用数学公式表示为

$$\hat{y}_i=\hat{w}_0+\hat{w}_1x_i$$

其中，$\hat{y}_i$ 是总体条件均值 $E(y|x_i)$的估计量；$\hat{w}_0$ 和 $\hat{w}_1$ 分别表示 w_0 和 w_1 的估计量。并不是所有样本数据都能准确地落在各自的样本回归线上，因此，与建立随机总体回归函数一样，需要建立随机的样本回归函数。即

$$y_i=\hat{w}_0+\hat{w}_1x_i+e_i$$

式中，e_i 表示 u_i 的估计量。通常把 e_i 称为残差(Residual)。从概念上讲，它与 u_i 类似，样本回归函数生成 e_i 的原因与总体回归函数中生成 u_i 的原因是相同的。

回归分析的主要目的是根据样本回归函数

$$y_i=\hat{w}_0+\hat{w}_1x_i+e_i$$

来估计总体回归函数

$$y_i=w_0+w_1x_i+u_i$$

样本回归函数是总体回归函数的近似。那么能否找到一种方法，使得这种近似尽可能地接近真实值？换言之，一般情况下很难获得整个总体的数据，那么如何建立样本回归函数，使得 $\hat{w}_0$ 和 $\hat{w}_1$ 尽可能接近 w_0 和 w_1 呢？我们在6.1节介绍相关技术。

6.3　回归模型的估计

本节介绍一元线性回归模型的估计技术，并结合6.2节中给出的树龄与树高关系的例子，演示在Python中进行线性回归分析的方法。

6.3.1　普通最小二乘法原理

在回归分析中，最小二乘法是求解样本回归函数时最常被用到的方法。本节就来介绍它的基本原理。一元线性总体回归方程为

$$y_i = w_0 + w_1 x_i + u_i$$

由于总体回归方程不能进行参数估计，因此只能对样本回归函数

$$y_i = \hat{w}_0 + \hat{w}_1 x_i + e_i$$

进行估计。因此有

$$e_i = y_i - \hat{y}_i = y_i - \hat{w}_0 - \hat{w}_1 x_i$$

从上式可以看出，残差 e_i 是 y_i 的真实值与估计值之差。估计总体回归函数的最优方法是，选择 w_0、w_1 的估计值 $\hat{w}_0$、$\hat{w}_1$，使得残差 e_i 尽可能的小。最小二乘法的原则是选择合适的参数 $\hat{w}_0$、$\hat{w}_1$，使得全部观察值的残差平方和为最小。

最小二乘法用数学公式可以表述为

$$\min \sum_i e_i^2 = \sum (y_i - \hat{y}_i)^2 = \sum (y_i - \hat{w}_0 - \hat{w}_1 x_i)^2$$

总而言之，最小二乘原理就是所选择的样本回归函数使得所有 y 的估计值与真实值差的平方和为最小。这种确定参数 $\hat{w}_0$ 和 $\hat{w}_1$ 的方法就叫作最小二乘法。

对于二次函数 $y=ax^2+b$，当 $a>0$ 时，函数图形的开口朝上，所以必定存在极小值。根据这一性质，因为 $\sum e_i^2$ 是 $\hat{w}_0$ 和 $\hat{w}_1$ 的二次函数，并且是非负的，所以 $\sum e_i^2$ 的极小值总是存在的。根据微积分中的极值原理，当 $\sum e_i^2$ 取得极小值时，$\sum e_i^2$ 对 $\hat{w}_0$ 和 $\hat{w}_1$ 的一阶偏导数为零，即

$$\frac{\partial \sum e_i^2}{\partial \hat{w}_0} = 0, \quad \frac{\partial \sum e_i^2}{\partial \hat{w}_1} = 0$$

由于

$$\sum e_i^2 = \sum (y_i - \hat{w}_0 - \hat{w}_1 x_i)^2 = \sum \left[(y_i - \hat{w}_1 x_i)^2 + \hat{w}_0^2 - 2\hat{w}_0 (y_i - \hat{w}_1 x_i) \right]$$

则得

$$\frac{\partial \sum e_i^2}{\partial \hat{w}_0} = -2 \sum (y_i - \hat{w}_0 - \hat{w}_1 x_i) = 0$$

$$\frac{\partial \sum e_i^2}{\partial \hat{w}_1} = -2 \sum (y_i - \hat{w}_0 - \hat{w}_1 x_i) x_i = 0$$

即

$$\sum y_i = n\hat{w}_0 + \hat{w}_1 \sum x_i$$

$$\sum x_i y_i = \hat{w}_0 \sum x_i + \hat{w}_1 \sum x_i^2$$

以上两式构成了以 $\hat{w}_0$ 和 $\hat{w}_1$ 为未知数的方程组，通常叫作正规方程组，或简称正规方程。解正规方程，得到

$$\hat{w}_0 = \frac{\sum x_i^2 \sum y_i - \sum x_i \sum x_i y_i}{n\sum x_i^2 - (\sum x_i)^2}$$

$$\hat{w}_1 = \frac{n\sum x_i y_i - \sum x_i \sum y_i}{n\sum x_i^2 - (\sum x_i)^2}$$

等式左边的各项数值都可以由样本观察值计算得到。由此便可求出 w_0、w_1 的估计值 $\hat{w}_0$、$\hat{w}_1$。

若设

$$\bar{x} = \frac{1}{n}\sum x_i, \quad \bar{y} = \frac{1}{n}\sum y_i$$

则可以将 $\hat{w}_0$ 的表达式整理为

$$\hat{w}_0 = \bar{y} - \hat{w}_1 \bar{x}$$

由此便得到了总体截距 w_0 的估计值。其中，$\hat{w}_1$ 的表达式如下：

$$\hat{w}_1 = \frac{\sum x_i y_i - n\bar{x}\bar{y}}{\sum x_i^2 - n\bar{x}^2}$$

这也就是总体斜率 w_1 的估计值。

为了方便起见，在实际应用中，经常采用离差的形式表示 $\hat{w}_0$ 和 $\hat{w}_1$。为此设

$$x'_i = x_i - \bar{x}, \quad y'_i = y_i - \bar{y}$$

因为

$$\begin{aligned}\sum x'_i y'_i &= \sum (x_i - \bar{x})(y_i - \bar{y}) = \sum (x_i y_i - \bar{x} y_i - x_i \bar{y} + \bar{x}\bar{y}) \\ &= \sum x_i y_i - \bar{x}\sum y_i - \bar{y}\sum x_i + n\bar{x}\bar{y} = \sum x_i y_i - n\bar{x}\bar{y}\end{aligned}$$

$$\sum x_i'^2 = \sum (x_i - \bar{x})^2 = \sum x_i^2 - 2\bar{x}\sum x_i + n\bar{x}^2 = \sum x_i^2 - n\bar{x}^2$$

所以 $\hat{w}_0$、$\hat{w}_1$ 的表达式可以写成

$$\hat{w}_0 = \bar{y} - \hat{w}_1 \bar{x}, \quad \hat{w}_1 = \frac{\sum x'_i y'_i}{\sum x_i'^2}$$

6.3.2 一元线性回归的应用

6.3.1 节中已经给出了最小二乘法的基本原理，而且还给出了计算斜率的几种不同方法。现在就以树高与树龄关系的数据为例来实际计算一下回归函数的估计结果。

正如前面曾经说过的那样，类别数据可以转化成非类别数据，进而完成一元线性回归分析。其方法就是通过重复类别项从而将原来以二维数据表示的因变量转化为一维数据的形式。

例如，表 6-2 中给出的树高与树龄关系的数据，其中的树龄本来是类别数据，但我们可以对数据重新组织，得到如表 6-3 所示的结果，其中树龄已经变成了非类别数据，基于此就可以继续进行线性回归分析了。根据 6.3.1 节所得出的计算公式，要采用最小二乘法求解一元线性回归参数，还需计算相应的 x_2^6 和 $x_i y_{ij}$，这些数据也一并在表中列出。

表 6-3 树龄与树高数据

树龄 x_i/a	树高 y_{ij}/m	x_i^2	x_iy_{ij}	树龄 x_i/a	树高 y_{ij}/m	x_i^2	x_iy_{ij}
2	5.6	4	11.2	5	7.1	25	35.5
2	4.8	4	9.6	5	7.3	25	36.5
2	5.3	4	10.6	5	6.9	25	34.5
2	5.7	4	11.4	5	6.9	25	34.5
3	6.2	9	18.6	6	7.2	36	43.2
3	5.9	9	17.7	6	7.5	36	45.0
3	6.4	9	19.2	6	7.8	36	46.8
3	6.1	9	18.3	6	7.8	36	46.8
4	6.2	16	24.8	7	8.9	49	62.3
4	6.7	16	26.8	7	9.2	49	64.4
4	6.4	16	25.6	7	8.5	49	59.5
4	6.7	16	26.8	7	8.7	49	60.9

基于表 6-3 中的数据进而可以算得

$$\bar{x}=4.5,\quad \bar{y}=6.908$$

$$n\bar{x}^2=486,\quad n\bar{x}\bar{y}=746.1$$

$$\sum x_i^2=556,\quad \sum x_iy_i=790.5$$

进而可以算得模型中估计的截距和斜率如下：

$$\hat{w}_1=\left(\sum x_iy_i-n\bar{x}\bar{y}\right)/\left(\sum x_i^2-n\bar{x}^2\right)\approx 0.634\,29$$

$$\hat{w}_0=\bar{y}-\hat{w}_1\bar{x}\approx 4.054\,05$$

由此便得到最终的估计模型为

$$\hat{y}_i=4.054\,05+0.634\,29x_i$$

或

$$y_i=4.054\,05+0.634\,29x_i+e_i$$

当然，在 Python 中并不需要这样复杂的计算过程，仅需几条简单的命令就可以完成数据的线性回归分析。而且在 Python 中还为进行基于最小二乘法的线性回归提供了多种方法。第一种方法利用 scipy 包中提供的 linregress()函数。下面的代码首先读入一个已经重新组织好的树高与树龄关系的数据文件，然后利用 linregress()函数进行一元线性回归分析。

```
import numpy as np
import pandas as pd
from scipy import stats

df = pd.read_csv('tree_data.csv')
X = df[df.columns[0]] # X = df['age']
y = df[df.columns[1]] # y = df['height']

slope, intercept, r_value, p_value, std_err = stats.linregress(X,y)
print(slope, intercept)
```

上述代码的输出结果如下，可见这个结果与之前手动算得的结果是一致的：

```
0.63428571 4.054047619
```

在 Python 中进行线性回归的第二种方法就是使用 scikit-learn 包中的 LinearRegression 类。下面的代码演示了通过对该类进行实例化进而对树高与树龄关系进行回归分析的基本步骤。

```
from sklearn import linear_model
reg = linear_model.LinearRegression()

X = np.array(X).reshape(-1, 1)
reg.fit(X, y)
print(reg.coef_, reg.intercept_)
```

上述代码的输出结果如下：

```
[0.63428571] 4.054047619
```

其中，截距的估计值由属性 intercept_ 给出，斜率的估计值由属性 coef_ 给出。同样，这个结果与之前手动算得的结果是一致的。还可以使用下面的代码绘制出模型的拟合结果图。

```
import matplotlib.pyplot as plt
%matplotlib inline

y_pred = reg.predict(X)
plt.scatter(X, y, color='black')
plt.plot(X, y_pred, color='blue', linewidth=2)

plt.xlabel("age")
plt.ylabel("height")
plt.show()
```

上述代码的执行结果如图 6-3 所示。

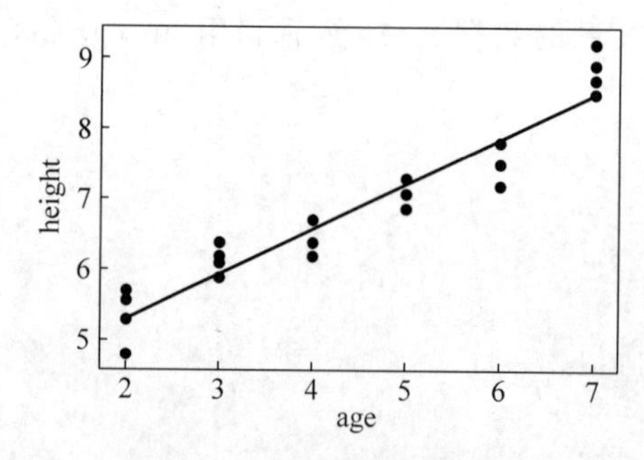

图 6-3 线性回归拟合结果

最后，构建线性回归还可以使用 statsmodels 包，它是在 Python 中处理统计学问题时主要用到的一个模块。特别地，要开展基于普通最小二乘法的回归分析，需对 OLS 类进行实例化，而模型的训练过程则通过调用它的 fit()方法来完成。这也是本书中进行线性回归分析的主要方法。

```
import statsmodels.api as sm
from statsmodels.formula.api import ols

X_lin = sm.add_constant(X)
model_lin = sm.OLS(y, X_lin).fit()
model_lin.summary()
```

上述代码的输出结果是一份关于新构建出来的回归模型的综合报告，如图 6-4 所示。其中被圈出的部分给出了模型的截距和斜率，这些数据与之前手动算得的结果是一致的。输出报告中的其他数据将在本书后续的篇幅中加以讨论。

Dep. Variable:	height	R-squared:	0.919
Model:	OLS	Adj. R-squared:	0.915
Method:	Least Squares	F-statistic:	248.2
Date:	Fri, 01 May 2020	Prob (F-statistic):	1.82e-13
Time:	11:20:55	Log-Likelihood:	-6.8944
No. Observations:	24	AIC:	17.79
Df Residuals:	22	BIC:	20.14
Df Model:	1		
Covariance Type:	nonrobust		

	coef	std err	t	P>|t|	[0.025	0.975]
const	4.0540	0.194	20.921	0.000	3.652	4.456
x1	0.6343	0.040	15.755	0.000	0.551	0.718

Omnibus:	0.001	Durbin-Watson:	1.441
Prob(Omnibus):	1.000	Jarque-Bera (JB):	0.161
Skew:	-0.006	Prob(JB):	0.923
Kurtosis:	2.599	Cond. No.	14.1

图 6-4　一元线性回归模型的输出报告

6.3.3　经典模型的基本假定

为了对回归估计进行有效的解释，就必须对随机干扰项 u_i 和解释变量 X_i 进行科学的假定，这些假定称为线性回归模型的基本假定。主要包括以下几个方面。

1. 零均值假定

由于随机扰动因素的存在，y_i 将在其期望附近上下波动，如果模型设定正确，y_i 相对于其期望的正偏差和负偏差都会有，因此随机项 u_i 可正可负，而且发生的概率大致相同。平均地看，这些随机扰动项有相互抵消的趋势。

2. 同方差假定

对于每个 x_i，随机干扰项 u_i 的方差等于一个常数 σ^2，即解释变量取不同值时，u_i 相对于各自均值的分散程度是相同的。同时也不难推证因变量 y_i 与 u_i 具有相同的方差。因此，该假定表明，因变量 y_i 可能取值的分散程度也是相同的。

前两个假设可以用公式 $u_i \sim N(0,\sigma^2)$ 表述，通常我们都认为随机扰动（噪声）符合一个均值为 0，方差为 σ^2 的正态分布。

3. 相互独立性

随机扰动项彼此之间都是相互独立的。如果干扰的因素是全随机的、相互独立的，那么变量 y_i 的序列值之间也是互不相关的。

4. 因变量与自变量之间满足线性关系

这是建立线性回归模型所必需的。如果因变量与自变量之间的关系是杂乱无章、全无规律可言的，那么谈论建立线性回归模型就显然是毫无意义的。

6.3.4 总体方差的无偏估计

前面谈到回归模型的基本假定中有这样一条：随机扰动(噪声)符合一个均值为0，方差为 σ^2 的正态分布，即 $u_i \sim N(0,\sigma^2)$ 来表述。随机扰动 u_i 的方差 σ^2 又称为总体方差。由于总体方差 σ^2 未知，而且随机扰动项 u_i 也不可度量，所以只能从 u_i 的估计量——残差 e_i 出发，对总体方差 σ^2 进行估计。可以证明总体方差 σ^2 的无偏估计量为

$$\hat{\sigma}^2 = \frac{\sum e_i^2}{n-2} = \frac{\sum (y_i - \hat{y}_i)^2}{n-2}$$

证明：因为

$$\bar{y} = \frac{1}{n}\sum y_i$$

即 $\bar{y}$ 是有限个 y_i 的线性组合，所以当 $y_i = w_0 + w_1 x_i + u_i$，同样有

$$\bar{y} = w_0 + w_1 \bar{x} + \bar{u}$$

所以可得

$$\begin{aligned} y'_i = y_i - \bar{y} &= w_0 + w_1 x_i + u_i - (w_0 + w_1 \bar{x} + \bar{u}) \\ &= w_1(x_i - \bar{x}) + (u_i - \bar{u}) = w_1 x_i + (u_i - \bar{u}) \end{aligned}$$

又因为

$$\left.\begin{aligned} e_i = y_i - \hat{y}_i = y_i - \hat{w}_0 - \hat{w}_1 x_i = y'_i + \bar{y} - \hat{w}_0 - \hat{w}_1(x'_i + \bar{x}) \\ \hat{w}_0 = \bar{y} - \hat{w}_1 \bar{x} \end{aligned}\right\} \Rightarrow e_i = y'_i - \hat{w}_1 x'_i$$

所以有

$$e_i = w_1 x'_i + (u_i - \bar{u}) - \hat{w}_1 x'_i = (u_i - \bar{u}) - (\hat{\beta}_1 - \beta_1) x'_i$$

进而有

$$\begin{aligned} \sum e_i^2 &= \sum \left[(u_i - \bar{u}) - (\hat{w}_1 - w_1) x'_i\right]^2 \\ &= (\hat{w}_1 - w_1)^2 \sum x_i'^2 + \sum (u_i - \bar{u})^2 - 2(\hat{w}_1 - w_1) \sum x'_i (u_i - \bar{u}) \end{aligned}$$

对上式两边同时取期望，则有

$$\begin{aligned} E\left(\sum e_i^2\right) = E\left[(\hat{w}_1 - w_1)^2 \sum x_i'^2\right] + E\left[\sum (u_i - \bar{u})^2\right] - \\ 2E\left[(\hat{w}_1 - w_1) \sum x'_i (u_i - \bar{u})\right] \end{aligned}$$

然后对上式右端各项分别进行整理，可得

$$E\left[\sum (u_i - \bar{u})^2\right] = E\left[\sum (u_i^2 - 2u_i \bar{u} + \bar{u}^2)\right]$$

$$
\begin{aligned}
&= E\left[n\bar{u}^2 + \sum u_i^2 - 2\bar{u}\sum u_i\right] \\
&= E\left[\sum u_i^2 - \frac{1}{n}\left(\sum u_i\right)^2\right] = \sum E(u_i^2) - \frac{1}{n}E\left(\sum u_i\right)^2 \\
&= \sum E(u_i^2) - \frac{1}{n}\left(\sum u_i^2 + 2\sum_{i\neq j} u_i u_j\right) \\
&= n\sigma^2 - \frac{1}{n}n\sigma^2 - 0 \\
&= (n-1)\sigma^2
\end{aligned}
$$

其中用到了 u_i 互不相关以及 $u_i \sim N(0,\sigma^2)$ 这两条性质。

一个变量与其均值的离差之总和恒为零，该结论可以简证如下：

$$\bar{x} = \frac{1}{n}\sum x_i \Rightarrow n\bar{x} = \sum x_i \Rightarrow \sum \bar{x} = \sum x_i \Rightarrow \sum (x_i - \bar{x}) = 0$$

又因为 $\bar{y}$ 是一个常数，所以有

$$
\begin{aligned}
\sum x'_i y'_i &= \sum x'_i (y_i - \bar{y}) = \sum x'_i y_i - \bar{y}\sum x'_i \\
&= \sum x'_i y_i - \bar{y}\sum (x_i - \bar{x}) = \sum x'_i y_i
\end{aligned}
$$

进而得到

$$\hat{w}_1 = \frac{\sum x'_i y_i}{\sum x_i'^2} = \frac{\sum x'_i y_i}{\sum x_i'^2} = \sum k_i y_i$$

其中

$$k_i = \frac{x'_i}{\sum x_i'^2}$$

这其实说明 $\hat{w}_1$ 是 y 的一个线性函数；它是 y_i 的一个加权平均，以 k_i 为权数，从而它是一个线性估计量。同理，$\hat{w}_0$ 也是一个线性估计了。易证 k_i 满足下列性质

$$
\begin{aligned}
&\sum k_i = \sum \left[\frac{x'_i}{\sum x_i'^2}\right] = \frac{1}{\sum x_i'^2}\sum x'_i = 0 \\
&\sum k_i^2 = \sum \left[\frac{x'_i}{\sum x_i'^2}\right]^2 = \frac{\sum x_i'^2}{\left(\sum x_i'^2\right)^2} = \frac{1}{\sum x_i'^2} \\
&\sum k_i x'_i = \sum k_i x_i = 1
\end{aligned}
$$

于是有

$$
\begin{aligned}
\hat{w}_1 &= \sum k_i y_i = \sum k_i (w_0 + w_1 x_i + u_i) \\
&= w_0 \sum k_i + w_1 \sum k_i x_i + \sum k_i u_i = w_1 + \sum k_i u_i
\end{aligned}
$$

即

$$\hat{w}_1 - w_1 = \sum k_i u_i$$

以此为基础可以继续前面的整理过程，其中再次用到了 u_i 的互不相关性

$$E\left[(\hat{w}_1 - w_1)\sum x'_i (u_i - \bar{u})\right] = E\left[\sum k_i u_i \sum x'_i (u_i - \bar{u})\right]$$

$$=E\left[\sum k_i u_i \sum (x'_i u_i - x'_i \bar{u})\right]$$
$$=E\left[\sum k_i u_i \sum x'_i u_i - \bar{u} \sum k_i u_i \sum x'_i\right]$$
$$=E\left[\sum k_i u_i \sum x'_i u_i\right]=E\left[\sum k_i x'_i u_i^2\right]=\sigma^2$$

此外还有

$$E\left[(\hat{w}_1 - w_1)^2 \sum x_i'^2\right]=E\left[\left(\sum k_i u_i\right)^2 \sum x_i'^2\right]$$
$$=E\left[\sum\left(\frac{x'_i}{\sum x_i'^2} u_i\right)^2 \sum x_i'^2\right]=E\left[\sum (x'_i u_i)^2 / \sum x_i'^2\right]=\sigma^2$$

综上可得

$$E\left(\sum e_i^2\right)=(n-1)\sigma^2+\sigma^2-2\sigma^2=(n-2)\sigma^2$$

原结论得证,可知 $\hat{\sigma}^2$ 是 σ^2 的无偏估计量。

6.3.5 估计参数的概率分布

中心极限定理表明,对于独立同分布的随机变量,随着变量个数的无限增加,其和的分布近似服从正态分布。随机项 u_i 代表了在回归模型中没有单列出来的其他所有影响因素。在众多的影响因素中,每种因素对 y_i 的影响可能都很微弱,如果用 u_i 来表示所有这些随机影响因素之和,则根据中心极限定理,就可以假定随机误差项服从正态分布,即 $u_i \sim N(0,\sigma^2)$。

因为 $\hat{w}_0$ 和 $\hat{w}_1$ 是 y_i 的线性函数,所以 $\hat{w}_0$ 和 $\hat{w}_1$ 的分布取决于 y_i。而 y_i 与随机干扰项 u_i 具有相同类型的分布,所以为了讨论 $\hat{w}_0$ 和 $\hat{w}_1$ 的概率分布,就必须对 u_i 的分布做出假定。这个假定十分重要,如果没有这一假定,$\hat{w}_0$ 和 $\hat{w}_1$ 的概率分布就无法求出,再讨论两者的显著性检验也就无的放矢了。

根据随机项 u_i 的正态分布假定可知,y_i 服从正态分布,根据正态分布变量的性质,即正态变量的线性函数仍服从正态分布,其概率密度函数由其均值和方差唯一决定。于是可得

$$\hat{w}_0 \sim N\left(w_0, \sigma^2 \frac{\sum x_i^2}{n \sum x_i'^2}\right)$$
$$\hat{w}_1 \sim N\left(w_1, \frac{\sigma^2}{\sum x_i'^2}\right)$$

并且 $\hat{w}_0$ 和 $\hat{w}_1$ 的标准差分布为

$$\mathrm{se}(\hat{w}_0)=\sqrt{\sigma^2 \frac{\sum x_i^2}{n \sum x_i'^2}}$$
$$\mathrm{se}(\hat{w}_1)=\sqrt{\frac{\sigma^2}{\sum x_i'^2}}$$

以 $\hat{w}_1$ 的分布为例,如图 6-5 所示,$\hat{w}_1$ 是 w_1 的无偏估计量,$\hat{w}_1$ 的分布中心是 w_1。易见,标准差可以用来衡量估计值接近于其真实值的程度,进而判定估计量的可靠性。

此前,已经证明 $\hat{\sigma}^2$ 是 σ^2 的无偏估计量,那么由此可知 $\hat{w}_0$ 和 $\hat{w}_1$ 的方差及标准差的估计量分别为

$$\text{var}(\hat{w}_0)=\hat{\sigma}^2\frac{\sum x_i^2}{n\sum x_i'^2},\quad \text{se}(\hat{w}_0)=\hat{\sigma}\sqrt{\frac{\sum x_i^2}{n\sum x_i'^2}}$$

$$\text{var}(\hat{w}_1)=\frac{\hat{\sigma}^2}{\sum x_i'^2},\quad \text{se}(\hat{w}_1)=\frac{\hat{\sigma}}{\sqrt{\sum x_i'^2}}$$

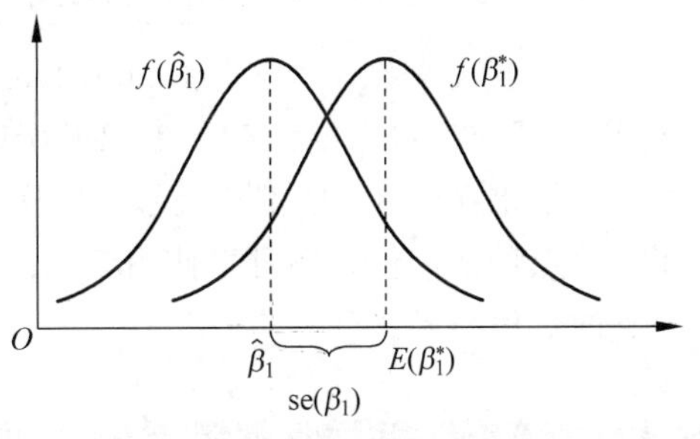

图 6-5 估计量的分布及其偏移

在车重与油耗的例子中,利用 statsmodels 包提供的功能实现一元线性回归分析后,所得结果如图 6-6 所示,同时给出相应的 Python 代码。

```
import statsmodels.api as sm
from statsmodels.formula.api import ols

X_lin = sm.add_constant(X)
model_lin = sm.OLS(y, X_lin).fit()
model_lin.summary()
```

图 6-6 中给出的截距的估计值 $\hat{\beta}_0$ 的标准差为 0.506,斜率的估计值 $\hat{\beta}_1$ 的标准差为 0.000,这两个值已经在图 6-6 中圈出。但由于信息显示的精度有限,图中斜率估计值的标准差并没有给出有效数字,因此使用训练得到的模型的 bse 属性来获得更为完整的结果数值,于是使用 Python 代码 model_lin.bse 得到截距估计值的标准差为 0.506 422,斜率估计值的标准差为 0.000 387。

Dep. Variable:	lp100km	R-squared:	0.958
Model:	OLS	Adj. R-squared:	0.955
Method:	Least Squares	F-statistic:	429.9
Date:	Sat, 02 May 2020	Prob (F-statistic):	1.65e-14
Time:	20:32:34	Log-Likelihood:	-8.9259
No. Observations:	21	AIC:	21.85
Df Residuals:	19	BIC:	23.94
Df Model:	1		
Covariance Type:	nonrobust		

	coef	std err	t	P>|t|	[0.025	0.975]
const	-0.8178	0.506	-1.615	0.123	-1.878	0.242
x1	0.0080	0.000	20.733	0.000	0.007	0.009

Omnibus:	0.201	Durbin-Watson:	2.058
Prob(Omnibus):	0.905	Jarque-Bera (JB):	0.404
Skew:	0.056	Prob(JB):	0.817
Kurtosis:	2.330	Cond. No.	7.80e+03

图 6-6 对车重与油耗的关系进行线性回归分析

标准差可以被用来计算参数的置信区间。例如在本题中,w_0 的 95%的置信区间为

$$\begin{aligned}&-0.8178\pm c_{0.975}(t_{19})\times 0.5064\\&=-0.8178\pm 2.093\times 0.5064\\&=(-1.878,0.242)\end{aligned}$$

同理可以计算 w_1 的 95%的置信区间为

$$0.008\,024\pm c_{0.975}(t_{19})\times 0.000\,387$$

$$=0.008\,024\pm 2.093\times 0.000\,387$$
$$=(0.0072,0.0088)$$

其中，因为残差的自由度为 $21-2=19$，所以数值 2.093 是自由度为 19 的 t 分布值。这些得到的数值结果在图 6-6 中都有展示。同样，因为信息显示的精度有限，图 6-6 中的结果仅保留了小数点后面三位。还可以使用 Python 代码 model_lin.conf_int()来获得更高精度、更为完整的数值结果。

6.4 正态条件下的模型检验

前面以样本观察值为基础，应用最小二乘法求得样本回归直线，从而对总体回归直线进行拟合。但是拟合的程度怎样，必须要进行一系列的统计检验，从而对模型的优劣做出合理的评估，本节就介绍与模型评估检验有关的内容。

6.4.1 拟合优度的检验

由样本观察值(x_i,y_i)得出的样本回归直线为 $\hat{y}_i=\hat{w}_0+\hat{w}_1x_i$，$y$ 的第 i 个观察值 y_i 与样本平均值 $\bar{y}$ 的离差称为 y_i 的总离差，记为 $y_i'=y_i-\bar{y}$，可以看出，总离差可以分成两部分，即

$$y_i'=(y_i-\hat{y}_i)+(\hat{y}_i-\bar{y})$$

其中一部分 $\hat{y}_i'=\hat{y}_i-\bar{y}$ 是通过样本回归直线计算的拟合值与观察值的平均值之差，它是由回归直线(即解释变量)所解释的部分。另一部分 $e_i=y_i-\hat{y}_i$ 是观察值与回归值之差，即残差。残差是回归直线所不能解释的部分，它是由随机因素、被忽略掉的因素、观察误差等综合影响而产生的。各变量之间的关系如图 6-7 所示。

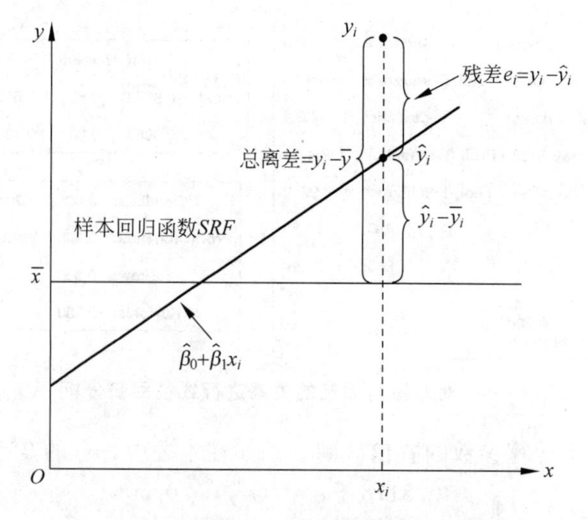

图 6-7 总离差分解

由回归直线所解释的部分 $\hat{y}_i'=\hat{y}_i-\bar{y}$ 的绝对值越大，则残差的绝对值就越小，回归直线与样本点(x_i,y_i)的拟合就越好。因为

$$y_i - \bar{y} = (y_i - \hat{y}_i) + (\hat{y}_i - \bar{y})$$

如果用加总 y 的全部离差来表示显然是不行的，因为

$$\sum (y_i - \bar{y}) = \sum y_i - \sum \bar{y} = n\bar{y} - n\bar{y} = 0$$

所以，考虑利用加总全部离差的平方和来反映总离差，即

$$\begin{aligned}\sum (y_i - \bar{y})^2 &= \sum [(y_i - \hat{y}_i) + (\hat{y}_i - \bar{y})]^2 \\ &= \sum (y_i - y_i)^2 + \sum (\hat{y}_i - \bar{y})^2 + 2\sum (y_i - \hat{y}_i)(\hat{y}_i - \bar{y})\end{aligned}$$

其中，

$$\sum (y_i - \hat{y}_i)(\hat{y}_i - \bar{y}) = 0$$

这是因为

$$\begin{aligned}\sum (y_i - \hat{y}_i)(\hat{y}_i - \bar{y}) &= \sum e_i(\hat{w}_0 + \hat{w}_1 x_i - \bar{y}) \\ &= (\hat{w}_0 - \bar{y})\sum e_i + \hat{w}_1 \sum x_i e_i \\ &= (\hat{w}_0 - \bar{y})\sum e_i + \hat{w}_1 \sum x_i(y_i - \hat{w}_0 - \hat{w}_1 x_i)\end{aligned}$$

注意最小二乘法对于 e_i 有零均值假定，所以对其求和结果仍为零。而上述式子中最后一项为零，则是由最小二乘法推导过程中极值存在条件(令偏导数等于零)所保证的。于是可得

$$\sum (y_i - \bar{y})^2 = \sum (y_i - \hat{y}_i)^2 + \sum (\hat{y}_i - \bar{y})^2$$

或者写成

$$\sum y_i'^2 = \sum e_i^2 + \sum \hat{y}_i'^2$$

其中，

$$\sum y_i'^2 = \sum (y_i - \bar{y})^2$$

称为总离差平方和(Total Sum of Squares)，用 SS_{total} 表示；

$$\sum e_i^2 = \sum (y_i - \hat{y}_i)^2$$

称为残差平方和(Residual Sum of Squares)，用 $SS_{residual}$ 表示；

$$\sum \hat{y}_i'^2 = \sum (\hat{y}_i - \bar{y})^2$$

称为回归平方和(Regression Sum of Squares)，用 $SS_{regression}$ 表示。

总离差平方和可以分解成残差平方和与回归平方和两部分。总离差分解公式还可以写成

$$SS_{total} = SS_{residual} + SS_{regression}$$

这一公式也是方差分析 ANOVA 的原理基础，这一点在后续章节中还会详细介绍。

在总离差平方和中，如果回归平方和比例越大，残差平方和所占比例就越小，表示回归直线与样本点拟合得越好；反之，拟合得就不好。把回归平方和与总离差平方和之比定义为样本判定系数，记为

$$R^2 = SS_{regression} / SS_{total}$$

判断系数 R^2 是一个回归直线与样本观察值拟合优度的数量指标，R^2 越大，则拟合优度就越好；相反，R^2 越小，则拟合优度就越差。

注意 Python 中指示判定系数的标签是“R-squared”，例如图 6-4 中给出的树高与树龄

的分析报告里，$R^2=0.9186(=91.86\%)$，这表明模型的拟合程度较好。此外，Python 的输出中还给出了所谓的调整判定系数，调整判定系数是对 R^2 的修正，指示标签为“Adj. R-squared”。例如，在树高与树龄的例子中调整判定系数大小为 0.9159。

在具体解释调整判定系数的意义之前，还需先考查进行线性回归分析时，常会遇到另外一个值——残差标准误差(Residual Standard Error)。在树高与树龄的例子中，可以使用下面的 Python 代码得到该值。

```
np.sqrt(model_lin.scale)        #0.336833
```

所谓残差的标准误差其实就是残差的标准差(Residual Standard Deviation)。前面已经证明过，在一元线性回归中，总体方差 σ^2 的无偏估计量为

$$\hat{\sigma}^2=\frac{\sum e_i^2}{n-2}=\frac{\sum(y_i-\hat{y}_i)^2}{n-2}$$

所以残差的标准差为

$$s=\hat{\sigma}=\sqrt{\frac{\sum(y_i-\hat{y}_i)^2}{n-2}}$$

如果将这一结论加以推广(即不仅限于一元线性回归)，则有

$$s=\hat{\sigma}=\sqrt{\frac{\mathrm{SS}_{\text{residual}}}{n-\text{被估计之参数的数量}}}$$

因为在一元线性回归中，被估计的参数只有 β_0 和 β_1 两个，所以此时被估计之参数的数量就是 2。而在树高与树龄的例子中，研究单元的数量 $n=24$，因此图 6-4 给出的报告中，“Df Residuals”的相应值是 22，其中 Df 就是自由度(Degrees of Freedom)的意思。

调整判定系数的定义为

$$1-R_{\text{adj}}^2=s^2/s_y^2$$

根据前面给出的公式可知

$$s^2=\frac{\mathrm{SS}_{\text{residual}}}{n-p}$$

其中，p 是模型中参数的数量。以及

$$s_y^2=\frac{\mathrm{SS}_{\text{total}}}{n-1}$$

一般认为，调整判定系数会比判定系数更好地反映回归直线与样本点的拟合优度。那么其理据何在呢？注意残差 e_i 是扰动项 u_i 的估计值，因为 u_i 的标准差 σ 无法计算，所以借助 e_i 对其进行估计，而且也可以证明其无偏估计的表达式需要借助自由度进行修正。另一方面，本书前面也曾经证明过当用样本来估计总体时，方差的无偏估计需要通过除以 $n-1$ 来进行修正。所以采用上述公式来计算会得到更加准确的结果。

经过简单的代数变换，可得出 R_{adj}^2 的另外一种算式

$$R_{\text{adj}}^2=R^2-\frac{p-1}{n-p}(1-R^2)$$

对于树高与树龄的例子有

$$R_{\text{adj}}^2 = 0.9186 - \frac{2-1}{24-2}(1-0.9186) \approx 0.9149$$

这与 Python 中输出的结果相同，如图 6-4 所示。通常情况下，R_{adj}^2 的值都会比 R^2 的值略小，且两者的差异一般都不大。

6.4.2　整体性假定检验

如果随机变量 X 服从均值为 μ、方差为 σ^2 的正态分布，即 $X \sim N(\mu, \sigma^2)$，则随机变量 $Z = (X-\mu)/\sigma$ 是标准正态分布，即 $Z \sim N(0,1)$。统计理论表明，标准正态变量的平方服从自由度为 1 的 χ^2 分布，用符号表示为

$$Z^2 \sim \chi_1^2$$

其中，χ^2 的下标表示自由度为 1。正如均值、方差是正态分布的参数一样，自由度是 χ^2 分布的参数。在统计学中自由度有各种不同的含义，此处定义的自由度是平方和中独立观察值的个数。

总离差平方和 SS_{total} 的自由为 $n-1$，因变量共有 n 个观察值，由于这 n 个观察值受 $\sum y'_i = \sum (y_i - \bar{y}) = 0$ 的约束，当 $n-1$ 个观察值确定以后，最后一个观察值就不能自由取值了，因此 SS_{total} 的自由为 $n-1$。回归平方和 $SS_{\text{regression}}$ 的自由度是由自变量对因变量的影响决定的，因此它的自由度取决于解释变量的个数。在一元线性回归模型中，只有一个解释变量，所以 $SS_{\text{regression}}$ 的自由度为 1。在多元回归模型中，如果解释变量的个数为 k 个，则其中 $SS_{\text{regression}}$ 的自由度为 k。因为 $SS_{\text{regression}}$ 的自由度与 SS_{residual} 的自由度之和等于 SS_{total} 的自由度，所以 SS_{residual} 的自由度为 $n-2$。

平方和除以相应的自由度称为均方差。因此 $SS_{\text{regression}}$ 的均方差为

$$\begin{aligned}
\frac{\sum \hat{y}_i'^2}{1} &= \sum (y_i - \bar{y})^2 = \sum (\hat{w}_0 + \hat{w}_1 x_i - \bar{y})^2 \\
&= \sum [\hat{w}_0 + \hat{w}_1(\bar{x} + x'_i) - \bar{y}]^2 = \sum [\bar{y} - \hat{w}_1 \bar{X} + \hat{w}_1(\bar{x} + x'_i) - \bar{y}]^2 \\
&= \sum (\hat{w}_1 x'_i)^2 = \hat{w}_1^2 \sum x_i'^2
\end{aligned}$$

而且还有 SS_{residual} 的均方差为 $\left(\sum e_i^2\right)/(n-2)$。可以证明，在多元线性回归的条件下（即回归方程中有 k 个解释变量 $x_i, i=1,2,\cdots,k$），有

$$\sum \hat{y}_i'^2 \sim \chi_k^2$$

$$\sum e_i^2 \sim \chi_{(n-k-1)}^2$$

由基本的统计学知识可知，如果 Z_1 和 Z_2 分别是自由度为 k_1 和 k_2 的分布变量，则其均方差之比服从自由度为 k_1 和 k_2 的 F 分布，即

$$F = \frac{Z_1/k_1}{Z_2/k_2} \sim F(k_1, k_2)$$

那么

$$F = \frac{\left(\sum \hat{y}_i'^2\right)/k}{\left(\sum e_i^2\right)/(n-k-1)} \sim F(k, n-k-1)$$

下面就利用 F 统计量对总体线性的显著性进行检验。首先，提出关于 k 个总体参数的假设

$$H_0: w_1 = w_2 = \cdots = w_k = 0$$

$$H_0: w_i \text{ 不全为 } 0, \quad i = 1, 2, \cdots, k$$

进而根据样本观察值计算并列出方差分析数据如表 6-4 所示。

表 6-4　方差分析表

方 差 来 源	平方和	自由度	均方差
$SS_{residual}$	$\sum \hat{y}_i'^2$	k	$\left(\sum \hat{y}_i'^2\right)/k$
$SS_{regression}$	$\sum e_i^2$	$n-k-1$	$\left(\sum e_i^2\right)/(n-k-1)$
SS_{total}	$\sum y_i'^2$		

然后在 H_0 成立的前提下计算 F 统计量

$$F = \frac{\left(\sum y_i'^2\right)/k}{\left(\sum e_i^2\right)/(n-k-1)}$$

对于给定的显著水平 α，查询 F 分布表得到临界值 $F_\alpha(1, n-k-1)$，如果 $F > F_\alpha(1, n-k-1)$，则拒绝原假设，说明犯第一类错误的概率非常小。也可以通过与这个 F 统计量对应的 P 值来判断，说明如果原假设成立，得到此 F 统计量的概率很小即为 P 值。这个结果说明回归模型中的解释变量对因变量是有影响的，即回归总体是显著线性的。相反，若 $F < F_\alpha(1, n-k-1)$，则接受原假设，即回归总体不存在线性关系，或者说解释变量对因变量没有显著的影响关系。

例如，对于树龄与树高的例子，给定 $\alpha = 0.05$，可以查表或者在 Python 中输入下列语句得到 $F_{0.05}(1,22)$ 的值。

```
from scipy.stats import f
print(f.isf(0.05, 1, 22))     # f.ppf(0.95, 1, 22)
```

在 Python 中进行科学计算最重要的一个函数库就是 scipy 包。引入该包之后，可以方便地使用其中内置的各种概率模型函数。例如上面的代码就引入了 F 分布，ppf()和 isf()是用于获取分位数的两个函数。其中，前者相当于是累积分布函数的逆，也就是通常意义下的分为点函数。例如，如果有 cdf(s, m, n) = alpha，那么 s 就是 alpha 的分位数，即 ppf(alpha, m, n) = s。与之相对定的，isf()给出的是逆残存函数逆。例如，如果同样有 cdf(s, m, n) = alpha，那么此时 s = isf(1−alpha, m, n)。

经过简单计算易知 $\sum y_i'^2 = 28.1626663$，$\sum e_i^2 = 2.496047632$。由此可得 $F = 248.2238923$。当然，Python 中给出的线性回归分析结果也包含了这个结果。因为 $F > F_{0.05}(1,22)$，所以有理由拒绝原假设 H_0，即证明回归总体是显著线性的。还可以通过与这个 F 统计量对应的 P 值来判断，此时可以在 Python 中使用下面的代码得到相应的 P 值。

```
f.sf(248.2238923, 1, 22) #1.821097e-13
```

可见,P 值远远小于 0.05,因此有足够的把握拒绝原假设。

本节所介绍的其实就是方差分析(ANOVA)的基本步骤。实际上,一元线性回归模型中对模型进行整体性检验只用后面介绍的 t 检验即可。但在多元线性回归模型中,F 检验是检验统计假设的非常有用和有效的方法。

6.4.3 单个参数的检验

前面介绍了利用 R^2 来估计回归直线的拟合优度,但是 R^2 却不能告诉我们估计的回归系数在统计上是否显著,即是否显著地不为零。实际上确实有些回归系数是显著的,而有些又是不显著的,下面就来介绍具体的判断方法。

本章前面曾经给出了 $\hat{w}_0$ 和 $\hat{w}_1$ 的概率分布,即

$$\hat{w}_0 \sim N\left(w_0, \sigma^2 \frac{\sum x_i^2}{n\sum x_i'^2}\right)$$

$$\hat{w}_1 \sim N\left(w_1, \frac{\sigma^2}{\sum x_i'^2}\right)$$

但在实际分析时,由于 σ^2 未知,只能用无偏估计量 $\hat{\sigma}^2$ 来代替,此时一元线性回归的最小二乘估计量 $\hat{w}_0$ 和 $\hat{w}_1$ 的标准正态变量服从自由度为 $n-2$ 的 t 分布,即

$$t = \frac{\hat{w}_0 - w_0}{\mathrm{se}(\hat{w}_0)} \sim t(n-2)$$

$$t = \frac{\hat{w}_1 - w_1}{\mathrm{se}(\hat{w}_1)} \sim t(n-2)$$

下面以 w_1 为例,演示利用 t 统计量对单个参数进行检验的具体步骤。首先对回归结果提出如下假设

$$H_0: w_1 = 0$$
$$H_1: w_1 \neq 0$$

即在原假设条件下,解释变量对因变量没有影响。在备择假设条件下,解释变量对因变量有(正的或者负的)影响,因此备择假设是双边假设。

以原假设 H_0 构造 t 统计量并由样本观察值计算其结果,则

$$t = \frac{w_1}{\mathrm{se}(\hat{w}_1)}$$

其中

$$\mathrm{se}(\hat{w}_1) = \frac{\hat{\sigma}}{\sqrt{\sum x_i'^2}} = \sqrt{\frac{\sum e_i^2}{(n-2)\sum x_i'^2}}$$

可以通过给定的显著性水平 α,检验自由度为 $n-2$ 的 t 分布表,得临界值 $t_{\frac{\alpha}{2}}(n-2)$。如果 $|t| > t_{\frac{\alpha}{2}}(n-2)$,则拒绝 H_0,此时接受备择假设犯错的概率很小,即说明 w_1 所对应的变量 x 对 y 有影响。相反,若 $|t| \leq t_{\frac{\alpha}{2}}(n-2)$,则无法拒绝 H_0,即 w_1 与 0 的差异不显

著，说明 w_1 所对应的变量 x 对 y 没有影响，变量之间的线性关系不显著。对参数的显著性检验，还可以通过 P 值来判断，如果相应的 P 值很小，则可以拒绝原假设，即参数显著不为零。

例如，在树龄与树高的例子中，很容易算得

$$\sum x_i'^2 = 70$$

于是可得到 $\text{se}(\hat{w}_1)=0.3368/\sqrt{70}=0.040\,26$，进而有 $t=0.634\,29/0.040\,26=15.754\,84$。相应的 P 值可以在 Python 中用下列代码算得。

```
2 * (t.sf(15.75484,22))        #1.821e-13
```

经过计算所得的 t 值为 15.754 84，其 P 值几乎为 0，这一结果在图 6-4 中也有展示（注意由于计算精度的关系，末尾几位有效数字 e 的差异是正常的）。因为 P 值越低，拒绝原假设的理由就越充分。现在来看，我们已经有足够的把握拒绝原假设，可见变量之间具有显著的线性关系。

6.5　一元线性回归模型预测

预测是回归分析的一个重要应用。这种所谓的预测通常包含两个方面，对于给定的点，一方面要估计它的取值，另一方面还应对可能取值的波动范围进行预测。

6.5.1　点预测

对于给定的 $x=x_0$，利用样本回归方程可以求出相应的样本拟合值 $\hat{y}_0$，以此作为因变量个别值 y_0 或其均值 $E(y_0)$ 的估计值，这就是所谓的点预测。例如树龄与树高的例子，如果你购买了一棵树苗，并且想知道该树的树龄达到 4 年时，其树高预计为多少。此时你希望求得的值，其实是树龄为 4 的该种树木的平均树高或者是期望树高。

已知含随机扰动项的总体回归方程为

$$y_i = E(y_i) + u_i = w_0 + w_1 x_i + u_i$$

当 $x=x_0$ 时，y 的个别值为

$$y_0 = w_0 + w_1 x_0 + u_0$$

其总体均值为

$$E(y_0) = w_0 + w_1 x_0$$

样本回归方程在 $x=x_0$ 时的拟合值为

$$\hat{y}_0 = \hat{w}_0 + \hat{w}_1 x_0$$

对上式两边取期望，得

$$E(\hat{y}_0) = E(\hat{w}_0 + \hat{w}_1 x_0) = w_0 + w_1 x_0 = E(y_0)$$

这表示在 $x=x_0$ 时，由样本回归方程计算的 $\hat{y}_0$ 是个别值 y_0 和总体均值 $E(y_0)$ 的无偏估计，所以 $\hat{y}_0$ 可以作为 y_0 和 $E(y_0)$ 的预测值。

例如，对于树龄与树高的例子，我们已经训练好了模型 model_lin，于是通过 predict()

方法进行点预测：

```
print(model_lin.predict([1,4]))
```

所得结果为 6.591 19。

6.5.2 区间预测

对于任一给定样本，估计值 $\hat{y}_0$ 只能作为 y_0 和 $E(y_0)$的无偏估计量，不一定能够恰好等于 y_0 和 $E(y_0)$。也就是说，两者之间存在误差，这个误差就是预测误差。由这个误差开始，我们期望得到 y_0 和 $E(y_0)$的可能取值的范围，这就是区间预测。

定义误差 $\delta_0=\hat{y}_0-E(y)$，由于 $\hat{y}_0$ 服从正态分布，所以 δ_0 是服从正态分布的随机变量。而且可以得到 δ_0 的数学期望与方差如下：

$$E(\delta_0)=E[\hat{y}_0-E(y)]=0$$

$$\begin{aligned}\mathrm{var}(\delta_0)&=E[\hat{y}_0-E(y)]^2=E[\hat{w}_0+\hat{w}_1x_0-(w_0+w_1x_0)]^2\\&=E[(\hat{w}_0-w_0)^2+2(\hat{w}_0-w_0)(\hat{w}_1-w_1)+(\hat{w}_1-w_1)^2x_0^2]\\&=\mathrm{var}(\hat{w}_0)+2x_0\mathrm{cov}(\hat{w}_0,\hat{w}_1)+\mathrm{var}(\hat{w}_1)x_0^2\end{aligned}$$

其中，$\hat{w}_0$ 和 $\hat{w}_1$ 的协方差为

$$\begin{aligned}\mathrm{cov}(\hat{w}_0,\hat{w}_1)&=E[(\hat{w}_0-w_0)(\hat{w}_1-w_1)]\\&=E[(\bar{y}-\hat{w}_1\bar{x}-w_0)(\hat{w}_1-w_1)]\\&=E[(w_0+w_1\bar{x}+\bar{u}-\hat{w}_1\bar{x}-w_0)(\hat{w}_1-w_1)]\\&=E\{[-(\hat{w}_1-w_1)\bar{x}+\bar{u}](\hat{w}_1-w_1)\}\\&=\bar{x}E(\hat{w}_1-w_1)^2+E(\bar{u}\hat{w}_1)\end{aligned}$$

因为

$$E(\hat{w}_1-w_1)^2=\mathrm{var}(\hat{w}_1)=\frac{\sigma^2}{\sum x_i'^2}$$

$$\begin{aligned}E(\bar{u}\hat{w}_1)&=\frac{1}{n}E\left(\sum u_i\sum\frac{x_i'}{\sum x_i'^2}y_i\right)\\&=\frac{1}{n}\left(\sum_{i=j}x_i'\Big/\sum x_i'^2\right)E(u_iy_i)+\frac{1}{n}\left(\sum_{i\neq j}x_i'/\sum x_i'^2\right)E(u_iy_i)\\&=\frac{\sigma^2\sum x_i'}{\sum x_i'^2}E(u_iy_i)=0\end{aligned}$$

所以

$$\mathrm{cov}(\hat{w}_0,\hat{w}_1)=-\frac{\bar{x}\sigma^2}{\sum x_i'^2}$$

于是可得

$$\mathrm{var}(\delta_0)=\frac{\sigma^2\sum x_i'^2}{n\sum x_i'^2}-\frac{2\sigma^2x_0\bar{x}}{\sum x_i'^2}+\frac{\sigma^2x_0^2}{\sum x_i'^2}$$

$$= \frac{\sigma^2}{\sum x_i'^2}\left(\frac{\sum x_i'^2 - n\bar{x}}{n} + \bar{x}^2 - 2x_0\bar{x} + x_0^2\right)$$

$$= \frac{\sigma^2}{\sum x_i'^2}\left[\frac{\sum x_i'^2}{n} + (x_0 - \bar{x})^2\right] = \sigma^2\left[\frac{1}{n} + \frac{(x_0 - \bar{x})^2}{\sum x_i'^2}\right]$$

由 δ_0 的数学期望与方差可知

$$\delta_0 \sim N\left\{0, \sigma^2\left[\frac{1}{n} + \frac{(x_0 - \bar{x})^2}{\sum x_i'^2}\right]\right\}$$

将 δ_0 标准化，则有

$$\frac{\delta_0}{\sigma\sqrt{\frac{1}{n} + \frac{(x_0 - \bar{x})^2}{\sum x_i'^2}}} \sim N(0,1)$$

由于 σ 未知，所以用 $\hat{\sigma}$ 来代替，根据采样分布理论及误差 δ_0 的定义，有

$$\frac{\hat{y}_0 - E(y_0)}{\hat{\sigma}\sqrt{\frac{1}{n} + \frac{(x_0 - \bar{x})^2}{\sum x_i'^2}}} \sim t(n-2)$$

那么 $E(y_0)$ 的预测区间为

$$\hat{y}_0 - t_{\frac{\alpha}{2}} \cdot \hat{\sigma}\sqrt{\frac{1}{n} + \frac{(x_0 - \bar{x})^2}{\sum x_i'^2}} \leqslant E(y_0) \leqslant \hat{y}_0 + t_{\frac{\alpha}{2}} \cdot \hat{\sigma}\sqrt{\frac{1}{n} + \frac{(x_0 - \bar{x})^2}{\sum x_i'^2}}$$

其中 α 为显著水平。

在 Python 中可以使用下面的代码来获得总体均值 $E(y_0)$ 的预测区间，所得结果如图 6-8 所示。

```
predictions = model_lin.get_prediction([1,4])
predictions.summary_frame(alpha = 0.05)
```

	mean	mean_se	mean_ci_lower	mean_ci_upper	obs_ci_lower	obs_ci_upper
0	6.59119	0.071642	6.442614	6.739767	5.877015	7.305366

图 6-8 回归模型预测

在此基础上，还可以对总体个别值 y_0 的可能区间进行预测。设误差 $e_0 = y_0 - \hat{y}_0$，由于 $\hat{y}_0$ 服从正态分布，所以 e_0 也服从正态分布。而且可以得到 e_0 的数学期望与方差如下：

$$E(e_0) = E(y_0 - \hat{y}_0) = 0$$

$$\mathrm{var}(e_0) = \mathrm{var}(y_0 - \hat{y}_0)$$

由于 $\hat{y}_0$ 与 y_0 相互独立，并且

$$\mathrm{var}(y_0) = \mathrm{var}(w_0 + w_1 x_0 + u_0) = \mathrm{var}(u_0)$$

$$\mathrm{var}(\hat{y}_0) = E[\hat{y}_0 - E(y_0)]^2 = \mathrm{var}(\delta_0)$$

所以

$$\begin{aligned}\operatorname{var}(e_0) &= \operatorname{var}(y_0) + \operatorname{var}(\hat{y}_0) = \operatorname{var}(u_0) + \operatorname{var}(\delta_0) \\ &= \sigma^2 + \sigma^2\left[\frac{1}{n} + \frac{(x_0 - \bar{x})^2}{\sum x_i'^2}\right] = \sigma^2\left[1 + \frac{1}{n} + \frac{(x_0 - \bar{x})^2}{\sum x_i'^2}\right]\end{aligned}$$

由 e_0 的数学期望与方差,可知

$$e_0 \sim N\left\{0, \sigma^2\left[1 + \frac{1}{n} + \frac{(x_0 - \bar{x})^2}{\sum x_i'^2}\right]\right\}$$

将 e_0 标准化,则有

$$\frac{e_0}{\sigma\sqrt{1 + \frac{1}{n} + \frac{(x_0 - \bar{x})^2}{\sum x_i'^2}}} \sim N(0,1)$$

由于 σ 未知,所以用 $\hat{\sigma}$ 来代替,根据采样分布理论及误差 e_0 的定义,有

$$\frac{y_0 - \hat{y}_0}{\hat{\sigma}\sqrt{1 + \frac{1}{n} + \frac{(x_0 - \bar{x})^2}{\sum x_i'^2}}} \sim t(n-2)$$

那么 y_0 的预测区间为

$$\hat{y}_0 - t_{\frac{\alpha}{2}} \cdot \hat{\sigma}\sqrt{1 + \frac{1}{n} + \frac{(x_0 - \bar{x})^2}{\sum x_i'^2}} \leqslant y_0 \leqslant \hat{y}_0 + t_{\frac{\alpha}{2}} \cdot \hat{\sigma}\sqrt{1 + \frac{1}{n} + \frac{(x_0 - \bar{x})^2}{\sum x_i'^2}}$$

如图 6-8 所示的输出结果中已经包含了总体个别值 y_0 的预测区间。可见,get_prediction()方法可实现对 y_0 或者 y_0 期望及其置信区间(或称置信带)的估计。而且 y_0 期望的置信区间要比 y_0 的置信区间更窄。

第 7 章 多元线性回归

实际应用中,一个自变量同时受多个因变量的影响的情况非常普遍。因此考虑将第 6 章中介绍的一元线性回归拓展到多元的情形。包括多个解释变量的回归模型,就称为多元回归模型。由于多元线性回归分析是一元情况的简单推广,因此读者应该注意建立两者之间的联系。

与本章内容相关的数学概念包括:正规方程组、列空间、帽子矩阵、投影定理、正交投影、最佳逼近原理、最小二乘法、假设检验、区间估计、F 统计量、P 值。

7.1 多元线性回归模型

假设因变量 y 与 m 个解释变量 $x_1, x_2, \cdots, x_m$ 具有线性相关关系,取 n 组观察值,则总体线性回归模型为

$$y_i = w_0 + w_1 x_{i1} + w_2 x_{i2} + \cdots + w_m x_{im} + u_i, \quad i = 1, 2, \cdots, n$$

包含 m 个解释变量的总体回归模型也可以表示为

$$E(y \mid x_{i1}, x_{i2}, \cdots, x_{im}) = w_0 + w_1 x_{1i} + w_2 x_{2i} + \cdots + w_m x_{im}, \quad i = 1, 2, \cdots, n$$

上式表示在给定 $x_{i1}, x_{i2}, \cdots, x_{im}$ 的条件下,y 的条件均值或数学期望。特别地,称 w_0 是截距,$w_1, w_2, \cdots, w_m$ 是偏回归系数。偏回归系数又称为偏斜率系数。例如,w_1 度量了在其他解释变量 $x_2, x_3, \cdots, x_m$ 保持不变的情况下,x_1 每变化 1 个单位时,y 的均值 $E(y|x_{i1}, x_{i2}, \cdots, x_{im})$ 的变化。换句话说,w_1 给出了其他解释变量保持不变时,$E(y|x_{i1}, x_{i2}, \cdots, x_{im})$ 对 x_1 的斜率。

可以看出,多元线性回归模型是以多个解释变量的固定值为条件的回归分析。

同一元线性回归模型一样,多元线性总体回归模型是无法得到的。所以只能用样本观察值进行估计。对应于前面给出的总体回归模型可知多元线性样本回归模型为

$$\hat{y}_i = \hat{w}_0 + \hat{w}_1 x_{i1} + \hat{w}_2 x_{i2} + \cdots + \hat{w}_m x_{im}, \quad i = 1, 2, \cdots, n$$

和

$$y_i = \hat{w}_0 + \hat{w}_1 x_{i1} + \hat{w}_2 x_{i2} + \cdots + \hat{w}_m x_{im} + e_i, \quad i = 1, 2, \cdots, n$$

其中，$\hat{y}_i$ 是总体均值 $E(y|x_{i1}, x_{i2}, \cdots, x_{im})$ 的估计，$\hat{w}_j$ 是总体偏回归系数 w_j 的估计，$j = 1, 2, \cdots, m$，残差项 e_i 是对随机项 u_i 的估计。

对多元线性总体回归方模型可以用线性方程组的形式表示为

$$\begin{cases} y_1 = w_0 + w_1 x_{11} + w_2 x_{12} + \cdots + w_m x_{1m} + u_1 \\ y_2 = w_0 + w_1 x_{21} + w_2 x_{22} + \cdots + w_m x_{2m} + u_2 \\ \qquad \vdots \\ y_n = w_0 + w_1 x_{n1} + w_2 x_{n2} + \cdots + w_m x_{nm} + u_n \end{cases}$$

将上述方程组改写成矩阵形式：

$$\begin{bmatrix} y_1 \\ y_2 \\ \vdots \\ y_n \end{bmatrix} = \begin{bmatrix} 1 & x_{11} & x_{12} & \cdots & x_{1m} \\ 1 & x_{21} & x_{22} & \cdots & x_{2m} \\ \vdots & \vdots & \vdots & & \vdots \\ 1 & x_{n1} & x_{n2} & \cdots & x_{nm} \end{bmatrix} \begin{bmatrix} w_0 \\ w_1 \\ \vdots \\ w_m \end{bmatrix} + \begin{bmatrix} u_1 \\ u_2 \\ \vdots \\ u_n \end{bmatrix}$$

或者写成如下形式：

$$\boldsymbol{y} = \boldsymbol{X}\boldsymbol{w} + \boldsymbol{u}$$

上式就是用矩阵形式表示的多元线性总体回归模型。其中 $\boldsymbol{y}$ 为 n 阶因变量观察值向量；$\boldsymbol{X}$ 表示 $n \times m$ 阶解释变量的观察值矩阵；$\boldsymbol{u}$ 表示 n 阶随机扰动项向量；$\boldsymbol{w}$ 表示 m 阶总体回归参数向量。

同理，可以得到多元线性样本回归模型的矩阵表示为

$$\boldsymbol{y} = \boldsymbol{X}\hat{\boldsymbol{w}} + \boldsymbol{e}$$

或者

$$\hat{\boldsymbol{y}} = \boldsymbol{X}\hat{\boldsymbol{w}}$$

其中 $\hat{\boldsymbol{y}}$ 表示 n 阶因变量回归拟合值向量；$\hat{\boldsymbol{w}}$ 表示 m 阶回归参数 $\boldsymbol{w}$ 的估计值向量；$\boldsymbol{e}$ 表示 n 阶残差向量。

以上各向量的完整形式如下：

$$\boldsymbol{y} = \begin{bmatrix} y_1 \\ y_2 \\ \vdots \\ y_n \end{bmatrix}, \quad \hat{\boldsymbol{y}} = \begin{bmatrix} \hat{y}_1 \\ \hat{y}_2 \\ \vdots \\ \hat{y}_n \end{bmatrix}, \quad \hat{\boldsymbol{w}} = \begin{bmatrix} \hat{w}_0 \\ \hat{w}_1 \\ \vdots \\ \hat{w}_m \end{bmatrix}, \quad \boldsymbol{e} = \begin{bmatrix} e_1 \\ e_2 \\ \vdots \\ e_n \end{bmatrix}$$

显而易见的是，由于解释变量数量的增多，多元线性回归模型的计算要比一元的情况复杂很多。最后与一元线性回归模型一样，为了对回归模型中的参数进行估计，要求多元线性回归模型在满足线性关系之外还必须遵守以下假定：

1. 零均值假定

干扰项 u_i 均值为零，或对每一个 i，都有 $E(u_i|x_{i1}, x_{i2}, \cdots, x_{im}) = 0$。

2. 同方差假定

干扰项 u_i 的方差保持不变，即 $\mathrm{var}(u_i) = \sigma^2$。为了进行假设检验，我们通常认为随机扰

动(噪声)符合一个均值为0,方差为σ^2的正态分布,即$u_i \sim N(0,\sigma^2)$。

3. 相互独立性

随机扰动项彼此之间都是相互独立的,即$\mathrm{cov}(u_i,u_j)=0$,其中$i \neq j$。

4. 无多重共线性假定

解释变量之间不存在精确的线性关系,即没有一个解释变量可以被写成模型中其余解释变量的线性组合。

7.2 多元回归模型估计

为了建立完整的多元回归模型,需要使用最小二乘法对模型中的偏回归系数进行估计,这个过程中的所用到的许多性质与一元情况下的一致。

7.2.1 最小二乘估计量

已知多元线性样本回归模型为

$$y_i = \hat{w}_0 + \hat{w}_1 x_{i1} + \hat{w}_2 x_{i2} + \cdots + \hat{w}_m x_{im} + e_i, \quad i=1,2,\cdots,n$$

于是离差平方和为

$$\sum e_i^2 = \sum (y_i - \hat{y}_i)^2 = \sum (y_i - \hat{w}_0 - \hat{w}_1 x_{i1} - \hat{w}_2 x_{i2} - \cdots - \hat{w}_m x_{im})^2$$

现在求估计的参数$\hat{w}_0,\hat{w}_1,\cdots,\hat{w}_m$,使得离差平方和取得最小值,于是根据微积分中极值存在的条件,要解方程组

$$\begin{cases} \dfrac{\partial \sum e_i^2}{\partial w_0} = -2\sum (y_i - \hat{w}_0 - \hat{w}_1 x_{i1} - \cdots - \hat{w}_m x_{im}) = 0 \\ \dfrac{\partial \sum e_i^2}{\partial w_1} = -2\sum (y_i - \hat{w}_0 - \hat{w}_1 x_{i1} - \cdots - \hat{w}_m x_{im}) x_{i1} = 0 \\ \qquad \vdots \\ \dfrac{\partial \sum e_i^2}{\partial w_m} = -2\sum (y_i - \hat{w}_0 - \hat{w}_1 x_{i1} - \cdots - \hat{w}_m x_{im}) x_{im} = 0 \end{cases}$$

其解就是参数$w_0,w_1,\cdots,w_m$的最小二乘估计$\hat{w}_0,\hat{w}_1,\cdots,\hat{w}_m$。

将以上方程组改写成

$$\begin{cases} n\hat{w}_0 + \sum \hat{w}_1 x_{i1} + \sum \hat{w}_2 x_{i2} + \cdots + \sum \hat{w}_m x_{im} = \sum y_i \\ \sum \hat{w}_0 x_{i1} + \sum \hat{w}_1 x_{i1}^2 + \sum \hat{w}_2 x_{i1} x_{i2} + \cdots + \sum \hat{w}_m x_{i1} x_{im} = \sum x_{i1} y_i \\ \qquad \vdots \\ \sum \hat{w}_0 x_{im} + \sum \hat{w}_1 x_{im} x_{i1} + \sum \hat{w}_2 x_{im} x_{i2} + \cdots + \sum \hat{w}_m x_{im}^2 = \sum x_{im} y_i \end{cases}$$

这个方程组称为正规方程组。为了把正规方程组改写成矩阵形式,记系数矩阵为$\boldsymbol{A}$,常数项向量为$\boldsymbol{B}$,$\boldsymbol{w}$的估计值向量为$\hat{\boldsymbol{w}}$,即

$$
\boldsymbol{A}=\begin{bmatrix} n & \sum x_{i1} & \sum x_{i2} & \cdots & \sum x_{im} \\ \sum x_{i1} & \sum x_{i1}^2 & \sum x_{i1}x_{i2} & \cdots & \sum x_{i1}x_{im} \\ \vdots & \vdots & \vdots & & \vdots \\ \sum x_{im} & \sum x_{im}x_{i1} & \sum x_{im}x_{i2} & \cdots & \sum x_{im}^2 \end{bmatrix}
$$

$$
=\begin{bmatrix} 1 & 1 & 1 & \cdots & 1 \\ x_{11} & x_{21} & x_{31} & \cdots & x_{n1} \\ \vdots & \vdots & \vdots & & \vdots \\ x_{1m} & x_{2m} & x_{3m} & \cdots & x_{nm} \end{bmatrix}\begin{bmatrix} 1 & x_{11} & x_{12} & \cdots & x_{1m} \\ 1 & x_{21} & x_{22} & \cdots & x_{2m} \\ \vdots & \vdots & \vdots & & \vdots \\ 1 & x_{n1} & x_{n2} & \cdots & x_{nm} \end{bmatrix}=\boldsymbol{X}^{\mathrm{T}}\boldsymbol{X}
$$

$$
\boldsymbol{B}=\begin{bmatrix} \sum y_i \\ \sum x_{i1}y_i \\ \vdots \\ \sum x_{im}y_i \end{bmatrix}=\begin{bmatrix} 1 & 1 & \cdots & 1 \\ x_{11} & x_{21} & \cdots & x_{n1} \\ \vdots & \vdots & & \vdots \\ x_{1m} & x_{2m} & \cdots & x_{nm} \end{bmatrix}\begin{bmatrix} y_1 \\ y_2 \\ \vdots \\ y_n \end{bmatrix}=\boldsymbol{X}^{\mathrm{T}}\boldsymbol{y}
$$

其中$\hat{\boldsymbol{w}}=[\hat{w}_0,\hat{w}_1,\cdots\hat{w}_m]^{\mathrm{T}}$，$\boldsymbol{y}=[y_1,y_2,\cdots,y_n]^{\mathrm{T}}$。所以正规方程组可以表示为

$$
\boldsymbol{A}\hat{\boldsymbol{w}}=\boldsymbol{B} \quad 或 \quad (\boldsymbol{X}^{\mathrm{T}}\boldsymbol{X})\hat{\boldsymbol{w}}=\boldsymbol{X}^{\mathrm{T}}\boldsymbol{y}
$$

当系数矩阵可逆时，正规方程组的解为

$$
\hat{\boldsymbol{w}}=\boldsymbol{A}^{-1}\boldsymbol{B}=(\boldsymbol{X}^{\mathrm{T}}\boldsymbol{X})^{-1}\boldsymbol{X}^{\mathrm{T}}\boldsymbol{y}
$$

进而还可以得到

$$
\hat{\boldsymbol{y}}=\boldsymbol{X}\hat{\boldsymbol{w}}=\boldsymbol{X}(\boldsymbol{X}^{\mathrm{T}}\boldsymbol{X})^{-1}\boldsymbol{X}^{\mathrm{T}}\boldsymbol{y}
$$

令$\boldsymbol{H}=\boldsymbol{X}(\boldsymbol{X}^{\mathrm{T}}\boldsymbol{X})^{-1}\boldsymbol{X}^{\mathrm{T}}$，则有$\hat{\boldsymbol{y}}=\boldsymbol{H}\boldsymbol{y}$，$\boldsymbol{H}$是一个$n$阶对称矩阵，通常称为帽子矩阵。该矩阵的对角线元素记为h_{ii}，它给出了第i个观测值离其余$n-1$个观测值的距离有多远，我们通常称其为杠杆率。

7.2.2 多元回归实例

现在将通过一个实例来演示在 Python 中建立多元线性回归模型的方法。根据经验知道，沉淀物吸收能力是土壤的一项重要特征，因为它会影响杀虫剂和其他各种农药的有效性。在一项实验中，我们测定了若干组土壤样本的一些情况，数据如表 7-1 所示。其中，y表示磷酸盐吸收指标；x_1和x_2分别表示可提取的铁含量与可提取的铝含量。请根据这些数据建立y关于x_1和x_2的多元线性回归方程。

表 7-1 土壤沉淀物吸收能力采样数据

x_1	61	175	111	124	130	173	169	169	160	244	257	333	199
x_2	13	21	24	23	64	38	33	61	39	71	112	88	54
y	4	18	14	18	26	26	21	30	28	36	65	62	40

在进行一元线性回归分析之前，往往会使用散点图考查解释变量与被解释变量之间的线性关系。在进行多元线性回归分析时，也可以采用类似的图形来观察模型中解释变量与被解释变量间的关系，但这时所采用的统计图形要更复杂一些，它被称为是散点图阵列，如

图 7-1 所示。

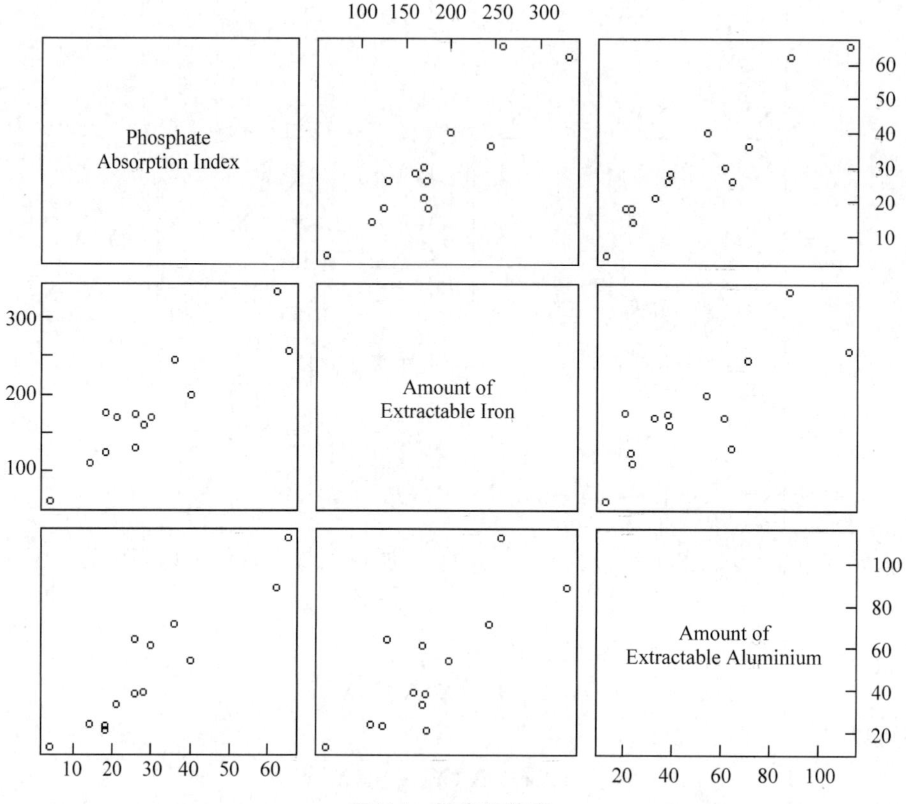

图 7-1　散点图阵列

从散点图中可以看出，每个解释变量与被解释变量都呈现一定的线性关系，这也是我们希望看到的。更重要的是，两个解释变量之间线性关系并不显著，这就意味着多重共线性出现的可能较低。在构建多元线性回归模型时，随着解释变量数目的增多，其中某两个解释变量之间产生多重共线性是很容易发生的情况。此时就需要考虑是否将其中某个变量从模型中剔除出去，甚至是重新考虑模型的构建。关于多重共线性的问题，本书无意过深涉及。事实上，现在用以检验多重共线性的方法也有很多，有兴趣的读者可以参阅其他相关著作，此处不再赘述。另外，本章的最后还会向读者展示，现代回归分析是如何化解多重共线性的影响的。

下面的代码演示了在 Python 中构建多元线性回归模型的方法，其中用到了 statsmodels 这个库，它是处理统计学问题时主要用到的一个模块。特别地，要开展基于普通最小二乘法的回归分析，需对 OLS 类进行实例化，而模型的训练过程则通过调用它的 fit()方法来完成。

```
import numpy as np
import statsmodels.api as sm

pai = np.array([4, 18, 14, 18, 26, 26, 21, 30, 28, 36, 65, 62, 40])
iron = np.array([61, 175, 111, 124, 130, 173, 169, 169, 160, 244, 257, 333, 199])
```

```
aluminium = np.array([13, 21, 24, 23, 64, 38, 33, 61, 39, 71, 112, 88, 54])

X_mul = np.vstack((iron, aluminium))
X_mul = X_mul.transpose()
X_mul = sm.add_constant(X_mul)

model_multilin = sm.OLS(pai, X_mul).fit()
model_multilin.summary()
```

执行上述代码，系统将为刚刚构建好的模型输出一份非常全面的报告，如图 7-2 所示。根据图 7-2 所示的结果(虚线框标出的部分)，可以写出多元线性回归方程如下：

$$\hat{y} = -7.3507 + 0.1127x_1 + 0.349x_2$$

同时，回归模型的拟合优度 $R^2=0.948$，调整判定系数 $R^2_{\text{adj}}=0.938$，说明模型的拟合效果较好。这两个指标的意义在一元的情况下已经进行过详细的介绍，本章将不再赘述。需要说明的是，在多元回归的情况下，随着自变量个数的增多，拟合优度也会提高，所以仅仅看这一个指标说服力是有限的。具体这些判定指标的意义，本章后面还会做进一步的解读。

Dep. Variable:	y	R-squared:	0.948
Model:	OLS	Adj. R-squared:	0.938
Method:	Least Squares	F-statistic:	92.03
Date:	Tue, 28 Apr 2020	Prob (F-statistic):	3.63e-07
Time:	20:46:49	Log-Likelihood:	-35.941
No. Observations:	13	AIC:	77.88
Df Residuals:	10	BIC:	79.58
Df Model:	2		
Covariance Type:	nonrobust		

	coef	std err	t	P>|t|	[0.025	0.975]
const	-7.3507	3.485	-2.109	0.061	-15.115	0.414
x1	0.1127	0.030	3.797	0.004	0.047	0.179
x2	0.3490	0.071	4.894	0.001	0.190	0.508

Omnibus:	1.797	Durbin-Watson:	2.634
Prob(Omnibus):	0.407	Jarque-Bera (JB):	0.679
Skew:	-0.559	Prob(JB):	0.712
Kurtosis:	3.066	Cond. No.	566.

图 7-2 多元线性回归输出结果

7.2.3 总体参数估计量

由 w 的估计量 $\hat{w}$ 的表达式可见，$\hat{w}$ 的每一个分量都是相互独立且服从正态分布的随机变量 $y_1, y_2, \cdots, y_n$ 的线性组合，从而可知随机变量 $\hat{w}$ 服从 $m+1$ 维正态分布。为了求出 $\hat{w}$ 的分布，首先来计算 $\hat{w}$ 的期望和方差(或方差阵)。

向量 $\hat{\boldsymbol{w}}$ 的数学期望定义为

$$E(\hat{\boldsymbol{w}}) = [E(\hat{w}_0), E(\hat{w}_1), \cdots, E(\hat{w}_m)]^{\mathrm{T}}$$

而且对任意 $n\times(m+1)$ 阶矩阵 $\boldsymbol{A}$，容易证明

$$E(\boldsymbol{A}\hat{\boldsymbol{w}}) = \boldsymbol{A}E(\hat{\boldsymbol{w}})$$

于是可得

$$\begin{aligned} E(\hat{\boldsymbol{w}}) &= E[(\boldsymbol{X}^{\mathrm{T}}\boldsymbol{X})^{-1}\boldsymbol{X}^{\mathrm{T}}\boldsymbol{y}] = (\boldsymbol{X}^{\mathrm{T}}\boldsymbol{X})^{-1}\boldsymbol{X}^{\mathrm{T}}E(\boldsymbol{y}) \\ &= (\boldsymbol{X}^{\mathrm{T}}\boldsymbol{X})^{-1}\boldsymbol{X}^{\mathrm{T}}E(\boldsymbol{X}\boldsymbol{w}+\boldsymbol{u}) = (\boldsymbol{X}^{\mathrm{T}}\boldsymbol{X})^{-1}\boldsymbol{X}^{\mathrm{T}}\boldsymbol{X}\boldsymbol{w} = \boldsymbol{w} \end{aligned}$$

所以 $\hat{\boldsymbol{w}}$ 是 $\boldsymbol{w}$ 的无偏估计，即 $\hat{w}_0, \hat{w}_1, \cdots, \hat{w}_m$ 依次是 $w_0, w_1, \cdots, w_m$ 的无偏估计，为了计算 $\hat{\boldsymbol{w}}$

的方差阵，先把方差阵写成向量乘积的形式

$$D(\hat{\boldsymbol{w}})=\begin{bmatrix} D(\hat{w}_0) & \mathrm{cov}(\hat{w}_0,\hat{w}_1) & \cdots & \mathrm{cov}(\hat{w}_0,\hat{w}_m) \\ \mathrm{cov}(\hat{w}_1,\hat{w}_0) & D(\hat{w}_1) & \cdots & \mathrm{cov}(\hat{w}_1,\hat{w}_m) \\ \vdots & \vdots & & \vdots \\ \mathrm{cov}(\hat{w}_m,\hat{w}_0) & \mathrm{cov}(\hat{w}_m,\hat{w}_1) & \cdots & D(\hat{w}_m) \end{bmatrix}$$

$$=E\{[(\hat{w}_0-E[\hat{w}_0]),(\hat{w}_1-E[\hat{w}_1]),\cdots,(\hat{w}_m-E[\hat{w}_m])]^{\mathrm{T}}\times$$

$$[(\hat{w}_0-E[\hat{w}_0]),(\hat{w}_1-E[\hat{w}_1]),\cdots,(\hat{w}_m-E[\hat{w}_m])]\}$$

$$=E\{[\hat{\boldsymbol{w}}-E(\hat{\boldsymbol{w}})][\hat{\boldsymbol{w}}-E(\hat{\boldsymbol{w}})]^{\mathrm{T}}\}$$

而且[①]

$$\begin{aligned} & E\{[\hat{\boldsymbol{w}}-E(\hat{\boldsymbol{w}})][\hat{\boldsymbol{w}}-E(\hat{\boldsymbol{w}})]^{\mathrm{T}}\} \\ =& E\{[(\boldsymbol{X}^{\mathrm{T}}\boldsymbol{X})^{-1}\boldsymbol{X}^{\mathrm{T}}(\boldsymbol{y}-E(\boldsymbol{y}))][(\boldsymbol{X}^{\mathrm{T}}\boldsymbol{X})^{-1}\boldsymbol{X}^{\mathrm{T}}(\boldsymbol{y}-E(\boldsymbol{y}))]^{\mathrm{T}}\} \\ =& E[(\boldsymbol{X}^{\mathrm{T}}\boldsymbol{X})^{-1}\boldsymbol{X}^{\mathrm{T}}(\boldsymbol{y}-E(\boldsymbol{y}))(\boldsymbol{y}-E(\boldsymbol{y}))^{\mathrm{T}}\boldsymbol{X}(\boldsymbol{X}^{\mathrm{T}}\boldsymbol{X})^{-1}] \\ =& (\boldsymbol{X}^{\mathrm{T}}\boldsymbol{X})^{-1}\boldsymbol{X}^{\mathrm{T}}E[(\boldsymbol{y}-E(\boldsymbol{y}))(\boldsymbol{y}-E(\boldsymbol{y}))^{\mathrm{T}}]\boldsymbol{X}(\boldsymbol{X}^{\mathrm{T}}\boldsymbol{X})^{-1} \\ =& (\boldsymbol{X}^{\mathrm{T}}\boldsymbol{X})^{-1}\boldsymbol{X}^{\mathrm{T}}E(\boldsymbol{u}\boldsymbol{u}^{\mathrm{T}})\boldsymbol{X}(\boldsymbol{X}^{\mathrm{T}}\boldsymbol{X})^{-1} \\ =& (\boldsymbol{X}^{\mathrm{T}}\boldsymbol{X})^{-1}\boldsymbol{X}^{\mathrm{T}}\sigma^2\boldsymbol{I}\boldsymbol{X}(\boldsymbol{X}^{\mathrm{T}}\boldsymbol{X})^{-1}=\sigma^2(\boldsymbol{X}^{\mathrm{T}}\boldsymbol{X})^{-1} \end{aligned}$$

根据已经得到的计算结果，易知$\hat{\boldsymbol{w}}$的方差阵等于$\sigma^2\boldsymbol{A}^{-1}$，这个方差阵给出了$\hat{\boldsymbol{w}}$中每个元素(即$\hat{w}_0,\hat{w}_1,\hat{w}_2,\cdots,\hat{w}_m$)的方差(或标准差)，以及元素之间的协方差。当$i=j$时，矩阵对角线上的元素就是相应$\hat{w}_i$的方差$\mathrm{var}(\hat{w}_i)=\sigma^2\boldsymbol{A}_{ij}^{-1}$，由此也可知道$\hat{w}_i$的标准差为

$$\mathrm{se}(\hat{w}_i)=\sigma\sqrt{A_{ij}^{-1}}$$

当$i\neq j$时，矩阵对角线以外的元素就表示相应$\hat{w}_i$与$\hat{w}_j$的协方差，即$\mathrm{cov}(\hat{w}_i,\hat{w}_j)=\sigma^2\boldsymbol{A}_{ij}^{-1}$。

例如，在土壤沉淀物吸收情况的例子中可以求得矩阵$\boldsymbol{A}$如下：

$$\boldsymbol{A}=\boldsymbol{X}^{\mathrm{T}}\boldsymbol{X}=\begin{bmatrix} 10 & 2305 & 641 \\ 2305 & 467\,669 & 133\,162 \\ 641 & 133\,162 & 41\,831 \end{bmatrix}$$

相应的逆矩阵$\boldsymbol{A}^{-1}$如下

$$\boldsymbol{A}^{-1}=\begin{bmatrix} 0.633\,138 & -0.003\,826 & 0.002\,477 \\ -0.003\,826 & 0.000\,046 & -0.000\,088 \\ 0.002\,477 & -0.000\,088 & 0.000\,265 \end{bmatrix}$$

而且从系统的输出中也知道残差标准误差为4.379，于是有

$$\mathrm{se}(\hat{w}_0)=4.379\times\sqrt{0.633\,138}\approx 3.484\,37$$

$$\mathrm{se}(\hat{w}_1)=4.379\times\sqrt{0.000\,046}\approx 0.029\,69$$

$$\mathrm{se}(\hat{w}_2)=4.379\times\sqrt{0.000\,265}\approx 0.071\,30$$

在考虑到计算过程中保留精度存在差异的条件下，上述参数的标准误差与7.2.2节中

① 计算过程中用到的一些矩阵计算性质如下，其中$\boldsymbol{A}$、$\boldsymbol{B}$是两个可以做乘积的矩阵，$\boldsymbol{I}$是单位矩阵，则有$(\boldsymbol{AB})^{\mathrm{T}}=\boldsymbol{B}^{\mathrm{T}}\boldsymbol{A}^{\mathrm{T}}$，$\boldsymbol{AA}^{-1}=\boldsymbol{I}$，$\boldsymbol{A}^{\mathrm{T}}(\boldsymbol{A}^{-1})^{\mathrm{T}}=(\boldsymbol{A}^{-1}\boldsymbol{A})^{\mathrm{T}}=\boldsymbol{I}\Rightarrow(\boldsymbol{A}^{\mathrm{T}})^{-1}=(\boldsymbol{A}^{-1})^{\mathrm{T}}$。

系统的输出结果是基本一致的。

注意 Python 中的残差标准误差(Residual Standard Error)其实就是残差的标准差(Residual Standard Deviation),如果读者对于它的计算仍感到困惑,可以参见第 6 章中的相关结论。总的来说,在多元线性回归中,总体方差(同时也是误差项的方差)σ^2 的无偏估计量为

$$\hat{\sigma}^2 = \frac{\sum e_i^2}{n-k} = \frac{\sum (y_i - \hat{y}_i)^2}{n-k}$$

所以残差(或误差项)的标准差为

$$s = \hat{\sigma} = \sqrt{\frac{\sum (y_i - \hat{y}_i)^2}{n-k}}$$

其中,k 是被估计之参数的数量。

7.3 从线性代数角度理解最小二乘

本节将从矩阵的角度来解释最小二乘问题。矩阵方法与微积分的方法所得之结论都是一样的,但是基于矩阵的方法更加强大,而且更容易推广。在这个过程中,最关键的内容是理解最佳逼近原理。它是从矩阵(或线性代数)角度解释最小二乘问题的核心。

7.3.1 最小二乘问题的通解

非空集合 $S \subset V$,其中 V 是一个内积空间。定义 $S^{\perp} = \{\boldsymbol{x} \in V: \langle \boldsymbol{x}, \boldsymbol{y} \rangle = 0, \forall \boldsymbol{y} \in S\}$,称 $S^{\perp}$ 为 S 的正交补。

关于这个定义,有以下两点值得注意:

(1) 对于 V 的任何子集 S,$S^{\perp}$ 是 V 的一个子空间。

(2) 令 S 是 V 的一个子空间,那么 $S \cap S^{\perp} = \{0\}$。如果 $\boldsymbol{x} \in S \cap S^{\perp}$,那么 $\langle \boldsymbol{x}, \boldsymbol{x} \rangle = 0$。因此,$\boldsymbol{x} = \boldsymbol{0}$。当然,$\boldsymbol{0} \in S \cap S^{\perp}$。

注意,如果 S 不是 V 的一个子空间,那么第(2)条则不成立。

定理:令 W 是内积空间 V 的一个有限维子空间,并令 $\boldsymbol{y} \in V$。则有

(1) $\exists !\ \boldsymbol{u} \in W$,以及 $\boldsymbol{z} \in W^{\perp}$,使得 $\boldsymbol{y} = \boldsymbol{u} + \boldsymbol{z}$。

(2) 如果 $\{\boldsymbol{v}_1, \boldsymbol{v}_2, \cdots, \boldsymbol{v}_k\}$ 是 W 的一个正交标准基,那么 $\boldsymbol{u} = \sum_{i=1}^{k} \langle \boldsymbol{y}, \boldsymbol{v}_i \rangle \boldsymbol{v}_i$。

上述定理的几何意义也是非常明确的,如图 7-3 所示。向量 $\boldsymbol{u}$ 是属于 W 空间的,$\boldsymbol{z}$ 是属于 W 的正交补空间的,而且 W 和其正交补空间都是子空间。一定存在 $\boldsymbol{u}$ 和 $\boldsymbol{z}$ 使得 $\boldsymbol{y} = \boldsymbol{u} + \boldsymbol{z}$。

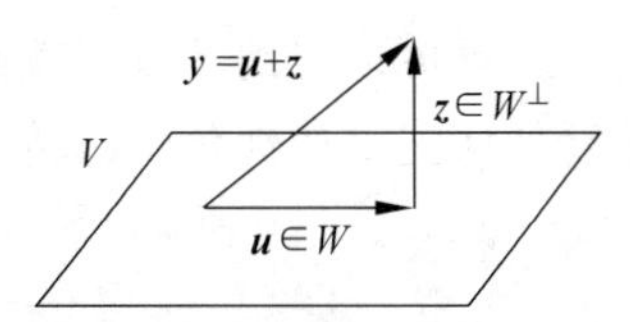

图 7-3 定理的几何意义

该定理有诸多非常重要的应用,其中之一就是给出了下面这个"最佳逼近原理",在后面讨论最小二乘问题时,还会再用到它。

假设 W 是 $\mathbb{R}^n$ 空间中的一个子空间,$\boldsymbol{y}$ 是 $\mathbb{R}^n$ 中的任意向量,$\hat{\boldsymbol{y}}$ 是 $\boldsymbol{y}$ 在 W 上的正交投影,

那么$\hat{\boldsymbol{y}}$是W中最接近$\boldsymbol{y}$的点，也就是说，$\|\boldsymbol{y}-\hat{\boldsymbol{y}}\|<\|\boldsymbol{y}-\boldsymbol{v}\|$对所有属于$W$又异于$\hat{\boldsymbol{y}}$的$\boldsymbol{v}$成立。这个结论也称为最佳逼近原理。其中，向量$\hat{\boldsymbol{y}}$称为$W$中元素对$\boldsymbol{y}$的最佳逼近。对于给定元素$\boldsymbol{y}$，可以被某个给定子空间中的元素代替或“逼近”，用$\|\boldsymbol{y}-\boldsymbol{v}\|$表示从$\boldsymbol{y}$到$\boldsymbol{v}$的距离，则可以认为是用$\boldsymbol{v}$代替$\boldsymbol{y}$的“误差”，而最佳逼近原理说明误差在$\boldsymbol{v}=\hat{\boldsymbol{y}}$处取得最小值。

最佳逼近原理乍看起来有些抽象，但其几何意义却是非常直观的，如图 7-4 所示。不仅如此，它的证明也非常容易，只要使用勾股定理即可。

$$\|\boldsymbol{y}-\boldsymbol{v}\|^2=\|\underbrace{\boldsymbol{y}-\hat{\boldsymbol{y}}}_{\in W^{\perp}}+\underbrace{\hat{\boldsymbol{y}}-\boldsymbol{v}}_{\in W}\|^2$$

因为$\boldsymbol{y}-\hat{\boldsymbol{y}}\perp\hat{\boldsymbol{y}}-\boldsymbol{v}$，所以应用勾股定理可得

$$\|\boldsymbol{y}-\hat{\boldsymbol{y}}+\hat{\boldsymbol{y}}-\boldsymbol{v}\|^2=\|\boldsymbol{y}-\hat{\boldsymbol{y}}\|^2+\|\hat{\boldsymbol{y}}-\boldsymbol{v}\|^2\geqslant\|\boldsymbol{y}-\hat{\boldsymbol{y}}\|^2$$

当且仅当$\hat{\boldsymbol{y}}=\boldsymbol{v}$时取等号。

现在回到一直在讨论的回归问题上。假设在某些时间点x_i上，观察到一些数值y_i，于是有一组二维数据点(x_i,y_i)，其中$i=1,2,\cdots,n$。现在的任务是找到一条最能代表这些数据的直线。如图 7-5 所示，假设备选直线方程为$y=bx+c$。在x_i时刻，实际观测值为y_i，而根据回归直线，估计值应该是bx_i+c。

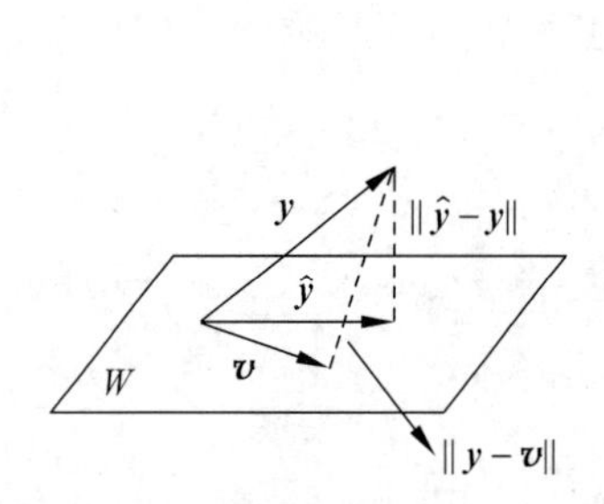

图 7-4　最佳逼近原理的几何解释

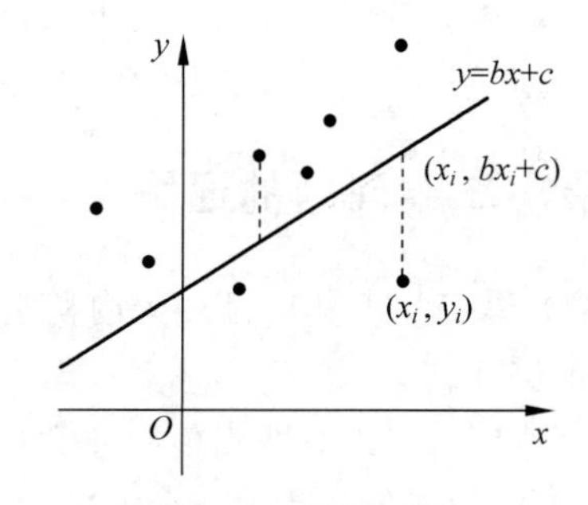

图 7-5　线性回归

因此，实际观测值与估计值之间的误差就可以表示为$|y_i-cx_i-d|$。既然我们的任务是找到那条“最好的”直线，那么就可以用“总误差”最小作为衡量所谓“最好的”标准。而且等价地，我们用平方取代绝对值计算，注意(x_i,y_i)是已知的，于是现在的目标变为求使得下式(总误差)最小的参数b和c：

$$\sum_{i=1}^{n}(y_i-bx_i-c)^2$$

一种可以想到的解法就是采用微积分的方法，这也是本书前面一直采用的方法。下面看看如何把上述优化问题转变为矩阵问题。令

$$\boldsymbol{X}=\begin{bmatrix}x_1 & 1\\ x_2 & 1\\ \vdots & \vdots\\ x_n & 1\end{bmatrix},\quad \boldsymbol{w}=\begin{bmatrix}b\\ c\end{bmatrix},\quad \boldsymbol{y}=\begin{bmatrix}y_1\\ y_2\\ \vdots\\ y_n\end{bmatrix}$$

此时问题就变成如下：

$$E=\sum_{i=1}^{n}(y_i-cx_i-d)^2=\|\boldsymbol{y}-\boldsymbol{X}\boldsymbol{w}\|^2=\|\boldsymbol{X}\boldsymbol{w}-\boldsymbol{y}\|^2$$

可见这个形式也简单明了。不仅如此，矩阵也非常方便问题的推广，例如现在不是要找直线，而是一个用多项式所表示的曲线(这时问题就变成了多元回归问题)，又如二次曲线 $y=ax^2+bx+c$。这时只要像下面这样简单地改变矩阵的形式即可

$$\boldsymbol{X}=\begin{bmatrix}x_1^2 & x_1 & 1\\ x_2^2 & x_2 & 1\\ \vdots & \vdots & \vdots\\ x_n^2 & x_n & 1\end{bmatrix},\quad \boldsymbol{w}=\begin{bmatrix}a\\ b\\ c\end{bmatrix},\quad \boldsymbol{y}=\begin{bmatrix}y_1\\ y_2\\ \vdots\\ y_n\end{bmatrix}$$

事实上，已经可以看出对于多元回归问题，最终要面对的问题都是要求一个 $\|\boldsymbol{X}\boldsymbol{w}-\boldsymbol{y}\|^2$ 的最佳逼近，采用线性代数的方法，就将一个相当复杂的问题统一到一个相对简单的形式上来。

假设有一个很大的方程组 $\boldsymbol{X}\boldsymbol{w}=\boldsymbol{y}$，如果方程组的解不存在，但又需要对它进行求解时，其实要做的就是去寻找一个最佳的 $\boldsymbol{w}$，使得 $\boldsymbol{X}\boldsymbol{w}$ 尽量接近 $\boldsymbol{y}$。

考虑 $\boldsymbol{X}\boldsymbol{w}$ 作为 $\boldsymbol{y}$ 的一个近似，那么 $\boldsymbol{y}$ 到 $\boldsymbol{X}\boldsymbol{w}$ 的距离越小，以 $\|\boldsymbol{X}\boldsymbol{w}-\boldsymbol{y}\|$ 来度量的近似程度也就越好。一般的最小二乘问题就是要找出使得 $\|\boldsymbol{X}\boldsymbol{w}-\boldsymbol{y}\|$ 尽量小的 $\boldsymbol{w}$，术语"最小二乘"来源于这样的事实：$\|\boldsymbol{X}\boldsymbol{w}-\boldsymbol{y}\|$ 是平方和的平方根。

定义：如果 $m\times n$ 的矩阵 $\boldsymbol{X}$ 和向量 $\boldsymbol{y}\in\mathbb{R}^m$，$\boldsymbol{X}\boldsymbol{w}-\boldsymbol{y}$ 的最小二乘解是 $\hat{\boldsymbol{w}}\in\mathbb{R}^n$，使得 $\|\boldsymbol{X}\hat{\boldsymbol{w}}-\boldsymbol{y}\|\leqslant\|\boldsymbol{X}\boldsymbol{w}-\boldsymbol{y}\|$ 对所有的 $\boldsymbol{w}\in\mathbb{R}^n$ 成立。

回忆一下列空间的概念。假设大小为 $m\times n$ 的矩阵 $\boldsymbol{X}=[\boldsymbol{x}_1,\boldsymbol{x}_2,\cdots,\boldsymbol{x}_n]$，此处，$\boldsymbol{x}_i$ 表示矩阵中的一列，其中 $1\leqslant i\leqslant n$，那么矩阵 $\boldsymbol{X}$ 的列空间(记为 col$\boldsymbol{X}$)就是由 $\boldsymbol{X}$ 中各列的所有线性组合构成的集合，即 $\text{Col}\boldsymbol{X}=\text{Span}\{\boldsymbol{x}_1,\boldsymbol{x}_2,\cdots,\boldsymbol{x}_n\}$。

很显然，$\text{Col}\boldsymbol{X}=\text{Span}\{\boldsymbol{x}_1,\boldsymbol{x}_2,\cdots,\boldsymbol{x}_n\}$ 是一个子空间，进而可以知道 $m\times n$ 的矩阵 $\boldsymbol{X}$ 的列空间是$\mathbb{R}^m$ 的一个子空间。此外，我们还注意到 Col$\boldsymbol{X}$ 中的一个典型向量(或者称为元素)可以写成 $\boldsymbol{X}\boldsymbol{w}$ 的形式，其中 $\boldsymbol{w}$ 是某个向量，记号 $\boldsymbol{X}\boldsymbol{w}$ 表示 $\boldsymbol{X}$ 的列向量的一个线性组合，也就是说，$\text{Col}\boldsymbol{X}=\{\boldsymbol{y}:\boldsymbol{y}=\boldsymbol{X}\boldsymbol{w},\boldsymbol{w}\in\mathbb{R}^n\}$，于是该式告诉我们：

(1) 记号 $\boldsymbol{X}\boldsymbol{w}$ 代表 Col$\boldsymbol{X}$ 空间中的向量；

(2) Col$\boldsymbol{X}$ 是线性变换 $\boldsymbol{w}\mapsto\boldsymbol{X}\boldsymbol{w}$ 的值域。

假设 W 是$\mathbb{R}^n$ 空间中的一个子空间，$\boldsymbol{y}$ 是$\mathbb{R}^n$ 中的任意向量，$\hat{\boldsymbol{y}}$ 是 $\boldsymbol{y}$ 在 W 上的正交投影，那么$\hat{\boldsymbol{y}}$ 是 W 中最接近 $\boldsymbol{y}$ 的点，也就是说，$\|\boldsymbol{y}-\hat{\boldsymbol{y}}\|\leqslant\|\boldsymbol{y}-\boldsymbol{v}\|$ 对所有属于 W 又异于$\hat{\boldsymbol{y}}$ 的$\boldsymbol{v}$成立。这也就是本节开始时介绍的最佳逼近原理。其中，向量$\hat{\boldsymbol{y}}$ 称为 W 中元素对 $\boldsymbol{y}$ 的最佳逼近。还可以知道，对于给定元素 $\boldsymbol{y}$，可以被某个给定子空间中的元素代替或"逼近"，用 $\|\boldsymbol{y}-\boldsymbol{v}\|$ 表示的从 $\boldsymbol{y}$ 到$\boldsymbol{v}$ 的距离，可以认为是用$\boldsymbol{v}$ 代替 $\boldsymbol{y}$ 的"误差"，而最佳逼近原理说明误差在$\hat{\boldsymbol{y}}=\boldsymbol{v}$ 处取得最小值。

最佳逼近原理看似抽象，其实它的几何意义也是相当直观的。如图 7-6 所示，所取的向量空间为$\mathbb{R}^2$，其中的一个子空间 W 就是横轴，$\boldsymbol{y}$ 是$\mathbb{R}^2$ 中的任意向量，$\hat{\boldsymbol{y}}$ 是 $\boldsymbol{y}$ 在 W 上的正交投影，那么$\hat{\boldsymbol{y}}$ 显然是 W 中最接近 $\boldsymbol{y}$ 的点。更重要的是，这个结论不仅仅在欧几里得几何空间中成立，因为泛函中所讨论的"向量"可能是我们通常所说的向量，但也可能是函数、矩阵，甚至多项式等等，但最佳逼近原理皆成立。

通过前面的分析，易知，最小二乘问题的最重要特征是无论怎么选取 $\boldsymbol{w}$，向量 $\boldsymbol{Xw}$ 必然位于列空间 Col$\boldsymbol{X}$ 中。而最小二乘问题的本质任务就是要寻找一个 $\boldsymbol{w}$，使得 $\boldsymbol{Xw}$ 是 Col$\boldsymbol{X}$ 中最接近 $\boldsymbol{y}$ 的向量。

还可以在复数域中把最小二乘问题重述如下：给定 $\boldsymbol{X}\in M_{m\times n}(\mathbb{F})$，以及 $\boldsymbol{y}\in\mathbb{F}^m$，找到一个 $\hat{\boldsymbol{w}}\in\mathbb{F}^n$，使得 $\|\boldsymbol{X}\hat{\boldsymbol{w}}-\boldsymbol{y}\|$ 最小(特别地，对于回归问题而言，就是给定一个测度的集合 (x_i,y_i)，其中 $i=1,2,\cdots,n$，找到一个最佳的 $n-1$ 阶多项式，来表示这个测度的集合)。

与之前的情况一样，只要利用“最佳逼近原理”，问题即可迎刃而解。如图 7-7 所示，子空间 W 是 $\boldsymbol{X}$ 的值域，即 W 中的每一个元素都是 $\boldsymbol{Xw}$。$\boldsymbol{y}$ 是 $\mathbb{F}^m$ 空间中的一个元素，如果要在 W 中找一个使得 $\|\boldsymbol{Xw}-\boldsymbol{y}\|$ 最小的 $\hat{\boldsymbol{w}}$，显然 $\hat{\boldsymbol{w}}$ 就是 $\boldsymbol{y}$ 在 W 中的投影。

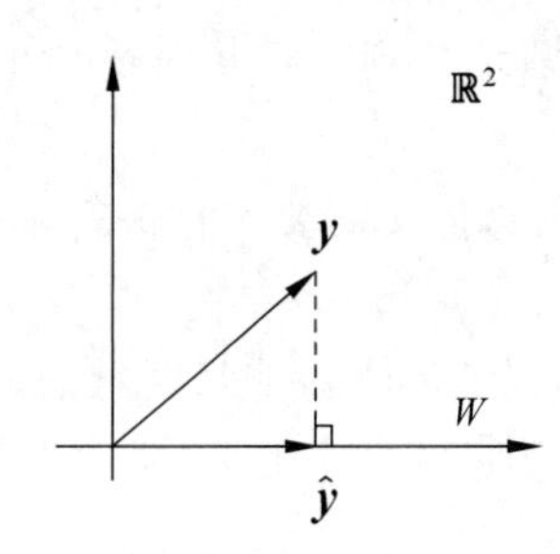

图 7-6　最佳逼近原理的直观解释

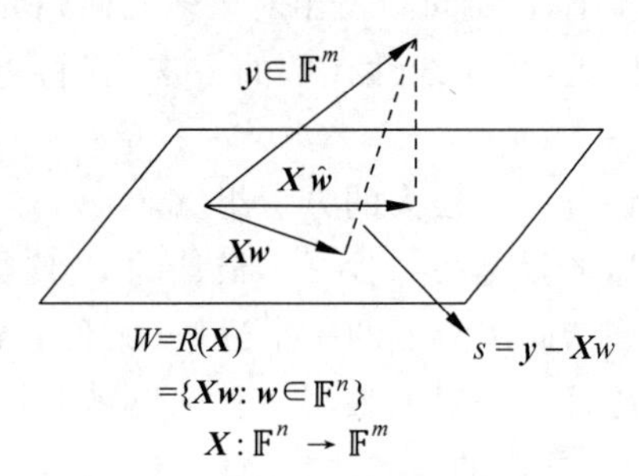

图 7-7　最小二乘的几何解释

特别地，如果 $\text{rank}(\boldsymbol{X})=n$，则有唯一解 $\hat{\boldsymbol{w}}=(\boldsymbol{X}^*\boldsymbol{X})^{-1}\boldsymbol{X}^*\boldsymbol{y}$。这与本书前面讨论的最小二乘解相一致，但此时把结论拓展到一个更大的范围内(复数域)给出结论。

注意到，令 $w_i=1,2,\cdots,m$ 都是互不相同的，假设 $m\geqslant n$，则有 $\text{rank}(\boldsymbol{X})=n$。

下面推导这个结论。我们声称 $\hat{\boldsymbol{w}}$ 是最小二乘问题的解，意思就是需要证明，对于任何 $\boldsymbol{w}\in\mathbb{F}^n$，有 $\|\boldsymbol{X}\hat{\boldsymbol{w}}-\boldsymbol{y}\|\leqslant\|\boldsymbol{Xw}-\boldsymbol{y}\|$ 成立。

证明：$\|\boldsymbol{Xw}-\boldsymbol{y}\|^2=\|\boldsymbol{X}\hat{\boldsymbol{w}}-\boldsymbol{y}+\boldsymbol{Xw}-\boldsymbol{X}\hat{\boldsymbol{w}}\|^2$，根据勾股定理可得，$\|\boldsymbol{X}\hat{\boldsymbol{w}}-\boldsymbol{y}+\boldsymbol{Xw}-\boldsymbol{X}\hat{\boldsymbol{w}}\|^2=\|\boldsymbol{X}\hat{\boldsymbol{w}}-\boldsymbol{y}\|^2+\|\boldsymbol{Xw}-\boldsymbol{X}\hat{\boldsymbol{w}}\|^2\geqslant\|\boldsymbol{X}\hat{\boldsymbol{w}}-\boldsymbol{y}\|^2$。

对于所有的 $\boldsymbol{w}\in\mathbb{F}^n$，

$$
\begin{aligned}
\boldsymbol{y}-\boldsymbol{X}\hat{\boldsymbol{w}}\perp \boldsymbol{W}=R(\boldsymbol{X})&\Rightarrow\langle\boldsymbol{Xw},\boldsymbol{y}-\boldsymbol{X}\hat{\boldsymbol{w}}\rangle=0\\
&\Rightarrow\langle\boldsymbol{w},\boldsymbol{X}^*(\boldsymbol{y}-\boldsymbol{X}\hat{\boldsymbol{w}})\rangle=0
\end{aligned}
$$

因为对于所有 $\boldsymbol{w}\in\mathbb{F}^n$，上式都成立，所以有

$$\boldsymbol{X}^*(\boldsymbol{y}-\boldsymbol{X}\hat{\boldsymbol{w}})=0\Rightarrow\boldsymbol{X}^*\boldsymbol{X}\hat{\boldsymbol{w}}=\boldsymbol{X}^*\boldsymbol{y}$$

因为 $\boldsymbol{X}^*$ 的大小是 $n\times m$，$\boldsymbol{X}$ 的大小是 $m\times n$，所以 $\boldsymbol{X}^*\boldsymbol{X}\in M_{n\times n}(\mathbb{F})$，如果 $\text{rank}(\boldsymbol{X}^*\boldsymbol{X})=n$，那么 $\boldsymbol{X}^*\boldsymbol{X}$ 是可逆的，则有

$$\hat{\boldsymbol{w}}=(\boldsymbol{X}^*\boldsymbol{X})^{-1}\boldsymbol{X}^*\boldsymbol{y}$$

上述过程中的几个步骤可以实现，由下面两个引理保证：

引理 1：$\langle\boldsymbol{Xw},\boldsymbol{y}\rangle_m=\langle\boldsymbol{w},\boldsymbol{X}^*y\rangle_n$，这里 $\boldsymbol{X}\in\boldsymbol{M}_{m\times n}(\mathbb{F})$，$\boldsymbol{w}\in\mathbb{F}^n$ 以及 $\boldsymbol{y}\in\mathbb{F}^m$。

引理 2：$\text{rank}(\boldsymbol{X}^*\boldsymbol{X})=\text{rank}(\boldsymbol{X})$，$\boldsymbol{X}\in M_{m\times n}(\mathbb{F})$

综上所述，结论得证。

7.3.2　最小二乘问题的计算

对于给定的 $\boldsymbol{X}$ 和 $\boldsymbol{y}$，运用最佳逼近定理于 Col$\boldsymbol{X}$ 空间，取

$$\hat{\boldsymbol{y}}=\text{proj}_{\text{Col}\boldsymbol{X}}\boldsymbol{y}$$

由于 $\boldsymbol{y}$ 属于 $\boldsymbol{X}$ 的列空间，方程 $\boldsymbol{X}\boldsymbol{w}=\hat{\boldsymbol{y}}$ 是相容的且存在一个属于$\mathbb{R}^n$ 的$\hat{\boldsymbol{w}}$ 使得 $\boldsymbol{X}\hat{\boldsymbol{w}}=\hat{\boldsymbol{y}}$。由于$\hat{\boldsymbol{y}}$ 是 Col$\boldsymbol{X}$ 中最接近 $\boldsymbol{y}$ 的点，一个向量$\hat{\boldsymbol{w}}$ 是 $\boldsymbol{X}\boldsymbol{w}=\boldsymbol{y}$ 的一个最小二乘解的成分必要条件是$\hat{\boldsymbol{w}}$ 满足 $\boldsymbol{X}\hat{\boldsymbol{w}}=\hat{\boldsymbol{y}}$。这个属于$\mathbb{R}^n$ 的$\hat{\boldsymbol{w}}$ 是一系列由 $\boldsymbol{X}$ 构造$\hat{\boldsymbol{y}}$ 的权值。显然，如果方程 $\boldsymbol{X}\hat{\boldsymbol{w}}=\hat{\boldsymbol{y}}$ 中存在自由变量，则这个方程会有多个解。

如果$\hat{\boldsymbol{w}}$ 满足 $\boldsymbol{X}\hat{\boldsymbol{w}}=\hat{\boldsymbol{y}}$，根据正交分解定理，投影$\hat{\boldsymbol{y}}$ 具有这样的一个性质：$(\boldsymbol{y}-\hat{\boldsymbol{y}})$与 Col$\boldsymbol{X}$ 正交，即$(\boldsymbol{y}-\boldsymbol{X}\hat{\boldsymbol{w}})$正交于 $\boldsymbol{X}$ 的每一列，如果 $\boldsymbol{x}_j$ 是 $\boldsymbol{X}$ 的任意列，那么 $\boldsymbol{x}_j\cdot(\boldsymbol{y}-\boldsymbol{X}\hat{\boldsymbol{w}})=0$ 且 $\boldsymbol{x}_j^{\mathrm{T}}(\boldsymbol{y}-\boldsymbol{X}\hat{\boldsymbol{w}})=0$（注意前者是内积运算，后者是矩阵乘法），由于每个 $\boldsymbol{x}_j^{\mathrm{T}}$ 是 $\boldsymbol{X}^{\mathrm{T}}$ 的一行，于是可得

$$\boldsymbol{X}^{\mathrm{T}}(\boldsymbol{X}\hat{\boldsymbol{w}}-\boldsymbol{y})=0$$

因此有

$$\boldsymbol{X}^{\mathrm{T}}\boldsymbol{X}\hat{\boldsymbol{w}}-\boldsymbol{X}^{\mathrm{T}}\boldsymbol{y}=0$$

或者

$$\boldsymbol{X}^{\mathrm{T}}\boldsymbol{X}\hat{\boldsymbol{w}}=\boldsymbol{X}^{\mathrm{T}}\boldsymbol{y}$$

这其实表明 $\boldsymbol{X}\boldsymbol{w}=\boldsymbol{y}$ 的每个最小二乘解满足方程

$$\boldsymbol{X}^{\mathrm{T}}\boldsymbol{X}\boldsymbol{w}=\boldsymbol{X}^{\mathrm{T}}\boldsymbol{y}$$

上述矩阵方程表示的线性方程组常称为 $\boldsymbol{X}\boldsymbol{w}=\boldsymbol{y}$ 的法方程，其解通常用$\hat{\boldsymbol{w}}$ 表示。最后还可以得出如下定理（证明从略）。

定理：方程 $\boldsymbol{X}\boldsymbol{w}=\boldsymbol{y}$ 的最小二乘解集和法方程 $\boldsymbol{X}^{\mathrm{T}}\boldsymbol{X}\boldsymbol{w}=\boldsymbol{X}^{\mathrm{T}}\boldsymbol{y}$ 的非空解集一致。

下面通过一个例子来说明最小二乘问题的解法。例如，求不相容方程 $\boldsymbol{X}\boldsymbol{w}=\boldsymbol{y}$ 的最小二乘解，其中

$$\boldsymbol{X}=\begin{bmatrix}4&0\\0&2\\1&1\end{bmatrix},\quad \boldsymbol{y}=\begin{bmatrix}2\\0\\11\end{bmatrix}$$

利用前面给出的公式计算

$$\boldsymbol{X}^{\mathrm{T}}\boldsymbol{X}=\begin{bmatrix}4&0&1\\0&2&1\end{bmatrix}\begin{bmatrix}4&0\\0&2\\1&1\end{bmatrix}=\begin{bmatrix}17&1\\1&5\end{bmatrix}$$

$$\boldsymbol{X}^{\mathrm{T}}\boldsymbol{y}=\begin{bmatrix}4&0&1\\0&2&1\end{bmatrix}\begin{bmatrix}2\\0\\11\end{bmatrix}=\begin{bmatrix}19\\11\end{bmatrix}$$

那么方程 $\boldsymbol{X}^{\mathrm{T}}\boldsymbol{X}\boldsymbol{w}=\boldsymbol{X}^{\mathrm{T}}\boldsymbol{y}$ 就变成了

$$\begin{bmatrix}17&1\\1&5\end{bmatrix}\begin{bmatrix}w_1\\w_2\end{bmatrix}=\begin{bmatrix}19\\11\end{bmatrix}$$

行变换可用于解此方程组，但由于 $\boldsymbol{X}^{\mathrm{T}}\boldsymbol{X}$ 是 2×2 的可逆矩阵，于是很容易得到

$$(\boldsymbol{X}^{\mathrm{T}}\boldsymbol{X})^{-1}=\frac{1}{84}\begin{bmatrix}5 & -1\\ -1 & 17\end{bmatrix}$$

那么可以解 $\boldsymbol{X}^{\mathrm{T}}\boldsymbol{X}\boldsymbol{w}=\boldsymbol{X}^{\mathrm{T}}\boldsymbol{y}$ 如下：

$$\begin{aligned}\hat{\boldsymbol{w}}&=(\boldsymbol{X}^{\mathrm{T}}\boldsymbol{X})^{-1}\boldsymbol{X}^{\mathrm{T}}\boldsymbol{y}\\ &=\frac{1}{84}\begin{bmatrix}5 & -1\\ -1 & 17\end{bmatrix}\begin{bmatrix}19\\ 11\end{bmatrix}=\begin{bmatrix}1\\ 2\end{bmatrix}\end{aligned}$$

在很多计算中，$\boldsymbol{X}^{\mathrm{T}}$ 是可逆的，但也并非都是如此，下面例子中的矩阵常出现在统计学中的方差分析问题。

例：求 $\boldsymbol{X}\boldsymbol{w}=\boldsymbol{y}$ 的最小二乘解，其中

$$\boldsymbol{X}=\begin{bmatrix}1 & 1 & 0 & 0\\ 1 & 1 & 0 & 0\\ 1 & 0 & 1 & 0\\ 1 & 0 & 1 & 0\\ 1 & 0 & 0 & 1\\ 1 & 0 & 0 & 1\end{bmatrix},\quad \boldsymbol{y}=\begin{bmatrix}-3\\ -1\\ 0\\ 2\\ 5\\ 1\end{bmatrix}$$

类似地，可以算得

$$\boldsymbol{X}^{\mathrm{T}}\boldsymbol{X}=\begin{bmatrix}1 & 1 & 1 & 1 & 1 & 1\\ 1 & 1 & 0 & 0 & 0 & 0\\ 0 & 0 & 1 & 1 & 0 & 0\\ 0 & 0 & 0 & 0 & 1 & 1\end{bmatrix}\begin{bmatrix}1 & 1 & 0 & 0\\ 1 & 1 & 0 & 0\\ 1 & 0 & 1 & 0\\ 1 & 0 & 1 & 0\\ 1 & 0 & 0 & 1\\ 1 & 0 & 0 & 1\end{bmatrix}=\begin{bmatrix}6 & 2 & 2 & 2\\ 2 & 2 & 0 & 0\\ 2 & 0 & 2 & 0\\ 2 & 0 & 0 & 2\end{bmatrix}$$

$$\boldsymbol{X}^{\mathrm{T}}\boldsymbol{y}=\begin{bmatrix}1 & 1 & 1 & 1 & 1 & 1\\ 1 & 1 & 0 & 0 & 0 & 0\\ 0 & 0 & 1 & 1 & 0 & 0\\ 0 & 0 & 0 & 0 & 1 & 1\end{bmatrix}\begin{bmatrix}-3\\ -1\\ 0\\ 2\\ 5\\ 1\end{bmatrix}=\begin{bmatrix}4\\ -4\\ 2\\ 6\end{bmatrix}$$

矩阵方程 $\boldsymbol{X}^{\mathrm{T}}\boldsymbol{X}\boldsymbol{w}=\boldsymbol{X}^{\mathrm{T}}\boldsymbol{y}$ 的增广矩阵为

$$\begin{bmatrix}6 & 2 & 2 & 2 & 4\\ 2 & 2 & 0 & 0 & -4\\ 2 & 0 & 2 & 0 & 2\\ 2 & 0 & 0 & 2 & 6\end{bmatrix}\sim\begin{bmatrix}1 & 0 & 0 & 1 & 3\\ 0 & 1 & 0 & -1 & -5\\ 0 & 0 & 1 & -1 & -2\\ 0 & 0 & 0 & 0 & 0\end{bmatrix}$$

通解是：$x_1=3-x_4$，$x_2=-5+x_4$，$x_3=-2+x_4$，其中 x_4 是自由变量。

所以，$\boldsymbol{X}\boldsymbol{w}=\boldsymbol{y}$ 的最小二乘通解具有如下形式：

$$\hat{\boldsymbol{w}}=\begin{bmatrix}3\\ -5\\ -2\\ 0\end{bmatrix}+x_4\begin{bmatrix}-1\\ 1\\ 1\\ 1\end{bmatrix}$$

在什么条件下，方程 $\boldsymbol{X}\boldsymbol{w}=\boldsymbol{y}$ 的最小二乘解是唯一的？下面的定理给出了判断准则（当然，正交投影总是唯一的），我们不具体讨论该定理的证明。

定理：矩阵 $\boldsymbol{X}^{\mathrm{T}}\boldsymbol{X}$ 是可逆的，其充分必要条件是 $\boldsymbol{X}$ 的列是线性无关的，在这种情况下，方程 $\boldsymbol{X}\boldsymbol{w}=\boldsymbol{y}$ 有唯一最小二乘解 $\hat{\boldsymbol{w}}$ 且它有下面的表达式

$$\hat{\boldsymbol{w}}=(\boldsymbol{X}^{\mathrm{T}}\boldsymbol{X})^{-1}\boldsymbol{X}^{\mathrm{T}}\boldsymbol{y}$$

注意，这是一个通解，也就是多元线性回归问题的解都可以用它来表示。每种具体的线性回归问题的解都可以看成是它的特例，例如第 6 章中给出的一元线性回归的解是

$$\hat{w}_0=\frac{\sum x_i^2\sum y_i-\sum x_i\sum x_iy_i}{n\sum x_i^2-\left(\sum x_i\right)^2}$$

$$\hat{w}_1=\frac{n\sum x_iy_i-\sum x_i\sum y_i}{n\sum x_i^2-\left(\sum x_i\right)^2}$$

下面就基于线性回归的通解来推导证明上述关于一元线性回归最小二乘解的结论。对于一元线性回归而言，假设训练集中有 n 个数据

$$\begin{bmatrix}y_1\\y_2\\\vdots\\y_n\end{bmatrix}=\begin{bmatrix}1&x_1\\1&x_2\\\vdots&\vdots\\1&x_n\end{bmatrix}\begin{bmatrix}w_0\\w_1\end{bmatrix}$$

代入通解公式 $\hat{\boldsymbol{w}}=(\boldsymbol{X}^{\mathrm{T}}\boldsymbol{X})^{-1}\boldsymbol{X}^{\mathrm{T}}\boldsymbol{y}$，则有

$$\begin{bmatrix}w_0\\w_1\end{bmatrix}=\left(\begin{bmatrix}1&1&\cdots&1\\x_1&x_2&\cdots&x_n\end{bmatrix}\begin{bmatrix}1&x_1\\1&x_2\\\vdots&\vdots\\1&x_n\end{bmatrix}\right)^{-1}\begin{bmatrix}1&1&\cdots&1\\x_1&x_2&\cdots&x_n\end{bmatrix}\begin{bmatrix}y_1\\y_2\\\vdots\\y_n\end{bmatrix}$$

其中，

$$\begin{bmatrix}1&1&\cdots&1\\x_1&x_2&\cdots&x_n\end{bmatrix}\begin{bmatrix}y_1\\y_2\\\vdots\\y_n\end{bmatrix}=\begin{bmatrix}\sum y_i\\\sum x_iy_i\end{bmatrix}$$

另外，

$$\begin{bmatrix}1&1&\cdots&1\\x_1&x_2&\cdots&x_n\end{bmatrix}\begin{bmatrix}1&x_1\\1&x_2\\\vdots&\vdots\\1&x_n\end{bmatrix}=\begin{bmatrix}n&\sum x_i\\\sum x_i&\sum x_i^2\end{bmatrix}$$

因此，

$$(\boldsymbol{X}^{\mathrm{T}}\boldsymbol{X})^{-1}=\frac{1}{n\sum x_i^2-\left(\sum x_i\right)^2}\begin{bmatrix}\sum x_i^2&-\sum x_i\\-\sum x_i&n\end{bmatrix}$$

综上可得，

$$\hat{\boldsymbol{w}}=(\boldsymbol{X}^{\mathrm{T}}\boldsymbol{X})^{-1}\boldsymbol{X}^{\mathrm{T}}\boldsymbol{y}$$

$$\begin{bmatrix}\hat{w}_0\\\hat{w}_1\end{bmatrix}=\frac{1}{n\sum x_i^2-\left(\sum x_i\right)^2}\begin{bmatrix}\sum x_i^2 & -\sum x_i\\-\sum x_i & n\end{bmatrix}\begin{bmatrix}\sum y_i\\\sum x_iy_i\end{bmatrix}$$

$$=\frac{1}{n\sum x_i^2-\left(\sum x_i\right)^2}\begin{bmatrix}\sum x_i^2\sum y_i-\sum x_i\sum x_iy_i\\n\sum x_iy_i-\sum x_i\sum y_i\end{bmatrix}$$

最终证明

$$\hat{w}_0=\frac{\sum x_i^2\sum y_i-\sum x_i\sum x_iy_i}{n\sum x_i^2-\left(\sum x_i\right)^2}$$

$$\hat{w}_1=\frac{n\sum x_iy_i-\sum x_i\sum y_i}{n\sum x_i^2-\left(\sum x_i\right)^2}$$

下面的例子表明，当 $\boldsymbol{X}$ 的列向量不正交时，该如何找到 $\boldsymbol{X}\boldsymbol{w}=\boldsymbol{y}$ 的最小二乘解。这类矩阵在线性回归中常被用到。

例：找出 $\boldsymbol{X}\boldsymbol{w}=\boldsymbol{y}$ 的最小二乘解，其中

$$\boldsymbol{X}=\begin{bmatrix}1 & -6\\1 & -2\\1 & 1\\1 & 7\end{bmatrix},\quad \boldsymbol{y}=\begin{bmatrix}-1\\2\\1\\6\end{bmatrix}$$

解：由于 $\boldsymbol{X}$ 的列 $\boldsymbol{x}_1$ 和 $\boldsymbol{x}_2$ 相互正交，$\boldsymbol{y}$ 在 Col$\boldsymbol{X}$ 的正交投影如下：

$$\hat{\boldsymbol{y}}=\frac{\boldsymbol{y}\cdot\boldsymbol{x}_1}{\boldsymbol{x}_1\cdot\boldsymbol{x}_1}\cdot\boldsymbol{x}_1+\frac{\boldsymbol{y}\cdot\boldsymbol{x}_2}{\boldsymbol{x}_2\cdot\boldsymbol{x}_2}\cdot\boldsymbol{x}_2=\frac{8}{4}\cdot\boldsymbol{x}_1+\frac{45}{90}\cdot\boldsymbol{x}_2=\begin{bmatrix}2\\2\\2\\2\end{bmatrix}+\begin{bmatrix}-3\\-1\\1/2\\7/2\end{bmatrix}=\begin{bmatrix}-1\\1\\5/2\\11/2\end{bmatrix}$$

既然 $\hat{\boldsymbol{y}}$ 已知，便可以解 $\boldsymbol{X}\hat{\boldsymbol{w}}=\hat{\boldsymbol{y}}$。这个很容易，因为已经知道 $\hat{\boldsymbol{y}}$ 用 $\boldsymbol{X}$ 的列线性(通过线性组合来)表示时的权值。于是从上式可以立刻得到：

$$\hat{\boldsymbol{w}}=\begin{bmatrix}8/4\\45/90\end{bmatrix}=\begin{bmatrix}2\\1/2\end{bmatrix}$$

某些时候，最小二乘解问题的法方程可能是病态的，也就是 $\boldsymbol{X}^{\mathrm{T}}\boldsymbol{X}$ 中元素在计算中出现较小的误差，可导致解 $\hat{\boldsymbol{w}}$ 出现较大的误差。如果 $\boldsymbol{X}$ 的列线性无关，最小二乘解常常可通过 $\boldsymbol{X}$ 的 QR 分解更可靠地求出。来看下面这个定理。

定理：给定一个 $m\times n$ 的矩阵 $\boldsymbol{X}$，且具有线性无关的列，取 $\boldsymbol{X}=\boldsymbol{Q}\boldsymbol{R}$ 是 $\boldsymbol{X}$ 的 $\boldsymbol{QR}$ 分解，那么对每一个属于 $\mathbb{R}^m$ 的 $\boldsymbol{y}$，方程 $\boldsymbol{X}\boldsymbol{w}=\boldsymbol{y}$ 有唯一的最小二乘解，其解为 $\hat{\boldsymbol{w}}=\boldsymbol{R}^{-1}\boldsymbol{Q}^{\mathrm{T}}\boldsymbol{y}$。

这个定理的证明非常简单，此处不再赘述。更进一步，基于 QR 分解的知识，我们知道 $\boldsymbol{Q}$ 的列形成 Col$\boldsymbol{X}$ 的正交基，因此，$\boldsymbol{Q}\boldsymbol{Q}^{\mathrm{T}}\boldsymbol{y}$ 是 $\boldsymbol{y}$ 在 Col$\boldsymbol{X}$ 上的正交投影 $\hat{\boldsymbol{y}}$，那么 $\boldsymbol{X}\hat{\boldsymbol{w}}=\hat{\boldsymbol{y}}$ 说明 $\hat{\boldsymbol{w}}$ 是 $\boldsymbol{X}\boldsymbol{w}=\boldsymbol{y}$ 的最小二乘解。

此外，由于上述定理中的 $\boldsymbol{R}$ 是上三角形矩阵，$\hat{\boldsymbol{w}}$ 可从方程 $\boldsymbol{R}\boldsymbol{w}=\boldsymbol{Q}^{\mathrm{T}}\boldsymbol{y}$ 计算得到。求解该方程时，通过回代过程或行变换会比较高效。

例：求出 $\boldsymbol{Xw}=\boldsymbol{y}$ 的最小二乘解，其中

$$\boldsymbol{X}=\begin{bmatrix}1 & 3 & 5\\1 & 1 & 0\\1 & 1 & 2\\1 & 3 & 3\end{bmatrix},\quad \boldsymbol{y}=\begin{bmatrix}3\\5\\7\\-3\end{bmatrix}$$

解：可以计算矩阵 $\boldsymbol{X}$ 的 QR 分解为

$$\boldsymbol{X}=\boldsymbol{QR}=\begin{bmatrix}1/2 & 1/2 & 1/2\\1/2 & -1/2 & -1/2\\1/2 & -1/2 & 1/2\\1/2 & 1/2 & -1/2\end{bmatrix}\begin{bmatrix}2 & 4 & 5\\0 & 2 & 3\\0 & 0 & 2\end{bmatrix}$$

那么

$$\boldsymbol{Q}^{\mathrm{T}}\boldsymbol{y}=\begin{bmatrix}1/2 & 1/2 & 1/2 & 1/2\\1/2 & -1/2 & -1/2 & 1/2\\1/2 & -1/2 & 1/2 & 1/2\end{bmatrix}\begin{bmatrix}3\\5\\7\\-3\end{bmatrix}=\begin{bmatrix}6\\-6\\4\end{bmatrix}$$

满足 $\boldsymbol{Rw}=\boldsymbol{Q}^{\mathrm{T}}\boldsymbol{y}$ 的最小二乘解是$\hat{\boldsymbol{w}}$，也就是

$$\begin{bmatrix}2 & 4 & 5\\0 & 2 & 3\\0 & 0 & 2\end{bmatrix}\begin{bmatrix}x_1\\x_2\\x_3\end{bmatrix}=\begin{bmatrix}6\\-6\\4\end{bmatrix}$$

这个方程很容易解出得

$$\hat{\boldsymbol{w}}=\begin{bmatrix}10\\-6\\2\end{bmatrix}$$

7.4　多元回归模型检验

借由最小二乘法所构建的线性回归模型是否给出了观察值的一种有效描述呢？或者说，所构建的模型是否具有一定的解释力？要回答这些问题，就需要对模型进行一定的检验。

7.4.1　线性回归的显著性

与一元线性回归类似，要检测随机变量 y 和可控变量 $x_1,x_2,\cdots,x_m$ 之间是否存在线性相关关系，即检验关系式 $y=w_0+w_1x_1+\cdots+w_mx_m+u$ 是否成立，其中 $u\sim N(0,\sigma^2)$。此时主要检验 m 个系数 $w_1,w_2,\cdots,w_m$ 是否全为零。如果全为零，则可认为线性回归不显著；反之，若系数 $w_1,w_2,\cdots,w_m$ 不全为零，则可认为线性回归是显著的。为进行线性回归的显著性检验，在上述模型中提出原假设和备择假设

$$H_0:w_1=w_2=\cdots=w_m=0$$

$H_1:H_0$ 是错误的。

设对$(x_1,x_2,\cdots,x_m,y)$已经进行了n次独立观测，得观测值$(x_{i1},x_{i2},\cdots,x_{im},y_i)$，其中$i=1,2,\cdots,n$。由观测值确定的线性回归方程为

$$\hat{y}=\hat{w}_0+\hat{w}_1x_1+\cdots+\hat{w}_mx_m$$

将$(x_1,x_2,\cdots,x_m)$的观测值代入，有

$$\hat{y}_i=\hat{w}_0+\hat{w}_1x_{i1}+\cdots+\hat{w}_mx_{im}$$

令

$$\bar{y}=\frac{1}{n}\sum_{i=1}^{n}y_i$$

采用F检验法。首先对总离差平方和进行分解：

$$\mathrm{SS_{total}}=\sum(y_i-\bar{y})^2=\sum(y_i-\hat{y}_i)^2+\sum(\hat{y}_i-\bar{y})^2$$

与前面在一元线性回归时讨论的一样，残差平方和

$$\mathrm{SS_{residual}}=\sum(y_i-\hat{y}_i)^2$$

反映了试验时随机误差的影响。

回归平方和

$$\mathrm{SS_{regression}}=\sum(\hat{y}_i-\bar{y})^2$$

反映了线性回归引起的误差。

在原假设成立的条件下，可得

$$y_i=w_0+u_i,\quad i=1,2,\cdots,n$$

$$\bar{y}=w_0+\bar{u}$$

观察$\mathrm{SS_{regression}}$和$\mathrm{SS_{residual}}$的表达式，易见如果$\mathrm{SS_{regression}}$比$\mathrm{SS_{residual}}$大得多，就不能认为所有的$w_1,w_2,\cdots,w_m$全为零，即拒绝原假设；反之则接受原假设。从而考虑由这两项之比构造的检验统计量。

由F分布的定义可知，

$$F=\frac{\mathrm{SS_{regression}}/m}{\mathrm{SS_{residual}}/(n-m-1)}\sim F(m,n-m-1)$$

给定显著水平α，由F分布表查得临界值$F_\alpha(m,n-m-1)$，使得

$$P\{F\geqslant F_\alpha(m,n-m-1)\}=\alpha$$

由采样得到观测数据，求得F统计量的数值，如果$F\geqslant F_\alpha(m,n-m-1)$，则拒绝原假设，即线性回归是显著的。否则，如果$F<F_\alpha(m,n-m-1)$，则接受原假设，即认为线性回归方程不显著。

在土壤沉淀物吸收情况的例子中，可以算得F统计量的大小为92.03，这个值要远大于$F_{0.05}(2,10)$，所以有理由拒绝原假设，即证明回归总体是显著线性的。也可以通过与这个F统计量对应的P值来判断，在图7-2所示的输出结果中已经给出了该值。或者也可以调用训练所得之模型的f_pvalue属性来输出该值：

```
print(model_multilin.f_pvalue)
```

输出结果为3.63e−07，这与图7-2中给出的结果是一致的。另外，基于对该值计算原理的

认识，也可以在 Python 中使用下面的代码得到相应的 P 值：

```
from scipy.stats import f
print(f.sf(92.03, 2, 10))
```

可见，P 值远小于 0.05，因此我们有足够的把握拒绝原假设，并同样得到回归总体具有显著线性的结论。

7.4.2 回归系数的显著性

在多元线性回归中，若线性回归显著，回归系数不全为零，则回归方程

$$\hat{y}=\hat{w}_0+\hat{w}_1x_1+\hat{w}_2x_2+\cdots+\hat{w}_mx_m$$

是有意义的。但线性回归显著并不能保证每一个回归系数都足够大，或者说不能保证每一个回归系数都显著地不等于零。若某一系数等于零，如 $w_j=0$，则变量 x_j 对 y 的取值就不起作用。因此，要考查每一个自变量 x_j 对 y 的取值是否起作用，其中 $j=1,2,\cdots m$，就需对每一个回归系数 w_j 进行检验。为此在线性回归模型上提出原假设

$$H_0: w_j=0,\quad 1\leqslant j\leqslant m$$

由于 $\hat{w}_j$ 是 w_j 的无偏估计量，自然由 $\hat{w}_j$ 构造检验用的统计量。由

$$\hat{\boldsymbol{w}}=(\boldsymbol{X}^{\mathrm{T}}\boldsymbol{X})^{-1}\boldsymbol{X}^{\mathrm{T}}\boldsymbol{y}$$

易知 $\hat{w}_j$ 是相互独立的正态随机变量 $y_1,y_2,\cdots,y_n$ 的线性组合，所以 $\hat{w}_j$ 也服从正态分布，并且有

$$E(\hat{w}_j)=w_j,\quad \mathrm{var}(\hat{w}_j)=\sigma^2\mathbf{A}_{jj}^{-1}$$

即 $\hat{w}_j\sim N(w_j,\sigma^2\mathbf{A}_{jj}^{-1})$，其中 $\mathbf{A}_{jj}^{-1}$ 是矩阵 $\mathbf{A}^{-1}$ 的主对角线上的第 j 个元素，而且这里的 j 是从第零个算起的。于是

$$\frac{\hat{w}_j-w_j}{\sigma\sqrt{\mathbf{A}_{jj}^{-1}}}\sim N(0,1)$$

而

$$\frac{\mathrm{SS}_{\mathrm{residual}}}{\sigma^2}\sim\chi^2_{n-m-1}$$

还可以证明 $\hat{w}_j$ 与 $\mathrm{SS}_{\mathrm{residual}}$ 是相互独立的。因此在原假设成立的条件下，有

$$T=\frac{\hat{w}_j}{\sqrt{\mathbf{A}_{jj}^{-1}\mathrm{SS}_{\mathrm{residual}}/(n-m-1)}}\sim t(n-m-1)$$

给定显著水平 α，查 t 分布表得到临界值 $t_{\alpha/2}(n-m-1)$，由样本值算得 T 统计量的数值，若 $|T|\geqslant t_{\alpha/2}(n-m-1)$ 则拒绝原假设，即认为 w_j 和零有显著的差异；相反，若 $|T|<t_{\alpha/2}(n-m-1)$ 则接受原假设，即认为 w_j 显著地等于零。

由于 $E[\mathrm{SS}_{\mathrm{residual}}/\sigma^2]=n-m-1$，所以

$$\hat{\sigma}^{*2}=\frac{\mathrm{SS}_{\mathrm{residual}}}{n-m-1}$$

是 σ^2 的无偏估计。于是 T 统计量的表达式也可以简写为

$$T = \frac{\hat{w}_j}{\hat{\sigma}^* \sqrt{\mathbf{A}_{jj}^{-1}}} = \frac{\hat{w}_j}{\mathrm{se}(\hat{w}_j)} \sim t(n-m-1)$$

在土壤沉淀物吸收情况的例子中，Python 计算得到的各参数估计值为

$$\hat{w}_0 = -7.350\,66, \quad \hat{w}_1 = 0.112\,73, \quad \hat{w}_2 = 0.349\,00$$

于是，同 3 个参数相对应的 T 统计量分别为

$$T_{\hat{w}_0} = \frac{-7.350\,66}{4.379 \times \sqrt{0.633\,138}} = -2.109$$

$$T_{\hat{w}_1} = \frac{0.112\,73}{4.379 \times \sqrt{0.000\,046}} = 3.797$$

$$T_{\hat{w}_2} = \frac{0.349\,00}{4.379 \times \sqrt{0.000\,265}} = 4.894$$

相应的 P 值可以在 Python 中用下列代码算得。

```
from scipy.stats import t
print(2 * (t.sf(2.109,10)))
print(2 * (t.sf(3.797,10)))
print(2 * (t.sf(4.894,10)))
```

输出结果为：

```
0.06114493
0.00350298
0.00062871
```

或者，也可以直接调用训练所得模型的 pvalues 属性来输出该值：

```
print(model_multilin.pvalues)
```

输出结果为：

```
[0.06110081 0.00350359 0.00062836]
```

以上这些这与图 7-2 中输出的结果是一致的(注意由于计算精度的问题，最后几位有效数字上的差异是正常的)，且可据此推断回归系数 w_1 和 w_2 是显著(不为零)的。注意截距项 w_0 是否为零并不是我们需要关心的。

7.5 多元线性回归模型预测

对于线性回归模型

$$y = w_0 + w_1 x_1 + w_2 x_2 + \cdots + w_m x_m + u$$

其中 $u \sim N(0, \sigma^2)$，当求得参数 w 的最小二乘估计 $\hat{w}$ 之后，就可以建立回归方程

$$\hat{y} = \hat{w}_0 + \hat{w}_1 x_1 + \hat{w}_2 x_2 + \cdots + \hat{w}_m x_m$$

而且在经过线性回归显著性及回归系数显著性的检验后，表明回归方程和回归系数都是显著的，那么就可以利用回归方程来进行预测。给定自变量 $x_1, x_2, \cdots, x_m$ 的任意一组观察值 $x_{01}, x_{02}, \cdots, x_{0m}$，由回归方程可得

$$\hat{y}_0 = \hat{w}_0 + \hat{w}_1 x_{01} + \hat{w}_2 x_{02} + \cdots + \hat{w}_m x_{0m}$$

设 $\boldsymbol{x}_0 = [1, x_{01}, x_{02}, \cdots, x_{0m}]$，则上式可以写成

$$\hat{y}_0 = \boldsymbol{x}_0 \hat{\boldsymbol{w}}$$

在 $\boldsymbol{x} = \boldsymbol{x}_0$ 时，由样本回归方程计算的 $\hat{y}_0$ 是个别值 y_0 和总体均值 $E(y_0)$ 的无偏估计，所以 $\hat{y}_0$ 可以作为 y_0 和 $E(y_0)$ 的预测值。

与第 6 章中讨论的情况相同，区间预测包括两个方面：一方面是总体个别值 y_0 的区间预测，另一方面是总体均值 $E(y_0)$ 的区间预测。设 $e_0 = y_0 - \hat{y}_0 = y_0 - \boldsymbol{x}_0 \hat{\boldsymbol{w}}$，则有

$$e_0 \sim N(0, \sigma^2 [1 + \boldsymbol{x}_0 (\boldsymbol{x}^{\mathrm{T}} \boldsymbol{x})^{-1} \boldsymbol{x}_0^{\mathrm{T}}])$$

如果 $\hat{w}$ 是统计模型中某个参数 w 的估计值，那么 T 统计量的定义式为

$$t_{\hat{\beta}} = \frac{\hat{w}}{\mathrm{se}(\hat{w})}$$

所以与 e_0 相对应的 T 统计量的表达式如下：

$$T = \frac{e_0}{\hat{\sigma}\sqrt{1 + \boldsymbol{x}_0 (\boldsymbol{x}^{\mathrm{T}} \boldsymbol{x})^{-1} \boldsymbol{x}_0^{\mathrm{T}}}} = \frac{y_0 - \hat{y}_0}{\hat{\sigma}\sqrt{1 + \boldsymbol{x}_0 (\boldsymbol{x}^{\mathrm{T}} \boldsymbol{x})^{-1} \boldsymbol{x}_0^{\mathrm{T}}}} \sim t(n - m - 1)$$

在给定显著水平 α 的情况下，可得

$$\hat{y}_0 - t_{\frac{\alpha}{2}}(n - m - 1) \times \hat{\sigma}\sqrt{1 + \boldsymbol{x}_0 (\boldsymbol{x}^{\mathrm{T}} \boldsymbol{x})^{-1} \boldsymbol{x}_0^{\mathrm{T}}} \leqslant y_0$$

$$\leqslant \hat{y}_0 + t_{\frac{\alpha}{2}}(n - m - 1) \times \hat{\sigma}\sqrt{1 + \boldsymbol{x}_0 (\boldsymbol{x}^{\mathrm{T}} \boldsymbol{x})^{-1} \boldsymbol{x}_0^{\mathrm{T}}}$$

总体个别值 y_0 的区间预测就由上式给出。

在 Python 中如果使用 statsmodels 包来构建回归模型，那么调用 predict()方法可以根据新的输入来进行回归预测。针对土壤沉淀物吸收的例子中，可以使用下面的命令来预测当可提取的铁含量为 150，可提取的铝含量为 40 时，磷酸盐的吸收情况：

```
print(model_multilin.predict([1, 150, 40]))
```

如果希望得到预测结果的区间估计，则需要用到 get_prediction()方法：

```
predictions = model_multilin.get_prediction([1, 150, 40])
predictions.summary_frame(alpha = 0.05)
```

执行上述代码，程序输出如图 7-8 所示，其中被圈出的部分就是区间估计结果。

	mean	mean_se	mean_ci_lower	mean_ci_upper	obs_ci_lower	obs_ci_upper
0	23.51929	1.310799	20.598648	26.439933	13.333718	33.704863

图 7-8　带区间估计的结果预测

其中点预测的结果是 23.519 29，在 5%的显著水平下，个别值的区间预测结果是(13.333 72，33.704 86)。

当然也可以根据公式来尝试手动计算一下这个结果，其中的 T 统计量临界值可以由下面的代码求得：

```
t.isf(0.05/2, 10)
```

所得结果为 2.228 139。

继续计算，为了得到更精确的误差标准差，使用下面的代码进行计算。Python 中自动输出的结果 4.379 是我们所计算的结果在保留 4 位有效数字后得到的。

```
import math
math.sqrt(sum(model_multilin.resid * model_multilin.resid)/10)      #4.379375
```

另外还可以算得 $\boldsymbol{x}_0(\boldsymbol{x}^{\mathrm{T}}\boldsymbol{x})^{-1}\boldsymbol{x}_0^{\mathrm{T}}$ 的值为

$$\begin{bmatrix}1\\150\\40\end{bmatrix}^{\mathrm{T}}\times\begin{bmatrix}0.633\,138 & -0.003\,826 & 0.002\,477\\-0.003\,826 & 0.000\,046 & -0.000\,088\\0.002\,477 & -0.000\,088 & 0.000\,265\end{bmatrix}\times\begin{bmatrix}1\\150\\40\end{bmatrix}=0.089\,587\,66$$

然后在 Python 中使用下面的代码计算最终的预测区间，可见结果与前面给出的结果是基本一致的。

```
23.51929 - 2.228139 * math.sqrt(1 + 0.08958766) * 4.379375         #13.33372
23.51929 + 2.228139 * math.sqrt(1 + 0.08958766) * 4.379375         #33.70486
```

类似地，还可以得到总体均值 $E(y_0)$ 的区间预测表达式为

$$\hat{y}_0-t_{\frac{\alpha}{2}}(n-m-1)\times\hat{\sigma}\sqrt{\boldsymbol{x}_0(\boldsymbol{x}^{\mathrm{T}}\boldsymbol{x})^{-1}\boldsymbol{x}_0^{\mathrm{T}}}\leqslant E(y_0)$$
$$\leqslant\hat{y}_0+t_{\frac{\alpha}{2}}(n-m-1)\times\hat{\sigma}\sqrt{\boldsymbol{x}_0(\boldsymbol{x}^{\mathrm{T}}\boldsymbol{x})^{-1}\boldsymbol{x}_0^{\mathrm{T}}}$$

前面由 get_prediction()方法得到的输出中，mean_ci_lower 和 mean_ci_upper 给出的就是总体均值的区间预测结果。而且 y_0 期望的置信区间要比 y_0 的置信区间更窄。

同样，下面的代码给出了包含中间过程的手动计算方法，这与刚刚得到的计算结果是一致的。

```
23.51929 - 2.228139 * math.sqrt(0.08958766) * 4.379375         #20.59865
23.51929 + 2.228139 * math.sqrt(0.08958766) * 4.379375         #26.43993
```

7.6 格兰杰因果关系检验

所谓因果关系，可以通过变量之间的依赖性定义，即作为结果的变量是由作为原因的变量所决定的，原因变量的变化引起结果变量的变化。

因果关系不同于相关关系；而且从一个回归关系式我们并不能确定变量之间是否具有

因果关系。虽然我们说回归方程中解释变量是被解释变量的原因，但是，这一因果关系通常是先验设定的，或者是在回归之前就已确定。

实际上，在许多情况下，变量之间的因果关系并不总像农作物产量和降雨量之间的关系那样一目了然，或者没有充分的知识使我们认清变量之间的因果关系。此外，即使某一经济理论宣称某两个变量之间存在一种因果关系，也需要给以经验上的支持。

诺贝尔经济学奖获得者英国经济学家克莱夫·格兰杰(Clive Granger)是著名的经济时间序列分析大师，被认为是世界上最伟大的计量经济学家之一。格兰杰从预测的角度对因果关系给出了一种描述性定义，这就是我们现在所熟知的格兰杰因果关系。

格兰杰指出，如果一个变量 x 无助于预测另一个变量 y，则说 x 不是 y 的原因；相反，若 x 是 y 的原因，则必须满足两个条件：第一，x 应该有助于预测 y，即在 y 关于 y 的过去值的回归中，添加 x 的过去值作为独立变量应当显著地增加回归的解释能力；第二，y 不应当有助于预测 x，其原因是，如果 x 有助于预测 y，y 也有助于预测 x，则很可能存在一个或几个其他变量，它们既是引起 x 变化的原因，也是引起 y 变化的原因。现在人们一般把这种从预测的角度定义的因果关系称为格兰杰因果关系。

变量 x 是否为变量 y 的格兰杰原因，是可以检验的。检验 x 是否为引起 y 变化的格兰杰原因的过程如下：

第一步，检验原假设“H_0：x 不是引起 y 变化的格兰杰原因”。首先，估计下列两个回归模型：

无约束回归模型(u)：
$$y_t=\alpha_0+\sum_{i=1}^{p}\alpha_i y_{t-i}+\sum_{i=1}^{q}\beta_i x_{t-i}+\varepsilon_t$$

有约束回归模型(r)：
$$y_t=\alpha_0+\sum_{i=1}^{p}\alpha_i y_{t-i}+\varepsilon_t$$

式中，α_0 表示常数项；p 和 q 分别为变量 y 和 x 的最大滞后期数，通常可以取得稍大一些；ε_t 为白噪声。

然后，用这两个回归模型的残差平方和 RSS_u 与 RSS_r 构造 F 统计量：

$$F=\frac{(\text{RSS}_r-\text{RSS}_u)/q}{\text{RSS}_u/(n-p-q-1)}\sim F(q,n-p-q-1)$$

其中，n 为样本容量。

检验原假设“H_0：x 不是引起 y 变化的格兰杰原因”(等价于检验 H_0：$\beta_1=\beta_2=\cdots=\beta_q=0$)是否成立。如果 $F\geqslant F_\alpha(q,n-p-q-1)$，则 $\beta_1,\beta_2,\cdots,\beta_q$ 显著不为 0，应拒绝原假设“H_0：x 不是引起 y 变化的格兰杰原因”；反之，则不能拒绝原假设。

第二步，将 y 与 x 的位置交换，按同样的方法检验原假设“H_0：y 不是引起 x 变化的格兰杰原因”。

第三步，要得到“x 是 y 的格兰杰原因”的结论，必须同时拒绝原假设“H_0：x 不是引起 y 变化的格兰杰原因”和接受原假设“H_0：y 不是引起 x 变化的格兰杰原因”。

最后，我们给出一个在 Python 中进行格兰杰因果关系检验的实例。从一般的认识讲，消费与经济增长之间存在相互促进的作用。但是，相比之下两者中哪一个对另外一个有更强的促进作用在各国经济发展过程中则呈现出不同的结论。就中国而言，自改革开放以来，认为经济增长对消费的促进作用要大于消费对经济增长的促进作用。或者说，在我国

经济增长可以作为消费的格兰杰原因，反之不成立。但这一结论是否能够得到计量经济研究的支持呢？下面就在 Python 中通过对 1978—2002 年的统计数据（数据来源为国家统计局网站）进行分析，进而来回答这个问题。

首先将 GDP 和消费数据存储在两个数组对象中，然后再拼接到一起。

```
import numpy as np
import statsmodels.api as sm
from statsmodels.tsa.stattools import grangercausalitytests

GDP = np.array([3645.2, 4062.6, 4545.6, 4889.5, 5330.5, 5985.6, 7243.8, 9040.7,
10274.4, 12050.6, 15036.8, 17000.9, 18718.3, 21826.2, 26937.3, 35260.0,
48108.5, 59810.5, 70142.5, 78060.8, 83024.3, 88479.2, 98000.5, 108068.2, 119095.7])

consumption = np.array([1759.1, 2014, 2336.9, 2627.5, 2867.1, 3220.9, 3689.5,
4627.4, 5293.5, 6047.6, 7532.1, 8778, 9435, 10544.5, 12312.2, 15696.2,
21446.1, 28072.9, 33660.3, 36626.3, 38821.8, 41914.9, 46987.8, 50708.8, 55076.4])

X_gdp_cons = np.vstack((GDP, consumption)).transpose()
X_cons_gdp = np.vstack((consumption, GDP)).transpose()
```

在 Python 中执行格兰杰因果校验，同样可以使用 statsmodels 包。具体来说需要用到的是 grangercausalitytests 类。实例化该类时，最重要的参数有两个。首先是一个包含有两列时间序列数据的多维数组对象，后续的格兰杰校验将检验位于第二列的时间序列数据是否是第一列时间序列数据的格兰杰原因。因此，上述代码中我们构建了两个输入数据对象，两者的区别在于 GDP 和消费数据所在的位置不同。另外一个参数用于设置最大滞后期数。如果输入的是一个整数 m，那么表示要对从 1 到 m 的各个最大滞后期数都进行一次格兰杰因果关系校验。如果输入的是[m]，则表示只对 m 这个最大滞后期数做格兰杰因果关系校验。

首先来检验消费是否是 GDP 的格兰杰原因：

```
gc_res_1 = grangercausalitytests(X_gdp_cons, [2])
```

上述代码的输出结果如下：

```
Granger Causality
number of lags (no zero) 2
ssr based F test:         F = 1.6437,     p = 0.2210, df_denom = 18, df_num = 2
ssr based chi2 test:      chi2 = 4.2005,   p = 0.1224, df = 2
likelihood ratio test:    chi2 = 3.8581,   p = 0.1453, df = 2
parameter F test:         F = 1.6437,     p = 0.2210, df_denom = 18, df_num = 2
```

接下来检验 GDP 是否是消费的格兰杰原因：

```
gc_res_2 = grangercausalitytests(X_cons_gdp, [2])
```

上述代码的输出结果如下：

```
Granger Causality
number of lags (no zero) 2
ssr based F test:         F = 13.4108,      p = 0.0003, df_denom = 18, df_num = 2
ssr based chi2 test:      chi2 = 34.2720,   p = 0.0000, df = 2
likelihood ratio test:    chi2 = 20.9833,   p = 0.0000, df = 2
parameter F test:         F = 13.4108,      p = 0.0003, df_denom = 18, df_num = 2
```

检验结果显示，当原假设为"消费不是引起GDP变化的格兰杰原因"，F 测试的 P 值结果为 $0.221>0.05$，我们无法拒绝原假设；而当原假设变为"GDP不是引起消费变化的格兰杰原因"时，F 测试的 P 值为 $0.0003<0.05$，可以据此拒绝原假设。于是可以证明，GDP是消费的格兰杰原因。

之前计算结果中的 P 值也可以用下面的Python代码算得（当 $p=2$ 时，观测值的数量 $n=25-2=23$）：

```
f.sf(1.6437, 2, 18)      #0.2209779592
f.sf(13.411, 2, 18)      #0.0002716636
```

第 8 章

线性回归进阶

本章介绍情况更加复杂的回归模型。首先，涉及的是以线性回归为基础实现的非线性模型。此后，还会讨论带正则化项的回归模型，即著名的岭回归和 LASSO。

与本章内容相关的数学概念包括最小似然法、Kullback-Leibler 散度、AIC、BIC、多重共线性、范数、正则化、最小二乘法、拉格朗日乘数法。

8.1 更多回归模型函数形式

很多看似非线性的关系经由一定的转换也可以变成线性的。此外，在前面讨论的线性回归模型中，被解释变量是解释变量的线性函数，同时被解释变量也是参数的线性函数，或者说我们所讨论的模型既是变量线性模型也是参数线性模型。但很多时候，这种两种线性关系是很难同时满足的。下面要讨论的就是参数可以满足线性模型，但变量不是线性模型的一些情况。

8.1.1 双对数模型以及生产函数

通过适当的变量替换把非线性关系转换为线性是一种非常有用的技术。在很多时候，借由这种变换，我们可以在线性回归的模型框架内来考虑许多看似形式复杂的经典模型。作为对数-对数模型(或称为双对数模型)的一个典型例子，下面研究生产理论中著名的柯布-道格拉斯生产函数(Cobb-Douglas Production Function)。

生产函数是指在一定时期内，在技术水平不变的情况下，生产中所使用的各种生产要素的数量与所能生产的最大产量之间的关系。换句话说，生产函数反映了一定技术条件下投入与产出之间的关系。柯布-道格拉斯生产函数最初是美国数学家查尔斯·柯布(Charles Wiggins Cobb)和经济学家保罗·道格拉斯(Paul Howard Douglas)在探讨投入和产出的关系时共同创造的。它的随机形式可以表达为

$$y_i=\beta_1 x_{2i}^{\beta_2} x_{3i}^{\beta_3} e^{u_i}$$

其中，y 是工业总产值，x_2 是投入的劳动力数(单位是万人或人)，x_3 是投入的资本，一般指固定资产净值(单位是亿元或万元)。β_1 是综合技术水平，β_2 是劳动力产出的弹性系数，β_3 是资本产出的弹性系数，u 表示随机干扰项。

在柯布与道格拉斯二人于1928年发表的著作中，详细地研究了1899—1922年美国制造业的生产函数。他们指出，制造业的投资分为，以机器和建筑物为主要形式的固定资本投资和以原料、半成品和仓库里的成品为主要形式的流动资本投资，同时还包括对土地的投资。在他们看来，在商品生产中起作用的资本，是不包括流动资本的。这是因为，他们认为，流动资本属于制造过程的结果，而非原因。同时，他们还排除了对土地的投资。这是因为，他们认为，这部分投资受土地价值的异常增值的影响较大。因此，在他们的生产函数中，资本这一要素只包括对机器、工具、设备和工厂建筑的投资。而对劳动这一要素的度量，他们选用的是制造业的雇用工人数。

但不幸的是，由于当时对这些生产要素的统计工作既不是每年连续的，也不是恰好按他们的分析需要来分类统计的。所以他们不得不尽可能地利用可以获得的一些其他数据，来估计出他们打算使用的数据的数值。比如，用生铁、钢、钢材、木材、焦炭、水泥、砖和铜等用于生产机器和建筑物的原料的数量变化来估计机器和建筑物的数量的变化；用美国一两个州的雇用工人数的变化来代表整个美国的雇用工人数的变化等等。

经过一番处理，基于1899—1922年间的数据，柯布与道格拉斯得到了前面所示之形式的生成函数。这一成果对后来的经济研究产生了十分重要的影响，而更令人敬佩的是，所有这些工作都是在没有计算机的年代里完成的。从二人所给出的模型中可以看出，决定工业系统发展水平的主要因素是投入的劳动力数、固定资产和综合技术水平(包括经营管理水平、劳动力素质和引进先进技术等)。

尽管柯布-道格拉斯生产函数给出的产出与两种投入之间的关系并不是线性的。但通过简单的对数变换即可以得到

$$\begin{aligned}\ln y_i &= \ln\beta_1+\beta_2\ln x_{2i}+\beta_3\ln x_{3i}+u_i\\ &=\beta_0+\beta_2\ln x_{2i}+\beta_3\ln x_{3i}+u_i\end{aligned}$$

其中，$\beta_0=\ln\beta_1$。此时模型对参数 β_0、β_2 和 β_3 是线性的，所以模型也就是一个线性回归模型，而且是一个对数-对数线性模型。

参考文献中给出了2005年美国50个州和华盛顿哥伦比亚特区的制造业部门数据，包括制造业部门的价值加成(即总产出，单位：千美元)、劳动投入(单位：千小时)和资本投入(单位：千美元)。限于篇幅，此处不详细列出具体数据，有需要的读者可以从本书的在线支持网站上下载得到完整数据。假定上面给出的模型满足经典线性回归模型的假定。在Python中使用最小二乘法对参数进行估计，最终可以得到如下所示的回归方程

$$\ln\hat{y}_i=3.8876+0.4683\ln x_{2i}+0.5213\ln x_{3i}$$

$$(0.3962)\ (0.0989)\ (0.0969)$$

$$t=(9.8115)\ (4.7342)\ (5.3803)$$

从上述回归方程中可以看出，2005年美国制造业产出的劳动和资本弹性分别是0.4683和0.5213。换言之，在研究时期，保持资本投入不变，劳动投入增加1%，平均导致产出增加

约 0.47%,类似地,保持劳动投入不变,资本投入增加 1%平均导致产出增加约 0.52%。把两个产出弹性相加得到 0.99,即为规模报酬参数的取值。不难发现,在此研究期间,美国 50 个州和华盛顿哥伦比亚特区的制造业具有规模报酬不变的特征。而从纯粹的统计观点来看,所估计的回归线对数据的拟合相当良好。R^2 取值为 0.9642,表示 96%的产出(的对数)都可以由劳动和资本(的对数)来解释。当然,要进一步阐明该模型的有效性,还应该借助前面介绍的方法对模型及其中参数的显著性进行检验。

表 8-1 总结了一些常用的不同函数形式的模型。这些模型的参数之间都是线性的,但(除普通线性模型以外)变量之间却不一定是线性的。表中的 * 表示弹性系数是一个变量,其值依赖于 x 或 y 或 x 与 y。不难发现,在普通线性模型中,其斜率是一个常数,而弹性系数是一个变量。在对数-对数模型中,其弹性系数是一个常量,而斜率是一个变量。对表中的其他模型而言,斜率和弹性系数都是变量。

表 8-1 不同函数形式的模型比较

模 型	形 式	斜 率	弹 性
线性模型	$y_i=\beta_1+\beta_2 x_i$	β_2	$\beta_2(x/y)^*$
对数-对数模型	$\ln y_i=\beta_1+\beta_2\ln x_i$	$\beta_2(y/x)$	β_2
对数-线性模型	$\ln y_i=\beta_1+\beta_2 x_i$	$\beta_2 y$	$\beta_2(x)^*$
线性-对数模型	$y_i=\beta_1+\beta_2\ln x_i$	$\beta_2(1/x)$	$\beta_2(1/y)^*$
倒数模型	$y_i=\beta_1+\beta_2(1/x_i)$	$-\beta_2(1/x^2)$	$-\beta_2(1/xy)^*$

8.1.2 倒数模型与菲利普斯曲线

通常把具有如下形式的模型称为倒数模型

$$y_i=\beta_1+\beta_2(1/x_i)+u_i$$

式中,变量之间是非线性的模型,因为解释变量 x 是以倒数的形式出现在模型中的,而模型中参数之间是线性的。如果令 $x_i^*=1/x_i$,则模型就变为

$$y_i=\beta_1+\beta_2 x_i^*+u_i$$

如果模型满足普通最小二乘法的基本假定,那么就可以运用普通最小二乘法进行参数估计进而进行检验及预测。倒数模型的一个显著特征是,随着 x 的无限增大,$1/x$ 将趋近于零,y 将逐渐接近 β_1 的渐近值或极值。所以,当变量 x 无限增大时,倒数回归模型将逐渐趋近其渐近值或极值。

图 8-1 给出了倒数函数模型的一些可能的形状。倒数模型在经济学中有着非常广泛的应用。例如,形如图 8-1 中(b)图所示的倒数模型常用来描述恩格尔消费曲线(Engel Expenditure Curve)。该曲线表明,消费者对某一商品的支出占其总收入或总消费支出的比例。

倒数模型的一个重要应用就是被拿来对宏观经济学中著名的菲利普斯曲线(Phillips Curve)加以描述。菲利普斯曲线最早由新西兰经济学家威廉·菲利普斯提出,他在 1958 年发表的一篇文章里根据英国 1861—1957 年间失业率和货币工资变动率的经验统计资料,提出了一条用以表示失业率和货币工资变动率之间交替关系的曲线。该条曲线表明:当失业率较低时,货币工资增长率较高;反之,当失业率较高时,货币工资增长率较低。西方经

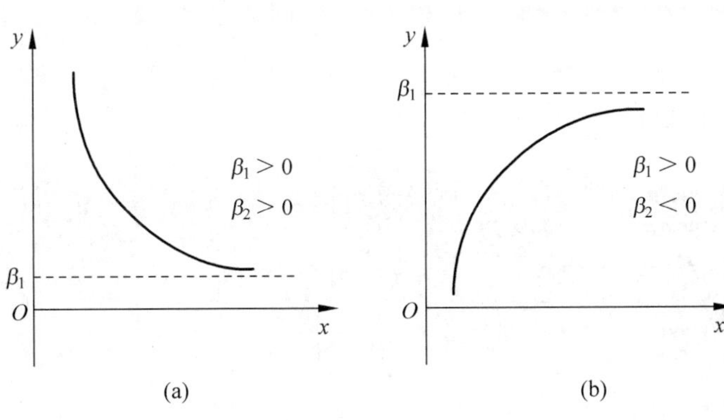

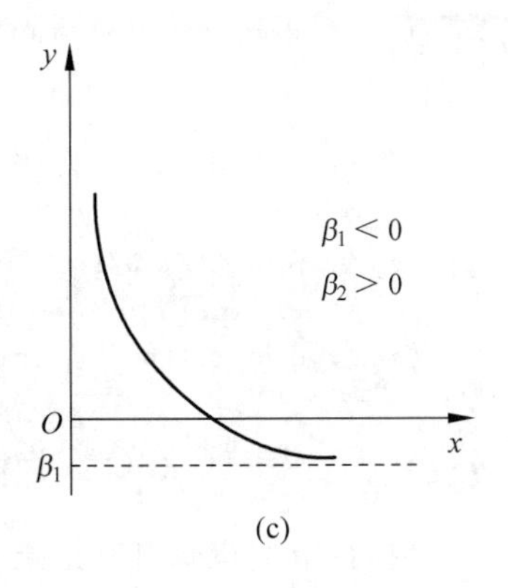

图 8-1 倒数函数模型

济学家认为,货币工资率的提高是引起通货膨胀的原因,即货币工资率的增加超过劳动生产率的增加,引起物价上涨,从而导致通货膨胀。据此理论,美国经济学家保罗·萨缪尔森(Paul Samuelson)和罗伯特·索洛(Robert Solow)便将原来表示失业率与货币工资率之间交替关系的菲利普斯曲线发展成为用来表示失业率与通货膨胀率之间交替关系的曲线。事实上,"菲利普斯曲线"这个名称也是萨缪尔森和索洛给起的。

表 8-2 给出了 1958—1969 年美国小时收入指数年变化率与失业率数据,下面试运用线性回归的方法建立 1958—1969 年间美国的菲利普斯曲线。

表 8-2 美国的小时收入指数年变化与失业率

年 份	收入指数	失业率/%	年 份	收入指数	失业率/%
1958	4.2	6.8	1964	2.8	5.2
1959	3.5	5.5	1965	3.6	4.5
1960	3.4	5.5	1966	4.3	3.8
1961	3.0	6.7	1967	5.0	3.8
1962	3.4	5.5	1968	6.1	3.6
1963	2.8	5.7	1969	6.7	3.5

作为对比,首先采用普通的一元线性回归方法:

```
import numpy as np
from sklearn import linear_model
reg = linear_model.LinearRegression()

X = np.array([6.8, 5.5, 5.5, 6.7, 5.5, 5.7, 5.2, 4.5, 3.8, 3.8, 3.6, 3.5]).reshape(-1, 1)
y = np.array([4.2, 3.5, 3.4, 3.0, 3.4, 2.8, 2.8, 3.6, 4.3, 5.0, 6.1, 6.7])
reg.fit(X, y)

print(reg.intercept_, reg.coef_)
```

执行上述代码可得结果如下:

```
8.014701395559072 [-0.78829312]
```

于是便得到如下形式的回归方程：

$$\hat{y}_i = 8.0417 - 0.7883x_i$$

然后再使用下面的代码来建立倒数模型：

```
X_reciprocal = 1.0/X;
reg_reciprocal = linear_model.LinearRegression()
reg_reciprocal.fit(X_reciprocal, y)

print(reg_reciprocal.intercept_, reg_reciprocal.coef_)
```

执行上述代码可得结果如下：

```
-0.2594365433049406 [20.58788169]
```

由此得到的回归方程如下：

$$\hat{y}_i = -0.2594 + 20.579/x_i$$

基于已经得到的参数，可以绘制相应的菲利普斯曲线，如图 8-2 所示。

现在分析已经得到的结果。在一元线性回归模型中，斜率为负，表示在其他条件保持不变的情况下，就业率越高，收入的增长率就越低。而在倒数模型中，斜率为正，这是由于 x 是以倒数的形式进入模型的。也就是说，倒数模型中正的斜率与普通线性模型中负的斜率所起的作用是相同的。线性模型表明失业率每上升 1%，平均而言，收入的变化率为常数，约为−0.79；而另一方面，在倒数模型中，收入的变化率却不是常数，它依赖于 x（即就业率）的水平。显然，后一种模型更符合经济理论。此外，由于在两个模型中因变量是相同的，所以可以比较 R^2 值，倒数模型中 $R^2=0.6594$ 也大于普通线性模型中的 $R^2=0.5153$。这也表明倒数模型更好地拟合了观察数据。反映在图形上，可以看出倒数模型对观察值的解释更有效。

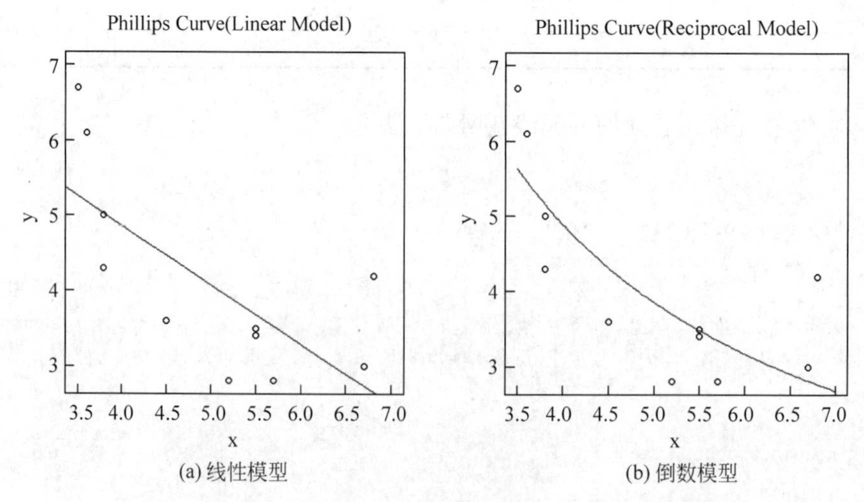

(a) 线性模型　　(b) 倒数模型

图 8-2　菲利普斯曲线

8.1.3 多项式回归模型及其分析

最后，考虑一类特殊的多元回归模型——多项式回归模型(Polynomial Regression Model)。这类模型在有关成本和生产函数的计量经济研究中有广泛的用途。在介绍这些模型的同时，我们进一步扩大了经典线性回归模型的适用范围。

现在有一组如图8-3所示的数据，图中的虚线是采用普通一元线性回归的方法进行估计的结果，不难发现，尽管这种方法也能够给出数据分布上的一种趋势，但是由此得到的模型其实拟合度并不高，从图中可以非常直观地看出估计值与观察值间的误差平方和是比较大的。为了提高拟合效果，我们很自然地想到使用多项式对建模，图中所示的实线就是采用三次多项式进行拟合后的结果，它显然有效地降低了误差平方和。

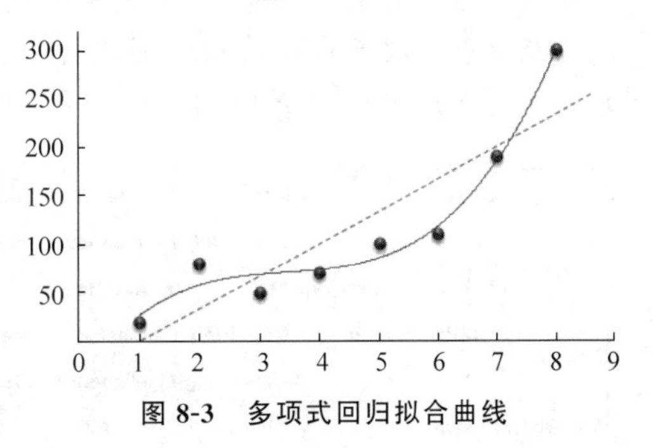

图8-3 多项式回归拟合曲线

事实上，采用多项式建模的确会较为明显地提高拟合优度。如果要解释这其中的原理，可以从微积分中的泰勒公式中找到理论依据。泰勒公式告诉我们如果一个函数足够光滑，那么可以在函数上某点的一个邻域内用一个多项式对函数进行逼近，而且随着多项式阶数的提高，这种逼近的效果也会越来越好。同理，如果确实有一条光滑的曲线可以对所有数据点都进行毫无偏差的拟合，那么理论上可以找到一个多项式对这条曲线进行较为准确的拟合。

多项式回归通常可以写成下面形式：

$$y_i = \beta_0 + \beta_1 x_i + \beta_2 x_i^2 + \cdots + \beta_k x_i^k + u_i$$

在这类多项式回归中，方程右边只有一个解释变量，但以不同的乘方形式出现，从而使方程成为多元回归模型。而且如果 x 被假定为固定的或非随机的，那么带有乘方的各 x_i 项也将是固定的或非随机的。

各阶多项式对参数 β 而言都是线性的，故可用普通最小二乘法估计。但这种模型会带来什么特殊的估计问题吗？既然各个 x 项都是 x 的幂函数，它们会不会高度相关呢？这种情况的确存在。但是 x 的各阶乘方项都是 x 的非线性函数，所以严格地说，这并不违反无多重共线性的假定。总之，多项式回归模型没有提出任何新的估计问题，所以可以采用前面所介绍的方法去估计它们。

这里以第7章中给出的树高与树龄的例子说明构建多项式回归模型的基本方法。下面这段代码分别采用普通的一元线性回归方法(这也是第6章中所用过的方法)以及多项式回归方法对树高与树龄数据进行建模。可以看到此处所采用的是三阶多项式。

```
import numpy as np
import pandas as pd
import statsmodels.api as sm
from sklearn.preprocessing import PolynomialFeatures

df = pd.read_csv('tree_data.csv')
```

```
X = df[df.columns[0]] # X = df['age']
y = df[df.columns[1]] # y = df['height']

X = np.array(X).reshape(-1, 1)

poly = PolynomialFeatures(degree = 3)
X_poly = poly.fit_transform(X)

model_poly = sm.OLS(y, X_poly).fit()
# Print out the statistics
model_poly.summary()
```

注意这里使用了 statsmodels 这个库，是 Python 中处理统计学问题时主要用到的一个模块。执行上述代码，系统将输出一个关于模型的非常全面的报告，如图 8-4 所示。

Dep. Variable:	height	R-squared:	0.952
Model:	OLS	Adj. R-squared:	0.944
Method:	Least Squares	F-statistic:	131.4
Date:	Sun, 26 Apr 2020	Prob (F-statistic):	2.50e-13
Time:	09:39:03	Log-Likelihood:	-0.62850
No. Observations:	24	AIC:	9.257
Df Residuals:	20	BIC:	13.97
Df Model:	3		
Covariance Type:	nonrobust		

	coef	std err	t	P>|t|	[0.025	0.975]
const	1.6738	1.229	1.362	0.188	-0.889	4.237
x1	2.8420	0.963	2.951	0.008	0.833	4.851
x2	-0.5973	0.229	-2.606	0.017	-1.076	-0.119
x3	0.0481	0.017	2.849	0.010	0.013	0.083

Omnibus:	1.142	Durbin-Watson:	2.183
Prob(Omnibus):	0.565	Jarque-Bera (JB):	1.083
Skew:	-0.421	Prob(JB):	0.582
Kurtosis:	2.390	Cond. No.	5.03e+03

图 8-4　回归模型的综合报告

由上述结果所给出之参数估计（见图 8-4 中被圈出的部分），可以建立如下的多项式回归方程：

$$\hat{y}_i = 1.673\,81 + 0.963\,02 x_i - 0.597\,32 x_i^2 + 0.048\,15 x_i^3$$

为了便于比较，可以采用下面的代码分别绘制出采用一元线性回归方法构建的模型曲线和多项式回归方法构建的模型曲线，结果如图 8-5 所示。从直观上看，多项式回归的效果要优于普通一元线性回归。这一点可以从 R 中输出的结果作出定量的分析，易见在多项式回归分析中 $R^2=0.9517$，这个值确实大于普通一元线性回归分析中的 $R^2=0.9186$，这也表明多项式回归的拟合优度更高。

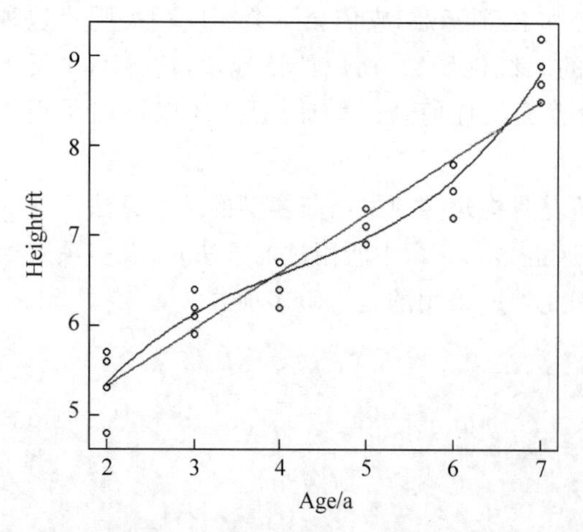

图 8-5　树龄与树高的拟合曲线

最后还需要说明的是，一味追求高的拟合优度是不可取的。由于数据观察值中其实是包含有随机噪声的，如果有一个模型可以对观察值进行天衣无缝的拟合，这其实说明模型对噪声也进行了完美的拟合，这显然不

是我们期望看到的。当面对多个可选的回归模型时，该如何进行甄选？这个话题将在8.2节中进行探讨。

8.2 回归模型的评估与选择

在多元回归分析中，有时能对数据集进行拟合的模型可能不止一个。因此就非常有必要设法对多个模型进行比较并评估出其中哪个才是最合适的。特别是在解释变量比较多的时候，很可能其中一些解释变量的显著性不高，决定保留哪些变量或者排除哪些变量都是模型选择过程中需要慎重考量的问题。

8.2.1 嵌套模型选择

有时在较好的拟合性与简化性之间也要进行权衡。因为之前曾经提到过，更复杂的（或者包含更多解释变量的）模型总是能够比简单的模型表现出更好的拟合优度。这是因为更小的残差平方和就意味着更高的 R^2 值。但是如果在拟合优度差别不大的情况下，则更倾向于选择一个简单的模型。所以一个大的指导原则就是除非复杂的模型能够显著地降低残差平方和，否则就坚持使用简单的模型。这也被称为是“精简原则”或“吝啬原则”(Principle of Parsimony)。

如果在对比两个模型时，其中一个恰好是另外一个的特殊情况，那么就称这两个模型是嵌套模型。这时最通常的做法是基于前面介绍的 F 检验进行模型评估。当然，应用 F 检验的前提仍然是本章始终强调的几点，即误差满足零均值、同方差的正态分布，并且被解释变量与解释变量之间存在线性关系。

基于上述假设，对两个嵌套模型执行 F 检验的基本步骤如下：假设两个模型分别是 M_0 和 M_1，其中 M_0 被嵌套在 M_1 中，即 M_0 是 M_1 的一个特例，且 M_0 中的参数数量 p_0 小于 M_1 中的参数数量 p_1。令 $y_1, y_2, \cdots, y_n$ 表示响应值的观察值。对于 M_0，首先对参数进行估计，然后对于每个观察值 y_i 计算其预测值 $\hat{y}_i$，然后计算残差 $y_i - \hat{y}_i$，其中 $i=1,2,\cdots,n$。并由此得到残差平方和，对于模型 M_0，将它的残差平方和记为 RSS_0。与 RSS_0 相对于的自由度 $\mathrm{d}f_0 = n - p_0$。重复相同的步骤即可获得与 M_1 相对于的 RSS_1 和 $\mathrm{d}f_1$。此时 F 统计量就由下式给出

$$F = \frac{(\mathrm{RSS}_0 - \mathrm{RSS}_1)/(\mathrm{d}f_0 - \mathrm{d}f_1)}{\mathrm{RSS}_1/\mathrm{d}f_1}$$

在空假设之下，F 统计量满足自由度为 $(\mathrm{d}f_0 - \mathrm{d}f_1, \mathrm{d}f_1)$ 的 F 分布。一个大的 F 值表示残差平方和的变化也很大（当将模型从 M_0 转换成 M_1 时）。也就是说，M_1 的拟合优度显著好于 M_0。因此，较大的 F 值会让我们拒绝 H_0。注意这是一个右尾检验，所以仅取 F 分布中的正值，而且仅当 M_0 拟合较差时 F 统计量才会取得一个较大的数值。

残差平方和度量了实际观察值偏离估计模型的情况。若 $\mathrm{RSS}_0 - \mathrm{RSS}_1$ 的差值较小，那么模型 M_0 就与 M_1 相差无几，此时基于“吝啬原则”会倾向于接受 M_0，因为模型 M_1 并未显著地优于 M_0。进一步观察 F 统计量的定义，不难发现，一方面它考虑到了数据的内在变异，即 $\mathrm{RSS}_1/\mathrm{d}f_1$；另一方面，它也评估了两个模型间残差平方和的减少是以额外增加多少

个参数为代价的。

还是来考查树龄和树高的例子。第7章使用了一元线性回归构建模型，本章使用多项式回归的方法建模。显然，一元线性模型是本章中多项式回归模型的一个特例，即两个模型构成了嵌套关系。下面的代码对这两个回归模型进行了ANOVA分析。

```
import numpy as np
import pandas as pd
import statsmodels.api as sm

from statsmodels.formula.api import ols
from statsmodels.stats.anova import anova_lm
from sklearn.linear_model import LinearRegression
from sklearn.preprocessing import PolynomialFeatures

df = pd.read_csv('tree_data.csv')
X = df[df.columns[0]] # X = df['age']
y = df[df.columns[1]] # y = df['height']

X_lin = sm.add_constant(X)

X = np.array(X).reshape(-1, 1)
poly = PolynomialFeatures(degree = 3)
X_poly = poly.fit_transform(X)

model_lin = sm.OLS(y, X_lin).fit()
model_poly = sm.OLS(y, X_poly).fit()
table_anova = anova_lm(model_lin, model_poly)
print(table_anova)
```

执行上述代码可得结果如下：

```
   df_resid       ssr  df_diff   ss_diff         F    Pr(>F)
0      22.0  2.496048      0.0       NaN       NaN       NaN
1      20.0  1.480754      2.0  1.015294  6.856599  0.005399
```

从上述结果中可以看到，$\text{RSS}_0=2.4960$ 和 $\text{RSS}_1=1.4804$，以及

$$F=\frac{(2.4960-1.4804)/2}{1.4804/20}=6.8566$$

若原假设为真，则有 $\Pr(F_{2,20}>6.8566)=0.0054$，可见这个概率非常低，因此我们在5%的显著水平上拒绝原假设。而原假设是说两个模型的RSS没有区别。现在原假设被拒绝了，即认为两者之间存在区别，加之 $\text{RSS}_1<\text{RSS}_0$，所以认为 M_1 相比于 M_0 而言，确实显著降低了RSS。最后再次提醒读者注意，本节所介绍的方法仅适用于嵌套模型，这也是对两个回归模型进行ANOVA分析的基础。

8.2.2 赤池信息准则

赤池信息准则(Akaike's Information Criterion，AIC)是统计模型选择中(用于评判模

型优劣的)一个应用非常广泛的信息量准则,它是由日本统计学家赤池弘次(Hirotugu Akaike)于20世纪70年代提出的。AIC的定义式为 $\text{AIC}=-2\ln(\mathcal{L})+2k$,其中$\mathcal{L}$是模型的最大似然函数,$k$ 是模型中的独立参数个数。

当我们打算从一组可供选择的模型中选择一个最佳模型时,应该选择AIC值最小的模型。当两个模型之间存在着相当大的差异时,这个差异就表现在AIC定义式中等式右边的第一项,而当第一项不出现显著性差异时,第二项则起作用,从而参数个数少的模型是好的模型。这其实就是前面曾经介绍过的“吝啬原则”的一个具体化。

设随机变量 Y 具有概率密度函数 $q(y|\boldsymbol{\beta})$,$\boldsymbol{\beta}$ 是参数向量。当我们得到 Y 的一组独立观察值 $y_1,y_2,\cdots,y_N$ 时,定义$\boldsymbol{\beta}$的似然函数为

$$\mathcal{L}(\boldsymbol{\beta})=q(y_1\mid\boldsymbol{\beta})q(y_2\mid\boldsymbol{\beta})\cdots q(y_N\mid\boldsymbol{\beta})$$

最大似然法是,采用使$\mathcal{L}(\boldsymbol{\beta})$为最大的$\boldsymbol{\beta}$的估计值$\hat{\boldsymbol{\beta}}$作为参数值。当刻画 Y 的真实分布的密度函数 $p(y)$ 等于 $q(y|\boldsymbol{\beta}_0)$ 时,若 $N\to\infty$,则$\hat{\boldsymbol{\beta}}$是$\boldsymbol{\beta}_0$的一个良好的估计值。这时$\hat{\boldsymbol{\beta}}$叫作最大似然估计值(MLE)。

现在,$\hat{\boldsymbol{\beta}}$也可以考虑为不是使似然函数$\mathcal{L}(\boldsymbol{\beta})$而是使得对数似然函数 $l(\boldsymbol{\beta})=\ln\mathcal{L}(\boldsymbol{\beta})$ 取得最大值的$\boldsymbol{\beta}$的估计值。由于

$$l(\boldsymbol{\beta})=\sum\ln q(y_i\mid\boldsymbol{\beta})$$

当 $N\to\infty$ 时,几乎处处有

$$\frac{1}{N}\sum_{i=1}^{N}\ln q(y_i\mid\boldsymbol{\beta})\to E\ln q(Y\mid\boldsymbol{\beta})$$

其中 E 表示 Y 的分布的数学期望。由此可知,最大似然估计值$\hat{\boldsymbol{\beta}}$是使 $E\ln q(Y|\boldsymbol{\beta})$ 为最大的$\boldsymbol{\beta}$的估计值。有

$$E\ln q(Y\mid\boldsymbol{\beta})=\int p(y)\ln q(y\mid\boldsymbol{\beta})\mathrm{d}y$$

而根据库尔贝克-莱布勒(Kullback-Leibler)散度(或称相对熵)公式,

$$D[p(y);q(y\mid\boldsymbol{\beta})]=E\ln p(Y)-E\ln q(Y\mid\boldsymbol{\beta})=\int p(y)\ln\frac{p(y)}{q(y\mid\boldsymbol{\beta})}\mathrm{d}y$$

是非负的,所以只有当 $q(y|\boldsymbol{\beta})$ 的分布与 $p(y)$ 的分布相一致时才等于0,于是原本想求的 $E\ln p(Y|\boldsymbol{\beta})$ 的极大化,就准则 $D[p(y);q(y|\boldsymbol{\beta})]$ 而言,即是求近似于 $p(y)$ 的 $q(y|\boldsymbol{\beta})$。这个解释就透彻地说明了最大似然法的本质。

作为衡量$\hat{\boldsymbol{\beta}}$优劣的标准,我们不使用残差平方和,而使用 $E^*D[p(y);q(y|\hat{\boldsymbol{\beta}})]$,这里$\hat{\boldsymbol{\beta}}$是现在的观察值 $x_1,x_2,\cdots,x_N$ 的函数,假定 $x_1,x_2,\cdots,x_N$ 与 $y_1,y_2,\cdots,y_N$ 独立但具有相同的分布,同时让 E^* 表示对 $x_1,x_2,\cdots,x_N$ 的分布的数学期望。忽略 $E^*D[p(y);q(y|\hat{\boldsymbol{\beta}})]$ 中的公共项 $E\ln p(Y)$,只要求得到有关 $E^*E\ln q(Y|\boldsymbol{\beta})$ 的良好的估计值即可。

考虑 Y 与 $y_1,y_2,\cdots,y_N$ 为相互独立的情形,设 $p(y)=q(y|\boldsymbol{\beta}_0)$,那么当 $N\to\infty$ 时,$-2\ln\lambda$ 渐近地服从 χ_k^2 分布,此处

$$\lambda=\frac{\max l(\boldsymbol{\beta}_0)}{\max l(\hat{\boldsymbol{\beta}})}$$

并且 k 是参数向量$\boldsymbol{\beta}$的维数。于是，极大对数似然函数

$$l(\hat{\boldsymbol{\beta}})=\sum\ln q(y_i\mid\hat{\boldsymbol{\beta}})\text{ 与 }l(\boldsymbol{\beta}_0)=\sum\ln q(y_i\mid\boldsymbol{\beta}_0)$$

之差的2倍，在 $N\to\infty$ 时，渐近地服从 χ_k^2 分布，k 是参数向量的维数。由于卡方分布的均值等于其自由度，$2l(\hat{\boldsymbol{\beta}})$比起 $2l(\boldsymbol{\beta}_0)$来说平均地要高出 k 那么多。这时，$2l(\boldsymbol{\beta})$在$\boldsymbol{\beta}=\hat{\boldsymbol{\beta}}$的邻近的形状可由 $2E^*l(\boldsymbol{\beta})$在$\boldsymbol{\beta}=\boldsymbol{\beta}_0$邻近的形状来近似，且两者分别由以$\boldsymbol{\beta}=\hat{\boldsymbol{\beta}}$和$\boldsymbol{\beta}=\boldsymbol{\beta}_0$为顶点的二次曲面来近似。这样一来，从 $2l(\hat{\boldsymbol{\beta}})$来看 $2l(\boldsymbol{\beta}_0)$时，后者平均地只低 k 那么多，这意味着反过来从 $2E^*l(\boldsymbol{\beta}_0)$再来看 $[2E^*l(\boldsymbol{\beta})]_{\boldsymbol{\beta}=\hat{\boldsymbol{\beta}}}$ 时，后者平均只低 k 那么多。

由于 $2E^*l(\boldsymbol{\beta})=2NE\ln q(Y|\boldsymbol{\beta})$，如果采用 $2l(\hat{\boldsymbol{\beta}})-2k$ 来作为

$$E\{[2E^*l(\boldsymbol{\beta})]_{\boldsymbol{\beta}=\hat{\boldsymbol{\beta}}}\}=2NE^*E\ln q(Y\mid\hat{\boldsymbol{\beta}})$$

的估计值，则由 k 之差而导致的偏差得到了修正。为了与相对熵相对应，把这个量的符号颠倒过来，得到

$$\text{AIC}=(-2)l(\hat{\boldsymbol{\beta}})+2k$$

所以上式可以用来度量条件分布 $q(y|\boldsymbol{\beta})$与总体分布 $p(y)$之间的差异。AIC 值越小，两者的接近程度越高。一般情况下，当$\boldsymbol{\beta}$的维数 k 增加时，对数似然函数 $l(\hat{\boldsymbol{\beta}})$也将增加，从而使 AIC 值变小；但当 k 过大时，$l(\hat{\boldsymbol{\beta}})$的增速减缓，导致 AIC 值反而增加，使得模型变坏。可见，AIC 准则有效且合理地控制了参数维数。显然 AIC 准则在追求 $l(\hat{\boldsymbol{\beta}})$尽可能大的同时，$k$ 要尽可能地小，这就体现了“吝啬原则”的思想。

R 语言中提供的用以计算 AIC 值的函数有两个。第一个函数为 AIC()。具体来说，在评估回归模型时，如果使用 AIC()函数，那么就相当于采用下面的公式来计算 AIC 值

$$\text{AIC}=n+n\ln2\pi+n\ln(\text{SS}_{\text{residual}}/n)+2(p+1)$$

因为对数似然值的计算公式如下，只要将其代入前面讨论的 AIC 公式就能得到上面的 AIC 算式

$$L=-\frac{n}{2}\ln2\pi-\frac{n}{2}\ln(\text{SS}_{\text{residual}}/n)-\frac{n}{2}$$

理论上，AIC 准则不能给出模型阶数的相容估计，即当样本趋于无穷大时，由 AIC 准则选择的模型阶数不能收敛到其真值。此时需考虑用 BIC 准则(或称 Schwarz BIC)，BIC 准则对模型参数考虑更多，定出的阶数低。限于篇幅，此处不打算对 BIC 进行过多解释，仅仅给出其计算公式如下：

$$\text{BIC}=n+n\ln2\pi+n\ln(\text{SS}_{\text{residual}}/n)+(\ln n)(p+1)$$

例如，对于 8.1.3 节中树龄与树高的多项式回归模型，可以采用下面代码来计算 AIC 值和 BIC 值：

```
import math

n = model_poly.nobs               # n = 24
p = model_poly.df_model           # p = 3

my_aic = n + n * math.log(2 * math.pi) + n * math.log(model_poly.ssr/n) + 2 * (p + 1)
```

```
my_bic = n + n * math.log(2 * math.pi) + n * math.log(model_poly.ssr/n) + math.log(n) * (p + 1)

print(my_aic)     # print(model_poly.aic)
print(my_bic)     # print(model_poly.bic)
```

8.3 现代回归方法的新进展

当设计矩阵 $\boldsymbol{X}$ 呈病态时，$\boldsymbol{X}$ 的列向量之间有较强的线性相关性，即解释变量间出现严重的多重共线性。在这种情况下，用普通最小二乘法对模型参数进行估计，往往参数估计的方差太大，使普通最小二乘法的效果变得很不理想。为了解决这一问题，统计学家从模型和数据的角度考虑，采用回归诊断和自变量选择来克服多重共线性的影响。另一方面，人们还对普通最小二乘估计进行了一定的改进。本章将以岭回归和 LASSO（Least Absolute Shrinkage and Selection Operator）方法为例来讨论现代回归分析中的一些新进展和新思想。

8.3.1 多重共线性

前面已经讲过，多元线性回归模型有一个基本假设，即要求设计矩阵 $\boldsymbol{X}$ 的列向量之间线性无关。下面就来研究一下，如果这个条件无法满足，将会导致何种后果。设回归模型

$$y=\beta_0+\beta_1x_1+\beta_2x_2+\cdots+\beta_px_p+\varepsilon$$

存在完全的多重共线性，换言之，设计矩阵 $\boldsymbol{X}$ 的列向量间存在不全为零的一组数 $c_0,c_1,c_2,\cdots,c_p$，使得

$$c_0+c_1x_{i1}+c_2x_{i2}+\cdots+c_px_{ip}=0,\quad i=1,2,\cdots,n$$

此时便有 $|\boldsymbol{X}^{\mathrm{T}}\boldsymbol{X}|=0$。

前面曾经给出多元线性回归模型的矩阵形式为

$$\boldsymbol{y}=\boldsymbol{X}\hat{\boldsymbol{\beta}}+\boldsymbol{\varepsilon}$$

并且正规方程组可以表示为

$$(\boldsymbol{X}^{\mathrm{T}}\boldsymbol{X})\hat{\boldsymbol{\beta}}=\boldsymbol{X}^{\mathrm{T}}\boldsymbol{y}$$

进而，当系数矩阵可逆时，正规方程组的解为

$$\hat{\boldsymbol{\beta}}=(\boldsymbol{X}^{\mathrm{T}}\boldsymbol{X})^{-1}\boldsymbol{X}^{\mathrm{T}}\boldsymbol{y}$$

由线性代数知识可得，矩阵可逆的充分必要条件是其行列式不为零。通常把一个行列式等于 0 的方阵称为奇异矩阵，即可逆矩阵就是指非奇异矩阵。显然，存在完全共线性时，系数矩阵的行列式 $|\boldsymbol{X}^{\mathrm{T}}\boldsymbol{X}|=0$，此时系数矩阵是不可逆的，即 $(\boldsymbol{X}^{\mathrm{T}}\boldsymbol{X})^{-1}$ 不存在。所以回归参数的最小二乘估计表达式也不成立。

另外，在实际问题中，更容易发生的情况是近似共线性的情形，即存在不全为零的一组数 $c_0,c_1,c_2,\cdots,c_p$，使得

$$c_0+c_1x_{i1}+c_2x_{i2}+\cdots+c_px_{ip}\approx 0,\quad i=1,2,\cdots,n$$

这时，由于 $|\boldsymbol{X}^{\mathrm{T}}\boldsymbol{X}|\approx 0$，$(\boldsymbol{X}^{\mathrm{T}}\boldsymbol{X})^{-1}$ 的对角线元素将变得很大，$\hat{\boldsymbol{\beta}}$ 的方差阵 $D(\hat{\boldsymbol{\beta}})=$

$\sigma^2(\boldsymbol{X}^{\mathrm{T}}\boldsymbol{X})^{-1}$ 的对角线元素也会变得很大，而 $D(\hat{\boldsymbol{\beta}})$ 的对角线元素就是相应 $\hat{\beta}_i$ 的方差 $\mathrm{var}(\hat{\beta}_i)$。因而 $\beta_0,\beta_1,\cdots,\beta_p$ 的估计精度很低。如此一来，虽然用最小二乘估计能得到$\boldsymbol{\beta}$ 的无偏估计，但估计量$\hat{\boldsymbol{\beta}}$ 的方差很大，就会致使解释变量对被解释变量的影响程度无法被正确评价，甚至可能得出与实际数值截然相反的结果。下面就通过一个例子来说明这一点。

假设解释变量 x_1、x_2 与被解释变量 y 的关系服从多元线性回归模型

$$y=10+2x_1+3x_2+\varepsilon$$

现给定 x_1、x_2 的 10 组值，如表 8-3 所示。然后用模拟的方法产生 10 个正态分布的随机数，作为误差项 $\varepsilon_1,\varepsilon_2,\cdots,\varepsilon_{10}$。再由上述回归模型计算出 10 个相应的 y_i 值。

表 8-3　模型取值

i	1	2	3	4	5	6	7	8	9	10
x_1	1.1	1.4	1.7	1.7	1.8	1.8	1.9	2.0	2.3	2.4
x_2	1.1	1.5	1.8	1.7	1.9	1.8	1.8	2.1	2.4	2.5
ε_i	0.8	−0.5	0.4	−0.5	0.2	1.9	1.9	0.6	−1.5	−1.5
y_i	16.3	16.8	19.2	18.0	19.5	20.9	21.1	20.9	20.3	22.0

假设回归系数与误差项未知，用普通最小二乘法求回归系数的估计值得

$$\hat{\beta}_0=11.292,\quad \hat{\beta}_1=11.307,\quad \hat{\beta}_2=-6.591$$

这显然与原模型中的参数相去甚远。事实上，如果计算 x_1、x_2 的样本相关系数就会得到 0.986 这个结果，也就表明 x_1 与 x_2 之间高度相关。这也就揭示了存在多重共线性时，普通最小二乘估计可能引起的麻烦。

8.3.2　从岭回归到 LASSO

在普通最小二乘估计的众多改进方法中，岭回归无疑是当前最有影响力的一种新思路。针对出现多重共线性时，普通最小二乘估计将发生严重劣化的问题，美国特拉华大学的统计学家亚瑟·霍尔(Arthur E. Hoerl)在 1962 年首先提出了现今被称为岭回归(Ridge Regression)的方法。后来，霍尔和罗伯特·肯纳德(Robert W. Kennard)在 20 世纪 70 年代又对此进行了详细的讨论。

岭回归提出的想法是很自然的。正如前面所讨论的，自变量间存在多重共线性时，$|\boldsymbol{X}^{\mathrm{T}}\boldsymbol{X}|\approx 0$，不妨设想给 $\boldsymbol{X}^{\mathrm{T}}\boldsymbol{X}$ 加上一个正常数矩阵 $\lambda\boldsymbol{I}$，其中 $\lambda>0$。那么 $\boldsymbol{X}^{\mathrm{T}}\boldsymbol{X}+\lambda\boldsymbol{I}$ 接近奇异的程度就会比 $\boldsymbol{X}^{\mathrm{T}}\boldsymbol{X}$ 接近奇异的程度小得多。于是原正规方程组的解就变为

$$\hat{\boldsymbol{\beta}}(\lambda)=(\boldsymbol{X}^{\mathrm{T}}\boldsymbol{X}+\lambda\boldsymbol{I})^{-1}\boldsymbol{X}^{\mathrm{T}}\boldsymbol{y}$$

上式称为$\boldsymbol{\beta}$ 的岭回归估计，其中 λ 是岭参数。$\hat{\boldsymbol{\beta}}(\lambda)$作为$\boldsymbol{\beta}$ 的估计应比最小二乘估计$\hat{\boldsymbol{\beta}}$ 稳定。特别地，当 $\lambda=0$ 时的岭回归估计$\hat{\boldsymbol{\beta}}(0)$就是普通最小二乘估计。这是理解岭回归最直观的一种方法，后面还会从另外一个角度解读它。

因为岭参数 λ 不是唯一确定的，所以得到的岭回归估计$\hat{\boldsymbol{\beta}}(\lambda)$实际是回归参数$\boldsymbol{\beta}$ 的一个估计族。例如，对 8.3.1 节中讨论的例子可以算得 λ 取不同值时，回归参数的不同估计结果，如表 8-4 所示。

表 8-4 参数估计族

λ	0	0.1	0.15	0.2	0.3	0.4	0.5	1.0	1.5	2.0	3.0
$\hat{\beta}_1(\lambda)$	11.31	3.48	2.99	2.71	2.39	2.20	2.06	1.66	1.43	1.27	1.03
$\hat{\beta}_2(\lambda)$	−6.59	0.63	1.02	1.21	1.39	1.46	1.49	1.41	1.28	1.17	0.98

以λ为横坐标，$\hat{\beta}_1(\lambda)$、$\hat{\beta}_2(\lambda)$为纵坐标画成图 8-6。从图上可看到，当λ较小时，$\hat{\beta}_1(\lambda)$、$\hat{\beta}_2(\lambda)$很不稳定；当λ逐渐增大时，$\hat{\beta}_1(\lambda)$、$\hat{\beta}_2(\lambda)$趋于稳定。λ取何值时，对应的$\hat{\beta}_1(\lambda)$、$\hat{\beta}_2(\lambda)$才是一个优于普通最小二乘估计的估计呢？这是实际应用中非常现实的一个问题，但本书无意在此处展开，有兴趣的读者可以参阅其他相关著作以了解更多。

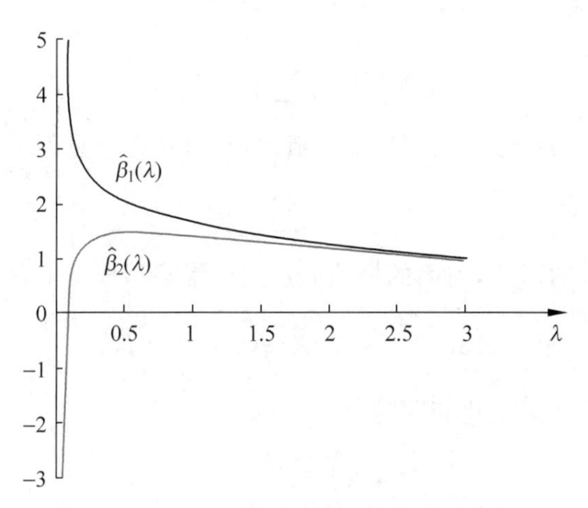

图 8-6 估计值随岭参数变化的情况

下面尝试从另外一个角度理解岭回归的意义。回想一下普通最小二乘估计的基本思想，我们其实是希望参数估计的结果能够使得由下面这个公式所给出的离差平方和最小

$$\sum_{i=1}^{n} e_i^2 = \sum_{i=1}^{n}(y_i - \hat{y}_i)^2 = \sum_{i=1}^{n}(y_i - \sum_{j=1}^{p} x_{ij}\hat{\beta}_j)^2 = \sum_{i=1}^{n}(y_i - \boldsymbol{X}_i^{\mathrm{T}}\hat{\boldsymbol{\beta}})^2$$

但是，当出现多重共线性时，由于估计量$\hat{\boldsymbol{\beta}}$的方差很大，上述离差平方和取最小时依然可能很大，这时我们能想到的方法就是引入一个惩罚因子，于是可得

$$\mathrm{RSS}(\hat{\boldsymbol{\beta}}^{\mathrm{Ridge}}) = \underset{\hat{\boldsymbol{\beta}}}{\operatorname{argmin}}\left\{\sum_{i=1}^{n}(y_i - \boldsymbol{X}_i^{\mathrm{T}}\hat{\boldsymbol{\beta}})^2 + \lambda\sum_{j=1}^{p}\hat{\beta}_j^2\right\}$$

可想而知的是，当估计量$\hat{\boldsymbol{\beta}}$的方差很大时，上式再取最小值，所得之离差平方和势必被压缩，从而得到更为理想的回归结果。

对上式求极小值，并采用向量形式对原式进行改写，便可根据微积分中的费马定理得到

$$\frac{\partial \mathrm{RSS}(\hat{\boldsymbol{\beta}}^{\mathrm{Ridge}})}{\partial\, \hat{\boldsymbol{\beta}}} = \frac{\partial\left[(\boldsymbol{y} - \boldsymbol{X}\hat{\boldsymbol{\beta}})^{\mathrm{T}}(\boldsymbol{y} - \boldsymbol{X}\hat{\boldsymbol{\beta}}) + \lambda\hat{\boldsymbol{\beta}}^{\mathrm{T}}\hat{\boldsymbol{\beta}}\right]}{\hat{\boldsymbol{\beta}}} = 0$$

$$2\boldsymbol{X}^{\mathrm{T}}\boldsymbol{X}\hat{\boldsymbol{\beta}} - 2\boldsymbol{X}^{\mathrm{T}}\boldsymbol{y} + 2\lambda\hat{\boldsymbol{\beta}} = 0 \Rightarrow \boldsymbol{X}^{\mathrm{T}}\boldsymbol{X}\hat{\boldsymbol{\beta}} + \lambda\hat{\boldsymbol{\beta}} = \boldsymbol{X}^{\mathrm{T}}\boldsymbol{y}$$

进而有

$$\boldsymbol{X}^{\mathrm{T}}\boldsymbol{y}=(\boldsymbol{X}^{\mathrm{T}}\boldsymbol{X}+\lambda\boldsymbol{I})\hat{\boldsymbol{\beta}}\Rightarrow\hat{\boldsymbol{\beta}}=(\boldsymbol{X}^{\mathrm{T}}\boldsymbol{X}+\lambda\boldsymbol{I})^{-1}\boldsymbol{X}^{\mathrm{T}}\boldsymbol{y}$$

最终便得到了与 8.3.2 节中一致的参数岭回归估计表达式。

再来观察一下 $\mathrm{RSS}(\hat{\boldsymbol{\beta}}^{\mathrm{Ridge}})$ 的表达式，能否发现某些我们曾经介绍过的关于最优化问题的蛛丝马迹。是的，这其实是一个带不等式约束的优化问题而导出的广义拉格朗日函数。原始的不等式约束优化问题可写为

$$\underset{\hat{\boldsymbol{\beta}}}{\operatorname{argmin}}\sum_{i=1}^{n}(y_i-\boldsymbol{X}_i^{\mathrm{T}}\hat{\boldsymbol{\beta}})^2,\quad \text{s. t.}\quad \sum_{j=1}^{p}\hat{\beta}_j^2-C\leqslant 0$$

其中，C 是一个常数。

泛函分析的基本知识告诉我们，n 维向量空间$\mathbb{R}^n$ 中的元素 $\boldsymbol{X}=[x_i]_{i=1}^{n}$ 的范数可以定义为如下形式：

$$\|\boldsymbol{X}\|_2=\left\{\sum_{i=1}^{n}|x_i|^2\right\}^{\frac{1}{2}}$$

这也就是所谓的欧几里得范数。还可以更一般地定义(p 为任意不小于 1 的数)

$$\|\boldsymbol{X}\|_p=\left\{\sum_{i=1}^{n}|x_i|^p\right\}^{\frac{1}{p}}$$

于是如果采用范数的形式，前面的极值表达式还常常写成下面这种形式

$$\underset{\hat{\boldsymbol{\beta}}}{\operatorname{argmin}}\left\{\sum_{i=1}^{n}(y_i-\boldsymbol{X}_i^{\mathrm{T}}\hat{\boldsymbol{\beta}})^2+\lambda\|\hat{\boldsymbol{\beta}}\|_2^2\right\}$$

进而得到原始的不等式约束优化问题为

$$\underset{\hat{\boldsymbol{\beta}}}{\operatorname{argmin}}\sum_{i=1}^{n}(y_i-\boldsymbol{X}_i^{\mathrm{T}}\hat{\boldsymbol{\beta}})^2,\quad \text{s. t.}\ \|\hat{\boldsymbol{\beta}}\|_2^2\leqslant C$$

其中，C 是一个常数。

此时这个优化问题的意义就变得更加明晰了。现在以二维的情况为例来加以说明，即此时参数向量$\boldsymbol{\beta}$ 由 β_1 和 β_2 两个分量构成。如图 8-7 所示，当常数 C 取不同值时，二维欧几里得范数所限定的界限相当于是一系列同心但半径不等的圆形。向量$\boldsymbol{\beta}$ 所表示的是二维平面上的一个点，而这个点就必须位于一个个圆形之内。另一方面，实心的圆点是采用普通最小二乘估计求得的(不带约束条件的)最小离差平方和。围绕在它周围的闭合曲线表示了一系列的等值线。也就是说，在同一条闭合曲线上，离差平方和是相等的。而且随着闭合曲线由内向外的扩张，离差平方和也会逐渐增大。现在要求的是在满足约束条件的前提下，离差平方和取得最小值，显然等值线与圆周的第一个切点$\boldsymbol{\beta}^*$ 就是要求取的最优解。

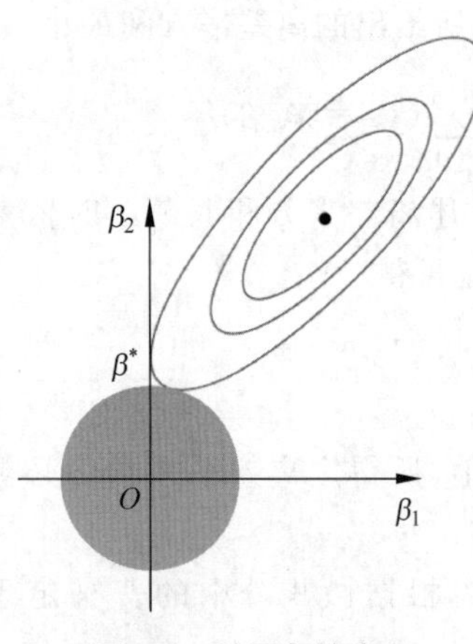

图 8-7　岭回归的意义

可见，根据 n 维向量空间 $p=2$ 时的范数定义，就能推演出岭回归的方法原理。其实我们也很自然地会想到，简化这个限制条件，采用 $p=1$ 时的范数定义设计一个新的回归方法，即

$$\underset{\hat{\boldsymbol{\beta}}}{\operatorname{argmin}} \sum_{i=1}^{n} (y_i - \boldsymbol{X}_i^{\mathrm{T}} \hat{\boldsymbol{\beta}})^2, \quad \text{s.t. } \| \hat{\boldsymbol{\beta}} \|_1 \leqslant C$$

新的广义拉格朗日方程就为

$$\underset{\hat{\boldsymbol{\beta}}}{\operatorname{argmin}} \left\{ \sum_{i=1}^{n} (y_i - \boldsymbol{X}_i^{\mathrm{T}} \hat{\boldsymbol{\beta}})^2 + \lambda \| \hat{\boldsymbol{\beta}} \|_1 \right\}$$

这时得到的回归方法就是所谓的 LASSO 方法。该方法最早由美国斯坦福大学的统计学家罗伯特·蒂博施兰尼(Robert Tibshirani)于 1996 年提出。

根据前面给出的范数定义，当 $p=1$ 时，

$$\| \boldsymbol{\beta} \|_1 = \sum_{i=1}^{n} | \beta_i |$$

对于二维向量而言，$\| \hat{\boldsymbol{\beta}} \|_1 \leqslant C$ 所构成的图形就是如图 8-8 所示的一系列以原点为中心的菱形，即 $|\beta_1| + |\beta_2| \leqslant C$。从图中可以清晰地看出 LASSO 方法的几何意义，这与岭回归的情形非常类似。只是将限定条件从圆形换成了菱形，此处不再赘述。

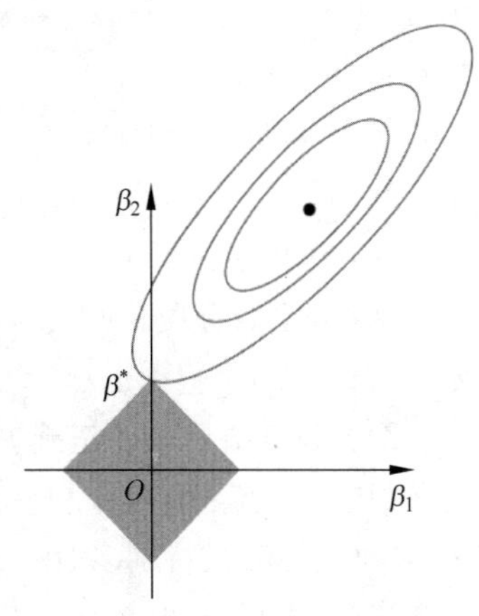

图 8-8 LASSO 的意义

与岭回归不同，LASSO 方法并没有明确的解析解(或称闭式解，Closed-Form Solution)，但是 LASSO 方法的解通常是稀疏的，因此非常适合于高维的情况。这一点在 8.3.3 节还会进一步阐明。

8.3.3 正则化与没有免费午餐原理

回归和分类本质上是统一的。两者的区别在于，回归模型的值域取值可能有无限多个，而分类的值域取值是有限个。我们先从一个回归的问题开始。如图 8-9 所示，有一个训练数据集，要用不同的回归曲线来拟合这些数据点。图 8-9 左图所示显然应该是一条类似 $f(x)=w_0+w_1x_1$ 形式的直线，虽然直线也体现出了数据集整体上升的趋势，但显然拟合效果并不理想。图 8-9 中图采用了一条类似 $f(x)=w_0+w_1x_1+w_2x_2$ 形式的二次多项式曲线，似乎拟合效果稍微改进了一些。图 8-9 右图采用了一条 $f(x)=w_0+w_1x_1+w_2x_2+w_3x_3+w_4x_4+w_5x_5$ 形式的五次多项式曲线，已经完美地拟合了所有训练数据集中的数据点。

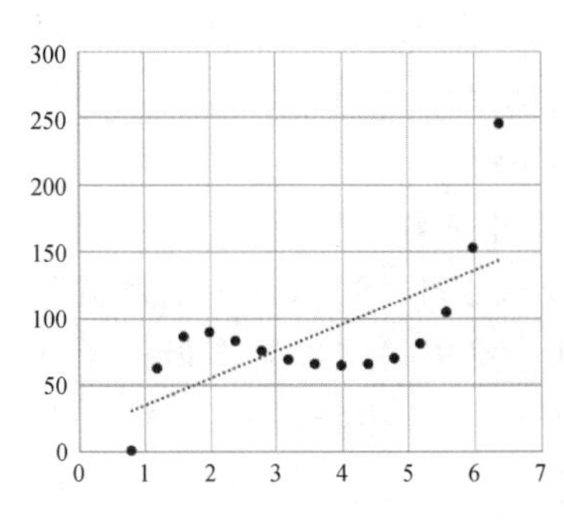

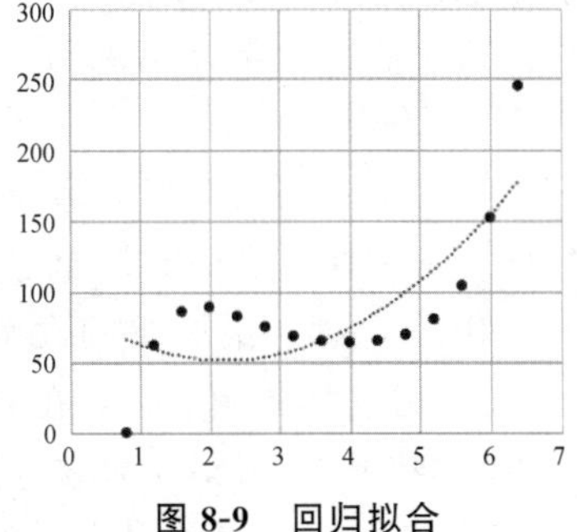

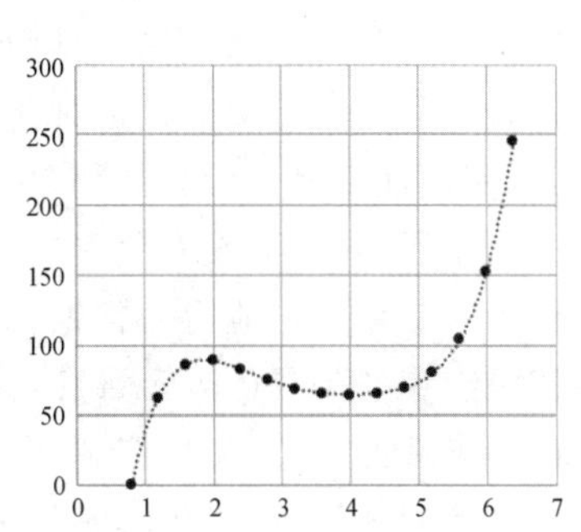

图 8-9 回归拟合

通过上面的描述，应该大概会有一种概念：当不断增加多项式的长度时，就能不断增强回归曲线对训练数据集中的数据点的拟合能力。如果要从数学上解释这背后的原理，其实就是所谓的泰勒展开：只要泰勒展开的项数够长就能尽可能地逼近目标函数。但为什么不是采用越长、越复杂的模型就越好呢？当然不是。通常我们收集到的数据集中有可能是包含噪声的，例如图 8-9 中的右图，回归曲线很有可能把噪声（或者 outlier）也拟合了，这是我们不希望看到的！

对于分类问题而言，也有类似的结果。假设要根据特征集来训练一个分类模型，标签集为{男人 X，女人 O}。图 8-10 在解释过拟合的概念时经常被用到。其中的 3 幅子图也很容易解释。

左图：分类的结果明显有点欠缺，有很多的"男人"被分类成了"女人"。分类模型可以用 $f(x)=g(w_0+w_1x_1+w_2x_2)$ 来表示。

中图：虽然有两个点分类错误，但也能够解释，毕竟现实世界中总有一些特例，或者是有噪声干扰，比如有些人男人留长发、反串等等。分类模型可能是类似 $f(x)=g(w_0+w_1x_1+w_2x_2+w_3x_1^2+w_4x_2^2+w_5x_1x_2)$ 这样的形式。

右图：分类结果全部正确，或者说是正确得有点过分了。可想而知，学习的时候需要更多的参数项（也就是要收集更多的特征，例如喉结的大小、说话声音的粗细等）。总而言之，$f(x)$ 多项式的项数特别多，因为需要提供的特征多。或者是在提供的数据集中使用到的特征非常多（一般而言，机器学习的过程中，所提供的很多特征未必都要被用到）。

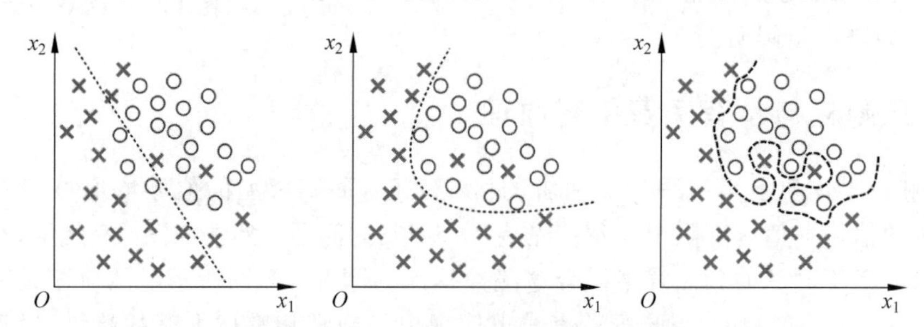

图 8-10　分类中的欠拟合、拟合与过拟合

总结一下 3 幅子图：图 8-10 左图通常称为"欠拟合"（Under fit）；图 8-10 中图则称为"拟合"，或者其他能够表示"容错情况下刚好"的意思；图 8-10 右图一般称为"过拟合"（Over fit）。欠拟合和过拟合都是我们不希望出现的情况。欠拟合自不必说，因为在训练集中很多正确的东西被错误地分类了，可想而知在使用测试集时，分类效果也不会太好。过拟合表示它的分类只是适合于自己这个测试用例，对需要分类的真实样本（例如测试集）而言，实用性反倒可能会低很多。

正所谓"天下没有免费的午餐"。一个对当前数据集适应得非常好的模型，必然会对另外一些数据集适应得非常糟糕！这句常理在数学中有一个定理专门描述它，这个定理就叫作没有免费午餐（No Free Lunch，NFL）定理。最原始的没有免费午餐定理是在最优化理论中出现的（而后又推广到例如机器学习这样的领域），它在数学上已经被严格地证明。

我们知道，最优化其实就是寻找函数最大（或最小）值的办法。想必读者在微积分中已经接触过类似的数学知识，彼时大家更关注函数是否存在最值。但其他应用学科的人往往要知道这个最值在哪里、多大以及如何计算。例如在机器学习中常常采样迭代法计算极值。当然，计算机的计算能力始终是有限的，要尽可能地花费更少的时间和资源来算出最值，这也成为最优化算法尤其要解决的一个问题。

回过头来再看这个没有免费午餐定理，这个定理最原始的表述是说：对于基于迭代的最优化算法，不存在某种算法，对所有问题都好。如果一个算法对某些问题非常好，那么一定存在另一些问题，对于这些问题，该算法比随机猜测还要差。为了确保此处的转述尽可能准确，我们引用 Wolpert 和 Macready 在其经典论文中的原话如下：

"NFL 定理意味着如果一个算法可以在某一类问题中表现得特别好，那么在剩余的其他问题上它很可能表现得较差。特别地，如果一个算法在某一类问题上表现得优于随机搜索，那么在剩余的其他问题上，它就一定会劣于随机搜索。如果一个算法 A 在某些代价函数下表现得优于算法 B，那么宽松地讲，一定存在很多其他一些函数，其上算法 B 将优于算法 A。"

NFL 其实就告诉我们对于具体问题必须具体分析。不存在某种方法，能放之四海而皆准。由如此扩展开来，我们认为在机器学习中，不可能找到一个模型对所有数据都有效。所以若是在训练集特别有效的，那么通常在很大程度上在训练集以外就会特别糟糕。对于目标函数 f 一无所知的情况下，机器学习算法从已知的(训练)数据集 D 中学到了一个 f 的近似函数 g，由 NFL 可知，在数据集 D 以外并不能保证函数 g 仍然近似于目标函数 f。

既然过拟合是我们不希望看到的，那么该如何去规避这种风险。显而易见的是：从欠拟合→拟合→过拟合，多项式 $f(x)$ 的表达式越来越长，所要用到的特征也越来越多。注意到最终得到的模型是由参数向量 $\boldsymbol{w}=[w_0,w_1,\cdots,w_N]^{\mathrm{T}}$ 定义的。一个很直接的想法就是，必须控制 N 的大小，如果 N 太大就过拟合了。

如何求解"让 $\boldsymbol{w}$ 向量中项的个数最小化"这个问题，看到这个问题你有没有想起点什么？是的，这其实就是 0 范数的概念！易见，向量中的 0 元素，对应于 $\boldsymbol{x}$ 样本中那些我们不需要考虑的项，是可以删掉的。因为 $0x_i$ 不对模型产生影响，也就是说，x_i 项没有任何权重。

对于一个回归问题而言，机器学习算法是要从假设集合中选出一个最优假设。这个最优的标准通常是损失函数取最小，例如平方误差最小，即

$$\operatorname{argmin}\left\{\frac{1}{N}\sum_{i=1}^{N}[y_i-f(\boldsymbol{x}_i)]^2\right\}$$

但如果一味地追求上面这个式子尽可能小的问题就在于可能产生过拟合，因为上这个式子会把噪声也拟合进去。这个时候就需要用到一个"惩罚项"抵抗这种可能的过拟合倾向。于是便有了

$$\operatorname{argmin}\left\{\frac{1}{N}\sum_{i=1}^{N}[y_i-f(\boldsymbol{x}_i)]^2+r(d)\right\}$$

其中，$r(d)$可以理解为对维度的数量 d 进行的约束，或者说 $r(d)=$"让 $\boldsymbol{w}$ 向量中项的个数最小化"$=\|\boldsymbol{w}\|_0$。为了防止过拟合，除了需要平方误差最小以外，还需要让 $r(d)=\|\boldsymbol{w}\|_0$ 最小，所以，为了同时满足两项都最小化，可以求解让平方误差和 $r(d)$之和最小，这样不就同时满足两者了吗？如果 $r(d)$过大，平方误差再小也没用；相反 $r(d)$再小，平方误差太大也失去了问题的意义。

一般地，把类似平方误差(也可能有其他形式)这样的项叫作经验风险，把上面整个控制过拟合的过程叫作正则化，所以也就把 $r(d)$叫作正则化项，然后把平方误差与 $r(d)$之和

叫作结构风险，进而可知正则化过程其实就是将结构风险最小化的过程。

实际应用过程中，0 范数是比较麻烦的，因为它很不容易形式化。甚至问题本身就是 NP 完全问题。既然 0 范数难求，那一个比较简单直接的想法就是退而求其次，求 L_1 范数，然后就有了下面的等式：

$$\begin{array}{l}\min \|\boldsymbol{x}\|_0 \\ \text{s.t.}\ \boldsymbol{A}\boldsymbol{x}=b\end{array} \xrightarrow[\text{以概率 1 等价}]{\text{在一定条件下}} \begin{array}{l}\min \|\boldsymbol{x}\|_1 \\ \text{s.t.}\ \boldsymbol{A}\boldsymbol{x}=b\end{array}$$

结合本章前面所介绍的内容可知，LASSO 就是基于 L_1 范数所给出的带正则化项的回归模型。既然有 L_1 范数，自然也应该有 L_2 范数。以此为基础所得到的就是岭回归。如果让 L_2 范数的正则项最小，可以使得 $\boldsymbol{w}$ 的每个元素都很小，都接近于 0，但与 L_1 范数不同，它不会让它等于 0，而是接近于 0，这一点从图 8-7 和图 8-8 之间的对比上也可以一目了然地看出。

下面这个例子将更加直观地展示到目前为止已经得到的若干结论。首先执行如下代码，引入必要的包并生成训练数据。

```
import numpy as np
import pandas as pd
import random
import matplotlib.pyplot as plt
%matplotlib inline
from matplotlib.pylab import rcParams
from sklearn.linear_model import LinearRegression
from sklearn.linear_model import Ridge
from sklearn.linear_model import Lasso
from sklearn.preprocessing import PolynomialFeatures

rcParams['figure.figsize'] = 6, 5

x = np.array([i * np.pi/180 for i in range(60,300,4)])
np.random.seed(10) #Setting seed for reproducibility
y = np.sin(x) + np.random.normal(0,0.15,len(x))
poly = PolynomialFeatures(degree = 15)
x_poly = poly.fit_transform(np.array(x).reshape(-1, 1))
plt.plot(x,y,'.')
```

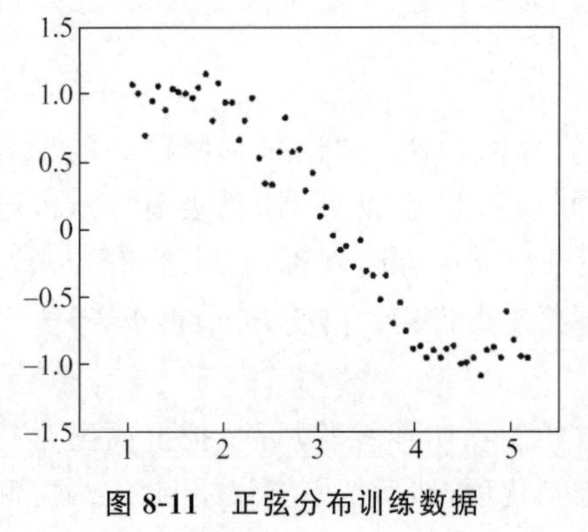

图 8-11　正弦分布训练数据

生成的数据点如图 8-11 所示，一共 60 个数据点，它们是由取值范围 π/3～4π/3 的一段正弦函数经随机扰动得到的。首先采用多项式回归来对训练数据进行拟合。具体来说，我们尝试从简单线性回归开始逐渐增加多项式最高幂次直到 15。并观察增加模型复杂度（即增加本例中多项式的长度）会给模型拟合带来怎样的影响。此外，下面的代码中，对于每次训练得到的模型，我们都计算 $SS_{residual}$，从而定量地考查模型对训练数据的拟合程度。

```
def linear_regression(power, models_to_plot):

    linreg = LinearRegression(normalize = True)
    #模型训练
    if power == 1:
        linreg.fit(x_poly[:,power:power + 1],y)
        y_pred = linreg.predict(x_poly[:,power:power + 1])
    else:
        linreg.fit(x_poly[:,1:power + 1],y)
        y_pred = linreg.predict(x_poly[:,1:power + 1])

    if power in models_to_plot:
        plt.subplot(models_to_plot[power])
        plt.tight_layout()
        plt.plot(x,y_pred)
        plt.plot(x,y,'.')
        plt.title('Plot for power: %d' % power)

    #Return the result in pre-defined format
    rss = sum((y_pred - y) ** 2)
    ret = [rss]
    ret.extend([linreg.intercept_])
    ret.extend(linreg.coef_)
    return ret
```

下面的代码用于绘图并将模型训练的结果保存到 coef_matrix_simple 中。

```
#Initialize a dataframe to store the results:
col = ['rss','intercept'] + ['coef_x_%d' % i for i in range(1,16)]
ind = ['model_pow_%d' % i for i in range(1,16)]
coef_matrix_simple = pd.DataFrame(index = ind, columns = col)

#Define the powers for which a plot is required:
models_to_plot = {1:231,3:232,6:233,9:234,12:235,15:236}

#Iterate through all powers and assimilate results
for i in range(1,16):
coef_matrix_simple.iloc[i - 1,0:i + 2] = linear_regression(power = i,
                                    models_to_plot = models_to_plot)
```

上述代码的执行结果如图 8-12 所示。不难发现，当多项式最高幂次为 1 时（即简单线性回归），模型表现为欠拟合。随着多项式中最高幂次的增加，多项式逐渐变长，模型中的参数越来越多，模型逐渐变得过拟合。注意原始数据应该是包含噪音的一段正弦函数图形，而当多项式最高幂次达到 15 时，模型试图拟合所有数据（包括噪声），使得曲线上下波动非常剧烈，已经严重偏离了正弦函数图形应有的样子。

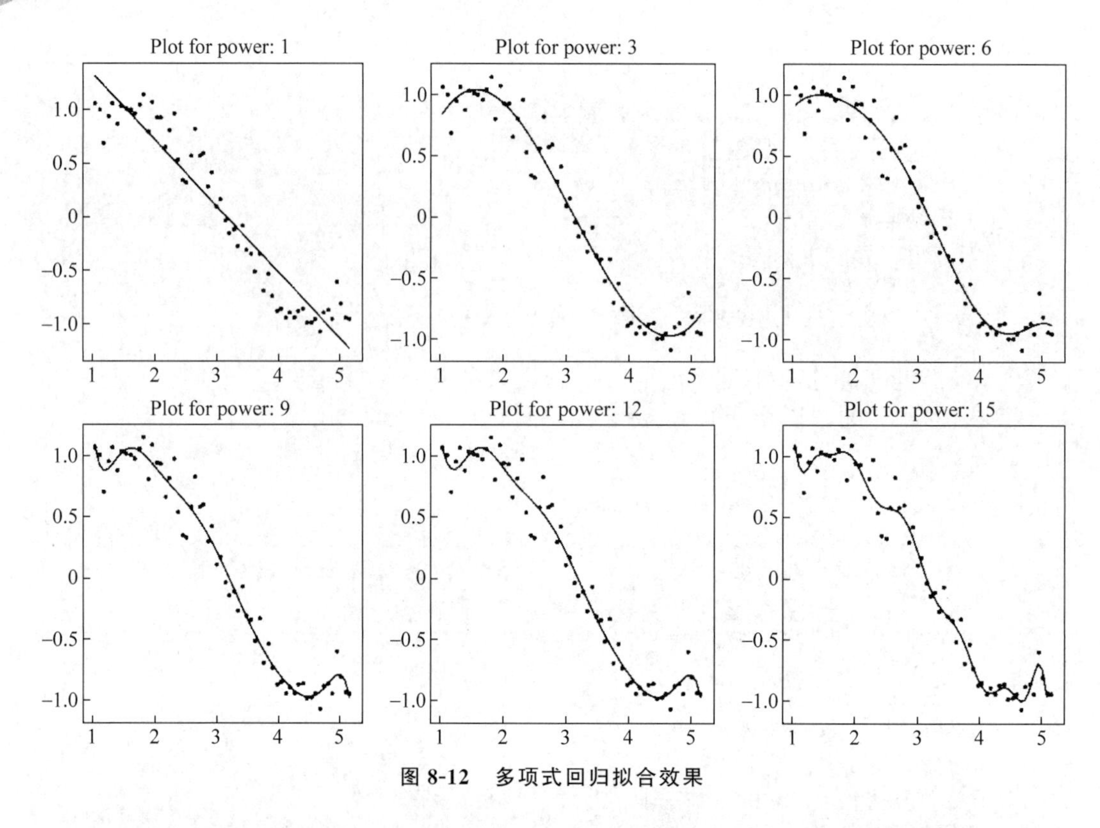

图 8-12　多项式回归拟合效果

还可以使用下面的代码把训练得到的模型信息展示出来：

```
pd.options.display.float_format = '{:,.2g}'.format
coef_matrix_simple
```

执行上述代码，结果如图 8-13 所示。注意由于数据矩阵较大，这里仅展示了局部。显

	rss	intercept	coef_x_1	coef_x_2	coef_x_3	coef_x_4	coef_x_5	coef_x_6	coef_x_7	coef_x_8	coef_x_9
model_pow_1	3.3	2	-0.62	NaN	NaN	NaN	NaN	NaN	NaN	NaN	NaN
model_pow_2	3.3	1.9	-0.58	-0.006	NaN	NaN	NaN	NaN	NaN	NaN	NaN
model_pow_3	1.1	-1.1	3	-1.3	0.14	NaN	NaN	NaN	NaN	NaN	NaN
model_pow_4	1.1	-0.27	1.7	-0.53	-0.036	0.014	NaN	NaN	NaN	NaN	NaN
model_pow_5	1	3	-5.1	4.7	-1.9	0.33	-0.021	NaN	NaN	NaN	NaN
model_pow_6	0.99	-2.8	9.5	-9.7	5.2	-1.6	0.23	-0.014	NaN	NaN	NaN
model_pow_7	0.93	19	-56	69	-45	17	-3.5	0.4	-0.019	NaN	NaN
model_pow_8	0.92	43	-1.4e+02	1.8e+02	-1.3e+02	58	-15	2.4	-0.21	0.0077	NaN
model_pow_9	0.87	1.7e+02	-6.1e+02	9.6e+02	-8.5e+02	4.6e+02	-1.6e+02	37	-5.2	0.42	-0.015
model_pow_10	0.87	1.4e+02	-4.9e+02	7.3e+02	-6e+02	2.9e+02	-87	15	-0.81	-0.14	0.026
model_pow_11	0.87	-75	5.1e+02	-1.3e+03	1.9e+03	-1.6e+03	9.1e+02	-3.5e+02	91	-16	1.8
model_pow_12	0.87	-3.4e+02	1.9e+03	-4.4e+03	6e+03	-5.2e+03	3.1e+03	-1.3e+03	3.8e+02	-80	12
model_pow_13	0.86	3.2e+03	-1.8e+04	4.5e+04	-6.7e+04	6.6e+04	-4.6e+04	2.3e+04	-8.5e+03	2.3e+03	-4.5e+02
model_pow_14	0.79	2.4e+04	-1.4e+05	3.8e+05	-6.1e+05	6.6e+05	-5e+05	2.8e+05	-1.2e+05	3.7e+04	-8.5e+03
model_pow_15	0.7	-3.6e+04	2.4e+05	-7.5e+05	1.4e+06	-1.7e+06	1.5e+06	-1e+06	5e+05	-1.9e+05	5.4e+04

图 8-13　多项式回归模型信息

而易见的是随着模型参数的增加，SS_{residual} 的数值逐渐递减，这表示模型对训练数据拟合得越来越强。但由于训练数据是包含噪声的，因此模型过拟合的程度是随着模型复杂的增加而递增的。

接下来考查岭回归如何抑制模型的过拟合问题。下面的代码对 15 阶多项式增加了正则化项，也就是为 15 阶多项式构建了岭回归模型。其中，参数 alpha 控制了正则化的强度。

```
def ridge_regression(alpha, models_to_plot = {}):
    #模型训练
    ridgereg = Ridge(alpha = alpha,normalize = True)
    ridgereg.fit(x_poly[:,1:],y)
    y_pred = ridgereg.predict(x_poly[:,1:])

    #Check if a plot is to be made for the entered alpha
    if alpha in models_to_plot:
        plt.subplot(models_to_plot[alpha])
        plt.tight_layout()
        plt.plot(x,y_pred)
        plt.plot(x, y,'.')
        plt.title('Plot for alpha: %.3g' % alpha)

    #Return the result in pre-defined format
    rss = sum((y_pred - y) ** 2)
    ret = [rss]
    ret.extend([ridgereg.intercept_])
    ret.extend(ridgereg.coef_)
    return ret
```

然后，使用下面的代码绘制采用不同 alpha 值时训练得到的各个岭回归模型，并将模型训练的结果保存到 coef_matrix_ridge 中。

```
#Set the different values of alpha to be tested
alpha_ridge = [1e-15, 1e-10, 1e-8, 1e-4, 1e-3,1e-2, 1, 5, 10, 20]

#Initialize the dataframe for storing coefficients.
col = ['rss','intercept'] + ['coef_x_%d' % i for i in range(1,16)]
ind = ['alpha_%.2g' % alpha_ridge[i] for i in range(0,10)]
coef_matrix_ridge = pd.DataFrame(index = ind, columns = col)

models_to_plot = {1e-15:231, 1e-10:232, 1e-4:233, 1e-3:234, 1e-2:235, 5:236}
for i in range(10):
    coef_matrix_ridge.iloc[i,] = ridge_regression(alpha_ridge[i], models_to_plot)
```

上述代码执行结果如图 8-14 所示。不难发现，尽管 15 阶多项式模型的过拟合问题比较明显，但引入 L_2 范数的正则项后，过拟合问题得到了明显改善。特别是当 alpha＝0.01 时，模型已经非常接近正弦函数图形了。当然，若 alpha 取值过大（例如 alpha＝5），那么惩罚项的影响就会占据上风，最终导致模型拟合效果劣化。

同样，可以使用下面的代码把训练得到的岭回归模型信息展示出来：

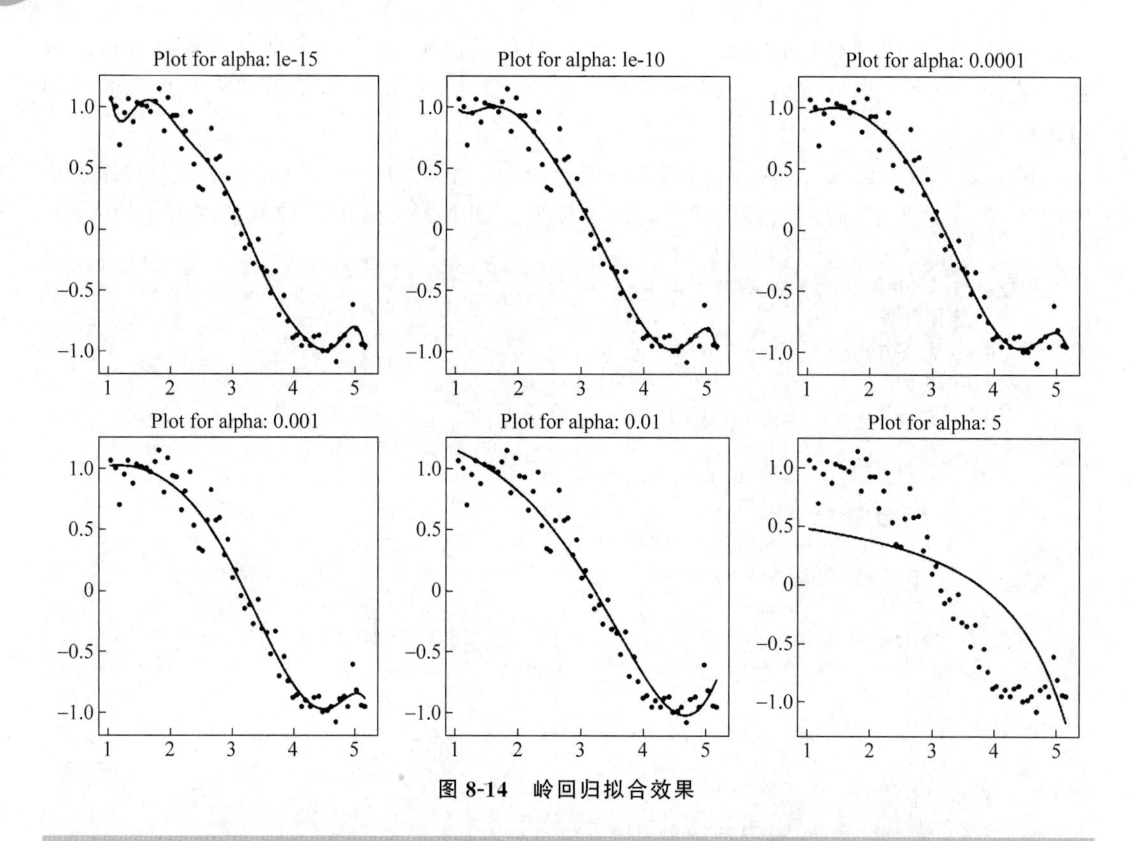

图 8-14　岭回归拟合效果

```
pd.options.display.float_format = '{:,.2g}'.format
coef_matrix_ridge
```

执行上述代码,结果如图 8-15 所示。注意由于数据矩阵较大,这里仅展示了局部。不难发现,随着 alpha 值的增大,正则化项(惩罚项)的影响越来越大,所以 $SS_{residual}$ 的数值会逐渐变大。另外一个需要注意的地方是,模型的有些参数值虽然很小,但均不为 0。可见,所得参数矩阵不是稀疏的。这一点应注意同后面的 LASSO 进行对比。

	rss	intercept	coef_x_1	coef_x_2	coef_x_3	coef_x_4	coef_x_5	coef_x_6	coef_x_7	coef_x_8	coef_x_9
alpha_1e-15	0.87	95	-3e+02	3.8e+02	-2.4e+02	69	-1	-4.1	0.48	0.16	-0.024
alpha_1e-10	0.92	11	-29	31	-15	2.9	0.17	-0.091	-0.011	0.002	0.00064
alpha_1e-08	0.95	1.3	-1.5	1.7	-0.68	0.039	0.016	0.00016	-0.00036	-5.4e-05	-2.9e-07
alpha_0.0001	0.96	0.56	0.55	-0.13	-0.026	-0.0028	-0.00011	4.1e-05	1.5e-05	3.7e-06	7.4e-07
alpha_0.001	1	0.82	0.31	-0.087	-0.02	-0.0028	-0.00022	1.8e-05	1.2e-05	3.4e-06	7.3e-07
alpha_0.01	1.4	1.3	-0.088	-0.052	-0.01	-0.0014	-0.00013	7.2e-07	4.1e-06	1.3e-06	3e-07
alpha_1	5.6	0.97	-0.14	-0.019	-0.003	-0.00047	-7e-05	-9.9e-06	-1.3e-06	-1.4e-07	-9.3e-09
alpha_5	14	0.55	-0.059	-0.0085	-0.0014	-0.00024	-4.1e-05	-6.9e-06	-1.1e-06	-1.9e-07	-3.1e-08
alpha_10	18	0.4	-0.037	-0.0055	-0.00095	-0.00017	-3e-05	-5.2e-06	-9.2e-07	-1.6e-07	-2.9e-08
alpha_20	23	0.28	-0.022	-0.0034	-0.0006	-0.00011	-2e-05	-3.6e-06	-6.6e-07	-1.2e-07	-2.2e-08

图 8-15　岭回归模型信息

还可以用下面代码统计一下岭回归模型中为零的参数个数，结果会发现参数确实均不为零。

```
coef_matrix_ridge.apply(lambda x: sum(x.values == 0),axis = 1)
```

最后，来考查 LASSO 回归如何抑制模型的过拟合问题。下面的代码同样对 15 阶多项式增加了 L_1 范数的正则化项，也就是为 15 阶多项式构建了 LASSO 回归模型。其中，参数 alpha 控制了正则化的强度。

```
def lasso_regression(alpha, models_to_plot = {}):
    #模型训练
    lassoreg = Lasso(alpha = alpha,normalize = True, max_iter = 1e5)
    lassoreg.fit(x_poly[:,1:],y)
    y_pred = lassoreg.predict(x_poly[:,1:])

    #Check if a plot is to be made for the entered alpha
    if alpha in models_to_plot:
        plt.subplot(models_to_plot[alpha])
        plt.tight_layout()
        plt.plot(x,y_pred)
        plt.plot(x,y,'.')
        plt.title('Plot for alpha: %.3g' % alpha)

    #Return the result in pre - defined format
    rss = sum((y_pred - y) ** 2)
    ret = [rss]
    ret.extend([lassoreg.intercept_])
    ret.extend(lassoreg.coef_)
    return ret
```

然后，使用下面的代码绘制采用不同 alpha 值时训练得到的各个 LASSO 回归模型，并将模型训练的结果保存到 coef_matrix_lasso 中。

```
#Define the alpha values to test
alpha_lasso = [1e-15, 1e-10, 1e-8, 1e-5,1e-4, 1e-3,1e-2, 1, 5, 10]

#Initialize the dataframe to store coefficients
col = ['rss','intercept'] + ['coef_x_%d' % i for i in range(1,16)]
ind = ['alpha_%.2g' % alpha_lasso[i] for i in range(0,10)]
coef_matrix_lasso = pd.DataFrame(index = ind, columns = col)

#Define the models to plot
models_to_plot = {1e-10:231, 1e-5:232,1e-4:233, 1e-3:234, 1e-2:235, 1:236}
for i in range(10):
    coef_matrix_lasso.iloc[i,] = lasso_regression(alpha_lasso[i], models_to_plot)
```

上述代码所绘制的图形如图 8-16 所示。不难发现，L_1 范数的正则化项对原 15 阶多项式回归的过拟合有抑制作用。而且，随着 alpha 值的增加，模型的复杂度逐渐降低。另外，

当 alpha=1 时,模型变成了一条水平线。为了对此进行解释,不妨用下面的代码来统计一下训练得到的各个 LASSO 回归模型中为零的参数个数:

```
coef_matrix_lasso.apply(lambda x: sum(x.values == 0),axis = 1)
```

执行上述代码输出结果如下:

```
alpha_1e-15        0
alpha_1e-10        0
alpha_1e-08        0
alpha_1e-05        8
alpha_0.0001      10
alpha_0.001       12
alpha_0.01        13
alpha_1           15
alpha_5           15
alpha_10          15
dtype: int64
```

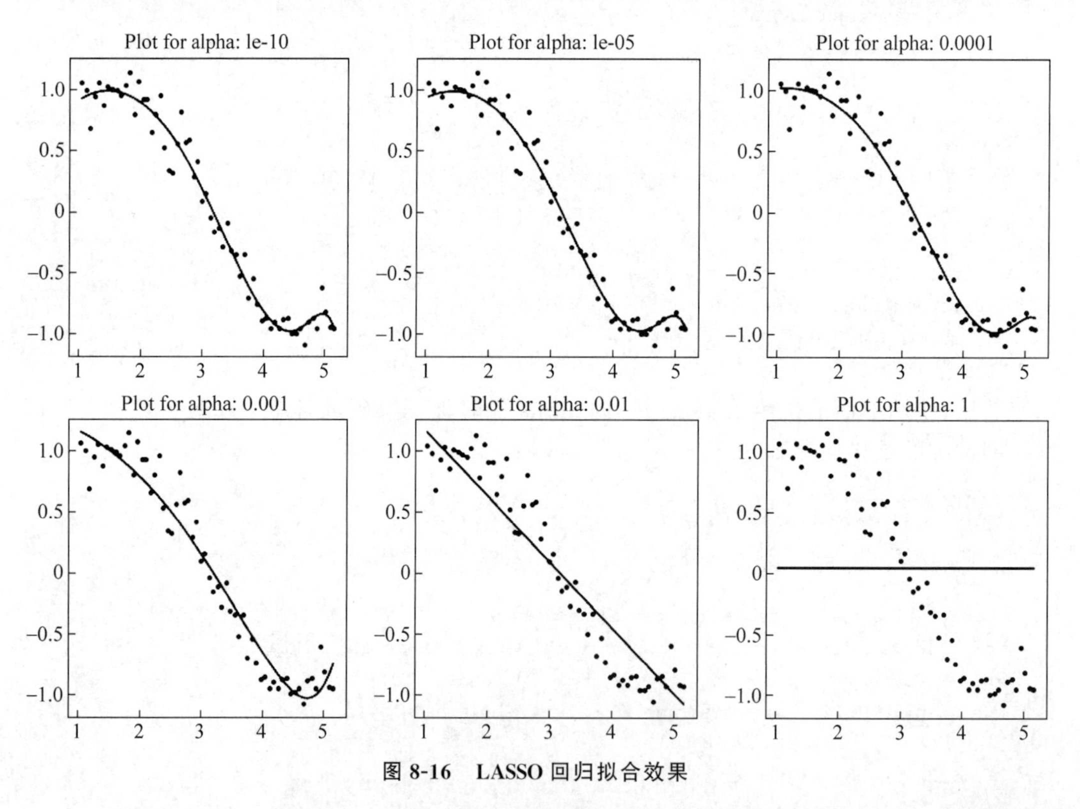

图 8-16 LASSO 回归拟合效果

可见,即使对一个较小的 alpha 取值时,也会导致很多的模型参数为 0。这也就解释了当 alpha=1 时为什么会得到一条水平线。这种模型中很多参数为 0 的现象被称为稀疏。从记录已经训练得到的各个模型结果的 coef_matrix_lasso 矩阵中,可以更加直观地观察到模型的稀疏性。

```
pd.options.display.float_format = '{:,.2g}'.format
coef_matrix_lasso
```

上述代码的执行结果如图 8-17 所示。注意由于数据矩阵较大，这里仅展示了局部。易见，与岭回归相比，即使对于很小的 alpha 值，LASSO 模型仍然有很多参数为 0。随着 alpha 值的变大，SS_{residual} 值也会逐渐变大，这跟岭回归所表现出的趋势是一致的。不同的是，当 alpha 取值相同时，LASSO 模型较岭回归而言，会得到更大的 SS_{residual} 值，也就是对训练数据拟合得更弱。

	rss	intercept	coef_x_1	coef_x_2	coef_x_3	coef_x_4	coef_x_5	coef_x_6	coef_x_7	coef_x_8	coef_x_9
alpha_1e-15	0.96	0.22	1.1	-0.37	0.00089	0.0016	-0.00012	-6.4e-05	-6.3e-06	1.4e-06	7.8e-07
alpha_1e-10	0.96	0.22	1.1	-0.37	0.00088	0.0016	-0.00012	-6.4e-05	-6.3e-06	1.4e-06	7.8e-07
alpha_1e-08	0.96	0.22	1.1	-0.37	0.00077	0.0016	-0.00011	-6.4e-05	-6.3e-06	1.4e-06	7.8e-07
alpha_1e-05	0.96	0.5	0.6	-0.13	-0.038	-0	0	0	0	7.7e-06	1e-06
alpha_0.0001	1	0.9	0.17	-0	-0.048	-0	-0	0	0	9.5e-06	5.1e-07
alpha_0.001	1.7	1.3	-0	-0.13	-0	-0	-0	0	0	0	0
alpha_0.01	3.6	1.8	-0.55	-0.00056	-0	-0	-0	-0	-0	-0	-0
alpha_1	37	0.038	-0	-0	-0	-0	-0	-0	-0	-0	-0
alpha_5	37	0.038	-0	-0	-0	-0	-0	-0	-0	-0	-0
alpha_10	37	0.038	-0	-0	-0	-0	-0	-0	-0	-0	-0

图 8-17 LASSO 回归模型信息

岭回归使用 L_2 范数惩罚来对参数进行正则化，所有的估计参数都是非零的，也就是说其没有进行特征选择。LASSO 采用 L_1 范数惩罚的正则化，并因此相当于进行了自动的特征选择。特征选择意味着选择变量(特征)，在 L_2 正则化中，没有参数的值为 0，也就是没有剔除任何参数，所以说没有进行特征选择；而在 L_1 正则化中，存在为 0 的模型参数，也就是会对特征进行选择。换句话说，特征选择的效果就是取部分的特征，于是那部分没有被选取的特征所对应的值就为 0。

8.3.4 弹性网络

正如 8.3.3 节所讨论的，正则化是通过在模型中引入额外的信息来解决过拟合问题的一种手段，增加惩罚项会加大模型的复杂性，但同时也降低了模型参数的影响。前面介绍的岭回归和 LASSO 无疑是最常见也最经典的带正则化项带线性回归方法。在 LASSO 之后，研究人员又提出了很多其他演化而来的新方法。

(1) 弹性网络(Elastic Net)：

$$\hat{\boldsymbol{\beta}} = \underset{\hat{\beta}}{\operatorname{argmin}} \| \boldsymbol{y} - \boldsymbol{X}\hat{\boldsymbol{\beta}} \|^2 + \lambda_2 \| \hat{\boldsymbol{\beta}} \|_2^2 + \lambda_1 \| \hat{\boldsymbol{\beta}} \|_1$$

(2) 适应性 LASSO：

$$\hat{\boldsymbol{\beta}}^{(n)} = \underset{\hat{\beta}}{\operatorname{argmin}} \left\| \boldsymbol{y} - \sum_{i=1}^{n} \boldsymbol{X}_i^T \hat{\boldsymbol{\beta}} \right\|^2 + \lambda_n \sum_{i=1}^{n} |\hat{\beta}_i|$$

（3）组 LASSO：

$$\hat{\boldsymbol{\beta}}_\lambda = \underset{\hat{\beta}}{\operatorname{argmin}} \| \boldsymbol{y} - \boldsymbol{X}\hat{\boldsymbol{\beta}} \|_2^2 + \lambda \sum_{g=1}^{G} \| \beta_{I_g} \|_2$$

本节将主要讨论其中的弹性网络。从其表达式上不难看出，它相当于是岭回归和LASSO之间的一个折中。在某些应用中，变量间通常存在强相关关系。LASSO的正则化某种程度上不受强相关的变量集选择的影响，岭回归的正则化趋向于将相关变量的参数相互收缩。弹性网络的正则化是一种妥协的方式。因此，当多个特征之间彼此存在相关性的时候弹性网络非常有用。LASSO倾向于随机选择其中一个（因为它更稀疏），而弹性网络更倾向于选择两个，而又不像岭回归那样把参数相互收缩。

LASSO路径描绘了自变量的回归系数和LASSO惩罚系数之间的关系。惩罚系数越大，自变量的回归系数越小，非零的系数也越少。下面在Python中，给出一个示例。该例子使用了scikit-learn包中提供的糖尿病数据，并以此为基础绘制LASSO路径和弹性网络路径。

```
from itertools import cycle
import numpy as np
import matplotlib.pyplot as plt
%matplotlib inline
from sklearn.linear_model import lasso_path, enet_path
from sklearn import datasets

X, y = datasets.load_diabetes(return_X_y=True)
X /= X.std(axis=0)

eps = 5e-3 # the smaller it is the longer is the path

# 计算路径
print("Computing regularization path using the lasso...")
alphas_lasso, coefs_lasso, _ = lasso_path(X, y, eps, fit_intercept=False)

print("Computing regularization path using the elastic net...")
alphas_enet, coefs_enet, _ = enet_path(
    X, y, eps=eps, l1_ratio=0.8, fit_intercept=False)

# 绘图展示结果
fig = plt.figure(figsize=(12, 8))
colors = cycle(['b', 'r', 'g', 'c', 'k'])
neg_log_alphas_lasso = np.log10(alphas_lasso)
neg_log_alphas_enet = np.log10(alphas_enet)
for coef_l, coef_e, c in zip(coefs_lasso, coefs_enet, colors):
    l1 = plt.plot(neg_log_alphas_lasso, coef_l, c=c)
    l2 = plt.plot(neg_log_alphas_enet, coef_e, linestyle='--', c=c)

plt.xlabel('Log(alpha)')
plt.ylabel('coefficients')
plt.title('Lasso and Elastic-Net Paths')
```

```
plt.legend((l1[-1], l2[-1]), ('Lasso', 'Elastic-Net'), loc='lower left')
plt.axis('tight')
```

执行上述代码，所得结果如图 8-18 所示。图中每条线代表着一个自变量的回归系数，实线表示 LASSO，虚线表示弹性网络。随着惩罚项系数 alpha 的越来越大（从左向右），越来越多的系数变成了零。而且，如果在此过程中，例如在 log(alpha)=0.0 时，显见的是，LASSO 中有更多的为零的系数。通常，弹性网的平均效应导致其比 LASSO 更多的非零系数，但是规模更小。

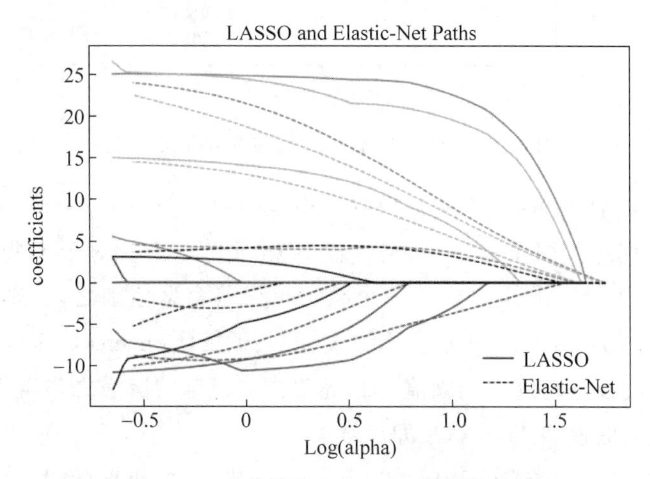

图 8-18 弹性网络与 LASSO 模型的比较

8.3.5 RANSAC

本章前面大量的篇幅讨论了机器学习中的过拟合问题以及它的一些应对它的举措。过拟合现象存在的一个原因是训练数据中通常包含有噪声。如果试图通过增加机器学习模型复杂度的办法来实现训练集上的完美拟合，那么因为由于模型将训练集中的噪声一并考虑了，所以就会导致过拟合。正则化主要是通过限制模型的复杂度来实现对过拟合的抑制。但是还有没有其他策略呢，例如是否可以直接排除掉噪声的影响呢？随机采样一致算法(RANdom SAmple Consensus，RANSAC)为解决这类问题提供了一种思路，而且该算法在机器视觉领域也有重要应用。该算法最早由美国斯坦福研究所的两位学者马丁·费斯克勒(Martin A. Fischler)和罗伯特·博尔斯(Robert C. Bolles)于 1981 年共同提出。

假如给定的点集中存在错误的点，或称为离群点(Outlier)，那么以最小二乘法为基础的传统模型估计方法，往往很容易受离群点的影响，结果导致最终的估计产生较大偏差，相当于陷入局部最优。如图 8-19 所示，水平分布的一小撮点为离群点(数量仅为 50 个)，其余聚集在一起的点呈现出了较为明显的分布特征，而且其数量也更多(数量为 1000)。但如果采用普通线性回归对其进行拟合，在最小二乘法的基础上，最终得到的模型为虚线所示的一条直线。这显然与期望得到的回归模型相差较大。

现在就来看看 RANSAC 算法是如何应对此类问题的。下面描述的主要是马丁·费斯克勒与罗伯特·博尔斯二人论文中给出的原始算法。

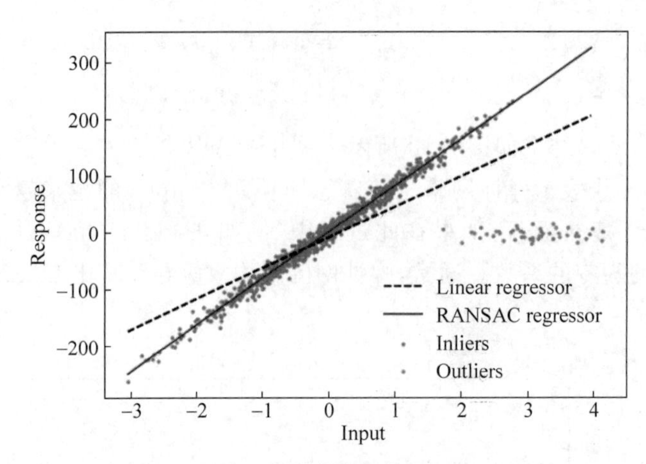

图 8-19　最小二乘法的局限与 RANSAC 回归

假设数据集中有 P 个点，从中随机抽取 n 个点构成一个子集 S_1，其中 $n<P$，并且这 n 个点足够用于模型训练。用子集 S_1 训练一个模型，记为 M_1。对于那些没有被选进来的点，如果其中某些点与 M_1 的距离位于一个给定点误差容忍范围之内，则将这样的点纳入 S_1，从而得到一个新的集合 S_1^*，该集合称为 S_1 的共识集(Consensus Set)。

如果 S_1^* 中点的数量超过一个阈值 t，即超过预先设定的所需之非离群点(Inlier)数量，则用 S_1^* 训练一个新的模型 M_1^*，算法即可结束。

否则，如果 S_1^* 中点的数量小于阈值 t，则放弃该集合，并重新随机选取一个子集 S_2 然后重复之前的步骤直到新的共识集中点的数量超过阈值 t 为止。但如果重复执行该步骤的次数超过预先给定的最大执行次数限定，那么就从过往得到的一系列共识集中选择包含点数最多的那个集合，并用其来训练最终的模型，或者宣告算法执行失败暨无法求得一个模型。

在 scikit-learn 中，可以通过实例化类 RANSACRegressor 来实现 RANSAC 回归。其中，涉及若干参数，这里选取比较重要的几个来做解释：

(1) min_samples：也就是上面算法描述中的 n。使用者可以用 int 值来指定一个具体的数量，或者用一个介于 0 到 1 之间的 float 值来指定占训练样本总数的百分比。该参数也是可选项，若缺省，系统将指定能够用于完成模型训练的最小样本量作为该值。scikit-learn 中默认选取的模型是线性回归，而线性回归中的缺省 min_samples 将被设置为训练样本数量加 1。

(2) residual_threshold：即算法描述中提到的误差容忍范围。该参数也是可选项，若缺省，系统将把该参数置为训练数据中因变量数据的绝对中位差(Median Absolute Deviation，MAD)。

马丁·费斯克勒与罗伯特·博尔斯给出的原始算法描述中，一旦共识集中的点数超过提前设定的非离群点数量要求，算法就会停止。但 scikit-learn 在具体实现 RANSAC 回归时，使用了不同的策略。它每次都会把获得的非离群点数量最大的模型存储为当前最好的模型。如果，刚刚得到的模型与之前存储下来的模型，所能获得的非离群点数量相同，则考虑有更好拟合表现的那个模型，并将其作为最佳模型保存起来。因此，RANSACRegressor

类中需要如下一些参数用于控制模型何时结束训练暨终止循环：

（1）max_trials：用于限定最大执行次数，默认值为100。

（2）stop_n_inliers：如果最少这个数量的非离群点被找到，则终止循环。默认值为inf，即默认情况下不使用该条件。如果设定了该参数，则算法就回到了原始描述中所说的情形。

（3）stop_probability：默认值为0.99。假设w是非离群点占整体训练样本的百分比。抽取n个点，如果每个点都是非离群点，则这种情况发生的概率就是w^n。如果这n个点中至少有一个是离群点，那么概率就是$1-w^n$。如果max_trials的数量设为k，即执行k次（每次抽取n个点）抽样，且每次都至少抽到一个离群点，则则这种情况发生的概率就是$(1-w^n)^k$。注意我们的目标是找到非离群点，所以只要有离群点被抽到，就相当于未能成功地抽到符合预期的点。令$1-p=(1-w^n)^k$，这里的p就相当于成功地抽到符合预期之点的概率。于是有

$$k=\frac{\log(1-p)}{\log(1-w^n)}$$

其中，p就是stop_probability。如果给定p，又知道w，就可以求得k，即要进行多少次抽样。例如当使用默认值0.99时，就表示如果我们执行k抽样，那么有99%的置信度将至少抽到一次全部都是非离群点(outlier-free)子集。然而，最后的问题是w未知。所以实际操作中，是用当前（不断尝试抽样之后）挑选出来的共识集容量占全部训练样本数量的比例作为w的估计。

最后，给出一个在scikit-learn中，进行RANSAC回归的示例程序：

```
import numpy as np
from matplotlib import pyplot as plt
%matplotlib inline
from sklearn import linear_model, datasets

n_samples = 1000
n_outliers = 50

X, y, coef = datasets.make_regression(n_samples = n_samples, n_features = 1,
                                      n_informative = 1, noise = 10,
                                      coef = True, random_state = 0)

# 添加离群点
np.random.seed(0)
X[:n_outliers] = 3 + 0.5 * np.random.normal(size = (n_outliers, 1))
y[:n_outliers] = -3 + 10 * np.random.normal(size = n_outliers)

# 用普通线性回归拟合所有数据
lr = linear_model.LinearRegression()
lr.fit(X, y)

# 使用 RANSAC 算法
ransac = linear_model.RANSACRegressor()
```

```
ransac.fit(X, y)
inlier_mask = ransac.inlier_mask_
outlier_mask = np.logical_not(inlier_mask)

# 用训练好的模型进行预测
line_X = np.arange(X.min(), X.max())[:, np.newaxis]
line_y = lr.predict(line_X)
line_y_ransac = ransac.predict(line_X)

# 绘图并比较结果
print("Estimated coefficients (true, linear regression, RANSAC):")
print(coef, lr.coef_, ransac.estimator_.coef_)

lw = 2
plt.scatter(X[inlier_mask], y[inlier_mask], color = 'yellowgreen', marker = '.',
            label = 'Inliers')
plt.scatter(X[outlier_mask], y[outlier_mask], color = 'gold', marker = '.',
            label = 'Outliers')
plt.plot(line_X, line_y, color = 'navy', linewidth = lw, label = 'Linear regressor')
plt.plot(line_X, line_y_ransac, color = 'cornflowerblue', linewidth = lw,
         label = 'RANSAC regressor')
plt.legend(loc = 'lower right')
plt.xlabel("Input")
plt.ylabel("Response")
plt.show()
```

执行上述代码，将得到如图 8-19 所示的结果。

第 9 章

逻辑回归与最大熵模型

逻辑回归的核心思想是把原线性回归的取值范围通过 Logistic 函数映射到一个概率空间，从而将一个回归模型转换成了一个分类模型。本章将从最简单的二元逻辑回归出发，逐渐拓展到多元逻辑回归。非常重要的一点是，多元逻辑回归同时也是人工神经网络中的 Softmax 模型，或者从信息论的角度解释，它又被称为最大熵模型。在推导最大熵模型时，还会用到凸优化(包含拉格朗日乘数法)的内容。

与本章内容相关的数学概念包括泰勒展开式、费马引理、黑塞矩阵、二项分布、多项分布、概率质量函数、贝叶斯定理、熵、拉格朗日乘数法、似然函数与极大似然估计、牛顿法。

9.1 逻辑回归

下面通过一个例子引出 Logistic 回归的基本思想。为研究与急性心肌梗死急诊治疗预后情况有关的因素，现收集了 200 个急性心肌梗死的病例如表 9-1 所示。其中，x_1 用于指示救治前是否休克，$x_1=1$ 表示救治前已休克，$x_1=0$ 表示救治前未休克；x_2 用于指示救治前是否心衰，$x_2=1$ 表示救治前已发生心衰，$x_2=0$ 表示救治前未发生心衰；x_3 用于指示 12 小时内有无治疗措施，$x_3=1$ 表示没有，否则 $x_3=0$。最后 P 给出了病患的最终结局，当 $P=0$ 时，表示患者生存；否则当 $P=1$ 时，表示患者死亡。

表 9-1 急性心肌梗死的病例数据

$P=0$				$P=1$			
x_1	x_2	x_3	N	x_1	x_2	x_3	N
0	0	0	35	0	0	0	4
0	0	1	34	0	0	1	10
0	1	0	17	0	1	0	4
0	1	1	19	0	1	1	15

续表

$P=0$				$P=1$			
x_1	x_2	x_3	N	x_1	x_2	x_3	N
1	0	0	17	1	0	0	6
1	0	1	6	1	0	1	9
1	1	0	6	1	1	0	6
1	1	1	6	1	1	1	6

如果要建立回归模型,进而来预测不同情况下病患生存的概率,考虑用多重回归来做:

$$P=w_0+w_1x_1+w_2x_2+w_3x_3$$

显然,将自变量代入上述回归方程,不能保证概率 P 一定位于 0～1。于是想到用 Logistic 函数将自变量映射至 0～1。Logistic 函数的定义如下:

$$P=\frac{\mathrm{e}^y}{1+\mathrm{e}^y}$$

或

$$y=\ln\frac{P}{1-P}$$

其函数的图像如图 9-1 所示。

用上面的 Logistic 函数定义式将多元线性回归中的因变量替换得到

$$\ln\frac{P}{1-P}=w_0+w_1x_1+\cdots+w_nx_n$$

或者

$$P=\frac{\mathrm{e}^{w_0+w_1x_1+\cdots+w_nx_n}}{1+\mathrm{e}^{w_0+w_1x_1+\cdots+w_nx_n}}$$

或者

$$P=\frac{1}{1+\mathrm{e}^{-(w_0+w_1x_1+\cdots+w_nx_n)}}$$

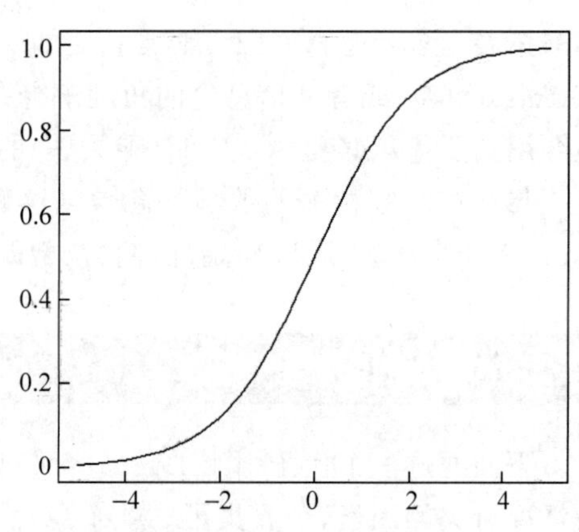

图 9-1　Logistic 函数图形

可以简单记为

$$P(z)=\frac{1}{1+\mathrm{e}^{-z}}$$

其中,$z=w_0+w_1x_1+\cdots+w_nx_n$,而且在当前所讨论的例子中 $n=3$。

上式中的 $w_0,w_1,w_2,\cdots,w_n$ 正是要求的参数,通常采用最大似然估计法对参数进行求解。对于本题而言则有

$$P(y=0)=\frac{1}{1+\mathrm{e}^z},\quad P(y=1)=\frac{1}{1+\mathrm{e}^{-z}}$$

进而有

$$\mathcal{L}=\left\{\left[\frac{\exp(w_0)}{1+\exp(w_0)}\right]^{35}\left[\frac{1}{1+\exp(w_0)}\right]^{4}\right\}$$

$$\left\{\left[\frac{\exp(w_0+w_3)}{1+\exp(w_0+w_3)}\right]^{34}\left[\frac{1}{1+\exp(w_0+w_3)}\right]^{10}\right\}\cdots$$

$$\left\{\left[\frac{\exp(w_0+w_1+w_2+w_3)}{1+\exp(w_0+w_1+w_2+w_3)}\right]^{6}\left[\frac{1}{1+\exp(w_0+w_1+w_2+w_3)}\right]^{6}\right\}$$

$$=\prod_{i=1}^{k}\left\{\left[\frac{\exp(w_0+w_1x_{1i}+w_2x_{2i}+w_3x_{3i})}{1+\exp(w_0+w_1x_{1i}+w_2x_{2i}+w_3x_{3i})}\right]^{n_{i0}}\right.$$

$$\left.\left[\frac{1}{1+\exp(w_0+w_1x_{1i}+w_2x_{2i}+w_3x_{3i})}\right]^{n_{i1}}\right\}$$

寻找最适宜的 $\hat{w}_0,\hat{w}_1,\hat{w}_2,\hat{w}_3$ 使得$\mathcal{L}$达到最大，最终得到估计模型为

$$\ln\frac{P}{1-P}=-2.0858+1.1098x_1+0.7028x_2+0.9751x_3$$

或写成

$$P=\frac{1}{1+\mathrm{e}^{-(-2.0858+1.1098x_1+0.7028x_2+0.9751x_3)}}$$

得到上面的公式后，如果再有一组观察样本，将其代入公式，就可以算得病人生存与否的概率。例如，现在有一名患者 A 没有休克，病发 5 小时后送医院，而且已出现了症状，即 $x_1=0$，$x_2=1$，$x_3=0$，则可据此计算其生存的概率为

$$P_A=\frac{1}{1+\mathrm{e}^{-(-2.0858+0.7028)}}=0.200$$

同理，若另有一名患者 B 已经出现休克，病发 18 小时后送医院，出现了症状，即 $x_1=1$，$x_2=1$，$x_3=1$，则可据此计算其生存的概率为

$$P_B=\frac{1}{1+\mathrm{e}^{-(-2.0858+1.1098+0.7028+0.9751)}}=0.669$$

前面在对参数进行估计时，其实假设了 $y=1$ 的概率为

$$P(y=1\mid \boldsymbol{x};\boldsymbol{w})=h_{\boldsymbol{w}}(\boldsymbol{x})=g(\boldsymbol{w}^{\mathrm{T}}\boldsymbol{x})=\frac{\mathrm{e}^{\boldsymbol{w}^{\mathrm{T}}\boldsymbol{x}}}{1+\mathrm{e}^{\boldsymbol{w}^{\mathrm{T}}\boldsymbol{x}}}$$

于是，

$$P(y=0\mid \boldsymbol{x};\boldsymbol{w})=1-h_{\boldsymbol{w}}(\boldsymbol{x})=1-g(\boldsymbol{w}^{\mathrm{T}}\boldsymbol{x})=\frac{1}{1+\mathrm{e}^{\boldsymbol{w}^{\mathrm{T}}\boldsymbol{x}}}$$

由此，便可以利用 Logistic 回归从特征学习中得出一个非 0 即 1 的分类模型。当要判别一个新来的特征属于哪个类时，只需求 $h_{\boldsymbol{w}}(\boldsymbol{x})$即可，若 $h_{\boldsymbol{w}}(\boldsymbol{x})$大于 0.5 就可被归为 $y=1$ 的类，反之就被归为 $y=0$ 的类。

以上通过了一个例子向读者演示了如何从原始的线性回归演化出 Logistic 回归。不难发现，Logistic 回归可以用作机器学习中的分类器。当得到一个事件发生与否的概率时，自然就已经得出结论，其到底应该属于“发生”的那一类别，还是属于“不发生”的那一类别。

机器学习最终是希望机器自己学到一个可以用于问题解决的模型。这个模型本质上是由一组参数(或权值)定义的，也就是前面讨论的 $w_0,w_1,w_2,\cdots,w_n$。在得到测试数据时，将这组参数与测试数据线性加和得到

$$z=w_0+w_1x_1+\cdots+w_nx_n$$

这里 $x_1,x_2,\cdots,x_n$ 是每个样本的 n 个特征。之后再按照 Logistic 函数的形式求出

$$P(z)=\frac{1}{1+e^{-z}}$$

在给定特征向量 $\boldsymbol{x}=[x_1,x_2,\cdots,x_n]$时，条件概率 $P(y=1|\boldsymbol{x})$为根据观测量某事件 y 发生的概率。那么，Logistic 回归模型可以表示为

$$P(y=1\mid\boldsymbol{x})=\pi(\boldsymbol{x})=\frac{1}{1+e^{-z}}$$

相对应地，在给定条件 $\boldsymbol{x}$ 时，事件 y 不发生的概率为

$$P(y=0\mid\boldsymbol{x})=1-\pi(\boldsymbol{x})=\frac{1}{1+e^{z}}$$

而且还可以得到事件发生与不发生的概率之比为

$$\text{odds}=\frac{P(y=1\mid\boldsymbol{x})}{P(y=0\mid\boldsymbol{x})}=e^{z}$$

这个比值称为事件的发生比。

概率论的知识告诉我们参数估计时可以采用最大似然法。假设有 m 个观测样本，观测值分别为 $y_1,y_2,\cdots,y_n$，设 $p_i=P(y_i=1|\boldsymbol{x}_i)$为给定条件下得到 $y_i=1$ 的概率。同样，$y_i=0$ 的概率为 $1-p_i=P(y_i=0|\boldsymbol{x}_i)$，所以得到一个观测值的概率为 $P(y_i)=p_i^{y_i}(1-p_i)^{1-y_i}$。

各个观测样本之间相互独立，那么它们的联合分布为各边缘分布的乘积，得到似然函数为

$$\mathcal{L}(\boldsymbol{w})=\prod_{i=1}^{m}[\pi(\boldsymbol{x}_i)]^{y_i}[1-\pi(\boldsymbol{x}_i)]^{1-y_i}$$

然后，我们的目标是求出使这一似然函数值最大的参数估计，于是对函数取对数得到

$$\begin{aligned}\ln\mathcal{L}(\boldsymbol{w})&=\sum_{i=1}^{m}\{y_i\ln[\pi(\boldsymbol{x}_i)]+(1-y_i)\ln[1-\pi(\boldsymbol{x}_i)]\}\\&=\sum_{i=1}^{m}\ln[1-\pi(\boldsymbol{x}_i)]+\sum_{i=1}^{m}y_i\ln\frac{\pi(\boldsymbol{x}_i)}{1-\pi(\boldsymbol{x}_i)}\\&=\sum_{i=1}^{m}\ln[1-\pi(\boldsymbol{x}_i)]+\sum_{i=1}^{m}y_iz_i\\&=\sum_{i=1}^{m}-\ln[1+e^{z_i}]+\sum_{i=1}^{m}y_iz_i\end{aligned}$$

其中，$z_i=\boldsymbol{w}\cdot\boldsymbol{x}_i=w_0+w_1x_{i1}+w_2x_{i2}+\cdots+w_nx_{in}$ 根据多元函数求极值的方法，为了求出使得 $\ln\mathcal{L}(\boldsymbol{w})$最大的向量 $\boldsymbol{w}=(w_0,w_1,w_2,\cdots,w_n)$，对上述的似然函数求偏导后得到

$$\begin{aligned}\frac{\partial\ln\mathcal{L}(\boldsymbol{w})}{\partial w_k}&=\sum_{i=1}^{m}y_ix_{ik}-\sum_{i=1}^{m}\frac{1}{1+e^{z_i}}e^{z_i}\cdot x_{ik}\\&=\sum_{i=1}^{m}x_{ik}[y_i-\pi(\boldsymbol{x}_i)]\end{aligned}$$

现在，我们所要做的就是通过上面已经得到的结论来求解使得似然函数最大化的参数向量。在实际中有很多方法可供选择，其中比较常用的有梯度下降法、牛顿法和拟牛顿法等。

9.2 牛顿法解 Logistic 回归

现代计算中涉及大量的工程计算问题，这些计算问题往往很少采用我们通常在求解计算题甚至是考试时所采用的方法，因为计算机最擅长的无非就是“重复执行大量的简单任务”，所以数值计算方面的迭代法在计算机时代便有了很大的作用。一个典型的例子就是利用牛顿迭代法近似求解方程的方法。牛顿迭代又称为牛顿-拉弗森(Newton-Raphson)方法。

有时候某些方程的求根公式可能很复杂(甚至有些方程可能没有求根公式)，导致求解困难。这时便可利用牛顿法进行迭代求解。

如图 9-2 所示，假设要求解方程 $f(x)=0$ 的根，首先随便找一个初始值 x_0，如果 x_0 不是解，则做一个经过 $(x_0, f(x_0))$ 这个点的切线，与 x 轴的交点为 x_1。同理，如果 x_1 不是解，则做一个经过 $(x_1, f(x_1))$ 这个点的切线，与 x 轴的交点为 x_2。以此类推。以这样的方式得到的 x_i 会无限趋近于 $f(x)=0$ 的解。

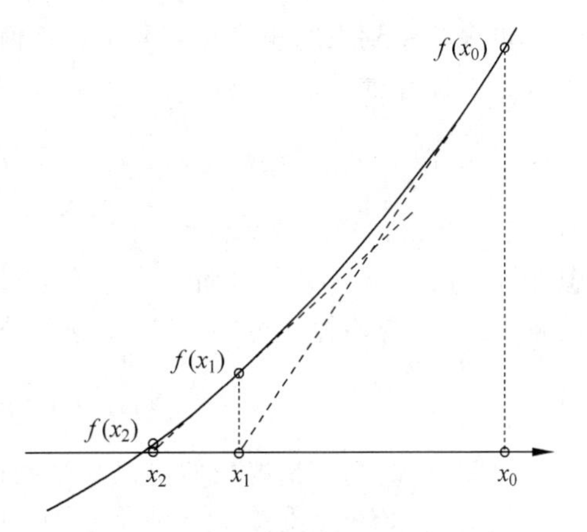

图 9-2　牛顿迭代法求方程的根

判断 x_i 是否是 $f(x)=0$ 的解有两种方法：一是直接计算 $f(x_i)$ 的值判断是否为 0，二是判断前后两个解 x_i 和 x_{i-1} 是否无限接近。经过 $(x_i, f(x_i))$ 这个点的切线方程为(注意这也是一元函数的一阶泰勒展开式)

$$f(x)=f(x_i)+f'(x_i)(x-x_i)$$

其中，$f'(x)$ 为 $f(x)$ 的导数。令切线方程等于 0，即可求出

$$x_{i+1}=x_i-\frac{f(x_i)}{f'(x_i)}$$

于是就得到了一个迭代公式，而且它必然在 $f(x^*)=0$ 处收敛，其中 x^* 就是方程的根，由此便可对方程进行迭代求根。

接下来讨论牛顿法在最优化问题中的应用。假设当前任务是优化一个目标函数 f，也就是求该函数的极大值或极小值问题，可以转化为求解函数 f 的导数 $f'=0$ 的问题，这样就可以把优化问题看成方程 $f'=0$ 的求解问题。剩下的问题就与前面提到的牛顿迭代法求解很相似了。

这次为了求解方程 $f'=0$ 的根，把原函数 $f(x)$ 做泰勒展开，展开到二阶形式(注意之前是一阶)

$$f(x+\Delta x)=f(x)+f'(x)\Delta x+\frac{1}{2}f''(x)\Delta x^2$$

当且仅当 Δx 无限趋近于 0 时，(可以舍去后面的无穷小项)使得等式成立。此时，上式等价于

$$f'(x)+\frac{1}{2}f''(x)\Delta x=0$$

注意因为 Δx 无限趋近于 0，前面的常数$\frac{1}{2}$将不再起作用，可以将其一并忽略，即

$$f'(x)+f''(x)\Delta x=0$$

求解

$$\Delta x=-\frac{f'(x)}{f''(x)}$$

得出迭代公式

$$x_{n+1}=x_n-\frac{f'(x)}{f''(x)},\quad n=0,1,2,\cdots$$

最优化问题除了用牛顿法来解之外，还可以用梯度下降法来解。但是通常来说，牛顿法可以利用到曲线本身的信息，比梯度下降法更容易收敛，即迭代更少次数。

再次联系到黑塞矩阵与多元函数极值，对于一个多维向量 $\boldsymbol{x}$，以及在点 $\boldsymbol{x}_0$ 的邻域内有连续二阶偏导数的多元函数 $f(\boldsymbol{x})$，可以写出该函数在点 $\boldsymbol{x}_0$ 处的(二阶)泰勒展开式

$$f(\boldsymbol{x})=f(\boldsymbol{x}_0)+(\boldsymbol{x}-\boldsymbol{x}_0)^{\mathrm{T}}\nabla f(\boldsymbol{x}_0)+\frac{1}{2}(\boldsymbol{x}-\boldsymbol{x}_0)^{\mathrm{T}}\boldsymbol{H}f(\boldsymbol{x}_0)(\boldsymbol{x}-\boldsymbol{x}_0)+ o(\|\boldsymbol{x}-\boldsymbol{x}_0\|^2)$$

其中，$o(\|\boldsymbol{x}-\boldsymbol{x}_0\|^2)$是高阶无穷小表示的皮亚诺余项。而 $\boldsymbol{H}f(\boldsymbol{x}_0)$是一个黑塞矩阵。依据之前的思路，忽略掉无穷小项，写出迭代公式即为

$$\boldsymbol{x}_{n+1}=\boldsymbol{x}_n-\frac{\nabla f(\boldsymbol{x}_n)}{\boldsymbol{H}f(\boldsymbol{x}_n)},\quad n\geqslant 0$$

由此可知，高维情况依然可以用牛顿迭代求解，但是问题是黑塞矩阵引入的复杂性，使得牛顿迭代求解的难度大大增加。所以人们又提出了所谓的拟牛顿法(Quasi-Newton Method)，不再直接计算黑塞矩阵，而是每一步的时候使用梯度向量更新黑塞矩阵的近似。

现在尝试用牛顿法求解 Logistic 回归。我们已经求出了 Logistic 回归的似然函数的一阶偏导数

$$\frac{\partial \ln \mathcal{L}(\boldsymbol{w})}{\partial w_k}=\sum_{i=1}^{m}x_{ik}[y_i-\pi(\boldsymbol{x}_i)]$$

由于 $\ln \mathcal{L}(\boldsymbol{w})$是一个多元函数，变量是 $\boldsymbol{w}=[w_0,w_1,\cdots,w_n]$，所以根据多元函数求极值问题的规则，易知极值点处的导数一定均为零，所以一共需要列出 $n+1$ 个方程，联立解出所有的参数。下面列出方程组如下：

$$\frac{\partial \ln \mathcal{L}(\boldsymbol{w})}{\partial w_0}=\sum_{i=1}^{m}x_{i0}[y_i-\pi(\boldsymbol{x}_i)]=0$$

$$\frac{\partial \ln \mathcal{L}(\boldsymbol{w})}{\partial w_1}=\sum_{i=1}^{m}x_{i1}[y_i-\pi(\boldsymbol{x}_i)]=0$$

$$\frac{\partial \ln \mathcal{L}(\boldsymbol{w})}{\partial w_2}=\sum_{i=1}^{m}x_{i2}[y_i-\pi(\boldsymbol{x}_i)]=0$$

$$\vdots$$

$$\frac{\partial \ln \mathcal{L}(\boldsymbol{w})}{\partial w_n}=\sum_{i=1}^{m}x_{in}[y_i-\pi(\boldsymbol{x}_i)]=0$$

当然，在具体解方程组之前需要用黑塞矩阵来判断极值的存在性。求黑塞矩阵就得先求二阶偏导，即

$$\frac{\partial^2 \ln \mathcal{L}(\boldsymbol{w})}{\partial w_k \partial w_j} = \frac{\partial \sum_{i=1}^{m} x_{ik} [y_i - \pi(\boldsymbol{x}_i)]}{\partial w_j}$$

$$= \sum_{i=1}^{m} x_{ik} \frac{\partial\left(-\frac{\mathrm{e}^{z_i}}{1+\mathrm{e}^{z_i}}\right)}{\partial w_j}$$

$$= -\sum_{i=1}^{m} x_{ik} \frac{\partial(1+\mathrm{e}^{-z_i})^{-1}}{\partial w_j}$$

$$= -\sum_{i=1}^{m} x_{ik} \left[-(1+\mathrm{e}^{-z_i})^{-2} \cdot \mathrm{e}^{-z_i} \cdot (-\frac{\partial z_i}{\partial w_j})\right]$$

$$= -\sum_{i=1}^{m} x_{ik} [(1+\mathrm{e}^{-z_i})^{-2} \cdot \mathrm{e}^{-z_i} \cdot x_{ij}]$$

$$= -\sum_{i=1}^{m} x_{ik} \cdot \frac{1}{1+\mathrm{e}^{z_i}} \cdot \frac{\mathrm{e}^{z_i}}{1+\mathrm{e}^{z_i}} \cdot x_{ij}$$

$$= \sum_{i=1}^{m} x_{ik} \cdot \pi(\boldsymbol{x}_i) \cdot [\pi(x_i) - 1] \cdot \boldsymbol{x}_{ij}$$

显然可以用黑塞矩阵表示以上多元函数的二阶偏导数，于是有

$$\boldsymbol{X} = \begin{bmatrix} x_{10} & x_{11} & \cdots & x_{1n} \\ x_{20} & x_{21} & \cdots & x_{2n} \\ \vdots & \vdots & & \vdots \\ x_{m0} & x_{m1} & \cdots & x_{mn} \end{bmatrix}$$

$$\boldsymbol{A} = \begin{bmatrix} \pi(\boldsymbol{x}_1) \cdot [\pi(\boldsymbol{x}_1) - 1] & 0 & \cdots & 0 \\ 0 & \pi(\boldsymbol{x}_2) \cdot [\pi(\boldsymbol{x}_2) - 1] & \cdots & 0 \\ \vdots & \vdots & & \vdots \\ 0 & 0 & \cdots & \pi(\boldsymbol{x}_m) \cdot [\pi(\boldsymbol{x}_m) - 1] \end{bmatrix}$$

所以得到黑塞矩阵 $\boldsymbol{H} = \boldsymbol{X}^{\mathrm{T}} \boldsymbol{A} \boldsymbol{X}$，可以看出矩阵 $\boldsymbol{A}$ 是负定的。线性代数的知识告诉我们，如果 $\boldsymbol{A}$ 是负定的，那么黑塞矩阵 $\boldsymbol{H}$ 也是负定的。也就是说，多元函数存在局部极大值，这刚好与我们所要求的最大似然估计相吻合。于是我们确信可以用牛顿迭代法继续求解最优化问题。

对于多元函数求解零点，同样可以用牛顿迭代法，对于当前讨论的 Logistic 回归，可以得到如下迭代式

$$\boldsymbol{X}_{\text{new}} = \boldsymbol{X}_{\text{old}} - \frac{\boldsymbol{U}}{\boldsymbol{H}} = \boldsymbol{X}_{\text{old}} - \boldsymbol{H}^{-1} \boldsymbol{U}$$

其中，$\boldsymbol{H}$ 是黑塞矩阵，$\boldsymbol{U}$ 的表达式如下：

$$\boldsymbol{U} = \begin{bmatrix} x_{10} & x_{11} & \cdots & x_{1n} \\ x_{20} & x_{21} & \cdots & x_{2n} \\ \vdots & \vdots & & \vdots \\ x_{m0} & x_{m1} & \cdots & x_{mn} \end{bmatrix} \begin{bmatrix} y_1 - \pi(\boldsymbol{x}_1) \\ y_2 - \pi(\boldsymbol{x}_2) \\ \vdots \\ y_m - \pi(\boldsymbol{x}_m) \end{bmatrix}$$

由于黑塞矩阵 $\boldsymbol{H}$ 是对称负定的，将矩阵 $\boldsymbol{A}$ 提取一个负号出来，得到

$$\boldsymbol{A}'=\begin{bmatrix}\pi(\boldsymbol{x}_1)\cdot[1-\pi(\boldsymbol{x}_1)] & 0 & \cdots & 0\\ 0 & \pi(\boldsymbol{x}_2)\cdot[1-\pi(\boldsymbol{x}_2)] & \cdots & 0\\ \vdots & \vdots & & \vdots\\ 0 & 0 & \cdots & \pi(\boldsymbol{x}_m)\cdot[1-\pi(\boldsymbol{x}_m)]\end{bmatrix}$$

然后黑塞矩阵 $\boldsymbol{H}$ 变为 $\boldsymbol{H}'=\boldsymbol{X}^{\mathrm{T}}\boldsymbol{A}'\boldsymbol{X}$，这样 $\boldsymbol{H}'$ 就是对称正定的了。那么现在牛顿迭代公式变为

$$\boldsymbol{X}_{\text{new}}=\boldsymbol{X}_{\text{old}}+(\boldsymbol{H}')^{-1}\boldsymbol{U}$$

现在需要考虑如何快速算得 $(\boldsymbol{H}')^{-1}\boldsymbol{U}$，即解方程组 $(\boldsymbol{H}')\boldsymbol{X}=\boldsymbol{U}$，通常的做法是直接用高斯消元法求解，但是这种方法的效率普遍比较低。当前可以利用的一个有利条件是 $\boldsymbol{H}'$ 是对称正定的，所以可以用楚列斯基矩阵分解法解。

到这里，牛顿迭代法求解 Logistic 回归的原理已经介绍完了，但正如前面所提过的，在这个过程中因为要对黑塞矩阵求逆，计算量还是很大。于是，研究人员又提出了拟牛顿法，它针对牛顿法的弱点进行了改进，更具实用价值。

9.3 应用实例：二分类问题

本节将基于 Python 的机器学习包 scikit-learn，给出一个使用逻辑回归模型处理二分类问题的实例。在此基础之上，使用 matplotlib 和 seaborn 这两个常用的包对数据进行一定程度的可视化，方便读者了解数据理解模型。

9.3.1 数据初探

一组来自世界银行的数据统计了 30 个国家的两项指标，第三产业增加值占 GDP 的比重和年龄大于或等于 65 岁的人口(也就是老龄人口)占总人口的比重。使用 pandas 包的 read_csv()方法，以 DataFrame 的格式读取数据。简单的打印前几行数据如下：

```
import pandas as pd
# 读取数据
data = pd.read_csv("countries_data.csv")

# 以下为打印内容
   countries  Services_of_GDP  ages65_of_total  label
0  Belgium              76.7                    18        1
1  France               78.9                    18        1
2  Denmark              76.2                    18        1
3  Spain                73.9                    18        1
4  Japan                72.6                    25        1
```

数据集包含四列：第一列是国家名，第二列是第三产业增加值占 GDP 比重，第三列是老龄人口占总人口的比重，第四列是数据的标注。简单根据数据集提供的两个特征绘制散点图，可以发现两个类别的数据之间区分度还是很明显的。此处引入 matplotlib 包，并使用

seaborn 包提供的 scatterplot( )函数,对数据集进行可视化。代码如下:

```
import matplotlib.pyplot as plt
import seaborn as sns

# 绘制散点图
sns.scatterplot(data['Services_of_GDP'],data['ages65_of_total'],hue = data['label'],style =
data['label'],data = data)

# 打印绘制的散点图
plt.show()
```

上述代码中 scatterplot()函数接收了 5 个参数,前两个参数分别指定了散点图的 x 轴和 y 轴所使用的数据;第三和第四个参数,分别指定了用以区分点的颜色和样式所依据的数据,此处使用 label 字段区分点的颜色和样式;最后一个参数 data,指定绘图依赖的 DataFrame,即 data。

观察图 9-3 不难发现,数据集只包含两种标注 0 和 1。右上方 X 形的数据点第三产业增加值占比和老龄化人口占比都较高,应该是发达国家;左下方 P 形点第三产业增加值占比和老龄化人口占比相对较低,应该是发展中国家。事实上,右边数据点代表的国家都是 OECD(经济合作与发展组织)成员国,而左边数据点代表的国家则是发展中国家(包括一些东盟国家、南亚国家和拉美国家)。

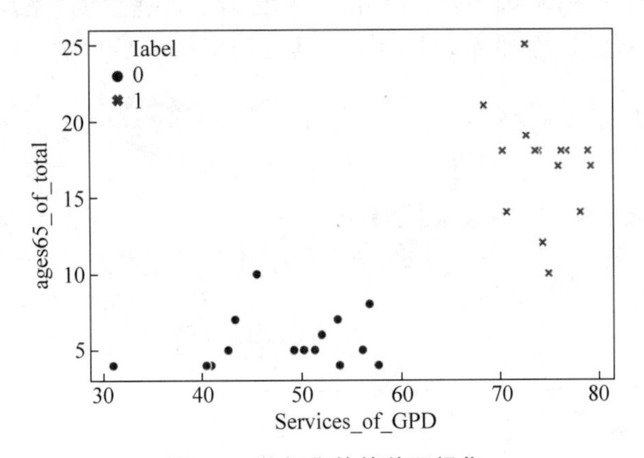

图 9-3 数据集的简单可视化

9.3.2 建模

在了解数据的大致分布后,使用 scikit-learn 下 linear_model 提供的 LogisticRegression 类直接根据数据集拟合一个 Logistic 回归模型。

```
from sklearn.linear_model import LogisticRegression

# 区分特征和标注
X = data[['Services_of_GDP','Services_of_GDP']]
Y = data['label']
```

```
# 训练模型
clf = LogisticRegression(penalty = 'l2',fit_intercept = True,solver = 'liblinear',max_iter = 100).fit(X, Y)

# 使用训练得到的模型预测训练数据集
prediction = clf.predict(X)
```

上面的示例代码中，首先声明了一个 LogisticRegression 类并接收了四个参数。从左到右，第一个参数 penalty 指定模型的正则化方式，并提供 l1 正则、l2 正则、elasticnet 正则和 none 等四个选项，示例代码中使用了 l2 正则。第二个参数 fit_intercept，配置决策函数中是否需要截距项，示例中设置为 Ture 表示需要截距项。第三个参数 solver，用于指定模型的优化算法，有五个选项：newton-cg、lbfgs、liblinear、sag 和 saga。其中，liblinear 是基于 C++的 LIBLINEAR 包实现的坐标下降法（coordinate descent），对于小数据集效果较好，上述示例中便使用了此优化算法。在另外几种优化算法中，newton-cg 是牛顿法的一种，lbfgs 是拟牛顿法的一种，sag 是随机平均梯度下降法，saga 是 sag 的一种变体算法。其中，newton-cg、lbfgs 和 sag 算法，只能配合 l1 正则或无正则项；liblinear 和 saga 均可配合 l1 和 l2 正则项，saga 算法还能处理 elasticnet 正则项。对于小数据集的场景，liblinear、lbfgs 和 newton-cg 都是不错的选择，而 sag 和 saga 则更适合大数据集的场景。第四个参数 max_iter 设置了优化算法的最大迭代次数，采用默认值 100。更多模型参数，请查阅 scikit-learn 的官方文档。紧接着，使用了 fit( )方法，将训练数据 X 和标注数据 Y 传递给了方法，得到训练好的模型。

使用如下代码，将模型在训练集上的预测结果绘制在图 9-4 中。

```
# 将预测结果添加为 data 的一列
data['prediction'] = prediction

# 使用颜色表示预测结果,样式表示真实标注
sns.scatterplot(data['Services_of_GDP'],data['ages65_of_total'],hue = data['prediction'],
style = data['label'],data = data)
plt.show()
```

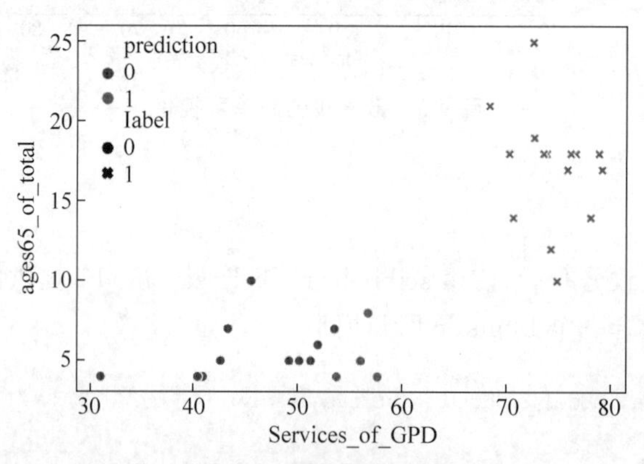

图 9-4 彩图

图 9-4 模型分类结果

图 9-4 中使用颜色标识了模型的预测结果，而数据点的样式标识了数据的真实标注。圆点代表真实标注为“发展中国家”，十字代表真实标注为“发达国家”；蓝色代表模型判断

为“发展中国家”,橙色代表模型判断为“发达国家”。显然,一些发展中国家(圆点)被识别为了发达国家(橙色),即模型并未完全拟合训练集。若使用 score()函数,输入待评估数据 X 和真实标注 Y,则可以得到模型在训练数据集上的平均准确率。

```
# 使用 score 方法获取平均准确率
clf.score(X,Y)

# 以下为打印结果
0.8666666666666667
```

为了让模型更好地拟合训练数据集,可以尝试增加模型的表征能力,即模型复杂度。具体到调参上,可以尝试增大模型的迭代次数;通过参数 C 降低正则化项的权重;还可以尝试使用收敛速度更快的优化算法。这个例子中,将参数 C 增大到 2.5 或者换用 newton-cg 和 lbfgs 算法均可在其他参数不变的情况下使模型的平均准确率达到 1。感兴趣的读者可自行尝试。

此外 scikit-learn 还提供了另一种内置交叉验证的逻辑回归模型 LogisticRegressionCV,其中 CV 代表交叉验证(Cross-Validation)。这个方法在训练模型时会使用交叉验证根据 score()方法的评估结果寻找最优的 C 和 l1_ratio 参数。使用同样的参数,这次换用 LogisticRegressionCV 训练模型并打印平均准确率。

```
from sklearn.linear_model import LogisticRegressionCV
clf2 = LogisticRegressionCV(penalty = 'l2',fit_intercept = True,
                            solver = 'liblinear',max_iter = 100).fit(X, Y)
clf2.score(X,Y)

# 打印结果
1.0
```

换用 LogisticRegressionCV 建模后,几乎无须调参便完美拟合了训练数据集。实际应用中使用 LogisticRegressionCV 方法建模,可以在调参上节省不少的工作。此方法的参数列表和 LogisticRegression 方法大同小异,感兴趣的读者可自行查阅 scikit-learn 官方文档,了解更多细节。

9.4 多元逻辑回归

在本章前面的介绍中,逻辑回归通常只用来处理二分类问题,所以又称这种逻辑回归为 Binary(或 Binomial)Logistic Regression。本节以此为基础,讨论如何处理多分类问题,这也就是通常所说的 Multinomial Logistic Regression。MLR 还有很多可能听起来更熟悉的名字,例如,在神经网络中,称其为 Softmax;从最大熵原理出发,又称其为最大熵模型。

人们之所以会提出逻辑回归的方法,其实是从线性回归中得到的启发。通常,线性回归可以表示为

$$P = \boldsymbol{w} \cdot \boldsymbol{x}$$

其中,$\boldsymbol{w}$ 是参数向量;$\boldsymbol{x}$ 是样本观察值向量。对于一个二分类器问题,我们希望 P 表示一个

概率，也就是由 $\boldsymbol{x}$ 所表征的样本属于两个分类之一的概率。既然是概率，所以也就要求 P 介于 0 和 1 之间。但上述方程左侧的 $\boldsymbol{w}\cdot\boldsymbol{x}$ 可以取任何实数值。

为此，定义

$$\text{odds}=\frac{P}{1-P}$$

为概率 P 对它的补 $1-P$ 的比率，或正例对负例的比率。然后对上式两边同时取对数，得到 logit 或 log-odds 如下：

$$y=\text{logit}(P)=\log\frac{P}{1-P}=\boldsymbol{w}\cdot\boldsymbol{x}$$

取反函数可得

$$P=\frac{\mathrm{e}^y}{1+\mathrm{e}^y}$$

此时，概率 P 就为 0～1 了。

在其他一些文献中，也有人从另外一个角度对 Logistic 回归进行了解读。既然我们最终是想求条件概率 $P(y|\boldsymbol{x})$，其中 y 是目标的类别，$\boldsymbol{x}$ 是特征向量（或观察值向量）。根据贝叶斯定理，则有

$$\begin{aligned}P(y=1\mid\boldsymbol{x})&=\frac{P(\boldsymbol{x}\mid y=1)P(y=1)}{P(\boldsymbol{x}\mid y=1)P(y=1)+P(\boldsymbol{x}\mid y=0)P(y=0)}\\&=\frac{\mathrm{e}^y}{1+\mathrm{e}^y}\\&=\frac{1}{1+\mathrm{e}^{-y}}\end{aligned}$$

其中，

$$y=\log\frac{P(\boldsymbol{x}\mid y=1)P(y=1)}{P(\boldsymbol{x}\mid y=0)P(y=0)}=\log\frac{P(y=1\mid\boldsymbol{x})}{P(y=0\mid\boldsymbol{x})}=\log\frac{P}{1-P}$$

这与本书前面的解读是一致的。

Logistic 回归遵循一个（单次的）二项分布，所以可以写出下列 PMF：

$$P(y\mid\boldsymbol{x})=\begin{cases}P_{\boldsymbol{w}}(\boldsymbol{x}), & y=1\\1-P_{\boldsymbol{w}}(\boldsymbol{x}), & y=0\end{cases}$$

其中，$\boldsymbol{w}$ 是参数向量，且

$$P_{\boldsymbol{w}}(\boldsymbol{x})=\frac{1}{1+\mathrm{e}^{-\boldsymbol{w}\cdot\boldsymbol{x}}}$$

上述 PMF 亦可写为如下形式：

$$P(y\mid\boldsymbol{x})=[P_{\boldsymbol{w}}(\boldsymbol{x})]^y[1-P_{\boldsymbol{w}}(\boldsymbol{x})]^{1-y}$$

然后可以使用 N 次观测样本的最大对数似然对参数进行估计：

$$\begin{aligned}\ln\mathcal{L}(\boldsymbol{w})&=\ln\left\{\prod_{i=1}^{N}[P_{\boldsymbol{w}}(\boldsymbol{x}_i)]^{y_i}[1-P_{\boldsymbol{w}}(\boldsymbol{x}_i)]^{1-y_i}\right\}\\&=\sum_{i=1}^{N}\{y_i\log P_{\boldsymbol{w}}(\boldsymbol{x}_i)+(1-y_i)\log[1-P_{\boldsymbol{w}}(\boldsymbol{x}_i)]\}\end{aligned}$$

根据多元函数求极值的方法，为了求出使得 $\ln\mathcal{L}(\boldsymbol{w})$ 最大的向量 $\boldsymbol{w}=[w_0,w_1,w_2,\cdots,w_n]$，对上述的似然函数求偏导后得到

$$\begin{aligned}\frac{\partial \ln \mathcal{L}(\boldsymbol{w})}{\partial w_k} &= \frac{\partial}{\partial w_k}\sum_{i=1}^{N}\{y_i \log P_w(\boldsymbol{x}_i) + (1-y_i)\log[1-P_w(\boldsymbol{x}_i)]\} \\ &= \sum_{i=1}^{N} x_{ik}[y_i - P_w(\boldsymbol{x}_i)]\end{aligned}$$

因此,所要做的就是通过上面已经得到的结论来求解使得似然函数最大化的参数向量。我们已经在本章前面给出了基于牛顿迭代法的求解步骤。

现在考虑当目标类别数超过两个时的情况,这时就需要使用多元 Logistic 回归(Multinomial Logistic Regression)。总的来说,

- 二元 Logistic 回归是一个针对二项分布样本的概率模型;
- 多元 Logistic 回归则将同样的原则扩展到了多项分布的样本上。

在这个从二分类向多分类演进的过程中,参考之前的做法无疑会带给我们许多启示。由于参数向量 $\boldsymbol{w}$ 和特征向量 $\boldsymbol{x}$ 的线性组合 $\boldsymbol{w} \cdot \boldsymbol{x}$ 的取值范围是任意实数,为了能够引入概率值 P,在二分类中我们的做法是将两种分类情况的概率之比(取对数后)作为与 $\boldsymbol{w} \cdot \boldsymbol{x}$ 相对应的取值,因为只有两个类别,所以类别 1 比上类别 2 也就等于类别 1 比上类别 2 的补,即

$$\log \frac{P(y=1 \mid \boldsymbol{x})}{P(y=0 \mid \boldsymbol{x})} = \log \frac{P}{1-P} = \boldsymbol{w} \cdot \boldsymbol{x}$$

事实上,我们知道,如果 $P(y=1|\boldsymbol{x})$ 大于 $P(y=0|\boldsymbol{x})$,自然就表示特征向量 $\boldsymbol{x}$ 所表征的样本属于 $y=1$ 这一类别的概率更高。所以 odds 这个比值是相当有意义的。同理,如果现在的目标类别超过两个,即 $y=1, y=2, \cdots, y=j, \cdots, y=J$,那么应该从这些目标类别中找一个类别来作为基线,然后计算其他类别相对于这个基线的 log-odds,并让这个 log-odds 作为线性函数的自变量。通常,选择最后一个类别作为基线。

在多元 Logistic 回归模型中,假设每一个响应(Response)的 log-odds 遵从一个线性模型,即

$$y_j = \log \frac{P_j}{P_J} = \boldsymbol{w}_j \cdot \boldsymbol{x}$$

其中,$j=1,2,\cdots,J-1$。这个模型与之前的二元逻辑回归模型本质上是一致的。只是响应 Y 的分布由二项分布变成了多项分布。而且我们不再只有一个方程,而是 $J-1$ 个。例如,当 $J=3$ 时,有两个方程,分别比较 $j=1$ 对 $j=3$ 和 $j=2$ 对 $j=3$。你可能会疑惑是不是缺失了一个比较。缺失的那个比较是在类别 1 和类别 2 之间进行的,而它很容易从另外两个比较的结果中获得,因为 $\log(P_1/P_2)=\log(P_1/P_3)-\log(P_2/P_3)$。

多元 Logistic 回归也可以写成原始概率 P_j(而不是 log-odds)的形式。从二项分布的 Logistic 回归中出发,有

$$y = \log \frac{P(y=1)}{P(y=0)} \Rightarrow P = \frac{\mathrm{e}^y}{1+\mathrm{e}^y}$$

类似地,在多项式分布的情况中,还可以得到

$$y_j = \log \frac{P_j}{P_J} = \boldsymbol{w}_j \cdot \boldsymbol{x} \Rightarrow P_j = \frac{\mathrm{e}^{y_j}}{\sum_{k=1}^{J} \mathrm{e}^{y_k}}$$

其中,$j=1,2,\cdots,J$。

下面证明它。这里需要用到的一个事实是 $\sum_{j=1}^{J} P_j = 1$。首先证明

$$P_J = \frac{1}{\sum_{j=1}^{J} e^{y_j}}$$

如下：

$$P_J = P_J \cdot \frac{\sum_{j=1}^{J} P_j}{\sum_{j=1}^{J} P_j} = \frac{P_J(P_1 + P_2 + \cdots + P_J)}{\sum_{j=1}^{J} P_j}$$

$$= \frac{P_1}{\frac{P_1 + P_2 + \cdots + P_J}{P_J}} + \frac{P_2}{\frac{P_1 + P_2 + \cdots + P_J}{P_J}} + \cdots + \frac{P_J}{\frac{P_1 + P_2 + \cdots + P_J}{P_J}}$$

$$= \frac{P_1}{e^{y_1} + e^{y_2} + \cdots + e^{y_J}} + \frac{P_2}{e^{y_1} + e^{y_2} + \cdots + e^{y_J}} + \cdots + \frac{P_J}{e^{y_1} + e^{y_2} + \cdots + e^{y_J}}$$

$$= \frac{P_1 + P_2 + \cdots + P_J}{e^{y_1} + e^{y_2} + \cdots + e^{y_J}} = \frac{\sum_{j=1}^{J} P_j}{\sum_{j=1}^{J} e^{y_j}} = \frac{1}{\sum_{j=1}^{J} e^{y_j}}$$

又因为 $P_j = P_J \cdot e^{y_j}$，而且 $y_J = 0$，综上便证明了之前的结论。

此外，如果从贝叶斯定理的角度出发，可得

$$P(y=j \mid \boldsymbol{x}) = \frac{P(\boldsymbol{x} \mid y=j)P(y=j)}{\sum_{k=1}^{J} P(\boldsymbol{x} \mid y=k)P(y=k)} = \frac{y_j}{\sum_{k=1}^{J} e^{y_k}}$$

其中，$y_k = \log[P(\boldsymbol{x} \mid y=k)P(y=k)]$。

前面的推导告诉我们，在多元 Logistic 回归中，响应变量 y 遵循一个多项分布。可以写出下列 PMF(假设有 J 个类别)：

$$P(y \mid \boldsymbol{x}) = \begin{cases} \dfrac{e^{y_1}}{\sum_{k=1}^{J} e^{y_k}} = \dfrac{e^{w_1 \cdot x}}{\sum_{k=1}^{J} e^{w_k \cdot x}}, & y=1 \\ \dfrac{e^{y_2}}{\sum_{k=1}^{J} e^{y_k}} = \dfrac{e^{w_2 \cdot x}}{\sum_{k=1}^{J} e^{w_k \cdot x}}, & y=2 \\ \vdots \\ \dfrac{e^{y_j}}{\sum_{k=1}^{J} e^{y_k}} = \dfrac{e^{w_j \cdot x}}{\sum_{k=1}^{J} e^{w_k \cdot x}}, & y=j \\ \vdots \\ \dfrac{e^{y_J}}{\sum_{k=1}^{J} e^{y_k}} = \dfrac{e^{w_J \cdot x}}{\sum_{k=1}^{J} e^{w_k \cdot x}}, & y=J \end{cases}$$

二元 Logistic 回归和多元 Logistic 回归本质上是统一的，二元 Logistic 回归是多元 Logistic 回归的特殊情况。我们将这两类机器学习模型统称为 Logistic 回归。更进一步地，Logistic 回归和“最大熵模型”本质上也是一致的、等同的。或者说最大熵模型是多元 Logistic 回归的另外一个称谓，9.5 节讨论最大熵模型和多元 Logistic 回归的等同性。

9.5 最大熵模型

9.4 节中导出的多元逻辑回归之一般形式为

$$P(y=j \mid \boldsymbol{x})=\frac{\mathrm{e}^{\boldsymbol{w}_j \cdot \boldsymbol{x}}}{\sum_{k=1}^{J} \mathrm{e}^{\boldsymbol{w}_k \cdot \boldsymbol{x}}}$$

而本节将要介绍的最大熵模型的一般形式(其中的 f 为特征函数)为

$$P_w(y \mid \boldsymbol{x})=\frac{1}{Z_w(\boldsymbol{x})} \exp \left[\sum_{k=1}^{J} \boldsymbol{w}_k f_k(\boldsymbol{x}, y)\right]$$

其中，

$$Z_w(\boldsymbol{x})=\sum_{y} \exp \left[\sum_{k=1}^{J} \boldsymbol{w}_k f_k(\boldsymbol{x}, y)\right]$$

此处，$\boldsymbol{x} \in \mathbb{R}^J$ 为输入，$y=\{1,2,\cdots,K\}$ 为输出，$\boldsymbol{w}=\mathbb{R}^J$ 为权值向量，$f_k(\boldsymbol{x}, y)$ 为任意实值特征函数，其中 $k=1,2,\cdots,J$。

可见，多元 Logistic 回归和最大熵模型在形式上是统一的。事实，尽管采用的方法不同，两者最终是殊途同归、万法归宗的。因此，无论是多元 Logistic 回归，还是最大熵模型，又或者是 Softmax，它们本质上都是统一的。本节将从最大熵原理的角度推导上述最大熵模型的一般形式。

9.5.1 最大熵原理

前面已经讨论过熵的概念了。简单地说，假设离散随机变量 X 的概率分布是 $P(X)$，则其熵是

$$H(P)=-\sum_{x} P(x) \log P(x)$$

而且熵满足下列不等式：

$$0 \leqslant H(P) \leqslant \log |X|$$

其中，$|X|$ 是 X 的取值个数，当且仅当 X 的分布是均匀分布时右边的等号成立。也就是说，当 X 服从均匀分布时，熵最大。

直观地，最大熵原理认为要选择的概率模型首先必须满足已有的事实，即约束条件。在没有更多信息的情况下，那些不确定的部分都是“等可能的”。最大熵原理通过熵的最大化来表示等可能性。“等可能性”不容易操作，而熵则是一个可以优化的数值指标。

吴军博士在其所著的《数学之美》一书中曾经谈道：“有一次，我去 AT&T 实验室作关于最大熵模型的报告，随身带了一个骰子。我问听众‘每个面朝上的概率分别是多少’，所有人都说是等概率，即各种点数的概率均为 1/6。这种猜测当然是对的。我问听众为什么，

得到的回答是一致的：对这个‘一无所知’的骰子，假定它每一面朝上概率均等是最安全的做法(你不应该主观假设它像韦小宝的骰子一样灌了铅)。从投资的角度看，就是风险最小的做法。从信息论的角度，就是保留了最大的不确定性，也就是说，让熵达到最大。接着我又告诉听众，我的这个骰子被我特殊处理过，已知四点朝上的概率是1/3，在这种情况下，每个面朝上的概率是多少？这次，大部分人认为除去四点的概率是1/3，其余的均是2/15，也就是说，已知的条件(四点概率为1/3)必须满足，而对于其余各点的概率因为仍然无从知道，因此只好认为它们均等。注意，在猜测这两种不同情况下的概率分布时，大家都没有添加任何主观的假设，诸如四点的反面一定是三点等(但也有的骰子四点的反面不是三点而是一点)。这种基于直觉的猜测之所以准确，是因为它恰好符合了最大熵原理。”

通过上面关于骰子的例子，我们对最大熵原理应该已经有了一个基本的认识，即“对已有知识进行建模，对未知内容不做任何假设(model all that is known and assume nothing about that which is unknown)”。

9.5.2 约束条件

最大熵原理是统计学习理论中的一般原理，将它应用到分类任务上就会得到最大熵模型。假设分类模型是一个条件概率分布 $P(Y|\boldsymbol{X})$，$\boldsymbol{X}\in \text{Input}\subseteq\mathbb{R}^n$ 表示输入(特征向量)，$Y\in\text{Output}$ 表示输出(分类标签)，Input 和 Output 分别是输入和输出的集合。这个模型表示的是对于给定的输入 $\boldsymbol{X}$，输出为 Y 的概率是 $P(Y|\boldsymbol{X})$。

给定一个训练数据集

$$\mathcal{T}=\{(x_1,y_1),(x_2,y_2),\cdots,(x_N,y_N)\}$$

现在的目标是利用最大熵原理来选择最好的分类模型。首先考虑模型应该满足的条件。给定训练数据集，便可以据此确定联合分布 $P(\boldsymbol{X},Y)$ 的经验分布 $\widetilde{P}(\boldsymbol{X},Y)$，以及边缘分布 $P(\boldsymbol{X})$ 的经验分布。此处，则有

$$\widetilde{P}(\boldsymbol{X}=\boldsymbol{x},Y=y)=\frac{v(\boldsymbol{X}=\boldsymbol{x},Y=y)}{N}$$

$$\widetilde{P}(\boldsymbol{X}=\boldsymbol{x})=\frac{v(\boldsymbol{X}=\boldsymbol{x})}{N}$$

其中，$v(\boldsymbol{X}=\boldsymbol{x},Y=y)$ 表示训练数据集中样本 $(\boldsymbol{x},\boldsymbol{y})$ 出现的频率(也就是计数)；$v(\boldsymbol{X}=\boldsymbol{x})$ 表示训练数据集中输入 $\boldsymbol{x}$ 出现的频率(也就是计数)，N 是训练数据集的大小。

举个例子，在英汉翻译中，take有多种解释，例如下文中就有7种。

(t_1)抓住：The mother takes her child by the hand. 母亲抓住孩子的手。

(t_2)拿走：Take the book home. 把书拿回家。

(t_3)乘坐：I take a bus to work. 我乘坐公交车上班。

(t_4)量：Take your temperature. 量一量你的体温。

(t_5)装：The suitcase wouldn't take another thing. 这个衣箱不能装下别的东西了。

(t_6)花费：I takes a lot of money to buy a house. 买一座房子要花很多钱。

(t_7)理解：How do you take this package? 你怎么理解这段话？

在没有任何限制的条件下，最大熵原理认为翻译成任何一种解释都是等概率的，即

$$P(t_1 \mid \boldsymbol{x}) = P(t_2 \mid \boldsymbol{x}) = \cdots = P(t_7 \mid \boldsymbol{x}) = \frac{1}{7}$$

实际中总有或多或少的限制条件，例如 t_1、t_2 比较常见，假设满足

$$P(t_1 \mid \boldsymbol{x}) + P(t_2 \mid \boldsymbol{x}) = \frac{2}{5}$$

同样根据最大熵原理，可以得出

$$P(t_1 \mid \boldsymbol{x}) = P(t_2 \mid \boldsymbol{x}) = \frac{1}{5}$$

$$P(t_3 \mid \boldsymbol{x}) = P(t_4 \mid \boldsymbol{x}) = P(t_5 \mid \boldsymbol{x}) = P(t_6 \mid \boldsymbol{x}) = P(t_7 \mid \boldsymbol{x}) = \frac{3}{25}$$

通常可以用特征函数 $f(\boldsymbol{x},y)$ 描述输入 $\boldsymbol{x}$ 和输出 y 之间的某一个事实。一般来说，特征函数可以是任意实值函数，下面采用一种最简单的二值函数定义特征函数

$$f(\boldsymbol{x},y) = \begin{cases} 1, & \boldsymbol{x},y \text{ 满足某一事实} \\ 0, & \text{其他} \end{cases}$$

它表示当 $\boldsymbol{x}$ 和 y 满足某一事实时，函数取值为1，否则取值为0。

在实际的统计模型中，通过引入特征（以特征函数的形式）提高准确率。例如 take 翻译为乘坐的概率小，但是当后面跟着交通工具的名词 bus，概率就变得非常大。于是有

$$f(\boldsymbol{x},y) = \begin{cases} 1, & y = \text{“乘坐”且 next}(\boldsymbol{x}) = \text{"bus"} \\ 0, & \text{其他} \end{cases}$$

特征函数 $f(\boldsymbol{x},y)$ 关于经验分布 $\widetilde{P}(\boldsymbol{X},Y)$ 的期望值，用 $E_{\widetilde{P}}(f)$ 表示。

$$E_{\widetilde{P}}(f) = \sum_{x,y} \widetilde{P}(\boldsymbol{x},y) f(\boldsymbol{x},y)$$

同理，$E_P(f)$ 表示 $f(\boldsymbol{x},y)$ 在模型上关于实际联合分布 $P(\boldsymbol{X},Y)$ 的数学期望，类似地，有

$$E_P(f) = \sum_{x,y} P(\boldsymbol{x},y) f(\boldsymbol{x},y)$$

注意到 $P(\boldsymbol{x},y)$ 是未知的，而建模的目标是生成 $P(y|\boldsymbol{x})$，我们希望将 $P(\boldsymbol{x},y)$ 表示成 $P(y|\boldsymbol{x})$ 的函数。因此，利用贝叶斯公式，有 $P(\boldsymbol{x},y) = P(\boldsymbol{x})P(y|\boldsymbol{x})$，但 $P(\boldsymbol{x})$ 仍然是未知的。此时，只得利用 $\widetilde{P}(\boldsymbol{x})$ 近似。于是便可以将 $E_P(f)$ 重写成

$$E_P(f) = \sum_{x,y} \widetilde{P}(\boldsymbol{x}) P(y \mid \boldsymbol{x}) f(\boldsymbol{x},y)$$

式中求和号 $\sum_{x,y}$ 均是 $\sum_{(x,y)\in \tau}$ 的简写，下同。

对于概率分布 $P(y|\boldsymbol{x})$，我们希望特征函数 f 的期望应该与从训练数据集中得到的特征期望值相一致，因此提出约束：

$$E_P(f) = E_{\widetilde{P}}(f)$$

即

$$\sum_{x,y} \widetilde{P}(\boldsymbol{x}) P(y \mid \boldsymbol{x}) f(\boldsymbol{x},y) = \sum_{x,y} \widetilde{P}(\boldsymbol{x},y) f(\boldsymbol{x},y)$$

上式可作为模型学习的约束条件。假如有 J 个特征函数 $f_k(\boldsymbol{x},y)$，$i=1,2,\cdots,J$，那么就相

应有 J 个约束条件。

9.5.3 模型推导

给定训练数据集，我们的目标是：利用最大熵原理选择一个最好的分类模型，即对于任意给定的输入 $\boldsymbol{x}\in$ Input，可以以概率 $P(y|\boldsymbol{x})$输出 $y\in$ Output。要利用最大熵原理，而目标是获取一个条件分布，因此要采用相应的条件熵 $H(Y|\boldsymbol{X})$，或者记作 $H(P)$。

$$H(Y \mid \boldsymbol{X}) = -\sum_{\boldsymbol{x},y} P(\boldsymbol{x},y)\log P(y \mid \boldsymbol{x})$$
$$= -\sum_{\boldsymbol{x},y} \widetilde{P}(\boldsymbol{x})P(y \mid \boldsymbol{x})\log P(y \mid \boldsymbol{x})$$

至此，就可以给出最大熵模型的完整描述了。对于给定的训练数据集以及特征函数 $f_k(\boldsymbol{x},y),k=1,2,\cdots,J$，最大熵模型就是求解

$$\max_{P\in C} H(P) = -\sum_{\boldsymbol{x},y} \widetilde{P}(\boldsymbol{x})P(y \mid \boldsymbol{x})\log P(y \mid \boldsymbol{x})$$
$$\text{s.t. } E_P(f_k) = E_{\widetilde{P}}(f_k),\quad k=1,2,\cdots,J$$
$$\sum_{y} P(y \mid \boldsymbol{x}) = 1$$

或者按照最优化问题的习惯，可以将上述求最大值的问题等价地转化为下面求最小值的问题：

$$\min_{P\in C} -H(P) = \sum_{\boldsymbol{x},y} \widetilde{P}(\boldsymbol{x})P(y \mid \boldsymbol{x})\log P(y \mid \boldsymbol{x})$$
$$\text{s.t. } E_P(f_k) - E_{\widetilde{P}}(f_k) = 0,\quad k=1,2,\cdots,J$$
$$\sum_{y} P(y \mid \boldsymbol{x}) = 1$$

其中的约束条件 $\sum_{y} P(y \mid \boldsymbol{x}) = 1$ 是为了保证 $P(y|\boldsymbol{x})$是一个合法的条件概率分布。注意上面的式子其实还隐含一个不等式约束，即 $P(y|\boldsymbol{x})\geqslant 0$，尽管无须显式地讨论它。现在便得到了一个带等式约束的最优化问题，求解这个带约束的最优化问题，所得之解即为最大熵模型学习的解。

这里需要使用拉格朗日乘数法，并将带约束的最优化的原始问题转换为无约束的最优化的对偶问题，并通过求解对偶问题来求解原始问题。首先，引入拉格朗日乘子 $w_0,w_1,w_2,\cdots,w_J$，并定义拉格朗日函数

$$\mathcal{L}(P,\boldsymbol{w}) = -H(P) + w_0\left(1-\sum_{y} P(y \mid \boldsymbol{x})\right) + \sum_{k=1}^{J} w_k\left[E_P(f_k) - E_{\widetilde{P}}(f_k)\right]$$
$$= \sum_{\boldsymbol{x},y} \widetilde{P}(\boldsymbol{x})P(y \mid \boldsymbol{x})\log P(y \mid \boldsymbol{x}) + w_0\left(1-\sum_{y} P(y \mid \boldsymbol{x})\right) +$$
$$\sum_{k=1}^{J} w_k\left[\sum_{\boldsymbol{x},y} \widetilde{P}(\boldsymbol{x},y)f_k(\boldsymbol{x},y) - \sum_{\boldsymbol{x},y} \widetilde{P}(\boldsymbol{x})P(y \mid \boldsymbol{x})f_k(\boldsymbol{x},y)\right]$$

为了找到该最优化问题的解，将采用 Kuhn-Tucker 定理，该定理表明可以先将 P 看成是待求解的值，然后求解$\mathcal{L}(P,\boldsymbol{w})$得到一个以 $\boldsymbol{w}$ 为参数形式的 P^*，然后把 P^* 代回$\mathcal{L}(P,\boldsymbol{w})$中，这时再求解 $\boldsymbol{w}^*$。本书后面介绍 SVM 时，还会再遇到这个问题。

最优化的原始问题是

$$\min_{P\in C}\ \max_{w} \mathcal{L}(P,\boldsymbol{w})$$

通过交换极大和极小的位置,可以得到如下这个对偶问题

$$\max_{w}\ \min_{P\in C} \mathcal{L}(P,\boldsymbol{w})$$

由于拉格朗日函数$\mathcal{L}(P,\boldsymbol{w})$是关于 P 的凸函数,原始问题与对偶问题的解是等价的。这样便可以通过求解对偶问题求解原始问题。

对偶问题内层的极小问题$\min\limits_{P\in C} \mathcal{L}(P,\boldsymbol{w})$是关于参数 $\boldsymbol{w}$ 的函数,将其记为

$$\boldsymbol{\Psi}(\boldsymbol{w})=\min_{P\in C}\mathcal{L}(P,\boldsymbol{w})=\mathcal{L}(P_w,\boldsymbol{w})$$

同时将其解记为

$$P_w=\underset{P\in C}{\operatorname{argmin}}\ \mathcal{L}(P,\boldsymbol{w})=P_w(y\mid \boldsymbol{x})$$

接下来,根据费马定理,求$\mathcal{L}(P,\boldsymbol{w})$对 $P(y|\boldsymbol{x})$的偏导数

$$\begin{aligned}
\frac{\partial\ \mathcal{L}(P,\boldsymbol{w})}{\partial P(y\mid \boldsymbol{x})}&=\sum_{x,y}\widetilde{P}(\boldsymbol{x})[\log P(y\mid \boldsymbol{x})+1]-\sum_{y}w_0-\sum_{x,y}\left[\widetilde{P}(\boldsymbol{x})\sum_{k=1}^{J}w_k f_k(\boldsymbol{x},y)\right]\\
&=\sum_{x,y}\widetilde{P}(\boldsymbol{x})[\log P(y\mid \boldsymbol{x})+1]-\sum_{x}\widetilde{P}(\boldsymbol{x})\sum_{y}w_0-\sum_{x,y}\left[\widetilde{P}(\boldsymbol{x})\sum_{k=1}^{J}w_k f_k(\boldsymbol{x},y)\right]\\
&=\sum_{x,y}\widetilde{P}(\boldsymbol{x})\left[\log P(y\mid \boldsymbol{x})+1-w_0-\sum_{k=1}^{J}w_k f_k(\boldsymbol{x},y)\right]
\end{aligned}$$

注意,上述推导中运用了下面这个事实

$$\sum_{x}\widetilde{P}(\boldsymbol{x})=1$$

进一步地,令

$$\frac{\partial\ \mathcal{L}(P,\boldsymbol{w})}{\partial P(y\mid \boldsymbol{x})}=0$$

又因为 $\widetilde{P}(\boldsymbol{x})>0$,于是有

$$\log P(y\mid \boldsymbol{x})+1-w_0-\sum_{k=1}^{J}w_k f_k(\boldsymbol{x},y)=0$$

进而有

$$P(y\mid \boldsymbol{x})=\exp\left[w_0-1+\sum_{k=1}^{J}w_k f_k(\boldsymbol{x},y)\right]=\exp[w_0-1]\cdot\exp\left[\sum_{k=1}^{J}w_k f_k(\boldsymbol{x},y)\right]$$

又因为

$$\sum_{y}P(y\mid \boldsymbol{x})=1$$

所以可得

$$\sum_{y}P(y\mid \boldsymbol{x})=\exp[w_0-1]\cdot\sum_{y}\exp\left[\sum_{k=1}^{J}w_k f_k(\boldsymbol{x},y)\right]=1$$

即

$$\exp[w_0-1]=1/\sum_{y}\exp\left[\sum_{k=1}^{J}w_k f_k(\boldsymbol{x},y)\right]$$

将上面的式子代回前面 $P(y|\boldsymbol{x})$的表达式,则得到

$$P_w = \frac{1}{Z_w(\boldsymbol{x})}\exp\left[\sum_{k=1}^{J} w_k f_k(\boldsymbol{x},y)\right]$$

其中，

$$Z_w(\boldsymbol{x}) = \sum_y \exp\left[\sum_{k=1}^{J} w_k f_k(\boldsymbol{x},y)\right]$$

$Z_w(\boldsymbol{x})$称为规范化因子；$f_k(\boldsymbol{x},y)$是特征函数；w_k 是特征的权值。由上述两式所表示的模型 $P_w=P_w(y|\boldsymbol{x})$就是最大熵模型。这里，$\boldsymbol{w}$ 是最大熵模型中的参数向量。注意，我们之前曾经提过，特征函数可以是任意实值函数，如果 $f_k(\boldsymbol{x},y)=x_k$，那么这其实也就是多元 Logistic 回归模型，即

$$P_j = P(y=j \mid \boldsymbol{x}) = \frac{\mathrm{e}^{\boldsymbol{w}_j \cdot \boldsymbol{x}}}{\sum_{k=1}^{J}\mathrm{e}^{\boldsymbol{w}_k \cdot \boldsymbol{x}}}$$

9.5.4 极大似然估计

下面，需要求解对偶问题中外部的极大化问题

$$\max_{\boldsymbol{w}} \Psi(\boldsymbol{w})$$

将其解记为 $\boldsymbol{w}^*$，即

$$\boldsymbol{w}^* = \arg\max_{\boldsymbol{w}} \Psi(\boldsymbol{w})$$

这就是说，可以应用最优化算法求对偶函数 $\Psi(\boldsymbol{w})$的极大化，得到 $\boldsymbol{w}^*$，用来表示 $P^* \in C$。这里，$P^*=P_{\boldsymbol{w}^*}=P_{\boldsymbol{w}^*}(y|\boldsymbol{x})$是学习到的最优模型(最大熵模型)。于是，最大熵模型的学习算法现在就归结为了对偶函数 $\Psi(\boldsymbol{w})$的极大化问题。

前面已经给出了 $\Psi(\boldsymbol{w})$的表达式：

$$\Psi(\boldsymbol{w}) = \sum_{\boldsymbol{x},y}\widetilde{P}(\boldsymbol{x})P(y \mid \boldsymbol{x})\log P(y \mid \boldsymbol{x}) + w_0\left(1-\sum_y P(y \mid \boldsymbol{x})\right) + \sum_{k=1}^{J} w_k\left[\sum_{\boldsymbol{x},y}\widetilde{P}(\boldsymbol{x},y)f_k(\boldsymbol{x},y) - \sum_{\boldsymbol{x},y}\widetilde{P}(\boldsymbol{x})P(y \mid \boldsymbol{x})f_k(\boldsymbol{x},y)\right]$$

由于，其中

$$\sum_y P_w(y \mid \boldsymbol{x}) = 1$$

于是将 $P_w(y|\boldsymbol{x})$代入 $\Psi(\boldsymbol{w})$，可得

$$\begin{aligned}\Psi(\boldsymbol{w}) &= \sum_{\boldsymbol{x},y}\widetilde{P}(\boldsymbol{x})P_w(y \mid \boldsymbol{x})\log P_w(y \mid \boldsymbol{x}) + \sum_{k=1}^{J} w_k\left[\sum_{\boldsymbol{x},y}\widetilde{P}(\boldsymbol{x},y)f_k(\boldsymbol{x},y) - \right.\\ &\quad \left.\sum_{\boldsymbol{x},y}\widetilde{P}(\boldsymbol{x})P_w(y \mid \boldsymbol{x})f_k(\boldsymbol{x},y)\right]\\ &= \sum_{k=1}^{J} w_k\sum_{\boldsymbol{x},y}\widetilde{P}(\boldsymbol{x},y)f_k(\boldsymbol{x},y) + \sum_{\boldsymbol{x},y}\widetilde{P}(\boldsymbol{x})P_w(y \mid \boldsymbol{x})\log P_w(y \mid \boldsymbol{x}) - \\ &\quad \sum_{k=1}^{J} w_k\sum_{\boldsymbol{x},y}\widetilde{P}(\boldsymbol{x})P_w(y \mid \boldsymbol{x})f_k(\boldsymbol{x},y)\\ &= \sum_{\boldsymbol{x},y}\widetilde{P}(\boldsymbol{x},y)\sum_{k=1}^{J} w_k f_k(\boldsymbol{x},y) + \sum_{\boldsymbol{x},y}\widetilde{P}(\boldsymbol{x})P_w(y \mid \boldsymbol{x})\end{aligned}$$

$$\left[\log P_w(y \mid \boldsymbol{x}) - \sum_{k=1}^{J} w_k f_k(\boldsymbol{x},y)\right]$$

$$= \sum_{\boldsymbol{x},y} \widetilde{P}(\boldsymbol{x},y) \sum_{k=1}^{J} w_k f_k(\boldsymbol{x},y) - \sum_{\boldsymbol{x},y} \widetilde{P}(\boldsymbol{x}) P_w(y \mid \boldsymbol{x}) \log Z_w(\boldsymbol{x})$$

$$= \sum_{\boldsymbol{x},y} \widetilde{P}(\boldsymbol{x},y) \sum_{k=1}^{J} w_k f_k(\boldsymbol{x},y) - \sum_{\boldsymbol{x}} \widetilde{P}(\boldsymbol{x}) \log Z_w(\boldsymbol{x}) \sum_{y} P_w(y \mid \boldsymbol{x})$$

$$= \sum_{\boldsymbol{x},y} \widetilde{P}(\boldsymbol{x},y) \sum_{k=1}^{J} w_k f_k(\boldsymbol{x},y) - \sum_{\boldsymbol{x}} \widetilde{P}(\boldsymbol{x}) \log Z_w(\boldsymbol{x})$$

注意,其中倒数第 4 行至倒数第 3 行运用了下面这个推导:

$$P_w(y \mid \boldsymbol{x}) = \frac{1}{Z_w(\boldsymbol{x})} \exp\left[\sum_{k=1}^{J} w_k f_k(\boldsymbol{x},y)\right]$$

$$\Rightarrow \log P_w(y \mid \boldsymbol{x}) = \sum_{k=1}^{J} w_k f_k(\boldsymbol{x},y) - \log Z_w(\boldsymbol{x})$$

下面证明对偶函数的极大化等价于最大熵模型的最大似然估计。已知训练数据的经验概率分布 $\widetilde{P}(\boldsymbol{X},Y)$,条件概率分布 $P(Y|\boldsymbol{X})$的对数似然函数表示为

$$\mathcal{L}_{\widetilde{P}}(P_w) = \log \prod_{\boldsymbol{x},y} P(y \mid \boldsymbol{x})^{\widetilde{P}(\boldsymbol{x},y)} = \sum_{\boldsymbol{x},y} \widetilde{P}(\boldsymbol{x},y) \log P(y \mid \boldsymbol{x})$$

当条件概率分布 $P(y|\boldsymbol{x})$是最大熵模型时,对数似然函数为

$$\mathcal{L}_{\widetilde{P}}(P_w) = \sum_{\boldsymbol{x},y} \widetilde{P}(\boldsymbol{x},y) \log P_w(y \mid \boldsymbol{x})$$

$$= \sum_{\boldsymbol{x},y} \widetilde{P}(\boldsymbol{x},y) \left[\sum_{k=1}^{J} w_k f_k(\boldsymbol{x},y) - \log Z_w(\boldsymbol{x})\right]$$

$$= \sum_{\boldsymbol{x},y} \widetilde{P}(\boldsymbol{x},y) \sum_{k=1}^{J} w_k f_k(\boldsymbol{x},y) - \sum_{\boldsymbol{x},y} \widetilde{P}(\boldsymbol{x},y) \log Z_w(\boldsymbol{x})$$

对比之后,不难发现

$$\Psi(\boldsymbol{w}) = \mathcal{L}_{\widetilde{P}}(P_w)$$

既然对偶函数 $\Psi(\boldsymbol{w})$等价于对数似然函数,也就证明了最大熵模型学习中的对偶函数极大化等价于最大熵模型的最大似然估计这一事实。由此,最大熵模型的学习问题就转换为具体求解“对数似然函数极大化的问题”或者“对偶函数极大化的问题”。

9.6 应用实例:多分类问题

本节将演示使用多元逻辑回归模型对手写数字进行识别。这里要完成的任务是对 0～9 这十个手写数字进行分类。示例中使用到的数据集是 scikit-learn 内置的数据集。此数据集是创建于 1998 年的 UCI 手写数字数据集中测试集的副本,包含 1797 个样本,每个样本是一张 8×8 的手写数字图片。因此每个样本也可以看作有 8×8=64 维特征,每维特征是个 0～16 的整数。

9.6.1 数据初探

首先加载数据,并可视化数据集中前 50 个样本,结果如图 9-5 所示。

```
from sklearn.datasets import load_digits

# 加载内置数据集
digits = load_digits()

# 可视化数据集的前几项
_, axes = plt.subplots(5, 10)

axes = axes.reshape(1, -1)
for ax, image in zip(axes[0], digits.images[:50]):
    ax.set_axis_off()
    ax.imshow(image, cmap=plt.cm.gray_r)

plt.show()
```

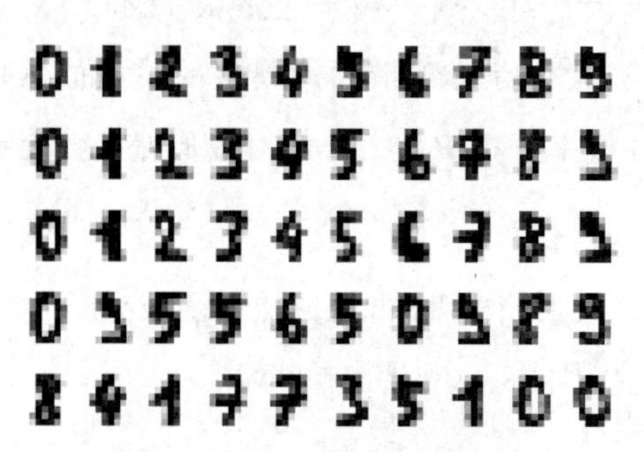

图 9-5　手写数字数据集的样例

上面的代码中,首先使用 load_digits()函数加载了 scikit-learn 内置的手写数字数据集。然后,使用 matplotlib 包中 pyplot 的 subplots()方法生成一个 5 行 10 列的布局,返回的是每张子图的坐标。最后,将每个样本填入对应的坐标中,并使用 imshow()方法将数据绘制为一张二维图片,便得到了如图 9-5 所示的效果。显然,数据集的确是 0～9 等数字的手写图片,每个数字都有多张图片作为样本,数字本身则是标注。

9.6.2　建模

显然这是个多分类问题,数据集一共有 10 个类别。仍然使用 scikit-learn 下 linear_model 模块中提供的 LogisticRegression 类建模,不过在参数的设置上需要格外注意。

```
from sklearn.linear_model import LogisticRegression
from sklearn.model_selection import train_test_split
from sklearn.preprocessing import StandardScaler

X_raw = digits.images
Y = digits.target

# 将原始三维矩阵转化成二维矩阵
X = X_raw.reshape(X_raw.shape[0], -1)
```

```
# 将原始数据划分成训练和测试集两个部分
X_train, X_test, Y_train, Y_test = train_test_split(X, Y, test_size = 0.2)

# 归一化原始数据
scaler = StandardScaler()
X_train = scaler.fit_transform(X_train)
X_test = scaler.transform(X_test)

# 训练模型
clf = LogisticRegression(penalty = 'l1',fit_intercept = True,solver = 'saga',tol = 0.001,max_
iter = 1000)
clf.fit(X_train, Y_train)
```

上述代码中，首先将原本三维的数据转化成了二维，方便后续处理。注意，这个操作和机器学习中的降维算法是截然不同的。此处只是将原本 1797×8×8 的三维数组变形为 1797×64 的格式，原本每个样本是 64 个特征，变化后还是 64 个特征，并不改变原始的特征取值。而后续章节将介绍的降维算法，属于机器学习中的流型学习(manifold learning)，一般会改变数据的原始取值。

然后采用 train_test_split()函数将数据分成训练集和测试集。函数的第一个参数是特征数据 X，第二个参数是标注数据 Y，第三个参数设定测试集的占比。此处划分比例被设置为 0.2，即原始数据的 80%将用于模型训练，而剩余 20%的数据则是测试数据集。紧接着，使用 StandardScaler 类的 fit_transform()方法对训练集进行 z-score 标准化处理。fit_transform()方法等价于先调用 fit()方法得到标准化模型 scaler，再用这个实例的 transform()方法对训练集进行标准化。然后，调用基于训练集得到的预处理模型 scaler 的 transform()方法，对测试集的特征进行同样的标准化处理。标准化的目的是防止特征各维度值域的差异对模型造成影响，注意训练集和测试集的标准化计算必须一致。

最后，声明一个 LogisticRegression 类的实例，设置必要参数后，调用 fit()方法基于标准化后的训练集和标注训练模型。这次建模采用的优化算法是 saga，正则项为 L1；此外，模型的最大迭代次数提升到了 1000 次，而模型的停止迭代误差被提升到了 0.001。为什么要这样调整模型的参数设置呢？这就不得不深入到优化算法各自的特点了。

之前二分类的示例中，采用的优化算法是在小数据集上效果不错的 liblinear 算法。虽然 liblinear 算法也可以处理多分类任务，但是其实现的坐标下降法并不能学习到一个真正的多分类模型。liblinear 算法实际上使用的是“一对多”(one-vs-rest)框架处理多分类问题，即将每个类别和剩余所有类别看成一个二分类问题，然后训练多个二分类模型集成后处理多分类问题。

剩余的 newton-cg、lbfgs、sag 和 saga 均能学习到真正的多分类模型。已知 L1 正则具有将参数稀疏化的能力，从而简化学习到的模型参数。观察图 9-3 的任意一个数字样本，能发现虽然手写数字共 64 个特征，而实际上包含了有效信息的特征并不多。因此，这个问题中采用 L1 正则是更好的选择，又因为剩余的算法中只有 saga 算法能处理 L1 正则，所以优化算法采用 saga。剩余的 max_iter 和 tol 参数都是为了保证模型更快地收敛而设置的，感兴趣的读者可自行尝试。

最后，简单使用 score()方法观察学习到的模型的平均精确度。

```
score = clf.score(X_test, Y_test)
print("Test score with L1 penalty: %.4f" % score)

# 以下为打印内容
Test score with L1 penalty: 0.9556
```

每个类别的详细分类效果，可使用 metrics 模块下的 classification_report()方法，只需要提供预测结果和真实标注即可。

```
from sklearn import metrics

predicted = clf.predict(X_test)
print("Classification report for classifier %s:\n%s\n"
      % (clf, metrics.classification_report(Y_test, predicted)))

# 打印结果如下:
              precision    recall  f1-score   support

           0       1.00      1.00      1.00        29
           1       0.86      0.92      0.89        39
           2       0.98      0.98      0.98        44
           3       1.00      0.93      0.96        40
           4       1.00      0.97      0.98        30
           5       0.98      0.98      0.98        42
           6       1.00      0.97      0.99        36
           7       0.97      1.00      0.98        30
           8       0.94      0.89      0.92        38
           9       0.86      0.94      0.90        32

accuracy                               0.96       360
macro avg          0.96      0.96      0.96       360
weighted avg       0.96      0.96      0.96       360
```

上述打印中，第一列为类别名称，后面三列为 precision、recall、f1 值的指标，最后一列是测试集中该类别的数量。可以发现模型对数字 0 的识别效果最好，对数字 1 的识别效果最差。此外，metrics 模块还提供了一个函数 plot_confusion_matrix()能绘制模型的混淆矩阵，只需提供分类器、测试集和标注。

```
disp = metrics.plot_confusion_matrix(clf, X_test, Y_test)
disp.figure_.suptitle("Confusion Matrix")  #设置图片名称
plt.show()
```

运行上述代码，结果如图 9-6 所示。其中纵坐标为真实标注，横坐标为预测类别。显然，对角线上的数字代表分类正确的样本数，非对角线上的数字代表了误分类样本数。例

如,真实标注为 1 的第二行,可以发现有两个样本被误识别为了数字 8,还有一个样本被误识别为了数字 9。

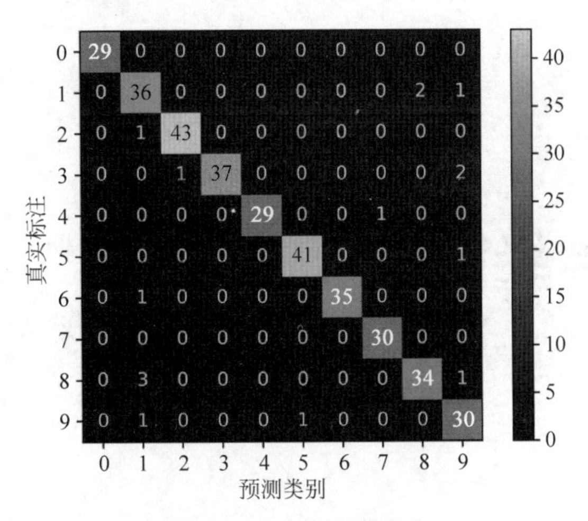

图 9-6 模型的混淆矩阵

第 10 章

感知机与神经网络

人工神经网络(Artificial Neural Network,ANN)是一种模仿生物神经网络的结构和功能的数学模型或计算模型。它通过大量人工神经元联结而成的网络来执行计算任务。尽管人工神经网络的名字初听起来有些深奥,但从另外一个角度来说,它仍然是前面介绍过的多元逻辑回归模型的延伸。只是在本章中多元逻辑回归又多了一个名字——全连接前馈神经网络,这也是神经网络最简单、最基础的一种形式。为了加深读者对人工神经网络的认识,本章将以单个神经元所构成的感知机模型作为开始。希望读者可以在这个过程中结合之前已经学习过的模型,努力建立它们与人工神经网络之间的联系。

本章内容相关的数学概念包括链式求导法则。

10.1 从感知机开始

感知机是生物神经细胞的简单抽象,它同时也被认为是最简形式的前馈神经网络,或单层的人工神经网络。1957 年,供职于 Cornell 航空实验室的美国心理学家弗兰克・罗森布拉特(Frank Rosenblatt)提出了可以模拟人类感知能力的机器,并称之为感知机。他还成功地在一台 IBM 704 机上完成了感知机的仿真,极大地推动了人工神经网络的发展。

10.1.1 感知机模型

人类的大脑主要由被称为神经元的神经细胞组成,如图 10-1 所示。神经元通过叫作轴突的纤维丝连在一起。当神经元受到刺激时,神经脉冲通过轴突从一个神经元传到另一个神经元。一个神经元可以通过树突连接到其他神经元的轴突,从而构成神经网络,树突是神经元细胞体的延伸物。

科学研究表明,在同一个脉冲的反复刺激下,人类大脑会改变神经元之间的连接强度,这也是大脑的学习方式。类似于人脑的结构,人工神经网络也由大量节点(或称神经元)相

互连接构成。每个节点都代表一种特定的输出函数,称其为激励函数(Activation Function)。每两个节点间的连接都代表一个对于通过该连接信号的加权值,称之为权重。

感知机(Perceptron)相当于是单个的神经元。如图 10-2 所示,它包含两种节点:几个用来表示输入属性的输入节点和一个用来提供模型输出的输出节点。在感知机中,每个输入节点都通过一个加权的链连接到输出节点。这个加权的链用来模拟神经元间连接的强度。像生物神经系统的学习过程一样,训练一个感知器模型就相当于不断调整链的权值,直到能拟合训练数据的输入输出关系为止。

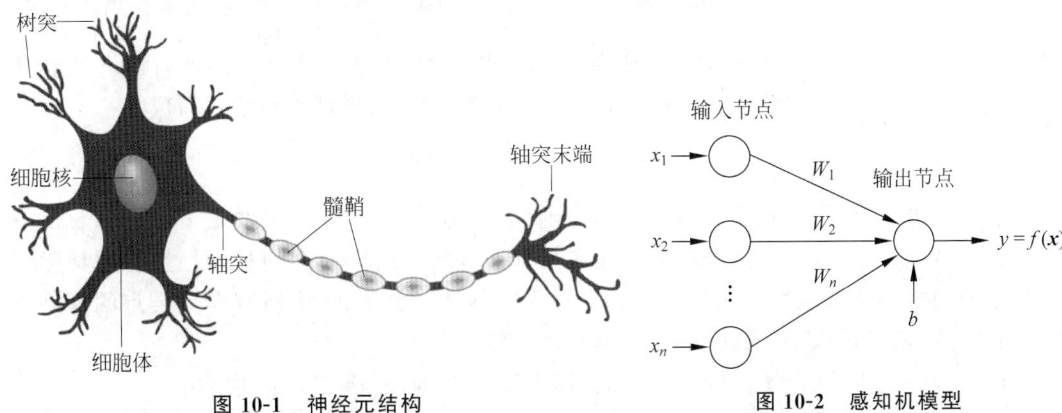

图 10-1 神经元结构　　图 10-2 感知机模型

感知机对输入加权求和,再减去偏置因子 b,然后考查结果的符号,得到输出值 $f(\boldsymbol{x})$。于是可以用从输入空间到输出空间的如下函数来表示它

$$f(\boldsymbol{x})=\operatorname{sign}(\boldsymbol{wx}+b)$$

其中,$\boldsymbol{w}$ 和 b 为感知机模型参数,$\boldsymbol{w}$ 称为权值向量,b 称为偏置,$\boldsymbol{wx}$ 表示 $\boldsymbol{w}$ 和 $\boldsymbol{x}$ 的内积。sign 是符号函数,即

$$\operatorname{sign}(\alpha)=\begin{cases}+1, & \alpha \geqslant 0\\ -1, & \alpha<0\end{cases}$$

感知机是一种线性分类模型,这与前面介绍过的支持向量机非常相似。线性方程 $\boldsymbol{wx}+b=0$ 就对应于特征空间中的一个分离超平面,其中 $\boldsymbol{w}$ 是超平面的法向量,b 是超平面的截距。该超平面将特征空间划分为两个部分。位于两部分的点(特征向量)分别被分为正、负两类。

10.1.2 感知机学习

给定一个训练数据集

$$T=\{(\boldsymbol{x}_1,y_1),(\boldsymbol{x}_2,y_2),\cdots,(\boldsymbol{x}_N,y_N)\}$$

其中,$\boldsymbol{x}_i\in\mathcal{X}=\mathbb{R}^n$,$y_i\in\mathcal{Y}=\{-1,1\}$,$i=1,2,\cdots,N$。那么一个错误的预测结果同实际观察值之间的差距可以表示为

$$D(\boldsymbol{w},b)=[y_i-\operatorname{sign}(\boldsymbol{wx}_i+b)]^2$$

显然对于预测正确的结果,上式总是为零的。所以可以定义总的损失函数如下:

$$L(\boldsymbol{w},b) = -\sum_{\boldsymbol{x}_i \in M} y_i(\boldsymbol{w}\boldsymbol{x}_i + b)$$

其中，M 为误分类点的集合。即只考虑那些分类错误的点。显然分类错误的点的预测结果同实际观察值 y_i 具有相反的符号，所以在前面加上一个负号以保证和式中的每一项都是正的。

现在感知机的学习目标就变成了求得一组参数 $\boldsymbol{w}$ 和 b 以保证下式取得极小值的一个最优化问题

$$\min_{\boldsymbol{w},b} L(\boldsymbol{w},b) = -\sum_{\boldsymbol{x}_i \in M} y_i(\boldsymbol{w}\boldsymbol{x}_i + b)$$

其中 $\boldsymbol{w}$ 向量和 $\boldsymbol{x}_i$ 向量中的元素的索引都是从 1 开始的，为了符号上的简便，用 $\boldsymbol{w}_0$ 来代替 b，然后在 $\boldsymbol{x}_i$ 向量中增加索引为 0 的项，并令其恒等于 1。这样可以将上式写成

$$\min_{\boldsymbol{w}} L(\boldsymbol{w}) = -\sum_{\boldsymbol{x}_i \in M} y_i(\boldsymbol{w}\boldsymbol{x}_i)$$

感知机学习算法是误分类驱动的，具体采用的方法是随机梯度下降法(Stochastic Gradient Descent)。首先，任选一个参数向量 $\boldsymbol{w}^0$，由此可决定一个超平面。然后用梯度下降法不断地极小化上述目标函数。极小化过程中不是一次使 M 中所有误分类点的梯度下降，而是一次随机选取一个误分类点使其梯度下降。

假设误分类点集合 M 是固定的，那么损失函数 $L(\boldsymbol{w})$的梯度由下式给出

$$\nabla L(\boldsymbol{w}) = -\sum_{\boldsymbol{x}_i \in M} y_i \boldsymbol{x}_i$$

随机选取一个误分类点$(\boldsymbol{x}_i, y_i)$，对 $\boldsymbol{w}$ 进行更新

$$\boldsymbol{w}^{k+1} \leftarrow \boldsymbol{w}^k + \eta y_i \boldsymbol{x}_i$$

式中 η 是步长，$0<\eta\leqslant 1$，在统计学习中又称为学习率。这样，通过迭代便可期望损失函数 $L(\boldsymbol{w})$不断减小，直到为 0。在感知机学习算法中，我们一般令其等于 1，所以迭代更新公式就变为了

$$\boldsymbol{w}^{k+1} \leftarrow \boldsymbol{w}^k + y_i \boldsymbol{x}_i$$

图 10-3 更加清楚地表明了这个更新过程的原理。其中左图表示实际观察值为$+1$，但是模型的分类预测结果为-1。根据向量运算的法则，可知 $\boldsymbol{w}^k$ 和 $\boldsymbol{x}_i$ 之间的角度太大了，于是试图将两者之间的夹角调小一点。

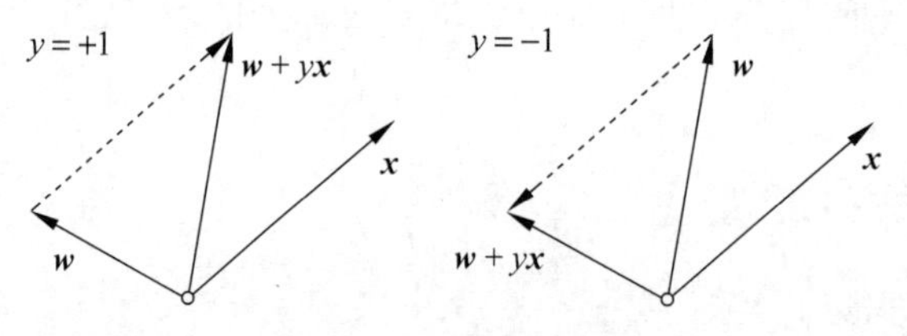

图 10-3　迭代更新过程

根据平行四边形法则，$\boldsymbol{w}^k + y_i \boldsymbol{x}_i$ 就表示 $\boldsymbol{w}^k$ 和 $\boldsymbol{x}_i$ 所构成之平行四边形的对角线，$\boldsymbol{w}^{k+1}$ 与 $\boldsymbol{x}_i$ 之间的角度就被调小了。图 10-3 中右图表示观察值为-1，但是模型的分类预测结果为$+1$。类似地，可知 $\boldsymbol{w}^k$ 和 $\boldsymbol{x}_i$ 之间的角度太小了，于是设法将两者之间的夹角调大一点。在 $\boldsymbol{w}^k + y_i \boldsymbol{x}_i$ 中，观察值 $y_i = -1$，所以这个式子就相当于是在执行向量减法，结果如图 10-3 所示，就是把 $\boldsymbol{w}^{k+1}$ 与 $\boldsymbol{x}_i$ 之间的角度给调大一些。

综上所述，对于感知机模型 $f(\boldsymbol{x})=\text{sign}(\boldsymbol{wx})$，可以给出其学习算法如下：

(1) 随机选取初值 $\boldsymbol{w}^{k=0}$；

(2) 在训练集中选取数据$(\boldsymbol{x}_i,y_i)$；

(3) 如果 $y_i(\boldsymbol{w}^k\cdot\boldsymbol{x}_i)\leqslant 0$，即该点是一个误分类点，则

$$\boldsymbol{w}^{k+1}\leftarrow\boldsymbol{w}^k+y_i\boldsymbol{x}_i$$

(4) 转至第(2)步，直到训练集中没有误分类点。

接下来就采用感知机学习算法对介绍支持向量机时曾经用过的数据集进行分类。该数据集给定了平面上的3个数据点，其中，标记为+1的数据点为 $\boldsymbol{x}_1=(3,3)$以及 $\boldsymbol{x}_2=(4,3)$，标记为−1的数据点 $\boldsymbol{x}_3=(1,1)$。

根据算法描述，首先选取初值 $\boldsymbol{w}^0=(0,0,0)$。此时，对于 $\boldsymbol{x}_1$ 来说，有

$$y_1(w_1^0\cdot x_1^{(1)}+w_2^0x_1^{(2)}+w_0^0)=0$$

即没有被正确分类，于是更新

$$\boldsymbol{w}^1=\boldsymbol{w}^0+y_1(3,3,1)=(3,3,1)$$

得到线性模型

$$\boldsymbol{w}^1\boldsymbol{x}=3x^{(1)}+3x^{(2)}+1$$

对于 $\boldsymbol{x}_1$ 和 $\boldsymbol{x}_2$，分类结果正确。但对于 $\boldsymbol{x}_3$，可得

$$y_3(w_1^1x_3^{(1)}+w_2^1x_3^{(2)}+w_0^1)<0$$

即没有被正确分类，于是更新

$$\boldsymbol{w}^2=\boldsymbol{w}^1+y_3(1,1,1)=(2,2,0)$$

得到线性模型

$$\boldsymbol{w}^2\boldsymbol{x}=2x^{(1)}+2x^{(2)}$$

如此继续下去，直到 $\boldsymbol{w}^7=(1,1,-3)$时，新的分类超平面为

$$\boldsymbol{w}^7\boldsymbol{x}=x^{(1)}+x^{(2)}-3$$

对所有数据点 $y_i(\boldsymbol{w}^7\boldsymbol{x}_i)>0$，不再有误分类的数据点，损失函数达到极小。最终的感知机模型就为

$$f(\boldsymbol{x})=\text{sign}(x^{(1)}+x^{(2)}-3)$$

注意，这一结果同之前采用支持向量机所得的模型是不同的。事实上，由于采用不同的初值或选取不同的误分类点，感知机学习算法的解也不是唯一的。

10.1.3　多层感知机

简单的线性分类器在使用过程中是具有很多限制的。对于线性可分的分类问题，感知机学习算法保证收敛到一个最优解，如图10-4中的(a)和(b)所示，最终可以找到一个超平面将两个集合分开。但如果问题不是线性可分的，那么算法就不会收敛。例如图10-4中的(c)所给出的区域相当于是(a)和(b)中的集合进行了逻辑交运算，所得结果就是非线性可分的例子。简单的感知机找不到该数据的正确解，因为没有线性超平面可以把训练实例完全分开。

一个解决方案是把简单的感知机进行组合使用。如图10-5所示，事实上是在原有简单感知机的基础上又增加了一层。最终可以将图10-5所示的双层感知机模型用下面这个式

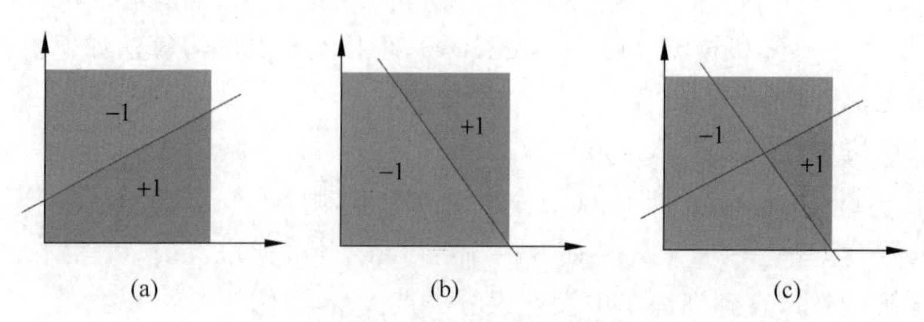

图 10-4　线性分类器的组合使用

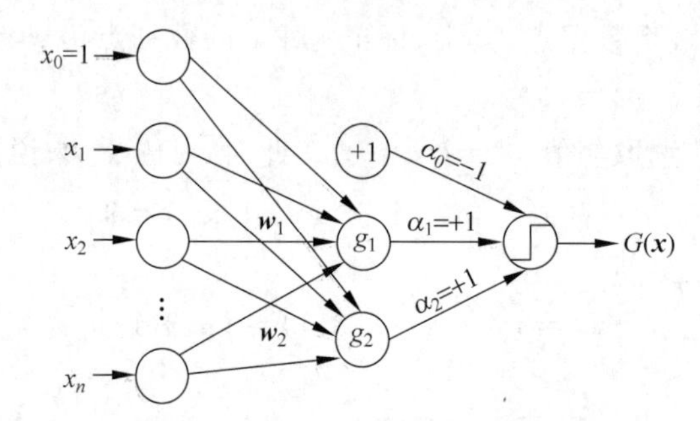

图 10-5　实现交运算的双层感知机

子来表示

$$G(\boldsymbol{x})=\operatorname{sign}\left[\alpha_0+\sum_{i=1}^{n}\alpha_i\operatorname{sign}(\boldsymbol{w}_i^{\mathrm{T}}\boldsymbol{x})\right]=\operatorname{sign}\left[-1+g_1(\boldsymbol{x})+g_2(\boldsymbol{x})\right]$$

注意,其中 $\boldsymbol{w}_1$ 和 $\boldsymbol{w}_2$ 是权值向量(与图 10-2 中的 w_1 和 w_2 不同),例如,$\boldsymbol{w}_1$ 中的各元素依次为 $w_{10},w_{11},\cdots,w_{1n}$。同时,为了符号表达上的简洁,令 $x_0=1$,这样一来,便可以用 w_{10} 来代替之前的偏置因子 b。显然,在上式的作用下,只有当 $g_1(\boldsymbol{x})$和 $g_2(\boldsymbol{x})$都为+1 时,最终结果才为+1,否则最终结果就为−1。

易见,上面这种双层的感知机模型其实是简单感知机的一种线性组合,但是它非常强大。比如平面上有个圆形区域,圆周内的数据集标记为"+",圆周外的数据集则标记为"−"。显然用简单的感知机模型,无法准确地将两个集合区分开。但是类似于前面的例子,显然可以用 8 个简单感知机进行线性组合,如图 10-6 中的左图所示,然后用所得的正八边形来作为分类器。或者还可以用如图 10-6 中的右图所示的(由 16 个简单感知机进行线性组合而成的)正十六边形来作为分类器。从理论上说,只要采用足够数量的感知机,最终将会得到一条平滑的划分边界。不仅可以用感知机的线性组合来对圆形区域进行逼近,事实上采用此种方式,可以得到任何凸集的分类器。

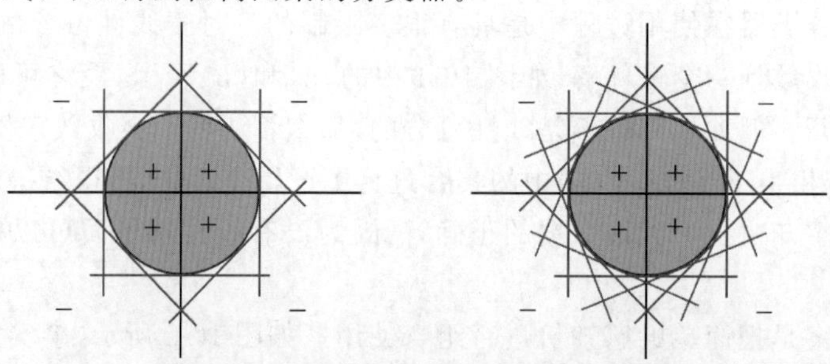

图 10-6　简单感知机的线性组合应用举例

可见，双层的感知机已经比单层的情况强大许多了。此时，自然会想到如果再加一层感知机呢？作为一个例子，不妨来想想如何才能实现逻辑上的异或运算。从图 10-7 来看，现在的目标就是得到如其中(c)所示的一种划分。异或运算要求当两个集合不同时(即一个标记为“＋”，一个标记为“－”)，它们的异或结果为“＋”；相反，两个集合相同时，它们的异或结果就为“－”。

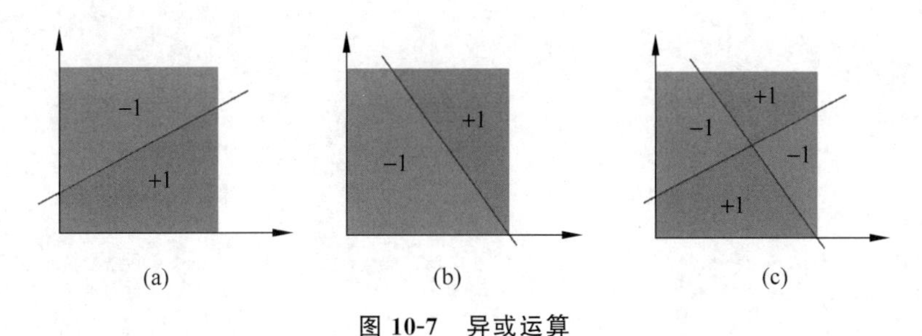

图 10-7 异或运算

根据基本的离散数学知识可得

$$\mathrm{XOR}(g_1, g_2) = (\neg g_1 \wedge g_2) \vee (g_1 \wedge \neg g_2)$$

于是可以使用如图 10-8 所示的多层感知机模型(Multi-layer Perceptron)来解决我们的问题。也就是先做一层交运算，再做一层并运算。注意交运算中隐含有一层取反运算。这个例子显示出了多层感知机模型更为强大的能力。因为问题本身是一种线性不可分的情况。可想而知，即使用支持向量机来做分类，也是很困难的。

至此，就得到人工神经网络的基本形式了。而这一切都是从最简单的感知机模型一步步推演而来的。更进一步的内容留待本章后续进行讲解。

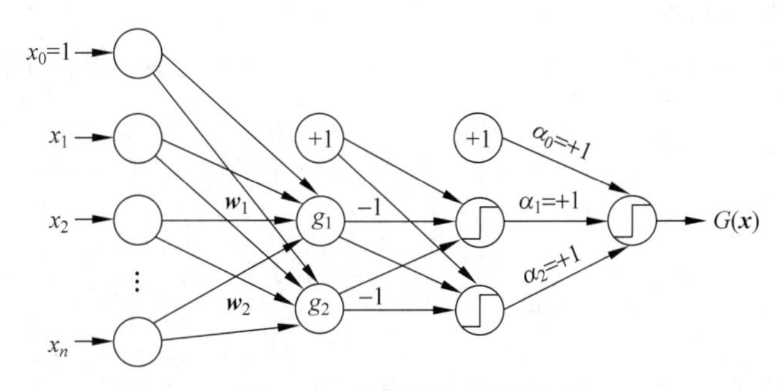

图 10-8 多层感知机模型

10.1.4 感知机应用示例

本节仍然使用第 9 章用过的 countries_data 数据集作示例。鉴于大家已经在第 9 章对此数据集有过详细了解，此处不再赘述数据集的相关情况。现在使用 scikit-learn 提供的感知机方法建模，代码如下。

```
import pandas as pd
from sklearn.preprocessing import StandardScaler
from sklearn.linear_model import Perceptron
```

```
# 读取数据
data = pd.read_csv("countries_data.csv")

# 区分特征和标注
X = data[['Services_of_GDP','Services_of_GDP']]
Y = data['label']

# 特征标准化
scaler = StandardScaler()
X_train = scaler.fit_transform(X)

# 训练模型
clf = Perceptron(penalty = 'l2', alpha = 0.0001, max_iter = 1000, tol = 1e - 3, shuffle = True)
clf.fit(X_train, Y)
```

上述代码中，首先使用 Pandas 读取 csv 格式的 countries_data 数据集；然后，将数据集的特征和标注区分开来，并用变量 X 和 Y 分别指代；随后，使用 StandardScaler 对特征进行标准化处理。最后，基于 sklearn.linear_model 包下的 Perceptron 类实例化感知机模型 clf，并调用 fit()方法，使用标准化后的特征和标注训练模型。

在声明感知机模型时设置了 5 个参数：penalty 参数设置模型的正则项，此处选择了 l2 正则项；alpha 参数设置正则项的权重，默认值为 0.0001；max_iter 参数设置了模型训练的最大迭代轮次，默认值为 1000；tol 参数设置了训练停止的精度，当前后两个轮次模型的损失之差，低于 tol 参数的值时迭代停止；shuffle 参数是 boolean 值，设置是否在每个轮次的迭代后打乱数据的顺序，默认为 True。

同第 9 章一样，使用 seaborn 的散点图简单可视化下模型在训练集上的效果：

```
import matplotlib.pyplot as plt
import seaborn as sns

# 预测训练集
prediction = clf.predict(X_train)

# 将预测结果添加为 data 的一列
data['prediction'] = prediction

# 使用颜色表示预测结果,样式表示真实标注
sns.scatterplot(data['Services_of_GDP'],data['ages65_of_total'],
                hue = data['prediction'],style = data['label'],data = data)
plt.show()
```

图 10-9 中使用颜色标识了模型的预测结果，而数据点的样式标识了数据的真实标注。圆点代表真实标注为“发展中国家”，十字代表真实标注为“发达国家”。显然，训练得到的感知机模型能够完美地拟合训练数据。

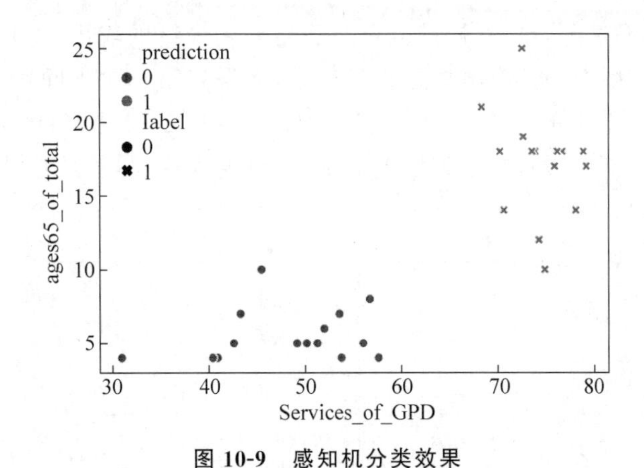

图 10-9 感知机分类效果

10.2 基本神经网络

在 10.1 节中，为了让简单的感知机完成更加复杂的任务，我们设法增加了感知机结构的层数。多层感知机的本质是通过感知机的嵌套组合，实现特征空间的逐层转换，以期在一个空间中不可分的数据集得以在另外的空间中变得可分。由此也引出了人工神经网络的基本形式。

10.2.1 神经网络结构

回顾已经得到的多层感知机模型。网络输入层和输出层之间可能包含多个中间层，这些中间层叫作隐藏层（Hidden Layer），隐藏层中的节点称为隐藏节点（Hidden Node）。这就是人工神经网络的基本结构。具有这种结构的神经网络称为前馈神经网络（Feedforward Neural Network）或全连接前馈神经网络。

在前馈神经网络中，每一层的节点仅与下一层的节点相连。换言之，在网络内部，参数是从输入层向输出层单向传播的。感知机就是一个单层的前馈神经网络，因为它只有一个节点层（输出层）进行复杂的数学运算。在循环的（Recurrent）神经网络中，允许同一层节点相连或一层的节点连到前面各层中的节点。可见，人工神经网络的结构比感知器模型更复杂，而且人工神经网络的类型也有许多种。本章仅讨论前馈神经网络。

除了符号函数以外，神经网络中还可以使用其他类型的激活函数，常见的激活函数类型有线性函数、S 形函数、双曲正切函数等，如图 10-10 所示。实践中，双曲正切函数较为常见，在本章后续的讨论中，也以此为例进行介绍。但读者应该明白，这并不是唯一的选择。不难发现，这些激活函数允许隐藏节点和输出节点的输出值与输入参数呈非线性关系。

10.2.2 符号标记说明

为了方便后续的介绍，此处先来整理一下符号记法。假设有如图 10-11 所示的一个神经网络，最开始有一组输入 $\boldsymbol{x}=(x_0,x_1,x_2,\cdots,x_d)$，在权重 $w_{ij}^{(1)}$ 的作用下，得到一组中间的输出。这组输出再作为下一层的输入，并在权重 $w_{jk}^{(2)}$ 的作用下，得到另外一组中间的输出。如此继续下去，经过剩余所有层的处理之后将得到最终的输出。如何标记上面这些权重呢？先要来看看模型中一共有哪些层次。通常，将得到第一次中间输出的层次标记为第1层(即图中只有3个节点的那层)。然后以此类推，(在图10-9中)继续标记第2层以及(给出最终结果的)第3层。此外，为了记法上的统一，将输入层(尽管该层什么处理都不做)标记为第0层。

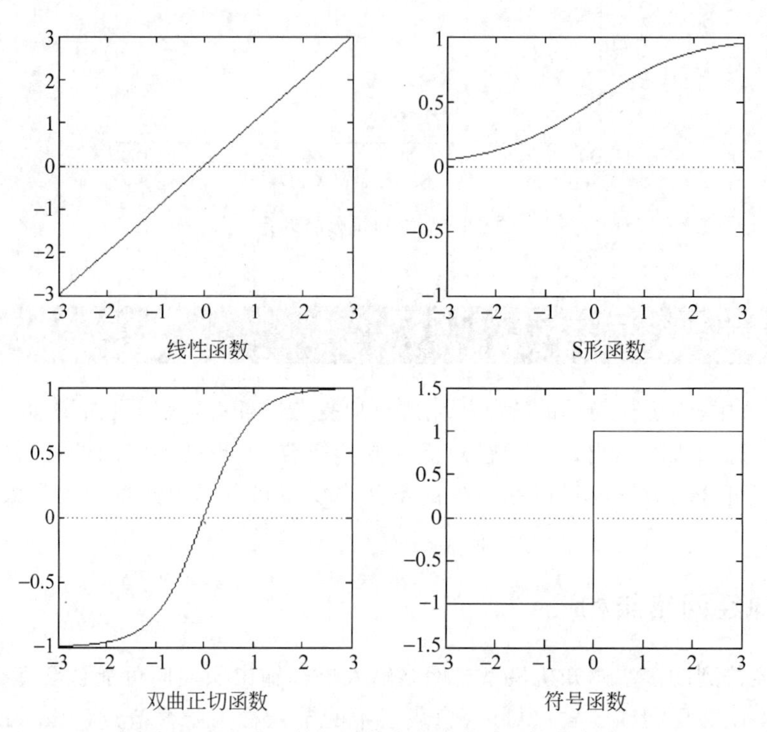

图 10-10　人工神经网络中常用激活函数的类型

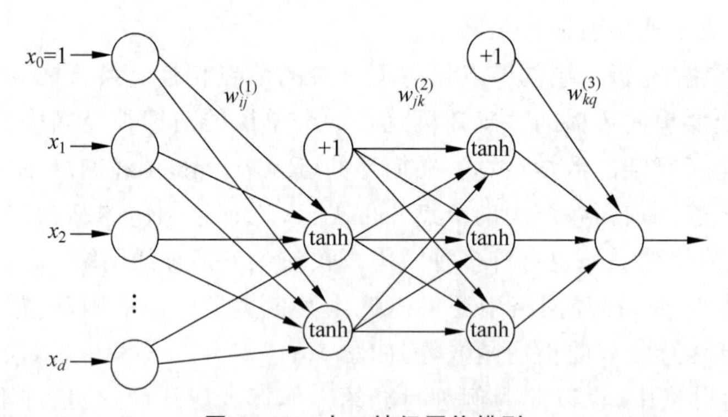

图 10-11　人工神经网络模型

第0层和第1层之间的权重，用 $w_{ij}^{(1)}$ 来表示，所以符号中(用于标记层级的)上标 ℓ 就在 $1\sim L$ 取值，L 是神经网络(不计第0层)的层数，例子中 $L=3$。如果用 d 来表示每一层的节点数，那么第 ℓ 层所包含的节点数就记为 $d^{(\ell)}$。如果将 j 作为权重 $w_{ij}^{(\ell)}$ 中对应输出项的索引，那么 j 的取值就介于 $1\sim d^{(\ell)}$。

网络中间的每一层都需要接受前一层的输出来作为本层的输入，然后经过一定计算再

将结果输出。换言之，第 ℓ 层所接收到的输入就应该是前一层（即第 $\ell-1$ 层）的输出。如果将 i 作为权重 $w_{ij}^{(\ell)}$ 中对应输入项的索引，那么 i 的取值就介于 $0 \sim d^{(\ell-1)}$。注意，这里索引为 0 的项就对应了每一层中的偏置因子。综上所述，可以用下式来标记每一层上的权重

$$w_{ij}^{(\ell)} := \begin{cases} 1 \leqslant \ell \leqslant L, & \text{层数} \\ 0 \leqslant i \leqslant d^{(\ell-1)}, & \text{输入} \\ 1 \leqslant j \leqslant d^{(\ell)}, & \text{输出} \end{cases}$$

于是前一层的输出 $x_i^{(\ell-1)}$ 在权值 $w_{ij}^{(\ell)}$ 的作用下，可以进而得到每层在激励函数（在本例中即 tanh）作用之前的分数为

$$s_j^{(\ell)} = \sum_{i=0}^{d^{(\ell-1)}} w_{ij}^{(\ell)} x_i^{(\ell-1)}$$

经由激励函数转换后的结果可以表示为

$$x_j^{(\ell)} = \begin{cases} \tanh\left[s_j^{(\ell)}\right], & \ell < L \\ s_j^{(\ell)}, & \ell = L \end{cases}$$

其中在最后一层时，可以选择直接输出分数。

当每一层的节点数 $d^{(0)}, d^{(1)}, \cdots, d^{(L)}$ 和相应的权重 $w_{ij}^{(\ell)}$ 确定之后，整个人工神经网络的结构就已经确定了。前面也讲过神经网络的学习过程就是不断调整权值以适应样本数据观察值的过程。具体这个训练的方法，将留待后面介绍。假设已经得到了一个神经网络（包括权重），现在就来仔细审视一下这个神经网络一层一层到底在做什么。从本质来说，神经网络的每一层其实就是在执行某种转换，即由下式所阐释的意义

$$\phi^{(\ell)}(\boldsymbol{x}) = \tanh\begin{bmatrix} \sum_{i=0}^{d^{(\ell-1)}} w_{ij}^{(\ell)} x_i^{(\ell-1)} \\ \vdots \end{bmatrix}$$

也就是说，神经网络的每一层都是在将一些列的输入 $x_i^{(\ell-1)}$（也就是上一层的输出）和相应的权重 $w_{ij}^{(\ell)}$ 做内积，并将内积的结果通过一个激励函数处理之后的结果作为输出。那么这样的结果在什么时候会比较大呢？显然，当 $\boldsymbol{x}$ 向量与 $\boldsymbol{w}$ 向量越相近的时候，最终的结果会越大。从向量分析的角度来说，如果两个向量是平行的，它们之间就有很强的相关性，那么它们两者的内积就会比较大。相反，如果两个向量是垂直的，它们之间的相关性就越小，它们两者的内积就会比较小。因此，神经网络每一层所做的事，其实也是在检验输入向量 $\boldsymbol{x}$ 与权重向量 $\boldsymbol{w}$ 在模式上的匹配程度如何。换句话说，神经网络的每一层都是在进行一种模式提取。

10.2.3 后向传播算法

当已经有了一个神经网络的时候，即每一层的节点数和每一层的权重都确定时，可以利用这个模型来做什么呢？这和之前所介绍的各种机器学习模型是一样的，面对一个数据点（或特征向量）$\boldsymbol{x}_n = (x_1, x_2, \cdots, x_d)$，将其投放到已经建立起来的网络中就可以得到一个输出 $G(\boldsymbol{x}_n)$，这个值就相当于是模型给出的预测值。另一方面，对于收集到的数据集而言，

每一个 $\boldsymbol{x}_n$ 所对应的那个正确的分类结果 y_n 则是已知的。于是便可以定义模型预测值与实际观察值两者之间的误差为

$$e_n=[y_n-G(\boldsymbol{x}_n)]^2$$

最终的目标应该是让上述误差最小,同时又注意 $G(\boldsymbol{x}_n)$ 是一个关于权重 $w_{ij}^{(\ell)}$ 的函数,所以对于每个数据点都可算得一个

$$\frac{\partial e_n}{\partial w_{ij}^{(\ell)}}$$

当误差取得极小值时,上式所示的梯度应该为零。

注意神经网络中的每一层都有一组权重 $w_{ij}^{(\ell)}$,所以我们想知道的其实是最终的误差估计与之前每一个 $w_{ij}^{(\ell)}$ 的变动间的关系,这乍看起来确实有点令人无从下手,所以不妨来考虑最简单的一种情况,即考虑最后一层的权重 $w_{i1}^{(L)}$ 的变动对误差 e_n 的影响。

因为最后一层的索引是 L,而且输出节点只有一个,所以使用的标记是 $w_{i1}^{(L)}$,可见这种情况考虑起来要简单许多。特别地,根据 10.2.2 节的讨论,每层在激励函数作用之前的分数为 $s_j^{(\ell)}$。而最后一层设定是不做进行处理的,所以它的输出就是 $s_1^{(L)}$。于是对于最后一层而言,误差定义式就可以写成

$$e_n=[y_n-G(\boldsymbol{x}_n)]^2=[y_n-s_1^{(L)}]^2=\left[y_n-\sum_{i=0}^{d^{(L-1)}}w_{i1}^{(L)}x_i^{(L-1)}\right]^2$$

根据微积分中的链式求导法则可得下式,其中 $0\leqslant i\leqslant d^{(\ell-1)}$,

$$\frac{\partial e_n}{\partial w_{i1}^{(L)}}=\frac{\partial e_n}{\partial s_1^{(L)}}\frac{\partial s_1^{(L)}}{\partial w_{i1}^{(L)}}=-2\,[y_n-s_1^{(L)}]\,[x_i^{(L-1)}]$$

同理,可以推广到对于中间任一层有

$$\frac{\partial e_n}{\partial w_{ij}^{(\ell)}}=\frac{\partial e_n}{\partial s_j^{(\ell)}}\frac{\partial s_j^{(\ell)}}{\partial w_{ij}^{(\ell)}}=\delta_j^{(\ell)}\,[x_i^{(\ell-1)}]$$

其中,$1\leqslant\ell\leqslant L$;$0\leqslant i\leqslant d^{(\ell-1)}$;$1\leqslant j\leqslant d^{(\ell)}$。注意到上式的偏微分链中的第二项的计算方法与前面的一样,只是偏微分链中的第一项一时还无法计算,所以用符号 $\delta_j^{(\ell)}=\partial e_n/\partial s_j^{(\ell)}$ 表示每一层激励函数作用之前的分数对于最终误差的影响。最后一层的 $\delta_j^{(\ell)}$ 是已经算得的,即

$$\delta_1^{(L)}=-2\,[y_n-s_1^{(L)}]$$

于是现在的问题就变成了如何计算前面几层的 $\delta_j^{(\ell)}$。

既然 $\delta_j^{(\ell)}$ 表示的是每层激励函数作用之前的分数对于最终误差的影响,不妨来仔细分析每层的分数到底是如何影响最终误差的。从下面的转换过程可以看出,$s_j^{(\ell)}$ 经过一个神经元的转换后变成输出 $x_j^{(\ell)}$。然后,$x_j^{(\ell)}$ 在下一层的权重 $w_{jk}^{(\ell+1)}$ 的作用下,就变成了下一层中众多神经元的输入 $s_1^{(\ell+1)}\cdots s_k^{(\ell+1)}\cdots$,如此继续下去直到获得最终输出。

$$s_j^{(\ell)}\overset{\tanh}{\Rightarrow}x_j^{(\ell)}\overset{w_{jk}^{(\ell+1)}}{\Rightarrow}\begin{bmatrix}s_1^{(\ell+1)}\\ \vdots\\ s_k^{(\ell+1)}\\ \vdots\end{bmatrix}\Rightarrow\cdots\Rightarrow e_n$$

理清上述关系之后,就知道在计算 $\delta_j^{(\ell)}$ 时,其实是需要一条更长的微分链作为过渡,并再次使用 δ 标记对相应的部分做替换,即有

$$
\begin{aligned}
s_j^{(\ell)} &= \frac{\partial e_n}{\partial s_j^{(\ell)}} \\
&= \sum_{k=1}^{d^{(\ell+1)}} \frac{\partial e_n}{\partial s_k^{(\ell+1)}} \frac{\partial s_k^{(\ell+1)}}{\partial x_j^{(\ell)}} \frac{\partial x_j^{(\ell)}}{\partial s_j^{(\ell)}} \\
&= \sum_{k=1}^{d^{(\ell+1)}} \delta_k^{(\ell+1)} w_{jk}^{(\ell+1)} \left[\tanh'(s_j^{(\ell)})\right]
\end{aligned}
$$

这表明每一个 $\delta_j^{(\ell)}$ 可由其后面一层的 $\delta_k^{(\ell+1)}$ 算得，而最后一层的 $\delta_1^{(L)}$ 是前面已经算得的。于是从后向前便可逐层计算。这就是所谓的后向传播(Backward Propagation，BP)算法的基本思想。

后向传播算法是一种常被用来训练多层感知机的重要算法。它最早由美国科学家保罗·沃布斯(Paul Werbos)于1974年在其博士学位论文中提出，但最初并未受到学术界的重视。直到1986年，美国认知心理学家大卫·鲁梅哈特(David Rumelhart)、英裔计算机科学家杰弗里·辛顿(Geoffrey Hinton)和东北大学教授罗纳德·威廉姆斯(Ronald Williams)才在一篇论文中重新提出了该算法，并获得了广泛的注意，进而引起了人工神经网络领域研究的第二次热潮。

后向传播算法的主要执行过程是，首先对 $w_{ij}^{(\ell)}$ 进行初始化，即给各连接权值分别赋一个区间(−1,1)内的随机数，然后执行如下步骤：

(1) 随机选择一个 $n \in \{1,2,\cdots,N\}$；

(2) 前向：计算所有的 $x_i^{(\ell)}$，利用 $\boldsymbol{x}^{(0)}=\boldsymbol{x}_n$；

(3) 后向：由于最后一层的 $\delta_j^{(\ell)}$ 是已经算得，于是可以从后向前，逐层计算出所有的 $\delta_j^{(\ell)}$；

(4) 梯度下降法：$w_{ij}^{(\ell)} \leftarrow w_{ij}^{(\ell)} - \eta x_i^{(\ell-1)} \delta_j^{(\ell)}$。

当 $w_{ij}^{(l)}$ 更新到令 e_n 足够小时，即可得到最终的网络模型为

$$
G(\boldsymbol{x}) = \left\{\cdots \tanh\left[\sum\nolimits_j w_{jk}^{(2)} \tanh\left(\sum\nolimits_i w_{ij}^{(1)} \boldsymbol{x}_i\right)\right]\right\}
$$

考虑到实际中，上述方法的计算量有可能会比较大。一个可以考虑的优化思路，就是所谓的mini-batch法。此时，不再是随机选择一个点，而是随机选择一组点，然后并行地计算步骤(1)～步骤(3)。然后取一个 $x_i^{(\ell-1)}\delta_j^{(\ell)}$ 的平均值，并用该平均值来进行步骤(4)中的梯度下降更新。实践中，这个思路是非常值得推荐的一种方法。

10.3 神经网络实践

人工神经网络是一个非常复杂的话题，它的类型也有多种。前面所介绍的是其中比较基础的内容。本节将介绍使用scikit-learn中的类MLPClassifier(Multi-Layer Perceptron Classifier，多层感知机)构建简单的全连接前馈神经网络。为了方便对比，本节的实践数据集仍然采用第9章使用过的scikit-learn自带的手写数字数据集。

10.3.1 建模

准备工作与第9章的步骤相似：首先，使用scikit-learn下datasets模块下的load_

digits()方法导入数据集；然后，使用 reshape()方法将三维矩阵转化成二维形式；随后使用 model_selection 模块中的 train_test_split()方法，按 4：1 的比例将数据集划分成训练集和测试集；最后使用 preprocessing 模块下的 StandardScaler 类，对训练集和测试集的特征数据进行标准化处理。

```
from sklearn.neural_network import MLPClassifier
from sklearn.model_selection import train_test_split
from sklearn.preprocessing import StandardScaler
from sklearn.datasets import load_digits
import numpy as np

# 加载数据集
digits = load_digits()

# 区分特征和标注
X_raw = digits.images
Y = digits.target

# 将原始三维矩阵转化成二维矩阵
X = X_raw.reshape(X_raw.shape[0], -1)

# 将原始数据划分成训练和测试集两个部分
X_train, X_test, Y_train, Y_test = train_test_split(X, Y, test_size=0.2)

# 归一化原始数据
scaler = StandardScaler()
X_train = scaler.fit_transform(X_train)
X_test = scaler.transform(X_test)
```

接下来开始构建神经网络模型。MLPClassifier 类在 scikit-learn 下神经网络模块 neural_network 中。很简单，跟之前一样声明一个 MLPClassifier 类的实例，并设置一些模型训练相关的必要参数。然后，调用实例的 fit()方法设置训练数据集和标注数据，完成模型训练。

```
# 训练模型
clf = MLPClassifier(hidden_layer_sizes=(20,20),
                    activation='relu', solver='adam', max_iter=1000, alpha=0.7)
clf.fit(X_train, Y_train)
```

MLPClassifier 的第一个参数 hidden_layer_sizes 接收元组数据，指定神经网络的隐藏层结构，元组的第 i 个分量代表第 i 层的神经元数量。注意，此参数仅能指定隐藏层的结构，输入层和输出层是由训练数据集决定的无法直接指定。若不指定此参数，默认只有一个隐藏层，包含 100 个神经元。因此，上述代码构建的神经网络有两个隐藏层，各有 20 个神经元。

第二参数 activation 接收字符串，指定神经网络使用的激活函数。可供选择的激活函数有四种："identity""logistic""tanh"和"relu"。其中 identity 即无激活函数，常用于实现线

性“瓶颈”(Bottleneck)型的神经网络,比如自编码器(Auto-Encoder);logistic 即使用 Logistic 回归中的 sigmoid 函数为激活函数;最后两个是最为常用的激活函数,其中 tanh 为双曲正切函数(Hyperbolic Tan Function),relu 为修正线性单元函数(Rectified Linear Unit Function)。此参数的默认取值为 relu,上述代码中也采用 relu 作为激活函数。注意,此处指定的激活函数适用于所有隐藏层,并不支持不同层采用不同的激活函数。

第三个参数相信大家已经比较熟悉了,solver 参数指定模型训练时使用的优化方法。备选项有“lbfgs”“sgd”和“adam”。上例中采用默认优化算法 adam。第四个参数 max_iter 指定训练时的最大迭代轮次,此处设置为 1000。最后一个参数 alpha,指定的是模型正则项的权重,默认值为 0.0001,上例中增大了正则项的权重防止模型过拟合。注意,MLPClassifier 实现的神经网络中默认使用 L2 正则,且不能修改。

接下来,使用模型的 score()方法简单评估模型在训练集和测试集上的分类效果。

```
test_score = clf.score(X_test, Y_test)
train_score = clf.score(X_train, Y_train)
print("Test score with L2 penalty: %.4f" % test_score)
print("Train score with L2 penalty: %.4f" % train_score)

# 以下为打印内容
Test score with L2 penalty: 0.9889
Train score with L2 penalty: 1.0
```

可以发现,模型在训练集上达到了 100%的准确率,也就是完美拟合了训练数据集。与此同时,其在测试集的平均准确率也达到了 98.89%。细心的朋友应该注意到了,第 9 章中 Softmax 模型在测试集上的平均准确率为 95.56%,而在训练集上的平均准确率为 99.44%。显然,在 Softmax 准确率已经大于 95%的情况下,还能将准确率提升 3%的神经网络性能更为强大。更有意思的一点是,神经网络模型已经完全拟合了训练集,而 Softmax 离完全拟合还差一点。

10.3.2 Softmax 与神经网络

事实上,第 9 章介绍的 Softmax 模型可以被看作是输出层为 softmax 函数的单隐层全连接前馈神经网络。回顾一下 Softmax 模型的形式如下:

$$P(y=j \mid \boldsymbol{x})=\frac{\mathrm{e}^{W_j \cdot x}}{\sum_{k=1}^{J} \mathrm{e}^{W_k \cdot x}}$$

计算每一个类别 j 的概率,实际上就是先求得线性组合 $\boldsymbol{w}_j \cdot \boldsymbol{x}$ 取值,然后代入 softmax 函数 $\frac{\mathrm{e}^{z_j}}{\sum_{k=1}^{J} \mathrm{e}^{z_k}}$ 中的 $\boldsymbol{z}_j$,分母部分在得到所有类别的线性组合取值后很容易计算。

如果把单层全连接的前馈神经网络(Softmax 模型)图画出来,那么它具有如图 10-12 所示的形式(假设每个数据点的特征向量维度是 3,而且分类结果也只有 3 种,注意特征向量的维度和分类结果的种类可以不同,例如前面给出的手写数字分类的例子中,输入图像

的向量大小是 64,分类结果有 10 种)。

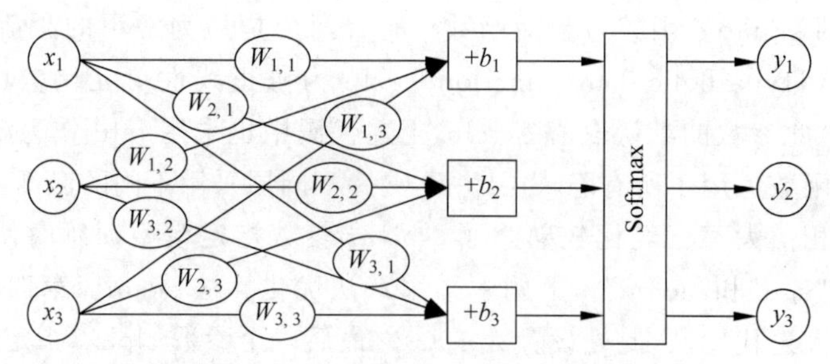

图 10-12　Softmax 模型的神经网络结构

如果把所有的方程合在一起写出方程组的形式,则有如图 10-13 所示的样子:

$$\begin{bmatrix} y_1 \\ y_2 \\ y_3 \end{bmatrix} = \text{Softmax}\begin{pmatrix} W_{1,1}x_1 + W_{1,2}x_2 + W_{1,3}x_3 + b_1 \\ W_{2,1}x_1 + W_{2,2}x_2 + W_{2,3}x_3 + b_2 \\ W_{3,1}x_1 + W_{3,2}x_2 + W_{3,3}x_3 + b_3 \end{pmatrix}$$

图 10-13　Softmax 模型的方程组形式

或者也可以用矩阵的形式来表示成图 10-14 所示的样子,且该矩阵表达相当于 $\boldsymbol{y}=\text{Softmax}(\boldsymbol{Wx}+\boldsymbol{b})$:

$$\begin{bmatrix} y_1 \\ y_2 \\ y_3 \end{bmatrix} = \text{Softmax}\left(\begin{bmatrix} W_{1,1} & W_{1,2} & W_{1,3} \\ W_{2,1} & W_{2,2} & W_{2,3} \\ W_{3,1} & W_{3,2} & W_{3,3} \end{bmatrix} \cdot \begin{bmatrix} x_1 \\ x_2 \\ x_3 \end{bmatrix} + \begin{bmatrix} b_1 \\ b_2 \\ b_3 \end{bmatrix}\right)$$

图 10-14　Softmax 模型的矩阵形式

这样一来,就很容易理解 10.3.1 节中构建的双隐层神经网络效果优于 Softmax 模型的原因了。毕竟 Softmax 模型只有一个包含 10 个神经元(10 个类别)的隐藏层,而上例中有两个分别包含 20 个神经元的隐藏层。更复杂的模型结构使得多层神经网络的表征能力更强,效果自然也更好。相应地,更复杂的网络结构更容易引起过拟合,这也是我们将 alpha 参数的取值调整到了 0.7 的原因。

第 11 章

支持向量机与核方法

支持向量机(Support Vector Machine, SVM)是统计机器学习和数据挖掘中常用的一种分类模型。它在自然语言处理、计算机视觉以及生物信息学中都有重要应用。

与本章内容相关的数学概念包括拉格朗日乘数法、凸函数与凸优化、正定矩阵与半正定矩阵、Gram 矩阵、Hilbert 空间、内积。

11.1 线性可分的支持向量机

构建线性可分情况下的支持向量机所考虑的情况最为简单。所谓线性可分的情况,直观上理解,就如同各种线性分类器模型中的示例一样,两个集合之间是彼此没有交叠的。在这种情况下,通常一个简单的线性分类器就能胜任分类任务。

11.1.1 函数距离与几何距离

给定一些数据点,它们分别属于两个不同的类,现在要找到一个线性分类器把这些数据分成两类。如果用 $\boldsymbol{x}$ 表示数据点,用 y 表示类别(y 可以取 1 或者 -1,分别代表两个不同的类),一个线性分类器的学习目标便是在 n 维的数据空间中找到一个超平面,这个超平面的方程可以表示为

$$\boldsymbol{w}^{\mathrm{T}}\boldsymbol{x}+b=0$$

超平面是直线概念在高维上的拓展。通常直线的一般方程可以写为 $w_1x_1+w_2x_2+b=0$,拓展到三维上,就得到平面的方程 $w_1x_1+w_2x_2+w_3x_3+b=0$。所以可以定义高维上的超平面为 $\sum_{i=1}^{n} w_ix_i+b=0$。上面给出的超平面方程仅仅是采用向量形式来描述的超平面方程。

在使用逻辑回归来进行分类时,若 $h_\beta(X)>0.5$,就将待分类的属性归为 $Y=1$ 的类;

反之就被归为 $Y=0$ 类。类似地，此时希望把分类标签换成 $y=1$ 和 $y=-1$，于是可以规定当 $\boldsymbol{w}^{\mathrm{T}}\boldsymbol{x}+b>0$ 时，$h_{w,b}(\boldsymbol{x})=g(\boldsymbol{w}^{\mathrm{T}}\boldsymbol{x}+b)$ 就映射到 $y=1$ 的类别；否则被映射到 $y=-1$ 的类别。

接下来就以最简单的二维情况为例来说明基于超平面的线性分类器。现在有一个二维平面，平面上有两种不同的数据，分别用圆圈和方框来表示，如图 11-1 所示。由于这些数据是线性可分的，所以可以用一条直线将这两类数据分开，这条直线就相当于一个超平面（因为在二维的情况下超平面方程就是一个直线方程），超平面一边的数据点所对应的 y 全是 1，另一边所对应的 y 全是 -1。

这个基于超平面的分类模型可以用 $f(\boldsymbol{x})=\boldsymbol{w}^{\mathrm{T}}\boldsymbol{x}+b$ 来描述，当 $f(\boldsymbol{x})$ 等于 0 的时候，$\boldsymbol{x}$ 便是位于超平面上的点，而 $f(\boldsymbol{x})$ 大于 0 的点对应 $y=1$ 的数据点，$f(\boldsymbol{x})$ 小于 0 的点对应 $y=-1$ 的点，如图 11-2 所示。

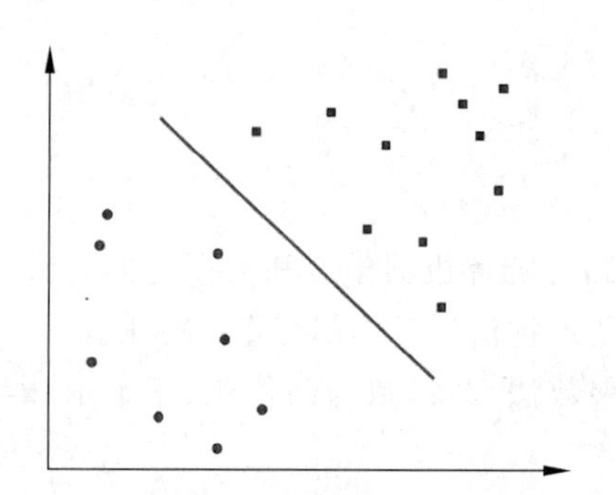

图 11-1　二维情况下基于超平面的线性分类器

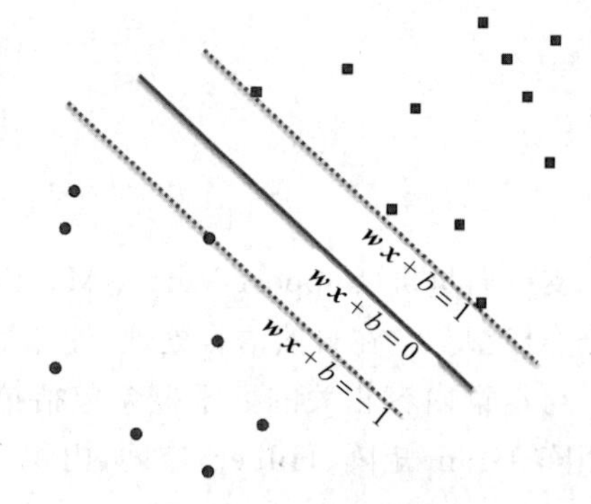

图 11-2　分类模型举例

这里 y 仅仅是一个分类标签，二分时 y 就取两个值，严格来说，这两个值是可以任意取的，就如同使用 Logistic 回归进行分类时，选取的标签是 0 和 1 一样。但是在使用支持向量机求解二分类问题时，其目标是求一个特征空间的超平面，而被超平面分开的两个类，它们所对应的超平面的函数值的符号应该是相反的，因此为了使问题足够简单，使用 1 和 -1 就成为理所应当的选择了。

如果有了超平面，二分类问题就得以解决。那么超平面又该如何确定呢？直观上看，这个超平面应该是既能将两类数据正确划分，又能使得其自身距离两边的数据的间隔最大的直线。

在超平面 $\boldsymbol{w}^{\mathrm{T}}\boldsymbol{x}+b=0$ 确定的情况下，数据集中的某一点 $\boldsymbol{x}$ 到该超平面的距离可以通过多种方式来定义。再次强调，这里 $\boldsymbol{x}$ 表示一个向量，如果是二维平面，那么它应该是 (x_{10}, x_{20}) 这样的坐标形式。

首先，分类超平面的方程可以写为 $h(\boldsymbol{x})=0$。过点 (x_{10}, x_{20}) 做一个与 $h(\boldsymbol{x})=0$ 相平行的超平面，如图 11-3 所示，那么这个与分类超平面相平行的平面方程可以写成 $f(\boldsymbol{x})=c$，其中 $c\neq 0$。

不妨考虑用 $|f(\boldsymbol{x})-h(\boldsymbol{x})|$ 定义点 (x_{10}, x_{20}) 到 $h(\boldsymbol{x})$ 的距离。而且又因 $h(\boldsymbol{x})=0$，则有 $|f(\boldsymbol{x})-h(\boldsymbol{x})|=|f(\boldsymbol{x})|$。通过观察可以发现，$f(\boldsymbol{x})$ 的值与分类标记 y 的值总是具有相同的符号，且 $|y|=1$，所以可以通过两者相乘来去掉绝对值符号。由此便引出了函数距离

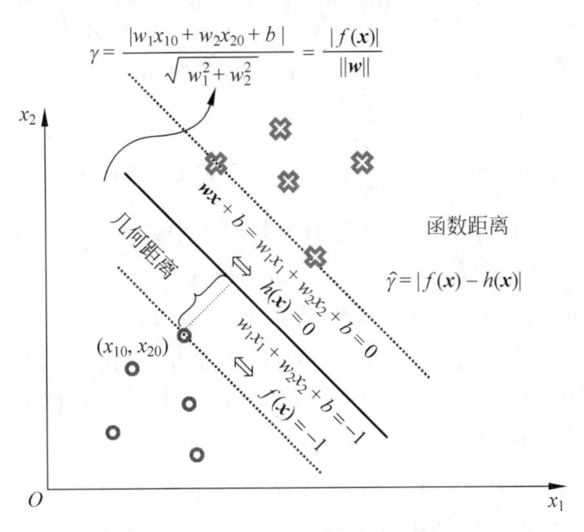

图 11-3 函数距离与几何距离

(Functional Margin)的定义

$$\hat{\gamma}=yf(\boldsymbol{x})=y(\boldsymbol{w}^{\mathrm{T}}\boldsymbol{x}+b)$$

但这个距离定义还不够完美。从解析几何的角度来说，$w_1x_1+w_2x_2+b=0$ 的平行线可以具有类似 $w_1x_1+w_2x_2+b=c$ 的形式，即 $h(\boldsymbol{x})$和 $f(\boldsymbol{x})$具有相同的表达式(都为 $\boldsymbol{w}^{\mathrm{T}}\boldsymbol{x}+b$)，只是两个超平面方程相差等式右端的一个常数值。

另外一种情况，即当 $\boldsymbol{w}$ 和 b 都等比例地变化时，所得的依然是平行线，例如 $2w_1x_1+2w_2x_2+2b=2c$。但这时如果使用函数距离的定义来描述点到超平面的距离，结果就会得到一个被放大的距离，但事实上，点和分类超平面都没有移动。

于是应当考虑采用几何距离(Geometrical Margin)描述某一点到分类超平面的距离。根据解析几何中点到直线的距离公式，并同样通过与分类标记 y 相乘来去掉绝对值符号，由此引出点 $\boldsymbol{x}$ 到分类超平面的几何距离为

$$\gamma=\frac{|f(\boldsymbol{x})|}{\|\boldsymbol{w}\|}=\frac{yf(\boldsymbol{x})}{\|\boldsymbol{w}\|}$$

易见，几何距离就是函数距离除以 $\|\boldsymbol{w}\|$。

11.1.2 最大间隔分类器

对一组数据点进行分类时，显然超平面离数据点的“间隔”越大，分类的结果就越可靠。于是，为了使得分类结果的可靠程度尽量高，需要让所选择的超平面能够最大化这个“间隔”值。

过集合的一点并使整个集合在其一侧的超平面，就称为支持超平面。如图 11-4 所示，被圆圈标注的点被称为支持向量，过支持向量并使整个集合在其一侧的虚线就是我们所做的支持超平面。后面会解释如何确定支持超平面。但现在从图中很容易看出，均分两个支持超平面间距离的超平面就应当是最终被确定为分类标准的超平面，或称最大间隔分类器。现在的任务就变成了寻找支持向量，然后构造超平面。注意我们最终的目的是构造分类超平面，而不是支持超平面。

前面已经得出结论，几何距离非常适合用来描述一点到分类超平面的距离。所以，这里要找的最大间隔分类超平面中的"间隔"指的是几何距离。由此定义最大间隔分类器(Maximum Margin Classifier)的目标函数为

$$\underset{w,b}{\operatorname{argmax}}\left\{\frac{1}{\|\boldsymbol{w}\|}\min_{n}\left[y_n(\boldsymbol{w}^{\mathrm{T}}\boldsymbol{x}+b)\right]\right\}$$

下面来解读一下这个目标函数。现在训练数据集中共有 n 个点，按照图 11-5 所示的情况，这里 $n=3$。这 3 个点分别是 A、B 和 C。当参数 $\boldsymbol{w}$ 和 b 确定时，显然就得到了一个线性分类器，如图 11-5 中的 l_1。现在可以确定数据集中各个点到直线 l_1 的几何距离分别为 $|AA_1|$、$|BB_1|$ 和 $|CC_1|$。然后选其中几何距离最小的那个(从图 11-5 中来看应该是 $|BB_1|$)作为衡量数据集到该直线的距离。然后我们又希望数据集到分类器的距离最大化。也就是说，当参数 $\boldsymbol{w}$ 和 b 取不同值时，可以得到很多个 l，例如图 11-5 中的 l_1 和 l_2。那么到底该选哪条直线作为最终的分类器呢？显然应该选择使得数据集到分类器的间隔最大的那条直线作为分类器。可以看出，数据集中的所有点到 l_1 的几何距离最短的应该是 B 点，到 l_2 的几何距离最短的同样是 B 点。而 B 点到 l_1 的距离 $|BB_1|$ 又小于 B 点到 l_2 的距离 $|BB_2|$，所以选择 l_2 作为最终的最大间隔分类器就是更合理的。而且在这个过程中，其实也是选定了 B 来作为支持向量。注意，支持向量不一定只有一个，也有可能是多个，即如果一些点达到最大间隔分类器的距离都是相等的，那么它们就都会同时成为支持向量。

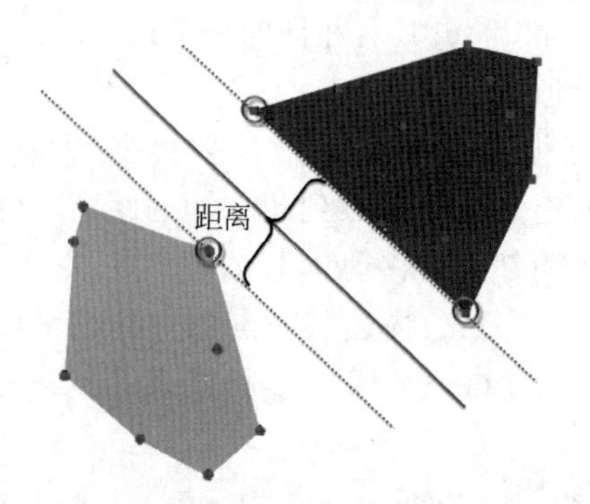

图 11-4 支持超平面

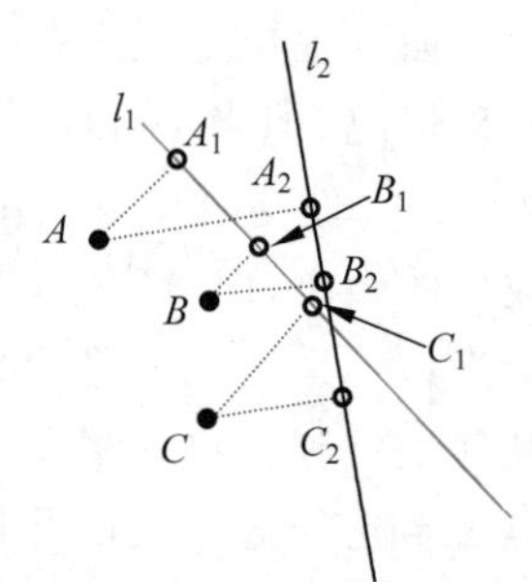

图 11-5 最大间隔分类器

事实上，通常会令支持超平面(就是过支持向量且与最大间隔分类器平行的超平面)到最大间隔分类超平面的函数距离为 1，如图 11-2 所示。这里需要理解的地方主要有两个。第一，支持超平面到最大间隔分类超平面的函数距离可以通过线性变换而得到任意值。继续使用前面曾经用过的记法，我们知道 $h(\boldsymbol{x})=\boldsymbol{w}^{\mathrm{T}}\boldsymbol{x}+b=0$ 就是最大间隔分类超平面的方程，而 $f(\boldsymbol{x})=\boldsymbol{w}^{\mathrm{T}}\boldsymbol{x}+b=c$ 就是支持超平面的方程。这两个超平面之间的函数距离就是 $yf(\boldsymbol{x})=yc$。前面曾经演示过，通过线性变换，c 的取值并不固定。例如，可以将所有的参数都放大两倍，得到 $h'(\boldsymbol{x})=2\boldsymbol{w}^{\mathrm{T}}\boldsymbol{x}+2b=0$，因为 $f'(\boldsymbol{x})$ 只要保证与 $h'(\boldsymbol{x})$ 平行即可，那么显然 $f'(\boldsymbol{x})=2\boldsymbol{w}^{\mathrm{T}}\boldsymbol{x}+2b=2c$，于是两个超平面间的函数距离就变成了 $yf'(\boldsymbol{x})=2yc$。可见，这个函数距离通过线性变换其实可以是任意值，而此处就选定 1 作为它们的函数距离。第二，之所以选择 1 作为两个超平面间的函数距离，主要是为了方便后续的推导和优化。

若选定 1 作为支持超平面到最大间隔分类超平面的函数距离，其实就指明了支持超平面的方程应为 $f(\boldsymbol{x})=\boldsymbol{w}^{\mathrm{T}}\boldsymbol{x}+b=1$ 或者 $f(\boldsymbol{x})=\boldsymbol{w}^{\mathrm{T}}\boldsymbol{x}+b=-1$。数据集中除了支持向量以

外的其他点所确定的超平面到最大间隔分类超平面的函数距离将都是大于1的，即前面给出的目标函数还需满足的下面这个条件

$$y_i(\boldsymbol{w}^{\mathrm{T}}\boldsymbol{x}_i+b)\geqslant 1,\quad i=1,2,\cdots,n$$

显然它的最小值就是1，所以原来的目标函数就得到了下面这个简化的表达式

$$\max\frac{1}{\|\boldsymbol{w}\|}$$

这表示求解最大间隔分类超平面的过程就是最大化支撑超平面到分类超平面两者间几何距离的过程。

11.1.3 拉格朗日乘数法

在得到目标函数后，分类超平面的建立过程就转化成了一个求极值的最优化问题。

通常，需要求解的最优化问题主要包含有3类。首先是无约束优化问题，可以写为

$$\min f(x)$$

对于这一类的优化问题，常常的解法就是运用费马定理，即使用求取函数 $f(x)$ 的导数，然后令其为零，可以求得候选最优值，再在这些候选值中进行验证；而且如果 $f(x)$ 是凸函数，则可以保证所求值就是最优解。

其次是有等式约束的优化问题，可以写为

$$\begin{aligned}&\min f(x)\\&\text{s.t.}\ h_i(x)=0,\quad i=1,2,\cdots n\end{aligned}$$

对于此类的优化问题，常常使用的方法是拉格朗日乘子法，即用一个系数 λ_i 把等式约束 $h_i(x)$ 和目标函数 $f(x)$ 组合成一个新式子，称为拉格朗日函数，而系数 λ_i 称为拉格朗日乘子，即写成如下形式：

$$\mathcal{L}(x,\boldsymbol{\lambda})=f(x)+\sum_{i=1}^{n}\lambda_i h_i(x)$$

然后通过拉格朗日函数对各个变量求导，令其为零，可以求得候选值集合，然后验证求得最优值。

最后是有不等式约束的优化问题，可以写为

$$\begin{aligned}&\min f(x)\\&\text{s.t.}\ h_i(x)=0,\quad i=1,2,\cdots,n\\&g_i(x)\leqslant 0,\quad i=1,2,\cdots,k\end{aligned}$$

统一的形式能够简化推导过程中不必要的复杂性。而其他形式都可以归约到这样的标准形式。例如，假设目标函数是 $\max f(x)$，那么就可以将其转化为 $-\min f(x)$。

虽然约束条件能够帮助我们减小搜索空间，但如果约束条件本身就具有比较复杂的形式，那么仍然会显得有些麻烦。于是，希望把带有不等式约束的优化问题转化为仅有等式约束的优化问题。为此定义广义拉格朗日函数如下：

$$\mathcal{L}(x,\boldsymbol{\lambda},\upsilon)=f(x)+\sum_{i=1}^{k}\lambda_i g_i(x)+\sum_{i=1}^{n}\upsilon_i h_i(x)$$

它通过一些系数把约束条件和目标函数结合在了一起。令

$$z(x)=\max_{\boldsymbol{\lambda}\geqslant 0,\upsilon}\mathcal{L}(x,\boldsymbol{\lambda},\upsilon)$$

注意上式中，$\boldsymbol{\lambda}\geqslant 0$ 的意思是向量$\boldsymbol{\lambda}$ 的每一个元素 λ_i 都是非负的。函数 $z(x)$对于满足原始问题约束条件的那些 x 来说，其值都等于 $f(x)$。这很容易验证，因为满足约束条件的 x 会使得 $h_i(x)=0$，因此最后一项就消掉了。而 $g_i(x)\leqslant 0$，并且要求$\boldsymbol{\lambda}\geqslant 0$，于是 $\lambda_i g_i(x)\leqslant 0$，那么最大值只能在它们都取零的时候得到，此时就只剩下 $f(x)$了。所以我们知道对于满足约束条件的那些 x 来说，必然有 $f(x)=z(x)$。这样一来，原始的带约束的优化问题其实等价于如下的无约束优化问题

$$\min_x z(x)$$

如果原始问题有最优值，那么肯定是在满足约束条件的某个 x^* 取得，而对于所有满足约束条件的 x，$z(x)$和 $f(x)$都是相等的。至于那些不满足约束条件的 x，原始问题是无法取到的，否则极值问题无解。很容易验证对于这些不满足约束条件的 x 有 $z(x)\to\infty$，这和原始问题也是一致的，因为求最小值得到无穷大可以和"无解"看作是等同的。

至此，已经成功地把带不等式约束的优化问题转化为了仅有等式约束的问题。而且，这个过程其实只是一个形式上的重写，并没有什么本质上的改变。我们只是把原来的问题通过拉格朗日方程写成了如下形式：

$$\min_x \max_{\boldsymbol{\lambda}\geqslant 0,\upsilon} \mathcal{L}(x,\boldsymbol{\lambda},\upsilon)$$

上述这个问题(或者说最开始那个带不等式约束的优化问题)也称作原始问题(Primal Problem)。相对应的还有一个对偶问题(Dual Problem)，其形式与之非常类似，只是把 min 和 max 交换了一下，即

$$\max_{\boldsymbol{\lambda}\geqslant 0,\upsilon} \min_x \mathcal{L}(x,\boldsymbol{\lambda},\upsilon)$$

交换之后的对偶问题和原来的原始问题并不一定等价。为了进一步分析这个问题，和刚才的 $z(x)$类似，也用一个记号来表示内层的这个函数，记为

$$y(\boldsymbol{\lambda},\upsilon)=\min_x \mathcal{L}(x,\boldsymbol{\lambda},\upsilon)$$

并称，$y(\boldsymbol{\lambda},\upsilon)$为拉格朗日对偶函数。该函数的一个重要性质即它是原始问题的一个下界。换言之，如果原始问题的最小值记为 p^*，那么对于所有的$\boldsymbol{\lambda}\geqslant 0$ 和 υ 来说，都有

$$y(\boldsymbol{\lambda},\upsilon)\leqslant p^*$$

因为对于极值点(实际上包括所有满足约束条件的点)x^*，注意到 $\lambda\geqslant 0$，总是有

$$\sum_{i=1}^{k}\lambda_i g_i(x^*)+\sum_{i=1}^{n}\upsilon_i h_i(x^*)\leqslant 0$$

因此

$$\mathcal{L}(x^*,\boldsymbol{\lambda},\upsilon)=f(x^*)+\sum_{i=1}^{k}\lambda_i g_i(x^*)+\sum_{i=1}^{n}\upsilon_i h_i(x^*)\leqslant f(x^*)$$

进而有

$$y(\boldsymbol{\lambda},\upsilon)=\min_x \mathcal{L}(x,\boldsymbol{\lambda},\upsilon)\leqslant \mathcal{L}(x^*,\boldsymbol{\lambda},\upsilon)\leqslant f(x^*)=p^*$$

也就是说

$$\max_{\boldsymbol{\lambda}\geqslant 0,\upsilon} y(\boldsymbol{\lambda},\upsilon)$$

实际上就是原始问题的下确界。现在记对偶问题的最优解为 d^*，那么根据上述推导就可以得出如下性质：

$$d^*\leqslant p^*$$

这个性质叫作弱对偶性(Weak Duality),对于所有的优化问题都成立。其中 p^*-d^* 被称作对偶性间隔(Duality Gap)。需要注意的是,无论原始是什么形式,对偶问题总是一个凸优化的问题,即如果它的极值存在,则必是唯一的。这样一来,对于那些难以求解的原始问题,可以设法找出它的对偶问题,再通过优化这个对偶问题来得到原始问题的一个下界估计。或者说我们甚至都不用去优化这个对偶问题,而是(通过某些方法,例如随机)选取一些 $\boldsymbol{\lambda}\geqslant 0$ 和 υ,代入 $y(\boldsymbol{\lambda},\upsilon)$ 中,这样也会得到一些下界(但不一定是下确界)。

另一方面,读者应该很自然地会想到既然有弱对偶性,就势必会有强对偶性(Strong Duality)。所谓强对偶性,就是

$$d^*=p^*$$

在强对偶性成立的情况下,可以通过求解对偶问题来优化原始问题。后面会看到在支持向量机的推导中就是这样操作的。当然并不是所有的问题都能满足强对偶性。

为了对问题做进一步的分析,不妨来看看强对偶性成立时的一些性质。假设 x^* 和 (λ^*,υ^*) 分别是原始问题和对偶问题的极值点,相应的极值为 p^* 和 d^*。如果 $d^*=p^*$,则此时有

$$\begin{aligned}
f(x^*)&=y(\lambda^*,\upsilon^*)\\
&=\min_x\left[f(x)+\sum_{i=1}^{k}\lambda_i^*g_i(x)+\sum_{i=1}^{n}\upsilon_i^*h_i(x)\right]\\
&\leqslant f(x^*)+\sum_{i=1}^{k}\lambda_i^*g_i(x^*)+\sum_{i=1}^{n}\upsilon_i^*h_i(x^*)\\
&\leqslant f(x^*)
\end{aligned}$$

由于两边是相等的,所以这一系列的式子里的不等号全部都可以换成等号。根据第一个不等号可以得到 x^* 是 $\mathcal{L}(x,\lambda^*,\upsilon^*)$ 的一个极值点,由此可以知道 $\mathcal{L}(x,\lambda^*,\upsilon^*)$ 在 x^* 处的梯度应该等于0,即

$$\nabla f(x^*)+\sum_{i=1}^{k}\lambda_i^*\ \nabla g_i(x^*)+\sum_{i=1}^{n}\upsilon_i^*\ \nabla h_i(x^*)=0$$

此外,由第二个不等式,又显然 $\lambda_i^*g_i(x^*)$ 都是非正的,因此可以得到

$$\lambda_i^*g_i(x^*)=0,\quad i=1,2,\cdots,k$$

另外,如果 $\lambda_i^*>0$,那么必定有 $g_i(x^*)=0$;反过来,如果 $g_i(x^*)<0$,那么可以得到 $\lambda_i^*=0$。这个条件在后续关于支持向量机的讨论中将被用来证明那些非支持向量(对应于 $g_i(x^*)<0$)所对应的系数都为零。再将其他一些显而易见的条件写到一起,便得出了所谓的KKT(Karush-Kuhn-Tucker)条件:

$$\begin{aligned}
&h_i(x^*)=0,\quad i=1,2,\cdots,n\\
&g_i(x^*)\leqslant 0,\quad i=1,2,\cdots,k\\
&\lambda_i^*\geqslant 0,\quad i=1,2,\cdots,k\\
&\lambda_i^*g_i(x^*)=0,\quad i=1,2,\cdots,k\\
&\nabla f(x^*)+\sum_{i=1}^{k}\lambda_i^*\ \nabla g_i(x^*)+\sum_{i=1}^{n}\upsilon_i^*\ \nabla h_i(x^*)=0
\end{aligned}$$

任何满足强对偶性的问题都满足KKT条件,换句话说,这是强对偶性的一个必要条

件。不过，当原始问题是凸优化问题的时候，KKT 就可以升级为充要条件。换句话说，如果原始问题是一个凸优化问题，且存在 x^* 和 (λ^*, υ^*) 满足 KKT 条件，那么它们分别是原始问题和对偶问题的极值点并且强对偶性成立。其证明也比较简单，首先，如果原始问题是凸优化问题，那么

$$y(\boldsymbol{\lambda}, \upsilon) = \min_x \mathcal{L}(x, \boldsymbol{\lambda}, \upsilon)$$

的求解对每一组确定的 $(\boldsymbol{\lambda}, \upsilon)$ 来说也是一个凸优化问题，由 KKT 条件的最后一个式子，知道 x^* 是 $\min\limits_x \mathcal{L}(x, \lambda^*, \upsilon^*)$ 的极值点（如果不是凸优化问题，则不一定能推导出来），即

$$\begin{aligned} y(\lambda^*, \upsilon^*) &= \min_x \mathcal{L}(x, \lambda^*, \upsilon^*) \\ &= \mathcal{L}(x^*, \lambda^*, \upsilon^*) \\ &= f(x^*) + \sum_{i=1}^{k} \lambda_i^* g_i(x^*) + \sum_{i=1}^{n} \upsilon_i^* h_i(x^*) \\ &= f(x^*) \end{aligned}$$

最后一个式子是根据 KKT 条件的第二和第四个条件得到的。由于 y 是 f 的下界，如此一来，便证明了对偶性间隔为零，即强对偶性成立。

11.1.4 对偶问题的求解

接着考虑之前得到的目标函数

$$\max \frac{1}{\|\boldsymbol{w}\|}$$
$$\text{s.t. } y_i(\boldsymbol{w}^{\mathrm{T}} \boldsymbol{x}_i + b) \geqslant 1, \quad i = 1, 2, \cdots, n$$

根据 11.1.3 节讨论的内容，现在设法将上式转换为标准形式，即将求最大值转换为求最小值。由于求 $1/\|\boldsymbol{w}\|$ 的最大值与求 $\|\boldsymbol{w}\|^2/2$ 的最小值等价，所以上述目标函数就等价于

$$\min \frac{1}{2} \|\boldsymbol{w}\|^2$$
$$\text{s.t. } y_i(\boldsymbol{w}^{\mathrm{T}} \boldsymbol{x}_i + b) \geqslant 1, \quad i = 1, 2, \cdots, n$$

现在的目标函数是二次的，约束条件是线性的，所以它是一个凸二次规划问题。更重要的是，由于这个问题的特殊结构，还可以通过拉格朗日对偶性将原始问题的求解变换到对偶问题的求解，从而得到等价的最优解。这就是线性可分条件下支持向量机的对偶算法，这样做的优点在于：一是对偶问题往往更容易求解；二是可以很自然地引入核函数，进而推广到非线性分类问题。

根据 11.1.3 节所讲的方法，给每个约束条件加上一个拉格朗日乘子 $\boldsymbol{\alpha}$，定义广义拉格朗日函数

$$\mathcal{L}(\boldsymbol{w}, b, \boldsymbol{\alpha}) = \frac{1}{2} \|\boldsymbol{w}\|^2 - \sum_{i=1}^{k} \alpha_i [y_i(\boldsymbol{w}^{\mathrm{T}} \boldsymbol{x}_i + b) - 1]$$

上述问题可以改写成

$$\min_{\boldsymbol{w}, b} \max_{\alpha_i \geqslant 0} \mathcal{L}(\boldsymbol{w}, b, \boldsymbol{\alpha}) = p^*$$

可以验证原始问题是满足 KKT 条件的，所以原始问题与下列对偶问题等价

$$\max_{\alpha_i \geqslant 0} \min_{\boldsymbol{w}, b} \mathcal{L}(\boldsymbol{w}, b, \boldsymbol{\alpha}) = d^*$$

易知，p^* 表示原始问题的最优值，且与最初的问题是等价的。如果直接求解，那么一上来便要面对 $\boldsymbol{w}$ 和 b 两个参数，而 α_i 又是不等式约束，这个求解过程比较麻烦。在满足 KKT 条件的情况下，可以将其转换到与之等价的对偶问题，这样问题求解的复杂性就被大大降低了。

下面求解对偶问题。首先固定 $\boldsymbol{\alpha}$，要让 $\mathcal{L}$ 关于 $\boldsymbol{w}$ 和 b 取最小，则分别对两者求偏导数，并令偏导数等于零，即

$$\frac{\partial \mathcal{L}}{\partial \boldsymbol{w}} = 0 \Rightarrow \sum_{i=1}^{k} \alpha_i y_i \boldsymbol{x}_i = \boldsymbol{w}$$

$$\frac{\partial \mathcal{L}}{\partial b} = 0 \Rightarrow \sum_{i=1}^{k} \alpha_i y_i = 0$$

将上述结果代入之前的 $\mathcal{L}$，则有

$$\begin{aligned}
\mathcal{L}(\boldsymbol{w}, b, \boldsymbol{\alpha}) &= \frac{1}{2}\|\boldsymbol{w}\|^2 - \sum_{i=1}^{k} \alpha_i [y_i(\boldsymbol{w}^{\mathrm{T}}\boldsymbol{x}_i + b) - 1] \\
&= \frac{1}{2}\boldsymbol{w}^{\mathrm{T}}\boldsymbol{w} - \sum_{i=1}^{k}\alpha_i y_i \boldsymbol{w}^{\mathrm{T}}\boldsymbol{x}_i - \sum_{i=1}^{k}\alpha_i y_i b + \sum_{i=1}^{k}\alpha_i \\
&= \frac{1}{2}\boldsymbol{w}^{\mathrm{T}}\sum_{i=1}^{k}\alpha_i y_i \boldsymbol{x}_i - \sum_{i=1}^{k}\alpha_i y_i \boldsymbol{w}^{\mathrm{T}}\boldsymbol{x}_i - b\sum_{i=1}^{k}\alpha_i y_i + \sum_{i=1}^{k}\alpha_i \\
&= -\frac{1}{2}\left(\sum_{i=1}^{k}\alpha_i y_i \boldsymbol{x}_i\right)^{\mathrm{T}}\sum_{i=1}^{k}\alpha_i y_i \boldsymbol{x}_i - b \cdot 0 + \sum_{i=1}^{k}\alpha_i \\
&= -\frac{1}{2}\sum_{i=1}^{k}\alpha_i y_i (\boldsymbol{x}_i)^{\mathrm{T}}\sum_{i=1}^{k}\alpha_i y_i \boldsymbol{x}_i + \sum_{i=1}^{k}\alpha_i \\
&= \sum_{i=1}^{k}\alpha_i - \frac{1}{2}\sum_{i,j=1}^{k}\alpha_i\alpha_j y_i y_j (\boldsymbol{x}_i)^{\mathrm{T}}\boldsymbol{x}_j
\end{aligned}$$

易见，此时的拉格朗日函数只包含了一个变量，也就是 α_i，求出 α_i 便能求出 $\boldsymbol{w}$ 和 b。在确定了 $\boldsymbol{w}$ 和 b，就可以将它们代回原式子然后再关于 $\boldsymbol{\alpha}$ 求最终表达式的极大值。

$$\max_{\alpha_i \geqslant 0}\min_{\boldsymbol{w}, b} \mathcal{L}(\boldsymbol{w}, b, \boldsymbol{\alpha}) = \max_{\boldsymbol{\alpha}}\left[\sum_{i=1}^{k}\alpha_i - \frac{1}{2}\sum_{i,j=1}^{k}\alpha_i\alpha_j y_i y_j (\boldsymbol{x}_i)^{\mathrm{T}}\boldsymbol{x}_j\right]$$

$$\text{s.t.} \sum_{i=1}^{k}\alpha_i y_i = 0, \quad \alpha_i \geqslant 0, \quad i = 1, 2, \cdots, n$$

将上面的式子稍加改造，就可以得到下面这个新的目标函数，而且两者是完全等价的。更重要的，这是一个标准的，仅包含有等式约束的优化问题。

$$\min_{\boldsymbol{\alpha}}\left[\frac{1}{2}\sum_{i,j=1}^{k}\alpha_i\alpha_j y_i y_j (\boldsymbol{x}_i)^{\mathrm{T}}\boldsymbol{x}_j - \sum_{i=1}^{k}\alpha_i\right] = \min_{\boldsymbol{\alpha}}\left[\frac{1}{2}\sum_{i,j=1}^{k}\alpha_i\alpha_j y_i y_j (\boldsymbol{x}_i \cdot \boldsymbol{x}_j) - \sum_{i=1}^{k}\alpha_i\right]$$

$$\text{s.t.} \sum_{i=1}^{k}\alpha_i y_i = 0, \quad \alpha_i \geqslant 0, \quad i = 1, 2, \cdots, n$$

由此可以很容易地求出最优解 $\boldsymbol{\alpha}^*$，求出该值之后将其代入

$$\boldsymbol{w}^* = \sum_{i=1}^{k}\alpha_i^* y_i \boldsymbol{x}_i$$

就能求出 $\boldsymbol{w}$，注意 $\boldsymbol{x}_i$ 和 y_i 都是训练数据所给定的已知信息。在得到 $\boldsymbol{w}^*$ 也就可以由

$$b^* = y_i - (\boldsymbol{w}^*)^{\mathrm{T}}\boldsymbol{x}_i$$

来求得 b，其中 $\boldsymbol{x}_i$ 为任意选定的一个支持向量。

下面举一个简单的例子演示分类超平面的确定过程。给定平面上 3 个数据点，其中标记为 +1 的数据点 $\boldsymbol{x}_1=(3,3)$，$\boldsymbol{x}_2=(4,3)$，标记为 −1 的数据点 $\boldsymbol{x}_3=(1,1)$。求线性可分支持向量机，也就是最终的分类超平面(直线)。

由题意可知，目标函数为

$$\min_{\boldsymbol{\alpha}} f(\boldsymbol{\alpha}), \quad \text{s.t.}\ \alpha_1+\alpha_2-\alpha_3=0, \quad \alpha_i \geqslant 0,\ i=1,2,3$$

其中

$$\begin{aligned}f(\boldsymbol{\alpha}) &= \frac{1}{2}\sum_{i,j=1}^{3}\alpha_i\alpha_j y_i y_j(\boldsymbol{x}_i \cdot \boldsymbol{x}_j)-\sum_{i=1}^{3}\alpha_i \\ &= \frac{1}{2}(18\alpha_1^2+25\alpha_2^2+2\alpha_3^2+42\alpha_1\alpha_2-12\alpha_1\alpha_3-14\alpha_2\alpha_3)-\alpha_1-\alpha_2-\alpha_3\end{aligned}$$

然后，将 $\alpha_3=\alpha_1+\alpha_2$ 代入目标函数，得到一个关于 α_1 和 α_2 的函数

$$s(\alpha_1,\alpha_2)=4\alpha_1^2+\frac{13}{2}\alpha_2^2+10\alpha_1\alpha_2-2\alpha_1-2\alpha_2$$

对 α_1 和 α_2 求偏导数并令其为 0，易知 $s(\alpha_1,\alpha_2)$ 在点(1.5，−1)处取极值。而该点不满足 $a_i\geqslant 0$ 的约束条件，于是可以推断最小值在边界上达到。经计算，当 $\alpha_1=0$ 时，$s(\alpha_1=0,\alpha_2=2/13)=-0.1538$；当 $\alpha_2=0$ 时，$s(\alpha_1=1/4,\alpha_2=0)=-0.25$。于是 $s(\alpha_1,\alpha_2)$ 在 $\alpha_1=1/4$，$\alpha_2=0$ 时取得最小值，此时也可算出 $\alpha_3=\alpha_1+\alpha_2=1/4$。因为 α_1 和 α_3 不等于 0，所以对应的点 $\boldsymbol{x}_1$ 和 $\boldsymbol{x}_3$ 就应该是支持向量。

进而可以求得

$$\boldsymbol{w}^*=\sum_{i=1}^{3}\alpha_i^* y_i \boldsymbol{x}_i=\frac{1}{4}\times(3,3)-\frac{1}{4}\times(1,1)=\left(\frac{1}{2},\frac{1}{2}\right)$$

即 $w_1=w_2=0.5$。进而有

$$b^*=1-(w_1,w_2)\times(3,3)=-2$$

因此最大间隔分类超平面为

$$\frac{1}{2}\boldsymbol{x}_1+\frac{1}{2}\boldsymbol{x}_2-2=0$$

分类决策函数为

$$f(\boldsymbol{x})=\text{sign}\left(\frac{1}{2}\boldsymbol{x}_1+\frac{1}{2}\boldsymbol{x}_2-2\right)$$

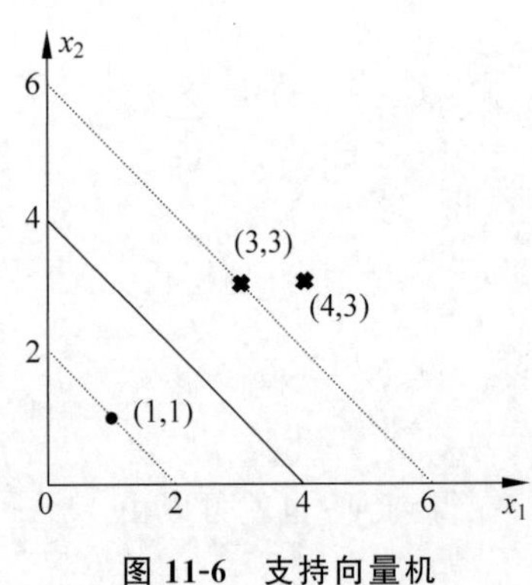

图 11-6　支持向量机

最终构建的支持向量机如图 11-6 所示。可见 $\boldsymbol{x}_1=(3,3)$和 $\boldsymbol{x}_3=(1,1)$是支持向量，分别过两点所做的直线就是支持超平面。与两个支持超平面平行并位于两者正中位置的就是最终确定的最大间隔分类超平面。

当要利用建立起来的支持向量机对一个数据点进行分类时，实际上是通过把点 $\boldsymbol{x}_j$ 代入到 $f(\boldsymbol{x}_j)=\boldsymbol{w}^{\mathrm{T}}\boldsymbol{x}_j+b$，并算出结果，再根据结果的正负号来进行类别划分的。在前面的推导中，得到

$$\boldsymbol{w}^*=\sum_{i=1}^{k}\alpha_i^* y_i \boldsymbol{x}_i$$

因此分类函数为

$$f(\boldsymbol{x})=\left(\sum_{i=1}^{k}\alpha_i^* y_i\boldsymbol{x}_i\right)^{\mathrm{T}}\boldsymbol{x}_j+b=\left(\sum_{i=1}^{k}\alpha_i^* y_i\boldsymbol{x}_i^{\mathrm{T}}\right)\boldsymbol{x}_j+b=\sum_{i=1}^{k}\alpha_i^* y_i(\boldsymbol{x}_i,\boldsymbol{x}_j)+b$$

可见,对于新点 $\boldsymbol{x}_j$ 的预测,只需要计算它与训练数据点的内积即可,这一点对后面使用 Kernel 进行非线性推广至关重要。此外,所谓支持向量也在这里显示出来——事实上,所有非支持向量所对应的系数都是等于零的,因此对于新点的内积计算实际上只要针对少量的“支持向量”而不是所有的训练数据即可。

为什么非支持向量对应的系数等于零呢?直观上来理解,就是那些非支持向量对超平面是没有影响的,由于分类完全由超平面决定,所以这些无关的点并不会参与分类问题的计算,因而也就不会产生任何影响了。如果要从理论上介绍,不妨回想一下前面得到的拉格朗日函数

$$\mathcal{L}(\boldsymbol{w},b,\boldsymbol{\alpha})=\frac{1}{2}\|\boldsymbol{w}\|^2-\sum_{i=1}^{k}\alpha_i\left[y_i(\boldsymbol{w}^{\mathrm{T}}\boldsymbol{x}_i+b)-1\right]$$

注意,如果 $\boldsymbol{x}_i$ 是支持向量,因为支持向量的函数距离等于 1,所以上式中求和符号后面的部分就是等于 0 的。而对于非支持向量来说,函数距离会大于 1,因此上式中求和符号后面的部分就是大于 0 的。而 α_i 又是非负的,为了满足最大化,α_i 必须等于 0。

11.2　松弛因子与软间隔模型

前面讨论的支持向量机所能解决的问题仍然比较简单,因为假定数据集本身是线性可分的。在这种情况下,要求待分类的两个数据集之间没有彼此交叠。现在考虑存在噪声的情况。如图 11-7 所示,其实很难找到一个分割超平面来将两个数据集准确分开。究其原因,主要是图中存在某些偏离正常位置很远的数据点。例如方块型 $\boldsymbol{x}_i$ 明显落入了圆圈型数据集的范围内。像这种偏离了正常位置较远的点,称为离群点(Outlier,有时也称为异常点),它有可能是采集训练样本的时候的噪声,也有可能是数据录入时被错误标记的观察值。通常,如果直接忽略它,原来的分隔超平面表现仍然是可以被接受的。但如果真的存在有离群点,则结果要么是导致分类间隔被压缩得异常狭窄,要么是找不到合适的超平面对数据进行分类。

为了处理这种情况,允许数据点在一定程度上偏离超平面。也就是允许一些点“跑”到两个支持超平面之间,此时它们到分类面的“函数间隔”将会小于 1。如图 11-7 所示,离群点 $\boldsymbol{x}_i$ 到其对应的分类超平面的函数间隔是 ξ_i,同时数据点 $\boldsymbol{x}_j$ 到其对应的分类超平面的函数间隔是 ξ_j。这里的 ξ 就是引入的松弛因子,它的作用是允许样本点在超平面之间的一些相对偏移。

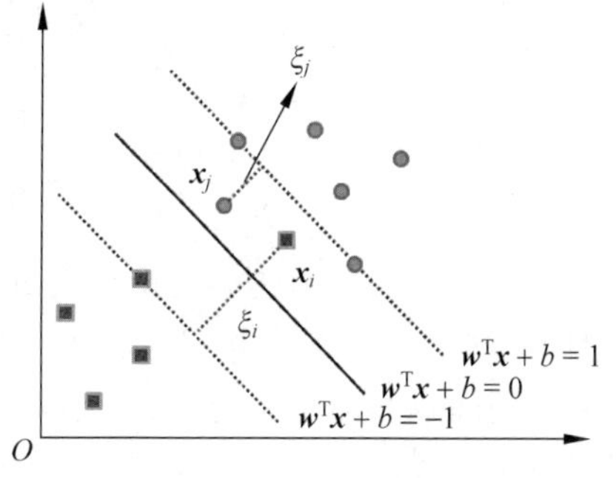

图 11-7　松弛因子

所以考虑到离群点存在的可能性,约束条件就变成

$$y_i(\boldsymbol{w}^{\mathrm{T}}\boldsymbol{x}_i+b)\geqslant 1-\xi_i,\quad \xi_i\geqslant 0,\quad i=1,2,\cdots,n$$

当然,如果允许 ξ_i 任意大,那么任意的超平面

都是符合条件的了。所以，需要在原来的目标函数后面加上一项，使得这些 ξ_i 的总和也要最小：

$$\min \frac{1}{2}\|\boldsymbol{w}\|^2 + C\sum_{i=1}^{n}\xi_i$$

引入松弛因子后，就允许某些样本点到分类超平面的函数间隔小于 1，即在最大间隔区间，例如图 10-7 中的 $\boldsymbol{x}_j$；或者函数间隔是负数，即样本点在对方的区域中，例如图 11-7 中的 $\boldsymbol{x}_i$。而放松限制条件后，需要重新调整目标函数，以对离群点进行处罚，上述目标函数后面加上的第二项就表示离群点越多，目标函数值越大，而我们要求的是尽可能小的目标函数值。这里的参数 C 是离群点的权重，C 越大表明离群点对目标函数影响越大，也就是越不希望看到离群点。这时，间隔也会很小。我们看到，目标函数控制了离群点的数目和程度，使大部分样本点仍然遵守限制条件。注意，其中 $\boldsymbol{\xi}$ 是需要优化的变量(之一)，而 C 是一个事先确定好的常量。完整地写出来是如下形式：

$$\min \frac{1}{2}\|\boldsymbol{w}\|^2 + C\sum_{i=1}^{n}\xi_i$$

$$\text{s.t. } y_i(\boldsymbol{w}^{\mathrm{T}}\boldsymbol{x}_i + b) \geqslant 1-\xi_i, \xi_i \geqslant 0, \quad i=1,2,\cdots,n$$

再用之前的方法将限制或约束条件加入到目标函数中，得到新的拉格朗日函数如下：

$$\mathcal{L}(\boldsymbol{w}, b, \boldsymbol{\alpha}, \boldsymbol{\xi}, \boldsymbol{\mu}) = \frac{1}{2}\|\boldsymbol{w}\|^2 + C\sum_{i=1}^{n}\xi_i - \sum_{i=1}^{n}\alpha_i[y_i(\boldsymbol{w}^{\mathrm{T}}\boldsymbol{x}_i + b) - 1 + \xi_i] - \sum_{i=1}^{n}\mu_i\xi_i$$

同前面介绍的方法类似，此处先让 $\mathcal{L}$ 对 $\boldsymbol{w}$、b 和 $\boldsymbol{\xi}$ 最小化，可得

$$\frac{\partial \mathcal{L}}{\partial \boldsymbol{w}} = 0 \Rightarrow \sum_{i=1}^{n}\alpha_i y_i x_i = \boldsymbol{w}$$

$$\frac{\partial \mathcal{L}}{\partial b} = 0 \Rightarrow \sum_{i=1}^{n}\alpha_i y_i = 0$$

$$\frac{\partial \mathcal{L}}{\partial \xi_i} = 0 \Rightarrow C - \alpha_i - \mu_i = 0, \quad i=1,2,\cdots,n$$

将 $\boldsymbol{w}$ 代回 $\mathcal{L}$ 并进行化简得到与原来一样的目标函数：

$$\max_{\boldsymbol{\alpha}}\left(\sum_{i=1}^{n}\alpha_i - \frac{1}{2}\sum_{i,j=1}^{n}\alpha_i\alpha_j y_i y_j \boldsymbol{x}_i^{\mathrm{T}}\boldsymbol{x}_j\right)$$

此外，由于同时得到 $C-\alpha_i-\mu_i=0$，并且有 $r_i \geqslant 0$(注意这是作为拉格朗日乘数的条件)，因此有 $\alpha_i \leqslant C$，所以完整的对偶问题应该写成

$$\max_{\boldsymbol{\alpha}}\left(\sum_{i=1}^{n}\alpha_i - \frac{1}{2}\sum_{i,j=1}^{n}\alpha_i\alpha_j y_i y_j \boldsymbol{x}_i^{\mathrm{T}}\boldsymbol{x}_j\right)$$

$$\text{s.t. } \sum_{i=1}^{k}\alpha_i y_i = 0, \quad 0 \leqslant \alpha_i \leqslant C, \quad i=1,2,\cdots,n$$

在这种情况下构建的支持向量机对离群点有一定的容忍程度，这种模型也称为软间隔模型。显然，11.1 节中介绍的(没有引入松弛因子的)模型就是硬间隔模型。把当前得到的结果与硬间隔时的结果进行对比，可以看到唯一的区别就是现在限制条件上多了一个上限 C。

11.3 非线性支持向量机方法

到目前为止，我们的支持向量机的适应性还比较弱，只能处理线性可分的情况，不过，在得到了对偶形式之后，通过核技术推广到非线性的情况其实已经是一件非常容易的事情了。

11.3.1 从更高维度上分类

来看一个到目前为止我们的支持向量机仍然无法处理的问题。考查图 11-8 所给出的二维数据集，它包含方块(标记为 $y=+1$)和圆圈(标记为 $y=-1$)。其中所有的圆圈都聚集在图中所绘制的圆周范围内，而所有的方块都分布在离中心较远的地方。

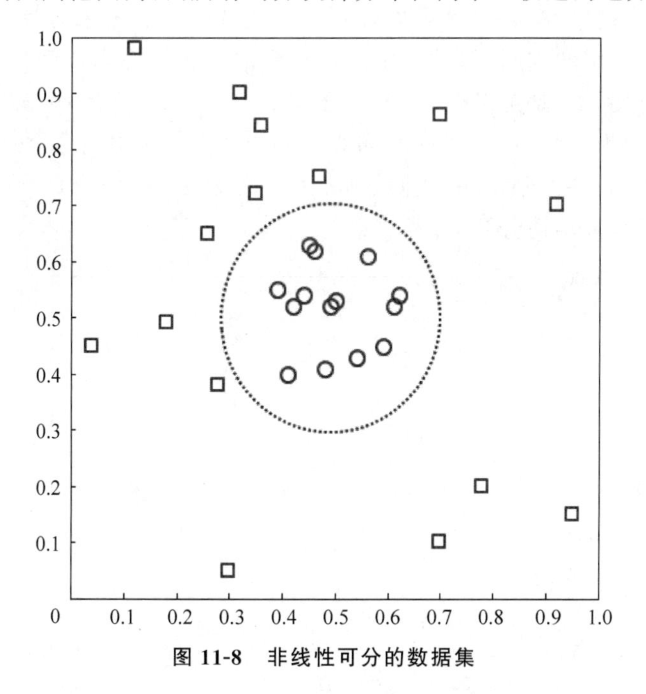

图 11-8 非线性可分的数据集

显然如果用一条直线，无论怎样也不能把两类数据集较为准确地划分开。回想一下，在进行回归分析时，如果一元线性回归对数据进行拟合无法达到理想的准确度时所采用的办法。彼时，我们会考虑采用多元线性回归，也就是用多项式所表示的曲线来替代一元线性回归模型所表示的直线。此时的思路也是如此。如果采用像图中所示的那个圆周来作为最大间隔分类器，很显然就会得到理想的效果。所以不妨使用下面的公式对数据集中的实例进行分类

$$y(x_1,x_2)=\begin{cases}+1, & \sqrt{(x_1-0.5)^2+(x_2-0.5)^2}>0.2\\ -1, & \text{其他}\end{cases}$$

这里所采用的分类依据就是下面这个圆周

$$\sqrt{(x_1-0.5)^2+(x_2-0.5)^2}=0.2$$

这似乎和我们所说的多项式还有些距离,所以将其进一步化简为下面这个二次方程

$$x_1^2 - x_1 + x_2^2 - x_2 = -0.46$$

事实上,我们所要做的就是将数据从原先的坐标空间 x 变换到一个新的坐标空间 $\Phi(x)$ 中,从而可以在变换后的坐标空间中使用一个线性的决策边界来划分样本。进行变换后,就可以应用之前介绍的方法在变换后的空间中找到一个线性的决策边界。就本例而言,为了将数据从原先的特征空间映射到一个新的空间,而且保证决策边界在这个新空间下成为线性的,可以考虑选择如下变换:

$$\Phi:(x_1, x_2) \rightarrow (x_1^2, x_2^2, x_1, x_2, x_1x_2, 1)$$

然后在变换后的空间中,找到参数 $\boldsymbol{w}=[w_0, w_1, \cdots, w_5]$,使得

$$w_5x_1^2 + w_4x_2^2 + w_3x_1 + w_2x_1 + w_1x_1x_2 + w_0 = 0$$

这是一个五维空间,而且分类器函数是线性的。最初在二维空间中无法被线性分离的数据集,映射到一个高维空间后,就可以找到一个线性的分类器来对数据集进行分割。我们无法绘制出这个五维的空间,但是为了演示得到的分类器在新空间中的可行性(而且仅仅是为了绘图的方便),还是可以把 $x_1^2-x_1$ 合并成一个维度(记为 x),然后再把 $x_2^2-x_2$ 作为另外一个维度(记为 y)。如此一来,就可以绘制与新生成之空间等价的一个空间,并演示最终的划分效果如图 11-9 所示,其中虚线所示的方程为 $x+y+0.46=0$。显然两个数据集在新的空间中已经被成功地分开了。

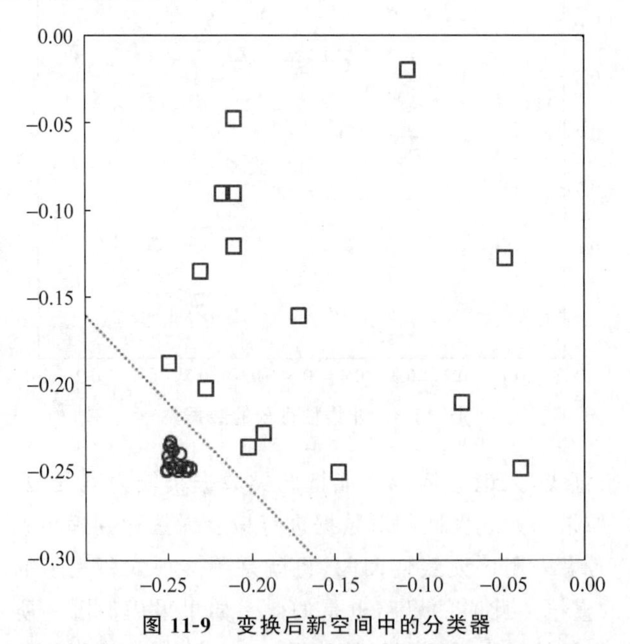

图 11-9　变换后新空间中的分类器

但这种方法仍然是有问题的。在这个例子中,对一个二维空间做映射,选择的新空间是原始空间的所有一阶和二阶的组合,得到了五个维度;如果原始空间是三维,那么最终会得到 19 维的新空间,而且这个数目是爆炸性增长的,这给变换函数的计算带来了非常大的困难。11.3.2 节将给出解决之道。

11.3.2 非线性核函数方法

假定存在一个合适的函数 $\Phi(\boldsymbol{x})$ 将数据集映射到新的空间中。在新的空间中，可以构建一个线性的分类器有效地将样本划分到它们各自的属类中去。在变换后的新空间中，线性决策边界具有 $\boldsymbol{w}\Phi(\boldsymbol{x})+b=0$ 形式。

于是非线性支持向量机的目标函数就可以形式化地表述为如下形式：

$$\min \frac{1}{2}\|\boldsymbol{w}\|^2$$

$$\text{s.t. } y_i[\boldsymbol{w}^{\mathrm{T}}\Phi(\boldsymbol{x}_i)+b]\geqslant 1,\quad i=1,2,\cdots,n$$

不难发现，非线性支持向量机其实和我们在处理线性支持向量机时的情况非常相似。区别主要在于，机器学习过程是在变换后的 $\Phi(\boldsymbol{x}_i)$ 上进行的，而非原来的 $\boldsymbol{x}_i$。采用与之前相同的处理策略，可以得到优化问题的拉格朗日对偶函数为

$$\mathcal{L}(\boldsymbol{w},b,\boldsymbol{\alpha})=\sum_{i=1}^{k}\alpha_i-\frac{1}{2}\sum_{i,j=1}^{k}\alpha_i\alpha_j y_i y_j\langle\Phi(\boldsymbol{x}_i),\Phi(\boldsymbol{x}_j)\rangle$$

同理，在得到 α_i 之后，就可以通过下面的方程导出参数 $\boldsymbol{w}$ 和 b 的值：

$$\boldsymbol{w}=\sum_{i=1}^{k}\alpha_i y_i\Phi(\boldsymbol{x}_i)$$

$$b=y_i-\sum_{j=1}^{k}\alpha_j y_j\Phi(\boldsymbol{x}_j)\cdot\Phi(\boldsymbol{x}_i)$$

最后，可以通过下式对检验实例进行分类决策：

$$f(\boldsymbol{z})=\text{sign}[\boldsymbol{w}\Phi(\boldsymbol{z})+b]=\text{sign}\left[\sum_{i=1}^{k}\alpha_i y_i\Phi(\boldsymbol{x}_i)\cdot\Phi(\boldsymbol{z})+b\right]$$

不难发现，上述几个算式基本都涉及变换后新空间中向量对之间的内积运算 $\Phi(\boldsymbol{x}_i)\cdot\Phi(\boldsymbol{x}_j)$，而且内积也可以被看作是相似度的一种度量。这种运算是相当麻烦的，很有可能导致维度过高而难以计算。幸运的是，核技术或核方法为摆脱这一窘境提供了良好的解决方案。

内积经常用来度量两个向量间的相似度。类似地，内积 $\Phi(\boldsymbol{x}_i)\cdot\Phi(\boldsymbol{x}_j)$ 可以被看成两个样本观察值 $\boldsymbol{x}_i$ 和 $\boldsymbol{x}_j$ 在变换后新空间中的相似性度量。

核技术是一种使用原数据集计算变换后新空间中对应相似度的方法。考虑 11.3.1 节例子中所使用的映射函数 Φ。这里稍微对其进行一些调整，Φ：$(x_1,x_2)\to(x_1^2,x_2^2,\sqrt{2}x_1,\sqrt{2}x_2,\sqrt{2}x_1x_2,1)$，但系数上的调整并不会导致实质上的改变。由此，两个输入向量 $\boldsymbol{u}$ 和 $\boldsymbol{v}$ 在变换后的新空间中的内积可以写成如下形式：

$$\begin{aligned}\Phi(\boldsymbol{u})\cdot\Phi(\boldsymbol{v})&=(u_1^2,u_2^2,\sqrt{2}u_1,\sqrt{2}u_2,\sqrt{2}u_1u_2,1)\cdot(v_1^2,v_2^2\sqrt{2},v_1,\sqrt{2}v_2,\sqrt{2}v_1v_2,1)\\&=u_1^2v_1^2+u_2^2v_2^2+2u_1v_1+2u_2v_2+2u_1u_2v_1v_2+1=(\boldsymbol{u}\cdot\boldsymbol{v}+1)^2\end{aligned}$$

该分析表明，变换后新空间中的内积可以用原空间中的相似度函数表示

$$K(\boldsymbol{u},\boldsymbol{v})=\Phi(\boldsymbol{u})\cdot\Phi(\boldsymbol{v})=(\boldsymbol{u}\cdot\boldsymbol{v}+1)^2$$

这个在原属性空间中计算的相似度函数 K 称为核函数。核技术有助于处理如何实现非线性支持向量机的一些问题。首先，由于在非线性支持向量机中使用的核函数必须满

足一个称为默瑟定理的数学原理,因此不需要知道映射函数 Φ 的确切形式。默瑟定理确保核函数总可以用某高维空间中两个输入向量的点积表示。其次,相对于使用变换后的数据集,使用核函数计算内积的开销更小。在原空间中进行计算,也有效地避免了维度灾难。

在机器学习与数据挖掘中,关于核函数和核方法的研究实在是一个难以一言以蔽之的话题。一方面可供选择的核函数众多,另一方具体选用哪一个又要根据具体问题的不同和数据的差异来做具体分析。最后给出其中两个最为常用的核函数。

- 多项式核: $K(x_1,x_2)=(\langle x_1,x_2\rangle+R)^d$,显然刚才举的例子是这里多项式核的一个特例($R=1,d=2$)。该空间的维度是 C_{m+d}^d,其中 m 是原始空间的维度。
- 高斯核: $K(x_1,x_2)=\exp(-\|x_1-x_2\|^2/2\sigma^2)$,这个核会将原始空间映射到无穷维。不过,如果 σ 选得很大,那么高次特征上的权重会衰减得非常快,所以实际上也就相当于一个低维的子空间; 反过来,如果 σ 选得很小,则可以将任意的数据映射为线性可分。当然,这并不一定是好事,因为随之而来的可能是非常严重的过拟合问题。但总的来说,通过调控参数,高斯核实际上具有相当高的灵活性,也是使用最广泛的核函数之一。

图 11-10 中的左图是利用多项式核构建的非线性分类器,右图则是利用高斯核构建的非线性分类器。

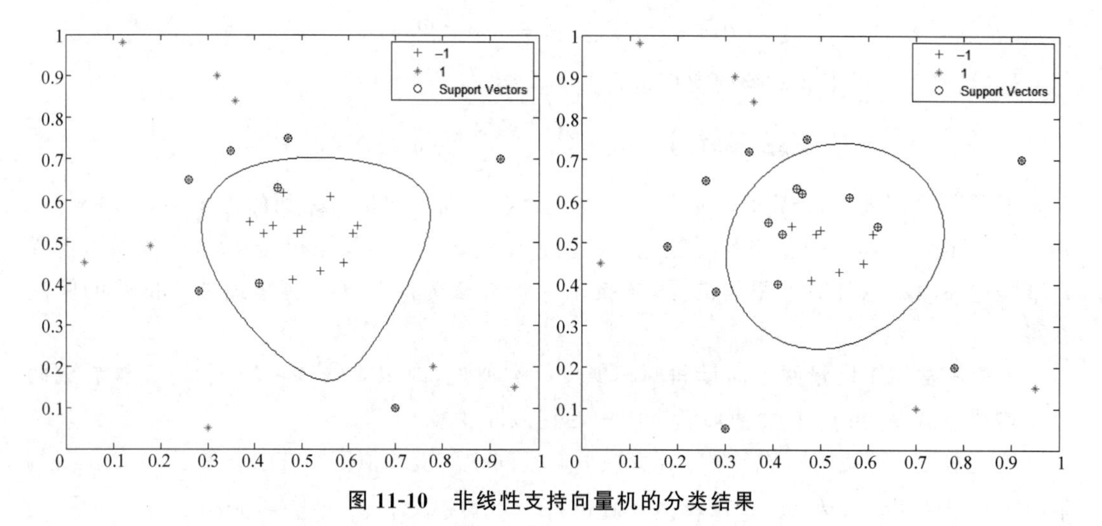

图 11-10　非线性支持向量机的分类结果

11.3.3　机器学习中的核方法

核方法(Kernel Method)是机器学习领域中的一种重要技术。其优势在于允许研究者在原始数据对应的高维空间使用线性方法来分析和解决问题,且能有效地规避维数灾难。核方法最具特色之处在于其虽等价于先将原数据通过非线性映射变换到一高维空间后的线性特征抽取手段,但其不需要执行相应的非线性变换,也不需要知道究竟选择何种非线性映射关系。本节将直面核方法的本质。

首先来看一个简单的例子,图 11-11 中的左侧是一个数据集,在原来的二维平面上它们是线性不可分的。如果要对它们进行分类,则需要用到一个椭圆曲线

$$\frac{x_1^2}{a^2}+\frac{x_2^2}{b^2}=1$$

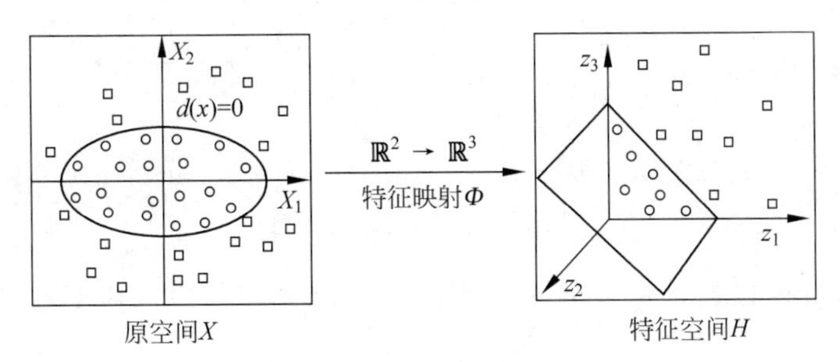

图 11-11 特征空间变换

然后为了设计一个特征映射,将原来的二维特征空间转换到新的三维特征空间中,具体来说,所使用的映射函数 Φ 如下:

$$\begin{bmatrix}x_1\\x_2\end{bmatrix}\to\begin{bmatrix}z_1\\z_2\\z_3\end{bmatrix}=\begin{bmatrix}x_1^2\\\sqrt{2}x_1x_2\\x_2^2\end{bmatrix}$$

基于上面这种映射,就会得到图 11-11 中右侧所示的新的三维特征空间,而在这个新的特征空间中,只要用一个分割超平面就可将原来的两组数据分开,换言之,原来线性不可分的数据现在已经变得线性可分了。这就是核方法的一个很重要的作用。

基于之前给定的映射,其实可以写出新的分割超平面的方程如下:

$$\frac{x_1^2}{a^2}+\frac{x_2^2}{b^2}=1\Rightarrow\frac{1}{a^2}z_1+0\cdot z_2+\frac{1}{b^2}z_3=1$$

在一个希尔伯特空间中,最重要的运算就是“内积”,下面要做的事情就是看看如何利用已知的原空间中的信息计算新空间中的内积。例如,现在有两个点

$$(x_1,x_2)\to(z_1,z_2,z_3)$$
$$(x'_1,x'_2)\to(z'_1,z'_2,z'_3)$$

如图 11-12 所示,我们发现,新空间中任意两个点的内积可以通过一个关于原空间中之内积的函数得到,定义这样的一个函数为核函数(Kernel Function)。

$$\begin{aligned}\langle\phi(x_1,x_2),\phi(x'_1,x'_2)\rangle&=\langle(z_1,z_2,z_3),(z'_1,z'_2,z'_3)\rangle\\&=\langle(x_1^2,\sqrt{2}x_1x_2,x_2^2),(x_1'^2,\sqrt{2}x'_1x'_2,x_2'^2)\rangle\\&=x_1^2x_1'^2+2x_1x_2x'_1x'_2+x_2^2x_2'^2\\&=(x_1x'_1+x_2x'_2)^2=(\langle x,x'\rangle)^2=\mathcal{K}(x,x')\end{aligned}$$

内积又可以作为一种相似性的度量(例如,如果两个向量彼此正交,那么它们的内积就为 0),因此可以定义核函数$\mathbb{R}^d\times\mathbb{R}^d\to\mathbb{R}$ 为一个相似性的测度,并可以写成

$$\boldsymbol{\Phi}(\boldsymbol{x})^{\mathrm{T}}\boldsymbol{\Phi}(\boldsymbol{y})=K(\boldsymbol{x},\boldsymbol{y})$$

其中,$\Phi(\cdot)$是特征映射(这可以是隐式的),$K(\cdot)$是核函数。

更重要的是,上面的算例告诉我们,似乎并不需要知道特征映射 Φ 到底长什么样子,而

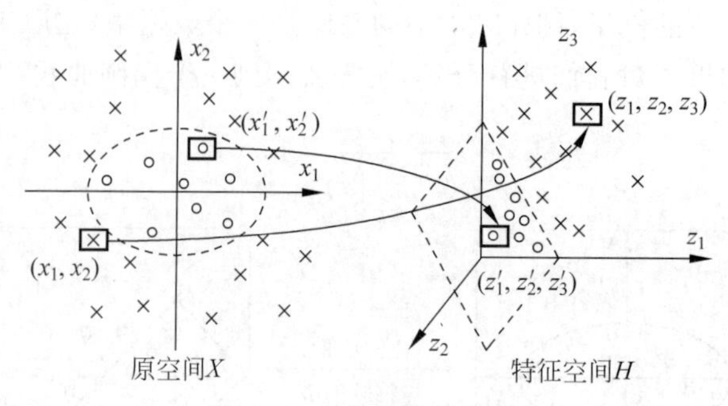

图 11-12 核函数的作用

是只要知道 K，就可以通过原空间中两个点的内积算得新空间中对应的两个点之间的内积。

再举一个例子。对于一个多项式核，注意其中的 $\boldsymbol{x}$ 和 $\boldsymbol{y}$ 是两个向量，

$$\forall x, y \in \mathbb{R}^N, \quad K(\boldsymbol{x}, \boldsymbol{y}) = (\boldsymbol{x}, \boldsymbol{y} + c)^d, \quad c > 0$$

便可以计算新空间中 $\boldsymbol{x}$ 和 $\boldsymbol{y}$ 对应的两个点的内积为

$$K(\boldsymbol{x}, \boldsymbol{y}) = (x_1 y_1 + x_2 y_2 + c)^2$$

$$= \begin{bmatrix} x_1^2 \\ x_2^2 \\ \sqrt{2} x_1 x_2 \\ \sqrt{2c} x_1 \\ \sqrt{2c} x_2 \\ c \end{bmatrix} \begin{bmatrix} y_1^2 \\ y_2^2 \\ \sqrt{2} y_1 y_2 \\ \sqrt{2c} y_1 \\ \sqrt{2c} y_2 \\ c \end{bmatrix}$$

而且，如图 11-13 所示，它同样具有“使得原本线性不可分的数据集在新空间中线性可分”的能力(注意仅仅使用了新空间中的两个维度)。

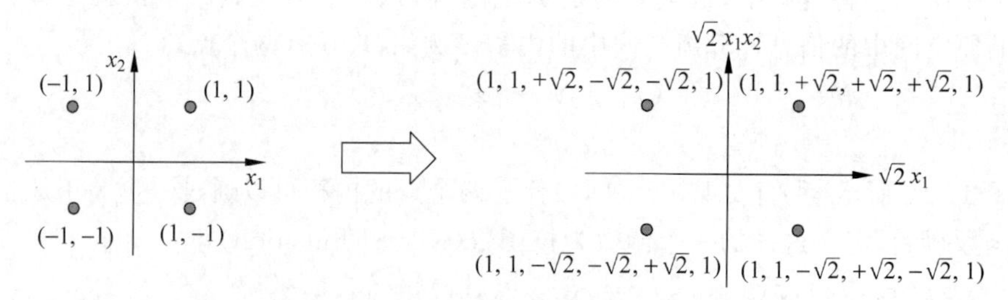

图 11-13 核函数的作用

核方法的工作方式是把数据嵌入一个新的向量空间(通常具有更高的维度)中，然后在那个空间中寻找(线性)关系。如果映射关系选择得适当，复杂的关系便可以被简化并很容易被发现。

表 11-1 列出了常用的核函数，值得注意的是，RBF 核(又称高斯核)是一个典型的会将原空间投影到无穷维空间的核函数。

表 11-1 常用的核函数

名　称	核函数	dim(K)
p 阶多项式	$k(\boldsymbol{u},\boldsymbol{v})=(\langle \boldsymbol{u},\boldsymbol{v}\rangle_K)^p$ $p\in\mathbb{N}^+$	$\binom{N+p-1}{p}$
完全多项式	$k(\boldsymbol{u},\boldsymbol{v})=(\langle \boldsymbol{u},\boldsymbol{v}\rangle_K+c)^p$ $c\in\mathbb{R}^+$、$p\in\mathbb{N}^+$	$\binom{N+p}{p}$
RBF 核	$k(\boldsymbol{u},\boldsymbol{v})=\exp\left(-\frac{\Vert \boldsymbol{u}-\boldsymbol{v}\Vert_K^2}{2\sigma^2}\right)$ $\sigma\in\mathbb{R}^+$	∞
Mahalanobis 核	$k(\boldsymbol{u},\boldsymbol{v})=\exp[-(\boldsymbol{u}-\boldsymbol{v})'\Sigma(\boldsymbol{u}-\boldsymbol{v})]$ $\Sigma=\mathrm{diag}(\sigma_1^{-2},\sigma_2^{-2},\cdots\sigma_N^{-2})$, $\sigma_1,\sigma_2,\cdots\sigma_N\in\mathbb{R}^+$	∞

内积矩阵(又称 Gram 矩阵)是半正定(PSD)对称矩阵。一个实对称的 $m\times m$ 矩阵 $\boldsymbol{K}$ 对于所有的 $\boldsymbol{a}\in\mathbb{R}^m$ 都满足 $\boldsymbol{a}^{\mathrm{T}}\boldsymbol{K}\boldsymbol{a}\geqslant 0$,那么 $\boldsymbol{K}$ 就是一个半正定矩阵。

此外,还有:

(1) 一个实对称矩阵是可对角化的。

(2) 一个实对称矩阵是半正定的当且仅当它的特征值是非负的。

假设数据集中有 N 个点,那么可以定义一个核矩阵(其实就是 Gram 矩阵),该矩阵中存放的就是这 N 个点在新空间中对应的 N 个点彼此之间的内积。

11.3.4 默瑟定理

前面谈到,似乎特征映射 Φ 到底长什么样子并不那么重要,只要有 $\boldsymbol{K}$ 就可以了。于是有如下两个疑问:

(1) 给定一个特征映射 Φ,能否找到一个相对应的核函数 K 从而在特征空间中计算内积?

(2) 给定一个核函数 K,能否找到构建一个特征空间 H(即一个特征映射 Φ)使得 K 就是在 H 中计算内积?

默瑟定理(Mercer's Theorem)是奠定再生核希尔伯特空间的一个基础理论,它由英国数学家詹姆斯·默瑟(James Mercer)于 1909 年提出。该定理对上述两个问题给出了肯定的回答。它告诉我们,给定一个半正定的 $\boldsymbol{K}$,那么它就一定可以在高维空间中被表示成一个向量内积的形式。

对非线性支持向量机使用的核函数应该满足的要求是,必须存在一个相应的变换,使得计算一对向量的核函数等价于在变换后的空间中计算这对向量的内积。这个要求可以用默瑟定理来形式化地表述。

默瑟定理:令 $K(\boldsymbol{x},\boldsymbol{y})$是一个连续的对称非负函数,同时是正定并且关于分布 $g(\cdot)$ 平方可积的,那么

$$K(\boldsymbol{x},\boldsymbol{y})=\sum_{i=1}^{\infty}\lambda_i\Phi_i(\boldsymbol{x})\Phi_i(\boldsymbol{y})$$

这里非负特征值 λ_i 和正交特征函数 Φ_i 是如下积分方程的解

$$\int K(\boldsymbol{x},\boldsymbol{y})g(\boldsymbol{y})\Phi_i(\boldsymbol{y})\mathrm{d}\boldsymbol{y}=\lambda_i\Phi_i(\boldsymbol{y})$$

由此核函数 K 可以表示为 $K(\boldsymbol{u},\boldsymbol{v})=\Phi(\boldsymbol{u})\cdot\Phi(\boldsymbol{v})$，当且仅当对于任意满足

$$\int[g(\boldsymbol{x})]^2\mathrm{d}\boldsymbol{x}$$

为有限值的函数 $g(\boldsymbol{x})$，有

$$\int K(\boldsymbol{x},\boldsymbol{y})g(\boldsymbol{x})g(\boldsymbol{y})\mathrm{d}\boldsymbol{x}\mathrm{d}\boldsymbol{y}\geqslant 0$$

满足默瑟定理的核函数称为正定核函数。多项式核函数与高斯核函数都属于正定核函数。例如，对于多项式核函数 $K(\boldsymbol{x},\boldsymbol{y})=(\boldsymbol{x}\cdot\boldsymbol{y}+1)^p$ 而言，令 $g(\boldsymbol{x})$ 是一个具有有限 L_2 范数的函数，即

$$\int[g(\boldsymbol{x})]^2\mathrm{d}\boldsymbol{x}<\infty$$

下面讨论多项式核函数的正定性。

$$\begin{aligned}
&\int(\boldsymbol{x}\cdot\boldsymbol{y}+1)^p g(\boldsymbol{x})g(\boldsymbol{y})\mathrm{d}\boldsymbol{x}\mathrm{d}\boldsymbol{y}\\
&=\int\sum_{i=1}^{p}\binom{p}{i}(\boldsymbol{x}\cdot\boldsymbol{y})^i g(\boldsymbol{x})g(\boldsymbol{y})\mathrm{d}\boldsymbol{x}\mathrm{d}\boldsymbol{y}\\
&=\sum_{i=1}^{p}\binom{p}{i}\int\sum_{\alpha_1,\alpha_2,\cdots}\left\{\binom{i}{\alpha_1\alpha_2\cdots}[(x_1y_1)^{\alpha_1}(x_2y_2)^{\alpha_2}\cdots]\right.\\
&\quad\left.g(x_1,x_2,\cdots)g(y_1,y_2,\cdots)\mathrm{d}x_1\mathrm{d}x_2\cdots\mathrm{d}y_1\mathrm{d}y_2\cdots\right\}\\
&=\sum_{i=1}^{p}\sum_{\alpha_1,\alpha_2,\cdots}\binom{p}{i}\binom{i}{\alpha_1\alpha_2\cdots}\left[\int x_1^{\alpha_1}x_2^{\alpha_2}\cdots g(x_1,x_2,\cdots)\mathrm{d}x_1\mathrm{d}x_2\cdots\right]^2
\end{aligned}$$

注意上述过程中用到了二项式定理。由于积分结果非负，所以多项式核是正定的，即满足默瑟定理。

11.4 对数据进行分类的实践

在 Python 中，scikit-learn 提供的各种函数完成基于支持向量机的数据分析与挖掘任务。请在使用相关函数之前，安装并正确引用 e1071 包。该包中最重要的一个函数就是用来建立支持向量机模型的 svm()函数。我们将结合后面的例子来演示它的用法。

11.4.1 数据分析

下面这个例子中的数据源于 1936 年费希尔发表的一篇重要论文。他收集了 3 种鸢尾花(分别标记为 setosa、versicolor 和 virginica)的花萼和花瓣数据，包括花萼的长度和宽度，以及花瓣的长度和宽度。我们将根据这 4 个特征来建立支持向量机模型从而实现对 3 种鸢尾花的分类判别任务。

有关数据可以从 datasets 软件包中的 iris 数据集里获取，下面我们演示性地列出了前 5 行数据。成功载入数据后，易见其中共包含了 150 个样本(被标记为 setosa、versicolor 和

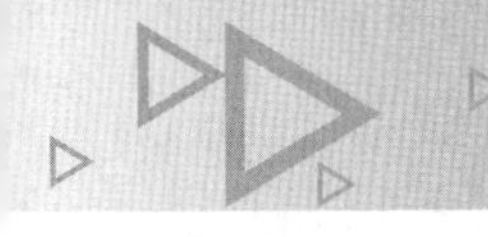

virginica 的样本各 50 个)，以及 4 个样本特征，分别是 sepal_length、sepal_width、petal_length 和 petal_width。

```
from sklearn.datasets import load_iris

# 导入鸢尾花数据集
iris = load_iris()

# 将数据转换成 DataFrame
iris_target = iris.target.reshape((150,1))
iris_data = np.hstack((iris.data, iris_target))
iris_df = pd.DataFrame(iris_data)
iris_df.columns = ['sepal_length','sepal_width','petal_length','petal_width','species']
```

为了方便后面使用，上述代码将鸢尾花数据集中的特征 iris.data 和标注 iris.target 拼接成了一个 DataFrame，即 iris_df，并声明了特征和标注的列名。表 11-2 简单展示了这个数据集的前 5 行，其中最后一列代表鸢尾花的品种，在这个例子中就是样本的真实标记。其中，0 代表 setosa，1 代表 versicolor，2 代表 virginica。

表 11-2　鸢尾花数据集样例

	sepal_length	sepal_width	petal_length	petal_width	species
0	5.1	3.5	1.4	0.2	0
1	4.9	3.0	1.4	0.2	0
2	4.7	3.2	1.3	0.2	0
3	4.6	3.1	1.5	0.2	0
4	5.0	3.6	1.4	0.2	0

在正式建模之前，可以使用 seaborn 包中的 pairplot()函数可视化数据集特征之间的相关性。基于可视化的结果，对数据形成初步分认识，方便后续建模。

```
import matplotlib.pyplot as plt
import seaborn as sns

# 使用 pairplot 可视化特征间的相关性
sns.pairplot(iris_df, hue = 'species',markers = ["^", "o", " + "])
plt.show()
```

上述代码中 pairplot()函数接收了三个参数，第一个参数是前面构造的鸢尾花 DataFrame；第二个参数 hue，指定了绘图时需要将取值映射成不同颜色的列名；第三个参数 markers，指定了不同类别数据使用的图例，参数长度需和 hue 指定列的类别数一致。为了观察不同类别下特征之间的相关性，上述代码中 hue 指定的列为 species，即数据标注。运行结果如图 11-14 所示。

不难发现，标记为 0 即 setosa 品种的鸢尾花，在 4 个特征维度上都可以很容易地被区分出来。而另外两个品种的鸢尾花，versicolor 和 virginica 在各个特征维度上都很难直接划分开来。换言之，setosa 品种的鸢尾花和另外两个品种的鸢尾花之间是线性可分的；而

图 11-14

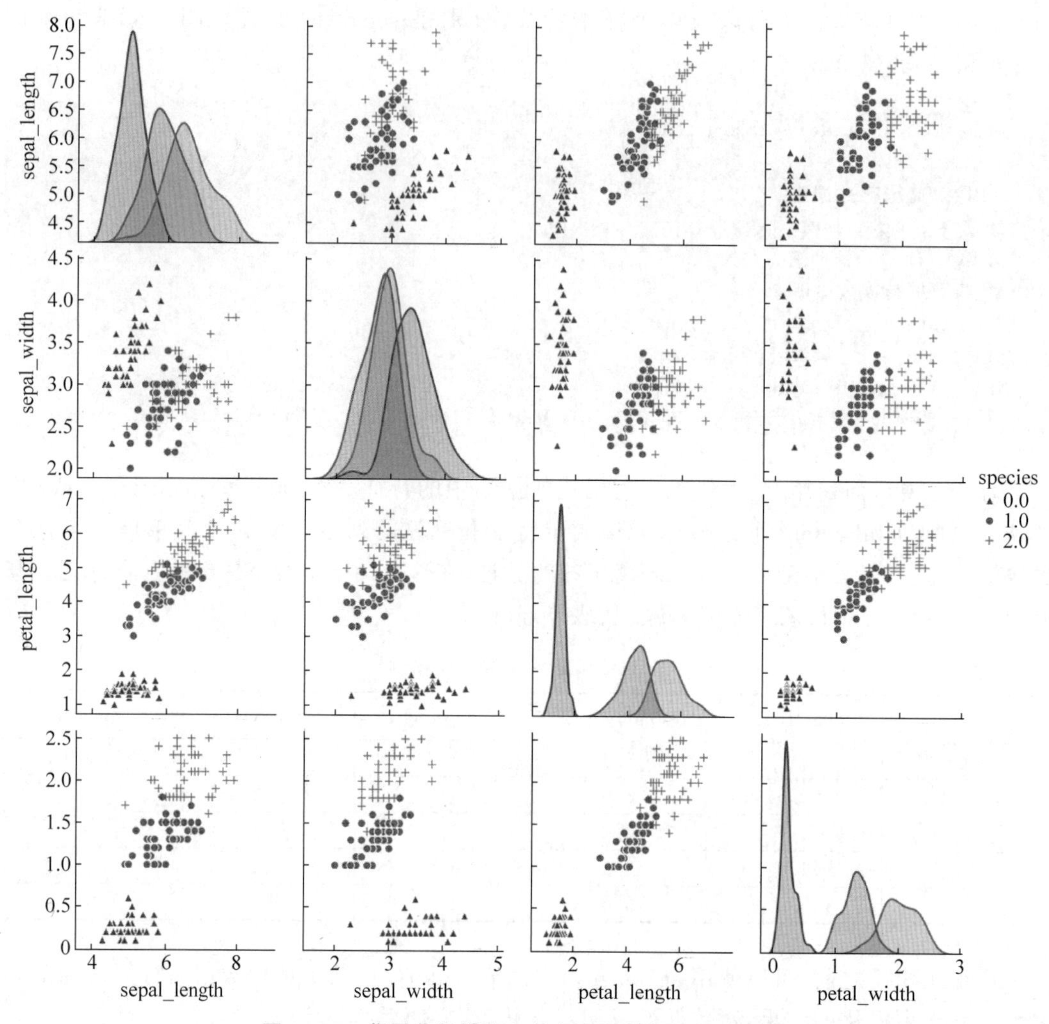

图 11-14　鸢尾花数据集各特征之间的相关性可视化

versicolor 和 virginica 两个品种的鸢尾花之间，则是线性不可分的。

图 11-14 已经能比较直观地反映特征之间的相关性，但是有没有可量化的更直接的方法展示特征之间的相关性呢？当然，此时可以使用 seaborn 中的热力图，直接可视化特征间的相关性矩阵。

```
iris_corr = iris_df.drop('species',axis = 1).corr()
sns.heatmap(iris_corr)        # 使用 heatmap 展示相关性矩阵
plt.show()
```

表 11-3 展示了特征间的相关性系数，其中对角线上的系数均为 1，因为一个特征和其自己的相关性肯定是最大的。图 11-15 使用热力图对特征间的相关性进行了可视化，颜色越淡相关性越高。显然，petal_length 和 petal_width 这两个特征的相关性非常高，仅次于特征本身之间的相关性。

表 11-3 鸢尾花数据集特征间的相关性系数

	sepal_length	sepal_width	petal_length	petal_width
sepal_length	1.000 000	−0.109 369	0.871 754	0.817 954
sepal_width	−0.109 369	1.000 000	−0.420 516	−0.356 544
petal_length	0.871 754	−0.420 516	1.000 000	0.962 757
petal_width	0.817 954	−0.356 544	0.962 757	1.000 000

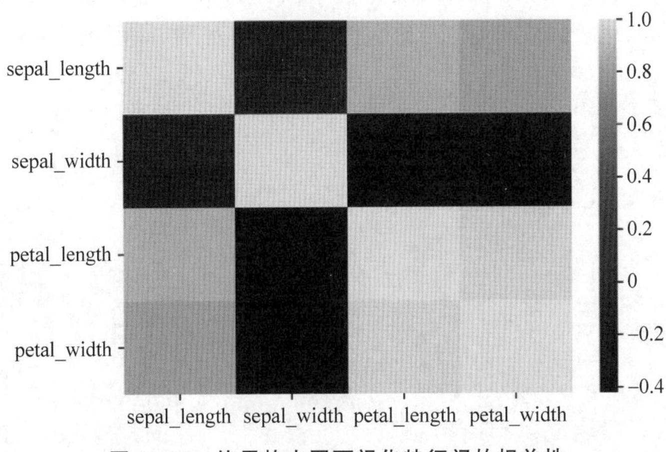

图 11-15 使用热力图可视化特征间的相关性

11.4.2 线性可分的例子

Python 中常用的机器学习包 scikit-learn 中提供了许多不同的 SVM 实现方法，例如 SVC、NuSVC、LinearSVC 等。其中，SVC 和 NuSVC 方法相似，只是在调用参数和底层数学公式上略有不同，例如 NuSVC 能使用参数 nu 控制模型学习到的支持向量的比例，而 SVC 则不能。LinearSVC 则是 SVC 使用线性核的特别实现，因此 LinearSVC 会缺少一些需要设置的参数，例如 kernel。

根据前文的分析，已经知道 setosa 品种和 versicolor 品种的鸢尾花是线性可分的。因此不妨直接使用最简单的 LinearSVC 构建模型，对这两个品种的鸢尾花进行分类。图 11-14 显示，仅根据特征 petal_length 和 petal_width 便能很好地划分 setosa 和 versicolor 这两个品种的鸢尾花。

```
from sklearn import svm

# 筛选出仅包含 petal_length 和 petal_width 特征的子数据集和标签数据
sub_data1 = iris_df[iris_df.species != 2]
sub_X1 = sub_data1.drop(['species','sepal_length','sepal_width'],axis = 1)
sub_Y1 = sub_data1.species

# 建模
clf1 = svm.LinearSVC()
clf1.fit(sub_X1, sub_Y1)
```

上述代码使用 LinearSVC,基于 petal_length 和 petal_width 两个特征直接构建了一个 SVM 模型 clf1。LinearSVC 可以通过参数 penalty 配置正则项,默认策略为 L2 正则,可选项有 L1 正则;通过参数 loss 可配置模型的损失函数,默认为 squared_hinge 损失,可选项有 hinge 损失。更多配置参数,可去 scikit-learn 官方文档查阅,其中代码训练的 LinearSVC 模型均采用默认参数。

使用 LinearSVC 构建的 SVM 模型,包含分类超平面的系数和截距,因为建模的数据集是二维的,所以可以直接将分类结果以及分类平面进行可视化。图 11-16 为模型的分类结果。其中样本的形状代表真实标记,三角形代表 setosa 品种,圆形表示 versicolor 品种。

```
# 获取模型的分类结果
prediction = clf1.predict(sub_X1)

# 绘制分类超平面
w = clf1.coef_
b = clf1.intercept_

x = np.linspace(1.5,3.5,100)
y = (w[0,0] * x + b[0]) / (-w[0,1])
plt.plot(x, y, '-r')

# 绘制分类结果
c1 = sub_Y1 == 0
c2 = sub_Y1 == 1
colors = np.asarray([i for i in map(lambda a: 'yellowgreen' if a == 1 else 'steelblue',
prediction)])

plt.scatter(sub_X1[c1,0],sub_X1[c1,1],c = colors[c1],s = 60,alpha = 0.5,marker = "^")
plt.scatter(sub_X1[c2,0],sub_X1[c2,1],c = colors[c2],s = 60,alpha = 0.5,marker = "o")

plt.grid()
plt.show()
```

图 11-16 彩图

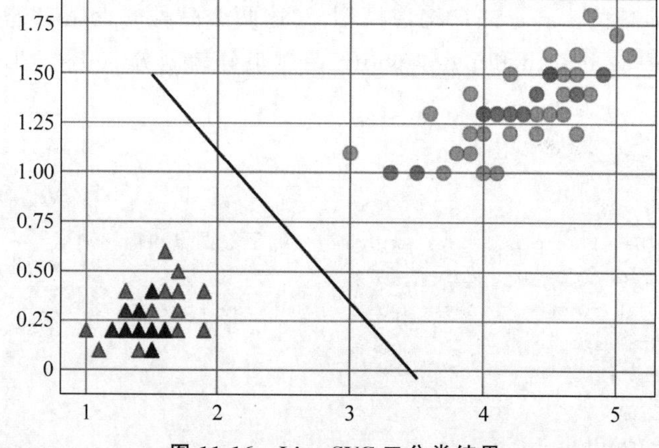

图 11-16 LinerSVC 二分类结果

图 11-16 中并不存在绿色的三角形或者蓝色的圆形，即不存在错误分类的样本。这表明模型很好地学习了训练样本，能完全正确地区分 setosa 和 versicolor 品种的鸢尾花。注意，使用有监督模型解决实际问题时，模型性能的评估需要在测试集上进行。本节的主旨是展示 Python 中使用 scikit-learn 构建 SVM 模型的方法，并不非常关注模型的评估及调参等细节，因此直接在训练集上对模型的性能进行说明。实际情况下，模型若能完全拟合训练数据集，则需要格外注意过拟合问题。

显然，对于线性可分问题，LinearSVC 能很好地拟合训练样本。那么对于原本的多分类问题，使用所有特征的情况下，LinearSVC 仍能很好地完成分类任务吗？为了回答这个问题，我们仍然使用 LinearSVC 建模，不过这次使用全部的特征进行训练，代码如下。

```
# 使用全部特征
X1 = iris_df.drop(['species'],axis = 1)
Y1 = iris_df.species

# 建模
clf2 = svm.LinearSVC()
clf2.fit(X1, Y1)
prediction = clf2.predict(X1)
```

LinearSVC 的多分类策略，可以通过参数 multi_class 控制，可供选择的策略有 ovr 和 crammer_singer 两种。crammer_singer 策略仅仅在理论层面存在一些用途，实践中很少能提升准确率且计算开销更大，因此模型默认使用更具实际意义的 ovr（即 one-vs-the-rest）策略。顾名思义，ovr 策略就是将任意类别和剩余所有类别看成一个二分类问题，然后训练一个 SVM。如果存在 n 个类别的数据，那么最终将训练 n 个二分类 SVM 模型。多分类问题的最终结果由这 n 个子模型集成而来。此处，我们仍然都采用默认参数。

建模数据有 4 个维度，无法直接可视化。此时可以使用 t-SNE 算法将原始数据降至二维，然后进行可视化。图 11-17 为模型的分类结果。

```
from sklearn.manifold import TSNE

# 使用 t-SNE 降维数据
X1_tSNE = TSNE(n_components = 2).fit_transform(X1)

# 绘制分类结果
c1 = Y1 == 0
c2 = Y1 == 1
c3 = Y1 == 2

colors = ['steelblue','yellowgreen','purple']
dye = lambda colors,x: np.asarray([colors[int(i)] for i in x])

plt.scatter(X1_tSNE[c1,0],X1_tSNE[c1,1],c = dye(colors, prediction[c1]),s = 60,alpha = 0.5,
marker = "^")
plt.scatter(X1_tSNE[c2,0],X1_tSNE[c2,1],c = dye(colors, prediction[c2]),s = 60,alpha = 0.5,
marker = "o")
```

```
plt.scatter(X1_tSNE[c3,0],X1_tSNE[c3,1],c = dye(colors, prediction[c3]),s = 60,alpha = 0.5,
marker = " + ")

plt.grid()
plt.show()
```

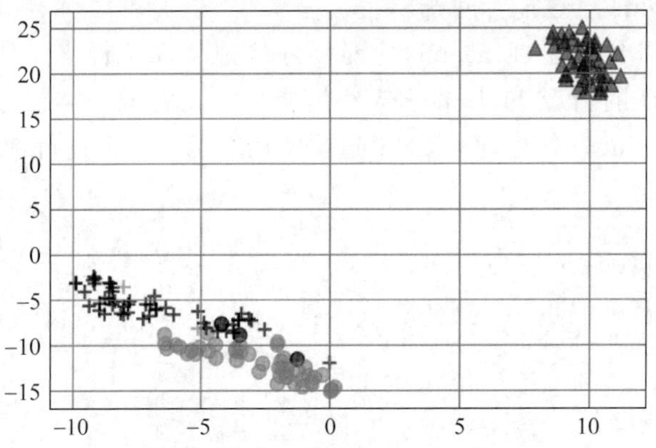

图 11-17 彩图

图 11-17　LinerSVC 多分类结果

图 11-17 显示，LinearSVC 能够很容易地将 setosa 和另外两个品种的鸢尾花分开，而 versicolor 和 virginica 两个品种之间则存在少许误分类。模型对每个样本的置信分 (confidence score)，可使用 decision_function()函数查看。函数接收一个参数，即需要查看置信分的样本。样本的置信分就是其到分类超平面的带符号距离。可使用如下代码获取前 5 个样本的置信分。

```
confidence = clf2.decision_function(X1[:5])

# 以下为打印结果
array( [ [ 1.40723357, - 0.81094608, - 7.19540727],
       [ 1.14477035, - 0.37597882, - 6.53193203],
       [ 1.27896257, - 0.60485371, - 6.69721799],
       [ 1.05382721, - 0.43980228, - 6.23727232],
       [ 1.43393261, - 0.90510166, - 7.2089987 ]])
```

数据有三列，代表三个类别，置信分最大的类别将作为该样本的预测类别。显然，前 5 个样本的预测类别都是 setosa。注意，decision_function()函数接收的参数并非一定是训练样本，模型未见过的样本也可以使用此函数获取置信分，直接观察预测结果。

当然，若要更加量化模型的分类效果，使用 classification_report()函数是一个不错的选择。来看下面这段示例代码及其输出结果。

```
from sklearn.metrics import classification_report

target_names = ['setosa', 'versicolor', 'virginica']
print(classification_report(Y1, prediction, target_names = target_names, digits = 5))
```

```
# 以下为打印结果
             precision    recall  f1 - score   support

     setosa     1.00000   1.00000   1.00000        50
 versicolor     0.95918   0.94000   0.94949        50
  virginica     0.94118   0.96000   0.95050        50

avg / total     0.96679   0.96667   0.96666       150
```

通过 sklearn.metrics 下的 classification_report()函数可以得到关于模型分类结果的相关信息。第一列说明模型中的三个类别分别为 setosa、versicolor 和 virginica。第二列是各个类别的 precision，第三列是 recall，第四列是 f1 值，最后一列是各个类别的真实样本数。打印结果的最后一行是前述指标的均值。观察打印结果，可以发现模型在 setosa 类别上的 precision、recall 和 f1 值都是 1，分类效果非常完美；但是在 versicolor 和 virginica 类别上的 f1 值只有 0.95 左右，导致模型整体的平均分类 f1 值还不到 0.97。

11.4.3 线性不可分的例子

前面的例子中，使用 LinearSVC 并不能很好地处理线性不可分的问题。为了能更好地区分 versicolor 和 virginica 品种的鸢尾花，我们需要在 SVM 的核函数上下些功夫。这次直接使用 SVC 函数建模，代码如下。

```
from sklearn import svm

# 筛选出新的数据集和标签数据
X1 = iris_df.drop(['species'],axis = 1)
Y1 = iris_df.species

# 建模
clf3 = svm.SVC(kernel = 'rbf', gamma = 20,decision_function_shape = 'ovr')
clf3.fit(X1, Y1)
prediction = clf3.predict(X1)
```

SVC 的核函数可通过 kernel 参数设置，默认采用高斯核 rbf；其他可供选择的核有多项式核 poly、对数概率核 sigmoid、线性核 linear 等。核的系数可通过参数 gamma 控制。注意 SVC 使用线性核与 LinearSVC 相似，但是底层实现有区别。前者基于 libsvm 实现，后者基于 liblinear 实现。因此 LinearSVC 在正则项和损失函数的选择上更灵活，且能够更好地扩展到大规模数据集上。

除此以外，多分类策略可以通过参数 decision_function_shape 控制，可供选择的策略有 ovr 和 ovo 两种。ovr 策略前面已经介绍过，此处不再赘述。ovo(即 one-vs-one)策略，也就是从所有可能的类别中任选两个类别训练一个二分类 SVM 模型。如果分类结果可能有 k 个类别，那么可以推算出总共的二分类模型数量是 $k\cdot(k-1)/2$。多分类问题的最终结果由这 $k\cdot(k-1)/2$ 个子模型集成而来。更多配置参数，读者可去 scikit-learn 官方文档查阅。上面代码训练的 SVC 模型采用 ovr 策略，其余参数均采用默认值。图 11-18 是新训练

模型的分类结果可视化。

```
# 使用 t-SNE 降维数据
X1_tSNE = TSNE(n_components=2).fit_transform(X1)

# 绘制分类结果
c1 = Y1 == 0
c2 = Y1 == 1
c3 = Y1 == 2

colors = ['steelblue','yellowgreen','purple']
plt.scatter(X1_tSNE[c1,0],X1_tSNE[c1,1],c=dye(colors, prediction[c1]),s=60,alpha=0.5,
marker="^")
plt.scatter(X1_tSNE[c2,0],X1_tSNE[c2,1],c=dye(colors, prediction[c2]),s=60,alpha=0.5,
marker="o")
plt.scatter(X1_tSNE[c3,0],X1_tSNE[c3,1],c=dye(colors, prediction[c3]),s=60,alpha=0.5,
marker="+")

plt.grid()
plt.show()
```

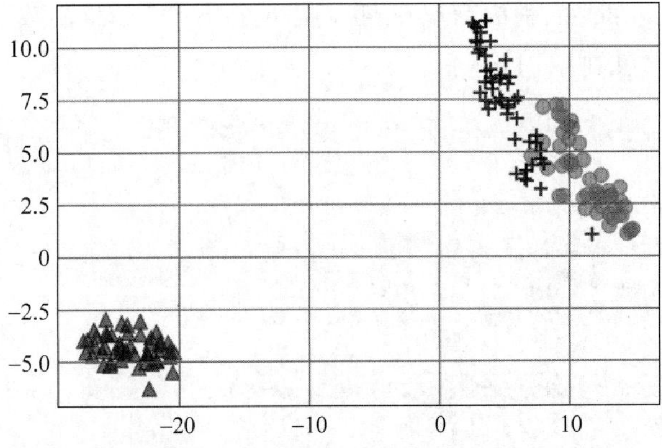

图 11-18 彩图

图 11-18 SVM 引入高斯核多分类结果

简单观察图 11-18,并未发现明显的误分类情况。使用 classification_report()函数打印模型的性能参数,结果显示平均 f1 值达到了 1,意味着添加高斯核函数后的模型能够完美地区分原本线性不可分的 versicolor 和 virginica 品种的鸢尾花。

```
# 以下为打印结果
              precision    recall   f1-score    support

     setosa     1.00000   1.00000   1.00000     50
 versicolor     1.00000   1.00000   1.00000     50
  virginica     1.00000   1.00000   1.00000     50

avg / total     1.00000   1.00000   1.00000     150
```

第 12 章 决策树

决策树(Decision Tree)是一种用于对实例进行分类的树状结构,它也是一类常见的机器学习方法。在 2006 年 12 月召开的数据挖掘国际会议上,与会的各位专家选出了当时的十大数据挖掘算法,其中具体的决策树算法就占有两席位置,即 C4.5 和 CART 算法,本章将会重点介绍到它们。

与本章内容相关的数学概念包括熵、信息增益、信息增益比。

12.1 决策树基础

决策树由节点(Node)和有向边(Directed Edge)组成。节点根据其类型又分为两种:内部节点和叶子节点。其中,内部节点表示一个特征或属性的测试条件(用于分开具有不同特性的记录),叶子节点表示一个分类。

一旦构造了一个决策树模型,以它为基础来进行分类将是非常容易的。具体做法是:从根节点开始,对实例的某一特征进行测试,根据测试结果将实例分配到其子节点(也就是选择适当的分支);沿着该分支可能达到叶子节点或者到达另一个内部节点时,那么就使用新的测试条件递归执行下去,直到抵达一个叶子节点。当到达叶子节点时,便得到了最终的分类结果。

假设现在收集了一组如表 12-1 所示的数据,其中记录了若干名病患的症状及所得感冒类型的诊断结果。如果有新的病人前来问诊,是否可以据此建立机器学习模型对新病人所患感冒的类型进行判断呢?

表 12-1 病人症状与感冒类型的数据

病人编号	头疼程度	咳嗽程度	是否发烧	是否咽痛	诊断
P1	严重	轻微	是	是	流感
P2	不头疼	严重	否	是	普通感冒

续表

病人编号	头疼程度	咳嗽程度	是否发烧	是否咽痛	诊断
P3	轻微	轻微	否	是	流感
P4	轻微	不咳嗽	否	否	普通感冒
P5	严重	严重	否	是	流感

图 12-1 是根据表 12-1 所列出的数据建立的一个决策树示例，该决策树提供了如下 4 条判断感冒类型的规则：

(1) **规则 1**，如果头疼程度严重，那么就是流感；

(2) **规则 2**，如果头疼程度轻微，并伴有咽痛，那么就是流感；

(3) **规则 3**，如果头疼程度轻微，但没有咽痛，那么就是普通感冒；

(4) **规则 4**，如果不头疼，那么就是普通感冒。

注意，这里仅用了两个特征就对数据集中的 5 条记录实现了准确的分类。

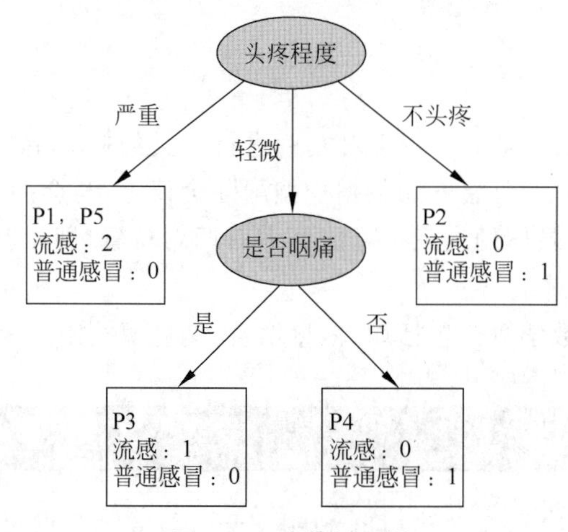

图 12-1 决策树示例

12.1.1 Hunt 算法

现在所广泛讨论的包括 ID3、C4.5、CART 及其他类似算法在内的一大类决策树算法都属于"自顶向下推导的决策树"(Top-Down Induction of Decision Trees，TDIDT)，这类算法的共同特征都是：在生长阶段自顶向下构建决策树，而在剪枝阶段则自下向上进行修剪。现在所有 TDIDT 算法的鼻祖是美国心理学家厄尔·亨特(Earl B. Hunt)等在 20 世纪 60 年代提出的概念学习系统(Concept Learning System，CLS)框架，其中所使用的决策树构建算法被称为 Hunt 算法。

从原则上讲，给定一个训练数据集，通过各种属性的组合可以构造出的决策树数目呈指数级，找出最佳的决策树在计算上是不可行的。因此，决策树算法往往需要在计算复杂性和准确性之间进行权衡。这些广泛使用的决策树算法，基于贪心策略，使得用合理的计算时间来构建出次最优决策树成为可能。

Hunt 算法就是一种采用局部最优策略构建决策树的代表性算法，后续要讨论的 ID3、C4.5 和 CART 许多其他决策树构建算法都以它为基础发展而来。在 Hunt 算法中，通过将

训练记录相继划分成较纯的子集，以递归方式建立决策树。设$\mathcal{D}_t$是与节点t相关联的训练数据集，而$\boldsymbol{y}=\{y_1,y_2,\cdots,y_c\}$是类标号，那么Hunt算法的递归描述如下：

(1) 如果$\mathcal{D}_t$中所有记录都属于同一个类，则t是叶子节点，用y_t标记。

(2) 如果$\mathcal{D}_t$中包含属于多个类的记录，则选择一个属性测试条件，将记录划分成较小的子集。对于测试条件的每个输出，创建一个子女节点，并根据测试结果将$\mathcal{D}_t$中的记录分布到子女节点中。然后，对于每个子女节点，递归地调用该算法。

为了演示该方法，这里选用文献中的一个例子来加以说明：预测贷款申请者是会按时归还贷款，还是会拖欠贷款。对于这个问题，训练数据集可以通过考查以前贷款者的贷款记录来构造。在如表12-2所示的例子中，每条记录都包含贷款者的个人信息，以及贷款者是否拖欠贷款的类标号。

表12-2 预测是否拖欠贷款的训练数据集

编号	是否有房	婚姻状况	年收入	是否拖欠贷款
1	是	单身	125 000	否
2	否	已婚	100 000	否
3	否	单身	70 000	否
4	是	已婚	120 000	否
5	否	离异	95 000	是
6	否	已婚	60 000	否
7	是	离异	220 000	否
8	否	单身	85 000	是
9	否	已婚	75 000	否
10	否	单身	90 000	是

该分类问题的初始决策树只有一个节点，类标号为“拖欠贷款者＝否”，见图12-2(a)，意味大多数贷款者都按时归还贷款。然而，该树需要进一步细化，因为根节点包含两个类别的记录。根据“有房者”测试条件，这些记录被划分为较小的子集，如图12-2(b)所示。

接下来对根节点的每个子女递归地调用Hunt算法。从表12-2给出的训练数据集可以看出，有房的贷款者都按时偿还了贷款，因此，根节点的左子女为叶子节点，标记为拖欠贷款者＝否，如图12-2(b)所示。对于右子女，需要继续递归调用Hunt算法，直到所有的记录都属于同一个类为止。每次递归调用所形成的决策树显示在图12-2(c)和图12-2(d)中。

如果属性值的每种组合都在训练数据中出现，并且每种组合都具有唯一的类标号，则Hunt算法是有效的。但是对于大多数实际情况，这些假设太苛刻了，因此，需要附加的条件来处理以下情况：

(1) 算法的步骤(2)所创建的子女节点可能为空，也就是不存在与这些节点相关联的记录。如果没有一个训练记录包含与这样的节点相关联的属性值组合，这种情形就可能发生。这时，该节点成为叶节点，类标号为其父节点上训练记录中的多数类。

(2) 在算法的步骤(2)，若与$\mathcal{D}_t$相关联的所有记录都具有相同的属性值(目标属性除外)，则不可能进一步划分这些记录。在这种情况下，该节点为叶子节点，其标号为与该节点相关联的训练记录中的多数类。

此外，在上面这个算法的执行过程中，读者可能会疑惑：应依据什么原则选取属性测试

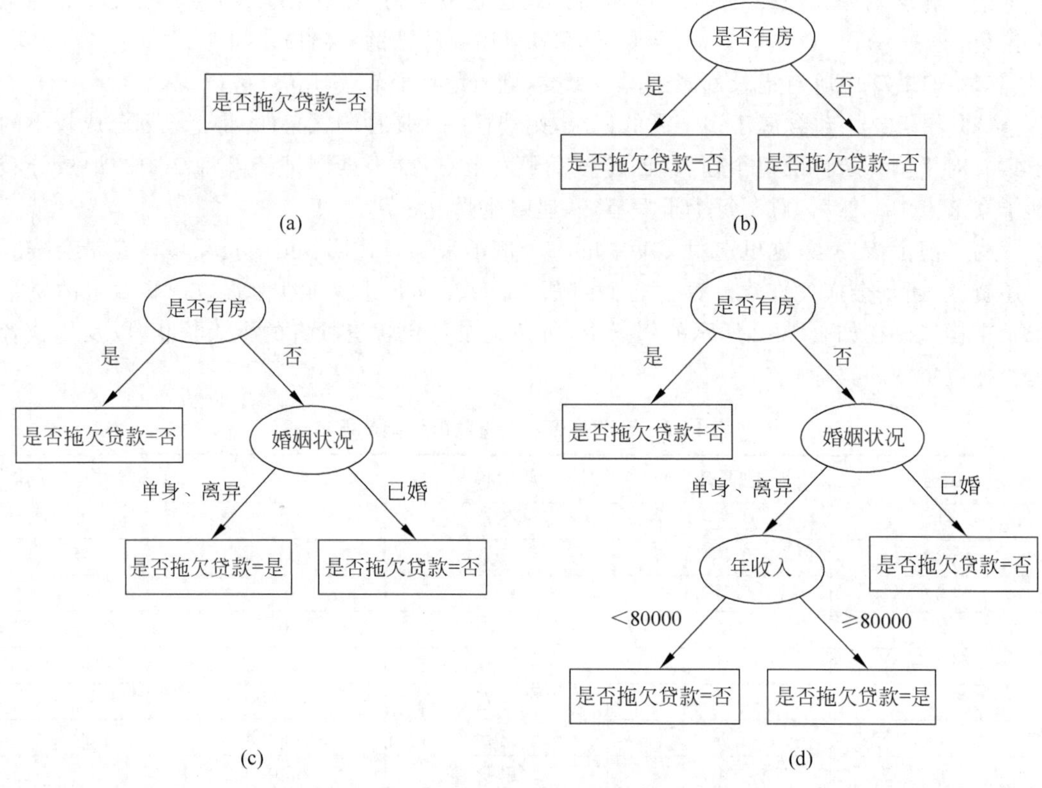

图 12-2　用 Hunt 算法生成的决策树

条件？例如为什么第一次选择“有房者”来作为测试条件。事实上，如果选择的属性测试条件不同，那么对于同一数据集来说所建立的决策树可能相差很大。如图 12-3 所示为基于前面预测病人是患了流感还是普通感冒的数据集所构建出来的另外两种情况的决策树。

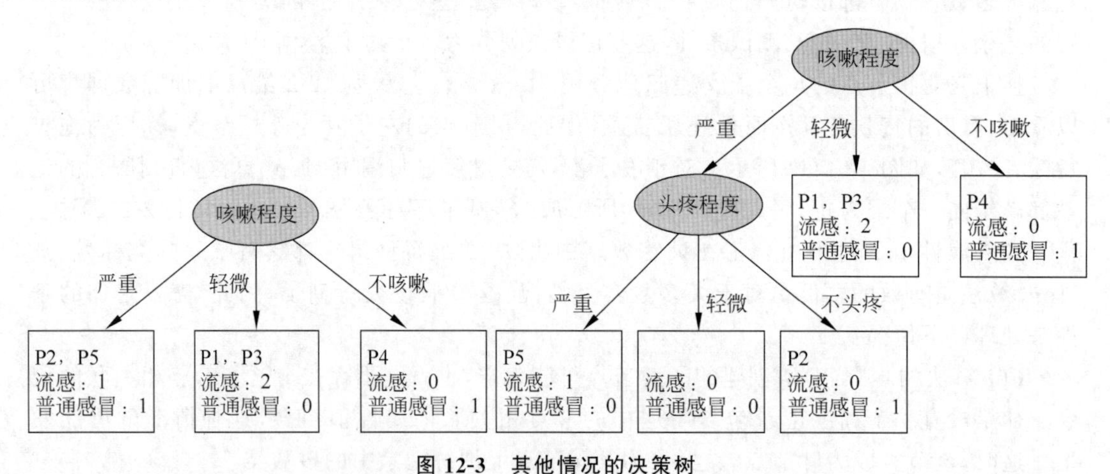

图 12-3　其他情况的决策树

事实上，在构建决策树时可能需要关心的问题包括：

(1) 如何构造最佳决策树？

(2) 如何选择每一个决策节点的属性？

(3) 如何选择每一个节点的分支数目和属性数目?

(4) 什么时候停止生成树?

最后一个问题还涉及所谓的"剪枝"操作。决策树很容易出现过拟合,而剪枝则是决策树构建过程中为了应对过拟合而采取的一种策略。同样以图 12-3 中所示的两棵决策树为例,对于左侧所示的决策树中"严重咳嗽"这棵子树,是否需要继续细分而从得到右侧所示的决策树就是这里所说的"什么时候停止生成树?"。反过来,如果已经得到了如图 12-3 中右图所示的一棵决策树,为了避免过拟合,而对其中"头疼程度"这个分支进行裁剪,便会得到左侧所示的决策树结果。

12.1.2 基尼测度与划分

构建一棵最优的决策树是一个 NP 难问题,所以只能采用一些启发式策略来争取得到次最优解:

(1) 一个好的属性能够使得基于它的划分尽可能归于同类(即最小的不纯性),这就意味着每次切分要保证样本分布在尽可能少的类中。

(2) 当所有的叶子节点都主要包含单个类的时候停止生成新树(也就是说,叶子节点要近乎纯的)。

现在新的问题来了:如何评估节点的不纯性(Impurity)? 通常可以使用的指标有如下 3 个(实际应用时,只要选其中之一即可):基尼系数(Gini Index)、熵(Entropy)和错误分类误差(Misclassification Error)。

第一个可以用来评估节点不纯性的指标是基尼系数。对于一个给定的节点 t,它的基尼系数计算公式如下:

$$\text{Gini}(t)=1-\sum_{j}[p(j\mid t)]^{2}$$

其中,$p(j|t)$表示给定节点 t 中属于类 j 的记录所占的比例。通过这个计算公式可以看出:

(1) 最大的基尼系数值是 $1-1/n_c$,其中 n_c 是所分类别的数量,此时所有的记录都均匀地分布在所有的类中。

(2) 最小的基尼系数值是 0,此时所有的记录都属于一个类。

选择最佳划分的度量通常是根据划分后子女节点不纯性的程度。不纯的程度越低,类分布就越倾斜。例如,类分布为(0,1)的节点具有零不纯性,而均衡分布(0.5,0.5)的节点具有最高的不纯性。现在回过头来看一个具体的计算例子。假设一共有 6 条记录,以二分类问题不纯性度量值的比较为例,图 12-4 的意思表示有 4 个节点,然后分别计算了每一个节点的基尼系数值(注意,决策树中每一个内节点都表示一种分支判断,也就可以将 6 条记录分成几类,这里讨论的是二分类,所以是分成两个子类)。

从上面的例子可以看出,第一个节点,具有最低的不纯性度量值,接下来节点的不纯度度量值依次递增。为了确定测试条件的效果,需要比较父节点(划分前)的不纯程度和子女节点(划分后)的不纯程度,它们的差越大,测试条件的效果就越好。增益 Δ 是一种可以用来确定划分效果的标准:

$$\Delta=I(\text{父节点})-\sum_{j=1}^{k}\frac{N(v_j)}{N}I(v_j)$$

C_1	0
C_2	6
Gini=0.000	

$$1-\left(\frac{0}{6}\right)^2-\left(\frac{6}{6}\right)^2=0$$

C_1	1
C_2	5
Gini=0.278	

$$1-\left(\frac{1}{6}\right)^2-\left(\frac{5}{6}\right)^2=0.278$$

C_1	2
C_2	4
Gini=0.444	

$$1-\left(\frac{2}{6}\right)^2-\left(\frac{4}{6}\right)^2=0.444$$

C_1	3
C_2	3
Gini=0.500	

$$1-\left(\frac{3}{6}\right)^2-\left(\frac{3}{6}\right)^2=0.500$$

图 12-4 基尼系数的计算

其中，$I(\cdot)$是给定节点的不纯性度量；N 是父节点上的记录总数；k 是属性值的个数；$N(v_j)$是与子女节点 v_j 相关联的记录个数。决策树构建算法通常选择最大化增益 Δ 的测试条件，因为对所有的测试条件来说，I(父节点)是一个不变的值，所以最大化增益等价于最小化子女节点的不纯性度量的加权平均值。

考虑下面这个划分的例子。如图 12-5 所示，假设有两种方法将数据划分成较小的子集。划分前，基尼系数等于 0.5，因为属于两个类(C_1 和 C_2)的记录个数相等。如果选择属性 A 来划分数据，节点 N_1 的基尼系数为

$$1-\left(\frac{4}{7}\right)^2-\left(\frac{3}{7}\right)^2=0.4898$$

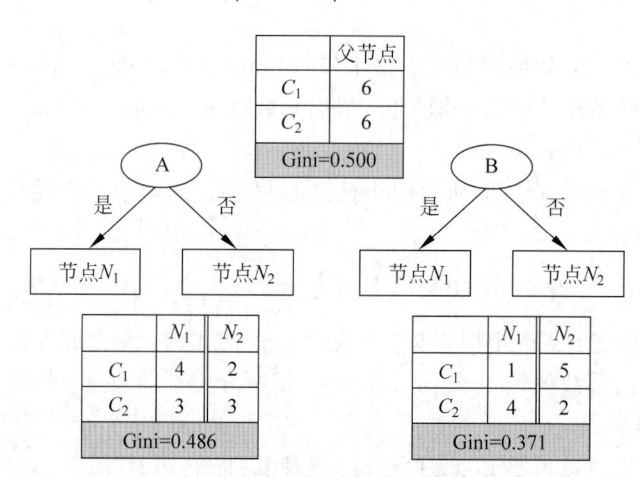

图 12-5 划分二元属性

而 N_2 的基尼系数为

$$1-\left(\frac{2}{5}\right)^2-\left(\frac{3}{5}\right)^2=0.48$$

派生节点的基尼系数的加权平均为

$$\frac{7}{12}\times 0.4898+\frac{5}{12}\times 0.48=0.486$$

同理，还可以计算属性 B 的基尼系数的加权平均为

$$\frac{7}{12}\times 0.408+\frac{5}{12}\times 0.32=0.371$$

因为属性 B 具有更小的基尼系数，所以它比属性 A 更可取。

多元属性的情况既可以产生多路划分,也可以产生两路划分。例如表 13-2 中的婚姻状况就是一个多元属性,在图 12-6 演示了对其进行划分的操作。二元划分的基尼系数的计算与二元属性类似。对于婚姻状况属性第一种二分类,{离异动,单身}的基尼系数是 0.5,而{已婚}的基尼系数是 1.0。这个划分的基尼系数加权平均是:

$$\frac{6}{10}\times 0.5+\frac{4}{10}\times 1.0=0.3$$

	婚姻状况	
	{已婚}	{单身、离异}
C_1	0	3
C_2	4	3
Gini	0.3	

	婚姻状况	
	{单身}	{已婚、离异}
C_1	2	1
C_2	2	5
Gini	0.367	

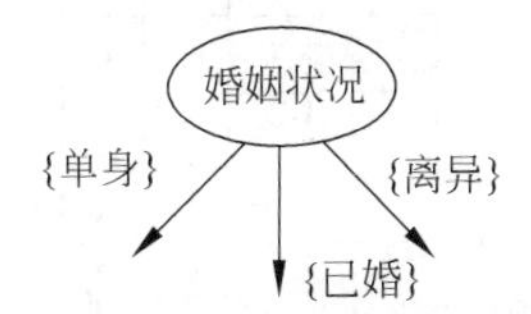

	婚姻状况		
	{单身}	{已婚}	{离异}
C_1	2	0	1
C_2	2	4	1
Gini	0.3		

图 12-6　多元属性划分举例

类似地,对第二种二元划分{单身}和{已婚,离异},基尼系数加权平均是 0.367。前一种划分的基尼系数相对更低,因为其对应的子集的纯度更高。

对多路划分,需要计算每个属性值的基尼系数:Gini({单身})=0.5,Gini({已婚})=0,以及 Gini({离异})=0.5,所以多路划分的基尼系数加权平均值为

$$\frac{4}{10}\times 0.5+\frac{4}{10}\times 0+\frac{2}{10}\times 0.5=0.3$$

需要指出的是,大多数情况下,多路划分的基尼系数比二元划分更小。这是因为二元划分实际上合并了多路划分的某些输出,自然降低了子集的纯度。

最后来考虑特征值连续的情况。在表 12-2 中所给出的年收入一项就是典型的连续特征值示例。如图 12-7 所示,其中测试条件"年收入$\leqslant v$"用来划分拖欠贷款分类问题的训练记录。用穷举方法确定 v 的值,将 N 个记录中所有的属性值都作为候选划分点。对每个候选 v,都要扫描一次数据集,统计年收入大于和小于 v 的记录数,然后计算每个候选的基尼系数,并从中选择具有最小值的候选划分点。这种方法的计算代价显然是高昂的,因为对每个候选划分点计算基尼系数需要 $O(N)$次操作,由于有 N 个候选,总的计算复杂度为 $O(N^2)$。

为了降低计算复杂度,按照年收入将训练记录排序,所需要的时间为 $O(N\log N)$,从两个相邻的排过序的属性值中选择中间值作为候选划分点,得到候选划分点 55 000、65 000、72 000 等。无论如何,与穷举方法不同,在计算候选划分点的基尼指标时,不需要考查所有 N 个记录。

对第一个候选 v=55 000,没有年收入小于 55 000 的记录,所以年收入小于 55 000 元的派生节点的基尼系数是 0;另一方面,年收入大于或等于 55 000 元的样本记录数目为 3 和 7,分别对应于标签为是和否的类。如此一来,该节点的基尼系数是 0.420。该候选划分的基尼系数的加权平均就等于 0×0+1×0.42=0.42。

对第二个候选 v=65 000,通过更新上一个候选的类分布,就可以得到该候选的类分

是否拖欠贷款	否	否	否	是	是	是	否	否	否	否
	年收入									
排序后的值 →	60 000	70 000	75 000	85 000	90 000	95 000	100 000	120 000	125 000	220 000

	55 000		65 000		72 000		80 000 (A)		87 000		92 000		97 000 (B)		110 000		122 000		172 000		230 000	
	≤	>	≤	>	≤	>	≤	>	≤	>	≤	>	≤	>	≤	>	≤	>	≤	>	≤	>
是	0	3	0	3	0	3	0	3	1	2	2	1	3	0	3	0	3	0	3	0	3	0
否	0	7	1	6	2	5	3	4	3	4	3	4	3	4	4	3	5	2	6	1	7	0
Gini	0.420		0.400		0.375		0.343		0.417		0.400		0.300		0.343		0.375		0.400		0.420	

图 12-7　连续特征值划分举例

布。更具体地说，新的分布通过考查具有最低年收入（即 60 000）的记录的类标号得到。因为该记录的类标签为否，所以属于否的类的计数从 0 增加到 1（对于年收入小于或等于 65 000），和从 7 降到 6（对于年收入大于 65 000），标签为是的类分布保持不变。可以算出新的候选划分点的加权平均基尼系数为 0.4。

重复这样的计算，直到算出所有候选的基尼系数值。最佳的划分点对应于产生最小基尼系数值的点，即 $v=97\ 000$。该过程代价相对较低，因为更新每个候选划分点的类分布所需的时间是一个常数。该过程还可以进一步优化：仅考虑位于具有不同类标号的两个相邻记录之间的候选划分点。例如，前 3 个排序后的记录（年收入分别为 60 000、70 000 和 75 000）具有相同的类标号，所以最佳划分点肯定不会在 60 000 和 75 000 之间。于是，候选划分点 $v=55\ 000$、65 000、72 000 都将被排除在外。按照同样的思路，$v=87\ 000$、92 000、110 000、122 000、172 000 和 230 000 也都将被忽略，它们都位于具有相同类标号的相邻记录之间。该方法使得候选划分点的个数从 11 个降到 2 个。

12.1.3　信息熵与信息增益

评估节点的不纯性可以是 3 个标准中的任何一个。12.1.2 节已经介绍了基尼系数。下面介绍另外一个可选的标准：信息熵（Entropy）。在信息论中，熵是表示随机变量不确定性的度量。熵的取值越大，随机变量的不确定性也越大。

设 X 是一个取有限个值的离散随机变量，其概率分布为

$$P(X=x_i)=p_i,\quad i=1,2,\cdots,n$$

则随机变量 X 的熵定义为

$$H(X)=-\sum_{i=1}^{n}p_i\log p_i$$

在上式中，如果 $p_i=0$，则定义 $0\log 0=0$。通常，上式中的对数以 2 为底或以 e 为底，这时熵的单位分别是比特（bit）或纳特（nat）。由定义可知，熵只依赖于 X 的分布，而与 X 的取值无关，所以也可以将 X 的熵记作 $H(p)$，即

$$H(p)=-\sum_{i=1}^{n}p_i\log p_i$$

条件熵 $H(Y|X)$ 表示在已知随机变量 X 的条件下随机变量 Y 的不确定性，条件熵 $H(Y|X)$

定义为在给定条件下 Y 的条件概率分布的熵对 X 的数学期望

$$H(Y \mid X)=\sum_{j=1}^{n} P(X=x_j) H(Y \mid X=x_j)$$

就当前所面对的问题而言，如果给定一个节点 t，它的(条件)熵计算公式如下：

$$\text{Entropy}(t)=-\sum_{j} p(j \mid t) \log p(j \mid t)$$

其中，$p(j|t)$表示给定节点 t 中属于类 j 的记录所占的比例。通过这个计算公式可以看出：

(1) 最大的熵值是 $\log n_c$，其中 n_c 是所分类别的数量，即当所有的记录都均匀地分布在所有的类时，所引申出的信息量最少。

(2) 最小的熵值是 0，即当所有的记录都属于一个类时包含的信息量最大。

还是来看一个具体的计算例子，如图 12-8 所示(基本情况与前面介绍基尼系数时的例子类似，此处不再赘述)。

C_1	0
C_2	6

$$P(C_1)=\frac{0}{6}=0, \quad P(C_2)=\frac{6}{6}=1$$
$$\text{Entropy}=-0\log 0-1\log 1=0$$

C_1	1
C_2	5

$$P(C_1)=\frac{1}{6}, \quad P(C_2)=\frac{5}{6}$$
$$\text{Entropy}=-\frac{1}{6}\log\frac{1}{6}-\frac{5}{6}\log\frac{5}{6}=0.65$$

C_1	2
C_2	4

$$P(C_1)=\frac{2}{6}, \quad P(C_2)=\frac{4}{6}$$
$$\text{Entropy}=-\frac{2}{6}\log\frac{2}{6}-\frac{4}{6}\log\frac{4}{6}=0.92$$

图 12-8 信息熵计算举例

以此为基础，可以定义信息增益(information gain)如下：

$$\Delta_{\text{info}}=\text{Entropy}(p)-\left[\sum_{i=1}^{k} \frac{n_i}{n} \text{Entropy}(i)\right]$$

其中，父节点 p 被划分成 k 个分支，n_i 表示在第 i 个分支上记录的数量。与之前的情况相同，决策树构建算法通常选择最大化信息增益的测试条件来对节点进行划分。

使用信息增益的缺点在于：信息增益的大小是相对于训练数据集而言的。在分类问题困难时，即训练数据集的经验熵比较大时，信息增益会偏大；反之，信息增益会偏小。使用信息增益比(Information Gain Ratio)可以对这一问题进行校正。使用信息增益比的定义为

$$\text{GainRatio}_{\text{split}}=\frac{\Delta_{\text{info}}}{\text{SplitInfo}}$$

其中，

$$\text{SplitInfo}=-\sum_{i=1}^{k} \frac{n_i}{n} \log \frac{n_i}{n}$$

于是，对较大的熵进行划分(即某个属性产生大量小的划分)会被惩罚。

12.1.4 分类误差

给定一个节点 t，它的分类误差定义为：

$$\text{Error}(t)=1-\max_{i}P(i\mid t)$$

由此公式可知：

(1) 当所有的记录都均匀地分布在所有的类中时，分类误差取得最大值 $1-1/n_c$，其中 n_c 是所分类别的数量，此时有意义的信息量最少。

(2) 当所有的记录都属于一个类时，分类误差取得最小值 0，此时所引申出的有意义信息量最大。

图 12-9 给出了一个分类误差的简单算例(基本情况与前面介绍基尼系数时的例子类似，此处不再赘述)：

C_1	0
C_2	6

$$P(C_1)=\frac{0}{6}=0,\quad P(C_2)=\frac{6}{6}=1$$
$$\text{Error}=1-\max(0,1)=1-1=0$$

C_1	1
C_2	5

$$P(C_1)=\frac{1}{6},\quad P(C_2)=\frac{5}{6}$$
$$\text{Error}=1-\max\left(\frac{1}{6},\frac{5}{6}\right)=1-\frac{5}{6}=\frac{1}{6}$$

C_1	2
C_2	4

$$P(C_1)=\frac{2}{6},\quad P(C_2)=\frac{4}{6}$$
$$\text{Error}=1-\max\left(\frac{2}{6},\frac{4}{6}\right)=1-\frac{4}{6}=\frac{2}{6}$$

图 12-9 分类误差计算举例

图 12-10 给出了二分类模型中，熵、基尼系数、分类误差的比较情况。在采用二分之一熵 $\frac{1}{2}H(P)$ 的时候，发现它与基尼系数将会相当接近。

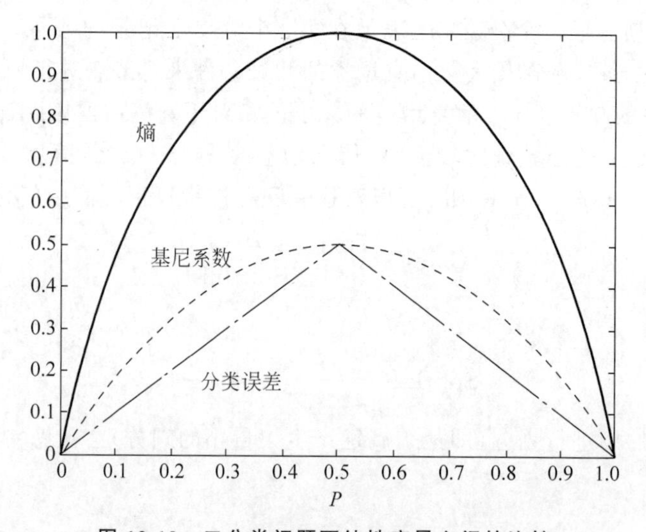

图 12-10 二分类问题不纯性度量之间的比较

最后再来看一个基尼系数和分类误差对比的例子，如图 12-11 所示。

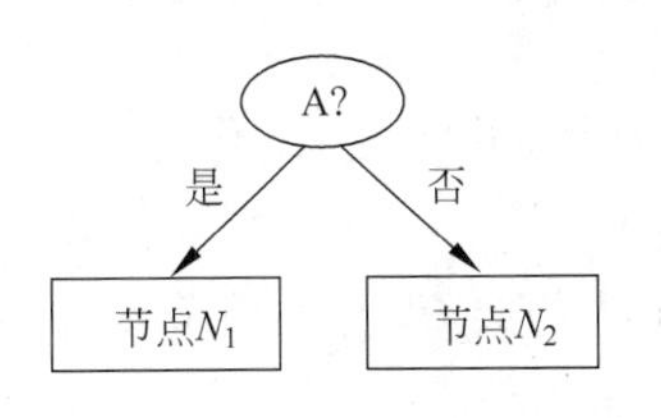

	父节点
C_1	7
C_2	3
Gini=0.42	
MisClass=0.3	

	N_1	N_2
C_1	3	4
C_2	0	3
Gini=0.342		
MisClass=0.3		

图 12-11 基尼系数和分类误差的对比

下面是具体的计算过程。来计算一下加权平均的基尼系数：

$$\text{Gini}(N_1)=1-\left(\frac{3}{3}\right)^2-\left(\frac{0}{3}\right)^2=0$$

$$\text{Gini}(N_2)=1-\left(\frac{4}{7}\right)^2-\left(\frac{3}{7}\right)^2=0.489$$

$$\text{Gini(Children)}=\frac{3}{10}\times 0+\frac{7}{10}\times 0.489=0.342$$

再来计算一下分类误差：

$$\text{MisClass}(N_1)=1-\frac{3}{3}=0$$

$$\text{MisClass}(N_2)=1-\frac{4}{7}=\frac{3}{7}$$

$$\text{MisClass(Children)}=\frac{3}{10}\times 0+\frac{7}{10}\times\frac{3}{7}=0.3$$

可见在这个例子中，划分之后，基尼系数得到改善（从 0.42 减少到 0.342），但是分类误差并未减少（仍然是 0.3）。

12.2 决策树进阶

ID3 和 C4.5 都是由澳大利亚计算机科学家罗斯·奎兰（Ross Quinlan）开发的决策树构建算法，其中 C4.5 是在 ID3 上发展而来的。谈到这些具体的决策树构建算法，难免会涉及本章前面所介绍的各种纯度评判标准，这也将帮助读者更加实际地体会到各种纯度评判标准的应用。

12.2.1 ID3 算法

ID3 算法的核心是在决策树各个节点上应用信息增益准则选择特征，进而递归地构建决策树。具体方法是：从根节点（Root Node）开始，对节点计算所有可能的特征的信息增益，选择信息增益最大的特征作为节点的特征，由该特征的不同取值建立子节点；再对子节点递归地调用以上方法，构建决策树；直到所有特征的信息增益均很小或没有特征可以选择为止。最后得到一棵决策树。ID3 相当于用最大似然法进行概率模型的选择。下面给出一个更加正式的 ID3 算法的描述：

输入：训练数据集$\mathcal{D}$,特征集$\mathcal{A}$,阈值ε;

输出：决策树 T。

1. 若$\mathcal{D}$中所有实例属于同一类 C_k,则 T 为单节点树,并将类 C_k 作为该节点的类标记,返回 T;

2. 若$\mathcal{A}=\varnothing$,则 T 为单节点树,并将$\mathcal{D}$中实例数最大的类 C_k 作为该节点的类标记,返回 T;

3. 否则,计算$\mathcal{A}$中各特征对$\mathcal{D}$的信息增益,选择信息增益最大的特征$\mathcal{A}_g$;

(1) 如果$\mathcal{A}_g$的信息增益小于阈值∈,则置 T 为单节点树,并将$\mathcal{D}$中实例数最大的类$\mathcal{C}_k$作为该节点的类标记,返回 T;

(2) 否则,对$\mathcal{A}_g$的每一可能值a_i,依$\mathcal{A}_g=a_i$将$\mathcal{D}$分割为若干非空子集$\mathcal{D}_i$,将$\mathcal{D}_i$中实例数最大的类作为标记,构建子节点,由节点及其子节点构成树 T,返回 T;

4. 对第 i 个子节点,以$\mathcal{D}_i$为训练集,以$\mathcal{A}-\{\mathcal{A}_g\}$为特征集,递归地调用步骤 1～3,得到子树 T_i,返回 T_i。

来看一个具体的例子,现在的任务是根据天气情况计划是否要外出打球,表 12-3 所示为已知的训练数据。

表 12-3　天气情况与是否外出打球的统计数据

日期	天气	气温	湿度	风力	是否外出打球
D1	下雨	炎热	大	弱	否
D2	下雨	炎热	大	强	否
D3	多云	炎热	大	弱	是
D4	晴朗	温暖	大	弱	是
D5	晴朗	凉爽	正常	弱	是
D6	晴朗	凉爽	正常	强	否
D7	多云	凉爽	正常	强	是
D8	下雨	温暖	大	弱	否
D9	下雨	凉爽	正常	弱	是
D10	晴朗	温暖	正常	弱	是
D11	下雨	温暖	正常	强	是
D12	多云	温暖	大	强	是
D13	多云	炎热	正常	弱	是
D14	晴朗	温暖	大	强	否

首先计算根节点的熵:

$$
\begin{aligned}
\text{Entropy(是否外出打球)} &= \text{Entropy}(5,9) \\
&= \text{Engropy}(0.36,0.64) \\
&= -(0.36\log_2 0.36)-(0.64\log_2 0.64) \\
&= 0.94
\end{aligned}
$$

然后再分别计算每一种划分的信息熵,例如选择天气这个特征来做划分,那么有如图 12-12 所示的一些统计信息。

由此,可得到的信息熵为

$$
\begin{aligned}
&\text{Entropy(是否外出打球,天气)}\\
&=P(\text{晴朗})\cdot\text{Entropy}(3,2)+P(\text{多云})\cdot\\
&\quad\text{Entropy}(4,0)+P(\text{下雨})\cdot\text{Entropy}(2,3)\\
&=\frac{5}{14}\times 0.971+\frac{4}{14}\times 0.0+\frac{5}{14}\times 0.971\\
&=0.693
\end{aligned}
$$

天气	是否外出打球		加和
	是	否	
晴朗	3	2	5
多云	4	0	4
下雨	2	3	5
			14

图 12-12 选择天气来做划分所得的统计信息

据此可计算采用天气这个特征来做划分时的信息增益为

$$
\begin{aligned}
&\text{Gain(是否外出打球,天气)}\\
&=\text{Entropy(是否外出打球)}-\text{Entropy(是否外出打球,天气)}\\
&=0.94-0.693\\
&=0.247
\end{aligned}
$$

同理,选用其他划分时所得到的信息增益如图 12-13 所示。

天气	是否外出打球	
	是	否
晴朗	3	2
多云	4	0
下雨	2	3
信息增益=0.247		

天气	是否外出打球	
	是	否
晴朗	2	2
多云	4	2
下雨	3	1
信息增益=0.029		

湿度	是否外出打球	
	是	否
大	3	4
正常	6	1
信息增益=0.152		

风力	是否外出打球	
	是	否
弱	6	2
强	3	3
信息增益=0.048		

图 12-13 选用其他划分时所得到的信息增益

取其中具有最大信息增益的特征来作为划分的标准,然后会发现其中一个分支的熵为零(时间中阈值可以设定来惩罚过拟合),所以把它变成叶子,即得如图 12-14 所示的结果。

气温	湿度	风力	是否外出打球
炎热	大	弱	是
凉爽	正常	强	是
温暖	大	强	是
炎热	正常	弱	是

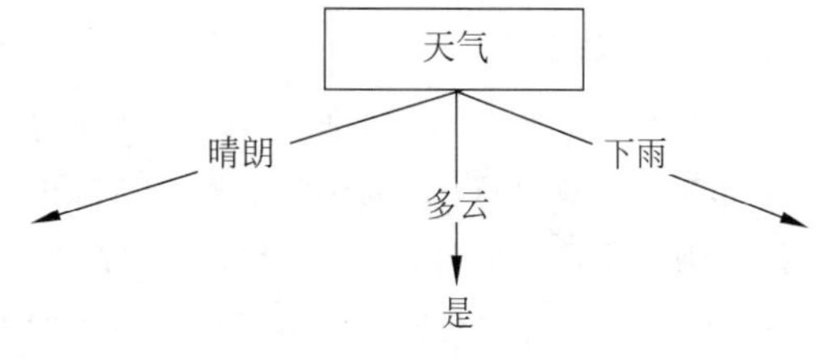

图 12-14 采用天气来作为划分标准

对于其他熵不为零(或者大于预先设定的阈值)的分支,则需要做进一步的划分,有如图 12-15 所示的结果。

根据上述的规则继续递归地执行下去。最终,得到如图 12-16 所示的一棵决策树。

气温	湿度	风力	是否外出打球
温暖	大	弱	是
凉爽	正常	弱	是
温暖	正常	弱	是
凉爽	正常	强	否
温暖	大	强	否

图 12-15　对决策树做进一步的划分

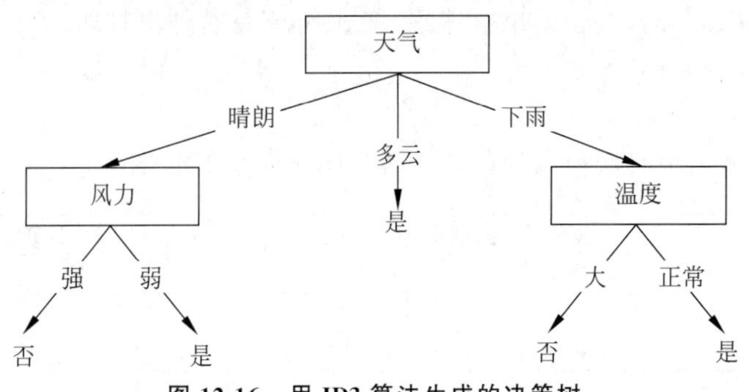

图 12-16　用 ID3 算法生成的决策树

12.2.2　C4.5 算法

C4.5 是 2006 年国际数据挖掘大会票选出来的十大数据挖掘算法之首。智能分析环境 Weka 的作者评述称 C4.5 是一种里程碑式的决策树算法，它或许是到目前为止在实践中应用最为广泛的机器学习技术。

C4.5 算法与 ID3 算法相似，它是由 ID3 算法演进而来的。在生成的过程中，C4.5 用信息增益比来选择特征。下面给出一个更加正式的 C4.5 算法的描述，读者可将其与 ID3 算法进行对比，以深化理解。

输入：训练数据集$\mathcal{D}$，特征集$\mathcal{A}$，阈值 ε；

输出：决策树 T。

1. 如果$\mathcal{D}$中所有实例属于同一类 C_k，则置 T 为单节点树，并将$\mathcal{C}_k$作为该节点的类，返回 T；

2. 如果$\mathcal{A}=\varnothing$，则置 T 为单节点树，并将$\mathcal{D}$中实例数最大的类 C_k 作为该节点的类，返回 T；

3. 否则，计算$\mathcal{A}$中各特征对$\mathcal{D}$的信息增益比，选择信息增益比最大的特征$\mathcal{A}_g$；

(1) 如果$\mathcal{A}_g$ 的信息增益比小于阈值 ε，则置 T 为单节点树，并将$\mathcal{D}$中实例数最大的类 C_k 作为该节点的类，返回 T；

(2) 否则，对$\mathcal{A}_g$ 的每一可能值 a_i，依$\mathcal{A}_g=a_i$ 将$\mathcal{D}$分割为若干非空子集$\mathcal{D}_i$，将$\mathcal{D}_i$ 中实例数最大的类作为标记，构建子节点，由节点及其子节点构成树 T，返回 T；

4. 对于节点 i，以$\mathcal{D}_i$为训练集，以$\mathcal{A}-\{\mathcal{A}_g\}$为特征集，递归地调用步骤 1～3，得到子树 T_i，返回 T_i。

12.3 分类回归树

分类回归树(Classification and Regression Tree,CART)假设决策树是二叉树,内部节点特征的取值为“是”和“否”,左分支是取值为“是”的分支,右分支是取值为“否”的分支。这样的决策树等价于递归地二分每个特征,将输入空间即特征空间划分为有限个单元,并在这些单元上确定预测的概率分布,也就是在输入给定的条件下输出的条件概率分布。

CART 算法由以下两步组成。

(1) **决策树生成**:基于训练数据集生成决策树,生成的决策树要尽量大;

(2) **决策树剪枝**:用验证数据集对已生成的树进行剪枝并选择最优子树,这是以损失函数最小作为剪枝的标准。

分类回归树的生成就是递归地构建二叉决策树的过程。CART 既可以用于分类,也可以用于回归。本书仅讨论用于分类的情况。对分类树而言,CART 用基尼系数最小化准则来进行特征选择,生成二叉树。下面给出正式的 CART 生成算法描述。

输入:训练数据集 D,停止计算的条件;

输出:CART 决策树。

根据训练数据集,从根节点开始,递归地对每个节点进行以下操作,构建二叉决策树:

1. 节点的训练数据集为 D,计算现有特征相对于该数据集的基尼系数。此时,对每一个特征 A,对其可能取的每个值 a,根据样本点对 $A=a$ 的测试为“是”或“否”将 D 分割成 D_1 和 D_2 两部分,计算 $A=a$ 时的基尼系数;

2. 在所有可能的特征 A 以及它们所有可能的切分点 a 中,选择基尼系数最小的特征及其对应的切分点,分别作为最优特征与最优切分点。依据最优特征与最优切分点,由现节点生成两个子节点,将训练数据集依特征分配到两个子节点中去;

3. 对两个子节点递归地调用步骤 1~2,直至满足停止条件;

4. 生成 CART 决策树。

算法停止计算的条件是节点中的样本个数小于预定阈值,或样本集的基尼系数小于预定阈值(样本基本属于同一类),或者没有更多特征。

下面来看一个具体的例子,所使用的数据集如表 12-2 所示。首先,对数据集非类标号属性{是否有房,婚姻状况,年收入}分别计算它们的基尼系数增益,取基尼系数增益值最大的属性作为决策树的根节点属性。根节点的基尼系数

$$\text{Gini}(\text{是否拖欠贷款})=1-\left(\frac{3}{10}\right)^2-\left(\frac{7}{10}\right)^2=0.42$$

当根据是否有房来进行划分时,便有如图 12-17 所示的一些统计信息。

由此可得基尼系数增益计算过程为:

$$\text{Gini}(\text{左子节点})=1-\left(\frac{0}{3}\right)^2-\left(\frac{3}{3}\right)^2=0$$

$$\text{Gini}(\text{右子节点})=1-\left(\frac{3}{7}\right)^2-\left(\frac{7}{7}\right)^2=0.4898$$

	是否拖欠贷款
是	3
否	7

是否有房	是否拖欠贷款	
	是	否
是	0	3
否	3	4

图 12-17　根据是否有房进行划分所得的统计信息

$$\Delta\{\text{是否有房}\}=0.42-\frac{7}{10}\times 0.4898-\frac{3}{10}\times 0=0.077$$

若按婚姻状况属性来划分，属性婚姻状况有3个可能的取值{已婚，单身，离异}，分别计算划分后的

(1) {已婚}|{单身，离异}，即已婚相对于单身和离异的基尼系数增益；

(2) {单身}|{已婚，离异}，即单身相对于已婚和离异的基尼系数增益；

(3) {离异}|{单身，已婚}，即离异相对于单身和已婚的基尼系数增益。

当分组为{已婚}|{单身，离异}时，左子女 S_l 表示婚姻状况取值为已婚的分组，右子女 S_l 表示婚姻状况取值为单身或者离异的分组，则此时的基尼系数增益为

$$\Delta\{\text{婚姻状况}\}=0.42-\frac{4}{10}\times 0-\frac{6}{10}\times\left[1-\left(\frac{3}{6}\right)^2-\left(\frac{3}{6}\right)^2\right]=0.12$$

当分组为{单身}|{已婚，离异}时，则此时的基尼系数增益为

$$\Delta\{\text{婚姻状况}\}=0.42-\frac{4}{10}\times 0.5-\frac{6}{10}\times\left[1-\left(\frac{1}{6}\right)^2-\left(\frac{5}{6}\right)^2\right]=0.053$$

当分组为{离异}|{单身，已婚}时，则此时的基尼系数增益为

$$\Delta\{\text{婚姻状况}\}=0.42-\frac{2}{10}\times 0.5-\frac{8}{10}\times\left[1-\left(\frac{2}{8}\right)^2-\left(\frac{6}{8}\right)^2\right]=0.02$$

对比上述计算结果，根据婚姻状况属性来划分根节点时取基尼系数增益最大的分组作为划分结果，也就是{已婚}|{单身，离异}。

最后考虑年收入属性，发现它是一个连续的数值类型。本章前面已经专门介绍过如何对这种类型的数据进行划分了。对于年收入属性为数值型属性，首先需要对数据按升序排序，然后从小到大依次用相邻值的中间值作为分隔将样本划分为两组。例如当面对年收入为60和70这两个值时，算得其中间值为65。倘若以中间值65作为分割点。S_l 作为年收入小于65的样本，S_r 表示年收入大于等于65的样本，于是则得基尼系数增益为

$$\Delta\{\text{年收入}\}=0.42-\frac{1}{10}\times 0-\frac{9}{10}\times\left[1-\left(\frac{3}{9}\right)^2-\left(\frac{6}{9}\right)^2\right]=0.02$$

其他值的计算同理可得，这里不再逐一给出计算过程，仅列出结果（最终取其中使得增益最大化的二分准则作为构建二叉树的准则），如表12-4所示。

表 12-4　年收入属性计算结果

是否拖欠贷款	否	否	否	是	是	是	否	否	否	否
年收入	60	70	75	85	90	95	100	120	125	220
相邻值中点	65	72.5	80	87.7	92.5	97.5	110	122.5	172.5	
基尼系数增益	0.02	0.045	0.077	0.003	0.02	0.12	0.077	0.045	0.02	

最大化增益等价于最小化子女节点的不纯性度量(基尼系数)的加权平均值,图 12-7 列出的是基尼系数的加权平均值,表 12-4 给出的是基尼系数增益。现在希望最大化基尼系数的增益。根据计算知道,3 个属性划分根节点的增益最大的有两个:年收入属性和婚姻状况,它们的增益都为 0.12。此时,选取首先出现的属性作为第一次划分。

接下来,采用同样的方法,分别计算剩下的属性,其中根节点的基尼系数为(此时是否拖欠贷款的各有 3 个记录)

$$\text{Gini}(\text{是否拖欠贷款})=1-\left(\frac{3}{6}\right)^2-\left(\frac{3}{6}\right)^2=0.5$$

与前面的计算过程类似,对于是否有房属性,可得

$$\Delta\{\text{是否有房}\}=0.5-\frac{4}{6}\times\left[1-\left(\frac{3}{4}\right)^2-\left(\frac{1}{4}\right)^2\right]-\frac{2}{6}\times 0=0.25$$

对于年收入属性有如表 12-5 所示的结果。

表 12-5 年收入属性计算结果

是否拖欠贷款	否	是	是	是	否	否
年收入	70	85	90	95	125	220
相邻值中点	77.5	87.7	92.5	110	172.5	
基尼系数增益	0.1	0.25	0.05	0.25	0.1	

最后构建的 CART 如图 12-18 所示。

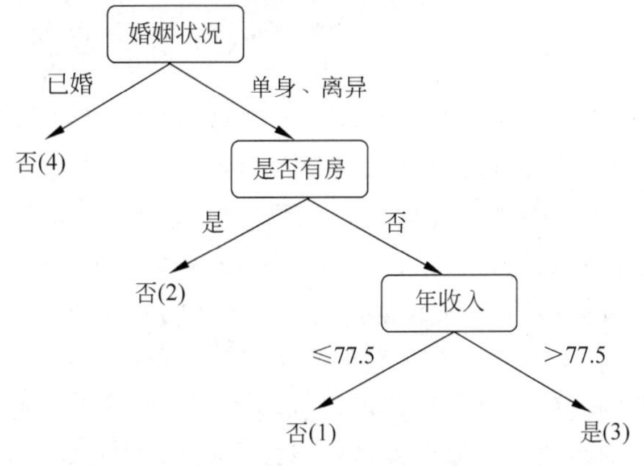

图 12-18 分类回归树构建结果

总结一下,CART 和 C4.5 的主要区别如下:

(1) C4.5 采用信息增益率作为分支特征的选择标准,而 CART 则采用基尼系数;

(2) C4.5 不一定是二叉树,但 CART 一定是二叉树。

12.4 决策树剪枝

本书前面在介绍正则化这个概念时,曾经讨论过没有免费午餐原理。该原理揭示了数据科学中一个普遍存在的现象,即在训练数据集上表现非常好的模型很可能在测试集上表现得并不理想。这也就是所谓的过拟合现象。决策树如果不做任何限制,很容易出现过拟

合的情况，而剪枝正是决策树中用来克服这一现象的手段。

通常来说，构造决策树直到所有叶节点都是纯的叶节点，这会导致模型非常复杂，并且对训练数据高度过拟合。为了增强生成的决策树之泛化能力，抑制过拟合的影响，在决策树学习中，需要对已生成的树进行简化，这个过程称为剪枝。也即从已经生成的决策树上裁剪掉一些子树或叶节点，从而生成一个新的、简化的决策树。

广义上来说，决策树的剪枝可以被分成两类：一类是及早停止树的生长，也叫预剪枝(Pre-pruning)；另一种是先构造树，但随后删除或折叠信息量很少的节点，也叫后剪枝(Post-pruning)。预剪枝的限制条件可能包括限制树的最大深度、限制叶节点的最大数目，或者规定一个节点中数据点的最小数目来防止继续划分。

决策树剪枝是一个比较大的话题，其中涉及的具体算法也很多。这里仅介绍一种比较简单的决策树剪枝方法。

设决策树 T 中 $|T|$ 个叶子节点，t 是树 T 的叶子节点，该节点上有 N_t 个样本点，其中属于第 c_i 类的样本点有 $N_t(c_i)$ 个，$i=1,2,\cdots,K$，则可以定义叶子节点 t 上的经验熵为

$$H_t=-\sum_{i=1}^{K}\frac{N_t(c_i)}{N_t}\log\frac{N_t(c_i)}{N_t}$$

在给定参数 $\alpha\geqslant 0$ 的情况下，决策树 T 学习的代价函数(Cost function)可以定义为

$$C_\alpha(T)=\sum_{t=1}^{|T|}N_tH_t+\alpha|T|$$

上述代价函数中，将经验熵公式代入右端第一项后，得到

$$C(T)=\sum_{t=1}^{|T|}N_tH_t=-\sum_{t=1}^{|T|}\sum_{i=1}^{K}N_t(c_i)\log\frac{N_t(c_i)}{N_t}$$

即 $C_\alpha(T)=C(T)+\alpha|T|$，这里 $C(T)$ 就表示模型对训练数据的预测误差，也就是模型与训练数据的拟合程度，而 $|T|$ 则可以用于表征模型的复杂度，参数 α 控制了两者之间的权衡。这其实就形成了一个带限制条件的优化问题。较大的 α 使得训练过程倾向于选择更加简单的决策树，较小的 α 训练过程倾向于选择更加复杂的决策树。当 $\alpha=0$ 时就意味着尽可能令被生成的决策树拟合训练数据，而忽略模型的复杂度，也就退化为不做剪枝的情况。

当 α 给定时，剪枝的过程就是选择使得代价函数最小的模型。此时，子树越大，决策树分支越细致，则模型对训练数据的拟合程度就越好，但模型的复杂度也随之上升。反过来，子树越小，模型的复杂度也就越地，模型对训练数据的拟合程度会被虚弱，但这种折中往往会提升决策树的泛化能力。

在对已经构建好的决策树进行剪枝时，首先计算出每个节点的经验熵。然后使树从叶子节点自下向上递归地进行回缩。如图 12-19 所示，其中左图所示之决策树记为 T_i，如果对"头疼程度"一条分支进行回缩，则所得之右图决策树记为 T_{i-1}。两者对应的代价函数分别为 $C_\alpha(T_i)$ 和 $C_\alpha(T_{i-1})$，如果 $C_\alpha(T_i)\geqslant C_\alpha(T_{i-1})$，即如果剪枝会导致代价函数缩小，则对其进行剪枝。于是便得到了图 12-19 中右图所示的一棵新的决策树。注意到原来是否头疼的分支中，流感的样例要多于普通感冒的样例，这时可以采取少数服从多数的投票策略，所以新得到之叶子节点对应的判定就是流感。该过程自下向上递归进行，直到不能继续为止，便得到了一棵代价函数最小的新决策树。

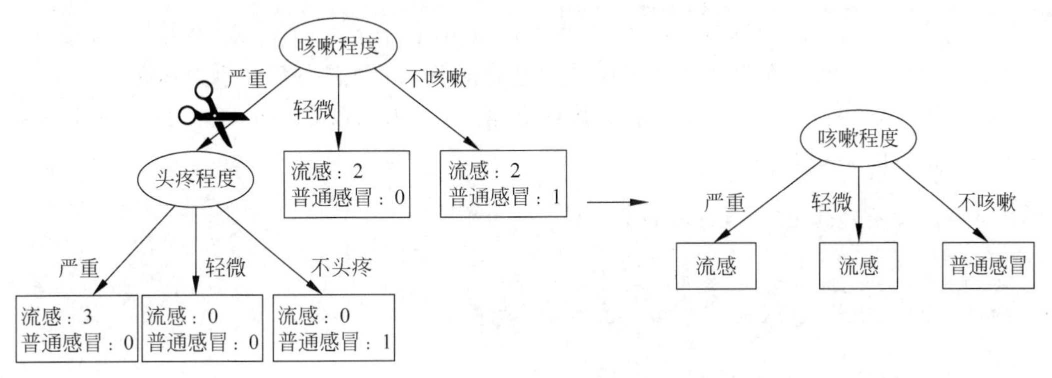

图 12-19 决策树的剪枝

12.5 决策树应用实例

在 scikit-learn 中，基于决策树的分类器是在 DecisionTreeClassifier 这个类中实现的。具体而言，这个类实现的是一个优化版本的 CART 算法（也就是说，目前 scikit-learn 并没有实现像 ID3 或者 C4.5 这样的决策树算法）。此外，当前版本的 scikit-learn 也不支持类别数据，也就是说它只支持数值型数据。

DecisionTreeClassifier 这个类的构造函数中所涉及的参数比较多，下面我们挑选其中几个比较有代表性的进行解释，读者可以参考 scikit-learn 的文档来了解更多。

- criterion：该参数用于指示构建决策树时期望使用的特征选择标准。可选值为 gini 或 entropy，前者是基尼系数，后者是信息熵。默认情况下，系统默认选择前者。一般情况下，推荐使用默认的基尼系数，这时更偏于与标准的 CART 算法。
- splitter：该参数用于指示特征划分标准。可选值为 best 或 random，默认情况下，系统默认选择前者。前者在特征的所有划分点中找出最优的划分点。后者是随机的在部分划分点中找局部最优的划分点。默认的 best 适合样本量不大的时候，而如果样本数据量非常大，此时决策树构建推荐使用 random。
- max_depth：该参数用于限定决策树的最大深度，因此它可以被用来控制过拟合。可选的取值有 int、None 或 optional，默认情况下，系统默认选择 None。一般来说，数据少或者特征少的时候可以不管这个值。如果模型样本量多，特征也多的情况下，推荐限制这个最大深度，具体的取值受限于数据的分布特征。
- min_samples_split：该参数用于指示内部节点再划分所需最小样本数。可选的取值包括 int、float 或者 optional。默认情况下，系统默认选择 optional。如果是使用 int，则取传入值本身作为最小样本数；如果是 float，则去取 ceil(min_samples_split ×样本数量)的值作为最小样本数，其中 ceil 表示向上取整操作。
- max_leaf_nodes：该参数用于指示最大叶子节点到数量，它同样可以被用来控制过拟合。可选的取值有 int、None 或 optional。默认使用 None，即不限制最大的叶子节点数量。如果加了限制，算法会建立在最大叶子节点数内最优的决策树。如果特征不多，可以不考虑这个值，但是如果特征分成多，则可以考虑对其加以限制。

接下来，为了实际感受一下决策树这种模型，我们将基于现实世界中的数据集来构建一个分类器。这里所使用的数据集是威斯康星州乳腺癌数据集，里面记录了乳腺癌肿瘤的

临床测量数据。每个肿瘤都被标记为“良性”(benign,表示无害肿瘤)或“恶性”(malignant,表示癌性肿瘤),其任务是基于人体组织的测量数据来学习预测肿瘤是否为恶性。

在 scikit-learn 中,已经内置了乳腺癌数据集,可以用 scikit-learn 模块的 load_breast_cancer()函数来加载数据:

```
from sklearn.datasets import load_breast_cancer

cancer = load_breast_cancer()
print("cancer.keys(): \n{}".format(cancer.keys()))
```

执行上述代码,输出结果如下:

```
cancer.keys():
dict_keys(['data', 'target', 'target_names', 'DESCR', 'feature_names'])
```

易见,同使用字典的方式类似,可以很方便地访问数据集中的各项内容。例如,下面的代码表明这个数据集共包含 569 个数据点,每个数据点有 30 个特征:

```
print("Shape of cancer data: {}".format(cancer.data.shape))
```

执行上述代码,输出结果如下:

```
Shape of cancer data: (569, 30)
```

在 569 个数据点中,212 个被标记为恶性,357 个被标记为良性:

```
print("Sample counts per class:\n{}".format(
    {n: v for n, v in zip(cancer.target_names, np.bincount(cancer.target))}))
```

执行上述代码,输出结果如下:

```
Sample counts per class:
{'benign': 357, 'malignant': 212}
```

也可以通过访问 feature_names 属性来得到每个特征的语义说明。或者,如果有兴趣的话,也可以阅读 cancer.DESCR 来了解数据的更多信息。

下面,我们将在乳腺癌这个数据集上仔细考察一下决策树剪枝的效果。注意,scikit-learn 中只实现了预剪枝,没有实现后剪枝。

首先,导入数据集并将其分为训练集和测试集。然后利用默认设置来构建模型,即将树完全展开(树不断分支,直到所有叶节点都是纯的)。其中,我们固定树的 random_state(关于这个参数的说明请参阅 scikit-learn 的官方文档),用于在内部解决平局问题:

```
import numpy as np
from sklearn.model_selection import train_test_split
from sklearn.tree import DecisionTreeClassifier
from sklearn.datasets import load_breast_cancer
```

```
cancer = load_breast_cancer()
X_train, X_test, y_train, y_test = train_test_split(
    cancer.data, cancer.target, stratify = cancer.target, random_state = 42)
tree = DecisionTreeClassifier(random_state = 0)
clf = tree.fit(X_train, y_train)

print("Accuracy on training set: {:.3f}".format(clf.score(X_train, y_train)))
print("Accuracy on test set: {:.3f}".format(clf.score(X_test, y_test)))
```

执行上述代码，输出结果如下：

```
Accuracy on training set: 1.000
Accuracy on test set: 0.937
```

训练集上的准确率是100%，这是因为叶节点都是纯的，树的深度很大，足以完美地拟合训练数据的所有标签。测试集上所得准确率仅为93.7%，有过拟合的可能。毕竟，我们对决策树的生长没有进行任何限制，此时，它的深度和复杂度都可以变得特别大。表现出来的现象就是未剪枝的树对新数据的泛化能力不佳。

现在设法将预剪枝应用在决策树上，如此便可在完美拟合训练数据之前阻断树的进一步生长。一种选择是在到达一定深度后停止树的展开。下面的代码中，设置 max_depth=4，该参数的意义前面已经解释过，它通过限制树的深度来降低过拟合的风险。尽管这样做会降低训练集所给出的准确率，但如果使用得当，则可提高测试集上的准确率：

```
tree = DecisionTreeClassifier(max_depth = 4, random_state = 0)
clf = tree.fit(X_train, y_train)
print("Accuracy on training set: {:.3f}".format(clf.score(X_train, y_train)))
print("Accuracy on test set: {:.3f}".format(clf.score(X_test, y_test)))
```

执行上述代码，输出结果如下：

```
Accuracy on training set: 0.988
Accuracy on test set: 0.951
```

对已经构建好对决策树进行可视化的展示，有助于深入理解算法是如何进行预测的，也更容易对机器学习模型进行解释。新版本的 scikit-learn 中提供了一个函数 plot_tree()用于绘制已经构建好的决策树。但目前，该函数的绘制效果并不是很理想，在 Jupyter Notebook 中绘制出来的决策树往往很小，人眼很难看清。因此，笔者建议使用 tree 模块的 export_graphviz 函数来对决策树进行可视化。该函数在早期的 scikit－learn 中就已经存在，但需要 graphviz 这个软件包的支持。默认情况下，计算机上并不会预先安装好这个包，所以在使用下面的演示代码之前请先将其装好。

具体来说，函数 export_graphviz()会生成一个.dot 格式的文件，这是一种用于保存图形的文本文件格式。我们设置为节点添加颜色的选项，颜色表示每个节点中的多数类别，同时传入类别名称和特征名称，这样可以对树正确标记：

```
import graphviz
from sklearn import tree

dot_data = tree.export_graphviz(clf, out_file = None,
    class_names = ["malignant","benign"],
    feature_names = cancer.feature_names, impurity = False, filled = True)

graph = graphviz.Source(dot_data)
graph.render("cancer")
```

上述代码会产生一个名为 cancer 的 PDF 文件，其中就保存着刚刚绘制好的决策树，可以使用任意的 PDF 阅读器来查看它。也可以直接在 Jupyter Notebook 中使用变量名（例如上面代码中的 graph）来直接输出它。

如图 12-20 所示便是用 export_graphviz()函数绘制出来的决策树图形。即使这里树的深度只有 4 层，也显得有点大了。对于某些特征更多的数据集，深度更大的树将更加难以理解。一种观察决策树并理解它的有效方法，就是找出大部分数据的实际路径。例如，在图 12-20 中每个节点的 samples 给出了该节点中的样本个数，values 给出的是每个类别的样本个数。观察根节点 worst radius <= 16.795 的右侧分支，发现子节点只含 8 个良性样本，但有 134 个恶性样本。树的这一侧的其余分支只是利用一些更精细的区别将这 8 个良性样本分离出来。在第一次划分的时候，右侧的 142 个样本里，几乎所有样本（132 个）最后都进入最右侧的叶节点中。再来看一下根节点的左侧子节点，对于 worst radius > 16.795，得到 25 个恶性样本，以及 259 个良性样本。也就是说，几乎所有良性样本最终都进入左数第二个叶节点中，大部分其他叶节点都只包含很少的样本。

对于一棵很深的决策树，它的分支可能很多，观察这样一棵树并不容易。因此，除了目视观察以外，还可以利用一些有用的属性来总结树的工作原理。其中最常用的是特征重要性（Feature Importance），它为每个特征对树的决策的重要性进行排序。对于每个特征来说，它都是一个介于 0 和 1 之间的数字，其中 0 表示"根本没用到"，1 表示"完美预测目标值"。特征重要性的求和始终为 1。例如：

```
print("Featureimportances:\n{}".format(clf.feature_importances_))
```

执行上述代码，输出结果如下：

```
Feature importances:
[0.          0.          0.          0.          0.          0.
 0.          0.          0.          0.          0.01019737  0.04839825
 0.          0.          0.0024156   0.          0.          0.
 0.          0.          0.72682851  0.0458159   0.          0.
 0.0141577   0.          0.018188    0.1221132   0.01188548  0.        ]
```

上述输出结果中的每个值都对应了数据集中具体某个特征的重要性。为了更直观地展现这些信息，可以将特征重要性用条形图来可视化：

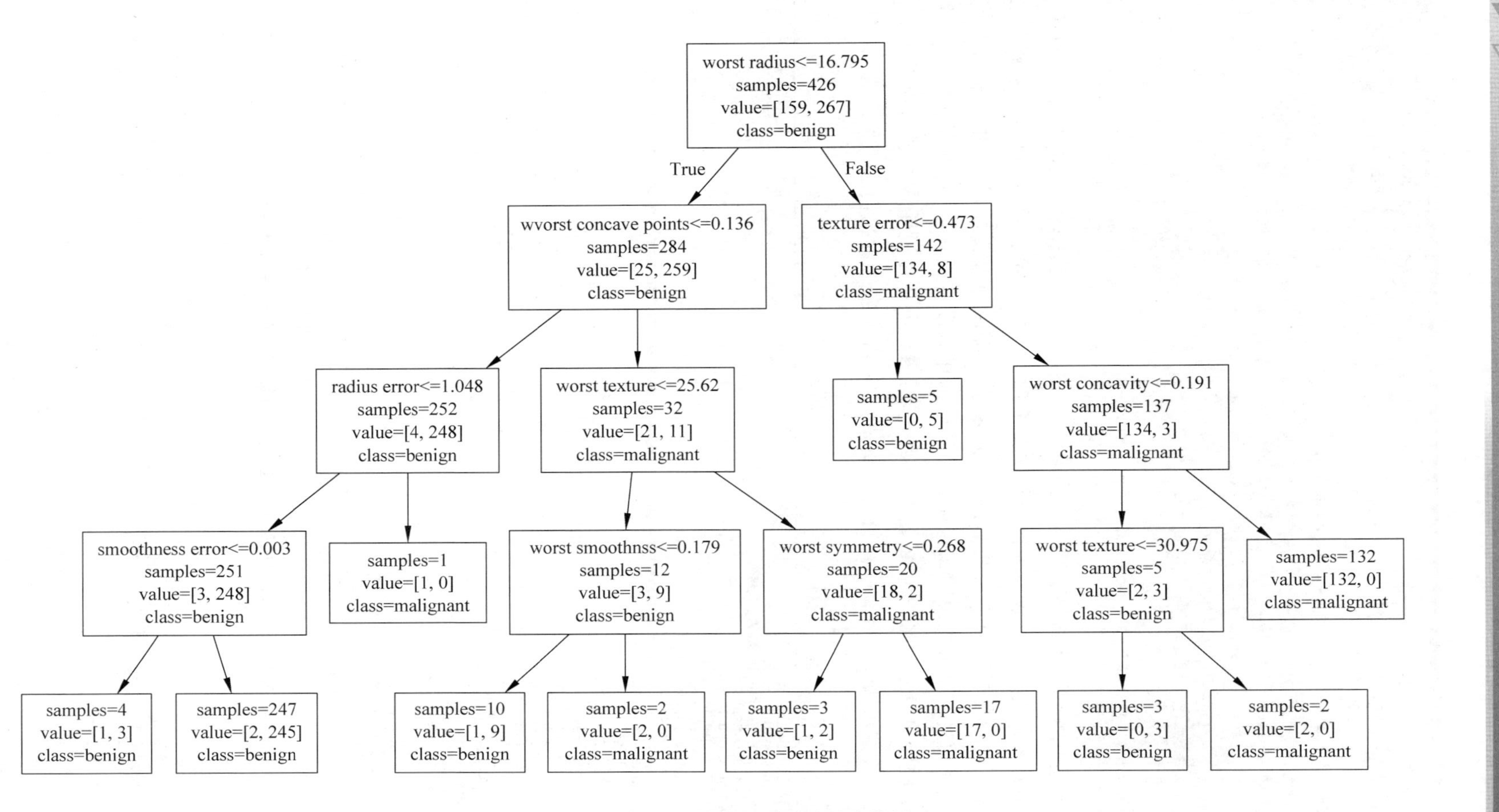

图 12-20 基于乳腺癌数据集构建的决策树

```
import matplotlib.pyplot as plt
%matplotlib inline

def plot_feature_importances_cancer(model):
    n_features = cancer.data.shape[1]
    plt.barh(range(n_features), model.feature_importances_, align='center')
    plt.yticks(np.arange(n_features), cancer.feature_names)
    plt.xlabel("Feature importance")
    plt.ylabel("Feature")

plot_feature_importances_cancer(clf)
```

执行上述代码，所得结果如图12-21所示。不难看到，顶部划分用到的特征（worst radius）是最重要的特征。这也与前面分析决策树时的观察结论相呼应，即第一层划分已经将两个类别区分得很好。但需要注意的是，如果某个特征的重要性很小，也不能说明它就没有提供任何信息。这可能说明该特征在决策树构建时没有被选中，可能是因为另一个特征也包含了同样的信息。此外，特征重要性始终为正数，也不能说明该特征对应哪个类别。例如，特征重要性表明worst radius特征很重要，但它并不会告诉我们这个值大表示样本为良性抑或恶性。

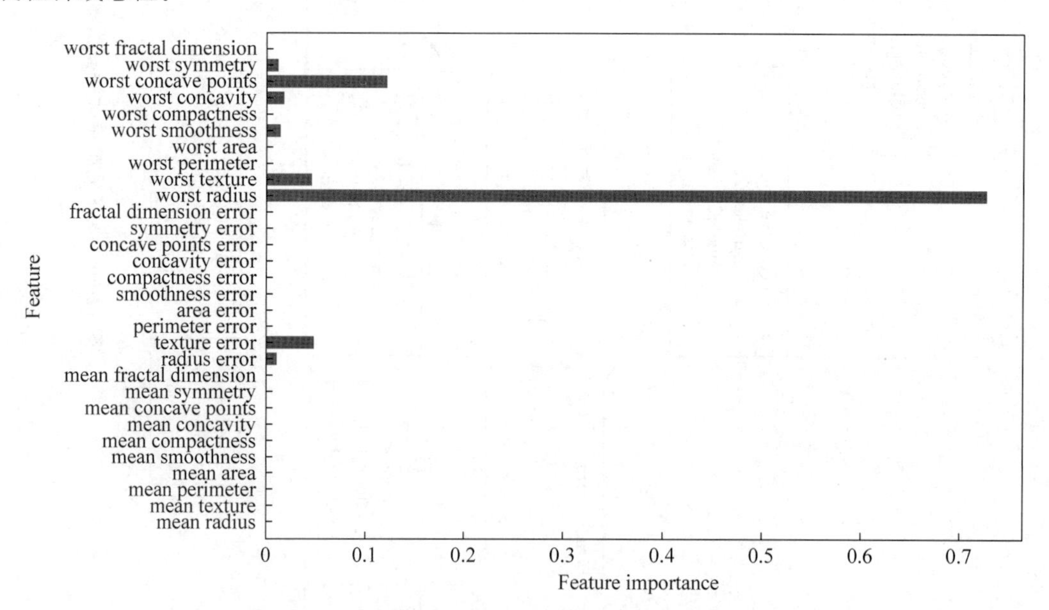

图12-21 乳腺癌数据集里各个特征在决策树中的重要性

第 13 章 集成学习

对于比较复杂的任务，综合许多人的意见来进行决策，会比偏听偏信一方的意见要好。这也就是俗话所说的"三个臭皮匠，赛过一个诸葛亮"。把这种思想运用到机器学习中，便是本章将要讨论的集成学习(Ensemble Learning)或称组合方法。从狭义上说，如果仅讨论分类问题，那么集成学习就是通过训练数据来构建一组基分类器(Base Classifier)，然后再通过对每个基分类器的预测结果进行综合，从而实现最终分类的方法。

与本章内容相关的数学概念包括经验分布函数、Bootstrap 采样、似然函数及对数似然、链式求导法则、泰勒展开式、费马引理、霍卡丁不等式。

13.1 集成学习的理论基础

到目前为止，本书前面所介绍的绝大部分分类技术都是基于训练数据得到单一分类器后进而对未知样本的分类标签进行预测的方法。但是，在第 10 章介绍到多层感知机和神经网络时读者就发现，多层感知机能够综合多个简单感知机的能力，从而完成更为复杂的分类任务。这也启示我们通过对多个"弱分类器"进行集成，或许能够综合出一个"强分类器"。换句话说，集成学习的目的就是通过适当的方式集成许多"个体模型"来得到一个比单独的"个体模型"性能更优的最终模型，如图 13-1 所示。

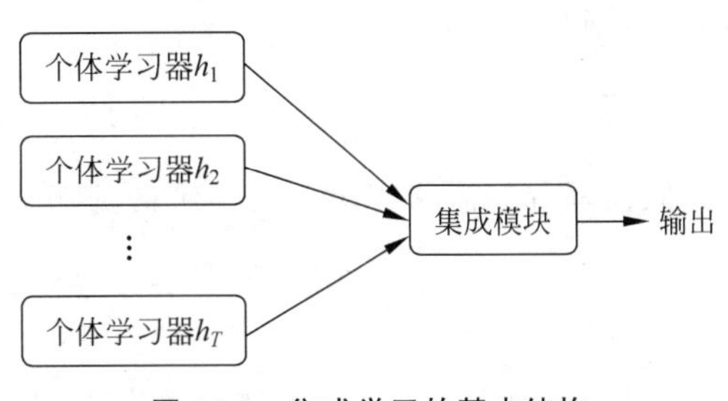

图 13-1 集成学习的基本结构

集成学习的有效性可以在理论上得到保证。为了证明这一点，需要使用概率论中的一个结论，即霍夫丁(Hoeffding)不等式。

现在假设有一个罐子，其中装有绿色和橘色两种颜色的小球。整个罐子里，橘色小球所占的比例 u 是未知的，为了推测这个未知的 u，可以从罐子里面随机抽取一组样本，

在被抽到的若干小球里，可以得知橘色小球所占的比例 v。显然，v 和 u 应该是存在某种关系的，当抽取的样本容量为一个很大的 N 时，这个关系就是所谓的霍夫丁不等式：

$$P[|v-u|>\varepsilon]\leqslant 2\mathrm{e}^{-2\varepsilon^2 N}$$

由霍夫丁不等式所表示的这种 v 和 u 之间的近似关系，称为概率近似正确（Probably Approximately Correct，PAC）。

下面是更为完整的霍夫丁不等式表述：若 $x_1,x_2,\cdots,x_m$ 为 m 个独立随机变量，且满足 $0\leqslant x_i\leqslant 1$，则对任意 $\varepsilon>0$，有

$$P\left(\frac{1}{m}\sum_{i=1}^{m}x_i-\frac{1}{m}\sum_{i=1}^{m}E(x_i)\geqslant\varepsilon\right)\leqslant \mathrm{e}^{-2\varepsilon^2 m}$$

$$P\left(\left|\frac{1}{m}\sum_{i=1}^{m}x_i-\frac{1}{m}\sum_{i=1}^{m}E(x_i)\right|\geqslant\varepsilon\right)\leqslant 2\mathrm{e}^{-2\varepsilon^2 m}$$

对于任何给定的假设 h，用 $\mathbb{E}_{\text{in}}(h)$ 表示样本误差（In-sample Error），也就是样本集合的误差，相当于前面例子中已知的 v。另外，用 $\mathbb{E}_{\text{out}}(h)$ 表示样本外误差（Out-of-sample Error），也即是样本集合以外的误差，相当于前面例子中未知的 u。再利用霍夫丁不等式，就会得到（其中 N 是一个大数）：

$$P[|\mathbb{E}_{\text{in}}(h)-\mathbb{E}_{\text{out}}(h)|>\varepsilon]\leqslant 2\mathrm{e}^{-2\varepsilon^2 N}$$

也就是说，$\mathbb{E}_{\text{in}}(h)=\mathbb{E}_{\text{out}}(h)$ 是概率近似正确。现在便可以基于这个结论用历史记录（也就是数据）验证一个备选的假设 h。也就是说，如果机器学习算法 $\mathcal{A}$ 从训练数据集 $\mathcal{D}$ 上学到了一个函数 g（可以认为是最终的假设），g 在历史记录（也就是 $\mathcal{D}$）上所展现出来的误差是 $\mathbb{E}_{\text{in}}(g)$，那么 $\mathbb{E}_{\text{in}}(g)$ 能够在一定概率上近似给出 $\mathbb{E}_{\text{out}}(g)$。

为了进行一个简单的分析，考虑二分类的情况。这时相当于面对一个二项分布。假设抛硬币正面朝上的概率为 p，反面朝上的概率为 $1-p$。令 $H(n)$ 代表抛 n 次硬币所得正面朝上的次数，则最多 k 次正面朝上的概率为

$$P(H(n)\leqslant k)=\sum_{i=0}^{k}\binom{n}{i}p^i(1-p)^{n-i}$$

对于 $\delta>0$，$k=(p-\delta)n$，有霍夫丁不等式

$$P(H(n)\leqslant(p-\delta)n)\leqslant \mathrm{e}^{-2\delta^2 n}$$

考虑二分类问题 $y\in\{-1,+1\}$ 和真实函数 f，假定基分类器的错误率为 ε，即对每个基分类器 h_i 有

$$P(h_i(\boldsymbol{x})\neq f(\boldsymbol{x}))=\varepsilon$$

假设集成通过简单投票法结合 T 个基分类器，若有超过半数的基分类器正确，则集成分类就正确：

$$H(\boldsymbol{x})=\operatorname{sign}\left(\sum_{i=1}^{T}h_i(\boldsymbol{x})\right)$$

假设基分类器的错误率相互独立，由霍夫丁不等式可知，集成的错误率为

$$P(H(\boldsymbol{x})\neq f(\boldsymbol{x}))=\sum_{i=0}^{\lfloor T/2\rfloor}\binom{T}{i}(1-\varepsilon)^i\varepsilon^{T-i}$$

取 $p-\delta=\dfrac{1}{2}$，则 $\delta=p-\dfrac{1}{2}$。错误率为 $\varepsilon=1-p$，得 $\delta=1-\varepsilon-\dfrac{1}{2}=\dfrac{1}{2}-\varepsilon$。进而有

$$P(H(\boldsymbol{x}) \neq f(\boldsymbol{x})) = P\left(H(\boldsymbol{x}) \leqslant \frac{1}{2}T\right)$$
$$\leqslant \mathrm{e}^{-2\left(\frac{1}{2}-\varepsilon\right)^2 T} = \mathrm{e}^{-\frac{1}{2}(1-2\varepsilon)^2 T}$$

这就表明,随着集成中个体分类器数目 T 的增大,集成的错误率将呈指数级下降,最终趋向于零。

集成学习有许多种具体的方法,但大致思路可以分为两种:

(1) 对相同类型但参数不同的弱分类器进行集成;

(2) 对相同类型但训练集不同的弱分类器进行集成。

这两种思路在具体实现上的区别又主要体现在基本组成单元——弱分类器的生成方式上:前者期望各个弱分类器之间依赖性不强,可以并行地进行生成,其代表为技术为 Bagging,而 Bagging 的一个著名的拓展应用便是本章将要着重探讨的随机森林(Random Forest)。后者中的弱分类器之间具有强依赖性,只能串行生成,其代表技术为 Boosting,而 Boosting 算法族中的代表则是著名的 AdaBoost。

13.2 Bootstrap 方法

Bootstrap 是统计学习中一种重采样(Resampling)技术。这种看似简单的方法,对后来的很多技术都产生了深远的影响。机器学习中的 Bagging 等方法其实就蕴含了 Bootstrap 的思想。

一般情况下,总体是永远都无法获知的,能利用的只有样本。现在的问题是:样本又该如何利用呢? Bootstrap 的奥义就在于:既然样本是抽出来的,那何不从样本中再采样(Resample)? 既然人们要质疑估计的稳定性,那么就用样本的样本去证明吧。

Bootstrap 的一般的采样方式都是“有放回地全抽”(其实样本量也要视情况而定,不一定非要与原样本量相等),意思就是抽取的 Bootstrap 样本量与原样本相同,只是在采样方式上采取有放回地抽,这样的采样可以进行若干次,每次都可以求一个相应的统计量/估计量,最后再考查这个统计量的稳定性如何(用方差表示)。

通过本书前面的学习,读者应该已经知道,统计推断是从样本推断相应的总体,分为参数法和非参数法。早期的统计推断是以大样本为基础的。自从英国统计学家威廉·戈塞特(Willam Gosset)在 1908 年发现了 t 分布后,就开创了小样本的研究。后来,罗纳德·费希尔(Ronald Fisher)在 1920 年又提出了似然(Likelihood)的概念,并一直被认为是高效的统计推断思维方法。半个多世纪以来,这种思维一直占据主导地位,统计学家研究的主流就是如何将这种思维付诸实践,最大似然函数的求解是这一研究的关键问题。

然而,当今计算机技术的高度发展,使统计研究及其应用跃上了一个新台阶。这不仅提高了计算的速度,而且可以把统计学家从求解数学难题中释放出来,并逐渐形成一种面向应用的、基于大量计算的统计思维——模拟采样统计推断,Bootstrap 法就是其中的一种。

Bootstrap 方法最初是由美国统计学家布拉德利·埃弗龙(Bradley Efron)在 1977 年提出的。作为一种崭新的增广样本统计方法,Bootstrap 方法为解决小规模子样试验评估问题提供了很好的思路。埃弗龙最初将他的论文投给了统计学领域的一流刊物《统计学年鉴》,但在被该刊接受之前,这篇后来被奉为扛鼎之作的文章曾经被杂志编辑毫不客气地拒绝过，理由是“太简单”。从某种角度来讲，这也是有道理的，Bootstrap 的思想的确再简单不过。然而，后来大量的事实证明，这样一种简单的思想却给很多统计学理论带来了深远的影响，并为一些传统难题提供了有效的解决办法。在 Bootstrap 方法提出后的十年间，统计学家对它在各个领域的扩展和应用做了大量研究，到了 20 世纪 90 年代，这些成果陆续呈现出来，而且论述更加全面、系统。

很多人最初会对 Bootstrap 这个名字感到困惑。英语 Bootstrap 的意思是靴带，来自短语："pull oneself up by one's bootstraps"，可以翻译为“靠自己的力量”，或“自力更生”。

18 世纪德国文学家鲁道夫·拉斯伯(Rudolf E. Raspe)的小说《巴龙历险记》中记述道："巴龙掉到湖里，沉到湖底，在他绝望的时候，他用自己靴子上的带子把自己拉了上来。"这里的意思是指不借助别人的力量，凭自己的努力，终于获得成功。这里 Bootstrap 法是指用原样本自身的数据采样得出新的样本及统计量，根据其意现在普遍将其译为“自助法”。

Bootstrap 法是以原始数据为基础的模拟采样统计推断法，可用于研究一组数据的某统计量的分布特征，特别适合解决那些难以用常规方法导出对参数的区间估计、假设检验等问题。它的基本思想是：在原始数据的范围内做有放回的再采样，样本容量仍为 n，原始数据中每个观察单位每次被抽到的概率均相等，即为 $1/n$，所得样本称为 Bootstrap 样本。于是可得到参数 θ 的一个估计值 $\theta^{(b)}$，这样重复若干次。

想象现在有一个很大的罐子，其中装有绿色和橘色两种颜色的小球。在罐子里，绿色小球所占的比例 u 是未知的，为了推测这个未知的 u，可以从罐子里面随机地抽取一组样本，在被抽到的若干小球里，可以得知绿色小球所占的比例 v，如图 13-2 所示。

通常总体是很难获知的，例如在某国大选之前想知道全体符合条件的选民会有多少比例投票给执政党，又有多少比例会投票给在野党，这往往是很困难的。这个总体就相当于当前正在讨论的例子中的装满了两种颜色小球的大罐子。为了对选民倾向进行预测，大选之前相关机构会随机抽取一些选民进行问卷调查，也就是做民调。这也就相当于图 13-2 中被抽出的采样，易见其中抽出了 10 个小球，绿色的小球占比 $v=60\%$。如果用这个数值来作为对 u 的估计，接下来的问题是这个结果到底有多可靠。这时需要的就是一个区间估计的结果，即 95%的置信区间应该是多少。

注意，现在的目的是要找出前面的猜测到底有多准确，可以想到的方法就是通过对绝大部分其他的猜测进行考查，以找出答案。如图 13-3 中的左图所示，对总体进行更多次的采样，每次采样计算所得的结果都围绕在 60%附近一个较小的范围内，此时就可以获得一个较紧的置信区间。相反，如图 13-3 中的右图所示，如果每次采样的结果距离 60%较远，那么相应地就会获得一个较为宽泛的置信区间。

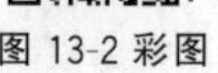
图 13-2 彩图

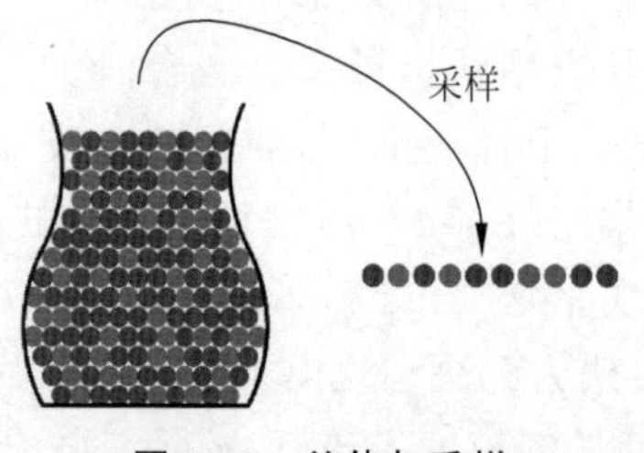

图 13-2　总体与采样

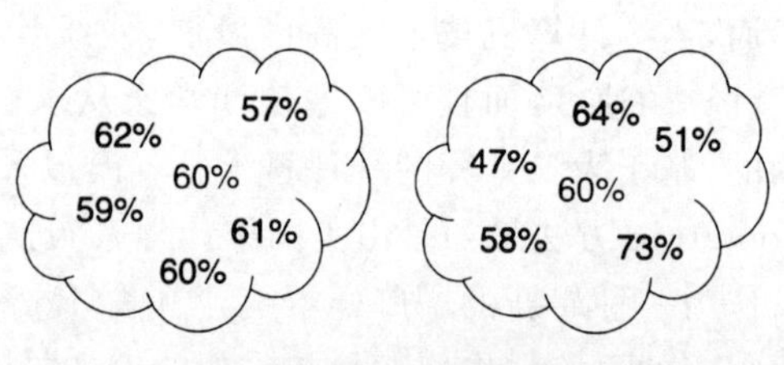

图 13-3　更多的猜测结果

但是反复对总体进行采样也是需要成本的。特别是当手头只有图 15-2 中所采得的一组样本时，此时不妨使用一些小花招，也就是 Bootstrap。在原始数据的范围内做有放回的再采样，样本容量仍为 n，称其为 Bootstrap 样本。例如图 13-2 中已经抽出的 10 个小球，记为 $X=[x_1,x_2,\cdots,x_{10}]$，对其做有放回的再采样，那就表示有些小球在新的 Bootstrap 样本中可能并不会被抽到，而有些则可能会被抽到多次。这样的再采样会进行 B 次，通常 B 需要是一个很大的数字。于是可以得到 B 组 Bootstrap 样本，其中的一组记为 $X^{(b)}=[x_1^{(b)},x_2^{(b)},\cdots,x_{10}^{(b)}]$。对于每个 $X^{(b)}$，都可以计算一个 Bootstrap 统计量 $v^{(b)}$。当拥有 B 个这样的统计量之后，就可以得到关于新 Bootstrap 统计量的分布及其特征值，这便可以用来作为对整体参数 u 做近似分析。就当前讨论的区间估计而言，可以算出其 95%的置信区间为(45%,75%)。

注意作为例子，这里演示的是用 Bootstrap 方法做区间估计的情况。但实践中，Bootstrap 方法还可以完成更多、更复杂的任务。

此外，前面提到，对 $X=[x_1,x_2,\cdots,x_{10}]$进行有放回的再采样得到 $X^{(b)}=[x_1^{(b)},x_2^{(b)},\cdots,x_{10}^{(b)}]$，其中 x_i 可能重复出现在 $X^{(b)}$ 中，也可能不会出现在 $X^{(b)}$ 中。事实上，由于 X 中一个样本在 n 次采样中始终不被采到的概率为 $\left(1-\frac{1}{n}\right)^n$，且

$$\lim_{n\to\infty}\left(1-\frac{1}{n}\right)^n=\frac{1}{\mathrm{e}}\approx 0.368$$

所以在统计意义上可以认为 $X^{(b)}$ 中含有 X 中 63.2%的样本，其中 $b=1,2,\cdots,B$。

这种模拟的方法在理论上是具有最优性的。事实上，这种模拟的本质和经验分布函数对真实分布函数的模拟几乎一致：Bootstrap 以 $1/n$ 的概率，有放回地从 X 中抽取 n 个样本作为数据集，并以之估计真实分布生成的具有 n 个样本的数据集；经验分布函数则是在 n 个样本点上以每点的概率为 $1/n$ 作为概率密度函数，然后进行积分的函数。

13.3 Bagging 与随机森林

Bagging(有时中文翻译成装袋)这个名字源于英文 Bootstrap Aggregating，即自助聚集。从 13.2 节介绍的 Bootstrap 方法延伸到 Bagging 是很自然的。另外，随机森林(Random Forest)也是基于 Bagging 方法设计的一个最具代表性的机器学习模型，或者说它是一种 Bagging 的具体实现方法。

13.3.1 算法原理

Bagging 同样是一种根据均匀概率分布从数据集中做有放回的重复采样的技术。每个 Bootstrap 样本集都同原数据集一样大。在训练出 B 个分类器后，每个分类器分别对测试样本进行预测，得票最高的类就是最终的分类结果。Bagging 的基本过程如下：

Bagging 算法
B 是 Bootstrap 样本集的数量
对于 b 从 1 到 B：

生成一个大小为 n 的 Bootstrap 样本集 $X^{(b)}$；
在 Bootstrap 样本集 $X^{(b)}$ 上训练一个基分类器 $C^{(b)}$；

$$C(\boldsymbol{x}) = \arg\max_{y} \sum_{b} \delta\left[C^{(b)}(\boldsymbol{x}) = y\right]$$

集成多个分类器的表现可以用一种称为偏差-方差分解(Bias-variance Decomposition)的理论来进行考查。假设存在无数个相同大小的独立训练集，用它们来生成无数个分类器。用所有的分类器对同一测试实例进行预测，通过投票数量的占比来决定分类标签。在这个理想的情况下，还是会出现错误，因为没有一种学习方案是完美的。误差是不可避免的，即使考虑无数个训练集也是无法彻底消除的。在实践中也不可能精确地计算，只能大致地估算。

误差的第一种情况是由学习器与手头问题(也就是已知数据)的适配程度所造成的，而且手头的数据总是存在噪声的，这也是机器学习必须面对的。某个具体学习算法的误差率称为该学习算法对于这个学习问题的偏差(Bias)，并以此作为学习方法与问题适配程度的一种度量。根据训练样本拟合出模型，那么偏差描述的就是基于样本的预测结果与其真实结果的差距。换句话说，就是模型在训练样本上拟合的程度。这一点在介绍多项式回归时也曾提及。当模型变得越复杂，即模型的参数增加时，偏差就会变小。反之，当模型复杂度降低时，偏差就会增加。如图 13-4 所示，低偏差时，对应的就是点都打在靶心附近，所以瞄得是准的。

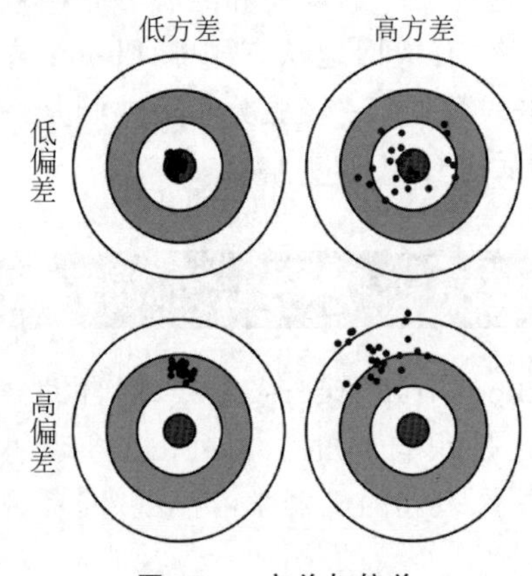

图 13-4　方差与偏差

学习模型的第二个误差是与具体使用的训练集相伴随的。训练数据集是有限的，因此不能完全代表真实的实例集。这个误差部分的期望值来源于所有给定大小的可能训练集以及所有可能的测试集，称为学习方法对于这个问题的方差(Variance)，它描述模型对于给定数据的预测稳定性。也就是样本上训练出来的模型在测试集上的表现。当模型复杂度变低时，方差也随之变低；当模型复杂度变高时，方差也随之变高。如图 13-4 所示，低方差时，对应的点都相对比较聚集，但高方差时，对应的点都相对比较分散。

一个分类器的总期望误差是由偏差和方差这两部分之和构成的：这就是偏差-方差分解。在打靶这个例子中，偏差描述了射击总体是否偏离了目标，而方差则描述了射击的稳定性。偏差和方差之间是一种权衡的关系。正如前面所说的，要想在偏差上表现好，即获得低偏差，就得使用更加复杂的模型，但这样又容易过拟合。过拟合对应的是高方差，即稳定性差。如果将靶子上的点理解成用模型对不同数据集进行预测所得的结果，那么采用复杂的模型时，很有可能出现了过拟合，也就是模型对某些数据拟合得很好，对其他数据拟合得不好，当输入进来的数据有一点波动，拟合结果就跟着剧烈变化，导致对不同数据集进行预测的结果，准确性相差很大，所以靶点就更分散。这说明拟合模型过于复杂，不具有普适性，即过拟合。

为了增强模型的普适性，降低过拟合的风险，就要倾向于使用更加简单的模型。这时，无论什么样子的数据输入进来，拟合结果都差不多，所以靶点相对比较聚集。但由于模型过于简陋，很容易出现欠拟合，靶点就会偏离中心。这时，尽管靶点都打得很集中，但不一定是靶心附近，也好比射击运动员的手很稳，但是瞄得不准。

将多个分类器组合到一起，通常能够通过减少方差分量的形式来降低期望误差值。包含的分类器越多，方差减少量就越大。当然，在将这种投票方案用于实际时，困难出现了：通常只有一个训练集，要获得更多的数据要么不可能，要么代价太大。

基于 Bootstrap 方法的原理，Bagging 试图使用一个给定的训练集模拟上述过程来缓解学习方法的不稳定性，即它的目的在于减少方差。删除部分实例并复制其他的实例来改变原始训练数据，而不是每次采样一个新的、独立的训练数据集。从原始数据集中随机有放回地采样，产生一个新的相同大小的数据集，这个采样过程不可避免地出现一些重复实例，又丢掉了另一些实例。这恰恰就是 Bootstrap 方法的精髓，因此我们说 Bagging 是 Bootstrap 方法的一种推广。

Bagging 和理想化过程之间的差别在于训练数据集形成的方法不同。Bagging 只是通过对已有数据集进行重新采样来代替从总体中获得新的独立数据集。重新采样的数据集当然各不相同，但肯定不是独立的，因为它们都是基于同一个数据集产生的。但是，由此所产生的集成模型，其性能通常比在原始训练数据集上产生的单个模型有明显改善，而且没有明显变差的情形出现。

Bagging 也可用于进行数值回归的学习方法，差别只是对各个预测结果（都是实数）计算均值，而不是对结果进行投票。如果将讨论的重心放在分类问题上，那么随机森林（Random Forest）就是一个不得不谈及的专门为决策树分类器设计的集成方法。它也是基于 Bagging 方法设计的一个最具代表性的机器学习模型。

本书在介绍决策树时曾经讲过，决策树很容易出现过拟合，也就是有高方差。彼时给出的策略是进行剪枝。而前面又提到 Bagging 可以用来减少方差，所以想到对多个决策树来做 Bagging。随机森林正是对多棵决策树进行集成进而做出的预测，其中每棵树都是基于一个独立的 Bootstrap 样本产生的。基于一个固定的均匀概率分布随机地从原训练集中有放回地选取 n 个样本，换言之，在整个模型构建过程中，Bagging 使用同样的均匀概率分布产生它的 Bootstrap 样本。由此将随机性加入到构建模型的过程中。最终的预测结果，由被构建出来的多个决策树投票给出。

已经从理论上证明，当树的数目足够大时，随机森林的泛化误差的上界收敛于下列表达式：

$$\text{泛化误差} \leqslant \frac{\bar{\rho}(1-s^2)}{s^2}$$

其中，$\bar{\rho}$ 是树之间的平均相关系数，s 是度量决策树的“强度”的量。一组分类器的强度是指分类器的平均性能，而性能以分类器的余量（M）用概率算法度量：

$$M(\boldsymbol{x},y)=P(\hat{y}_{\boldsymbol{\theta}}=y)-\max_{z\neq y}P(\hat{y}_{\boldsymbol{\theta}}=z)$$

其中，$\hat{y}_{\boldsymbol{\theta}}$ 是根据随机向量$\boldsymbol{\theta}$ 构建的决策树对 $\boldsymbol{x}$ 作出的预测分类结果。余量越大，分类器正确预测给定的样本 $\boldsymbol{x}$ 的可能性就越大。因此，随着树的相关性增加或集成分类器的强度降低，泛化误差的上界趋向于增加。随机化有助于减少决策树之间的相关性，从而改善组合分类器的泛化误差。

每棵决策树都使用一个从某固定概率分布产生的随机向量。可以使用多种方法将随机向量合并到树的增长过程中。第一种方法是随机选择包括 k 个属性的特征子集来对决策树的节点进行分裂。这样，分裂节点的决策是根据这 k 个选定的特征，而不是考查所有可用的特征后再决定。然后，让树完全增长而不做任何剪枝。决策树构建完毕之后，就可以使用多数表决的投票方法集成预测结果。为了增加随机性，同样需要使用 Bagging 产生 Bootstrap 样本。

随机森林的强度和相关性都取决于 k 的大小。一方面，如果 k 足够小，例如 $k=1$，即随机选择一个属性用于节点分裂，此时树的相关性趋向于减弱；另一方面，决策树的强度趋向于随着输入特征数 k 的增加而提高，例如 $k=d$，则基决策树构建与传统决策树相同。作为折中，通常选取特征的数目为 $k=\log_2 d$，其中 d 是输入特征数。由于在每一个节点仅仅需要考查特征的一个子集，这种方法将显著减少算法的运行时间。

随机森林简单、易于实现、计算开销小，但它在很多现实任务中都表现出了强大的性能。例如，在 Kaggle 举办的很多数据挖掘比赛中，随机森林都备受青睐。不难发现，随机森林在 Bagging 的基础上作了些许改动。原始的 Bagging 中基学习器的多样性仅仅来自于对原始样本进行 Bootstrap 采样，这也是其随机性的唯一来源。然而，随机森林中基学习器的多样性则不仅来自于样本的 Bootstrap 采样，还来自进行节点分裂时，向属性中引入的随机性。这使得最终集成分类器的泛化性能可以通过个体学习器间差异度的增加而进一步提升。

13.3.2 应用实例

为了检验随机森林应用于分类的实际效果，使用 scikit-learn 中提供的葡萄酒数据集构建一个更复杂的分类器。在下面的例子中，只考虑葡萄酒中的类别 2 和类别 3，并且只选择 Alcohol 和 Hue 这两个特征。导入数据后，将它一分为二，其中的 80% 作为训练数据使用，另外 20% 留作后面的测试之用。

```
import numpy as np
from sklearn.datasets import load_wine
from sklearn.model_selection import train_test_split

wine_data = load_wine()
X = wine_data.data[59:,]
y = wine_data.target[59:]

XX = np.column_stack((X[:,0], X[:,10]))
X_train, X_test, y_train, y_test = train_test_split(XX,
                                y, test_size = 0.2, random_state = 42)
```

在 scikit-learn 中，已经实现了随机森林算法，可从 ensemble 子模块中导入使用。具体来说，这里的随机森林是由 100 棵决策树所组成的，通过构造函数创建类的实例之后，即可在训练数据集上进行拟合。

```
from sklearn.ensemble import RandomForestClassifier

clf_rf = RandomForestClassifier(n_estimators = 100,
                        max_depth = None, min_samples_split = 2, random_state = 0)
rf = clf_rf.fit(X_train, y_train)
```

然后用训练好的模型对测试数据集进行预测,并计算预测准确率。执行下面的代码将算得测试集上的准确率为 95.8%。注意,本例中我们仅仅从 13 个特征里选取了两个来作为分类依据。这样做主要是为了方便后面的决策边界可视化。如此一来,作为一个应用示例,它将能展示更多信息,以达到帮助读者深化理解之目的。但需要说明的一点是,通常在机器学习任务中,引入更多的特征往往能够显著地提升模型的预测能力。读者完全可以尝试使用所有的 13 个特征来重新构建随机森林,以得到一个更强大的分类器。

```
from sklearn.metrics import accuracy_score

y_test_pred_rf = rf.predict(X_test)
test_score_rf = accuracy_score(y_test, y_test_pred_rf)
print('%.3f' % test_score_rf)
```

图 13-5 给出的是该随机森林的分类器决策边界。不难发现,随机森林能够给出一个非线性的决策边界。因此在实践中,随机森林对更加复杂的任务、更高维度的数据也能表现出较好的效果。

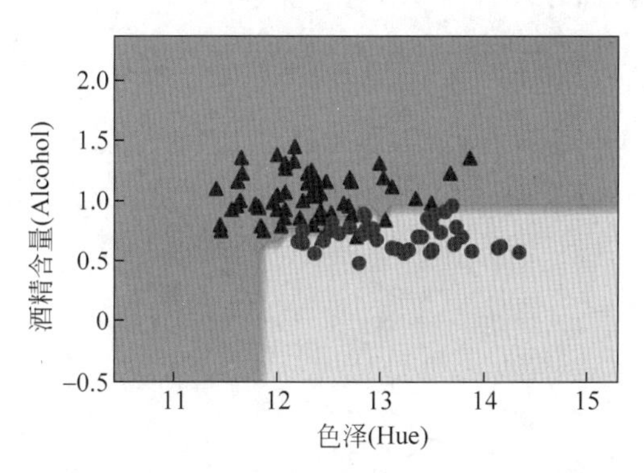

图 13-5 随机森林在训练数据上的分类边界

本节通过一个简单的例子向读者展示了随机森林的基本使用。最后需要指出的是,Bagging 是降低模型方差的一种有效方法,但它在降低模型偏差方面的作用不大。因此选择未剪枝的决策树等低偏差分类器作为集成算法成员分类器是比较明智的,这也是人们会想到随机森林这样方案的一个出发点。

13.4 Boosting 与 AdaBoost

Boosting(有时中文翻译成提升)是一个迭代的过程,用来自适应地改变训练样本的分布,使得基分类器聚焦在那些很难分的样本上。也就是俗话说的:集中精力,办大事。

13.4.1 算法原理

与 Bagging 不同，Boosting 给每一个训练样本赋予一个权值，而且可以在每轮提升过程结束时自动调整权值。训练样本的权值可以在以下方面中发挥作用：

(1) 可以用作采样分布，从原始数据集中提取出 Bootstrap 样本集。

(2) 基分类器可以使用权值学习，从而得到对高权值样本更加倚重的模型。

下面这个算法可以利用样本的权值确定其训练集的采样分布。开始时，所有样本都赋予相同的权值 $1/m$，其中 m 为训练数据集中样本的数量。从而使得它们被选作训练数据的可能性都一样。根据训练样本的采样分布来抽取样本，得到新的样本集。然后，由该训练集学习出一个分类器，并用它对原数据集中的所有样本进行分类。每一轮提升结束时更新训练样本的权值。增加被错误分类的样本的权值，减小被正确分类的样本的权值。这将迫使分类器在随后的迭代中更加关注那些很难被正确分类的样本。

由于 Boosting 对训练集中那些难以被正确分类的样本点更加关注，这就会使得它更倾向于学到一个在训练集上表现非常好的模型。因此，以偏差-方差分解理论来说，Boosting 会从减少偏差的角度来降低分类器的总期望误差。

Boosting 族算法中最著名的代表就是 AdaBoost，即 Adaptive Boosting，中文译为自适应提升。该算法最初由约夫·弗洛恩德（Yoav Freund）和罗伯特·夏皮罗（Robert Schapire）于 1996 年共同提出，二人也因此荣获 2003 年度哥德尔奖。在 2006 年召开的国际数据挖掘大会上，与会的各位专家票选出了当时的十大数据挖掘算法，AdaBoost 位列其中。

AdaBoost 算法描述如下：

AdaBoost 算法

输入：训练集 $\mathcal{D}=\{(\boldsymbol{x}_1,y_1),(\boldsymbol{x}_2,y_2),\cdots,(\boldsymbol{x}_m,y_m)\}$；

基学习器 $\mathfrak{L}$；

训练轮数 T。

$$\boldsymbol{w}^{(1)}=\left[\frac{1}{m},\frac{1}{m},\cdots,\frac{1}{m}\right];$$

对于 t 从 1 到 T：

$$h^{(t)}=\mathfrak{L}(\mathcal{D},\boldsymbol{w}^{(t)});$$

$$\varepsilon^{(t)}=\frac{1}{m}\sum_{i=1}^{m}\boldsymbol{w}_i^{(t)}\delta(h^{(t)}(\boldsymbol{x}_i)\neq y_i);$$

如果 $\varepsilon^{(t)}>0.5$，则跳出循环；

$$a^{(t)}=\frac{1}{2}\ln\left(\frac{1-\varepsilon^{(t)}}{\varepsilon^{(t)}}\right);$$

$$\boldsymbol{w}^{(t+1)}=\frac{\boldsymbol{w}^{(t)}}{Z^{(t)}}\times\begin{cases}e^{-a^{(t)}}, & h^{(t)}(\boldsymbol{x})=y\\ e^{+a^{(t)}}, & h^{(t)}(\boldsymbol{x})\neq y\end{cases}=\frac{\boldsymbol{w}^{(t)}}{Z^{(t)}}e^{-ya^{(t)}h^{(t)}(x)}$$

输出：$H(\boldsymbol{x})=\mathrm{sign}\left[\sum_{t=1}^{T}a^{(t)}h^{(t)}(\boldsymbol{x})\right]$

算法开始，首先初始化样本权重分布，此时每个数据的权重是一样的，所以是 $1/m$；以分类问题为例，最初令每个样本的权重都相等，对于第 t 次迭代操作，就根据这些权重来选取样本点，进而训练分类器。具体来说，给定训练轮数 T，则进入循环 T 次，即基学习器的个数也为 T 个。

在循环体中，根据当前权重分布 $\boldsymbol{w}^{(t)}$ 可以获取每轮的训练数据集$(\mathcal{D},\boldsymbol{w}^{(t)})$，并由此学习出基分类器 $h^{(t)}$，其中基学习算法 $\mathfrak{L}$ 会试图通过最小化 0/1 误差的方式习得 $h^{(t)}$。如果 $h^{(t)}(\boldsymbol{x}_i)=y_i$，则表示样本被正确分类；如果 $h^{(t)}(\boldsymbol{x}_i)\neq y_i$，则表示分类错误。据此便可以计算当前基分类器的加权误差。如果误差率大于 0.5，就跳出本次循环，也就是不更新权重分布。AdaBoost 方法中使用的分类器可能很弱（例如出现很大错误率），但只要它的分类效果比随机乱猜好一点（例如二分类问题的错误率略小于 0.5），就能够改善最终得到的模型。

然后，计算当前学习器的权重 $a^{(t)}$，$a^{(t)}$ 计算公式的由来会在后续内容中详细解释。但直觉上也可以看出，权值是关于误差的表达式，若下一次分类器再次错分这些点，便会提高整体的错误率，这样就导致分类器权值变小，进而导致这个分类器在最终的混合分类器中的权值变小。即 AdaBoost 算法让正确率高的分类器占整体的权值更高，让正确率低的分类器权值更低，从而提高最终分类器的正确率。

在每轮循环的最后，算法会更新下一时刻的权重分布 $\boldsymbol{w}^{(t+1)}$，样本分布更新公式：

$$\boldsymbol{w}^{(t+1)}=\frac{\boldsymbol{w}^{(t)}}{Z^{(t)}}\times\begin{cases}\mathrm{e}^{-a^{(t)}}, & h^{(t)}(\boldsymbol{x})=y\\ \mathrm{e}^{+a^{(t)}}, & h^{(t)}(\boldsymbol{x})\neq y\end{cases}$$

注意，当 $h^{(t)}(\boldsymbol{x})=y$ 时，$yh^{(t)}(\boldsymbol{x})=1$；当 $h^{(t)}(\boldsymbol{x})\neq y$ 时，$yh^{(t)}(\boldsymbol{x})=-1$。所以上面的样本分布更新公式等价于如下形式

$$\boldsymbol{w}^{(t+1)}=\frac{\boldsymbol{w}^{(t)}}{Z^{(t)}}\mathrm{e}^{-ya^{(t)}h^{(t)}(\boldsymbol{x})}$$

其中，$Z^{(t)}$ 是一个正规化因子，用来确保 $\sum_i \boldsymbol{w}_i^{(t+1)}=1$，所以有

$$\begin{aligned}Z^{(t)}&=\sum_i \boldsymbol{w}_i^{(t)}\mathrm{e}^{-y_i a^{(t)}h^{(t)}(\boldsymbol{x}_i)}\\&=\sum_{i:y_i\neq h^{(t)}(\boldsymbol{x}_i)}\boldsymbol{w}_i^{(t)}\mathrm{e}^{a^{(t)}}+\sum_{i:y_i=h^{(t)}(\boldsymbol{x}_i)}\boldsymbol{w}_i^{(t)}\mathrm{e}^{-a^{(t)}}\\&=\varepsilon^{(t)}\mathrm{e}^{a^{(t)}}+(1-\varepsilon^{(t)})\mathrm{e}^{-a^{(t)}}\\&=2\sqrt{\varepsilon^{(t)}(1-\varepsilon^{(t)})}\end{aligned}$$

于是，当样本分类错误时，

$$\begin{aligned}\boldsymbol{w}_i^{(t+1)}&=\frac{\boldsymbol{w}_i^{(t)}}{Z^{(t)}}=\frac{\boldsymbol{w}_i^{(t)}}{2\sqrt{\varepsilon^{(t)}(1-\varepsilon^{(t)})}}\exp\left[\frac{1}{2}\ln\left(\frac{1-\varepsilon^{(t)}}{\varepsilon^{(t)}}\right)\right]\\&=\frac{\boldsymbol{w}_i^{(t)}}{2\sqrt{\varepsilon^{(t)}(1-\varepsilon^{(t)})}}\sqrt{\frac{1-\varepsilon^{(t)}}{\varepsilon^{(t)}}}=\frac{\boldsymbol{w}_i^{(t)}}{2\varepsilon^{(t)}}\end{aligned}$$

当样本分类正确时，

$$w_i^{(t+1)}=\frac{w_i^{(t)}}{Z^{(t)}}\mathrm{e}^{-\alpha^{(t)}}=\frac{w_i^{(t)}}{2\sqrt{\varepsilon^{(t)}(1-\varepsilon^{(t)})}}\exp\left[-\frac{1}{2}\ln\left(\frac{1-\varepsilon^{(t)}}{\varepsilon^{(t)}}\right)\right]$$

$$=\frac{w_i^{(t)}}{2\sqrt{\varepsilon^{(t)}(1-\varepsilon^{(t)})}}\sqrt{\frac{\varepsilon^{(t)}}{1-\varepsilon^{(t)}}}=\frac{w_i^{(t)}}{2(1-\varepsilon^{(t)})}$$

如果某个样本点已经被准确地分类，那么在构造下一个训练集中，它被选中的概率就被降低；如果某个样本点没有被准确地分类，那么它的权重就得到提高。通过这种方式，集成算法将聚焦于那些较难分类的样本点上。

最后，对各个分量分类器加权平均，那么总体分类的判决就是取符号后的结果。在具体验证该算法中隐含的各种数学原理的细节之前，先来看一个具体的例子，这将帮助读者加强对 AdaBoost 算法的理解。假设有如表 13-1 所示的一组二维数据集，表中给出了各个数据点的类别标签。接下来，就采用 AdaBoost 算法构建一个集成分类器。

表 13-1　待分类数据集

序号	1	2	3	4	5	6	7	8	9	10
样本 x	(1,5)	(2,2)	(3,1)	(4,6)	(6,8)	(6,5)	(7,9)	(8,7)	(9,8)	(10,2)
类别 y	1	1	−1	−1	1	−1	1	1	−1	−1

首先，采用将所有数据点绘制出来，如图 13-6 所示。通过可视化的展示方式，可以看出这些数据点是线性不可分的。按照 AdaBoost 算法流程，首先需要初始化训练样本的权值分布。每个训练样本点最开始被赋予相同的权值，由于本例中共有 10 个样本点，所以权重均为 0.1。

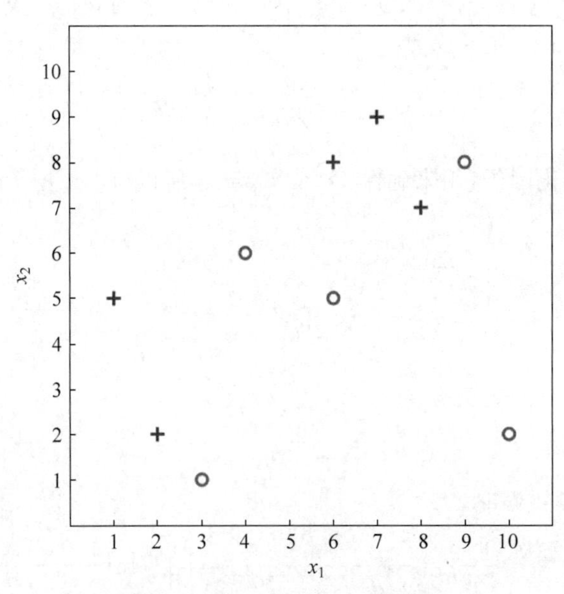

图 13-6　可视化展示的二维数据集

假设这里的基学习算法就是使用水平或垂直的直线对二维平面进行划分，在已知当前权重分布和数据集的情况下，选择一个能够使得 0/1 误差最小的 $h^{(1)}$。如图 13-7 所示，划

分之后，有 3 个分类错误的样本点（在图中以方框标出）。此时基分类器 $h^{(1)}$ 的加权误差 $\varepsilon^{(1)}=0.3$。据此计算 $h^{(1)}$ 的权重

$$a^{(1)}=\frac{1}{2}\ln\frac{1-\varepsilon^{(1)}}{\varepsilon^{(1)}}\approx 0.4236$$

这表示 $h^{(1)}$ 在最终的集成分类器中所占的比重为 0.4236。

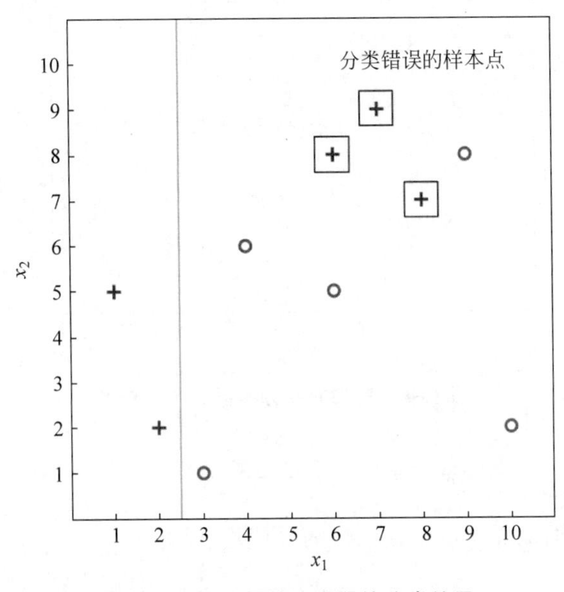

图 13-7　第一轮基分类器的分类结果

然后，更新训练样本数据的权值分布，用于下一轮迭代，将正确分类的 7 个训练样本（$i=1、2、3、4、6、9、10$）的权值更新为

$$w_i^{(2)}=\frac{w_i^{(1)}}{2\times(1-\varepsilon^{(1)})}=\frac{1}{10}\times\frac{1}{2\times(1-0.3)}=\frac{1}{14}$$

可见，正确分类的样本权值由原来的 0.1 减小到了 1/14。

再将错误分类的 3 个训练样本（$i=5、7、8$）的权值更新为

$$w_i^{(2)}=\frac{w_i^{(1)}}{2\varepsilon^{(1)}}=\frac{1}{10}\times\frac{1}{2\times 0.3}=\frac{1}{6}$$

可见，正确分类的样本权值由原来的 0.1 增大到了 1/6。这样一来，在第一轮迭代后，样本数据的权值分布更新为

$$w^{(2)}=[1/14,1/14,1/14,1/14,1/6,1/14,1/6,1/6,1/14,1/14]$$

重新分配权值后，第二轮迭代开始，基学习算法选择一个能够使得 0/1 误差最小的 $h^{(2)}$。如图 13-8 所示，划分之后，有 3 个分类错误的样本点（在图中以方框标出）。此时基分类器 $h^{(2)}$ 的加权误差 $\varepsilon^{(2)}=3/14$。据此计算 $h^{(2)}$ 的权重

$$a^{(2)}=\frac{1}{2}\ln\frac{1-\varepsilon^{(2)}}{\varepsilon^{(2)}}\approx 0.6496$$

更新训练样本数据的权值分布，用于下一轮迭代，将正确分类的 7 个训练样本（$i=1、2、5、7、8、9、10$）的权值更新为

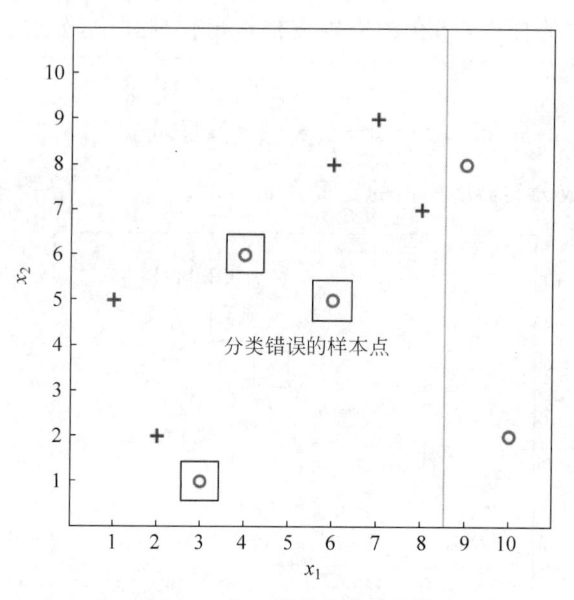

图 13-8　第二轮基分类器的分类结果

$$\boldsymbol{w}_i^{(3)} = \frac{\boldsymbol{w}_i^{(2)}}{2 \times (1 - \varepsilon^{(2)})} = \frac{7}{11} \boldsymbol{w}_i^{(2)}$$

再将错误分类的 3 个训练样本($i=3$、4、6)的权值更新为

$$\boldsymbol{w}_i^{(3)} = \frac{\boldsymbol{w}_i^{(2)}}{2\varepsilon^{(2)}} = \frac{7}{3} \boldsymbol{w}_i^{(2)}$$

这样一来,在第二轮迭代后,样本数据的权值分布更新为

$$\boldsymbol{w}^{(3)} = [1/22, 1/22, 1/6, 1/6, 7/66, 1/6, 7/66, 7/66, 1/22, 1/22]$$

重新分配权值后,第三轮迭代开始,基学习算法选择一个能够使得 0/1 误差最小的 $h^{(3)}$。如图 13-9 所示,划分之后,有 3 个分类错误的样本点(在图中以方框标出)。此时基分类器 $h^{(3)}$ 的加权误差 $\varepsilon^{(3)}=3/22$。据此计算 $h^{(3)}$ 的权重

$$a^{(3)} = \frac{1}{2} \ln \frac{1 - \varepsilon^{(3)}}{\varepsilon^{(3)}} \approx 0.9229$$

接下来还可以像前面所做的那样继续更新训练样本数据的权值分布。这个新的权值分布是为下一轮迭代所做的准备。但是在标准的 AdaBoost 算法中,训练轮数 T 是在算法执行前就给定的。在当前这个例子中,假设令 $T=3$,那么也就没有所谓的下一轮迭代了。于是,这里略去 $\boldsymbol{w}^{(4)}$ 的计算。

最终,根据 AdaBoost 算法,在训练数据上得到的集成分类器为

$$H(\boldsymbol{x}) = \text{sign}[0.4236 h^{(1)}(\boldsymbol{x}) + 0.6496 h^{(2)}(\boldsymbol{x}) + 0.9229 h^{(3)}(\boldsymbol{x})]$$

如图 13-10 所示,这个集成分类器在训练样本集上的误差为 0。可见,AdaBoost 算法能够基于泛化性能相当弱的分类器构建出很强的集成。从偏差-方差分解的角度来看,它在减小偏差方面是非常强大的。

下面从数学推导的角度来考查 AdaBoost 算法的更多细节。所采用的是最常被用来解释 AdaBoost 算法的一种理论框架,此时认为 AdaBoost 算法的模型为加性模型,损失函数为指数函数的二分类方法。

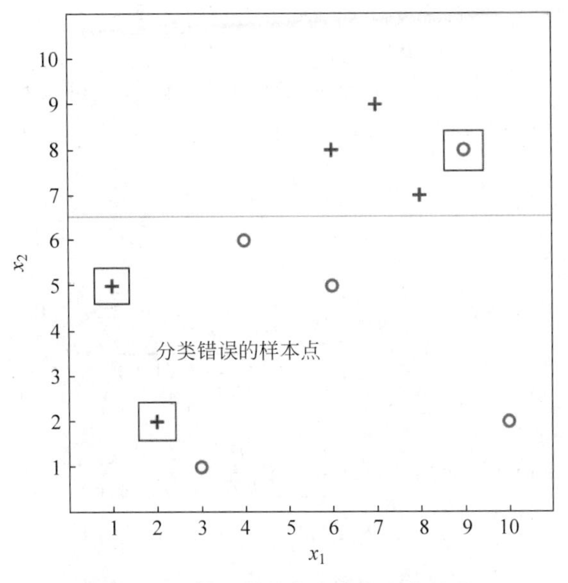

图 13-9 第三轮基分类器的分类结果

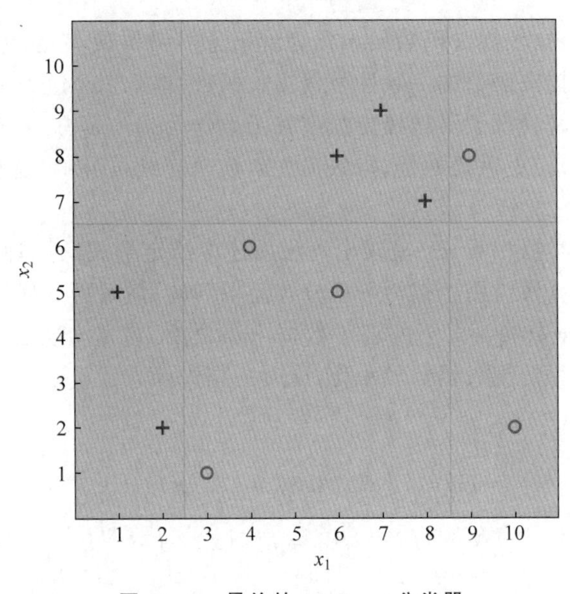

图 13-10 最终的 AdaBoost 分类器

注意到前面所给出的 AdaBoost 集成学习器是以基学习器线性组合的形式给出的：

$$F(\boldsymbol{x})=\sum_{t=1}^{T} a^{(t)} h^{(t)}(\boldsymbol{x})$$

这也就是所谓的加性模型。模型的指数损失函数为

$$\ell_{\exp}(y, F(\boldsymbol{x}))=E\left[\mathrm{e}^{-yF(\boldsymbol{x})}\right]$$

模型学习的目的就在于要最小化上述损失函数，于是考虑对 $F(\boldsymbol{x})$ 求偏导，并令其等于 0，即

$$\frac{\partial \ell_{\exp}(y,F(\boldsymbol{x}))}{\partial F(\boldsymbol{x})}=\frac{\partial E\left[\mathrm{e}^{-yF(\boldsymbol{x})}\right]}{\partial F(\boldsymbol{x})}=0$$

而且对于二分类问题，y 的取值只有 1 和 -1，所以损失函数又可以写为

$$E\left[\mathrm{e}^{-yF(\boldsymbol{x})}\right]=\mathrm{e}^{F(\boldsymbol{x})}P(y=-1\mid\boldsymbol{x})+\mathrm{e}^{-F(\boldsymbol{x})}P(y=1\mid\boldsymbol{x})$$

求解

$$\frac{\partial E\left[\mathrm{e}^{-yF(\boldsymbol{x})}\right]}{\partial F(\boldsymbol{x})}=\mathrm{e}^{F(\boldsymbol{x})}P(y=-1\mid\boldsymbol{x})-\mathrm{e}^{-F(\boldsymbol{x})}P(y=1\mid\boldsymbol{x})=0$$

可得

$$F(\boldsymbol{x})=\frac{1}{2}\ln\frac{P(y=1\mid\boldsymbol{x})}{P(y=-1\mid\boldsymbol{x})}$$

因此，有

$$\begin{aligned}H(\boldsymbol{x})&=\operatorname{sign}[F(\boldsymbol{x})]=\operatorname{sign}\left[\frac{1}{2}\ln\frac{P(y=1\mid\boldsymbol{x})}{P(y=-1\mid\boldsymbol{x})}\right]\\&=\begin{cases}1, & P(y=1\mid\boldsymbol{x})>P(y=-1\mid\boldsymbol{x})\\-1, & \text{否则}\end{cases}\\&=\underset{y\in\{-1,1\}}{\arg\max}P(y\mid\boldsymbol{x})\end{aligned}$$

我们惊异地发现，指数损失函数最小化等价于分类错误最小化，也就是说，指数损失函数是分类任务中 0/1 损失函数的一致性替代损失函数，即 $H(\boldsymbol{x})$达到了贝叶斯最优错误率。这也是为什么在这种解释框架下选择指数损失函数作为损失函数(尽管标准算法描述里使用的是 0/1 损失函数)。更重要的是，指数损失函数是连续可导的，这种数学上的优越性更便于理论分析。

接下来解释基分类器权重 $a^{(t)}$ 呈现出算法描述中给定形式的原理。首个基分类器 $h^{(1)}$ 是通过直接将集学习算法应用于初始数据分布而得到的，然后再迭代地生成 $h^{(t)}$ 和 $a^{(t)}$。当基分类器 $h^{(t)}$ 基于数据分布 $\boldsymbol{w}^{(t)}$ 下的训练数据习得之后，该基分类器的权重 $a^{(t)}$ 应该使得 $a^{(t)}h^{(t)}$ 联合起来后所得的损失函数最小化，此时的损失函数为

$$\begin{aligned}\ell_{\exp}(a^{(t)}h^{(t)}\mid\boldsymbol{w}^{(t)})&=E_{\boldsymbol{x}\sim\boldsymbol{w}^{(t)}}\left[\mathrm{e}^{-ya^{(t)}h^{(t)}(\boldsymbol{x})}\right]\\&=E_{\boldsymbol{x}\sim\boldsymbol{w}^{(t)}}\left[\mathrm{e}^{-a^{(t)}}\Pi(y=h^{(t)}(\boldsymbol{x}))+\mathrm{e}^{a^{(t)}}\Pi(y\neq h^{(t)}(\boldsymbol{x}))\right]\\&=\mathrm{e}^{-a^{(t)}}P_{\boldsymbol{x}\sim\boldsymbol{w}^{(t)}}(y=h^{(t)}(\boldsymbol{x}))+\mathrm{e}^{a^{(t)}}P_{\boldsymbol{x}\sim\boldsymbol{w}^{(t)}}(y\neq h^{(t)}(\boldsymbol{x}))\\&=\mathrm{e}^{-a^{(t)}}(1-\varepsilon^{(t)})+\mathrm{e}^{a^{(t)}}\varepsilon^{(t)}\end{aligned}$$

注意，$\Pi(\cdot)$为指示函数，在 $\cdot$ 为真和假时取值分别为 1 和 0。如果 $y=h^{(t)}(\boldsymbol{x})$，表示两者同号，所以乘积 $yh^{(t)}(\boldsymbol{x})=1$；如果 $y\neq h^{(t)}(\boldsymbol{x})$，表示两者异号，所以乘积 $yh^{(t)}(\boldsymbol{x})=-1$。这便是从第一行推导至第二行的原因。第三行中 $P_{\boldsymbol{x}\sim\boldsymbol{w}^{(t)}}(y\neq h^{(t)}(\boldsymbol{x}))$就是算法描述中给出的

$$\varepsilon^{(t)}=\frac{1}{m}\sum_{i=1}^{m}\boldsymbol{w}_i^{(t)}\delta(h^{(t)}(\boldsymbol{x}_i)\neq y_i)$$

面对最优化问题，考虑对指数损失函数求偏导数

$$\frac{\partial \ell_{\exp}(a^{(t)}h^{(t)}\mid\boldsymbol{w}^{(t)})}{\partial a^{(t)}}=-\mathrm{e}^{-a^{(t)}}(1-\varepsilon^{(t)})+\mathrm{e}^{a^{(t)}}\varepsilon^{(t)}$$

再令上式等于 0,即可解出

$$a^{(t)}=\frac{1}{2}\ln\left(\frac{1-\varepsilon^{(t)}}{\varepsilon^{(t)}}\right)$$

这样便解释了基分类器权重 $a^{(t)}$ 之所以呈现出算法描述中给定形式的缘由。

AdaBoost 算法在获得 $F^{(t-1)}$ 之后,样本分布将被调整,从而使得下一轮的基分类器 $h^{(t)}$ 能够更加关注到那些不能正确分类的样本点。理想状态下,$h^{(t)}$ 能够纠正 $F^{(t-1)}$ 的全部错误,也就是说,希望在引入 $h^{(t)}$ 后,$F^{(t-1)}$ 和 $h^{(t)}$ 两者共同的指数误差应该被最小化。此处,$F^{(t-1)}$ 和 $h^{(t)}$ 共同带来的指数误差可以表示为

$$\begin{aligned}\ell_{\exp}(F^{(t-1)}+h^{(t)}\mid \boldsymbol{w})&=E_{\boldsymbol{x}\sim\boldsymbol{w}}[\mathrm{e}^{-y[F^{(t-1)}(\boldsymbol{x})+h^{(t)}(\boldsymbol{x})]}]\\&=E_{\boldsymbol{x}\sim\boldsymbol{w}}[\mathrm{e}^{-yF^{(t-1)}(\boldsymbol{x})}\mathrm{e}^{-yh^{(t)}(\boldsymbol{x})}]\end{aligned}$$

用相应的二阶泰勒展开近似上式中的 $\mathrm{e}^{-yh^{(t)}(\boldsymbol{x})}$,注意将 $h^{(t)}(\boldsymbol{x})$ 看成是一个整体,并运用 $y^2=[h^{(t)}(\boldsymbol{x})]^2=1$ 这一事实,则有

$$\begin{aligned}\ell_{\exp}(F^{(t-1)}+h^{(t)}\mid \boldsymbol{w})&\approx E_{\boldsymbol{x}\sim\boldsymbol{w}}\left\{\mathrm{e}^{-yF^{(t-1)}(\boldsymbol{x})}\left[1-yh^{(t)}(\boldsymbol{x})+\frac{y^2[h^{(t)}(\boldsymbol{x})]^2}{2}\right]\right\}\\&=E_{\boldsymbol{x}\sim\boldsymbol{w}}\left\{\mathrm{e}^{-yF^{(t-1)}(\boldsymbol{x})}\left[1-yh^{(t)}(\boldsymbol{x})+\frac{1}{2}\right]\right\}\end{aligned}$$

因此,理想的基分类器为

$$\begin{aligned}h^{(t)}(\boldsymbol{x})&=\arg\min_h \ell_{\exp}(F^{(t-1)}+h\mid \boldsymbol{w})\\&=\arg\min_h E_{\boldsymbol{x}\sim\boldsymbol{w}}\left\{\mathrm{e}^{-yF^{(t-1)}(\boldsymbol{x})}\left[1-yh(\boldsymbol{x})+\frac{1}{2}\right]\right\}\\&=\arg\max_h E_{\boldsymbol{x}\sim\boldsymbol{w}}[\mathrm{e}^{-yF^{(t-1)}(\boldsymbol{x})}yh(\boldsymbol{x})]\\&=\arg\max_h E_{\boldsymbol{x}\sim\boldsymbol{w}}\left\{\frac{\mathrm{e}^{-yF^{(t-1)}(\boldsymbol{x})}}{E_{\boldsymbol{x}\sim\boldsymbol{w}}[\mathrm{e}^{-yF^{(t-1)}(\boldsymbol{x})}]}yh(\boldsymbol{x})\right\}\end{aligned}$$

其中,$E_{\boldsymbol{x}\sim\boldsymbol{w}}[\mathrm{e}^{-yF^{(t-1)}(\boldsymbol{x})}]$是一个常数。令 $\boldsymbol{w}^{(t)}$ 表示一个分布

$$\boldsymbol{w}^{(t)}=\frac{\boldsymbol{w}\mathrm{e}^{-yF^{(t-1)}(\boldsymbol{x})}}{E_{\boldsymbol{x}\sim\boldsymbol{w}}[\mathrm{e}^{-yF^{(t-1)}(\boldsymbol{x})}]}$$

根据期望的定义,

$$\begin{aligned}E_{\boldsymbol{x}\sim\boldsymbol{w}}\left\{\frac{\mathrm{e}^{-yF^{(t-1)}(\boldsymbol{x})}}{E_{\boldsymbol{x}\sim\boldsymbol{w}}[\mathrm{e}^{-yF^{(t-1)}(\boldsymbol{x})}]}yh(\boldsymbol{x})\right\}&=\frac{\boldsymbol{w}\mathrm{e}^{-yF^{(t-1)}(\boldsymbol{x})}}{E_{\boldsymbol{x}\sim\boldsymbol{w}}[\mathrm{e}^{-yF^{(t-1)}(\boldsymbol{x})}]}yh(\boldsymbol{x})\\&=\boldsymbol{w}^{(t)}[yh(\boldsymbol{x})]=E_{\boldsymbol{x}\sim\boldsymbol{w}^{(t)}}[yh(\boldsymbol{x})]\end{aligned}$$

所以前面给出的理想基分类器表达式等价于

$$\begin{aligned}h^{(t)}(\boldsymbol{x})&=\arg\max_h E_{\boldsymbol{x}\sim\boldsymbol{w}}\left\{\frac{\mathrm{e}^{-yF^{(t-1)}(\boldsymbol{x})}}{E_{\boldsymbol{x}\sim\boldsymbol{w}}[\mathrm{e}^{-yF^{(t-1)}(\boldsymbol{x})}]}yh(\boldsymbol{x})\right\}\\&=\arg\max_h E_{\boldsymbol{x}\sim\boldsymbol{w}^{(t)}}[yh(\boldsymbol{x})]\end{aligned}$$

又因为 $y,h(\boldsymbol{x})\in\{-1,+1\}$,所以有

$$yh(\boldsymbol{x})=1-2\Pi(y\neq h(\boldsymbol{x}))$$

那么理想基分类器又可以写成

$$\begin{aligned} h^{(t)}(\boldsymbol{x}) &= \arg\max_h E_{\boldsymbol{x}\sim \boldsymbol{w}^{(t)}}\left[1-2\Pi(y\neq h(\boldsymbol{x}))\right] \\ &= \arg\min_h E_{\boldsymbol{x}\sim \boldsymbol{w}^{(t)}}\left[\Pi(y\neq h(\boldsymbol{x}))\right] \end{aligned}$$

这表明理想的 $h^{(t)}$ 将在分布 $\boldsymbol{w}^{(t)}$ 下最小化分类误差。所以，弱分类器（基分类器）应该基于分布 $\boldsymbol{w}^{(t)}$ 来训练，并且针对 $\boldsymbol{w}^{(t)}$ 的分类应该小于 0.5。AdaBoost 算法描述的循环体中有一个条件判断，当 $\varepsilon_t>0.5$ 时会跳出本轮循环，也就是这个道理。

考查 $\boldsymbol{w}^{(t)}$ 和 $\boldsymbol{w}^{(t+1)}$ 的关系，有

$$\begin{aligned} \boldsymbol{w}^{(t+1)} &= \frac{\boldsymbol{w}\mathrm{e}^{-yF^{(t)}(\boldsymbol{x})}}{E_{\boldsymbol{x}\sim \boldsymbol{w}}\left[\mathrm{e}^{-yF^{(t)}(\boldsymbol{x})}\right]} \\ &= \frac{\boldsymbol{w}\mathrm{e}^{-yF^{(t-1)}(\boldsymbol{x})}\mathrm{e}^{-ya^{(t)}h^{(t)}(\boldsymbol{x})}}{E_{\boldsymbol{x}\sim \boldsymbol{w}}\left[\mathrm{e}^{-yF^{(t)}(\boldsymbol{x})}\right]} \\ &= \boldsymbol{w}^{(t)}\mathrm{e}^{-ya^{(t)}h^{(t)}(\boldsymbol{x})}\frac{E_{\boldsymbol{x}\sim \boldsymbol{w}}\left[\mathrm{e}^{-yF^{(t-1)}(\boldsymbol{x})}\right]}{E_{\boldsymbol{x}\sim \boldsymbol{w}}\left[\mathrm{e}^{-yF^{(t)}(\boldsymbol{x})}\right]} \end{aligned}$$

这与 AdaBoost 算法描述中给出的样本分布更新公式是一致的。下面的推导将展示更多细节。首先，回顾样本分布更新公式：

$$\boldsymbol{w}^{(t+1)} = \boldsymbol{w}^{(t)}\mathrm{e}^{-ya^{(t)}h^{(t)}(\boldsymbol{x})}\frac{1}{Z^{(t)}}$$

其中，

$$Z^{(t)} = \boldsymbol{w}^{(t)}\mathrm{e}^{-ya^{(t)}h^{(t)}(\boldsymbol{x})}$$

同时还有

$$\frac{E_{\boldsymbol{x}\sim \boldsymbol{w}}\left[\mathrm{e}^{-yF^{(t)}(\boldsymbol{x})}\right]}{E_{\boldsymbol{x}\sim \boldsymbol{w}}\left[\mathrm{e}^{-yF^{(t-1)}(\boldsymbol{x})}\right]} = \frac{\boldsymbol{w}\mathrm{e}^{-y\left[F^{(t-1)}(\boldsymbol{x})\right]}\mathrm{e}^{-y\left[a^{(t)}h^{(t)}(\boldsymbol{x})\right]}}{E_{\boldsymbol{x}\sim \boldsymbol{w}}\left[\mathrm{e}^{-yF^{(t-1)}(\boldsymbol{x})}\right]} = \boldsymbol{w}^{(t)}\mathrm{e}^{-ya^{(t)}h^{(t)}(\boldsymbol{x})}$$

这样一来，算法中给出的样本分布更新公式也被成功地解释了。综上所述，便从基于加性模型和迭代式优化指数损失函数的角度推导出了本节开始时给出的 AdaBoost 算法。

13.4.2 应用实例

下面进入实践操作，通过 scikit-learn 训练一个 AdaBoost 集成分类器。我们仍将使用 13.3 节中训练随机森林的葡萄酒数据集。通过设置 base_estimator 属性，下面的示例代码在 100 棵单层决策树上构建 AdaBoost 分类器。

```
from sklearn.ensemble import AdaBoostClassifier
from sklearn.tree import DecisionTreeClassifier

clf_bdt = AdaBoostClassifier(base_estimator = DecisionTreeClassifier(max_depth = 1),
                    algorithm = "SAMME", n_estimators = 100, random_state = 0)

bdt = clf_bdt.fit(X_train, y_train)
```

与之前的情况类似，用训练好的模型对测试数据集进行预测，并计算预测准确率。执

行下面的代码将算得测试集上的准确率为 95.8%。可见,AdaBoost 模型在测试集上的表现不错。事实上,这个 AdaBoost 分类器在测试集上表现出的准确率与 13.3 节中训练的随机森林分类器的准确率非常接近,或者说基本一致。

```
y_test_pred_bdt = bdt.predict(X_test)
test_score_bdt = accuracy_score(y_test, y_test_pred_bdt)
print('%.3f' % test_score_bdt)
```

最后,来观察一下刚刚训练好的 AdaBoost 分类器的决策边界,如图 13-11 所示。通过观察决策边界,可以看到 AdaBoost 的决策边界也可以是非线性的,也可能很复杂。此外,还注意到 AdaBoost 对特征空间的划分与 13.3 节中训练的随机森林分类器十分类似。

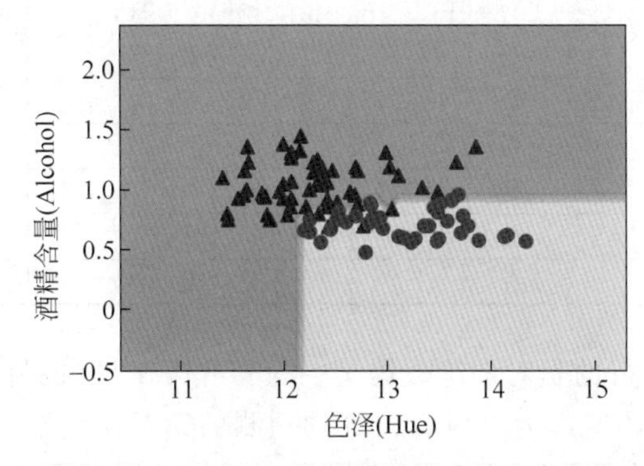

图 13-11 AdaBoost 在训练数据上的分类边界

13.5 梯度提升

基于 Boosting 思想设计并常常用来同 AdaBoost 进行比较的另外一个算法就是梯度提升(Gradient Boosting)。它也是传统机器学习算法里面对真实分布拟合得最好的几种算法之一 。

13.5.1 梯度提升树与回归

梯度提升树(Gradient Boosted Decision Trees,GBDT),是一个以决策回归树为基学习器,以 Boosting 为框架的加法模型的集成学习技术。因此,GBDT 也是 Boosting 算法的一种,但是和 AdaBoost 算法不同。区别在于 AdaBoost 算法是利用前一轮的弱学习器的误差来更新样本权重值,然后一轮一轮地迭代;而 GBDT 是基于梯度提升算法,其主要思想是,每次建立模型时在之前建立模型损失函数的梯度下降方向。我们都知道,损失函数可用于评价模型性能,一般认为损失函数越小,性能越好。而让损失函数持续下降,就能使得模型不断调整提升性能,其最好的方法就是使损失函数沿着梯度方向下降。GBDT 在此基础上,基于负梯度存在。

梯度提升树可以用于回归,也可以用于预测。在回归问题中,GBDT 采用平方误差来作为损失函数。当损失函数为均方误差的时候,可以看作是残差。在分类问题中,GBDT

的损失函数与逻辑回归一样，采用对数似然函数。GBDT 的直观理解就是每一轮预测和实际值有残差，下一轮根据残差再进行预测，最后将所有预测相加，就是结果。

在深入探究梯度提升算法的数学原理之前，先来看看实践中的算法流程具体是如何执行的。正如前面所说的，GBDT 可以用来做回归，也可以用来做分类。而用于回归的 GBDT 则是相对比较简单和直观的。本节将先从此入手，揭开梯度提升算法的神秘面纱。作为一个例子，我们将要使用的训练数据集（Train Set）如表 13-2 所示，其中树高是因变量（也就是需要预测的值），树龄、品系，以及是否施肥是自变量，也就是说它们三个构成了输入的特征向量。

表 13-2 预测树高的训练数据集

树龄	是否施肥	品系	树高
16	是	B	88
16	否	C	76
15	否	B	56
18	是	A	73
15	是	C	77
14	否	B	57

算法开始，首先要执行的是对训练数据集中的所有因变量（也就是本例中的树高）取平均值，计算得 71.2，并将该值作为对所有树高的预测的第一次尝试。这在直觉上也是相当合理的。因为均值在统计意义上可以对一组样本的大概水平进行一个简单的估计。当然，具体到每个个体上，它们相对于均值又会产生一定的偏差。所以，接下来要做的就是基于特征向量来产生这样一个偏差，再将偏差累加到均值上作为最终的预测值。从而使得由此建立起来的模型可以较好地拟合训练数据。

接下来的具体做法是基于当前预测所产生的误差来构建一棵决策树。用实际的树高减去预测值（当前是 71.2）来作为误差，这个误差通常称为伪残差（Pseudo Residual），其目的主要是为了同线性回归中的残差进行区别。某些资料上也将此处的伪残差泛泛地称为残差，或者说这些资料将线性回归中残差的概念加以扩展使其涵盖了梯度提升算法中用到的伪残差。本节中出现的残差如无特殊说明即特指伪残差。计算结果如表 13-3 所示。

表 13-3 第一轮伪残差计算结果

树龄	是否施肥	品系	树高	伪残差
16	是	B	88	16.8
16	否	C	76	4.8
15	否	B	56	−15.2
18	是	A	73	1.8
15	是	C	77	5.8
14	否	B	57	−14.2

接下来构建一棵决策树，它将基于特征向量来预测伪残差，结果如图 13-12 所示。

注意，这个例子中所允许的叶子数量最多是 4 个。但当使用一个较大的数据集时，通常会设定允许的最多叶子数量在 8～32 个。在使用 scikit-learn 工具箱时，实例化类

GradientBoostingRegressor,可以通过指定 max_leaf_nodes 来控制该值。

因为控制了决策树中叶子的数量,所以决策树中的叶子数量少于残差值,或者说决策树中从根节点到一个叶子的预测路径可能得到两个预测值。为了避免这种情况,对每个叶子中的数值取平均,于是得到如图 13-13 所示的结果。

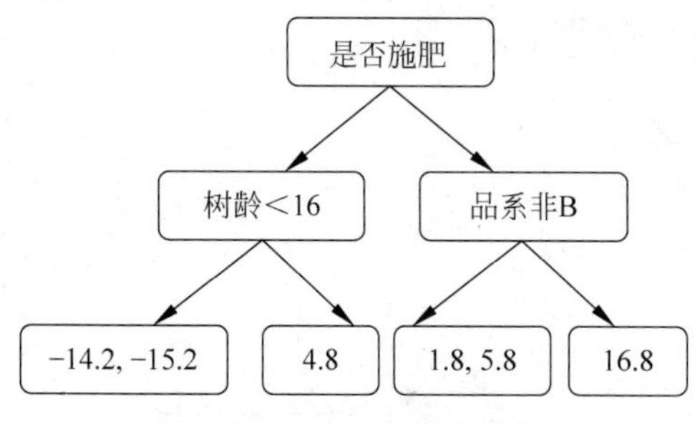

图 13-12 残差预测决策树

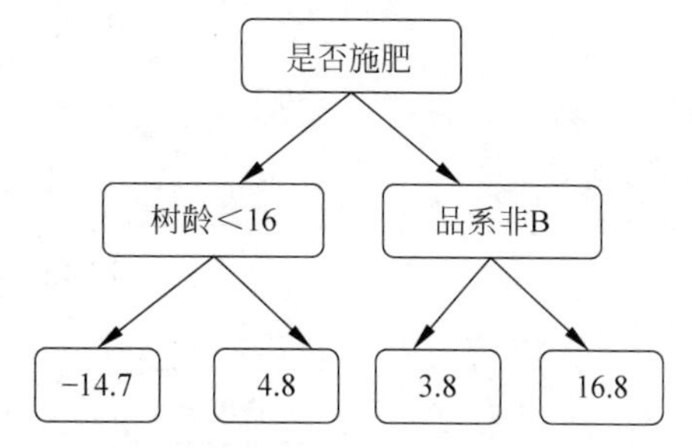

图 13-13 调整叶子节点后的残差预测决策树

基于最初的预测值 71.2,以及上述用来预测误差的决策树,就可以做回归预测了。例如,对于训练集中的第一行,上述决策树显示误差是 16.8,于是可得树高为 71.2+16.8=88。这与观察值拟合得很好。但是,这有可能导致过拟合。也就是说尽管偏差很小,但方差可能很大。这是我们希望避免的。在梯度提升中,使用学习率(Learning Rate)对新生成的决策树所发挥的作用进行缩放。在使用 scikit-learn 工具箱时,实例化类 GradientBoostingRegressor,可以通过指定 learning_rate 来控制学习率。scikit-learn 中的 GradientBoostingRegressor 类定义中给出的 learning_rate 默认值为 0.1,这里也采用这个设定。于是得到新的预测值为 71.2+(0.1×16.8)=72.9。这距离实际观察值尚有一定差距,但和最初的估计值 71.2 相比,也已经有所改善了,毕竟最初的估计值会把所有树的高度都预测成 71.2。

不难看出,利用学习率来控制的一棵决策树把预测结果朝着更好的方向移动了一小步。而我们要做的就是通过不断构建决策树来让预测结果持续地朝着更好的方向移动。于是,基于已经得到的结果再来计算伪残差,结果如表 13-4 所示。

表 13-4 第二轮伪残差计算结果

树龄	是否施肥	品系	树高	新预测值	伪残差
16	是	B	88	72.9	15.1
16	否	C	76	71.7	4.3
15	否	B	56	69.7	−13.7
18	是	A	73	71.6	1.4
15	是	C	77	71.6	5.4
14	否	B	57	69.7	−12.7

于是又可以得到一棵新的决策树,如图 13-14 所示。注意,同样对每个叶子节点取均值。此外,在这个示例中,所构建的新决策树结构上同上一棵决策树是相同的,但实际中,可以允许建立完全不同的决策树。

基于已有的两棵决策树,对于训练集中的第一行,再来预测树高,如图 13-15 所示,则有

71.2+0.1×16.8+0.1×15.1=74.4。可见，我们距离观察值又前进了一步。

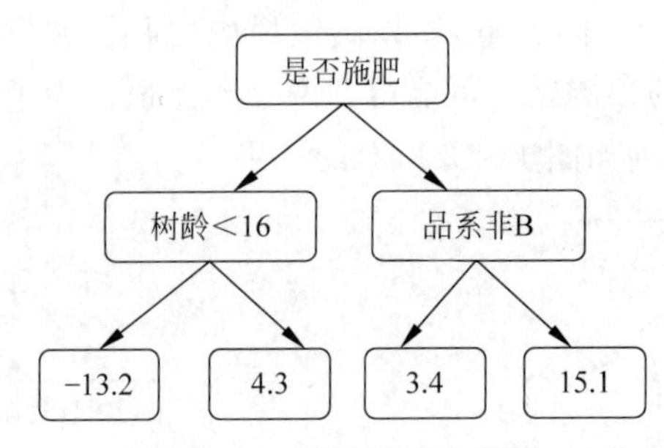

图 13-14　残差预测决策树

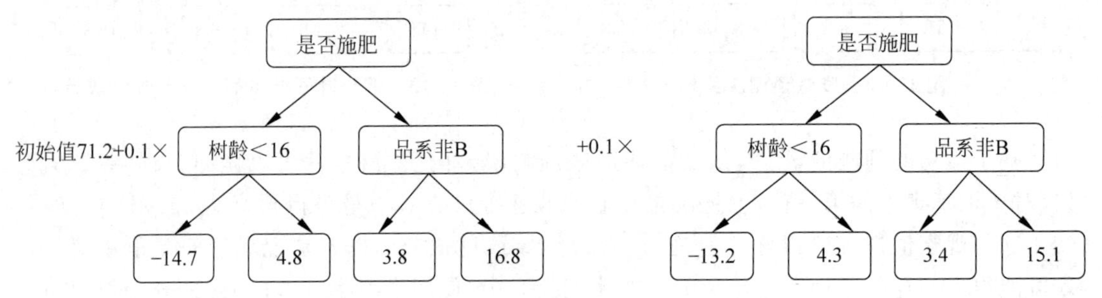

图 13-15　基于残差的树高预测

接下来，根据已有的两棵决策树，又可以算得新的伪残差。如图 13-16 所示，注意，图中第一次得到的伪残差仅仅是根据初始估计值算得的。第二次得到的伪残差则是基于初始估计值，连同第一棵决策树一起算得的，而现在将要计算的第三次伪残差则是基于初始估计值，连同第一、二棵决策树共同算得的。而且，每次新引入一棵决策树后，伪残差都会逐渐变小。伪残差逐渐变小，就意味着构建的模型正朝着好的方向逐渐逼近。

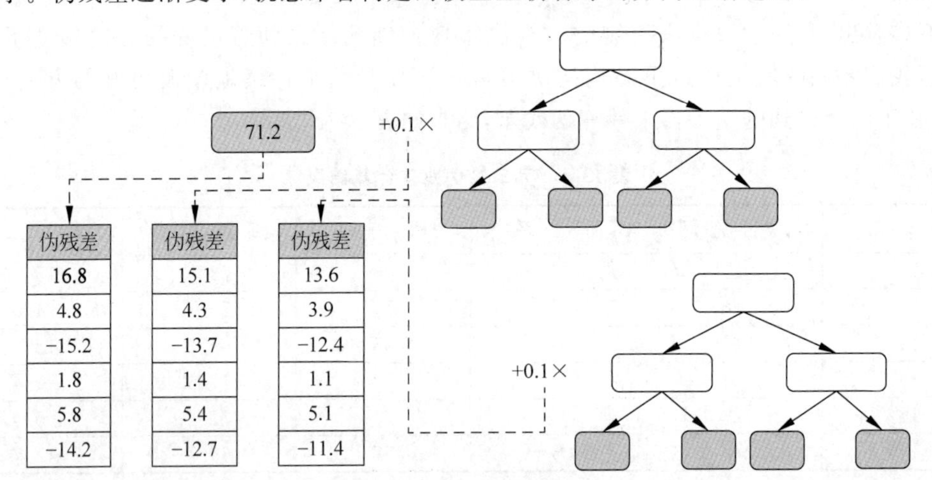

图 13-16　伪残差计算

为了得到更好的结果，将反复执行计算伪残差并构建新决策树这一过程，直到伪残差的变化不再显著大于某个值，或者达到了预先设定的决策树数量上限。在使用 scikit-learn 工具箱时，实例化类 GradientBoostingRegressor 时，可以通过指定 n_estimators 来控制决

策树数量的上限，该参数的默认值为 100。

在建立好 GBDT 模型后，利用其进行回归预测的方法，就是将所有决策树预测值经学习率缩放后的数值累加到初始估计值上所得的结果。再次提醒读者注意，每次构建的决策树结构并不一定都是相同的。

13.5.2 梯度提升树与分类

梯度提升树是一个以决策树为基学习器，以 Boosting 为框架的加法模型的集成学习技术。它既可以用来做回归，也可以用来做分类。前面读者已经了解过利用 GBDT 进行回归的具体方法，本节将着重介绍利用 GBDT 进行分类的具体方法。作为一个例子，这里要使用的训练数据集如表 13-5 所示。观众的年龄、是否喜欢吃爆米花，以及他们喜欢的颜色共同构成了特征向量，而每个观众是否喜欢看科幻电影则作为分类的标签。

表 13-5 预测观众是否喜欢看科幻电影的训练数据集

年　龄	喜欢的颜色	是否喜欢爆米花	是否喜欢科幻片
12	蓝	是	是
87	绿	是	是
44	蓝	否	否
19	红	是	否
32	绿	否	是
14	蓝	否	是

就像之前在利用 GBDT 做回归时一样，作为开始，先构建一个单节点的决策树来作为对每个个体的初始估计或初始预测。之前在做回归时，这一步操作是取平均值，而现在要做的是分类任务，那么这个用作初始估计的值使用的就是 log(odds)，这跟逻辑回归中所使用的是一样的：

$$\log(\text{odds}) = \log\frac{P}{1-P} = \log\left(\frac{4}{2}\right) \approx 0.6931 \approx 0.7$$

如何使用该值来做分类预测呢？回忆逻辑回归时所做的，将其转化成为一个概率值，具体来说，是利用 Logistic 函数来将 log(odds)值转化成概率。因此，可得给定一个观众，他喜欢看科幻电影的概率是

$$P(\text{喜欢看科幻片}) = \frac{e^{\log(\text{odds})}}{1+e^{\log(\text{odds})}} = \frac{e^{0.7}}{1+e^{0.7}} \approx 0.6667 \approx 0.7$$

注意，为了方便计算，保留小数点后面一位有效数字，但其实 log(odds)和喜欢看科幻片的概率这两个 0.7 只是近似计算之后出于巧合才相等的，两者直接并没有必然联系。

现在我们知道给定一个观众，他喜欢看科幻电影的概率是 0.7，说明概率大于 50%，所以最终断定他是喜欢看科幻电影的。这个最初的猜测或者估计怎么样呢？这是一个非常粗糙的估计。在训练数据集上，有 4 个人的预测结果正确，而另外两个人的预测结果错误。或者说现在构建的模型在训练数据集上拟合的十分不理想。我们可以使用伪残差来衡量最初的估计距离真实情况有多远。正如前面在回归分析时一样，这里的伪残差就是指观察值与预测值之间的差。

如图 13-17 所示,两个实心点表示数据集中不喜欢看科幻片的两个观众,或者说他们喜欢看科幻片的概率为 0。类似的,四个空心点表示数据集中喜欢看科幻片的四个观众,或者说他们喜欢看科幻片的概率为 1。实心点以及空心点是实际观察值,而虚线是我们的预测值。因此可以很容易算得每个数据点的伪残差如表 13-6 所示。

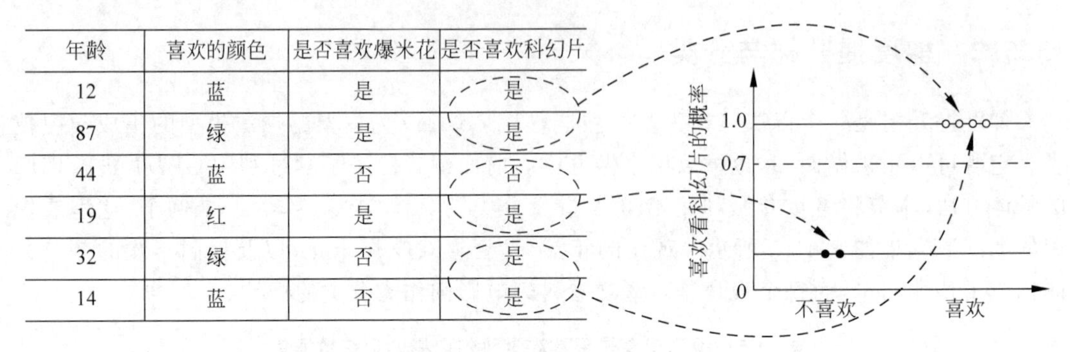

图 13-17 计算伪残差

表 13-6 第一轮伪残差计算结果

年　龄	喜欢的颜色	是否喜欢爆米花	是否喜欢科幻片	伪　残　差
12	蓝	是	是	0.3
87	绿	是	是	0.3
44	蓝	否	否	−0.7
19	红	是	否	−0.7
32	绿	否	是	0.3
14	蓝	否	是	0.3

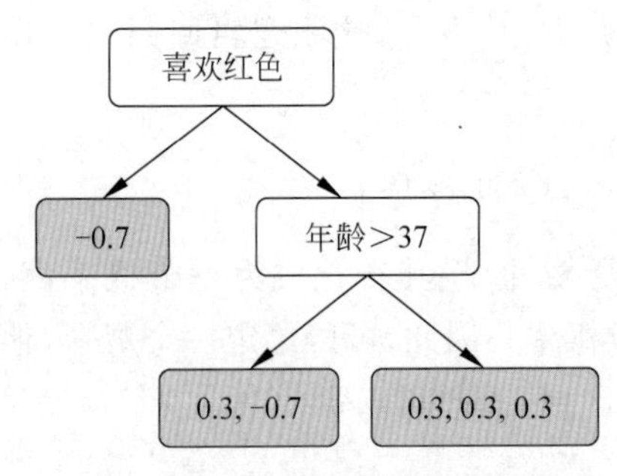

图 13-18 预测伪残差的决策树

接下来要做的事情就与之前做回归时一样,也就是基于特征向量来构建决策树从而预测表 13-6 中给出的伪残差。于是得到如图 13-18 所示的这棵决策树。注意,需要限定决策树中允许的叶子数量的上限(在归回中也有类似限定),在本例中设定这个上限是 3,毕竟这里的例子中数据规模非常小。但实践中,当面对一个较大的数据集时,通常会设定允许的最多叶子数量为 8～32 个。使用 scikit-learn 工具箱,实例化类 GradientBoostingClassifier 时,可以通过指定 max_leaf_nodes 来控制该值。

但如何使用上面这棵刚刚构建起来的决策树相对而言是比较复杂的。注意,最初的估计值 log(odds)≈0.7 是一个对数似然,而新建的决策树叶子节点给出的伪残差是基于概率值的,因此两者是不能直接做加和的。一些转化是必不可少的,具体来说,在利用 GBDT 做分类时,需要使用如下这个变换对每个叶子节点上的值做进一步的处理。

$$\frac{\sum 伪残差_i}{\sum [上一次的概率 y_i \times (1-上一次的概率 y_i)]}$$

上面这个变换的推导涉及一些数学细节，这一点留待后面再做详细阐释。现在，基于上述公式在做计算。例如，对于第一个只有一个值－0.7的叶子节点而言，因为只有一个值，所以可以忽略上述公式中的加和符号，即有

$$\frac{-0.7}{0.7\times(1-0.7)}\approx -3.3$$

注意，因为在构建这棵决策树之前的上一棵决策树，对所有观众给出的喜欢看科幻片的概率都是0.7，所以上述公式中“上一次的概率”则代入该值。于是，将该叶子节点中的值替换为－3.3。

接下来，计算包含0.3和－0.7这两个值的叶子节点。于是有

$$\frac{0.3+(-0.7)}{[0.7\times(1-0.7)]+[0.7\times(1-0.7)]}\approx -1$$

注意，因为叶子节点中包含有两个伪残差，因此分母上的加和部分就是对每个伪残差所对应的结果都加一次。另外，目前“上一次的概率”对于每个伪残差都是一样的(因为上一棵决策树中只有一个节点)，但在生成下一次决策树时情况就不一样了。

类似地，最后一个节点的计算结果如下：

$$\frac{0.3+0.3+0.3}{[0.7\times(1-0.7)]+[0.7\times(1-0.7)]+[0.7\times(1-0.7)]}\approx 1.4$$

于是现在决策树变成了如图13-19所示的样子。

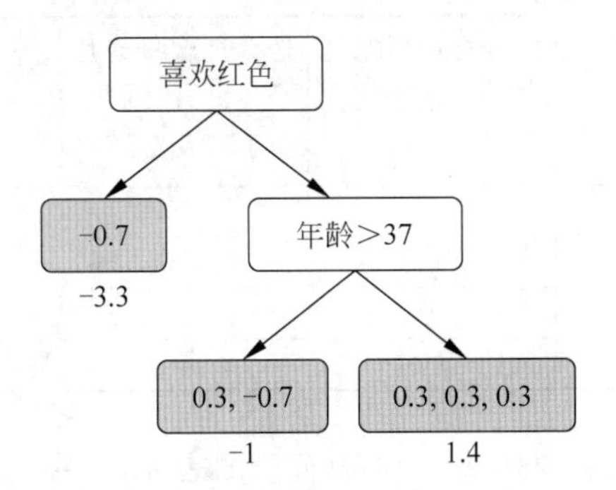

图13-19　调整之后的决策树

现在，基于之前建立的决策树，以及现在刚刚得到的新决策树，就可以对每个观众是否喜欢看科幻片进行预测了。与之前回归的情况一样，还要使用一个学习率对新得到的决策树进行缩放。出于演示方便的目的，这里使用的值是0.8(实践中通常不会取这么大的学习率)。使用scikit-learn工具箱，实例化类GradientBoostingClassifier时，可以通过指定参数learning_rate的值来控制学习率，该参数的默认值为0.1。

图13-20给出了计算的示例，现在要计算表中第一名观众的log(odds)，可得0.7＋(0.8×1.4)＝1.8。所以，利用Logistic函数计算概率得

$$P(\text{喜欢看科幻片})=\frac{e^{\log(\text{odds})}}{1+e^{\log(\text{odds})}}=\frac{e^{1.8}}{1+e^{1.8}}\approx 0.9$$

注意，此前对第一名观众是否喜欢看科幻片的概率估计是0.7，现在是0.9，显然我们的模型朝着更好的方向前进了一小步。采用上述方法，下面逐个计算其余观众喜欢看科幻片的概率，然后再计算伪残差，如表13-7所示结果。

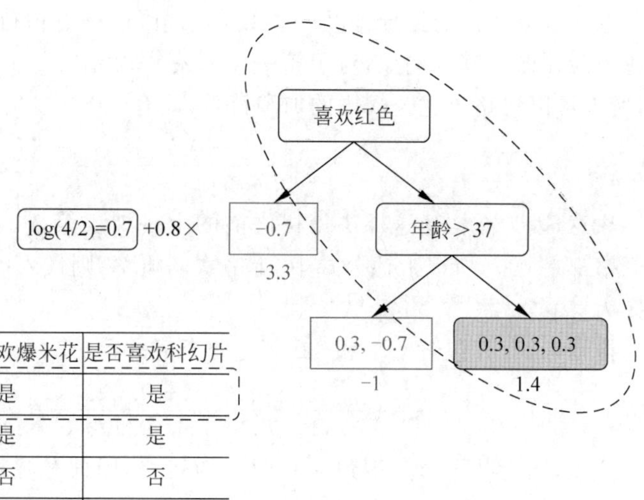

年龄	喜欢的颜色	是否喜欢爆米花	是否喜欢科幻片
12	蓝	是	是
87	绿	是	是
44	蓝	否	否
19	红	是	是
32	绿	否	是
14	蓝	否	是

图 13-20　计算过程举例

表 13-7　第二轮伪残差计算结果

年龄	喜欢的颜色	是否喜欢爆米花	是否喜欢科幻片	概率预测	伪残差
12	蓝	是	是	0.9	0.1
87	绿	是	是	0.5	0.5
44	蓝	否	否	0.5	−0.5
19	红	是	否	0.1	−0.1
32	绿	否	是	0.9	0.1
14	蓝	否	是	0.9	0.1

接下来，基于特征向量来构建决策树从而预测表 13-7 中给出的伪残差。于是得到如图 13-21 所示的这样一棵决策树。

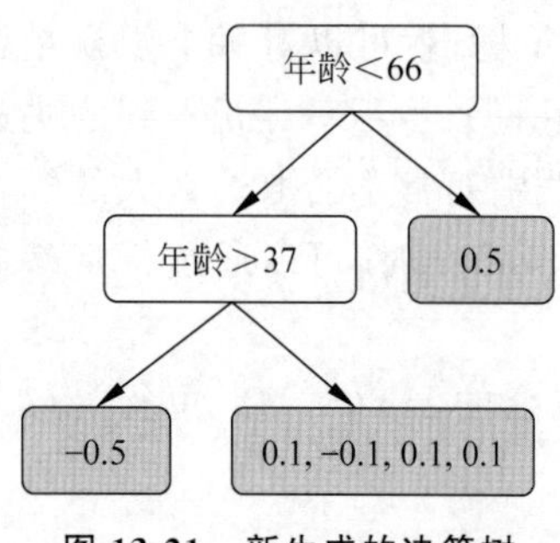

图 13-21　新生成的决策树

再根据之前使用过的变换对每个叶子节点上的值做进一步的处理，也就是得到每个叶子节点的最终输出。

例如，计算图 13-22 中所示的表中第二行数据对应的叶子节点的输出：

$$\frac{0.5}{0.5\times(1-0.5)}=2$$

其中，“上一次的概率”就代入表中的概率预测值 0.5。

再来计算一个稍微复杂一点的叶子，如图 13-23 所示，因为有 4 个观众的预测结果都指向该叶子节点。于是有

$$\frac{0.1+(-0.1)+0.1+0.1}{[0.9\times(1-0.9)]+[0.1\times(1-0.1)]+[0.9\times(1-0.9)]+[0.9\times(1-0.9)]}\approx 0.6$$

所以该叶子节点的输出就是 0.6。这一步也可以看出，每个伪残差对应的分母项未必一致，

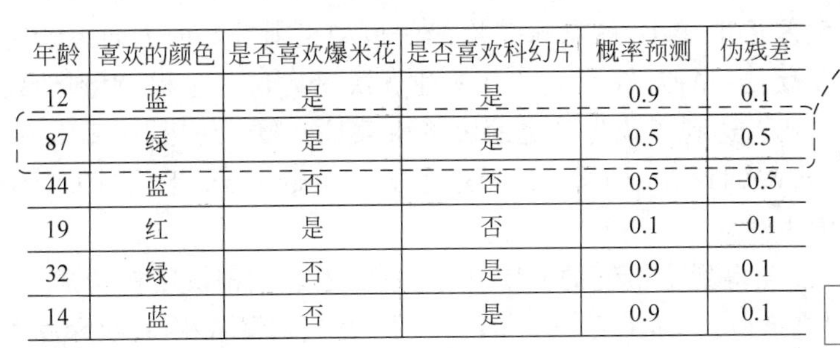

年龄	喜欢的颜色	是否喜欢爆米花	是否喜欢科幻片	概率预测	伪残差
12	蓝	是	是	0.9	0.1
87	绿	是	是	0.5	0.5
44	蓝	否	否	0.5	−0.5
19	红	是	否	0.1	−0.1
32	绿	否	是	0.9	0.1
14	蓝	否	是	0.9	0.1

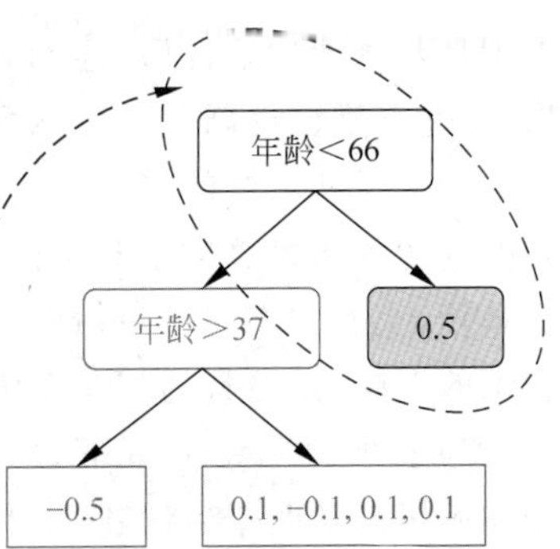

图 13-22　计算过程举例

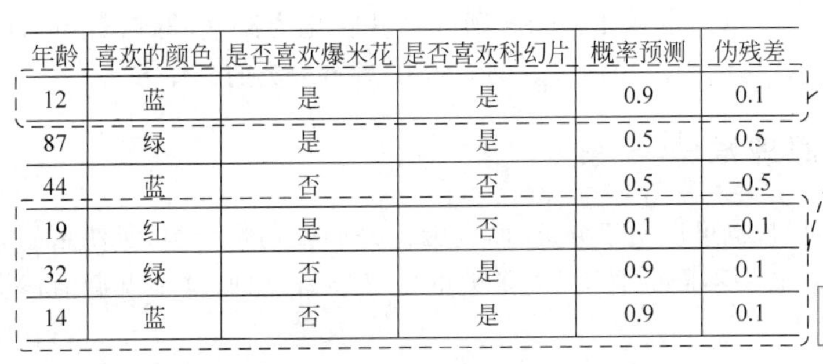

年龄	喜欢的颜色	是否喜欢爆米花	是否喜欢科幻片	概率预测	伪残差
12	蓝	是	是	0.9	0.1
87	绿	是	是	0.5	0.5
44	蓝	否	否	0.5	−0.5
19	红	是	否	0.1	−0.1
32	绿	否	是	0.9	0.1
14	蓝	否	是	0.9	0.1

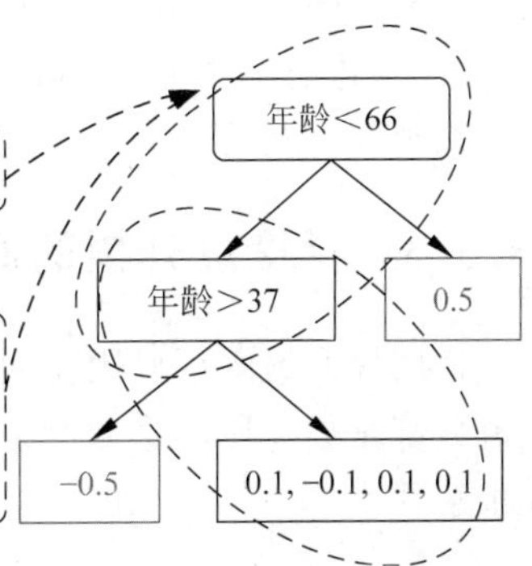

图 13-23　计算过程举例

这是因为上一次的预测概率不尽相同。对所有叶子节点都计算对应输出之后可得一棵新的决策树如图 13-24 所示。

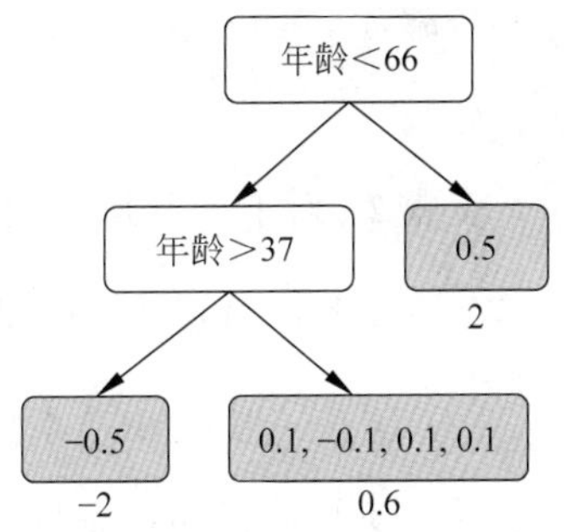

图 13-24　新生成的决策树

现在，可以把所有已经得到的组合到一起了，如图 13-25 所示。最开始只有一个单节点的树，在此基础上得到了第二棵决策树，现在又有了一棵新的决策树，所有这些新生成的决策树都通过学习率进行缩放，然后再加总到最开始的单节点树上。

接下来，根据已有的所有决策树，又可以算得新的伪残差。注意，第一次得到的伪残差仅仅是根据初始估计值算得的。第二次得到的伪残差则是基于初始估计值，连同第一棵决策树一起算得的，而接下来将要计算的第三次伪残

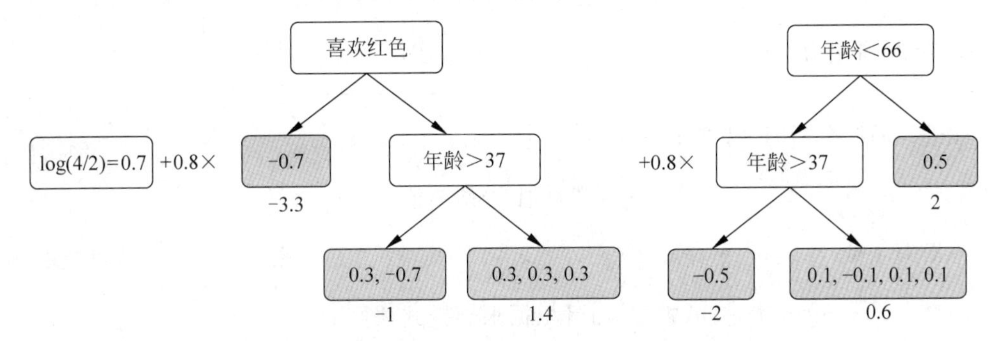

图 13-25　构建的梯度提升树模型

差则是基于初始估计值，连同第一、二棵决策树共同算得的。而且，每次新引入一棵决策树后，伪残差都会逐渐变小。伪残差逐渐变小，就意味着构建的模型正朝着好的方向逐渐逼近。为了得到更好的结果，需要反复执行计算伪残差并构建新决策树这一过程，直到伪残差的变化不再显著大于某个值，或者达到了预先设定的决策树数量上限。使用 scikit-learn 工具箱，实例化类 GradientBoostingClassifier 时，可以通过指定 n_estimators 来控制决策树数量的上限，该参数的默认值为 100。

为了便于演示，现在假设，已经得到了最终的 GBDT，它只有上述三棵决策树构成(一个初始树以及两个后续建立的决策树)。如果有一个年龄 25 岁，喜欢吃爆米花，喜欢绿色的观众，请问他是否喜欢看科幻电影呢？我们将这个特征向量在三棵决策树上执行一遍，得到叶子节点的值，再由学习率作用后加和到一起，于是有 $0.7+(0.8\times1.4)+(0.8\times0.6)=2.3$。注意这是一个 log(odds)，所以需要用 Logistic 函数将其转化为概率，得 0.9。因此，断定该观众喜欢看科幻片。这就是利用已经训练好的 GBDT 进行分类的具体方法。

13.5.3 梯度提升树的原理推导

梯度提升树既可以用于回归，也可以用于分类，而且无论是回归还是分类，所使用的算法流程都是如下所示这样的。唯一不同的是，损失函数的定义会有差别，这一点后面还会详细解释。

GBDT 算法

输入：数据集$\{(\boldsymbol{x}_i, y_i)\}_{i=1}^n$，以及一个可微损失函数$\mathcal{L}(y_i, F(\boldsymbol{x}_i))$

步骤 1：$F_0(\boldsymbol{x})=\underset{\gamma}{\operatorname{argmin}}\sum_{i=1}^n\mathcal{L}(y_i,\gamma)$，即用常量$\underset{\gamma}{\operatorname{argmin}}\sum_{i=1}^n\mathcal{L}(y_i,\gamma)$初始化模型$F_0(\boldsymbol{x})$。

步骤 2：对于 $m=$从 1 到 M：

(1) 对于 $i=1,2,\cdots,n$，计算 $r_{im}=-\left[\dfrac{\partial\mathcal{L}(y_i,F(\boldsymbol{x}_i))}{\partial F(\boldsymbol{x}_i)}\right]_{F(\boldsymbol{x})=F_{m-1}(\boldsymbol{x})}$；

(2) 建立一棵 CART 来拟合 r_{im} 值，并构建叶节点区域 R_{jm}，其中 $j=1,2,\cdots,J_m$；

(3) 对于 $j=1,2,\cdots,J_m$，计算 $\gamma_{jm}=\underset{\gamma}{\operatorname{argmin}}\sum_{x_i\in R_{ij}}\mathcal{L}(y_i,F_{m-1}(\boldsymbol{x}_i)+\gamma)$；

(4) 更新 $F_m(\boldsymbol{x})=F_{m-1}(\boldsymbol{x})+\nu\sum_{j=1}^{J_m}\gamma_{jm}I(\boldsymbol{x}\in R_{jm})$。

步骤 3：输出 $F_M(\boldsymbol{x})$

在进行回归分析时，选择平方误差

$$\frac{1}{2}(\text{观察值}-\text{预测值})^2$$

来作为损失函数(Loss Function)$\mathcal{L}(y_i,F(\boldsymbol{x}_i))$。其中 y_i 是观察值，$F(\boldsymbol{x}_i)$是对应的预测值。注意$\frac{1}{2}(y-F(\boldsymbol{x}))^2$ 是可微的，而且根据求导链式法则有

$$\frac{\mathrm{d}}{\mathrm{d}F(\boldsymbol{x})}\frac{1}{2}(y-F(\boldsymbol{x}))^2=\frac{2}{2}(y-F(\boldsymbol{x}))\cdot(-1)=-(y-F(\boldsymbol{x}))$$

算法开始，用常量

$$\underset{\gamma}{\operatorname{argmin}}\sum_{i=1}^{n}\mathcal{L}(y_i,\gamma)$$

初始化模型 $F_0(\boldsymbol{x})$。这里需要求得一个使得$\mathcal{L}(y_1,\gamma)+\mathcal{L}(y_2,\gamma)+\cdots\mathcal{L}(y_n,\gamma)$最小的 γ。根据微积分的基本知识可以对上述式子求导，然后解出导数为零的点，则有

$$-(y_1-\gamma)-(y_2-\gamma)-\cdots-(y_n-\gamma)=0$$

于是得

$$\gamma=\frac{1}{n}\sum_{i=1}^{n}y_i$$

也就是所有观察值的平均值，这与前面所介绍的算法执行过程是一致的。经此一步之后，便得到了一个最初的模型 $F_0(\boldsymbol{x})$，它的值是所有观察值的平均值，或者说它是一棵只有一个节点的决策树，无论输入的特征向量是什么，它都得出同样的预测值。

接下来进入步骤 2。这里的 m 表示构建第 m 棵决策树，循环直到第 M 轮结束，这里的 M 是提前设定好的构建决策树的上限数量。

在步骤(1)中，已经计算过

$$\frac{\partial\,\mathcal{L}(y_i,F(\boldsymbol{x}_i))}{\partial F(\boldsymbol{x}_i)}$$

这就是对预测值求导，即得$-(y_i-F(\boldsymbol{x}_i))$，前面再加一个负号，得$(y_i-F(\boldsymbol{x}_i))$，这其实就前面各节所介绍的伪残差。另外，$F(\boldsymbol{x})=F_{m-1}(\boldsymbol{x})$表示将上一轮所生成的决策树代入到伪残差计算当中。例如，当 $m=1$ 时，$F_{m-1}(\boldsymbol{x})=F_0(\boldsymbol{x})$，也就是将步骤(1)中计算得到那棵决策树代入。另外，$i=1,2,\cdots,n$，表示需要对每个 i 都计算一个伪残差 r_{im}。

顺带提一句，这里的

$$\frac{\partial\,\mathcal{L}(y_i,F(\boldsymbol{x}_i))}{\partial F(\boldsymbol{x}_i)}$$

就是梯度，这也是梯度提升(Gradient Boosting)这个名字中梯度的由来。注意梯度提升并不是与优化算法中的梯度下降相对而言的，这里的提升(Boosting)是指集成学习中的提升算法，与 AdaBoost 中的“Boost”是一样的意思。

接下来，步骤(2)中，我们构建决策树来对之前得到的伪残差 r_{im} 进行拟合。注意，其中的叶节点区域(Terminal Regions)R_{jm} 指的就是决策树的叶子节点，特别地 m 表示第几棵决策树，而 j 表示该树中的第几个叶子节点。正如前面所演示的那样，某些数据条目会落入同一叶子节点，所以说他们形成了一个区域。

基于已经得到的中的叶节点区域(各叶子节点)，在步骤(3)中，我们对每个叶子节点计算一个输出值。与步骤(1)中的方法类似，要求得使

$$\sum_{x_i\in R_{ij}}\mathcal{L}(y_i,F_{m-1}(\boldsymbol{x}_i)+\gamma)$$

最小化的 γ，就对其求导并令导数等于零，结果发现，这个满足要求的输出值 γ 就是每个叶子节点中所有值的平均数。

在步骤(4)中，为训练集中的每条项目，预测一个输出结果，也就是利用已经得到的模

型预测因变量的值。这个输出的计算方法是上一棵树的预测结果 $F_{m-1}(\boldsymbol{x})$，加上经学习率 ν 缩放过的当前决策树给出的残差预测结果。注意到 $F_m(\boldsymbol{x})=F_{m-1}(\boldsymbol{x})+\nu(\cdot)$ 这个表达式是递归的，也就是当前的模型是在上一个模型基础上得到的，而上一模型又蕴含了上一个模型。执行算法的步骤(2)最多 M 次，得到 $F_M(\boldsymbol{x})$，并在步骤(3)将其作为最终结果返回。

之前用于回归的算法流程几乎可以照搬到分类的情况，只是在计算损失函数 $\mathcal{L}(y_i,F(\boldsymbol{x}_i))$ 时，按照处理 Logistic 回归时的方法，需要计算对数似然 log(likelihood)。在给定预测值情况下，所有观察值的对数似然为

$$\sum_{i=1}^{N}[y_i\times\log(p)+(1-y_i)\times\log(1-p)]$$

注意，在 Logistic 回归中，需要通过最大似然法来计算使得上述对数似然最大化的模型参数，也就是说对数似然越大，就表示模型预测越贴近观察值，或者说预测的越好。从另外一个角度来说，如果想从对数似然的角度出发设计损失函数，就需要设法使得那个与对数似然相关的损失函数越小时代表模型拟合能力越好，因为模型训练的过程是损失函数最小化的过程。这与之前的最大化似然的方向刚好相反。所以最简单的策略就是把 log(likelihood)前面乘以一个 -1，即

$$\mathcal{L}(y_i,F(\boldsymbol{x}_i))=-\sum_{i=1}^{N}[y_i\times\log(p)+(1-y_i)\times\log(1-p)]$$

这样一来，上述损失函数越小，就表示模型对数据的拟合效果越好。针对某一个具体的观察值 y_i 于是有

$$\begin{aligned}-[y_i\times\log(p)+(1-y_i)\times\log(1-p)]&=-y_i\times[\log(p)-\log(1-p)]-\log(1-p)\\&=-y_i\times\log\frac{p}{1-p}-\log(1-p)\end{aligned}$$

其中

$$\log\frac{p}{1-p}$$

就是 log(odds)，于是上式可以写成

$$-y_i\times\log(\text{odds})-\log(1-p)$$

更进一步，将其中的 $\log(1-p)$ 也写成一个关于 log(odds)的函数，于是得

$$\begin{aligned}\log(1-p)&=\log\left(1-\frac{e^{\log(\text{odds})}}{1+e^{\log(\text{odds})}}\right)=\log\left(\frac{1}{1+e^{\log(\text{odds})}}\right)\\&=\log(1)-\log(1+e^{\log(\text{odds})})\end{aligned}$$

舍掉其中的常数项 log(1)，可知 $\log(1-p)$ 是一个关于 $-\log(1+e^{\log(\text{odds})})$ 的函数，因此原对数似然表达式就等价于

$$-y_i\times\log(\text{odds})+\log(1+e^{\log(\text{odds})})$$

以上就是 GDBT 用于分类时所采用的损失函数。对其关于 log(odds)求导数，并运用求导的链式法则，得

$$\begin{aligned}\frac{\mathrm{d}}{\mathrm{d}\log(\text{odds})}[-y_i\times\log(\text{odds})+\log(1+e^{\log(\text{odds})})]&=-y_i+\frac{1}{1+e^{\log(\text{odds})}}\times e^{\log(\text{odds})}\\&=-y_i+\frac{e^{\log(\text{odds})}}{1+e^{\log(\text{odds})}}=-y_i+p\end{aligned}$$

这表明对对数似然关于 log(odds)求导所得的结果可以是一个关于 log(odds)的函数，也可以是一个关于 p 的函数，后面会交替使用这两种表达方式。

算法开始，用常量

$$\underset{\gamma}{\operatorname{argmin}} \sum_{i=1}^{n} \mathcal{L}(y_i, \gamma)$$

初始化模型 $F_0(\boldsymbol{x})$。这里需要求得一个使得$\mathcal{L}(y_1,\gamma)+\mathcal{L}(y_2,\gamma)+\cdots\mathcal{L}(y_n,\gamma)$最小的$\gamma$。根据微积分的基本知识可以对上述式子关于 log(odds)求导，然后解出导数为零的点，则有

$$(-y_1+p)+(-y_2+p)+\cdots+(-y_n+p)=0$$

$$\Rightarrow p=\frac{1}{n}\sum_{i=1}^{n} y_i=\frac{P(y_i=1)}{n}=\frac{P(y_i=1)}{P(y_i=1)+P(y_i=0)}$$

注意这里是对似然函数关于 log(odds)求导，所以使得$\mathcal{L}(y_1,\gamma)+\mathcal{L}(y_2,\gamma)+\cdots+\mathcal{L}(y_n,\gamma)$最小化的$\gamma$是将上述算得的 p 值代入 log(odds)所得的结果。

经此一步之后，得到了一个最初的模型 $F_0(\boldsymbol{x})$。或者说它是一棵只有一个节点的决策树，面对分类任务，无论输入的特征向量是什么，它都得出同样的分类结果。

接下来进入步骤(2)。这里的 m 同样表示构建第 m 棵决策树，循环直到第 M 轮结束，这里的 M 是提前设定好的构建决策树的上限数量。

在步骤(1)中，已经计算过

$$\frac{\partial\, \mathcal{L}(y_i, F(\boldsymbol{x}_i))}{\partial F(\boldsymbol{x}_i)}$$

也就是损失函数对预测值的导数，再加上前面的一个负号，于是有

$$y_i-\frac{\mathrm{e}^{\log(\text{odds})}}{1+\mathrm{e}^{\log(\text{odds})}}=y_i-p$$

所以伪残差就是观察值与预测概率之间的差。另外，$F(\boldsymbol{x})=F_{m-1}(\boldsymbol{x})$表示将上一轮所生成的决策树代入到伪残差计算当中。例如，当 $m-1$ 时，$F_{m-1}(\boldsymbol{x})=F_0(\boldsymbol{x})$，也就是将步骤(1)中计算得到那棵决策树代入。其中，$i=1,2,\cdots,n$，表示需要对每个 i 都计算一个伪残差 r_{im}。这与回归中的情况一致，此处不再赘述。

接下来，步骤(2)中，构建决策树来对之前得到的伪残差 r_{im} 进行拟合。注意，其中的叶节点区域 R_{jm} 指的就是决策树的某个叶子节点，m 表示第几棵决策树，而 j 表示该树中的第几个叶子节点。

基于已经得到的各叶子节点区域，在步骤(3)中，对每个叶子节点计算一个输出值。该输出值要求是使得

$$\sum_{x_i \in R_{ij}} \mathcal{L}(y_i, F_{m-1}(x_i)+\gamma)$$

最小化的γ。注意，$\mathcal{L}(y_i,F_{m-1}(\boldsymbol{x}_i)+\gamma)$仍然是一个损失函数，因此可以把它替换成我们所定义之损失函数的形式：

$$-y_i\times[F_{m-1}(x_i)+\gamma]+\log(1+\mathrm{e}^{F_{m-1}(x_i)+\gamma})$$

注意，此处直接对γ进行求导是非常复杂的，所以需要采取一种与回归分析时不同的处理方式。具体做法是用二阶泰勒展开对上式做近似，即

$$\mathcal{L}(y_i,F_{m-1}(\boldsymbol{x}_i)+\gamma)\approx\mathcal{L}(y_i,F_{m-1}(\boldsymbol{x}_i))+\frac{\mathrm{d}}{\mathrm{d}F(\cdot)}(y_i,F_{m-1}(\boldsymbol{x}_i))\gamma+$$

$$\frac{1}{2}\frac{\mathrm{d}^2}{\mathrm{d}F(\cdot)^2}(y_i,F_{m-1}(\boldsymbol{x}_i))\gamma^2$$

现在对 γ 求导，并令其等于零，则：

$$\frac{\mathrm{d}}{\mathrm{d}\gamma}\mathcal{L}(y_i,F_{m-1}(\boldsymbol{x}_i)+\gamma)\approx\frac{\mathrm{d}}{\mathrm{d}F(\cdot)}(y_i,F_{m-1}(\boldsymbol{x}_i))+\frac{\mathrm{d}^2}{\mathrm{d}F(\cdot)^2}(y_i,F_{m-1}(\boldsymbol{x}_i))\gamma=0$$

$$\frac{\mathrm{d}^2}{\mathrm{d}F(\cdot)^2}(y_i,F_{m-1}(\boldsymbol{x}_i))\gamma=-\frac{\mathrm{d}}{\mathrm{d}F(\cdot)}(y_i,F_{m-1}(\boldsymbol{x}_i))$$

$$\gamma=\frac{-\frac{\mathrm{d}}{\mathrm{d}F(\cdot)}(y_i,F_{m-1}(\boldsymbol{x}_i))}{\frac{\mathrm{d}^2}{\mathrm{d}F(\cdot)^2}(y_i,F_{m-1}(\boldsymbol{x}_i))}=\frac{y_i-p}{\frac{\mathrm{d}^2}{\mathrm{d}F(\cdot)^2}(y_i,F_{m-1}(\boldsymbol{x}_i))}$$

其中，

$$\begin{aligned}
\frac{\mathrm{d}^2}{\mathrm{d}F(\cdot)^2}(y_i,F_{m-1}(\boldsymbol{x}_i)) &= \frac{\mathrm{d}^2}{\mathrm{dlog(odds)}^2}[-y_i\times\log(\mathrm{odds})+\log(1+\mathrm{e}^{\log(\mathrm{odds})})] \\
&= \frac{\mathrm{d}}{\mathrm{dlog(odds)}}\left[-y_i+\frac{\mathrm{e}^{\log(\mathrm{odds})}}{1+\mathrm{e}^{\log(\mathrm{odds})}}\right] \\
&= \frac{\mathrm{d}}{\mathrm{dlog(odds)}}[-y_i+(1+\mathrm{e}^{\log(\mathrm{odds})})^{-1}\times\mathrm{e}^{\log(\mathrm{odds})}] \\
&= -(1+\mathrm{e}^{\log(\mathrm{odds})})^{-2}e^{\log(\mathrm{odds})}\times\mathrm{e}^{\log(odds)}+(1+\mathrm{e}^{\log(\mathrm{odds})})^{-1}\times\mathrm{e}^{\log(\mathrm{odds})} \\
&= \frac{-\mathrm{e}^{2\log(\mathrm{odds})}}{(1+\mathrm{e}^{\log(\mathrm{odds})})^2}+\frac{\mathrm{e}^{\log(\mathrm{odds})}}{1+\mathrm{e}^{\log(\mathrm{odds})}}=\frac{\mathrm{e}^{\log(\mathrm{odds})}}{(1+\mathrm{e}^{\log(\mathrm{odds})})(1+\mathrm{e}^{\log(\mathrm{odds})})} \\
&= \frac{\mathrm{e}^{\log(\mathrm{odds})}}{(1+\mathrm{e}^{\log(\mathrm{odds})})}\times\frac{1}{(1+\mathrm{e}^{\log(\mathrm{odds})})}=p\times(1-p)
\end{aligned}$$

因此，

$$\gamma=\frac{\mathrm{Residual}}{p\times(1-p)}$$

并且有

$$\sum_{x_i\in R_{ij}}\mathcal{L}(y_i,F_{m-1}(\boldsymbol{x}_i)+\gamma)=\sum_{x_i\in R_{ij}}\frac{\mathrm{Residual}_{x_i}}{p_{x_i}\times(1-p_{x_i})}$$

于是最终为决策树中的每个叶子节点得到了这个满足要求的输出值 γ。

步骤(4)与回归中的情况类似，这里不再赘述。执行算法的步骤(2)一共 M 次，得到 $F_M(x)$，并在步骤(3)将其作为最终结果返回。

第14章 聚类分析

聚类(Clustering)是将相似对象归到同一个簇中的方法,这有点像全自动分类。簇内的对象越相似,聚类的效果越好。本章后面所讨论的分类问题都是有监督的学习方式(例如支持向量机、神经网络等),本章所介绍的聚类则是无监督的。

与本章内容相关的数学概念包括:闵科夫斯基距离、欧几里得距离、曼哈顿距离、函数与凸优化、詹森不等式、正定矩阵与半正定矩阵、高斯分布、余弦距离、凸特征值与特征向量、拉普拉斯矩阵。

14.1 聚类的概念

聚类分析试图将相似对象归入同一簇,将不相似对象归到不同簇。相似这一概念取决于所选择的相似度计算方法。后面还会介绍一些常见的相似度计算方法。这里需要说明的是,到底使用哪种相似度计算方法取决于具体应用。聚类分析的依据仅仅是那些在数据中发现的描述特征及其关系,而聚类的最终目标是,组内的对象相互之间是相似的(或相关的),而不同组中的对象是不同的(或不相关的)。也就是说,组内的相似性越大,组间差别越大,聚类就越好。

在许多应用中,簇的概念都没有很好地加以定义。为了理解确定簇构造的困难性,考虑如图14-1所示的数据集。如果选择Petal、Length和Petal、Width这两个特征,由于已经知道这个数据集中包含三种不同的鸢尾花,于是最好的聚类结果就应该如图14-1中的左图所示。但实际中面对一个陌生的数据集,未必能预知其中准确的类别数量。这时,聚类的结果也可能是图14-1中右图所示的那样。显然,无论是左图还是右图,左下方的数据集都能够很明显地与右上方的数据集区别开。但是右上方的数据集在左图中又被分成了两个簇。而在右图中则被看成是一个簇,从视觉角度来说,这可能也不无道理。该图表明簇的定义是不精确的,而最好的定义依赖于数据的特性和期望的结果。

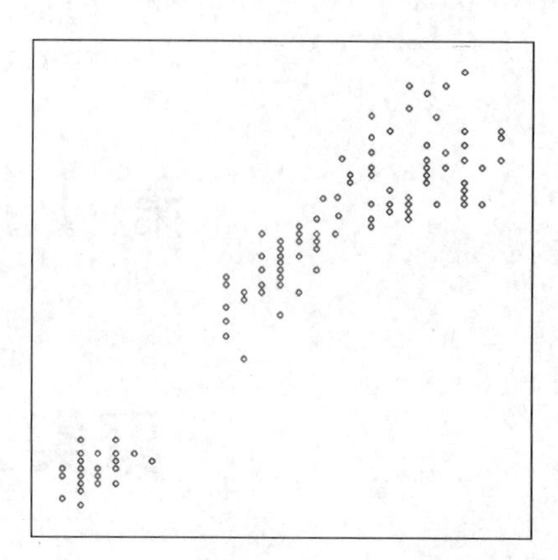

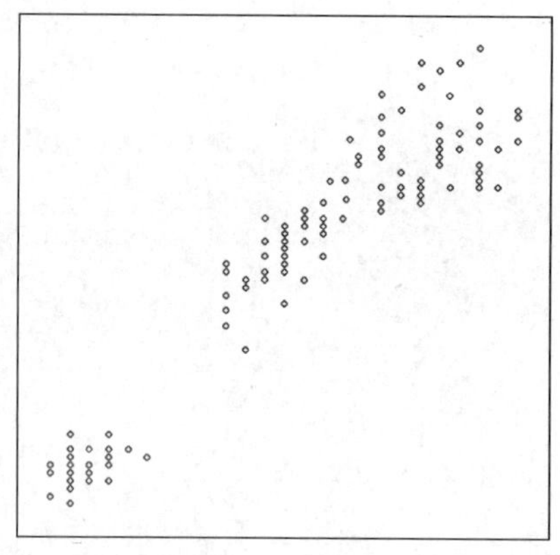

图 14-1　相同点集的不同聚类方法

聚类分析与其他将数据对象分组的技术相关。聚类也可以看成是一种分类，它用分类(或称簇)标号标记所创建对象。但正如定义所述，我们只能从数据入手设法导出这些标号。相比之下，本书后面章节中所讨论的分类是监督分类(Supervised Classification)，即使用类标号原本就已知的对象建立的模型，对新的、无标记的对象进行分类标记。因此，有时称聚类分析为非监督分类(Unsupervised Classification)。在数据挖掘中，术语"分类(Classification)"在不加任何说明时，通常指监督分类。总而言之，聚类与分类的最大不同在于，分类的目标事先已知，而聚类则不一样。因为其产生的结果与分类相同，而只是类别没有预先定义，聚类有时也被称为无监督分类。

术语分割(Segmentation)和划分(Partitioning)有时也被用作聚类的同义词，但是这些术语通常是针对某些特殊应用而言的，或者说是用来表示传统聚类分析之外的方法。术语分割在数字图像处理和计算机视觉领域中被用来指代对图像不同区域的分类(例如前景和背景的分割，或者高亮部分和灰暗部分的分割等)，例如典型的大津算法等。但我们知道，图像分割中的很多技术都源自机器学习中的聚类分析。

不同类型的聚类之间最常被讨论的差别是：簇的集合是嵌套的，还是非嵌套的；或者用更标准的术语来说，聚类可以分成层次聚类和划分聚类两种。其中，划分聚类(Partitional Clustering)简单地将数据集划分成不重叠的子集(也就是簇)，使得每个数据对象恰在一个子集中。与之相对应，如果允许子集中还嵌套有子子集，则得到一个层次聚类(Hierarchical Clustering)。层次聚类的形式很像一棵树的结构。除叶节点以外，树中每一个节点(簇)都是其子女(子簇)的并集，而根是包含所有对象的簇。通常情况下(但也并非绝对的)，树叶是单个数据对象的单元素簇。本书不讨论层次聚类的情况。

14.2　k 均值算法

k 均值(k-means)聚类算法是一种最老的、最广泛使用的聚类算法。该算法之所以称为 k 均值，是因为它可以发现 k 个不同的簇，且每个簇的中心均由簇中所含数据点的均值计算而得到。

14.2.1 距离度量

在机器学习的研究中，难免会和距离(有时候称为范数)这个概念打交道。通常用于定义距离(或相似度)的方法也有很多。这里介绍其中最主要的3种方法。

1. 闵可夫斯基距离

通常 n 维向量空间 R_n，其中任意两个元素 $\boldsymbol{x}=[\xi_i]_{i=1}^n$ 和 $\boldsymbol{y}=[\eta_i]_{i=1}^n$ 的距离定义为

$$d_2(\boldsymbol{x},\boldsymbol{y})=\left[\sum_{i=1}^{n}|\xi_i-\eta_i|^2\right]^{\frac{1}{2}}$$

上式所定义的就是最常用到的欧几里得距离。同样，在 R_n 中还可以引入所谓的曼哈顿距离

$$d_1(\boldsymbol{x},\boldsymbol{y})=\sum_{i=1}^{n}|\xi_i-\eta_i|$$

而对于更泛化的情况，便可推广出下面的闵可夫斯基距离

$$d_p(\boldsymbol{x},\boldsymbol{y})=\left[\sum_{i=1}^{n}|\xi_i-\eta_i|^p\right]^{\frac{1}{p}},\quad p>1$$

2. 余弦距离

对于两个 n 维样本点 $\boldsymbol{x}(\xi_1,\xi_2,\cdots,\xi_n)$ 和 $\boldsymbol{y}(\eta_1,\eta_2,\cdots,\eta_n)$，可以使用类似于夹角余弦的概念衡量它们之间的距离(相似程度)

$$\cos\theta=\frac{\boldsymbol{x}\cdot\boldsymbol{y}}{|\boldsymbol{x}||\boldsymbol{y}|}$$

即

$$\cos\theta=\frac{\sum_{i=1}^{n}\xi_i\eta_i}{\sqrt{\sum_{i=1}^{n}\xi_i^2}\sqrt{\sum_{i=1}^{n}\eta_i^2}}$$

夹角余弦取值范围为[-1,1]。夹角余弦越大表示两个向量的夹角越小，夹角余弦越小表示两向量的夹角越大。当两个向量的方向重合时夹角余弦取最大值1，当两个向量的方向完全相反时夹角余弦取最小值-1。

3. 杰卡德相似系数

杰卡德相似系数(Jaccard Similarity Coefficient)是衡量两个集合的相似度一种指标。两个集合 A 和 B 的交集元素在 A 和 B 的并集中所占的比例，称为两个集合的杰卡德相似系数

$$J(A,B)=\frac{|A\cap B|}{|A\cup B|}$$

与杰卡德相似系数相反的概念是杰卡德距离。杰卡德距离可用如下公式表示

$$J_\delta(A,B)=1-J(A,B)=\frac{|A\cup B|-|A\cap B|}{|A\cup B|}$$

杰卡德距离用两个集合中不同元素占所有元素的比例衡量两个集合的区分度。

杰卡德相似系数(或距离)的定义与前面讨论的两个相似度度量的方法看起来很不一样,它面向的不再是两个 n 维向量,而是两个集合。本书中的例子不太会用到这种定义,但读者不禁要问:这种相似性定义在实际中有何应用?对此,我们稍作补充。杰卡德相似系数的一个典型应用就是分析社交网络中的节点关系。例如,现在有两个微博用户 A 和 B,$\Gamma(A)$和 $\Gamma(B)$分别表示 A 和 B 的好友集合。系统在为 A 或 B 推荐可能认识的人时,就会考虑 A 和 B 之间彼此认识的可能性有多少(假设两者的微博并未互相关注)。此时,系统就可以根据杰卡德相似系数来定义两者彼此认识的可能性为

$$J(A,B)=\frac{|\Gamma(A)\cap\Gamma(B)|}{|\Gamma(A)\cup\Gamma(B)|}$$

当然,这仅仅是现实社交网络系统中进行关系分析的一个维度,但它的确反映了杰卡德相似系数在实际中的一个典型应用。

14.2.2 算法描述

在 k 均值算法中,质心是定义聚类原型(也就是机器学习获得的结果)的核心。在介绍算法实施的具体过程中,我们将演示质心的计算方法。而且你将看到除了第一次的质心是被指定的以外,此后的质心都是经由计算均值而获得的。

首先,选择 K 个初始质心(这 K 个质心并不要求来自于样本数据集),其中 K 是用户指定的参数,也就是所期望的簇的个数。每个数据点都被收归到距其最近之质心的分类中,而同一个质心所收归的点集为一个簇。然后,根据本次分类的结果,更新每个簇的质心。重复上述数据点分类与质心变更步骤,直到簇内数据点不再改变,或者等价地说,直到质心不再改变。

基本的 k 均值算法描述如下:

(1) 选择 K 个数据点作为初始质心。

(2) 重复以下步骤,直到质心不再发生变化。

① 将每个点收归到距其最近的质心,形成 K 个簇。

② 重新计算每个簇的质心。

图 14-2 通过一个例子演示了 k 均值算法的具体操作过程。假设数据集如表 14-1 所示。开始时,算法指定了两个质心 $A(15,5)$和 $B(5,15)$,并由此出发,如图 14-2(a)所示。

表 14-1 初始数据集

x	15	12	14	13	12	16	4	5	5	7	7	6
y	17	18	15	16	15	12	6	8	3	4	2	5

根据数据点到质心 A 和 B 的距离对数据集中的点进行分类,此处使用的是欧几里得距离,如图 14-2(b)所示。然后,算法根据新的分类来计算新的质心(也就是均值),得到结果 $A(8.2,5.2)$和 $B(10.7,13.6)$,如表 14-2 所示。

表 14-2　计算新质心

	分类 1							均值
x	15	12	14	13	12	4	5	10.7
y	17	18	15	16	15	6	8	13.6
	分类 2							均值
x	16	5	7	7	6			8.2
y	12	3	4	2	5			5.2

根据数据点到新质心的距离，再次对数据集中的数据进行分类，如图 14-2(c)所示。然后，算法根据新的分类来计算新的质心，并再次根据数据点到新质心的距离，对数据集中的数据进行分类。结果发现簇内数据点不再改变，所以算法执行结束，最终的聚类结果如图 14-2(d)所示。

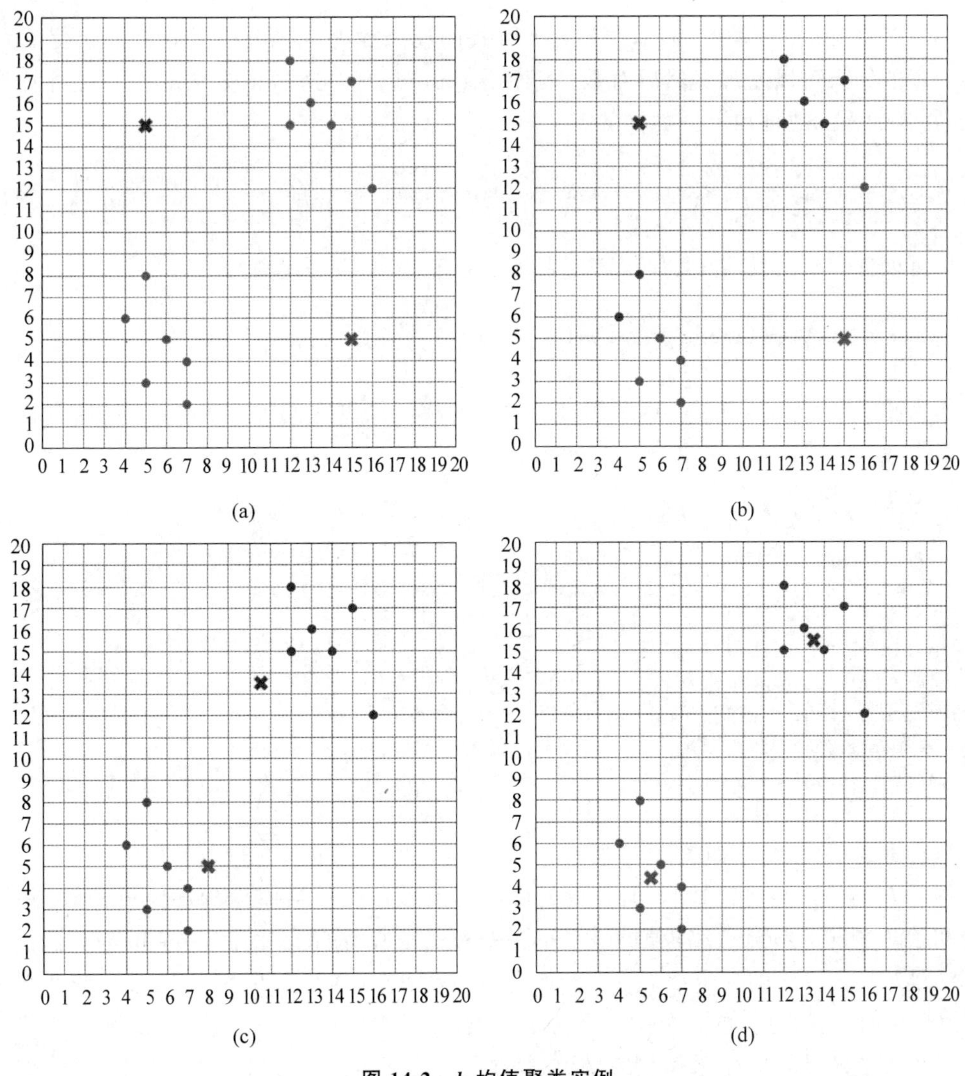

图 14-2　k 均值聚类实例

对于距离函数和质心类型的某些组合，算法总是收敛到一个解，即 k 均值到达一种状态，聚类结果和质心都不再改变。但为了避免过度迭代所导致的时间消耗，实践中，也常用一个较弱的条件替换掉“质心不再发生变化”这个条件。例如，使用“直到仅有 1%的点改变簇”。

在 scikit-learn 中应用 k 均值算法进行聚类相当简单。下面将其应用于表 14-1 中给出的示例数据。首先引入各种必要的包，并录入数据点。

```
from sklearn.cluster import KMeans
import numpy as np
import matplotlib.pyplot as plt

X = np.array([[15, 17], [12,18], [14,15], [13,16], [12,15], [16,12],
              [4,6], [5,8], [5,3], [7,4], [7,2], [6,5]])
```

接下来将 kmeans 类实例化，并设置要寻找的簇个数为 2，再把 random seed 设置为 0，以便后续的结果可以复现。然后对数据调用 fit_predict()方法，该方法的作用是计算聚类中心，并为输入的数据加上分类标签。

```
y_pred = KMeans(n_clusters = 2, random_state = 0).fit_predict(X)
```

也可以使用 fit()方法，其仅仅产生聚类中心(其实也就是建模)。

```
kmeans = KMeans(n_clusters = 2, random_state = 0).fit(X)
```

作为测试，引入两个新的点，利用已经建立的模型预测它们的分类情况，最后可视化地展示聚类效果。

```
new_data = np.array([[3,3],[15,15]])
color = ("red", "green")
colors2 = np.array(color)[kmeans.predict([[3,3],[15,15]])]

plt.figure(figsize = (5, 5))
colors = np.array(color)[y_pred]
plt.scatter(X[:, 0], X[:, 1], c = colors)
plt.scatter(new_data[:, 0], new_data[:, 1], c = colors2, marker = 'x')
plt.show()
```

执行上述代码，结果如图 14-3 所示。

尽管 k 均值聚类比较简单，但它也的确相当有效。它的某些变种甚至更有效，并且不太受初始化情况的影响。k 均值的一个重要变种就是所谓的 k 中值(k-median)算法。k 中值算法是 k 均值算法的一个重要补充和改进，两者大体在执行上基本一致，唯一的区别在于 k 中值聚类时，每次选择的聚类中心不再是均值，而是中位数。

平均数是统计学中用来衡量总体水平的一个统计量。但显然它并不“完美”。举个例子，现在房间里有 6 个人，他们的财富不尽相同，但又相差无几，这时假设他们的平均身价是

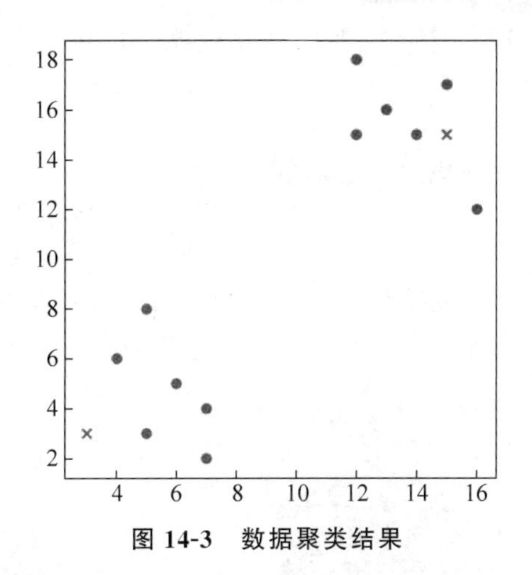

图 14-3 数据聚类结果

100 万元。这个平均数基本上是有意义的，因为在假设前提下，已知他们 6 个人的财富或多或少都在 100 万元上下。

现在一个身家百亿的富翁突然来了，房间里变成 7 个人了。同样的问题，房间里所有的人平均身价可能已经突破 10 亿，但是这个平均数就没有意义。因为，现在房间里没有人的身价在 10 亿上下。这时就引出了中位数的概念！把一组数从小到大排列，取中间位置的那个数来作为衡量该组总体水平的一个统计量。如果取包含那个身价百亿的富翁在内的 7 个人的财富的中位数，应该还是 100 万左右，那么它显然是有意义的，它至少代表了这个总体中绝大多数人的情况。

显然，当数据点分布比较均匀的时候，平均值是有意义的。一旦数据中存在异常值时，平均数就有可能失灵，这时就要用中位数来排除掉异常值的影响。尽管如此，平均数仍然有存在的价值，只是某些时候需要对其进行修正。例如，体育比赛时的打分机制，通常是去掉一个最高分，去掉一个最低分，然后取平均值。显然在体育比赛打分中，用中位数就不合适。所以说平均数和中位数这对概念相互补充，各有千秋。

总的来看，k 均值的主要缺点在于它并不适合所有的数据类型。它不能处理非球形簇、不同尺寸和不同密度的簇，尽管指定足够大的簇个数时它通常可以发现纯子簇。对包含离群点的数据进行聚类时，k 均值也有问题。在这种情况下，对离群点检测和删除大有帮助。k 均值的另一个问题是，它对初值的选择是敏感的，这说明不同初值的选择所导致的迭代次数可能相差很大。此外，k 值的选择也是一个问题。显然，算法本身并不能自适应地判定数据集应该被划分成几个簇。而且，正如前面所讨论的，k 均值聚类仅限于具有质心（均值）概念的数据，如果使用 k 中值算法进行聚类，则没有这种限制。

最后，距离度量方法的选择也可能会成为现实应用中一个必须纳入考虑的问题。组内元素的相似性越大，组间差别越大，聚类效果就越好。当要讨论两个对象之间的相似度时，同时也是在隐含地讨论它们之间的距离。显然，相似度和距离是一对共生的概念。对象之间的距离越小，它们的相似度就越高，反之亦然。通常用于定义距离（或相似度）的方法也有很多（本节中给出的示例使用的是欧氏距离）。那么不同距离度量方法的选择也可能是一个需要审慎考虑的方面，一方面对于某些具体的情形，不同距离的度量方法可能导致完全不同的聚类结果；另一方面，在某些特殊的应用场景中，如何设计相似性的度量准则本身就是一个不太容易解决的问题。例如,如何度量两张人脸图像是否“相近”,或者不同时段拍摄的照片是否是同一人的头像,这些问题都会给 k 均值算法的应用带来障碍。

14.2.3 应用实例——图像的色彩量化

机器学习在很多领域都已经取得了引人注目的成果。本节将用色彩量化(Color Quantization)为例来演示 k 均值聚类算法在图像处理领域中的应用。如图 14-4 所示是一张颐和园的照片,它的色彩是非常丰富的,经统计其中共有 96 615 种不同的色彩。

图 14-4 彩图

图 14-4 图像色彩量化的对比效果

现在希望用更少的色彩(例如 64 种颜色)来展示这张图片(从而实现类似图像压缩的目的)。这时不难想到 k 均值算法可以帮助我们将原来的 96 615 种色彩聚合成 64 个类,然后便可将新的 64 个色彩中心作为新图像中所使用的色彩。这其实是类似实现了调色板的功能,如果读者对图像格式有一定了解,可知很多图像格式中都有调色板的存在。

下面就来实践这个基于 k 均值聚类图像色彩量化算法。注意在执行下面的代码之前,需要预先安装 Pillow 包以使得图像显示部分可以执行,否则程序可能会报错。同样,首先引入必须要的包。

```
print(__doc__)
import numpy as np
import matplotlib.pyplot as plt
from sklearn.cluster import KMeans
from sklearn.metrics import pairwise_distances_argmin
from sklearn.datasets import load_sample_image
from sklearn.utils import shuffle
```

接下来,定义聚类的数目为 64,然后载入一张待处理的图像。把图像转换到[0,1]区间,并转换成向量。

```
n_colors = 64
china = load_sample_image("china.jpg")
china = np.array(china, dtype = np.float64) / 255

w, h, d = original_shape = tuple(china.shape)
assert d == 3
image_array = np.reshape(china, (w * h, d))
```

然后就可以通过实例化 kmeans 类的方法来进行聚类操作，并在构造函数中定义聚类的数目为 64。此外，为了加速聚类过程，并不需要让原来的 96 615 种色彩都参与计算，方法是随机从中选取部分(例如 1000 种)颜色来进行计算。注意这里的每个点都是一个类似[0.25，0.10，0.68]的三元组，表示一个像素的三种色彩分量。注意要把待处理的图像的像素数据转换到[0,1]区间，以向量保存。

```
print("Fitting model on a small sub - sample of the data")

# shuffle 表示随机排列，[:1000]表示排序后去头 1000 个像素，所以就相当于随机取了 1000 个点
image_array_sample = shuffle(image_array, random_state = 0)[:1000]
kmeans = KMeans(n_clusters = n_colors, random_state = 0).fit(image_array_sample)

# Get labels for all points
print("Predicting color indices on the full image (k - means)")
labels = kmeans.predict(image_array)
```

下面给出的是用于重建图像的函数。

```
def recreate_image(codebook, labels, w, h):
    """Recreate the (compressed) image from the code book & labels"""
    d = codebook.shape[1]
    image = np.zeros((w, h, d))
    label_idx = 0
    for i in range(w):
        for j in range(h):
            image[i][j] = codebook[labels[label_idx]]
            label_idx += 1
    return image
```

最后显示一下用 64 种色彩重建后的图像效果，执行下面的代码将会得到如图 14-4 中所示的结果。

```
ax = plt.axes([0, 0, 1, 1])
plt.axis('off')
plt.title('Quantized image (64 colors, K - Means)')
plt.imshow(recreate_image(kmeans.cluster_centers_, labels, w, h))
plt.show()
```

可见，尽管大量减少了色彩的使用量，图像在整体上仍然基本保持了原貌，而且细节损失有限。

14.3 最大期望算法

k 均值算法非常简单，相信读者都可以轻松地理解它。但下面将要介绍的 EM 算法就要困难许多了，它的概念与统计中的极大似然估计密切相关。

14.3.1 算法原理

不妨从一个例子开始讨论，假设有100个人的身高数据，而且这100条数据是随机抽取的。一个常识性的看法是，男性身高遵循一定的分布规律(例如正态分布)，女性身高也遵循一定的分布规律，但这两个分布的参数不同。我们现在不仅不知道男女身高分布的参数，甚至不知道这100条数据哪些是来自男性，哪些是来自女性。这正符合聚类问题的假设，除了数据本身以外，并不知道其他任何信息。而我们的目的正是推断每个数据应该属于哪个分类。所以对于每个样本，都有两个需要被估计的项：一个就是它到底是来自男性身高的分布，还是来自女性身高的分布；另一个就是，男女身高分布的参数各是多少。

既然要估计A和B两组参数，在开始状态下两者都是未知的，但如果知道了A的信息就可以得到B的信息，反过来知道了B也就得到了A。所以可能想到的一种方法就是考虑首先赋予A某种初值，以此得到B的估计，然后从B的当前值出发，重新估计A的取值，这个过程一直持续到收敛为止。你是否隐约想到了什么？是的，这恰恰是k均值算法的本质，所以说k均值算法中其实蕴涵了EM算法的本质。

EM算法，又称期望最大化(Expectation Maximization)算法。在男女身高的问题中，可以先随便猜一下男生身高的正态分布参数：比如可以假设男生身高的均值是1.7m，方差是0.1m。当然，这仅仅是我们的一个猜测，最开始肯定不会太准确。但基于这个猜测，便可计算出每个人更可能属于男性分布还是属于女性分布。例如，有个人的身高是1.75米，显然它更可能属于男性身高这个分布。据此，我们为每条数据都划定了一个归属。接下来就可以根据最大似然法，通过这些被大概认为是男性的若干条数据来重新估计男性身高正态分布的参数，对女性的分布以同样方法重新估计。然后，当更新了这两个分布的时候，每一个属于这两个分布的概率又发生了改变，那么就再需要调整参数。如此迭代，直到参数基本不再发生变化为止。

在正式介绍EM算法的原理和执行过程之前，此处首先对边缘分布的概念稍作补充。

随机向量(X,Y)的累计分布函数$F(x,y)$可以完全决定其分量的概率特征。因此，由$F(x,y)$应该能够得出(X,Y)的分量X的分布函数$F_X(x)$，以及分量Y的分布函数$F_Y(y)$。相对于联合分布$F(x,y)$，分量的分布$F_X(x)$和$F_Y(y)$就称为边缘分布函数。由此可得

$$F_X(x)=P\{X\leqslant x\}=P\{X\leqslant x,Y\leqslant+\infty\}=F(x,+\infty)$$

$$F_Y(y)=P\{Y\leqslant y\}=P\{X\leqslant+\infty,Y\leqslant y\}=F(+\infty,y)$$

若(X,Y)是二维离散随机变量，则

$$\begin{aligned}P\{X=x_i\}&=P\left\{X=x_i;\sum_j(Y=y_j)\right\}=P\left\{\sum_j(X=x_i;Y=y_j)\right\}\\&=\sum_j P(X=x_i;Y=y_j)=\sum_j p_{ij}\end{aligned}$$

若记$p_{i\cdot}=P\{X=x_i\}$，则

$$p_{i\cdot}=\sum_j p_{ij}$$

同理，$p_{\cdot j}=P\{Y=y_i\}$，若记，则

$$p_{\cdot j}=\sum_i p_{ij}$$

若(X,Y)是二维连续随机变量，并设概率密度函数为$p(x,y)$，则

$$F_X(x)=\int_{-\infty}^{x}\left\{\int_{-\infty}^{+\infty}p(x,y)\mathrm{d}y\right\}\mathrm{d}x$$

X 的边缘密度函数为

$$p_X(x)=\int_{-\infty}^{+\infty}p(x,y)\mathrm{d}y$$

同理，可得

$$p_Y(y)=\int_{-\infty}^{+\infty}p(x,y)\mathrm{d}x$$

基于上述介绍，现在终于可正式开始EM算法的讲解了。

给定训练样本集合$\{x_1,x_2,\cdots,x_n\}$，样本间相互独立，但每个样本对应的类别 z_i 未知(也就是隐含变量)。我们的终极目标是确定每个样本所属的类别 z_i，使得 $p(x_i;z_i)$取得最大。由此可以写出似然函数为

$$\mathcal{L}(\theta)=\prod_{i=1}^{n}p(x_i;\theta)$$

然后对两边同时取对数，得

$$\ell(\theta)=\log\mathcal{L}(\theta)=\sum_{i=1}^{n}\log p(x_i;\theta)=\sum_{i=1}^{n}\log\sum_{z_i}p(x_i,z_i;\theta)$$

注意，上述等式的最后一步其实利用了边缘分布的概率质量函数公式做了一个转换，从而将隐含变量 z_i 显示了出来。它的意思是说 $p(x_i)$的边缘概率质量就是联合分布$p(x_i,z_i)$中的 z_i 取遍所有可能取值后，联合分布的概率质量之和。在EM算法中，z_i 是标准类别归属的变量。例如，在身高的例子中，它有两个可能的取值，即要么是男性要么是女性。

EM算法是一种解决存在隐含变量优化问题的有效方法。直接最大化 $\ell(\theta)$存在一定困难，于是想到不断地建立 $\ell(\theta)$的下界，然后优化这个下界实现最终目标。目前这样的解释仍然显得很抽象，下面逐步讲述。

对于每一个样本 x_i，让 Q_i 表示该样例隐含变量 z_i 的某种分布，Q_i 满足的条件是(对于离散分布，Q_i 就是通过给出概率质量函数来表征某种分布的)

$$\sum_{z_i}Q_i(z_i)=1,\quad Q_i(z_i)\geqslant 0$$

如果 z_i 是连续的(例如正态分布)，那么 Q_i 是概率密度函数，需要将求和符号换做积分符号。

可以由前面阐述的内容得到下面的公式：

$$\begin{aligned}\sum_{i=1}^{n}\log p(x_i;\theta)&=\sum_{i=1}^{n}\log\sum_{z_i}p(x_i,z_i;\theta)\\&=\sum_{i=1}^{n}\log\sum_{z_i}Q_i(z_i)\frac{p(x_i,z_i;\theta)}{Q_i(z_i)}\\&\geqslant\sum_{i=1}^{n}\sum_{z_i}Q_i(z_i)\log\frac{p(x_i,z_i;\theta)}{Q_i(z_i)}\end{aligned}$$

这是EM算法推导中至关重要的一步，它巧妙地利用了詹森不等式。

考虑到对数函数是一个凹函数，所以需要把关于凸函数的结论颠倒一个方向。尽管形式复杂，但是还应该注意到下面这个公式：

$$\sum_{z_i} Q_i(z_i) \frac{p(x_i, z_i; \theta)}{Q_i(z_i)}$$

其实就是

$$\frac{p(x_i, z_i; \theta)}{Q_i(z_i)}$$

的数学期望。所以可以运用詹森不等式来进行变量代换，即

$$f(E[X]) = \log \sum_{z_i} Q_i(z_i) \frac{p(x_i, z_i; \theta)}{Q_i(z_i)} \geqslant E[f(X)] = \sum_{z_i} Q_i(z_i) \log \frac{p(x_i, z_i; \theta)}{Q_i(z_i)}$$

这也就解释了上述推导的原理。

上述不等式给出了 $\ell(\theta)$ 的下界。假设 θ 已经给定，那么 $\ell(\theta)$ 的值就决定于 $Q_i(z_i)$ 和 $p(x_i, z_i)$。可以通过调整这两个概率使下界不断上升，以逼近 $\ell(\theta)$ 的真实值，那么什么时候算是调整好了呢？当不等式变成等式时，就说明调整后的概率能够等价于 $\ell(\theta)$ 了。按照这个思路，算法应该要找到等式成立的条件。根据詹森不等式，要想让等式成立，需要让随机变量变成常数值。就现在讨论的问题而言，也就是

$$\frac{p(x_i, z_i; \theta)}{Q_i(z_i)} = C$$

其中 C 为常数，不依赖于 z_i。所以当 z_i 取不同的值时，会得到很多个上述形式的等式（只是其中的 z_i 不同），然后将多个等式的分子分母相加，结果仍然成比例

$$\frac{\sum_{z_i} p(x_i, z_i; \theta)}{\sum_{z_i} Q_i(z_i)} = C$$

又因为

$$\sum_{z_i} Q_i(z_i) = 1$$

所以，可知

$$\sum_{z_i} p(x_i, z_i; \theta) = C$$

进而根据条件概率的公式，有

$$\begin{aligned} Q_i(z_i) &= \frac{p(x_i, z_i; \theta)}{C} = \frac{p(x_i, z_i; \theta)}{\sum_{z_i} p(x_i, z_i; \theta)} \\ &= \frac{p(x_i, z_i; \theta)}{p(x_i; \theta)} \\ &= p(z_i \mid x_i; \theta) \end{aligned}$$

到目前为止，我们得到了在给定 θ 的情况下，$Q_i(z_i)$ 的计算公式，从而解决了 $Q_i(z_i)$ 如何选择的问题。这一步还建立了 $\ell(\theta)$ 的下界。下面就需要进行最大化，也就是在给定 $Q_i(z_i)$ 之后，调整 θ，从而极大化 $\ell(\theta)$ 的下界。那么一般的 EM 算法步骤便可如下执行：

(1) 给定初始值 θ,循环重复下列步骤,直到收敛:

(2) (E 步)记对于每个 x_i,计算 $Q_i(z_i)=p(z_i|x_i;\theta)$

(3) (M 步)计算

$$\theta:=\underset{\theta}{\operatorname{argmax}}\sum_{i=1}^{n}\sum_{z_i}Q_i(z_i)\log\frac{p(x_i,z_i;\theta)}{Q_i(z_i)}$$

14.3.2 收敛探讨

如何确定算法有否收敛呢?假设 $\theta^{(t)}$ 和 $\theta^{(t+1)}$ 是算法第 t 和 $t+1$ 次迭代的结果。如果有证据表明 $\ell[\theta^{(t)}]\leqslant\ell[\theta^{(t+1)}]$,就表明似然函数单调递增,那么算法最终总会取得极大值。选定 $\theta^{(t)}$ 之后,通过 E 步计算可得

$$Q_i^{(t)}(z_i)=p[z_i\mid x_i;\theta^{(t)}]$$

这一步保证了在给定 $\theta^{(t)}$ 时,詹森不等式中的等号成立,也就是

$$\ell[\theta^{(t)}]=\sum_{i=1}^{n}\sum_{z_i}Q_i^{(t)}(z_i)\log\frac{p[x_i,z_i;\theta^{(t)}]}{Q_i^{(t)}(z_i)}$$

然后进入 M 步,固定 $Q_i^{(t)}(z_i)$,并将 $\theta^{(t)}$ 看作是变量,对上面的 $\ell[\theta^{(t)}]$ 求导后,得到 $\theta^{(t+1)}$。同时会有下面的关系成立:

$$\begin{aligned}\ell[\theta^{(t+1)}]&\geqslant\sum_{i=1}^{n}\sum_{z_i}Q_i^{(t)}(z_i)\log\frac{p[x_i,z_i;\theta^{(t+1)}]}{Q_i^{(t)}(z_i)}\\&\geqslant\sum_{i=1}^{n}\sum_{z_i}Q_i^{(t)}(z_i)\log\frac{p[x_i,z_i;\theta^{(t)}]}{Q_i^{(t)}(z_i)}\\&=l[\theta^{(t)}]\end{aligned}$$

我们解释一下上述结果。第一个不等号是根据

$$\ell(\theta)=\sum_{i=1}^{n}\log\sum_{z_i}p(x_i,z_i;\theta)\geqslant\sum_{i=1}^{n}\sum_{z_i}Q_i(z_i)\log\frac{p(x_i,z_i;\theta)}{Q_i(z_i)}$$

得到的。因为上式对所有的 θ 和 Q_i 都成立,所以只要用 $\theta^{(t+1)}$ 替换 θ 就得到了关系中的一个不等式。

第二个不等号利用了 M 步的定义。公式

$$\theta:=\underset{\theta}{\operatorname{argmax}}\sum_{i=1}^{n}\sum_{z_i}Q_i(z_i)\log\frac{p(x_i,z_i;\theta)}{Q_i(z_i)}$$

的意思是用使得右边式子取得极大值的 $\theta^{(t)}$ 更新 $\theta^{(t+1)}$,所以如果右边式子中使用的是 $\theta^{(t+1)}$,则必然会大于或等于使用 $\theta^{(t)}$ 的原式子。换言之,在众多 $\theta^{(t)}$ 中,有一个被用来当作 $\theta^{(t+1)}$ 的值,会令右式的值相比于取其他 $\theta^{(t)}$ 时所得出的结果更大。

关系中的最后一个等号由本节的 $\ell[\theta^{(t)}]=\sum_{i=1}^{n}\sum_{z_i}Q_i^{(t)}(z_i)\log\frac{p[x_i,z_i;\theta^{(t)}]}{Q_i^{(t)}(z_i)}$ 即可直接得出。

因此,证明了 $\ell(\theta)$ 会单调增加,也就表明 EM 算法最终会收敛到一个结果(尽管不能保证它一定是全局最优结果,但必然是局部最优)。实践中,收敛的标准可以是似然函数 $\ell(\theta)$

的值不再变化，也可以是变化非常之小。

14.4 高斯混合模型

高斯混合模型(Gaussian Mixture Model，GMM)可以看成是EM算法的一种现实应用。利用这个模型可以解决聚类分析、机器视觉等领域中的许多实际问题。

14.4.1 模型推导

在讨论EM算法时，我们并未指定样本来自于何种分布。在实际应用中，常常假定样本是来自正态分布之总体的。也就是说，在进行聚类分析时，认为所有样本都来自具有不同参数控制的数个正态总体。例如，前面讨论的男性女性身高问题，就可以假定样本数据是来自如图14-5所示的一个双正态分布混合模型。这便有了接下来要讨论的高斯混合模型。

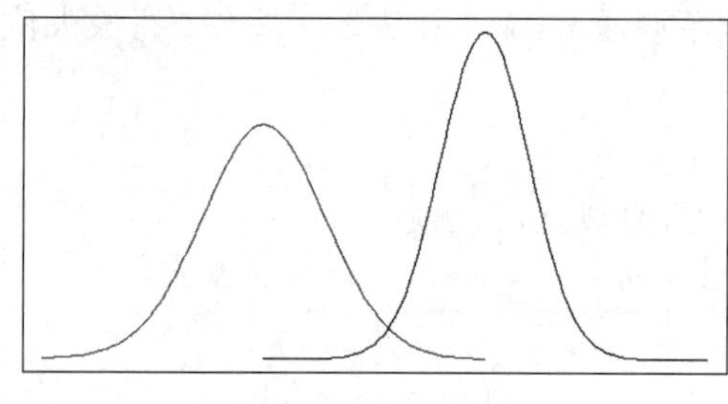

图 14-5 双正态模型

给定的训练样本集合是$\{x_1, x_2, \cdots, x_n\}$，将隐含类别标签用$z_i$表示。首先假定$z_i$满足参数为$\phi$的多项式分布，同时与14.3节所讨论的一致，用

$$Q_i = P(z_i = j) = P(z_i = j \mid x_i; \phi, \boldsymbol{\mu}, \boldsymbol{\sigma})$$

也就是在E步，假定知道所有的正态分布参数和多项式分布参数，然后在给定x_i的情况下计算它属于z_i分布的概率。而且z_i有k个值，即$1,2,\cdots,k$，也就是k个高斯分布。在给定z_i后，X满足高斯分布(x_i是从分布X中抽取的)，即

$$(X \mid z_i = j) \sim N(\mu_j, \sigma_j)$$

回忆一下贝叶斯公式

$$P(A_i \mid B) = \frac{P(A_i)P(B \mid A_i)}{P(B)} = \frac{P(A_i)P(B \mid A_i)}{\sum_{j=1}^{n} P(A_j)P(B \mid A_j)}$$

由此可得

$$P(z_i = j \mid x_i; \phi, \boldsymbol{\mu}, \boldsymbol{\sigma}) = \frac{P(z_i = j \mid x_i; \phi)P(x_i \mid z_i = j, \boldsymbol{\mu}, \boldsymbol{\sigma})}{\sum_{m=1}^{k} P(z_i = m \mid x_i; \phi)P(x_i \mid z_i = m, \boldsymbol{\mu}, \boldsymbol{\sigma})}$$

而在M步，则要对

$$\sum_{i=1}^{n} \sum_{z_i} Q_i(z_i) \log \frac{p(x_i, z_i; \phi, \boldsymbol{\mu}, \boldsymbol{\sigma})}{Q_i(z_i)}$$

求极大值，并由此来对参数$\phi, \boldsymbol{\mu}, \boldsymbol{\sigma}$进行估计。将高斯分布的函数展开，并且为了简便，用记号w_j^i替换$Q_i(z_i = j)$，于是上式可进一步变为

$$\sum_{i=1}^{n} \sum_{j=1}^{k} Q_i(z_i = j) \log \frac{p(x_i \mid z_i = j; \boldsymbol{\mu}, \boldsymbol{\sigma})P(z_i = j; \phi)}{Q_i(z_i = j)}$$

$$=\sum_{i=1}^{n}\sum_{j=1}^{k}w_j^i\log\frac{\frac{1}{(2\pi)^{\frac{n}{2}}|\sigma_j|^{\frac{1}{2}}}\exp\left[-\frac{1}{2}(x_i-\mu_j)\sigma_j^{-1}(x_i-\mu_j)\right]\cdot\phi_j}{w_j^i}$$

为了求极值,对上式中的每个参数分别求导,则有

$$\frac{\partial f}{\partial\mu_j}=\frac{-\sum_{i=1}^{n}\sum_{j=1}^{k}w_j^i\ \frac{1}{2}(x_i-\mu_j)^2\sigma_j^{-1}}{\partial\mu_j}$$

$$=\frac{1}{2}\sum_{i=1}^{n}w_j^i\ \frac{2\mu_j\sigma_j^{-1}x_i-\mu_j^2\sigma_j^{-1}}{\partial\mu_j}=\sum_{i=1}^{n}w_j^i(\sigma_j^{-1}x_i-\sigma_j^{-1}\mu_j)$$

令上式等于零,可得

$$\mu_j=\frac{\sum_{i=1}^{n}w_j^ix_i}{\sum_{i=1}^{n}w_j^i}$$

这也就是M步中对$\boldsymbol{\mu}$进行更新的公式。$\boldsymbol{\sigma}$更新公式的计算与此类似,此处不再具体给出计算过程,后面在总结高斯模型算法时会给出结果。

下面讨论参数ϕ的更新公式。需要求偏导数的公式在消掉常数项后,可以化简为

$$\sum_{i=1}^{n}\sum_{j=1}^{k}w_j^i\log\phi_j$$

而且ϕ_j还需满足一定的约束条件,即$\sum_{j=1}^{k}\phi_j=1$。这时需要使用拉格朗日乘子法,于是有

$$\mathcal{L}(\phi)=\sum_{i=1}^{n}\sum_{j=1}^{k}w_j^i\log\phi_j+\beta(-1+\sum_{j=1}^{k}\phi_j)$$

当然$\phi_j\geqslant0$,但是对数公式已经隐含地满足了这个条件,可不必做特殊考虑。求偏导数可得

$$\frac{\partial\ \mathcal{L}(\phi)}{\phi_j}=\beta+\sum_{i=1}^{n}\frac{w_j^i}{\phi_j}$$

令偏导数等于零,则有

$$\phi_j=\frac{\sum_{i=1}^{n}w_j^i}{-\beta}$$

这表明ϕ_j与$\sum_{i=1}^{n}w_j^i$呈比例,所以再次使用约束条件$\sum_{j=1}^{k}\phi_j=1$,得到

$$-\beta=\sum_{i=1}^{n}\sum_{j=1}^{k}w_j^i=\sum_{i=1}^{n}1=n$$

这样就得到了β的值,最终得到ϕ_j的更新公式为

$$\phi_j=\frac{1}{n}\sum_{i=1}^{n}w_j^i$$

综上所述,最终求得的高斯混合模型求解算法如下:

循环重复下列步骤,直到收敛:

(E步)记对于每个 i 和 j,计算

$$w_j^i = P(z_i = j \mid x_i; \phi, \boldsymbol{\mu}, \boldsymbol{\sigma})$$

(M步)更新参数

$$\phi_j := \frac{1}{n}\sum_{i=1}^{n} w_j^i$$

$$\mu_j := \frac{\sum_{i=1}^{n} w_j^i x_i}{\sum_{i=1}^{n} w_j^i}$$

$$\sigma_j := \frac{\sum_{i=1}^{n} w_j^i (x_i - \mu_j)^2}{\sum_{i=1}^{n} w_j^i}$$

14.4.2 应用实例

回到本章最开始给出的鸢尾花例子(图14-1),已知鸢尾花有3种。假设每种鸢尾花的特征符合高斯分布,现在希望运用高斯混合模型对数据集中的各个样本点进行聚类。同样,只选择Petal. Length和Petal. Width这两个特征。

注意,聚类是非监督学习,因此下面的代码中并未使用到类别标签这个信息。但如果要定量地评估聚类效果的话,也可以引入类别标签信息,将真实标签与已建立好的模型给出的预测结果进行比对,从而得出聚类的准确率。

```
print(__doc__)
import matplotlib.pyplot as plt
%matplotlib inline

import numpy as np

from sklearn import datasets
from sklearn.mixture import GaussianMixture
from matplotlib.patches import Ellipse

iris = datasets.load_iris()

X = iris.data[:, 2:4] ##表示我们只取特征空间中的后两个维度
X = X[:,[1,0]]
n_classes = 3
```

下面给出的代码主要是用来对聚类结果进行可视化展示的绘图函数。

```
def draw_ellipse(position, covariance, ax = None, ** kwargs):
    ax = ax or plt.gca()
    if covariance.shape == (2, 2):
        U, s, Vt = np.linalg.svd(covariance)
        angle = np.degrees(np.arctan2(U[1, 0], U[0, 0]))
        width, height = 2 * np.sqrt(s)
    else:
        angle = 0
        width, height = 2 * np.sqrt(covariance)

    # 绘制椭圆形
    for nsig in range(1, 4):
        ax.add_patch(Ellipse(position, nsig * width, nsig * height,
                             angle, ** kwargs))

def plot_gmm(gmm, X, label = True):
    labels = gmm.fit(X).predict(X)
    ##此处略去部分调整图形显示效果的代码
    if label:
        plt.scatter(X[:, 0], X[:, 1], c = labels, s = 40, cmap = 'viridis', zorder = 2)
    else:
        plt.scatter(X[:, 0], X[:, 1], s = 40, zorder = 2)

    w_factor = 0.2 / gmm.weights_.max()
    for pos, covar, w in zip(gmm.means_, gmm.covariances_ , gmm.weights_):
        draw_ellipse(pos, covar, alpha = w * w_factor)
```

在 scikit-learn 中,通过对 GaussianMixture 进行实例化,可以执行高斯混合模型。构造函数中的 n_components 用于指定想要的簇的数量。另外一个重要的参数是 convariance_type,它控制着每个簇的形状自由度,默认值是 diag,意思是簇在每个维度的尺寸都可以单独设置,但椭圆边界的主轴要与坐标轴平行。如果使用 spherical,那么模型通过约束簇的形状,让所有维度相等。这样得到的聚类结果和 k 均值聚类的特征是相似的,虽然两者并不完全相同。下面的代码中使用的是 full,表明该模型允许每个簇在任意方向上用椭圆建模。

```
gmm = GaussianMixture(n_components = n_classes, covariance_type = 'full',
                      random_state = 42)
plot_gmm(gmm, X)
```

执行上述代码,所得结果如图 14-6 所示。可见 3 种类型的鸢尾花数据被较好地聚类了。

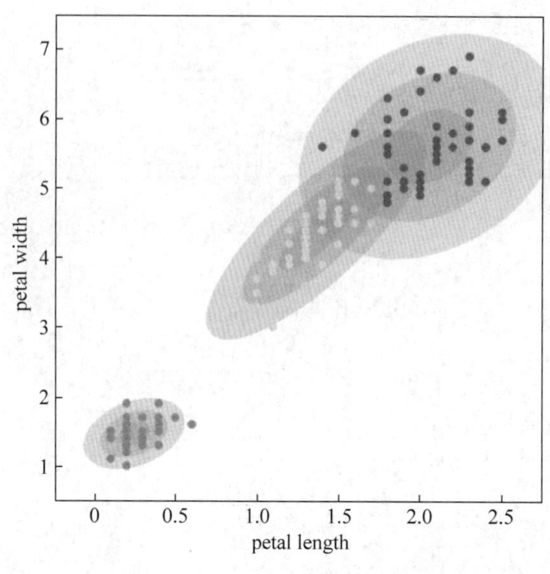

图 14-6 高斯混合模型聚类实例

14.5 密度聚类

基于密度的聚类算法假设聚类结构能够通过样本分布的紧密程度确定，以数据集在空间分布上的稠密程度为依据进行聚类。通常情况下，密度聚类从样本密度的角度出来，来考查样本之间的可连接性，并基于可连接样本不断扩展聚类簇，以获得最终的聚类结果。

14.5.1 DBSCAN 算法

利用 k 均值算法进行聚类，需要事先知道簇的个数，也就是 k 值。不同的是，基于密度聚类的算法却可以在无须事先获知聚类个数的情况下找出形状不规则的簇，如图 14-7 所示。

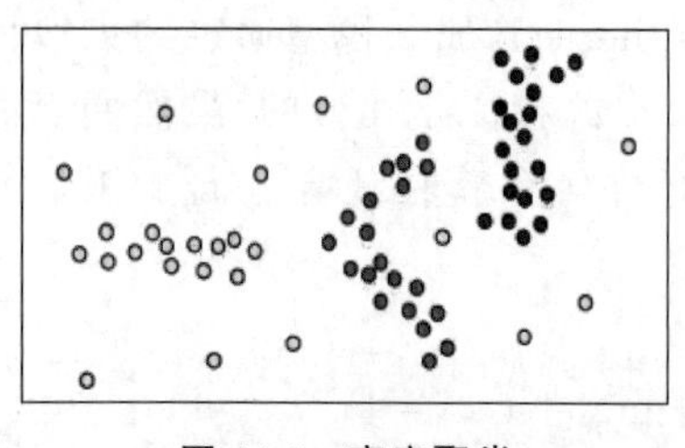

图 14-7 密度聚类

密度聚类的基本思想是：

(1) 簇是数据空间中稠密的区域，簇与簇之间由对象密度较低的区域所隔开；

(2) 一个簇可以被定义为密度连通点的一个最大集合；

(3) 发现任意形状的簇。

著名的 DBSCAN(Density-Based Spatial Clustering of Applications with Noise)算法就是密度聚类的经典算法。该算法最早由马丁·埃斯特(Martin Ester)等人于 1996 年提出的，相关研究论文同年在数据挖掘领域的顶级国际会议 KDD 上发表。2014 年，国际计算机学会(ACM)的数据挖掘及知识发现专业委员会将当年度该领域论文的最高荣誉——Test-of-Time Award(时间考验奖)授予了该篇经典文献，以表彰该项研究成果在过去十年里对相关领域研究所带

来的重大影响。

DBSCAN 算法中有两个重要参数：ε 和 MinPts，前者为定义密度时的邻域半径，后者是定义核心点时的阈值(也就是可以构成一个簇所需的最小的数据点数)。因此，还可以定义一个对象的 ε-邻域 N_ε——以该对象为中心，半径为 ε 范围内的所有对象。

如图 14-8 所示，$N_\varepsilon(p):\{q\mid d(p,q)\leqslant\varepsilon\}$。

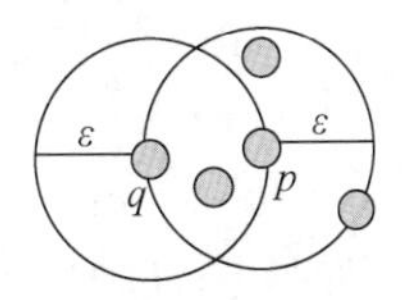

图 14-8 ε-邻域

另外一个重要概念是"高密度"：如果一个对象的 ε-邻域中至少包含 MinPts 个对象，那么它就是高密度的。例如，在图 14-8 中，假设 MinPts = 4，则有点 p 的 ε-邻域是高密度的；点 q 的 ε-邻域是低密度的。

接下来，基于上面给出的概念，就可以定义三种类型的点：核心点(Core)、边界点(Border)和噪声点(Noise 或 Outlier)。

如果一个点的 ε-邻域内有超过特定数量(MinPts)的点，那么它就是一个核心点。这些点也就是位于同一簇内部的点。如果一个点的 ε-邻域内包含的点数少于 MinPts，但它又属于一个核心点的邻域，则它就是一个边界点。如果一个点既不是核心点也不是边界点，那么它就是一个噪声点。

可见，核心点位于簇的内部，它确定无误地属于某个特定的簇；噪声点是数据集中的干扰数据，它不属于任何一个簇；而边界点事一类特殊的点，它位于一个或几个簇的边缘地带，可能属于一个簇，也可能属于另外一个簇，其归属并不明确。图 14-9 分别给出了这三类点的例子，其中 MinPts = 5。

接下来讨论密度可达(Density-reachability)这个概念。如果对象 p 是一个核心点，而对象 q 位于 p 的 ε-邻域内，那么 q 就是从从对象 p 直接密度可达的。易见，密度可达性是非对称的。例如，在图 14-10 中，点 q 是从点 p 直接密度可达的；而点 p 则不是从点 q 直接密度可达的。

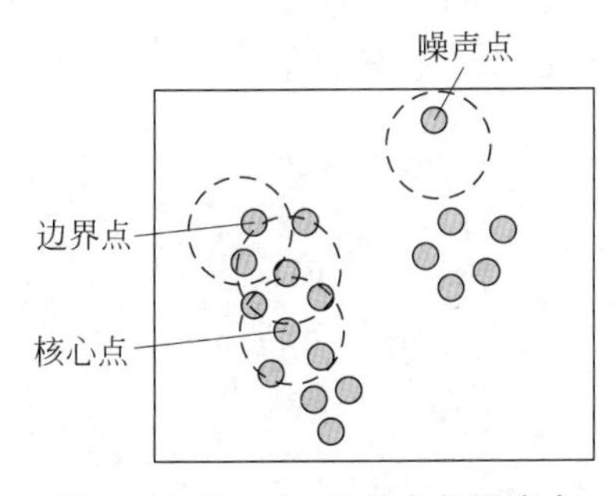

图 14-9 核心点、边界点与噪声点

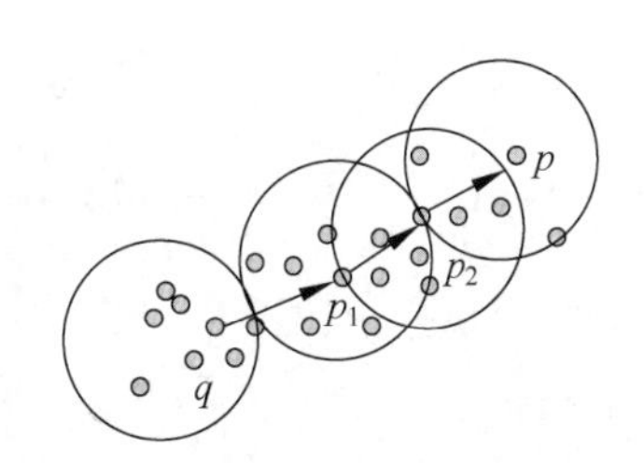

图 14-10 直接密度可达和间接密度可达

密度可达又分两种情况，即直接密度可达和间接密度可达。例如，在图 14-10 中，点 p 是从点 p_2 直接密度可达的。点 p_2 是从点 p_1 直接密度可达的。点 p_1 是从点 q 直接密度可达的。于是 $q\to p_1\to p_2\to p$ 就形成了一个链。那么，点 p 就是从点 q 间接密度可达的。此外，还可以看出，点 q 不是从点 p 密度可达的。

密度可达关系不具有对称性：如果 p_m 是从 p_1 密度可达的，那么 p_1 不一定是从 p_m 密度可达的。因为从上述定义可知，$p_1,p_2,\cdots,p_{m-1}$ 必须是核心点，而 p_m 可以是核心点，也可以是边界点。当 p_m 为边界点时，p_1 就不可能是从 p_m 密度可达的。

DBSCAN 算法描述如下：

```
遍历数据集 D 中的每个对象 o：
    如果 o 是一个核心点，那么：
        收集从 o 出发所有的密度可达对象并将它们划入一个新簇
    否则：
        将 o 标记成噪声点
```

可见，DBSCAN 算法需要访问 D 中的所有节点（某些节点可能还需要访问多次），所以该算法的时间复杂度主要取决于区域查询（获取某节点的 ε-邻域）的次数。由此而得的 DBSCAN 算法之时间复杂度为 $O(N^2)$。如果使用 k-d 树等高级数据结构，其复杂度可以降为 $O(N\log_2 N)$。

DBSCAN 算法中使用了统一的 ε 值，因此数据空间中所有节点邻域大小是一致的。当数据密度和簇之间的距离分布不均匀时，如果选取较小的 ε 值，则较稀疏的簇中的节点密度不会小于 MinPts，从而被认为是边界点而不被用于所在簇点进一步扩展。可知结果是，较为稀疏的簇可能被划分成多个性质相似的簇；与此相反，如果选取较大的 ε 值，则离得较近而密度较大的簇将很可能被合并成同一个簇，它们之间的差异将被忽略。显然，在这种情况下，要选取一个合适的 ε 值并非易事。尤其对于高维数据，ε 值的合理选择将变得更加困难。

最后，关于 MinPts 值的选取有一个指导性的原则，即 MinPts 值应不小于数据空间的维数加 1。

14.5.2 应用实例

前面在介绍 k 均值算法时讲过，如果簇的形状更加复杂，即非球形簇，那么 k 均值的表现将会很差。一个非常具有代表性的情况就是二维平面上的两个半月形组成的数据集，称其为 two_moons 数据。在 scikit-learn 中可以直接使用 make_moons()方法来创造这样的数据集。下面的代码演示了用 k 均值对 two_moons 数据进行聚类的方法。

```
import numpy as np
import matplotlib.pyplot as plt
from sklearn.cluster import KMeans, DBSCAN
from sklearn.datasets import make_moons
from sklearn.preprocessing import StandardScaler

# 生成数据集
X, y = make_moons(n_samples = 200, noise = 0.05, random_state = 0)

# 将数据聚类成 2 个簇
kmeans = KMeans(n_clusters = 2)
kmeans.fit(X)
y_pred = kmeans.predict(X)

# 画出簇分配和簇中心
plt.scatter(X[:, 0], X[:, 1], c = y_pred, cmap = plt.cm.get_cmap('RdYlBu'), s = 60)
plt.scatter(kmeans.cluster_centers_[:, 0], kmeans.cluster_centers_[:, 1],
            marker = '^', c = ['red', 'blue'], s = 100, linewidth = 2)
plt.xlabel("Feature 0")
plt.ylabel("Feature 1")
```

执行上述代码,所得结果如图 14-11 中的左图所示。显然,两个半月形的簇并没有很好地被聚合成我们想要的样子。

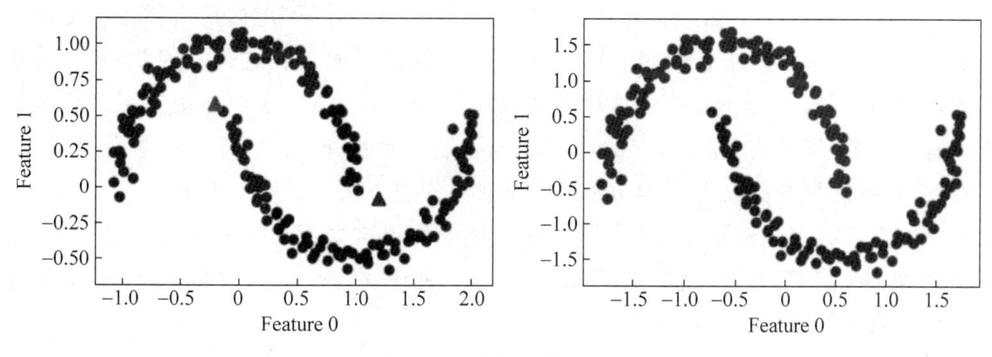

图 14-11 彩图

图 14-11 两种聚类算法的对比

如果是从稠密程度这个角度进行聚类,效果则完全不一样。下面,将尝试在 two_moons 数据集上运用 DBSCAN 算法来进行聚类。虽然 DBSCAN 不需要显式地指定簇的个数,但设置 ε 可以隐式地控制找到的簇的个数。特别地,使用 StandardScaler 或 MinMaxScaler 对数据进行缩放之后,有时会更容易找到 ε 的较好取值,因为使用这些缩放技术将确保所有特征具有相似的范围。同 scikit-learn 中其他机器学习模型的使用方法一样,下面的代码通过对 DBSCAN 类进行实例化来调用该算法。

```
# 将数据缩放成平均值为 0、方差为 1
scaler = StandardScaler()
scaler.fit(X)
X_scaled = scaler.transform(X)
dbscan = DBSCAN()
clusters = dbscan.fit_predict(X_scaled)

# 绘制簇分配
plt.scatter(X_scaled[:, 0], X_scaled[:, 1], c = clusters,
        cmap = plt.cm.get_cmap('RdYlBu'), s = 60)
plt.xlabel("Feature 0")
plt.ylabel("Feature 1")
```

执行上述代码,其结果如图 14-11 对右图所示。可见,利用默认设置,算法找到了两个半月形的簇并将其分开。由于算法找到了我们想要的簇的个数(2 个),因此参数设置的效果似乎很好。但如果将 ε 减小到 0.2(默认值为 0.5),将会得到 8 个簇,这显然太多了。将 ε 增大到 0.7 则会导致只有一个簇,显然又太少了。所以,使用 DBSCAN 算法时虽然不需要显式地指定期望的簇个数,但对 ε 这个参数的设置仍然需要审慎。

14.6 层次聚类

层次聚类是一种构造嵌套簇的聚类方法。它假设数据类别之间存在层次结构,通过对数据集在不同层次的划分,构造出树状结构的聚类结果。层次聚类有两种实现方法,聚合方法和分裂方法。

聚合方法,首先让数据集中的每个样本自成一簇。然后开始迭代,在算法的每一步迭代中将距离最近的两个簇合并,直到簇的个数达到预设的值。显然,若无预设值,聚合方法最终可以将所有样本合并成一个簇。如果将所有样本当作叶子节点,所有样本构成的簇当作根节点,那么算法的整个迭代过程可以看作一棵树的逆向生长过程。因此,聚合方法也被称为自底向上(bottom-up)的层次聚类算法。分裂方法,类似聚合方法。不过算法初始状态只有一个簇,即所有样本构成的簇。在无限制的情况下,最终每个样本会自成一簇。显然,这个过程和聚合方法是完全相反的。因此,分裂方法也被称为自顶向下(top-down)的层次聚类算法。实际情况下,聚合层次聚类比分裂层次聚类更为常用。因此,本节将着重介绍聚合层次聚类的经典算法 AGNES(Agglomerative Nesting)。图 14-12 较为直观地展示了层次聚类构造而成的树状图。

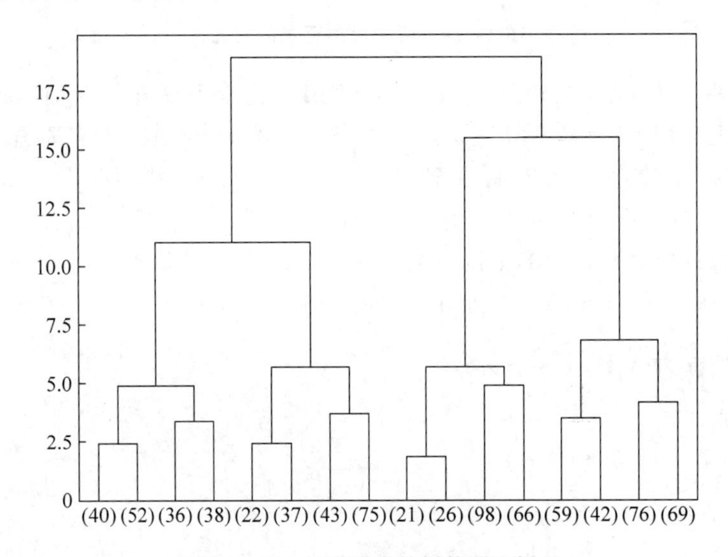

图 14-12　层次聚类的树状图示例

14.6.1　AGNES 算法

层次聚类算法有三大要素：距离度量方式、合并/分裂规则和停止条件。聚合方法的合并规则和停止条件前面已经介绍过了。此处主要介绍层次聚类中常用的距离度量方式,即衡量两个簇之间距离的方法。常见的度量方式主要有三种：最小距离、最大距离和平均距离。簇间的最小距离,即两个簇间距离最近的点对间的距离；簇间的最大距离,即两个簇间距离最远的点对间的距离；簇间的平均距离,即两个簇间所有点对的距离的平均值。给定两个簇 C_1 和 C_2,可以形式化地定义簇间的距离度量方式。

$$\text{最小距离：}\operatorname{dist}_{\min}(C_i, C_j) = \min_{\boldsymbol{a} \in C_i, \boldsymbol{b} \in C_j} d(\boldsymbol{a}, \boldsymbol{b})$$

$$\text{最大距离：}\operatorname{dist}_{\max}(C_i, C_j) = \max_{\boldsymbol{a} \in C_i, \boldsymbol{b} \in C_j} d(\boldsymbol{a}, \boldsymbol{b})$$

$$\text{平均距离：}\operatorname{dist}_{\text{avg}}(C_i, C_j) = \frac{1}{|C_i||C_j|} \sum_{\boldsymbol{a} \in C_i} \sum_{\boldsymbol{b} \in C_j} d(\boldsymbol{a}, \boldsymbol{b})$$

上式中使用 dist 代表簇间的距离，使用 d 代表样本间的距离，两者并不一样。前面定义的簇间距离度量方式，并未限定样本间距离的计算方法。因此样本间的距离计算方式，可以根据实际问题进行选择。常用的计算方式有欧氏距离、马氏距离、闵可夫斯基距离和余弦相似度等。

假设数据集 $D=\{x_1,x_2,\cdots,x_m\}$，预设的聚类数为 k。

下面给出 AGNES 的算法描述：

遍历数据集 D，并将每个样本 x_i 放入簇 C_i；

计算 m 个簇两两间的距离；

合并簇间距离最小的两个簇构成一个新簇 U；

更新簇 U 和其他簇之间的距离；

若此时剩余簇的数量为 k，则停止计算；否则回到步骤(3)。

AGNES 算法有单链接(single-linkage)、全链接(complete-linkage)和均链接(average-linkage)三种模式，差异主要在于簇间距离计算方式。三种模式分别对应了最小距离、最大距离和平均距离三种度量方法。

14.6.2 应用实例

选择合适的距离度量方式，层次聚类在非线性可分的数据集上也能有不错的表现。除了上一节用到的半月数据集，本节再引入经典的同心圆数据集。同样地，调用 scikit-learn 中 datasets 模块下的 make_circles()方法即可生成同心圆数据集。下面的代码演示了使用层次聚类算法对这两个数据集进行聚类的方法。

```
import numpy as np
from matplotlib import pyplot as plt
import seaborn as sns
from sklearn.cluster import AgglomerativeClustering
from sklearn.datasets import make_circles,make_moons

# 构造数据集
circle_x, circle_y = make_circles(n_samples = 800, factor = .5, noise = .05)
moon_x, moon_y = make_moons(n_samples = 800, noise = .05, random_state = 0)

# 拟合数据集
circle_model = AgglomerativeClustering(n_clusters = 2,linkage = "single").fit(circle_x)
moon_model = AgglomerativeClustering(n_clusters = 2, linkage = "single").fit(moon_x)

# 设置画布
plt.figure(figsize = (15,6))
```

```
# 可视化数据集
plt.subplot(1,2,1)
plt.title("(a) Hierarchical clustering on circle dataset", y=-0.15)
sns.scatterplot(circle_x[:, 0], circle_x[:, 1], hue=circle_model.labels_)

# 可视化数据集
plt.subplot(1,2,2)
plt.title("(b) Hierarchical clustering on moon dataset", y=-0.15)
sns.scatterplot(moon_x[:, 0], moon_x[:, 1], hue=moon_model.labels_)

# 展示图表
plt.show()
```

调用 scikit-learn 中 cluster 模块下的 AgglomerativeClustering 类，简单地设置聚类数 n_clusters 为 2 和簇间距离度量方式 linkage 为 single(即最小距离)后，调用实例的 fit()方法传入数据集即可完成聚类。上述代码执行结果如图 14-13 所示，可见两个数据集都很好地被聚成了两类。

图 14-13 彩图

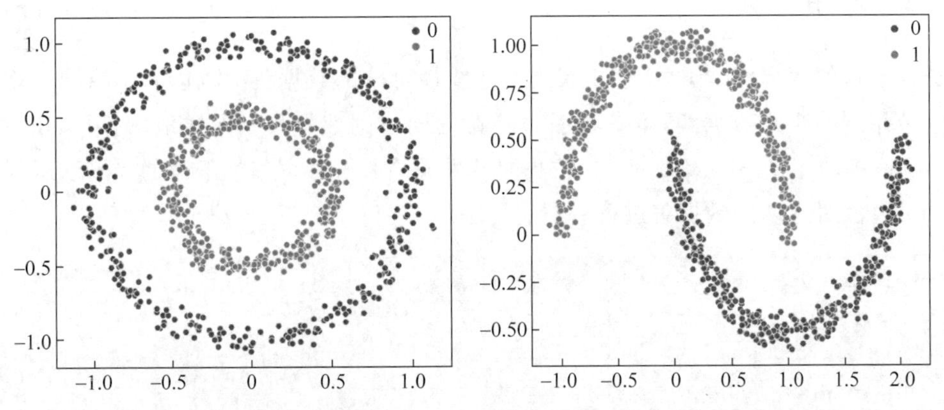

图 14-13 层次聚类在非线性可分数据集上的效果

上面的例子中仅仅设置了聚类数 n_clusters 和簇间距离度量方式 linkage，实际上 AgglomerativeClustering 还能通过参数 affinity 设置样本间的距离度量方式，默认为欧氏距离。此外，值得一提的是参数 linkage 除了能选择最小距离、最大距离和平均距离外，还提供了一种距离度量方式 ward。此方法的目标是最小化簇间的方差，也是 linkage 参数的默认取值。层次聚类的效果很大程度上取决于 linkage 的选取，很难说到底哪种距离度量方式更好。不同的 linkage 在不同的问题中表现各有千秋，为此 scikit-learn 官网中提供了几种度量方式的效果对比，如图 14-14 所示。数据分析人员要做的就是在不同的问题中，选择最合适的参数。

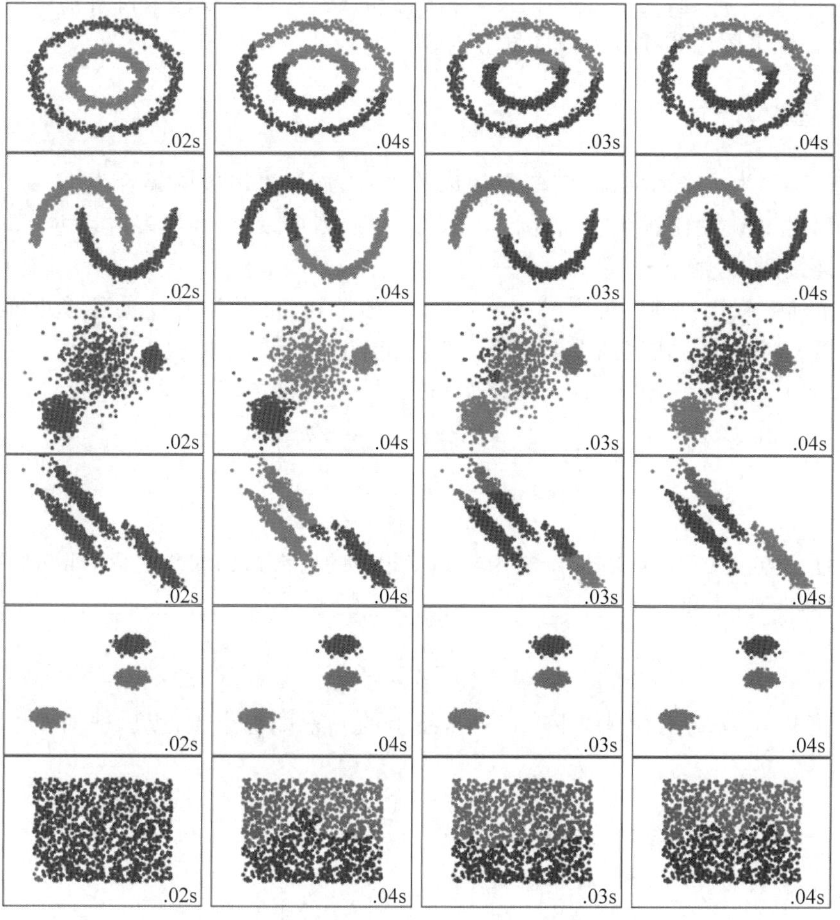

图 14-14 层次聚类 linkage 方式的效果对比

图 14-14 彩图

14.7 谱聚类

谱聚类是一种基于图论的聚类算法。在图论中,图的拉普拉斯矩阵对应的特征值构成的集合被称为谱。谱聚类可以看作是基于拉普拉斯特征映射的降维聚类算法,因为需要用到拉普拉斯矩阵的特征值,所以被称为“谱”聚类。它基于原始数据之间的相似度构造一张图,相似度越高的样本距离越近,边的权重越高;相似度越低的样本距离越远,边的权重越低。从而将聚类问题转化为图论中的子图分割问题,即寻找一个最佳的子图分割方法,使得各子图之间的边权重之和尽可能低,子图内的样本点之间的边权重之和尽可能高。重新审视这个目标,能发现这就是聚类的目标在图论中的重新表达。每一个子图就是样本构成的“簇”,子图间边权重和尽可能低,就是簇间相似度尽可能低;子图内样本间边权重和尽可能高,即簇内样本间相似度尽可能高。

因此,谱聚类算法需要回答下面两个问题:如何将无连接关系的原始数据构造成一张图?如何对一张带权图进行分割,使其满足上面的目标?

要回答这两个问题,还需要两个工具:图论和线性代数。在深入讲解谱聚类的具体原理前,先来回顾下图论和线性代数的部分内容。

14.7.1 基本符号

令 $G(V,E)$ 为一张无向图,图中点构成的集合为 V,边构成的集合为 E。令 $V=\{v_1, v_2,\cdots,v_n\}$,对于 V 中任意两点 v_i 和 v_j:若存在边,则令 $w_{ij}>0$ 代表这条边上的权重;若不存在边连接两点,则令 $w_{ij}=0$。因为 G 是无向图,所以 $w_{ij}=w_{ji}$。

将图上所有权重按顺序排列成一个 $n\times n$ 的矩阵,即可得到图 G 的邻接矩阵 $\boldsymbol{W}$。矩阵的第 i 行第 j 列为 w_{ij},代表图上连接第 i 个点和第 j 个点的边的权重,即

$$\boldsymbol{W}=\begin{bmatrix} w_{11} & w_{12} & \cdots & w_{1n} \\ w_{21} & w_{22} & \cdots & w_{2n} \\ \vdots & \vdots & \ddots & \vdots \\ w_{n1} & w_{n2} & \cdots & w_{nn} \end{bmatrix}$$

对于任意点 $v_i\in V$,其度 d_i 定义为与此点相连的所有边的权重之和,即邻接矩阵 $\boldsymbol{W}$ 的第 i 行(或第 i 列)之和:

$$d_i=\sum_{j=1}^{n} w_{ij}$$

定义度矩阵 $\boldsymbol{D}$ 为对角线矩阵,其对角线上的元素即每个点的度,非对角线的元素均为 0。

$$\boldsymbol{D}=\begin{bmatrix} d_1 & 0 & \cdots & 0 \\ 0 & d_2 & \cdots & 0 \\ \vdots & \vdots & \ddots & \vdots \\ 0 & 0 & \cdots & d_n \end{bmatrix}$$

给定 V 的一个子集 A,为了方便使用 $i\in A$ 代表集合 $\{i\mid v_i\in A\}$。定义以下两种衡量子集 A 大小的方法:$|A|$ 测量子图中点的数量;$\mathrm{vol}(A)$ 测量与子图 A 相连的边的权重和。

$$|A|:=\text{集合 } A \text{ 中的点数}$$

$$\mathrm{vol}(A):=\sum_{i\in A} d_i$$

给定 V 的子集 A 和 B,定义子图 A 和 B 间的权重为:

$$\boldsymbol{W}(A,B):=\sum_{i\in A,j\in B} w_{ij}$$

14.7.2 拉普拉斯矩阵

1. 标准的拉普拉斯矩阵

拉普拉斯矩阵是图论中用到的一种重要矩阵,其定义为度矩阵 $\boldsymbol{D}$ 和邻接矩阵 $\boldsymbol{W}$ 之差。若用 $\boldsymbol{L}$ 表示拉普拉斯矩阵,则根据定义有:

$$\boldsymbol{L}=\boldsymbol{D}-\boldsymbol{W}$$

拉普拉斯矩阵具备很多性质,这些性质和谱聚类的推导有着十分紧密的关系。若拉普拉斯矩阵为 n 维,则有:

(1) 对于任意向量 $\boldsymbol{f}\in\mathbb{R}^n$，下式成立：

$$\boldsymbol{f}^{\mathrm{T}}\boldsymbol{L}\boldsymbol{f}=\frac{1}{2}\sum_{i,j=1}^{n}\boldsymbol{w}_{ij}(\boldsymbol{f}_i-\boldsymbol{f}_j)^2$$

(2) 拉普拉斯矩阵 $\boldsymbol{L}$ 也是对称矩阵。

(3) 拉普拉斯矩阵 $\boldsymbol{L}$ 是半正定矩阵。

(4) 拉普拉斯矩阵 $\boldsymbol{L}$ 最小的特征值为 0，对应的特征向量为分量全为 1 的常向量。

(5) 拉普拉斯矩阵 $\boldsymbol{L}$ 有 n 个非负实数特征值 $0=\lambda_1\leqslant\lambda_2\leqslant\cdots\leqslant\lambda_n$。

证明：

(1) 根据拉普拉斯矩阵的定义容易推导：

$$\begin{aligned}\boldsymbol{f}^{\mathrm{T}}\boldsymbol{L}\boldsymbol{f}&=\boldsymbol{f}^{\mathrm{T}}\boldsymbol{D}\boldsymbol{f}-\boldsymbol{f}^{\mathrm{T}}\boldsymbol{W}\boldsymbol{f}\\&=\sum_{i=1}^{n}d_i\boldsymbol{f}_i^2-\sum_{i,j=1}^{n}\boldsymbol{f}_i\boldsymbol{f}_j\boldsymbol{w}_{ij}\\&=\frac{1}{2}\left(\sum_{i=1}^{n}d_i\boldsymbol{f}_i^2-2\sum_{i,j=1}^{n}\boldsymbol{f}_i\boldsymbol{f}_j\boldsymbol{w}_{ij}+\sum_{j=1}^{n}d_j\boldsymbol{f}_j^2\right)\\&=\frac{1}{2}\sum_{i,j=1}^{n}\boldsymbol{w}_{ij}(\boldsymbol{f}_i-\boldsymbol{f}_j)^2\end{aligned}$$

(2) 因为度矩阵 $\boldsymbol{D}$ 和邻接矩阵 $\boldsymbol{W}$ 都是对称矩阵，所以 $\boldsymbol{L}$ 是对称矩阵。

(3) 因为(1)成立，所以 $\boldsymbol{f}^{\mathrm{T}}\boldsymbol{L}\boldsymbol{f}\geqslant 0$。根据上一节中的定义可知，$L$ 是半正定矩阵。

(4) 直接带入全 1 特征向量可知，此推论正确。

(5) 因为 $\boldsymbol{L}$ 是半正定矩阵，且最小特征值为 0，所以此推论正确。

2. 正则化的拉普拉斯矩阵

此外，拉普拉斯矩阵另两种更为常用的形式是正则化的拉普拉斯矩阵，定义为：

$$\boldsymbol{L}_{\mathrm{sym}}:=\boldsymbol{D}^{-\frac{1}{2}}\boldsymbol{L}\boldsymbol{D}^{-\frac{1}{2}}=\boldsymbol{I}-\boldsymbol{D}^{-\frac{1}{2}}\boldsymbol{W}\boldsymbol{D}^{-\frac{1}{2}}$$

$$\boldsymbol{L}_{\mathrm{rw}}:=\boldsymbol{D}^{-1}\boldsymbol{L}=\boldsymbol{I}-\boldsymbol{D}^{-1}\boldsymbol{W}$$

关于 $\boldsymbol{L}_{\mathrm{sym}}$ 和 $\boldsymbol{L}_{\mathrm{rw}}$ 有如下性质：

(1) 对于任意向量 $\boldsymbol{f}\in\mathbb{R}^n$，下式成立：

$$\boldsymbol{f}^{\mathrm{T}}\boldsymbol{L}_{\mathrm{sym}}\boldsymbol{f}=\frac{1}{2}\sum_{i,j=1}^{n}\boldsymbol{w}_{ij}\left(\frac{\boldsymbol{f}_i}{\sqrt{d_i}}-\frac{\boldsymbol{f}_j}{\sqrt{d_j}}\right)^2$$

(2) λ 是 $\boldsymbol{L}_{rw}$ 的特征值，对应的特征向量为 $\boldsymbol{u}$；当且仅当 λ 是 $\boldsymbol{L}_{\mathrm{sym}}$ 的特征值，对应的特征向量为 $\boldsymbol{w}=\boldsymbol{D}^{1/2}\boldsymbol{u}$。

(3) λ 是 $\boldsymbol{L}_{\mathrm{rw}}$ 的特征值，对应的特征向量为 $\boldsymbol{u}$；当且仅当 λ 和 $\boldsymbol{u}$ 是广义特征值问题 $\boldsymbol{L}\boldsymbol{u}=\lambda\boldsymbol{D}\boldsymbol{u}$ 的解。

14.7.3 相似图

接下来，正式进入谱聚类算法。本节将回答之前提出的第一个问题：如何将无连接关系的原始数据构造成一张图？给定数据集，将其中的每一条样本看作图中一个点。一般有三种构图方式：ε-邻近法、kNN 法和全连接法。之所以叫相似图，是因为图中边的权重反映了点与点之间相似的程度。

1. ε-邻近法

确定两点间的距离度量方式,例如欧氏距离。然后确定一个阈值ε,将距离不大于ε的点之间连上边。因为所有点对之间的距离几乎都在相同的范围内(最大ε),所以边的权重并不能在图上表征所有的数据信息(距离超过的ε边就是缺失的数据信息)。因此ε-邻近法构造的图,通常被认为是无权重的图。

2. kNN 法

在原始数据上运行kNN算法,每个点只和其最邻近的k个点连接边。然而这样做会使得构造出的图是有向图,导致对应的邻接矩阵不一定是对称的。因为两个点不一定互为最近邻,所以边存在方向。一般有两种处理方式将图无向化,从而保证邻接矩阵的对称性。第一种方式,忽略边的方向若v_i是v_j的最近邻,则连接两点;第二种方式,当且仅当v_i和v_j互为最近邻时才连接两点。当连接完成所有点对后,每条边的权重由点之间的相似度定义。

3. 全连接法

所有点之间都用边连接,且边的权重均大于0。边的权重由点之间的相似度定义,相似度算法需要能够很好地表征局部的邻接关系。常用的相似度函数为高斯核函数:

$$s(x_i,x_j)=\exp\left(\frac{-\|x_i-x_j\|_2^2}{2\sigma^2}\right)$$

其中的σ参数控制了邻接关系的宽度,和ε-邻近法中的ε参数作用相似。

14.7.4 谱聚类切图

完成构图后,要面对的就是第二个问题:如何对一张带权图进行分割,使其满足聚类的目标?谱聚类中一般有两种切图方式:RatioCut和Ncut。这两种切图方式的主要区别在于目标函数的差异。再介绍这两种方式之前,需要先了解最简单直接的切图法MinCut。

1. MinCut

给定无权重向图G和待切分子图数k,MinCut的目标为找出一个划分$A_1,A_2,\cdots,A_k$,使得下式最小:

$$\text{cut}(A_1,A_2,\cdots,A_k):=\frac{1}{2}\sum_{i=1}^{k}W(A_i,\overline{A}_i)$$

其中,$\overline{A}_i$为除A_i外的所有其他子图的并集;$W(A_i,\overline{A}_i)$为子图A_i和$\overline{A}_i$之间的权重。MinCut的思想非常朴素直接,最小化每个子图和剩余子图的权重。这个目标虽然能使得子图间的相似度尽量低,却不能保证子图内部的相似度尽量高。因此在实际使用中,此方法通常不能取得很好的效果。大多数情况下,它会将某个独立的点切分出去成为一个子图。

2. RatioCut

RatioCut是对MinCut的改进,在目标函数中通过$|A_i|$显式地要求切分出来的子图尽量的"大"。此处子图的大小定义为子图中点的数量,因此最小化下式:

$$\text{RatioCut}(A_1,A_2\cdots,A_k):=\frac{1}{2}\sum_{i=1}^{k}\frac{W(A_i,\bar{A}_i)}{|A_i|}=\sum_{i=1}^{k}\frac{\text{cut}(A_i,\bar{A}_i)}{|A_i|}$$

那么如何最小化上述方程呢？这就需要联系前面讲过的拉普拉斯矩阵了。假设原始数据有 n 个样本，构图后给定一个划分，将原图切分成 k 个子图 $A_1,A_2,\cdots,A_k$。对子图 j 定义一个 n 维的指示向量，$h_j=(h_{1j},h_{2j},\cdots,h_{nj})$，标识每个样本是否属于 j 子图。在 RatioCut 中，h_{ij} 被定义为：

$$h_{ij}=\begin{cases}1/\sqrt{|A_j|}, & v_i\in A_j\\ 0, & v_i\notin A_j\end{cases}\quad i=1,\cdots,n;j=1,\cdots,k$$

利用 14.7.3 节中拉普拉斯矩阵的性质 1，将向量 $\boldsymbol{h}_j$ 代入其中有：

$$\begin{aligned}\boldsymbol{h}_j^{\mathrm{T}}\boldsymbol{L}\boldsymbol{h}_j&=\frac{1}{2}\sum_{p,q=1}^{n}\boldsymbol{w}_{pq}(\boldsymbol{h}_{pj}-\boldsymbol{h}_{qj})^2\\&=\frac{1}{2}\left(\sum_{p\in A_j,q\notin A_j}^{n}\boldsymbol{w}_{pq}\left(\frac{1}{\sqrt{|A_j|}}-0\right)^2+\sum_{p\notin A_j,q\in A_j}^{n}\boldsymbol{w}_{pq}\left(0-\frac{1}{\sqrt{|A_j|}}\right)^2+0\right)\\&=\frac{1}{2}\left(\sum_{p\in A_j,q\notin A_j}^{n}\boldsymbol{w}_{pq}\frac{1}{|A_j|}+\sum_{p\notin A_j,q\in A_j}^{n}\boldsymbol{w}_{pq}\frac{1}{|A_j|}\right)\\&=\frac{1}{2}\left(\text{cut}(A_j,\bar{A}_j)\frac{1}{|A_j|}+\text{cut}(\bar{A}_j,A_j)\frac{1}{|A_j|}\right)\\&=\frac{\text{cut}(A_j,\bar{A}_j)}{|A_j|}\end{aligned}$$

由此观之，$\boldsymbol{h}_j^{\mathrm{T}}\boldsymbol{L}\boldsymbol{h}_j$ 对应于 $\text{RatioCut}(A_1,A_2,\cdots,A_k)$ 的第 j 个分量。那么显然，下式成立：

$$\text{RatioCut}(A_1,A_2,\cdots,A_k)=\sum_{j=1}^{k}\boldsymbol{h}_j^{\mathrm{T}}\boldsymbol{L}\boldsymbol{h}_j=\sum_{j=1}^{k}(\boldsymbol{H}^{\mathrm{T}}\boldsymbol{L}\boldsymbol{H})_{jj}=\text{tr}(\boldsymbol{H}^{\mathrm{T}}\boldsymbol{L}\boldsymbol{H})$$

因此，优化目标变为：

$$\underbrace{\text{argmin}}_{H}\text{tr}(\boldsymbol{H}^{\mathrm{T}}\boldsymbol{L}\boldsymbol{H})\ \text{s. t.}\ \boldsymbol{H}^{\mathrm{T}}\boldsymbol{H}=I$$

上式中约束条件 $\boldsymbol{H}^{\mathrm{T}}\boldsymbol{H}=I$，是因为 h_j 和自己的内积为 1，和其他指示向量的内积都是 0。定性分析一下，指示向量中的每个分量都有两种取值，对于每一个指示向量都存在 2^n 种取值(忽略指示向量间的互斥约束)。在这么大的假设空间搜索满足条件的 $\boldsymbol{H}$ 是一个 NP 难的问题。谱聚类中对上述问题进行松弛(relax)，去掉原始问题中对 $\boldsymbol{H}$ 取值离散化的约束，允许 $\boldsymbol{H}$ 的元素取任意实数值。因此上述目标转化为：

$$\underbrace{\text{argmin}}_{\boldsymbol{H}\in\mathbf{R}^{n\times k}}\text{tr}(\boldsymbol{H}^{\mathrm{T}}\boldsymbol{L}\boldsymbol{H})\ \text{s. t.}\ \boldsymbol{H}^{\mathrm{T}}\boldsymbol{H}=I$$

瑞利定理(Rayleigh-Ritz theorem)告诉我们，上述优化问题的解 $\boldsymbol{H}$ 由拉普拉斯矩阵 $\boldsymbol{L}$ 最小的 k 个特征值对应的特征向量构成。简单地分析一下，上述优化问题的每个子目标就是最小化 $\boldsymbol{h}_j^{\mathrm{T}}\boldsymbol{L}\boldsymbol{h}_j$。令目标值为 λ 有：

$$\boldsymbol{h}_j^{\mathrm{T}}\boldsymbol{L}\boldsymbol{h}_j=\lambda$$

因为 $\boldsymbol{h}_j^{\mathrm{T}}\boldsymbol{h}_j=\boldsymbol{I}$，所以 $\boldsymbol{h}_j^{\mathrm{T}}=\boldsymbol{h}_j^{-1}$。因此上式可变换为：

$$\boldsymbol{L}\boldsymbol{h}_j=\boldsymbol{h}_j\boldsymbol{\lambda}$$

这说明目标值λ为拉普拉斯矩阵$\boldsymbol{L}$的特征值。因此$\boldsymbol{h}_j^{\mathrm{T}}\boldsymbol{L}\boldsymbol{h}_j$的最小值即$\boldsymbol{L}$最小的特征值，对应的解$\boldsymbol{h}_j$即最小特征值对应的特征向量。显然，对于$\mathrm{tr}(\boldsymbol{H}^{\mathrm{T}}\boldsymbol{L}\boldsymbol{H})=\sum_{j=1}^{k}\boldsymbol{h}_j^{\mathrm{T}}\boldsymbol{L}\boldsymbol{h}_j$而言，最小值即为拉普拉斯矩阵$\boldsymbol{L}$的最小的$k$个特征值之和。对应的解就是，以拉普拉斯矩阵$\boldsymbol{L}$最小的$k$个特征值对应的特征向量为列向量构成的矩阵$\boldsymbol{H}$。

接下来需要根据指示向量构成的矩阵$\boldsymbol{H}$进行切图，从而得到每个原始数据点的划分。然而，在对原始问题进行松弛后得到的$\boldsymbol{H}$是由实数值构成的。指示向量$\boldsymbol{h}_j$每一位的取值不再只有0或$\frac{1}{\sqrt{|A_j|}}$两种情况，而可能是任意实数值。因此为了得到图的划分，需要将指示向量重新离散化。然而绝大多数谱聚类算法并不做离散化，而是把$\boldsymbol{H}$的每一行看作原始样本在作在$\mathbb{R}^k$上的投影(即将原始样本降至k维)，并在投影后的数据上运行k-means进行聚类。因此，谱聚类实际上可以看作是对原始数据进行拉普拉斯特征映射降维后执行k-means的算法。

3. Ncut

Ncut同样是对MinCut的改进，和RatioCut相似。不过Ncut中子图大小是通过$\mathrm{vol}(A_i)$衡量的，因为子图中点多不一定权重大，而度数之和大权重肯定大。相较而言更符合我们的目标。因此最小化的目标变为下式：

$$\mathrm{Ncut}(A_1,A_2,\cdots,A_k):=\frac{1}{2}\sum_{i=1}^{k}\frac{W(A_i,\bar{A}_i)}{\mathrm{vol}(A_i)}=\sum_{i=1}^{k}\frac{\mathrm{cut}(A_i,\bar{A}_i)}{\mathrm{vol}(A_i)}$$

假设原始数据有n个样本，构图后给定一个划分，将原图切分成k个子图$A_1,A_2,\cdots,A_k$。对子图j定义一个n维的指示向量，$\boldsymbol{h}_j=(h_{1j},h_{2j},\cdots,h_{nj})$，标识每个样本是否属于$j$子图。在Ncut中，$\boldsymbol{h}_{ij}$被定义为：

$$\boldsymbol{h}_{ij}=\begin{cases}1/\sqrt{\mathrm{vol}(A_j)}, & v_i\in A_j\\ 0, & v_i\notin A_j\end{cases}\quad i=1,2,\cdots,n;\quad j=1,2,\cdots,k$$

利用拉普拉斯矩阵的性质1，将向量$\boldsymbol{h}_j$代入其中。推导过程和RatioCut基本一致，可以得到：

$$\boldsymbol{h}_j^{\mathrm{T}}\boldsymbol{L}\boldsymbol{h}_j=\frac{\mathrm{cut}(A_j,\bar{A}_j)}{\mathrm{vol}(A_j)}$$

因此有下式：

$$\mathrm{Ncut}(A_1,A_2,\cdots,A_k)=\sum_{j=1}^{k}\boldsymbol{h}_j^{\mathrm{T}}\boldsymbol{L}\boldsymbol{h}_j=\sum_{j=1}^{k}(\boldsymbol{H}^{\mathrm{T}}\boldsymbol{L}\boldsymbol{H})_{jj}=\mathrm{tr}(\boldsymbol{H}^{\mathrm{T}}\boldsymbol{L}\boldsymbol{H})$$

但是此时$\boldsymbol{H}^{\mathrm{T}}\boldsymbol{H}\neq\boldsymbol{I}$，约束变成了$\boldsymbol{H}^{\mathrm{T}}\boldsymbol{D}\boldsymbol{H}=\boldsymbol{I}$。容易验证：

$$\boldsymbol{h}_j^{\mathrm{T}}\boldsymbol{D}\boldsymbol{h}_j=\sum_{i=1}^{n}\boldsymbol{h}_{ij}^2d_i=\frac{1}{\mathrm{vol}(A_j)}\sum_{i\in A_j}d_i=\frac{1}{\mathrm{vol}(A_j)}\mathrm{vol}(A_j)=1$$

因此优化目标变为：

$$\underbrace{\mathrm{argmin}}_{H}\ \mathrm{tr}(\boldsymbol{H}^{\mathrm{T}}\boldsymbol{L}\boldsymbol{H})\qquad \mathrm{s.t.}\ \boldsymbol{H}^{\mathrm{T}}\boldsymbol{D}\boldsymbol{H}=\boldsymbol{I}$$

问题是，即便对上述目标进行松弛，由于$\boldsymbol{H}^{\mathrm{T}}\boldsymbol{H}\neq I$并不能直接应用瑞利定理。不妨对上式进行变换，令$\boldsymbol{P}=\boldsymbol{D}^{1/2}\boldsymbol{H}$，再对上述目标进行松弛。得到新的优化目标：

$$\underset{D^{-1/2}P\in\mathbb{R}^{n\times k}}{\underbrace{\operatorname{argmin}}}\ \operatorname{tr}(\boldsymbol{P}^{\mathrm{T}}\boldsymbol{D}^{-1/2}\boldsymbol{L}\boldsymbol{D}^{-1/2}\boldsymbol{P})\qquad \text{s.t.}\ \boldsymbol{P}^{\mathrm{T}}\boldsymbol{P}=\boldsymbol{I}$$

因为$\boldsymbol{D}^{-1/2}$为常量，所以上式中的求解对象可由$\boldsymbol{D}^{-1/2}\boldsymbol{P}$简化为$\boldsymbol{P}$。再回顾14.7.3节的正则化拉普拉斯矩阵$\boldsymbol{L}_{\mathrm{sym}}=\boldsymbol{D}^{-1/2}\boldsymbol{L}\boldsymbol{D}^{-1/2}$，原始优化目标可简化为：

$$\underset{P\in\mathbb{R}^{n\times k}}{\underbrace{\operatorname{argmin}}}\ \operatorname{tr}(\boldsymbol{P}^{\mathrm{T}}\boldsymbol{L}_{\mathrm{sym}}\boldsymbol{P})\qquad \text{s.t.}\ \boldsymbol{P}^{\mathrm{T}}\boldsymbol{P}=\boldsymbol{I}$$

根据瑞利定理可知，上式的解为以$\boldsymbol{L}_{\mathrm{sym}}$的最小的$k$个特征值对应的特征向量为列向量构成的矩阵$\boldsymbol{P}$。再根据$\boldsymbol{H}=\boldsymbol{D}^{-1/2}\boldsymbol{P}$，便可得到指示向量构成的矩阵$\boldsymbol{H}$。根据正则化拉普拉斯矩阵的性质，可以知道$\boldsymbol{H}$的列向量同时也是拉普拉斯矩阵$\boldsymbol{L}$相对于$\boldsymbol{D}$的最小的$k$个广义特征值对应的广义特征向量。这个推导很简单，首先令$\boldsymbol{p}_j^{\mathrm{T}}\boldsymbol{L}_{\mathrm{sym}}\boldsymbol{p}_j=\boldsymbol{\lambda}$，有：

$$\boldsymbol{L}_{\mathrm{sym}}\boldsymbol{p}_j=\boldsymbol{\lambda}\boldsymbol{p}_j$$

因为$\boldsymbol{P}=\boldsymbol{D}^{1/2}\boldsymbol{H}$，所以$\boldsymbol{p}_j=\boldsymbol{D}^{1/2}\boldsymbol{h}_j$。因此上式变为：

$$\boldsymbol{L}_{\mathrm{sym}}\boldsymbol{D}^{1/2}\boldsymbol{h}_j=\boldsymbol{\lambda}\boldsymbol{D}^{1/2}\boldsymbol{h}_j$$

根据正则化的拉普拉斯矩阵的性质2可知，上式中的$\boldsymbol{\lambda}$和$\boldsymbol{h}_j$满足：

$$\boldsymbol{L}_{\mathrm{rw}}\boldsymbol{h}_j=\boldsymbol{\lambda}\boldsymbol{h}_j$$

再根据性质3可知，上式中的$\boldsymbol{\lambda}$和$\boldsymbol{h}_j$同时满足下式：

$$\boldsymbol{L}\boldsymbol{h}_j=\boldsymbol{\lambda}\boldsymbol{D}\boldsymbol{h}_j$$

所以$\boldsymbol{L}_{\mathrm{sym}}$最小的$k$个特征值及对应的$\boldsymbol{h}_j$，同时也是$\boldsymbol{L}$相对于$\boldsymbol{D}$的最小的$k$个广义特征值和广义特征向量。因此除了从正则化拉普拉斯矩阵$\boldsymbol{L}_{\mathrm{sym}}$的角度求解$\boldsymbol{H}$，还可以通过求解标准拉普拉斯矩阵$\boldsymbol{L}$相对于度矩阵$\boldsymbol{D}$的广义特征值问题得到$\boldsymbol{H}$。同样地，最后将$\boldsymbol{H}$的每一行当作降维后的样本点，直接运行$k$-means聚类即可。

14.7.5 算法描述

至此，谱聚类算法中的主要问题构图和切图都已经详细介绍过了。RatioCut和Ncut实际上对应了两种谱聚类算法，未正则化的谱聚类和正则化的谱聚类。本节将给出这两种算法的正式描述。

1. 未正则化的谱聚类

根据14.7.4节的方法给予原始数据构造相似图。

根据构造的相似图计算邻接矩阵$\boldsymbol{W}$、度矩阵$\boldsymbol{D}$和拉普拉斯矩阵$\boldsymbol{L}$。

计算拉普拉斯矩阵$\boldsymbol{L}$最小的k这特征值对应的特征向量$u_1,u_2,\cdots,u_k$。

以$u_1,u_2,\cdots,u_k$为列向量构造矩阵$\boldsymbol{U}\in\mathbb{R}^{n\times k}$。

将$\boldsymbol{U}$的每一行当作一个被压缩成k维的样本点，运行k-means算法对其聚类。

根据聚类结果将原始样本点划分成不同的簇。

2. 正则化的谱聚类

根据14.7.4节的方法给予原始数据构造相似图。

根据构造的相似图计算邻接矩阵$\boldsymbol{W}$、度矩阵$\boldsymbol{D}$和拉普拉斯矩阵$\boldsymbol{L}$。

计算广义特征值问题$\boldsymbol{Lu}=\lambda\boldsymbol{Du}$最小的$k$个广义特征值对应的广义特征向量$u_1$，$u_2,\cdots,u_k$。

以 $u_1, u_2, \cdots, u_k$ 为列向量构造矩阵 $\boldsymbol{U} \in \mathbb{R}^{n \times k}$。

将 $\boldsymbol{U}$ 的每一行当作一个被压缩成 k 维的样本点，运行 k-means 算法对其聚类。

根据聚类结果将原始样本点划分成不同的簇。

14.7.6 应用实例

因为谱聚类算法需要求解拉普拉斯矩阵的特征值问题，所以在大数据集和聚类数非常大的场景下，性能和效果可能不会很好。不过在小数据集和聚类数不大的场景，效果通常还不错。下面的代码中，将借助 scikit-learn 中 dataset 模块的数据生成方法生成一些数据集。

```
from sklearn import datasets

n_samples = 1500

# 同心圆数据集
noisy_circles = datasets.make_circles(n_samples = n_samples, factor = .5,noise = .05)

# 半月数据集
noisy_moons = datasets.make_moons(n_samples = n_samples, noise = .05)

# 各向同性的高斯分布
blobs = datasets.make_blobs(n_samples = n_samples, random_state = 8)

# 各向异性的分布
X, y = datasets.make_blobs(n_samples = n_samples, random_state = 170)
transformation = [[0.6, -0.6], [-0.4, 0.8]]
X_aniso = np.dot(X, transformation)
aniso = (X_aniso, y)

# 各向同性的高斯分布不同的方差
varied = datasets.make_blobs(n_samples = n_samples,cluster_std = [1.0, 2.5, 0.5],random_
state = 170)

# 无结构的二维数据集
no_structure = np.random.rand(n_samples, 2), None

# 将数据放入列表中并声明每个数据集的聚类数
data_sets = [(noisy_circles,2), (noisy_moons,2), (blobs,3), (aniso,3), (varied,3), (no_
structure,3)]
```

分别在这些数据集上运行谱聚类算法。调用 scikit-learn 中 cluster 模块下的 SpectralClustering 类，简单设置聚类数 n_clusters、特征值求解策略 eigen_solver 和相似度矩阵构造方法 affinity 后，利用实例的 fit()方法传入聚类数据集即可完成聚类。最后，绘制谱聚类算法在各个数据集上的聚类效果，结果如图 14-15 所示。可以发现，谱聚类在这些数据集上的聚类效果还是不错的。

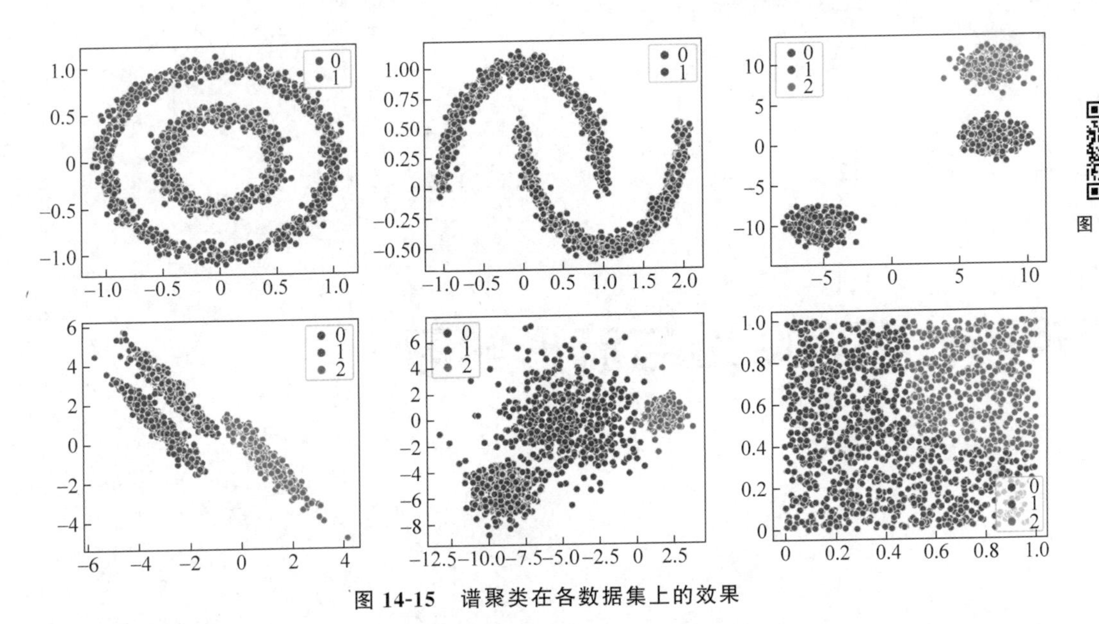

图 14-15 彩图

图 14-15 谱聚类在各数据集上的效果

```
from sklearn.cluster import SpectralClustering

results = []

# 遍历每个数据集,分别运行谱聚类
for X,n_clusters in data_sets:
    clustering = SpectralClustering(n_clusters = n_clusters,
                affinity = "nearest_neighbors", eigen_solver = "arpack").fit(X[0])

    # 聚类结果存储到 results 列表中
results.append(clustering.labels_)

# 设置画布
plt.figure(figsize = (15,8))

# 可视化数据集
for i,result in enumerate(results):
    plt.subplot(2,3,i + 1)
    dataset = data_sets[i][0][0]
    sns.scatterplot(dataset[:, 0], dataset[:, 1], hue = result, palette = "Set1")

# 展示图表
plt.show()
```

注意,SpectralClustering 下的两个参数 affinity 和 assign_labels,前者的选择涉及谱聚类的构图策略,前面例子中的 nearest_neighbors 采用便是 kNN 构图法,通过参数 n_neighbors 控制邻居数,默认为 10；而 affinity 的默认取值是 rbf,采用的便是全连接构图法。至于参数 assign_labels,控制的便是求得指示矩阵 $\boldsymbol{H}$ 后具体的聚类策略。有两种取值 kmeans 和 discretize,前者便是主流的处理方式运行 k-means 算法聚类,后者则是对 $\boldsymbol{H}$ 进行离散化直接根据指示向量得到聚类结果。

第 15 章

矩阵分解、降维与流形学习

机器学习任务中常会面临数据特征维度较高的情况，这时就会发生维度灾难。解决这一问题的重要方法就是降维(Dimension Reduction)，也就是将原始的高维空间经过一定的变换转化到一个新的低维空间中。机器学习中还有一大类被统称为流形学习(Manifold Learning)的算法，其目的就在于尽量使得原高维空间中数据点之间的关系(例如距离等)在映射到新的低维空间后仍然得以保持。

与本章内容相关的数学概念包括：协方差矩阵、酉矩阵、拉格朗日乘数法、奇异值分解、主成分分析、特征值与特征向量、内积矩阵。

15.1 主成分分析

主成分分析(Principal Component Analysis，PCA)可用于图像信息压缩，这在图像处理中是非常基础的技术。它的基本思想就是设法提取数据的主成分(或者说是主要信息)，然后摒弃冗余信息(或次要信息)，从而达到信息压缩的目的。

为了彻底揭示 PCA 的本质，首先考查这里的信息冗余是如何体现的。如图 15-1 中的左图所示，有一组二维数据点，从图中不难发现这组数据的两个维度之间具有很高的相关性。鉴于这种相关性的存在，就可以认为其实有一个维度是冗余的，因为当已知其中一个维度时，便可以据此大致推断出另外一个维度的情况。

为了剔除信息冗余，我们设想把这些数据转换到另外一个坐标系下(或者说是把原坐标系进行旋转)，如图 15-1 中的右图所示，当然这里通过平移设法把原数据的均值变成了 0。

图 15-2 中的左图是经过坐标系旋转之后的数据点分布情况。可以看出，原数据点两个维度之间的相关性已经被大大削弱(就这个例子而言几乎已经被彻底抹消)。同时也会发现在新坐标系中，横轴维度 x 相比于纵轴维度 y 所表现出来的重要性更高，因为从横轴维

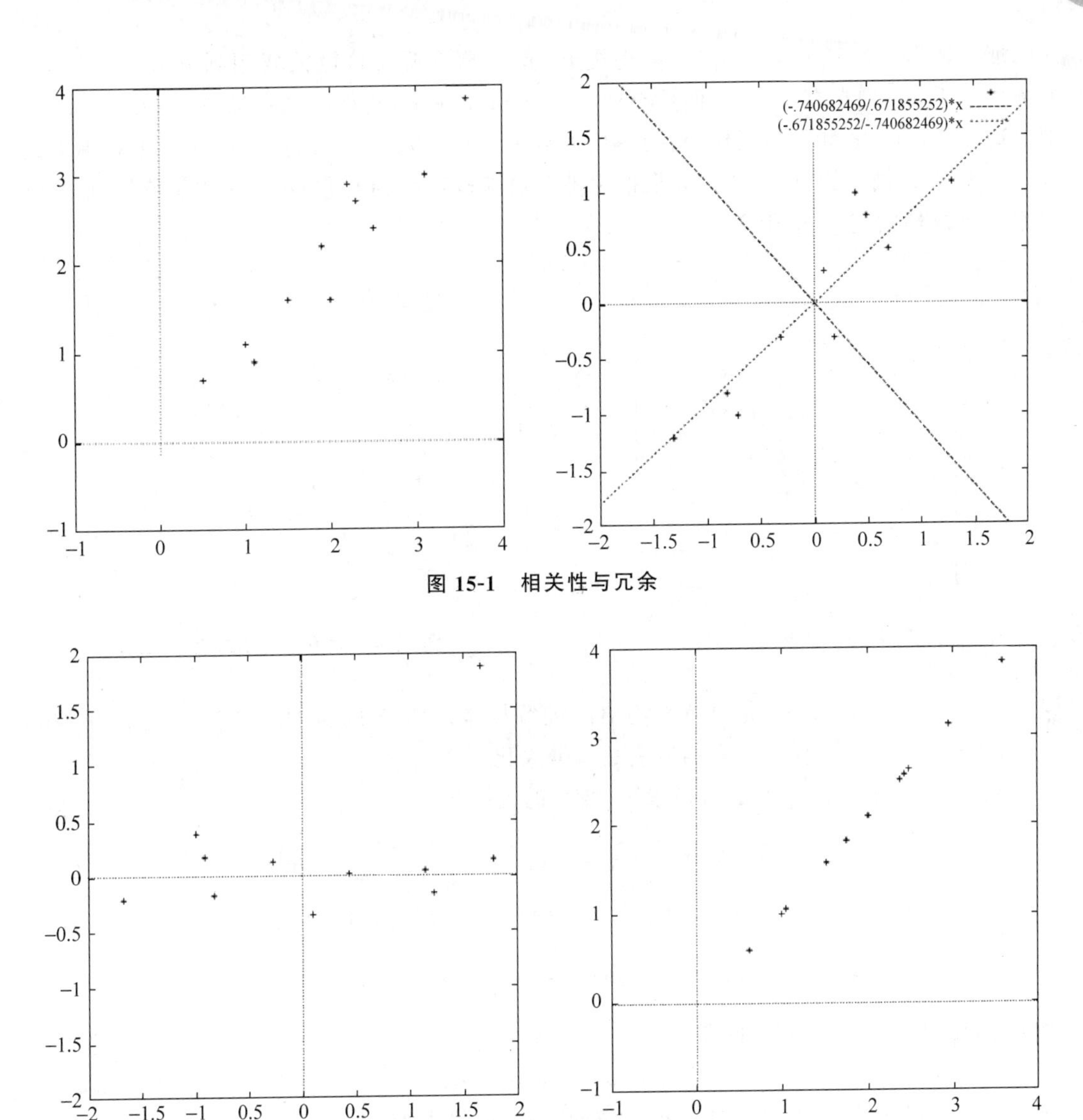

图 15-1 相关性与冗余

图 15-2 通过坐标系旋转实现信息压缩

度上更大程度地反映了数据分布的特点。也就是说，本来需要用两个维度来描述的数据，现在也能够在很大程度上保留数据分布特点的情况下通过一个维度来表达。如果仅保留 x 维度，而舍弃 y 维度，其实就起到了数据压缩的效果。而且，舍弃 y 维度后，再把数据集恢复到原坐标系上，关于数据分布情况的信息确实在很大程度上得以保留了，如图 15-2 中的右图所示。

上面描述的也就是主成分分析要达到的目的。但如何用数学的语言来描述这个目的呢？或者说，要找到一个变换使得坐标系旋转的效果能够实现削弱相关性或将主要信息集中在少数几个维度上这一任务，应该如何确定所需的变换(或者坐标系旋转的角度)呢？还是来看一个例子，假设现在有如图 15-3 所示的一些数据，它们形成了一个椭圆形状的点阵，那么这个椭圆有一个长轴和一个短轴。在短轴方向上，数据变化很少；相反，长轴的方向数据分散得更开，对数据点分布情况的解释力也就更强。

那么数学上如何定义数据“分散得更开”这一概念呢？这就需要用到方差这个概念。如图 15-4 所示，现在有 5 个点，假设有两个坐标轴 w 和 v，它们的原点都位于 O。然后，分别把这 5 个点向 w 和 v 做投影，对投影后的点再计算相对于原点的方差，可知在 v 轴上的方差要大于 w 轴上的方差，所以如果把原坐标轴旋转到 v 轴的方向上，相比于旋转到 w 轴的方向上，数据点会分散得更开。

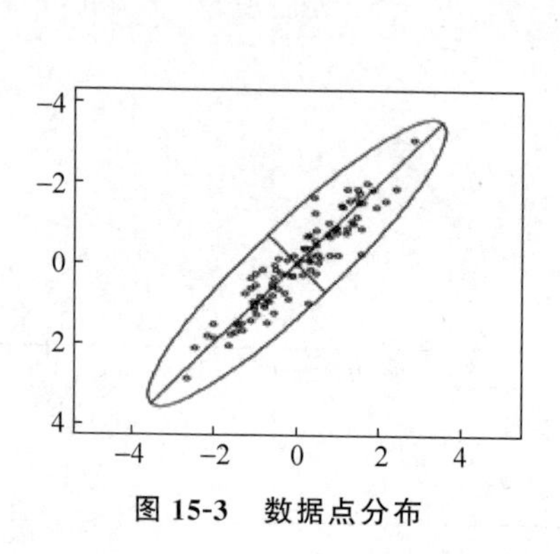

图 15-3　数据点分布

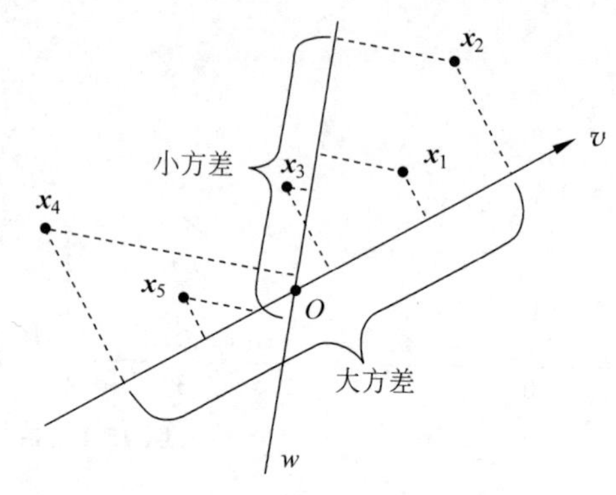

图 15-4　大方差与小方差

设 $\boldsymbol{x}_1, \boldsymbol{x}_2, \cdots, \boldsymbol{x}_N \in \mathbb{R}^d$ 是具有零均值的训练样本。PCA 的目的就是在$\mathbb{R}^d$ 空间中找到一组 p 维向量($p \leqslant d$)使得数据的方差总量最大化。

图 15-4 中的一点 $\boldsymbol{x}_j$ 向 v 轴做投影，所得的投影向量为

$$(\|\boldsymbol{x}_j\|\cos\theta)\frac{\boldsymbol{v}}{\|\boldsymbol{v}\|} = \|\boldsymbol{x}_j\| \frac{\langle \boldsymbol{x}_j, \boldsymbol{v}\rangle}{\|\boldsymbol{x}_j\|\|\boldsymbol{v}\|}\frac{\boldsymbol{v}}{\|\boldsymbol{v}\|}$$

其中，θ 是向量 $O\boldsymbol{x}_j$ 与$\boldsymbol{v}$ 的夹角。如果这里的向量$\boldsymbol{v}$ 是单位向量，则有

$$(\|\boldsymbol{x}_j\|\cos\theta)\frac{\boldsymbol{v}}{\|\boldsymbol{v}\|} = \langle \boldsymbol{x}_j, \boldsymbol{v}\rangle \boldsymbol{v}$$

这同时表明其系数其实就是内积

$$\langle \boldsymbol{x}_j, \boldsymbol{v}\rangle = \boldsymbol{x}_j^{\mathrm{T}}\boldsymbol{v} = \boldsymbol{v}^{\mathrm{T}}\boldsymbol{x}_j$$

所有这些点 $\boldsymbol{x}_j$ 在归一化的方向$\boldsymbol{v}$（即单位向量）上的投影为

$$\boldsymbol{v}^{\mathrm{T}}\boldsymbol{x}_1, \boldsymbol{v}^{\mathrm{T}}\boldsymbol{x}_2, \cdots, \boldsymbol{v}^{\mathrm{T}}\boldsymbol{x}_N$$

而这些投影的方差为

$$\begin{aligned}\sigma^2 &= \frac{1}{N}\sum_{i=1}^{N}(\boldsymbol{v}^{\mathrm{T}}\boldsymbol{x}_j - 0)^2 = \frac{1}{N}\sum_{i=1}^{N}(\boldsymbol{v}^{\mathrm{T}}\boldsymbol{x}_i)(\boldsymbol{v}^{\mathrm{T}}\boldsymbol{x}_i)\\ &= \frac{1}{N}\sum_{i=1}^{N}(\boldsymbol{v}^{\mathrm{T}}\boldsymbol{x}_i)(\boldsymbol{v}^{\mathrm{T}}\boldsymbol{x}_i)^{\mathrm{T}} = \frac{1}{N}\sum_{i=1}^{N}\boldsymbol{v}^{\mathrm{T}}\boldsymbol{x}_i\boldsymbol{x}_i^{\mathrm{T}}\boldsymbol{v}\\ &= \boldsymbol{v}^{\mathrm{T}}\left(\frac{1}{N}\sum_{i=1}^{N}\boldsymbol{x}_i\boldsymbol{x}_i^{\mathrm{T}}\right)\boldsymbol{v} = \boldsymbol{v}^{\mathrm{T}}\boldsymbol{C}\boldsymbol{v}\end{aligned}$$

其中，$\boldsymbol{C}$ 是协方差矩阵。

因为$\boldsymbol{v}^{\mathrm{T}}\boldsymbol{C}\boldsymbol{v}$ 就是方差，而我们的目标是最大化方差，因此第一个主向量可以由如下方程获得：

$$\boldsymbol{v} = \underset{\boldsymbol{v}\in\mathbb{R}^d, \|\boldsymbol{v}\|=1}{\arg\max}\ \boldsymbol{v}^{\mathrm{T}}\boldsymbol{C}\boldsymbol{v}$$

因为是带等式约束的优化问题，所以采用拉格朗日乘数法，写出拉格朗日乘数式如下：

$$f(\boldsymbol{v},\lambda)=\boldsymbol{v}^{\mathrm{T}}\boldsymbol{C}\boldsymbol{v}-\lambda(\boldsymbol{v}^{\mathrm{T}}\boldsymbol{v}-1)$$

然后将上式对$\boldsymbol{v}$和λ求导，并令导数等于0，则有

$$\frac{\partial f}{\partial \boldsymbol{v}}=2\boldsymbol{C}\boldsymbol{v}-2\lambda\boldsymbol{v}=0\Rightarrow \boldsymbol{C}\boldsymbol{v}=\lambda\boldsymbol{v}$$

$$\frac{\partial f}{\partial \lambda}=\boldsymbol{v}^{\mathrm{T}}\boldsymbol{v}-1=0\Rightarrow \boldsymbol{v}^{\mathrm{T}}\boldsymbol{v}=1$$

于是可知，原来的最优化式子就等价于找到如下特征值问题中最大的特征值：

$$\begin{cases}\boldsymbol{C}\boldsymbol{v}=\lambda\boldsymbol{v}\\ \|\boldsymbol{v}\|=1\end{cases}$$

注意，前面的最优化式子要计算的是使得$\boldsymbol{v}^{\mathrm{T}}\boldsymbol{C}\boldsymbol{v}$达到最大的$\boldsymbol{v}$，而$\boldsymbol{v}$可以由上式解出，据此再来计算$\boldsymbol{v}^{\mathrm{T}}\boldsymbol{C}\boldsymbol{v}$，则有

$$\boldsymbol{v}^{\mathrm{T}}\boldsymbol{C}\boldsymbol{v}=\boldsymbol{v}^{\mathrm{T}}\lambda\boldsymbol{v}=\lambda\boldsymbol{v}^{\mathrm{T}}\boldsymbol{v}=\lambda$$

也就是说，需要做的就是求解$\boldsymbol{C}\boldsymbol{v}=\lambda\boldsymbol{v}$，从而得到一个最大的特征值$\lambda$，而这个$\lambda$对应的特征向量$\boldsymbol{v}$所指示的就是使得方差最大的方向。把数据投影到这个主轴上就称为主成分，也称为主成分得分。注意因为$\boldsymbol{v}$是单位向量，所以点$\boldsymbol{x}_j$向$\boldsymbol{v}$轴做投影所得的主成分得分就是$\boldsymbol{v}^{\mathrm{T}}\boldsymbol{x}_j$。而且这也是最大的主成分方向。如果要再多加的一个方向的话，则继续求一个次大的λ，而这个λ对应特征向量$\boldsymbol{v}$所指示的就是使得方差第二大的方向，并以此类推。

更进一步地，因为$\boldsymbol{C}$是协方差矩阵，所以它是对称的，对于一个对称矩阵而言，如果它有N个不同的特征值，那么这些特征值对应的特征向量就会彼此正交。如果把$\boldsymbol{C}\boldsymbol{v}=\lambda\boldsymbol{v}$中的向量写成矩阵的形式，也就是采用矩阵对角化(特征值分解)的形式，则有$\boldsymbol{C}=\boldsymbol{V}\boldsymbol{\Lambda}\boldsymbol{V}^{\mathrm{T}}$，其中，$\boldsymbol{V}$是一个特征向量矩阵(其中每列是一个特征向量)；$\boldsymbol{\Lambda}$是一个对角矩阵，特征值$\lambda_i$沿着它的对角线降序排列。这些特征向量被称为数据的主轴或者主方向。

注意，协方差矩阵(这里使用了前面给定的零均值假设)

$$\boldsymbol{C}=\frac{1}{N}\sum_{i=1}^{N}\boldsymbol{x}_i\boldsymbol{x}_i^{\mathrm{T}}=\frac{1}{N}[\boldsymbol{x}_1,\boldsymbol{x}_2,\cdots,\boldsymbol{x}_N]\begin{bmatrix}\boldsymbol{x}_1^{\mathrm{T}}\\ \boldsymbol{x}_2^{\mathrm{T}}\\ \vdots\\ \boldsymbol{x}_N^{\mathrm{T}}\end{bmatrix}$$

如果令$\boldsymbol{X}^{\mathrm{T}}=[\boldsymbol{x}_1,\boldsymbol{x}_2,\cdots,\boldsymbol{x}_N]$，其中$\boldsymbol{x}_i$表示一个列向量，则有

$$\boldsymbol{C}=\frac{1}{N}\boldsymbol{X}^{\mathrm{T}}\boldsymbol{X}$$

正如前面所说的，把数据投影到这个主轴上就称为主成分或主成分得分；这些可以被看成是新的、转换后的变量。第j个主成分由$\boldsymbol{XV}$的第j列给出。第i个数据点在新的主成分空间中的坐标由$\boldsymbol{XV}$的第i行给出。

下面做进一步的扩展，来推导引入核化版的PCA，即核主成分分析。它是多变量统计领域中的一种分析方法，是使用核方法对主成分分析的非线性扩展，即将原数据通过核映射到再生核希尔伯特空间后再使用原本线性的主成分分析。

其实，核化版的PCA思想是比较简单的，同样需要求出协方差矩阵$\boldsymbol{C}$，但不同的是这一

次要在目标空间中来求，而非原空间。

$$C=\frac{1}{N}\sum_{i=1}^{N}\phi(\boldsymbol{x}_i)\phi(\boldsymbol{x}_i^{\mathrm{T}})=\frac{1}{N}[\phi(\boldsymbol{x}_1),\phi(\boldsymbol{x}_2),\cdots,\phi(\boldsymbol{x}_N)]\begin{bmatrix}\phi(\boldsymbol{x}_1^{\mathrm{T}})\\ \phi(\boldsymbol{x}_2^{\mathrm{T}})\\ \vdots\\ \phi(\boldsymbol{x}_N^{\mathrm{T}})\end{bmatrix}$$

如果令 $\boldsymbol{X}^{\mathrm{T}}=[\phi(\boldsymbol{x}_1),\phi(\boldsymbol{x}_2),\cdots,\phi(\boldsymbol{x}_N)]$，则 $\phi(\boldsymbol{x}_i)$表示 i 被映射到目标空间后的一个列向量，于是同样有

$$C=\frac{1}{N}\boldsymbol{X}^{\mathrm{T}}\boldsymbol{X}$$

$\boldsymbol{C}$ 和 $\boldsymbol{X}^{\mathrm{T}}\boldsymbol{X}$ 具有相同的特征向量。但现在的问题是 ϕ 是隐式的，其具体形式并非显而易见的。所以，需要设法借助核函数 $\boldsymbol{K}$ 来求解 $\boldsymbol{X}^{\mathrm{T}}\boldsymbol{X}$。

因为核函数 $\boldsymbol{K}$ 是已知的，所以如下所示 $\boldsymbol{X}\boldsymbol{X}^{\mathrm{T}}$ 是可以算得的。

$$\boldsymbol{K}=\boldsymbol{X}\boldsymbol{X}^{\mathrm{T}}=\begin{bmatrix}\phi(\boldsymbol{x}_1^{\mathrm{T}})\\ \phi(\boldsymbol{x}_2^{\mathrm{T}})\\ \vdots\\ \phi(\boldsymbol{x}_N^{\mathrm{T}})\end{bmatrix}[\phi(\boldsymbol{x}_1),\boldsymbol{x}_2),\cdots,\phi(\boldsymbol{x}_N)]$$

$$=\begin{bmatrix}\phi(\boldsymbol{x}_1^{\mathrm{T}})\phi(\boldsymbol{x}_1) & \phi(\boldsymbol{x}_1^{\mathrm{T}})\phi(\boldsymbol{x}_2) & \cdots & \phi(\boldsymbol{x}_1^{\mathrm{T}})\phi(\boldsymbol{x}_N)\\ \phi(\boldsymbol{x}_2^{\mathrm{T}})\phi(\boldsymbol{x}_2) & \phi(\boldsymbol{x}_2^{\mathrm{T}})\phi(\boldsymbol{x}_2) & \cdots & \phi(\boldsymbol{x}_2^{\mathrm{T}})\phi(\boldsymbol{x}_N)\\ \vdots & \vdots & & \vdots\\ \phi(\boldsymbol{x}_N^{\mathrm{T}})\phi(\boldsymbol{x}_1) & \phi(\boldsymbol{x}_N^{\mathrm{T}})\phi(\boldsymbol{x}_1) & \cdots & \phi(\boldsymbol{x}_N^{\mathrm{T}})\phi(\boldsymbol{x}_N)\end{bmatrix}$$

$$=\begin{bmatrix}\mathcal{K}(\boldsymbol{x}_1,\boldsymbol{x}_1) & \mathcal{K}(\boldsymbol{x}_1,\boldsymbol{x}_2) & \cdots & \mathcal{K}(\boldsymbol{x}_1,\boldsymbol{x}_N)\\ \mathcal{K}(\boldsymbol{x}_2,\boldsymbol{x}_1) & \mathcal{K}(\boldsymbol{x}_2,\boldsymbol{x}_2) & \cdots & \mathcal{K}(\boldsymbol{x}_2,\boldsymbol{x}_N)\\ \vdots & \vdots & & \vdots\\ \mathcal{K}(\boldsymbol{x}_N,\boldsymbol{x}_1) & \mathcal{K}(\boldsymbol{x}_N,\boldsymbol{x}_2) & \cdots & \mathcal{K}(\boldsymbol{x}_N,\boldsymbol{x}_N)\end{bmatrix}$$

注意，$\boldsymbol{X}^{\mathrm{T}}\boldsymbol{X}$ 并不等于 $\boldsymbol{X}\boldsymbol{X}^{\mathrm{T}}$，但两者之间肯定存在某种关系。所以设想是否可以用 $\boldsymbol{K}$ 来计算 $\boldsymbol{X}^{\mathrm{T}}\boldsymbol{X}$。

显然，$\boldsymbol{K}=\boldsymbol{X}\boldsymbol{X}^{\mathrm{T}}$ 的特征值问题是$(\boldsymbol{X}\boldsymbol{X}^{\mathrm{T}})\boldsymbol{u}=\boldsymbol{u}$。现在需要的是 $\boldsymbol{X}^{\mathrm{T}}\boldsymbol{X}$，所以把上述式子的左右两边同时乘以 $\boldsymbol{X}^{\mathrm{T}}$，从而构造出我们想要的，于是有

$$\boldsymbol{X}^{\mathrm{T}}(\boldsymbol{X}\boldsymbol{X}^{\mathrm{T}})\boldsymbol{u}=\boldsymbol{X}^{\mathrm{T}}\boldsymbol{u}$$

即

$$(\boldsymbol{X}^{\mathrm{T}}\boldsymbol{X})(\boldsymbol{X}^{\mathrm{T}}\boldsymbol{u})=(\boldsymbol{X}^{\mathrm{T}}\boldsymbol{u})$$

这就意味着 $\boldsymbol{X}^{\mathrm{T}}\boldsymbol{u}$ 就是 $\boldsymbol{X}^{\mathrm{T}}\boldsymbol{X}$ 的特征向量。尽管此处特征向量的模并不一定为 1。为了保证特征向量的模为 1，用特征向量除以其自身的长度。注意 $\boldsymbol{K}=\boldsymbol{X}\boldsymbol{X}^{\mathrm{T}}$，而 $\boldsymbol{K}\boldsymbol{u}=\boldsymbol{u}$，即

$$\boldsymbol{v}=\frac{\boldsymbol{X}^{\mathrm{T}}\boldsymbol{u}}{\|\boldsymbol{X}^{\mathrm{T}}\boldsymbol{u}\|}=\frac{\boldsymbol{X}^{\mathrm{T}}\boldsymbol{u}}{\sqrt{\boldsymbol{u}^{\mathrm{T}}\boldsymbol{X}\boldsymbol{X}^{\mathrm{T}}\boldsymbol{u}}}=\frac{\boldsymbol{X}^{\mathrm{T}}\boldsymbol{u}}{\sqrt{\boldsymbol{u}^{\mathrm{T}}(\lambda\boldsymbol{u})}}=\frac{\boldsymbol{X}^{\mathrm{T}}\boldsymbol{u}}{\sqrt{\lambda}}$$

上式中 $\boldsymbol{X}^{\mathrm{T}}=[\phi(\boldsymbol{x}_1),\phi(\boldsymbol{x}_2),\cdots,\phi(\boldsymbol{x}_N)]$是未知的，所以$\boldsymbol{v}$ 仍然未知。但可以直接设法求投影，因为最终目的仍然是计算所以点 $\phi(\boldsymbol{x}_j)$向 v 轴做投影所得之主成分得分就是

$\boldsymbol{v}^{\mathrm{T}}\phi(\boldsymbol{x}_j)$，如下：

$$\boldsymbol{v}^{\mathrm{T}}\phi(\boldsymbol{x}_j)=\left(\frac{\boldsymbol{X}^{\mathrm{T}}\boldsymbol{u}}{\sqrt{\lambda}}\right)^{\mathrm{T}}\phi(\boldsymbol{x}_j)=\frac{1}{\sqrt{\lambda}}\boldsymbol{u}^{\mathrm{T}}\boldsymbol{X}\phi(\boldsymbol{x}_j)$$

$$=\frac{1}{\sqrt{\lambda}}\boldsymbol{u}^{\mathrm{T}}\begin{bmatrix}\phi(\boldsymbol{x}_1^{\mathrm{T}})\\\phi(\boldsymbol{x}_2^{\mathrm{T}})\\\vdots\\\phi(\boldsymbol{x}_N^{\mathrm{T}})\end{bmatrix}\phi(\boldsymbol{x}_j)=\frac{1}{\sqrt{\lambda}}\boldsymbol{u}^{\mathrm{T}}\begin{bmatrix}\mathcal{K}(x_1,x_j)\\\mathcal{K}(x_2,x_j)\\\vdots\\\mathcal{K}(x_N,x_j)\end{bmatrix}$$

综上，便得到了核化版的PCA的计算方法。现做扼要总结，首先求解如下特征值问题：

$$\boldsymbol{K}\boldsymbol{u}_i=\lambda_i\boldsymbol{u}_i,\quad \lambda_1\geqslant\lambda_2\geqslant\cdots\geqslant\lambda_N$$

测试采样点$\phi(\boldsymbol{x}_j)$在第i个特征向量上的投影可由下式计算：

$$\boldsymbol{v}_i^{\mathrm{T}}\phi(\boldsymbol{x}_j)=\frac{1}{\sqrt{\lambda_i}}\boldsymbol{u}_i^{\mathrm{T}}\begin{bmatrix}\mathcal{K}(x_1,x_j)\\\mathcal{K}(x_2,x_j)\\\vdots\\\mathcal{K}(x_N,x_j)\end{bmatrix}$$

所得之$\boldsymbol{v}_i^{\mathrm{T}}\phi(\boldsymbol{x}_j)$即为特征空间(Feature space)中沿着$\boldsymbol{v}_i$方向的坐标。

最后基于scikit-learn，给出一个PCA及KernelPCA(KPCA)的例子。下面的代码中，首先使用datasets模块的make_circles()方法生成了300个同心圆数据集。然后matplotlib中的scatter()方法对此数据集进行可视化，如图15-4(a)所示。紧接着，使用scikit－learn下decomposition模块的PCA方法对数据进行降维，参数n_components为降维后的数据维数。声明一个PCA的实例后，紧接着调用该实例的fit_transform()方法对生成的数据集进行降维。此处仍然保留两个方差最大的维度，如图15-4(b)所示。

```
import numpy as np
from sklearn import datasets
from sklearn.decomposition import PCA, KernelPCA
import matplotlib.pyplot as plt

# 随机生成一个包含300个样本的同心圆数据集
samples,label = datasets.make_circles(n_samples = 300, factor = .3, noise = .05)
c1 = label == 0
c2 = label == 1

# 设置画布大小
plt.figure(figsize = (9,9))

# 原始数据直接可视化
plt.subplot(2, 2, 1, aspect = 'equal')
plt.title("(a) Original data")
plt.scatter(samples[c1,0],samples[c1,1],c = "steelblue",s = 60,alpha = 0.5,marker = "^")
plt.scatter(samples[c2,0],samples[c2,1],c = "yellowgreen",s = 60,alpha = 0.5,marker = "o")
plt.xlabel("Dimension 1")
plt.ylabel("Dimension 2")
```

```
# PCA 降维后可视化
pca = PCA(n_components = 2)
data_pca = pca.fit_transform(samples)

plt.subplot(2, 2, 2, aspect = 'equal')
plt.title("(b) PCA")
plt.scatter(data_pca[c1,0],data_pca[c1,1],c = "steelblue",s = 60,alpha = 0.5,marker = "^")
plt.scatter(data_pca[c2,0],data_pca[c2,1],c = "yellowgreen",s = 60,alpha = 0.5,marker = "o")
plt.xlabel("Dimension 1")
plt.ylabel("Dimension 2")
```

接下来，利用 decomposition 模块下的 KPCA 方法对相同的数据集进行降维。使用方法和 PCA 基本一致。首先声明一个 KernelPCA 的实例，通过参数 kernel 指定使用的核，其中 poly 代表多项式核，rbf 为高斯核，linear 为线性核等。在使用多项式核时，可通过参数 degree 指定多项式的度数。参数 gamma 可为高斯核、多项式核及 sigmoid 核指定核系数。KPCA 同样可以通过参数 n_components 设置降维后的数据维数，若不设置此参数，则默认保留所有非零的维度。完成 KPCA 的实例化后，调用 fit_transform()方法直接对数据进行降维。下面的代码中分别使用多项式核及高斯核对同心圆数据集进行了降维，可视化的结果如图 15-4(c)和(d)所示。

```
# KPCA - 多项式核 降维后可视化
kpca_poly = KernelPCA(kernel = "poly", degree = 20, gamma = 15)
data_poly = kpca_poly.fit_transform(samples)

plt.subplot(2, 2, 3, aspect = 'equal')
plt.title("(c) KPCA with poly kernel")
plt.scatter(data_poly[c1,0],data_poly[c1,1],c = "steelblue",s = 60,alpha = 0.5,marker = "^")
plt.scatter(data_poly[c2,0],data_poly[c2,1],c = "yellowgreen",s = 60,alpha = 0.5,marker = "o")
plt.xlabel("Dimension 1")
plt.ylabel("Dimension 2")

# KPCA - 高斯核 降维后可视化
kpca_rbf = KernelPCA(kernel = "rbf", gamma = 3)
data_rbf = kpca_rbf.fit_transform(samples)

plt.subplot(2, 2, 4, aspect = 'equal')
plt.title("(d) KPCA with rbf kernel")
plt.scatter(data_rbf[c1,0],data_rbf[c1,1],c = "steelblue",s = 60,alpha = 0.5,marker = "^")
plt.scatter(data_rbf[c2,0],data_rbf[c2,1],c = "yellowgreen",s = 60,alpha = 0.5,marker = "o")
plt.xlabel("Dimension 1")
plt.ylabel("Dimension 2")

plt.show()
```

在上面的代码中，将同心圆数据集的内环数据样例绘制为圆形数据点；将外环数据样

例绘制为三角形数据点。如图 15-5 所示，其中图(a)是原始数据集，图(b)是用传统 PCA 处理之后的效果。可见仅仅使用传统 PCA，无论是向维度 1 方向上做投影，还是向维度 2 方向上做投影，都不足以将各簇数据分散开。图(c)是用多项式核的 KPCA 处理之后的效果，图(d)是用高斯核的 KPCA 处理之后的效果。显然，加入高斯核函数后的 KPCA 效果非常好，能够很好地将内环和外环数据样例区分开来。

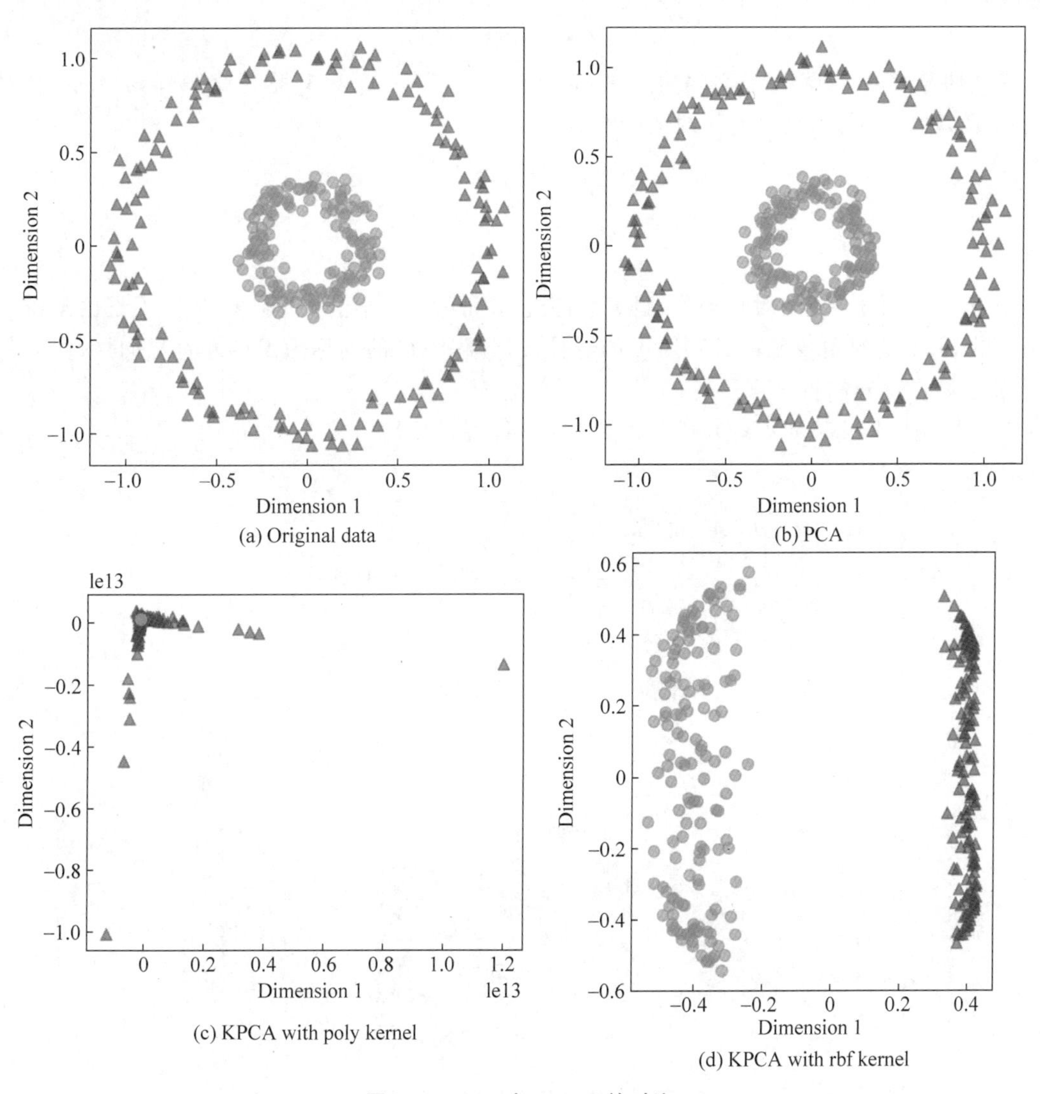

图 15-5 彩图

图 15-5 PCA 与 KPCA 的对比

15.2 奇异值分解

矩阵的奇异值分解(Singular Value Decomposition，SVD)是线性代数中常会介绍到的一种矩阵分解方法。在机器学习中，它也是一种非常重要的降维手段。

15.2.1 一个基本的认识

设 $\boldsymbol{A}$ 是秩为 r 的 $m\times n$ 矩阵,那么存在一个 $m\times n$ 的矩阵$\boldsymbol{\Sigma}$,其中包含一个对角矩阵 $\boldsymbol{D}$,它的对角线元素是 $\boldsymbol{A}$ 的前 r 个奇异值 $\sigma_1\geqslant\sigma_2\geqslant\cdots\geqslant\sigma_r>0$,并且存在一个 $m\times m$ 的正交矩阵 $\boldsymbol{U}$ 和一个 $n\times n$ 的正交矩阵 $\boldsymbol{V}$ 使得

$$\boldsymbol{A}=\boldsymbol{U\Sigma V}^{\mathrm{T}}$$

任何分解 $\boldsymbol{A}=\boldsymbol{U\Sigma V}^{\mathrm{T}}$ 称为 $\boldsymbol{A}$ 的一个奇异值分解,其中 $\boldsymbol{U}$ 和 $\boldsymbol{V}$ 是正交矩阵,$m\times n$ 的"对角"矩阵$\boldsymbol{\Sigma}$ 形如下式,且具有正对角线元素,

$$\boldsymbol{\Sigma}=\begin{bmatrix} D & 0 \\ 0 & 0 \end{bmatrix} \begin{matrix} \\ \leftarrow m-r\text{行} \end{matrix}$$

$$\uparrow n-r\text{列}$$

其中,$\boldsymbol{D}$ 是一个 $r\times r$ 的对角矩阵,且 r 不超过 m 和 n 的最小值。矩阵 $\boldsymbol{U}$ 和 $\boldsymbol{V}$ 不是由 $\boldsymbol{A}$ 唯一确定的,但$\boldsymbol{\Sigma}$ 的对角线元素必须是 $\boldsymbol{A}$ 的奇异值,分解中 $\boldsymbol{U}$ 的列称为 $\boldsymbol{A}$ 的左奇异向量,而 $\boldsymbol{V}$ 的列称为 $\boldsymbol{A}$ 右奇异向量。

如果用图形来表示 SVD,则有如图 15-6 所示的情形。

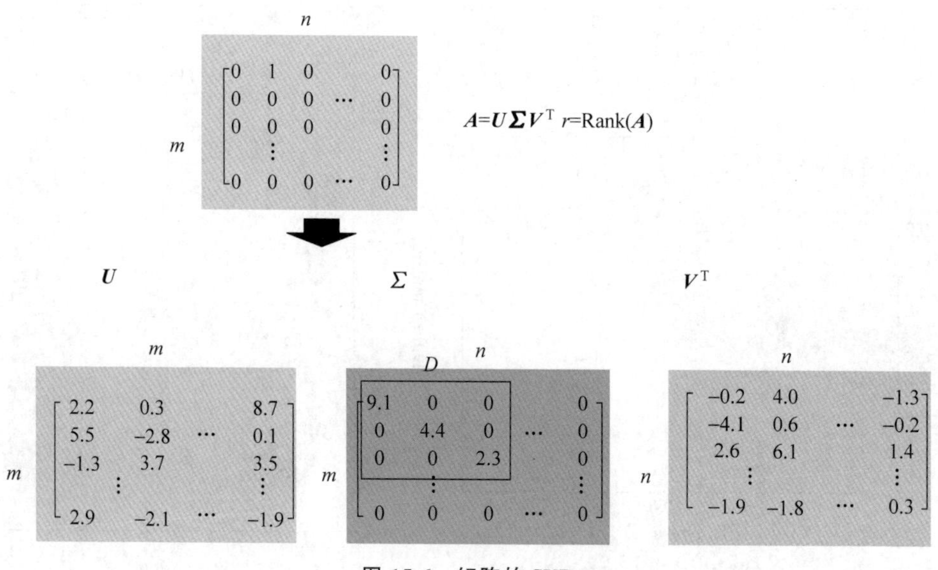

图 15-6 矩阵的 SVD

15.2.2 为什么可以做 SVD

通常在讨论矩阵的对角化时,都是针对方阵而言的,现在的问题是一个不一定是方阵的矩阵 $\boldsymbol{A}:\mathbb{F}^n\rightarrow\mathbb{F}^m$,$\boldsymbol{A}\in\boldsymbol{M}_{m\times n}(\mathbb{F})$能否得到类似的结果。答案是肯定的,并由下列定理给出。

令 $\boldsymbol{A}\in\boldsymbol{M}_{m\times n}(\mathbb{F})$,并假设 $\mathrm{rank}(\boldsymbol{A})=r$。那么,存在酉矩阵 $\boldsymbol{V}=[\boldsymbol{v}_1,\boldsymbol{v}_2,\cdots,\boldsymbol{v}_n]$ 和 $\boldsymbol{U}=[\boldsymbol{u}_1,\boldsymbol{u}_2,\cdots,\boldsymbol{u}_m]$,即 $\beta=\{\boldsymbol{v}_1,\boldsymbol{v}_2,\cdots,\boldsymbol{v}_n\}$ 是$\mathbb{F}^n$ 的标准正交基,$\gamma=\{\boldsymbol{u}_1,\boldsymbol{u}_2,\cdots,\boldsymbol{u}_m\}$是$\mathbb{F}^m$ 的标准正交基,使得

$$[L_A]_\beta^\gamma = U^* A V = \begin{bmatrix} \lambda_1 & 0 & & \cdots & & 0 \\ 0 & \lambda_2 & 0 & & & \\ & 0 & \ddots & & & \\ \vdots & & & \lambda_r & \ddots & \vdots \\ & & & \ddots & \ddots & 0 \\ 0 & & & \cdots & 0 & 0 \end{bmatrix}_{m\times n}$$

其中,对角线上的项 λ_i 是矩阵 $\boldsymbol{A}$ 的特征值,λ_i^2 是矩阵 $\boldsymbol{A}^*\boldsymbol{A}$ 的特征值,$\boldsymbol{v}_i$ 是相应的特征向量。

注意与前面的情况不同,这里是在复数域中进行讨论的,所以之前的转置就变成了共轭转置。这个看起来相当完美但又有点奇怪的结果是怎么来的呢?下面就来一探究竟。

因为 $\boldsymbol{A}^*\boldsymbol{A}$ 的特征值就是它对角线上的非零元素,而$\boldsymbol{v}_i$ 是对应的特征向量,所以有

$$\boldsymbol{A}^*\boldsymbol{A}\boldsymbol{v}_i = \begin{cases} \lambda_i^2 \boldsymbol{v}_i, & i = 1,2,\cdots,k \\ 0\,\boldsymbol{v}_i, & i = k+1, k+2,\cdots n \end{cases}$$

注意,这里把 $\boldsymbol{A}^*\boldsymbol{A}$ 的特征值写成λ_i^2,其实就隐含说 $\boldsymbol{A}^*\boldsymbol{A}$ 的特征值都是非负的。这是可以证明的。假设 $\boldsymbol{A}^*\boldsymbol{A}$ 的特征值是σ,对应的特征向量是$\boldsymbol{v}$,则有 $\sigma\langle \boldsymbol{v}, \boldsymbol{v}\rangle = \langle \sigma\boldsymbol{v}, \boldsymbol{v}\rangle = \langle \boldsymbol{A}^*\boldsymbol{A}\boldsymbol{v}, \boldsymbol{v}\rangle = \langle \boldsymbol{A}\boldsymbol{v}, \boldsymbol{A}\boldsymbol{v}\rangle \geqslant 0$,而$\langle \boldsymbol{v}, \boldsymbol{v}\rangle > 0$,所以 $\sigma \geqslant 0$。

下面来证明上述奇异值分解定理,这其实也就是构造矩阵 $\boldsymbol{U}$ 和 $\boldsymbol{V}$ 的过程。首先,$\boldsymbol{A}^*\boldsymbol{A}$ 是自伴(self-adjoint)的,自伴的定义是说矩阵(或算子)$\boldsymbol{B} = \boldsymbol{B}^*$。而此处有$(\boldsymbol{A}^*\boldsymbol{A})^* = \boldsymbol{A}^*\boldsymbol{A}$,所以 $\boldsymbol{A}^*\boldsymbol{A}$ 是自伴的。自伴是可对角线化的充要条件,所以 $\exists \boldsymbol{V} = [\boldsymbol{v}_1, \boldsymbol{v}_2, \cdots, \boldsymbol{v}_n]$,其中 $\boldsymbol{v}_i$ 是$\boldsymbol{A}^*\boldsymbol{A}$ 特征向量,而且$\boldsymbol{v}_i$ 是标准正交的,即 $\boldsymbol{V}$ 是酉矩阵。可以用 $\boldsymbol{V}$ 来把 $\boldsymbol{A}^*\boldsymbol{A}$ 对角线化,即有

$$\boldsymbol{V}^*\boldsymbol{A}^*\boldsymbol{A}\boldsymbol{V} = \begin{bmatrix} \lambda_1^2 & 0 & \cdots & & & 0 \\ 0 & \ddots & & & & \\ \vdots & & \lambda_k^2 & & & \vdots \\ & & & 0 & & \\ & & & & \ddots & \\ 0 & \cdots & & & & 0 \end{bmatrix}$$

令 $\boldsymbol{A}_{m\times n}\boldsymbol{V}_{n\times n} = \boldsymbol{W}_{m\times n}$,则 $\boldsymbol{V}^*\boldsymbol{A}^* = \boldsymbol{W}^*$。用 $\boldsymbol{w}_i$ 是 $\boldsymbol{W}$ 表示列向量,所以矩阵 $\boldsymbol{W}$ 就可以写成$[\boldsymbol{w}_1, \boldsymbol{w}_2, \cdots, \boldsymbol{w}_n]$,于是上面这个式子就变成了

$$\boldsymbol{W}^*\boldsymbol{W} = \begin{bmatrix} \boldsymbol{w}_1^* \\ \boldsymbol{w}_2^* \\ \vdots \\ \boldsymbol{w}_n^* \end{bmatrix} [\boldsymbol{w}_1, \boldsymbol{w}_2, \cdots, \boldsymbol{w}_n] = \begin{bmatrix} \lambda_1^2 & 0 & \cdots & & & 0 \\ 0 & \ddots & & & & \\ \vdots & & \lambda_k^2 & & & \vdots \\ & & & 0 & & \\ & & & & \ddots & \\ 0 & \cdots & & & & 0 \end{bmatrix}$$

由此可得(可见 $\boldsymbol{w}_i$ 是彼此垂直的向量):

$$\langle \boldsymbol{w}_i, \boldsymbol{w}_i\rangle = \begin{cases} \lambda_i^2, & 1 \leqslant i \leqslant k \\ 0, & k < i \leqslant n \end{cases}$$

$$\langle \boldsymbol{w}_i, \boldsymbol{w}_j \rangle = 0, \qquad i \neq j$$

到了这一步，离答案已经非常接近了。现在来整理看看已经得到了什么，以及还需要做什么。我们最终是希望得到$\boldsymbol{\Sigma} = \boldsymbol{U}^* \boldsymbol{A}\boldsymbol{V}$，而已经知道$\boldsymbol{A}\boldsymbol{V}=\boldsymbol{W}$，即$\boldsymbol{\Sigma} = \boldsymbol{U}^* \boldsymbol{W}$，如果把$\boldsymbol{U}$也写成列向量的形式，即$\boldsymbol{U}=[\boldsymbol{u}_1, \boldsymbol{u}_2, \cdots, \boldsymbol{u}_m]$，则有

$$\boldsymbol{U} * \boldsymbol{W} = \begin{bmatrix} \boldsymbol{u}_1^* \\ \boldsymbol{u}_2^* \\ \vdots \\ \boldsymbol{u}_m^* \end{bmatrix} [\boldsymbol{w}_1, \boldsymbol{w}_2, \cdots, \boldsymbol{w}_n] = \boldsymbol{\Sigma} = \begin{bmatrix} \lambda_1 & 0 & \cdots & & & 0 \\ 0 & \ddots & & & & \\ \vdots & & \lambda_k & & & \vdots \\ & & & 0 & & \\ & & & & \ddots & \\ 0 & \cdots & & & & 0 \end{bmatrix}$$

到了这一步，读者其实已经可以大致想象到$\boldsymbol{U}$的长相了。因为$\langle \boldsymbol{w}_i, \boldsymbol{w}_i \rangle = \lambda_i^2$，而上式又表明$\langle \boldsymbol{u}_i, \boldsymbol{w}_i \rangle = \lambda_i$，所以$\boldsymbol{u}_i = \boldsymbol{w}_i / \lambda_i$。由此便已经可以构想出$\boldsymbol{U}$中列向量$\boldsymbol{u}_i$的具体情形了（注意$\lambda_i$都是非零的，所以可以作分母）：$\boldsymbol{u}_i = \boldsymbol{w}_i/\lambda_i, 1 \leqslant i \leqslant k$。$\boldsymbol{U}$中有$m$列，于是对$[\boldsymbol{u}_1, \cdots, \boldsymbol{u}_k]$进行扩展使得$[\boldsymbol{u}_1, \boldsymbol{u}_2, \cdots, \boldsymbol{u}_k, \boldsymbol{u}_{k+1}, \cdots, \boldsymbol{u}_m]$成为$\mathbb{F}^m$的一组标准正交基。注意当$i > k$时，$\langle \boldsymbol{w}_i, \boldsymbol{w}_i \rangle = 0$，所以$\langle \boldsymbol{u}_i, \boldsymbol{w}_i \rangle = 0$也会自动满足（因为$\boldsymbol{w}_i = \boldsymbol{0}$），我们并不用担心此时$\boldsymbol{u}_i$的情况，只要保证它们彼此都正交即可。

前面已经将SVD从实数域扩展到复数域，现在更进一步，将矩阵形式的SVD扩展到算子形式。令$\boldsymbol{U}$和$\boldsymbol{V}$是有限维的内积空间，$T: \boldsymbol{V} \to \boldsymbol{U}$是一个秩为$r$的线性变换。那么对于$\boldsymbol{V}$存在标准正交基$\{\boldsymbol{v}_1, \boldsymbol{v}_2, \cdots, \boldsymbol{v}_n\}$，对于$\boldsymbol{U}$存在标准正交基$\{\boldsymbol{u}_1, \boldsymbol{u}_2, \cdots, \boldsymbol{u}_m\}$，以及正的标量$\sigma_1 \geqslant \sigma_2 \geqslant \cdots \geqslant \sigma_r$，使得

$$T(\boldsymbol{v}_i) = \begin{cases} \sigma_i u_i & 1 \leqslant i \leqslant r \\ 0, & i > r \end{cases}$$

反过来，假设先前的条件被满足，那么当$1 \leqslant i \leqslant n$，$\boldsymbol{v}_i$就是$T^* T$的特征向量，若$1 \leqslant i \leqslant r$，则相应的特征值为$\sigma_i^2$；若$i > r$，则相应的特征值为0。因此，标量$\sigma_1, \sigma_2, \cdots, \sigma_r$是由$T$唯一确定的。

我们知道，SVD的矩阵形式是$\boldsymbol{U} * \boldsymbol{A}\boldsymbol{V} = \boldsymbol{\Sigma}$。这与上面的算子形式还是有些出入的。所以下面要做的就是把两者联系起来，首先把算子形式两边同乘以$\boldsymbol{U}$得到$\boldsymbol{A}\boldsymbol{V} = \boldsymbol{U}\boldsymbol{\Sigma}$，然后把$\boldsymbol{U}$和$\boldsymbol{V}$改写成列向量的形式，即

$$\boldsymbol{A}[\boldsymbol{v}_1, \boldsymbol{v}_2, \cdots, \boldsymbol{v}_n] = [\boldsymbol{u}_1, \boldsymbol{u}_2, \cdots, \boldsymbol{u}_m] \begin{bmatrix} \lambda_1 & 0 & \cdots & & & 0 \\ 0 & \ddots & & & & \\ \vdots & & \lambda_k & & & \vdots \\ & & & 0 & & \\ & & & & \ddots & \\ 0 & \cdots & & & & 0 \end{bmatrix}$$

于是得到

$$[\boldsymbol{A}\boldsymbol{v}_1, \boldsymbol{A}\boldsymbol{v}_2, \cdots, \boldsymbol{A}\boldsymbol{v}_n] = [\lambda_1 \boldsymbol{u}_1, \lambda_2 \boldsymbol{u}_2, \cdots, \lambda_k \boldsymbol{u}_k, 0, \cdots, 0]$$

也就是下面这个式子

$$
\boldsymbol{A}\boldsymbol{v}_i = \begin{cases} \lambda_i \boldsymbol{u}_i, & 1 \leqslant i \leqslant k \\ 0\boldsymbol{u}_i, & k < i \leqslant n \end{cases}
$$

然后把其中的矩阵 $\boldsymbol{A}$ 换成算子 T，也就得到了 SVD 的算子形式，可见矩阵形式和算子形式是统一的。

15.2.3 SVD 与 PCA 的关系

假设现在有一个数据矩阵 $\boldsymbol{X}$，其大小是 $n \times p$，其中 n 是样本的数量，p 是描述每个样本的变量(或特征)的数量。这里，$\boldsymbol{X}^{\mathrm{T}}$ 可以写成$\{\boldsymbol{x}_1, \boldsymbol{x}_2, \cdots, \boldsymbol{x}_n\}$，例如这里的 $\boldsymbol{x}_1$ 就表示一个长度为 p 的列向量，也就是说，$\boldsymbol{X}^{\mathrm{T}}$ 包含 n 个独立的观察样本 $\boldsymbol{x}_1, \boldsymbol{x}_2, \cdots, \boldsymbol{x}_n$，其中每个都是一个 p 维的列向量。

现在，不失普遍性地，假设 $\boldsymbol{X}$ 是中心化的，即列均值已经被减去，每列的均值都为 0。如果 $\boldsymbol{X}$ 不是中心化的，也不要紧，可以通过计算其与中心化矩阵 $\boldsymbol{H}$ 之间的乘法来对其中心化。$\boldsymbol{H} = \boldsymbol{I} - \boldsymbol{e}\boldsymbol{e}^{\mathrm{T}}/\boldsymbol{p}$，其中 $\boldsymbol{e}$ 是一个每个元素都为 1 的列向量。

基于上述条件，可知 $p \times p$ 大小的协方差矩阵 $\boldsymbol{C}$ 可由 $\boldsymbol{C} = \boldsymbol{X}^{\mathrm{T}}\boldsymbol{X}/(n-1)$ 给出。如果 $\boldsymbol{X}$ 是已经中心化了的数据矩阵，其大小是 $n \times p$，那么(样本)协方差矩阵的一个无偏估计是

$$
\boldsymbol{C} = \frac{1}{n-1}\boldsymbol{X}^{\mathrm{T}}\boldsymbol{X}
$$

另一方面，如果列均值是先验已知的，则有

$$
\boldsymbol{C} = \frac{1}{n}\boldsymbol{X}^{\mathrm{T}}\boldsymbol{X}
$$

现在知道，$\boldsymbol{X}^{\mathrm{T}}\boldsymbol{X}/(n-1)$ 是一个对称矩阵，因此它可以对角化，即

$$
\boldsymbol{C} = \boldsymbol{V}\boldsymbol{\Lambda}\boldsymbol{V}^{\mathrm{T}}
$$

其中，$\boldsymbol{V}$ 是特征向量矩阵(每一列都是一个特征向量)，$\boldsymbol{\Lambda}$ 是一个对角矩阵，其对角线上的元素是按降序排列的特征值 λ_i。

任何一个矩阵都有一个奇异值分解，因此有

$$
\boldsymbol{X} = \boldsymbol{U}\boldsymbol{\Sigma}\boldsymbol{V}^{\mathrm{T}}
$$

应该注意到

$$
\boldsymbol{X}^{\mathrm{T}}\boldsymbol{X} = (\boldsymbol{U}\boldsymbol{\Sigma}\boldsymbol{V}^{\mathrm{T}})^{\mathrm{T}}(\boldsymbol{U}\boldsymbol{\Sigma}\boldsymbol{V}^{\mathrm{T}}) = \boldsymbol{V}\boldsymbol{\Sigma}^{\mathrm{T}}\boldsymbol{U}^{\mathrm{T}}\boldsymbol{U}\boldsymbol{\Sigma}\boldsymbol{V}^{\mathrm{T}} = \boldsymbol{V}(\boldsymbol{\Sigma}^{\mathrm{T}}\boldsymbol{\Sigma})\boldsymbol{V}^{\mathrm{T}}
$$

这其实是特征值分解的结果，更进一步，引入 $\boldsymbol{C}$，则有

$$
\boldsymbol{C} = \frac{1}{n-1}\boldsymbol{X}^{\mathrm{T}}\boldsymbol{X} = \frac{1}{n-1}\boldsymbol{V}(\boldsymbol{\Sigma}^{\mathrm{T}}\boldsymbol{\Sigma})\boldsymbol{V}^{\mathrm{T}} = \boldsymbol{V}\frac{\boldsymbol{\Sigma}^2}{n-1}\boldsymbol{V}^{\mathrm{T}}
$$

也就是说，协方差矩阵 $\boldsymbol{C}$ 的特征值 λ_i 与矩阵 $\boldsymbol{X}$ 的奇异值 σ_i 之间的关系是 $\sigma_i^2 = (n-1)\lambda_i$。$\boldsymbol{X}$ 的右奇异值矩阵 $\boldsymbol{V}$ 中的列是与上述主成分相对应的主方向(Principal Directions)。最后，

$$
\boldsymbol{X}\boldsymbol{V} = \boldsymbol{U}\boldsymbol{\Sigma}\boldsymbol{V}^{\mathrm{T}}\boldsymbol{V} = \boldsymbol{U}\boldsymbol{\Sigma}
$$

则表明，$\boldsymbol{U}\boldsymbol{\Sigma}$ 就是主成分。

下面给出一个 Python 版本的 SVD 使用实例。首先，我们使用 NumPy 中 random 模块下的 multivariate_normal()方法从两个不同的高斯分布中分别随机采样 300 个样本，构成一个包含 600 个样本的新数据集。multivariate_normal()中接收了三个参数 mean、cov 和

size,分别指定了待采样多维高斯分布的均值、协方差和采样点数。下面的代码中生成的样本有四个维度。

```
# 从第一个多维高斯分布采样 300 个数据.
mean1 = [0,0,0,0]
cov1 = [[3,0.87,2.3,1.8],[0.87,2,0.76,3.2],[2.3,0.76,5,0.33],[1.8,3.2,0.33,7]]
data1 = np.random.multivariate_normal(mean1, cov1, 300)

# 从第二个多维高斯分布采样 300 个数据.
mean2 = [-2,5,5,3]
cov2 = [[3,0.87,2.3,1.8],[0.87,2,0.76,3.2],[2.3,0.76,3,0.33],[1.8,3.2,0.33,9]]
data2 = np.random.multivariate_normal(mean2, cov2, 300)

# 合并数据
data = np.vstack((data1,data2))
```

生成数据集后,使用 SVD 和 PCA 分别对上述样本进行降维。scikit-learn 中 decomposition 模块下的 TruncatedSVD 类可用于构建 SVD 模型。可通过参数 n_components 设置降维后的数据维数,n_iter 设置优化算法的迭代次数。注意 TruncatedSVD 算法是标准 SVD 算法的变种,只计算最大的 k 个奇异值。当把 TruncatedSVD 应用于词汇文档矩阵(term-document matrix)时,就是隐语义分析(Latent Semantic Analysis)模型,因为其将词汇文档矩阵转换到了一个低维的语义空间。实例化模型后,调用 fit_transform()方法即可完成数据降维。下述代码将数据降至二维空间后进行可视化,结果如图 15-7。可以发现,两者的降维效果很接近。

```
from sklearn.decomposition import TruncatedSVD

# SVD 降维后可视化
svd = TruncatedSVD(n_components=2, n_iter=10, random_state=42)
data_svd = svd.fit_transform(data)

plt.figure(figsize=(12,12))
plt.subplot(1, 2, 1, aspect='equal')
plt.title("(a) SVD")
plt.scatter(data_svd[:300,0],data_svd[:300,1],c="steelblue",s=60,alpha=0.5,marker="^")
plt.scatter(data_svd[301:,0],data_svd[301:,1],c="yellowgreen",s=60,alpha=0.5,marker="o")
plt.xlabel("Dimension 1")
plt.ylabel("Dimension 2")

# PCA 降维后可视化
pca = PCA(n_components=2)
data_pca = pca.fit_transform(data)

plt.subplot(1, 2, 2, aspect='equal')
plt.title("(b) PCA")
plt.scatter(data_pca[:300,0],data_pca[:300,1],c="steelblue",s=60,alpha=0.5,marker="^")
plt.scatter(data_pca[301:,0],data_pca[301:,1],c="yellowgreen",s=60,alpha=0.5,marker="o")
```

```
    plt.xlabel("Dimension 1")
    plt.ylabel("Dimension 2")

    plt.show()
```

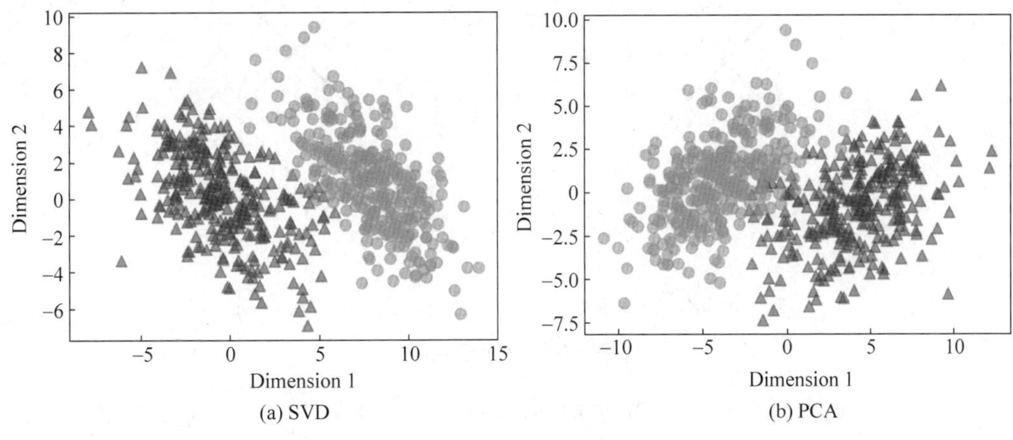

图 15-7 彩图

图 15-7 SVD 与 PCA

15.2.4 应用示例与矩阵伪逆

奇异值分解的意思就是说任意一个矩阵 $\boldsymbol{A}$ 都可以有形如 $\boldsymbol{U}^*\boldsymbol{AV}=\boldsymbol{\Sigma}$ 的分解，其中 $\boldsymbol{\Sigma}$ 是一个形如本章最开始给出的那样一个包含对角矩阵 $\boldsymbol{D}$ 的矩阵。

注意 $\boldsymbol{A}$ 是已知的，所以 $\boldsymbol{A}^*\boldsymbol{A}$ 也是可以算出来的，可以证明 $\boldsymbol{A}^*\boldsymbol{A}$ 的特征值都是非负的，所以可以假设其等于 λ_i^2，因此可以对其开根号，而得到的 λ_i 就是 $\boldsymbol{D}$ 中的对角线元素。

既然已经知道 $\boldsymbol{A}^*\boldsymbol{A}$ 的特征值，那么也就可以找到它的特征向量 $\boldsymbol{v}_i$，而由这些特征向量就可以组成 $\boldsymbol{V}$。由此也可以将 $\boldsymbol{u}_i$ 算出来，$\boldsymbol{u}_i=\boldsymbol{w}_i/\lambda_i, i=1,2,\cdots,k$。$\boldsymbol{w}_i$ 是 $\boldsymbol{W}=\boldsymbol{AV}$ 的列向量。

结合图 15-7，做如下一些注解：

(1) 当 $k<i\leqslant n$ 时，因为 $\boldsymbol{Av}_i=0$，所以 $\text{span}\{\boldsymbol{v}_{k+1},\boldsymbol{v}_{k+2},\cdots,\boldsymbol{v}_n\}$。

(2) $\text{span}\{\boldsymbol{v}_1,\boldsymbol{v}_2,\cdots,\boldsymbol{v}_k\}=\text{null}(\boldsymbol{A})^{\perp}, \mathbb{F}^n=\text{null}(\boldsymbol{A})^{\perp}\oplus\text{null}(\boldsymbol{A})$。

(3) $\text{range}(\boldsymbol{A})=\text{span}\{\boldsymbol{u}_1,\boldsymbol{u}_2,\cdots,\boldsymbol{u}_k\}$。

(4) $\text{span}\{\boldsymbol{u}_{k+1},\boldsymbol{u}_{k+2},\cdots,\boldsymbol{u}_m\}=\text{range}(\boldsymbol{A})^{\perp}, \mathbb{F}^m=\text{range}(\boldsymbol{A})^{\perp}\oplus\text{range}(\boldsymbol{A})$。

由于奇异矩阵或非方阵的矩阵不存在逆矩阵。但有时又希望对这样的矩阵构造出一个具有类似逆矩阵性质的结果，于是人们便提出了“伪逆”(Pseudo-Inverse)的构想。这个构想的出发点来自图 15-8，一个变换(或者一个矩阵 $\boldsymbol{A}$)的值域 $\boldsymbol{V}$ 可以分解成相互垂直的两个部分，即 $\boldsymbol{V}=\text{null}(\boldsymbol{A})^{\perp}\oplus\text{null}(\boldsymbol{A})$。

当且仅当一个变换 T 是一一映射且满射时，它是可逆的。此外，还知道当且仅当 $\text{null}(\boldsymbol{A})=\{\boldsymbol{0}\}$，变换 T 是一一映射。也就是说，如果 T 是不可逆的，就代表引入 $\text{null}(\boldsymbol{A})$ 后会破坏从 $\boldsymbol{V}$ 到 $\boldsymbol{U}$ 的一一对应关系。所以很自然地会想到，如果把当 $\text{null}(\boldsymbol{A})$ 从 V 中剥离，那么剩下的 $\text{null}(\boldsymbol{A})^{\perp}$ 到 $\text{range}(\boldsymbol{A})$ 就能构成一一对应关系，也就存在逆变换(或逆矩阵)。

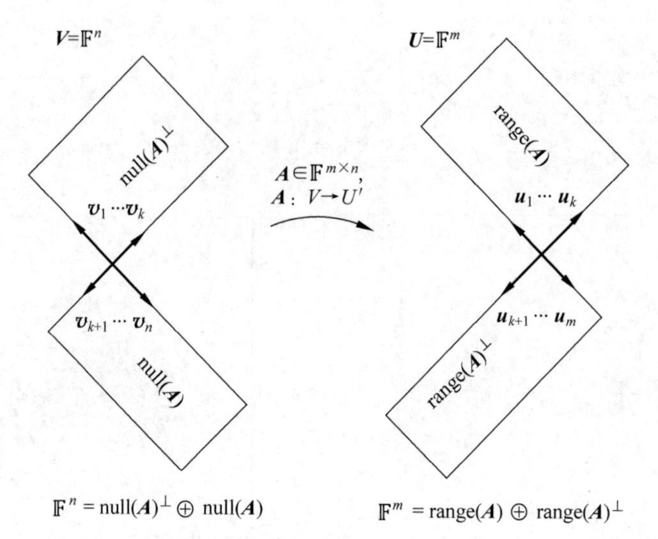

图 15-8　4 个子空间

建立了一个可逆的变换 T:null$(T)^{\perp}\rightarrow$range(T),令 $L=T_{\text{null}(T)^{\perp}}$,这样 L 就有逆变换了。基于这样的考量,就有了下面这个伪逆的定义。

定义:假设 $\boldsymbol{V}$ 和 $\boldsymbol{U}$ 是定义在相同域上的有限维内积空间,以及 T: $\boldsymbol{V}\rightarrow\boldsymbol{U}$ 是一个线性变换。令 T: null$(T)^{\perp}\rightarrow$range(T)是由 $L(x)=T(x)$对所有 $x\in$null$(T)^{\perp}$定义的一个线性变换。T 的伪逆或称 Moore-Penrose 广义逆,记作 $T^{\dagger}$,定义为从 $\boldsymbol{U}$ 到 $\boldsymbol{V}$ 的唯一线性变换

$$T^{\dagger}(y)=\begin{cases}L^{-1}(y), & y\in\text{range}(T)\\ 0, & y\in\text{range}(T)^{\perp}\end{cases}$$

一个有限维内积空间上的线性变换 T 的伪逆一定存在,即使 T 是不可逆的。此外,如果 T 是可逆的,那么 $T^{\dagger}=T^{-1}$,因为null$(T)^{\perp}=V$,并且按照定义,L 与 T 相一致。

欲求 T 的伪逆,就要设法求得 null$(\boldsymbol{A})$、null$(\boldsymbol{A})^{\perp}$、range$(\boldsymbol{A})$和range$(\boldsymbol{A})^{\perp}$。而借由奇异值分解,这些子空间都非常容易得到。从前面给出的注解中可知:

(1) $\text{null}(\boldsymbol{A})=\text{span}\{\boldsymbol{v}_{k+1},\boldsymbol{v}_{k+2},\cdots,\boldsymbol{v}_n\}$;

(2) $\text{null}(\boldsymbol{A})^{\perp}=\text{span}\{\boldsymbol{v}_1,\boldsymbol{v}_2,\cdots,\boldsymbol{v}_k\}$;

(3) $\text{range}(\boldsymbol{A})=\text{span}\{\boldsymbol{u}_1,\boldsymbol{u}_2,\cdots,\boldsymbol{u}_k\}$;

(4) $\text{range}(\boldsymbol{A})^{\perp}=\text{span}\{\boldsymbol{u}_{k+1},\boldsymbol{u}_{k+2},\cdots,\boldsymbol{u}_m\}$。

注意在 SVD 的算子形式中,给出的分解形式是

$$T(\boldsymbol{v}_i)=\begin{cases}\sigma_i\boldsymbol{u}_i & 1\leqslant i\leqslant r,\\ 0, & i>r\end{cases}$$

再根据上面伪逆的定义可得($k=r$):

$$T^{\dagger}(\boldsymbol{u}_i)=\begin{cases}\dfrac{1}{\sigma_i}\boldsymbol{v}_i, & 1\leqslant i\leqslant k\\ 0, & k<i\leqslant m\end{cases}$$

上面这个式子又是一个 SVD($\boldsymbol{A}$ 的 SVD 是 $\boldsymbol{U}^{*}\boldsymbol{A}\boldsymbol{V}=\boldsymbol{\Sigma}$),所以有

$$V^*A^{\dagger}U=\Lambda=\begin{bmatrix}\frac{1}{\sigma_1} & 0 & \cdots & & 0\\ 0 & \ddots & & & \\ \vdots & & \frac{1}{\sigma_k} & & \vdots\\ & & & 0 & \\ & & & & \ddots \\ 0 & \cdots & & & 0\end{bmatrix}\Rightarrow A^{\dagger}=V\Lambda U^*$$

下面具体算一个矩阵 **A** 的伪逆：

$$A=\begin{bmatrix}1 & 1\\ 0 & 1\\ 1 & 0\\ 1 & 1\end{bmatrix}\Rightarrow A^*A=\begin{bmatrix}1 & 0 & 1 & 1\\ 1 & 1 & 0 & 1\end{bmatrix}\begin{bmatrix}1 & 1\\ 0 & 1\\ 1 & 0\\ 1 & 1\end{bmatrix}=\begin{bmatrix}3 & 2\\ 2 & 3\end{bmatrix}$$

易知，$\mathrm{rank}(A^*A)=2$。下面来求矩阵 A^*A 的特征值，于是有

$$\det\begin{bmatrix}3-\lambda & 2\\ 2 & 3-\lambda\end{bmatrix}=\lambda^2-6\lambda+9-4=(\lambda-5)(\lambda-1)\Rightarrow\lambda_1=5,\quad \lambda_2=1$$

接下来求对应的特征向量，因为

$$A^*Av=\lambda v\Rightarrow(A^*A-\lambda I)\,v=0$$

所以可知当 $\lambda_1=5$ 时，对应的特征向量（注意结果要正交归一化）：

$$A^*A-5I=\begin{bmatrix}-2 & 2\\ 2 & -2\end{bmatrix}\Rightarrow v_1=\begin{bmatrix}\frac{1}{\sqrt{2}}\\ \frac{1}{\sqrt{2}}\end{bmatrix}$$

同理，当 $\lambda_2=1$ 时，对应的特征向量

$$A^*A-1I=\begin{bmatrix}2 & 2\\ 2 & 2\end{bmatrix}\Rightarrow v_2=\begin{bmatrix}\frac{1}{\sqrt{2}}\\ -\frac{1}{\sqrt{2}}\end{bmatrix}$$

如此便得到了 SVD 中需要的 **V** 矩阵

$$V=\begin{bmatrix}\frac{1}{\sqrt{2}} & \frac{1}{\sqrt{2}}\\ \frac{1}{\sqrt{2}} & \frac{-1}{\sqrt{2}}\end{bmatrix}$$

为了求出矩阵 **U**，先求 **W**：

$$W=AV=\begin{bmatrix}1 & 1\\ 0 & 1\\ 1 & 0\\ 1 & 1\end{bmatrix}\begin{bmatrix}\frac{1}{\sqrt{2}} & \frac{1}{\sqrt{2}}\\ \frac{1}{\sqrt{2}} & \frac{-1}{\sqrt{2}}\end{bmatrix}=\begin{bmatrix}\sqrt{2} & 0\\ \frac{1}{\sqrt{2}} & \frac{-1}{\sqrt{2}}\\ \frac{1}{\sqrt{2}} & \frac{1}{\sqrt{2}}\\ \sqrt{2} & 0\end{bmatrix}=[w_1\quad w_2]$$

于是可知

$$\boldsymbol{u}_1=\frac{\boldsymbol{w}_1}{\sqrt{5}},\quad \boldsymbol{u}_2=\frac{\boldsymbol{w}_2}{\sqrt{1}}\Rightarrow \boldsymbol{U}=[\boldsymbol{u}_1\quad \boldsymbol{u}_2]$$

所以,$\boldsymbol{A}$ 的伪逆就是

$$\boldsymbol{A}^{\dagger}=\boldsymbol{V}\boldsymbol{\Lambda}\boldsymbol{U}^{*}=\begin{bmatrix}\frac{1}{\sqrt{2}} & \frac{1}{\sqrt{2}}\\ \frac{1}{\sqrt{2}} & \frac{-1}{\sqrt{2}}\end{bmatrix}\begin{bmatrix}\frac{1}{\sqrt{5}} & 0\\ 0 & \frac{1}{\sqrt{1}}\end{bmatrix}\begin{bmatrix}\frac{\sqrt{2}}{\sqrt{5}} & \frac{1}{\sqrt{10}} & \frac{1}{\sqrt{10}} & \frac{\sqrt{2}}{\sqrt{5}}\\ 0 & \frac{-1}{\sqrt{2}} & \frac{1}{\sqrt{2}} & 0\end{bmatrix}$$

最终结果的计算比较复杂,可以使用专业的数学软件(例如 Python)来执行,可以算得

$$\boldsymbol{A}^{\dagger}=\begin{bmatrix}0.2 & -0.4 & 0.6 & 0.2\\ 0.2 & 0.6 & -0.4 & 0.2\end{bmatrix}$$

SVD 的一个应用是可以用来求伪逆,那伪逆又有什么用呢?下面的定理阐释了伪逆与最小二乘解的关系。

考虑一个线性方程组 $\boldsymbol{Ax}=\boldsymbol{b}$,其中 $\boldsymbol{A}$ 是一个 $m\times n$ 的矩阵,$\boldsymbol{b}\in\mathbb{F}^m$。如果 $\boldsymbol{z}=\boldsymbol{A}^{\dagger}\boldsymbol{b}$,那么 $\boldsymbol{z}$ 具有如下性质:

(1) 如果 $\boldsymbol{Ax}=\boldsymbol{b}$ 是有解的,那么 $\boldsymbol{z}$ 对于该方程组来说是拥有最小范数的唯一解。换言之,$\boldsymbol{z}$ 是该方程组的一个解,如果 $\boldsymbol{y}$ 是该方程组的任一个解,那么 $\|\boldsymbol{z}\|\leqslant\|\boldsymbol{y}\|$,当且仅当 $\boldsymbol{z}=\boldsymbol{y}$ 时,取等号。

(2) 如果 $\boldsymbol{Ax}=\boldsymbol{b}$ 没有解,那么 $\boldsymbol{z}$ 就是对一个拥有最小范数的解的唯一最佳近似。也就是说,对于任意 $\boldsymbol{y}\in\mathbb{F}^n$,都有 $\|\boldsymbol{Az}-\boldsymbol{b}\|\leqslant\|\boldsymbol{Ay}-\boldsymbol{b}\|$,当且仅当 $\boldsymbol{Az}=\boldsymbol{Ay}$ 时,等号成立。更进一步地,如果 $\boldsymbol{Az}=\boldsymbol{Ay}$,那么 $\|\boldsymbol{z}\|\leqslant\|\boldsymbol{y}\|$,当且仅当 $\boldsymbol{z}=\boldsymbol{y}$,取等号。

上述定理说明:基于伪逆,最小二乘问题与寻找最小解的问题具有统一的形式。当方程 $\boldsymbol{Ax}=\boldsymbol{b}$ 无解,即 $\boldsymbol{A}$ 不可逆时,最佳近似解就是 $\hat{\boldsymbol{x}}=\boldsymbol{A}^{\dagger}\boldsymbol{b}$。

15.3 多维标度法

多维标度法(Multi Dimensional Scaling, MDS)是流形学习中非常经典的一种方法。它是一种在低维空间展示“距离”数据结构的多元数据分析技术。

多维标度法解决的问题是:当 n 个对象中各对象之间的相似性(或距离)给定时,确定这些对象在低维空间中的表示,并使其尽可能与原先的相似性(或距离)“大体匹配”,使得由降维所引起的任何变形达到最小。多维空间中排列的每一个点代表一个对象,因此,点间的距离与对象间的相似性高度相关。也就是说,两个相似的对象由多维空间中两个距离相近的点表示,而两个不相似的对象则由多维空间两个距离较远的点表示。

多维空间通常为二维或三维的欧氏空间,但也可以是非欧氏三维以上空间。多维标度法的内容十分丰富,方法也较多。按相似性(距离)数据测量尺度的不同 MDS 可分为度量 MDS 和非度量 MDS。当利用原始相似性(距离)的实际数值为间隔尺度和比率尺度时称为度量 MDS(metric MDS),下面将以最常用的 Classic MDS 为例来演示 MDS 的技术与应用。

首先,表 15-1 是美国 10 个城市之间的飞行距离,如何在平面坐标系上据此标出这 10

个城市之间的相对位置，使之尽可能接近表中的距离数据呢？在 Python 中使用 Pandas 库，把 csv 格式存储的数据文件读入，如下所示：

```
import pandas as pd

# 读取数据
data_frame = pd.read_csv("data.csv")
```

在解释具体算法原理之前，先来调用 scikit-learn 中的内置函数来实现上述数据的 MDS，并展示一下效果。首先引入 manifold 模块下的 MDS 类，然后声明一个 MDS 的实例。通过参数 n_components 指定降维后的数据维数。紧接着调用实例的 fit_transform() 方法，对去掉城市名称这一列的数据进行降维。

```
from sklearn.manifold import MDS

#去掉第一列城市名称
data = data_frame.drop("Cities", axis = 1)

# 调用 MDS 进行降维
mds = MDS(n_components = 2)
data_mds = mds.fit_transform(data)
```

然后将降维后的数据当作各城市的二维坐标绘制在图中，可展示各城市间的相对位置。示例代码如下，运行结果如图 15-9 所示。

```
# 绘图
plt.figure(figsize = (6,6))
plt.scatter(data_mds[:,0],data_mds[:,1],c = "white")

# 为每个点添加城市名称
cities = data['Cities']
for i in range(len(cities)):
    plt.annotate(cities[i], xy = (data_mds[i,0], data_mds[i,1]), xytext = (data_mds[i,0],
data_mds[i,1]))
plt.show()
```

与实际的地图对照，如果方向反了，则进行必要的对调，所以可以把上面的绘图代码稍加修改，则有 15-10 的效果。代码示例如下：

```
# 将整个图上下翻转重新绘图
plt.figure(figsize = (6,6))
plt.scatter(data_mds[:,0], - data_mds[:,1],c = "white")

cities = data['Cities']
for i in range(len(cities)):
    plt.annotate(cities[i], xy = (data_mds[i,0], - data_mds[i,1]), xytext = (data_mds[i,
0], - data_mds[i,1]))
plt.show()
```

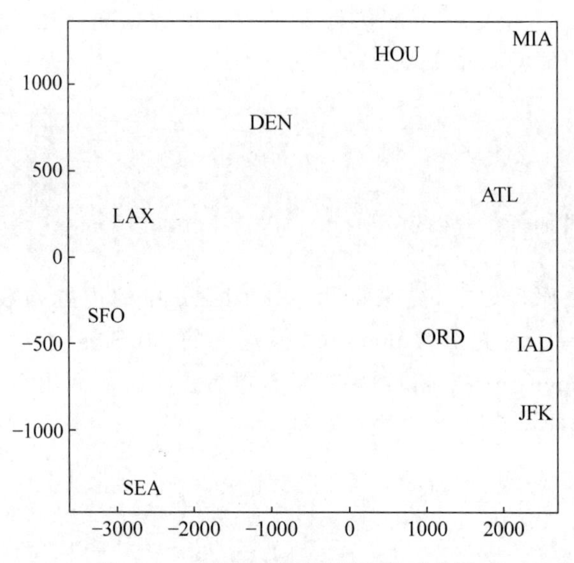

图 15-9　MDS 降维后的城市相对位置

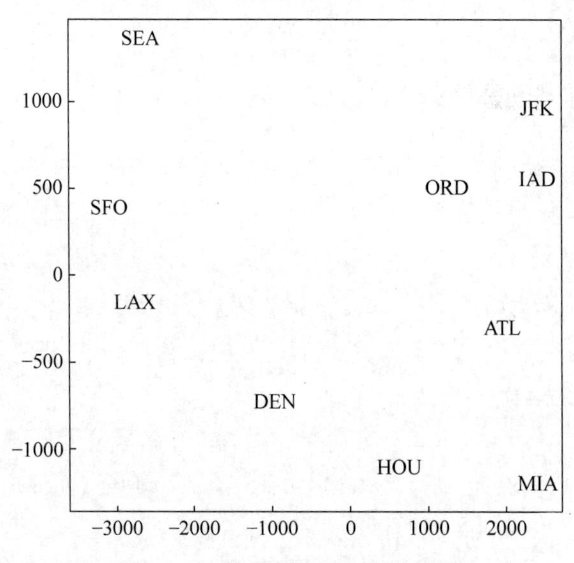

图 15-10　修正后的城市相对位置

下面就来解释这个算法到底是如何运作的。假设 $\boldsymbol{X}=\{\boldsymbol{x}_1,\boldsymbol{x}_2,\cdots,\boldsymbol{x}_n\}$ 是一个 $n\times q$ 的矩阵，n 为样本数，q 是原始的维度，其中每个 $\boldsymbol{x}_i$ 是矩阵 $\boldsymbol{X}$ 的一列，$\boldsymbol{x}_i\in\mathbb{R}^q$。$\boldsymbol{x}_i$ 在空间中的具体位置是未知的，也就是说对于每个 $\boldsymbol{x}_i$，其坐标$(x_{i1},x_{i2},\cdots,x_{iq})$都是未知的。所知道的仅仅是 $\boldsymbol{X}$ 中每个元素之间的欧几里得距离，用一个矩阵 $\boldsymbol{D}^X$ 来表示。因此，对于 $\boldsymbol{D}^X$ 中的每一个元素，可以写成

$$(\boldsymbol{D}_{ij}^X)^2=(\boldsymbol{x}_i-\boldsymbol{x}_j)^{\mathrm{T}}(\boldsymbol{x}_i-\boldsymbol{x}_j)=\|x_i\|^2-2x_i^{\mathrm{T}}x_j+\|x_j\|^2$$

或者可以写成

$$d_{ij}^2=\sum_{k=1}^q x_{ik}^2+\sum_{k=1}^q x_{jk}^2-2\sum_{k=1}^q x_{ik}x_{jk}$$

对于矩阵$\boldsymbol{D}^X$，则有

$$\boldsymbol{D}^X=\boldsymbol{Z}-2\boldsymbol{X}^{\mathrm{T}}\boldsymbol{X}+\boldsymbol{Z}^{\mathrm{T}}$$

其中，

$$\boldsymbol{Z}=\boldsymbol{z}\boldsymbol{e}^{\mathrm{T}}=\begin{bmatrix}\|\boldsymbol{x}_1\|^2\\\|\boldsymbol{x}_2\|^2\\\vdots\\\|\boldsymbol{x}_n\|^2\end{bmatrix}[1,1,\cdots,1]=\begin{bmatrix}\|\boldsymbol{x}_1\|^2&\|\boldsymbol{x}_1\|^2&\cdots&\|\boldsymbol{x}_1\|^2\\\|\boldsymbol{x}_2\|^2&\|\boldsymbol{x}_2\|^2&\cdots&\|\boldsymbol{x}_2\|^2\\\vdots&\vdots&\ddots&\vdots\\\|\boldsymbol{x}_n\|^2&\|\boldsymbol{x}_n\|^2&\cdots&\|\boldsymbol{x}_n\|^2\end{bmatrix}$$

这里的$\boldsymbol{z}=[\|\boldsymbol{x}_1\|^2,\|\boldsymbol{x}_2\|^2,\cdots,\|\boldsymbol{x}_n\|^2]^{\mathrm{T}}$。

现在来做平移，从而使得矩阵$\boldsymbol{D}^X$中的点具有零均值，注意平移操作并不会改变$\boldsymbol{X}$中各点的相对关系。为了便于理解，先来考查一下$\boldsymbol{A}\boldsymbol{e}\boldsymbol{e}^{\mathrm{T}}/n$和$\boldsymbol{e}\boldsymbol{e}^{\mathrm{T}}\boldsymbol{A}/n$的意义，其中$\boldsymbol{A}$是一个$n\times n$的方阵。

$$\frac{1}{n}\boldsymbol{A}\boldsymbol{e}\boldsymbol{e}^{\mathrm{T}}=\frac{1}{n}\begin{bmatrix}A_{11}&A_{12}&\cdots&A_{1n}\\A_{21}&A_{22}&\cdots&A_{2n}\\\vdots&\vdots&\ddots&\vdots\\A_{n1}&A_{n2}&\cdots&A_{nn}\end{bmatrix}\begin{bmatrix}1&1&\cdots&1\\1&1&\cdots&1\\\vdots&\vdots&\ddots&\vdots\\1&1&\cdots&1\end{bmatrix}$$

$$=\begin{bmatrix}\frac{1}{n}\sum_{j=1}^{n}A_{1j}&\frac{1}{n}\sum_{j=1}^{n}A_{1j}&\cdots&\frac{1}{n}\sum_{j=1}^{n}A_{1j}\\\frac{1}{n}\sum_{j=1}^{n}A_{2j}&\frac{1}{n}\sum_{j=1}^{n}A_{2j}&\cdots&\frac{1}{n}\sum_{j=1}^{n}A_{2j}\\\vdots&\vdots&\ddots&\vdots\\\frac{1}{n}\sum_{j=1}^{n}A_{nj}&\frac{1}{n}\sum_{j=1}^{n}A_{nj}&\cdots&\frac{1}{n}\sum_{j=1}^{n}A_{nj}\end{bmatrix}$$

不难发现$\boldsymbol{A}\boldsymbol{e}\boldsymbol{e}^{\mathrm{T}}/n$中第$i$行的每个元素都是$\boldsymbol{A}$中第$i$行的均值，类似的，还可以知道，$\boldsymbol{e}\boldsymbol{e}^{\mathrm{T}}\boldsymbol{A}/n$中第$i$列的每个元素都是$\boldsymbol{A}$中第$i$列的均值。因此，可以定义中心化矩阵$\boldsymbol{H}$如下

$$\boldsymbol{H}=\boldsymbol{I}_n-\frac{1}{n}\boldsymbol{e}\boldsymbol{e}^{\mathrm{T}}$$

所以$\boldsymbol{D}^X\boldsymbol{H}$的作用就是从$\boldsymbol{D}^X$中的每个元素里减去列均值，$\boldsymbol{H}\boldsymbol{D}^X\boldsymbol{H}$的作用就是在此基础上再从$\boldsymbol{D}^X$每个元素里又减去了行均值，因此中心化矩阵的作用就是把元素分布的中心平移到坐标原点，从而实现零均值的效果。更重要的是，假设$\boldsymbol{D}$是一个距离矩阵，通过$\boldsymbol{K}=-\boldsymbol{H}\boldsymbol{D}\boldsymbol{H}/2$便可以将其转换为一个内积矩阵(核矩阵)，即

$$\boldsymbol{B}^X=-\frac{1}{2}\boldsymbol{H}\boldsymbol{D}^X\boldsymbol{H}=-\frac{1}{2}\boldsymbol{H}(\boldsymbol{Z}-2\boldsymbol{X}^{\mathrm{T}}\boldsymbol{X}+\boldsymbol{Z}^{\mathrm{T}})\boldsymbol{H}=\boldsymbol{H}\boldsymbol{X}^{\mathrm{T}}\boldsymbol{X}\boldsymbol{H}=(\boldsymbol{X}\boldsymbol{H})^{\mathrm{T}}(\boldsymbol{X}\boldsymbol{H})$$

上一步之所以成立，因为

$$\boldsymbol{H}(\boldsymbol{z}\boldsymbol{e}^{\mathrm{T}})\boldsymbol{H}=\boldsymbol{H}\boldsymbol{z}\left[\boldsymbol{e}^{\mathrm{T}}\left(\boldsymbol{I}-\frac{\boldsymbol{e}\boldsymbol{e}^{\mathrm{T}}}{n}\right)\right]=0$$

因为$\boldsymbol{B}^X$是一个内积矩阵，所以是对称的，这样一来，它就可以被对角化，即$\boldsymbol{B}^X=\boldsymbol{U}\boldsymbol{\Sigma}\boldsymbol{U}^{\mathrm{T}}$。

最终的问题是在k维空间中找到一个包含有n个点的具体集合$\boldsymbol{Y}$，使得$\boldsymbol{Y}$中每对点之间的欧几里得距离近似于由矩阵$\boldsymbol{D}^X$所给出的相对应之距离数据，即我们想找到满足下式的$\boldsymbol{D}^Y$

$$\boldsymbol{D}^Y = \underset{\text{rank}(\boldsymbol{D}^Y \leqslant k)}{\text{argmin}} \| \boldsymbol{D}^X - \boldsymbol{D}^Y \|_F^2$$

注意,在 $\boldsymbol{X}$ 和 $\boldsymbol{Y}$ 上应用双中心化操作之后,上式服从

$$\boldsymbol{B}^Y = \underset{\text{rank}(\boldsymbol{B}^Y \leqslant k)}{\text{argmin}} \| \boldsymbol{B}^X - \boldsymbol{B}^Y \|_F^2$$

最终这个问题的解就是 $\boldsymbol{Y}=\boldsymbol{U}\boldsymbol{\Sigma}^{\frac{1}{2}}$。

最后,给出在 Python 中实现的示例代码,这里为了演示算法实现的细节,不会调用 Python 中内置的用于求解 MDS 的现成函数。对比图 15-10 和图 15-11,可以发现结果和调用 scikit-learn 内置 MDS 方法得到的相差无几。

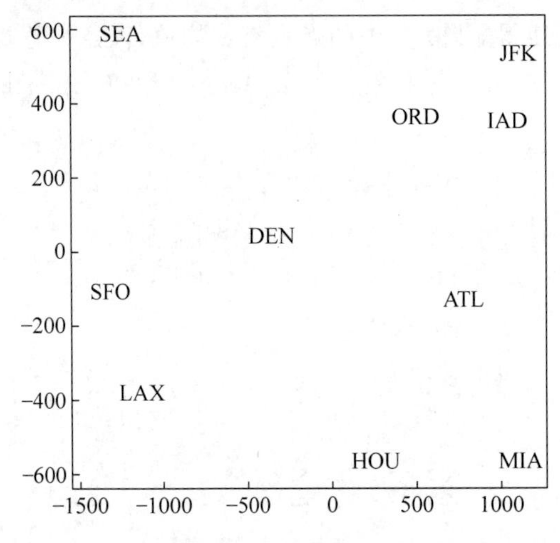

图 15-11　自定义 MDS

```
import pandas as pd

# 数据预处理
data_frame = pd.read_csv("data.csv")
data = data_frame.drop("Cities", axis = 1)
distance = np.array(data,'float32')

# MDS 变换
DSquare = distance * distance
H = np.identity(10) - np.ones((10,10))/10
K = -0.5 * (H @ DSquare @ H)
eigvalue, eigvector = np.linalg.eig(K)
result = eigvector[:,:2] @ np.diag(np.sqrt(eigvalue[:2]))

# 可视化
cities = data['Cities']
plt.figure(figsize = (6,6))
plt.scatter(result[:,0],result[:,1],c = "white")
for i in range(len(cities)):
    plt.annotate(cities[i], xy = (result[i,0], result[i,1]), xytext = (result[i,0], result
[i,1]))
plt.show()
```

第 16 章

贝叶斯定理及其应用

托马斯·贝叶斯(Thomas Bayes)是18世纪的一名英国牧师和数学家。因为历史久远,加之他没有太多的著述留存,今天的人们对贝叶斯的研究所知甚少。唯一知道的是,他提出了概率论中的贝叶斯公式。但从他曾经当选为英国皇家科学学会会员(相当于现在的科学院院士)来看,其研究工作在当时的英国学术界已然受到了普遍的认可。事实上,在很长一段时间里,人们都没有注意到贝叶斯公式所潜藏的巨大价值。直到20世纪人工智能、机器学习等崭新学术领域的出现,人们才从一堆早已蒙灰的数学公式中发现了贝叶斯公式的巨大威力。

与本章内容相关的数学概念包括贝叶斯定理、边缘分布、先验概率、后验概率、贝塔分布、似然函数、马尔可夫链、查普曼-柯尔莫哥洛夫等式、马尔可夫链蒙特卡洛、吉布斯采样。

16.1 贝叶斯推断中的基本概念

贝叶斯定理在人工智能、机器学习领域有重要应用。以它为基础,通过观察值来确定某些假设的概率(或者使这些概率更接近真实值)的一类方法就称为贝叶斯推断。本章后续内容中将要介绍的朴素贝叶斯法也是贝叶斯定理在机器学习领域中的典型应用。本节主要介绍机器学习中运用贝叶斯推断相关方法所应该了解的知识,这些基本概念包括贝叶斯定理、边缘分布、先验概率,以及共轭分布等内容。

16.1.1 贝叶斯公式与边缘分布

事件 A 在另外一个事件 B 已经发生条件下的发生概率,称为条件概率,记为 $P(A|B)$。两个事件共同发生的概率称为联合概率,A 与 B 的联合概率表示为 $P(AB)$ 或者 $P(A,B)$。进而有

$$P(AB)=P(B)P(A \mid B)=P(A)P(B \mid A)$$

这就导出了最简单形式的贝叶斯公式，即

$$P(A \mid B)=\frac{P(B \mid A)P(A)}{P(B)}$$

以及条件概率的链式法则

$$P(A_1,A_2,\cdots,A_n)=P(A_n \mid A_1,A_2,\cdots,A_{n-1})P(A_{n-1} \mid A_1,A_2,\cdots,A_{n-2})\cdots P(A_2 \mid A_1)P(A_1)$$

概率论中还有一个全概率公式

$$P(B)=\sum_{i=1}^{n}P(A_iB)=\sum_{i=1}^{n}P(A_i)P(B \mid A_i)$$

由此可进一步导出完整的贝叶斯公式

$$P(A_i \mid B)=\frac{P(B \mid A_i)P(A_i)}{\sum_{i=1}^{n}P(A_i)P(B \mid A_i)}$$

另外，一个本章后续内容还会用到的重要概念就是边缘分布。$\boldsymbol{X}=X_1,X_2,\cdots,X_n$ 称为 n 维随机向量(或称 n 维随机变量)。首先以二维随机向量(X,Y)为例来说明边缘分布的概念。随机向量(X,Y)的分布函数 $F(x,y)$完全决定了其分量的概率特征。所以由 $F(x,y)$便能得出分量 X 的分布函数 $F_X(x)$，以及分量 Y 的分布函数 $F_Y(y)$。而相对于联合分布 $F(x,y)$，分量的分布 $F_X(x)$和 $F_Y(y)$称为边缘分布。由

$$F_X(x)=P\{X\leqslant x\}=P\{X\leqslant x,Y\leqslant+\infty\}=F(x,+\infty)$$
$$F_Y(y)=P\{Y\leqslant y\}=P\{X\leqslant+\infty,Y\leqslant y\}=F(+\infty,y)$$

可得

$$F_X(x)=F(x,+\infty),\quad F_Y(y)=F(+\infty,y)$$

若(X,Y)为二维离散随机变量，则

$$\begin{aligned}P\{X=x_i\}&=P\{X=x_i;\Omega\}=P\left\{X=x_i;\sum_j(Y=y_i)\right\}\\&=P\left\{\sum_j(X=x_i;Y=y_j)\right\}=\sum_j P(X=x_i;Y=y_j)=\sum_j p_{ij}\end{aligned}$$

若记 $p_{i\cdot}=P\{X=x_i\}$，则

$$p_{i\cdot}=\sum_j p_{ij}$$

若记 $p_{\cdot j}=P\{Y=y_j\}$，则

$$p_{\cdot j}=\sum_i p_{ij}$$

若(X,Y)为二维连续随机变量，设密度函数为 $p(x,y)$，则

$$F_X(x)=\int_{-\infty}^{+\infty}\left\{\int_{-\infty}^{+\infty}p(x,y)\mathrm{d}y\right\}\mathrm{d}x$$

则 X 的边缘密度函数为

$$p_X(x)=\int_{-\infty}^{+\infty}p(x,y)\mathrm{d}y$$

同理，可得

$$p_Y(y)=\int_{-\infty}^{+\infty}p(x,y)\mathrm{d}x$$

16.1.2 先验概率与后验概率

假设有一所学校，学生中60%是男生，40%是女生。女生穿裤子与裙子的数量相同；所有男生穿裤子。现在有一个观察者，随机从远处看到一名学生，因为很远，观察者只能看到该学生穿的是裤子，但不能从长相、发型等其他方面推断被观察者的性别。那么该学生是女生的概率是多少？

用事件 G 表示观察到的学生是女生，用事件 T 表示观察到的学生穿裤子。于是，现在要计算的是条件概率 $P(G|T)$，需要知道：

(1) $P(G)$表示一个学生是女生的概率。由于观察者随机看到一名学生，意味着所有的学生都可能被看到，女生在全体学生中的占比是40%，所以概率是 $P(G)=0.4$。注意，这是在没有任何其他信息下的概率。这也就是先验概率。本节后面还会详细讨论。

(2) $P(B)$是学生不是女生的概率，也就是学生是男生的概率，这同样也是指在没有其他任何信息的情况下，学生是男生的先验概率。B 事件是 G 事件的互补的事件，于是易得 $P(B)=0.6$。

(3) $P(T|G)$是在女生中穿裤子的概率，根据题目描述，女生穿裙子和穿裤子的人数各占一半，所以 $P(T|G)=0.5$。这也就是在给定 G 的条件下，T 事件的概率。

(4) $P(T|B)$是在男生中穿裤子的概率，这个值是1。

(5) $P(T)$是学生穿裤子的概率，即任意选一个学生，在没有其他信息的情况下，该名学生穿裤子的概率。根据全概率公式

$$P(T)=\sum_{i=1}^{n}P(T\mid A_i)P(A_i)=P(T\mid G)P(G)+P(T\mid B)P(B)$$

计算得到 $P(T)=0.5\times0.4+1\times0.6=0.8$。

根据贝叶斯公式

$$P(A_i\mid T)=\frac{P(T\mid A_i)P(A_i)}{\sum_{i=1}^{n}P(T\mid A_i)P(A_i)}=\frac{P(T\mid A_i)P(A_i)}{P(T)}$$

基于以上所有信息，如果观察到一个穿裤子的学生，并且是女生的概率是

$$P(G\mid T)=\frac{P(T\mid G)P(G)}{P(T)}=\frac{0.5\times0.4}{0.8}=0.25$$

在贝叶斯统计中，先验概率(Prior Probability)分布，即关于某个变量 X 的概率分布，是在获得某些信息或者依据前，对 X 的不确定性所进行的猜测。这是对不确定性(而不是随机性)赋予一个量化的数值的表征，这个量化数值可以是一个参数，或者是一个潜在的变量。

先验概率仅仅依赖于主观上的经验估计，也就是事先根据已有的知识的推断。例如，X 可以是投一枚硬币正面朝上的概率，显然在未获得任何其他信息的条件下，会认为 $P(X)=0.5$；再如上面例子中，$P(G)=0.4$。

在应用贝叶斯理论时，通常将先验概率乘以似然函数再归一化后，得到后验概率分布，后验概率分布即在已知给定的数据后，对不确定性的条件分布。前面已经讨论过似然函数的话题，我们知道似然函数(也称作似然)，是一个关于统计模型参数的函数。也就是这个函数中自变量是统计模型的参数。对于观测结果 x，在参数集合 θ 上的似然，就是在给定这些参数值的基础上，观察到的结果的概率$\mathcal{L}(\theta)=P(x|\theta)$。也就是说，似然是关于参数的函

数，在参数给定的条件下，对于观察到的 x 的值的条件分布。

似然函数在统计推断中发挥重要的作用，因为它是关于统计参数的函数，所以可以用来对一组统计参数进行评估，也就是说，在一组统计方案的参数中，可以用似然函数做筛选。

你会发现，“似然”也是一种“概率”。但不同点就在于，观察值 x 与参数 θ 的不同角色。概率是用于描述一个函数，这个函数是在给定参数值的情况下的关于观察值的函数。例如，已知一个硬币是均匀的(抛落后正反面的概率相等)，那连续 10 次正面朝上的概率是多少？这是个概率问题。

而似然是用于在给定一个观察值时，关于描述参数的函数。例如，如果一个硬币在 10 次抛落中正面均朝上，那硬币是均匀的(抛落后正反面的概率相等)概率是多少？这里用了概率这个词，但是实质上是“可能性”，也就是似然了。

后验概率(Posterior Probability)是关于随机事件或者不确定性断言的条件概率，是在相关证据或者背景给定并纳入考虑之后的条件概率。后验概率分布就是未知量作为随机变量的概率分布，并且是在基于实验或者调查所获得的信息上的条件分布。“后验”在这里意思是，考虑相关事件已经被检视并且能够得到一些信息。

后验概率是关于参数 θ 在给定的信息 X 下的概率，即 $P(\theta|X)$。若对比后验概率和似然函数，似然函数是在给定参数下的证据信息 X 的概率分布，即 $P(X|\theta)$。用 $P(\theta)$ 表示概率分布函数，用 $P(X|\theta)$ 表示观测值 X 的似然函数。后验概率定义为

$$P(\theta \mid X)=\frac{P(X \mid \theta)P(\theta)}{P(X)}$$

注意这也是贝叶斯定理所揭示的内容。

鉴于分母是一个常数，上式可以表达成如下比例关系(而且这也是更多被采用的形式)：后验概率∝似然函数×先验概率。

16.1.3 共轭分布

假如有一个硬币，它有可能是不均匀的，所以投这个硬币有 θ 的概率抛出正面，有 $1-\theta$ 的概率抛出背面。如果抛了 5 次这个硬币，有 3 次是正面，有 2 次是背面，这个 θ 最有可能是多少呢？如果你必须给出一个确定的值，并且完全根据目前观测的结果来估计 θ，那么显然会得出结论 $\theta=3/5$。

但上面这种点估计的方法显然有漏洞，这种漏洞主要体现在实验次数比较少的时候，所得出的点估计结果可能有较大偏差。大数定理也告诉我们，在重复实验中，随着实验次数的增加，事件发生的频率才趋于一个稳定值。一个比较极端的例子是，如果你抛出 5 次硬币，全部都是正面。那么按照之前的逻辑，你将估计 θ 的值等于 1。也就是说，你估计这枚硬币不管怎么投，都朝上！但是按正常思维推理，我们显然不太会相信世界上有这样的事，显然硬币还是有一定可能抛出背面的。就算观测到再多次的正面，抛出背面的概率还是不可能为 0。

前面用过的贝叶斯定理或许可以帮助我们。在贝叶斯学派看来，参数 θ 不再是一个固定值，而是满足一定的概率分布。回想一下前面介绍的先验概率和后验概率。在估计 θ 时，我们心中可能有一个根据经验的估计，即先验概率 $P(\theta)$。在给定一系列实验观察结果 X 的条件下，可以得到后验概率为

$$P(\theta \mid X)=\frac{P(X \mid \theta)P(\theta)}{P(X)}$$

在上面的贝叶斯公式中，$P(\theta)$就是个概率分布。这个概率分布可以是任何概率分布，例如高斯分布或者前面介绍过的贝塔分布。如图16-1所示为Beta(5,2)的概率分布图。如果将这个概率分布作为$P(\theta)$，那么在还未抛硬币前，便认为θ很可能接近于0.8，而不大可能是个很小的值或是一个很大的值。换言之，在抛硬币前，我们便估计这枚硬币更可能有0.8的概率抛出正面。

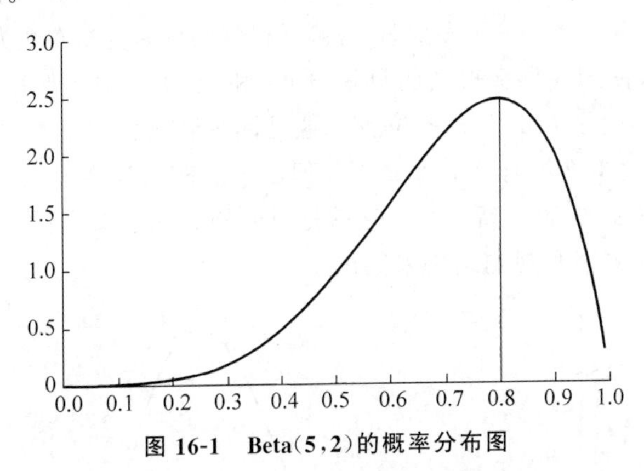

图16-1　Beta(5,2)的概率分布图

虽然$P(\theta)$可以是任何种类的概率分布，但是如果使用贝塔分布，会让之后的计算更加方便。况且，通过调节贝塔分布中的参数a和b，可以让这个概率分布变成各种你想要的形状。贝塔分布已经足以表达我们事先对θ的估计了。

现在已经估计好了$P(\theta)$为一个贝塔分布，那么$P(X|\theta)$是多少呢？其实就是一个二项分布。继续以前面抛5次硬币抛出3次正面的观察结果为例，X="抛5次硬币3次结果为正面"的事件，则$P(X|\theta)=C_2^5\theta^3(1-\theta)^2$。

贝叶斯公式中分母上的$P(X)$是一个正规化因子(normalizer)，或者叫作边缘概率。在θ是离散的情况下，$P(X)$就是θ为不同值的时候，$P(X|\theta)$的求和。例如，假设事先估计硬币抛出正面的概率只可能是0.5或者0.8，那么$P(X)=P(X|\theta=0.5)+P(X|\theta=0.8)$，计算时分别将$\theta=0.5$和$\theta=0.8$代入到前面的二项分布公式中。如果采用贝塔分布，$\theta$的概率分布在[0,1]区间是连续的，所以要用积分，即

$$P(X)=\int_0^1 P(X\mid\theta)P(\theta)\mathrm{d}\theta$$

下面的证明表明：$P(\theta)$是一个贝塔分布，那么在观测到X="抛5次硬币3次结果为正面"的事件后，$P(\theta|X)$依旧是个一贝塔分布。只是这个概率分布的形状因为观测的事件而发生了变化。

$$\begin{aligned}P(\theta\mid X)=\frac{P(X\mid\theta)P(\theta)}{P(X)}&=\frac{P(X\mid\theta)P(\theta)}{\int_0^1 P(X\mid\theta)P(\theta)\mathrm{d}\theta}\\&=\frac{C_2^5\theta^3(1-\theta)^2\ \dfrac{1}{\beta(a,b)}\theta^{a-1}(1-\theta)^{b-1}}{\int_0^1 C_2^5\theta^3(1-\theta)^2\ \dfrac{1}{\beta(a,b)}\theta^{a-1}(1-\theta)^{b-1}\mathrm{d}\theta}\\&=\frac{\theta^{(a+3-1)}(1-\theta)^{(b+2-1)}}{\int_0^1\theta^{(a+3-1)}(1-\theta)^{(b+2-1)}\mathrm{d}\theta}\end{aligned}$$

$$= \frac{\theta^{(a+3-1)}(1-\theta)^{(b+2-1)}}{\beta(a+3,b+2)}$$

$$= \text{Beta}(\theta \mid a+3,b+2)$$

因为观测前后，对 θ 估计的概率分布均为贝塔分布，这就是为什么使用贝塔分布便于计算的原因了。当得知 $P(\theta|X)=\text{Beta}(\theta|a+3,b+2)$后，只要根据贝塔分布的特性，就能得出 θ 最有可能等于多少了。也就是 θ 等于多少时，观测后得到的贝塔分布有最大的概率密度。

如图 16-2 所示，仔细观察新得到的贝塔分布，和图 16-1 中的概率分布对比，发现峰值从 0.8 左右的位置移向了 0.7 左右的位置。这是因为新观测到的数据中，5 次有 3 次是正面(60%)，这让我们觉得 θ 没有 0.8 那么高。但由于之前认为 θ 有 0.8 那么高，我们觉得抛出正面的概率肯定又要比 60%高一些。这就是贝叶斯方法和普通的统计方法不同的地方。我们结合自己的先验概率和观测结果来给出预测。

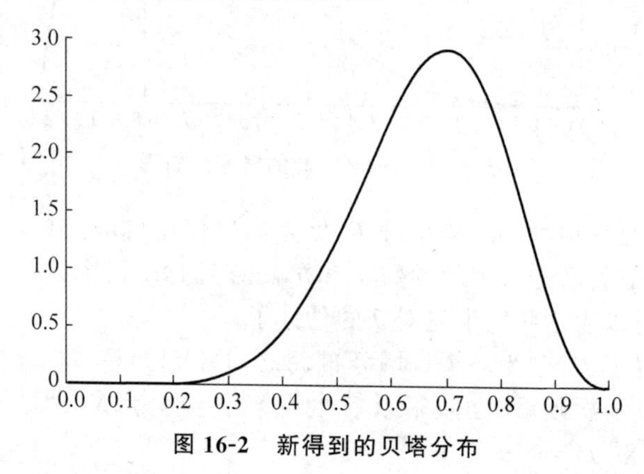

图 16-2　新得到的贝塔分布

如果我们投的不是硬币，而是一个多面体(比如骰子)，那么就要使用 Dirichlet 分布了。使用 Dirichlet 分布的目的，也是为了让观测后得到的后验概率依旧是 Dirichlet 分布。关于 Dirichlet 分布的话题本书不打算深入展开，有兴趣的读者可参阅相关资料。

至此，终于可以引出"共轭性"这个概念了。后验概率分布(正比于先验和似然函数的乘积)拥有与先验分布相同的函数形式。这个性质被叫作共轭性(Conjugacy)。共轭先验(Conjugate Prior)有着很重要的作用。它使得后验概率分布的函数形式与先验概率相同，因此使得贝叶斯分析得到了极大的简化。例如，二项分布的参数之共轭先验就是前面介绍的贝塔分布。多项式分布的参数之共轭先验则是 Dirichlet 分布，而高斯分布的均值之共轭先验是另一个高斯分布。

总的来说，对于给定的概率分布 $P(X|\theta)$，可以寻求一个与该似然函数，即 $P(X|\theta)$，共轭的先验分布 $P(\theta)$，如此一来，后验分布 $P(\theta|X)$就会同先验分布具有相同的函数形式。对于任何指数族成员来说，都存在有一个共轭先验。

16.2　朴素贝叶斯分类器原理

分类是机器学习和数据挖掘中最基础也最常见的一种工作。假设现在有一组训练数据，或称训练样例，以元组(Tuples)形式给出，以及与之相对应的分类标签(Class Label)。

每个元组都被表示成 n 维属性向量 $\boldsymbol{x}=(x_1,x_2,\cdots,x_n)$ 的形式，且一共有 N 个类，标签分别为 $c_1,c_2,\cdots,c_N$。分类的目的是当给定一个元组 $\boldsymbol{x}$ 时，模型可以预测其应当归属于哪个类别。

本书的前面已经讨论过一些分类算法，例如 Logistis 回归和支持向量机等。朴素贝叶斯分类器(Naïve Baysian Classifier)则是另外一种非常经典的分类算法。它的原理非常简单，就是基于贝叶斯公式进行推理，所以才叫作“朴素”。对于每一个类别 c_i，利用贝叶斯公式估计在给定训练元组 $\boldsymbol{x}$ 时的条件概率 $P(c_i|\boldsymbol{x})$，即

$$P(c_i \mid \boldsymbol{x})=\frac{P(\boldsymbol{x} \mid c_i)P(c_i)}{P(\boldsymbol{x})}$$

当且仅当概率 $P(c_i|\boldsymbol{x})$ 在所有的 $P(c_k|\boldsymbol{x})$ 中取值最大时，就认为 $\boldsymbol{x}$ 属于 c_i。更进一步地，因为 $P(\boldsymbol{x})$ 对于所有的类别来说都是恒定的，所以其实只需要 $P(c_i|\boldsymbol{x})\propto P(\boldsymbol{x}|c_i)P(c_i)$ 最大化即可。

应用朴素贝叶斯分类器时必须满足条件：所有的属性都是条件独立的。也就是说，在给定条件的情况下，属性之间是没有依赖关系的，即

$$P(\boldsymbol{x} \mid c_i)=\prod_{k=1}^{n}P(x_k \mid c_i)=P(x_1 \mid c_i)P(x_2 \mid c_i)\cdots P(x_n \mid c_i)$$

结合原贝叶斯公式，便会得到

$$P(c_i \mid \boldsymbol{x})=\frac{P(c_i)}{P(\boldsymbol{x})}\prod_{k=1}^{n}P(x_k \mid c_i)$$

再忽略掉 $P(\boldsymbol{x})$ 这一项，则贝叶斯判定准则为

$$h(\boldsymbol{x})=\underset{c_i\in c_1,c_2,\cdots,c_N}{\operatorname{argmax}} P(c_i)\prod_{k=1}^{n}P(x_k \mid c_i)$$

这就是朴素贝叶斯分类器的表达式。

朴素贝叶斯分类器的训练过程就是从训练数据集出发，估计类别的先验概率 $P(c_i)$，并为每个属性估计条件概率 $P(x_k|c_i)$。

如果 D_{c_i} 是训练数据集 D 中属于类别 c_i 的样例集合，并拥有充足的独立同分布的样本，那么便可以容易地估算出类别先验概率

$$P(c_i)=\frac{|D_{c_i}|}{|D|}$$

特别地，对于离散属性来说，令 D_{c_i,x_k} 表示 D_{c_i} 中在第 k 个属性上取值为 x_k 的样例所组成之子集合，那么条件概率 $P(x_k|c_i)$ 可估计为

$$P(x_k \mid c_i)=\frac{|D_{c_i,x_k}|}{|D_{c_i}|}$$

对于连续属性，则可以考虑概率密度函数，假设 $P(x_k|c_i)\sim N(\mu_{c_i,k},\sigma^2_{c_i,k})$，其中 $\mu_{c_i,k}$ 和 $\sigma^2_{c_i,k}$ 分别是属于类别 c_i 的样例在第 k 个属性上取得的均值和方差，则有

$$P(x_k \mid c_i)=\frac{1}{\sqrt{2\pi}\sigma_{c_i,k}}\exp\left[-\frac{(x_k-\mu_{c_i,k})^2}{2\sigma^2_{c_i,k}}\right]$$

为了演示贝叶斯分类器，来看下面这个例子。如表 16-1 所示，收集了 5 个病人的表现和诊断结果(训练数据)。需要据此建立机器学习模型，从而通过头疼的程度、咳嗽的程度、是否咽痛以及体温高低预测病人所患的是普通感冒还是流感。

表 16-1 病人的表现与诊断结果

病人编号	头疼程度	咳嗽程度	是否发烧	是否咽痛	诊断
1	严重	轻微	是	是	流感
2	不头疼	严重	否	是	普通感冒
3	轻微	轻微	否	是	流感
4	轻微	不咳嗽	否	否	普通感冒
5	严重	严重	否	是	流感

现在有一个病人到诊所看病，他的症状是：严重头痛，无咽痛，体温正常且伴随咳嗽。请问他患的是普通感冒还是流感？分析易知，这里的分类标签有流感和普通感冒两种。于是最终要计算的是下面哪个概率更高：

$$P(\text{流感} \mid \text{头疼}=\text{严重},\text{咽痛}=\text{否},\text{发烧}=\text{否},\text{咳嗽}=\text{是})$$
$$\propto P(\text{流感})P(\text{头疼}=\text{严重} \mid \text{流感})P(\text{咽痛}=\text{否} \mid \text{流感})$$
$$P(\text{发烧}=\text{否} \mid \text{流感})P(\text{咳嗽}=\text{是} \mid \text{流感})$$
$$P(\text{普通} \mid \text{头疼}=\text{严重},\text{咽痛}=\text{否},\text{发烧}=\text{否},\text{咳嗽}=\text{是})$$
$$\propto P(\text{普通})P(\text{头疼}=\text{严重} \mid \text{普通})P(\text{咽痛}=\text{否} \mid \text{普通})$$
$$P(\text{发烧}=\text{否} \mid \text{普通})P(\text{咳嗽}=\text{是} \mid \text{普通})$$

为了计算上面这个结果，需要通过已知数据（训练数据）让机器“学习”（建立）一个模型。由已知数据很容易得出表 16-2 中的结果。

表 16-2 概率计算结果

P(流感)=3/5	P(普通)=2/5
P(头疼=严重|流感)=2/3	P(头疼=严重|普通)=0/2
P(头疼=轻微|流感)=1/3	P(头疼=轻微|普通)=1/2
P(头疼=否|流感)=0/3	P(头疼=否|普通)=1/2
P(咽痛=严重|流感)=1/3	P(咽痛=严重|普通)=1/2
P(咽痛=轻微|流感)=1/3	P(咽痛=轻微|普通)=0/2
P(咽痛=否|流感)=1/3	P(咽痛=否|普通)=1/2
P(发烧=是|流感)=1/3	P(发烧=是|普通)=0/2
P(发烧=否|流感)=2/3	P(发烧=否|普通)=2/2
P(咳嗽=是|流感)=3/3	P(咳嗽=是|普通)=1/2
P(咳嗽=否|流感)=0/3	P(咳嗽=否|普通)=1/2

由此可得：

$$P(\text{流感} \mid \text{头疼}=\text{严重},\text{咽痛}=\text{否},\text{发烧}=\text{否},\text{咳嗽}=\text{是}) \propto \frac{3}{5}\times\frac{2}{3}\times e\times\frac{2}{3}\times\frac{3}{3}\approx 0.26e$$

$$P(\text{普通} \mid \text{头疼}=\text{严重},\text{咽痛}=\text{否},\text{发烧}=\text{否},\text{咳嗽}=\text{是}) \propto \frac{2}{5}\times e\times\frac{1}{2}\times 1\times\frac{1}{2}=0.1e$$

显然，前一个式子算得之数值大于后一个式子算得之数值，所以诊断（预测，分类）结果是流感。

此外，还应注意到，在上述计算中，为了避免乘数 0 导致最终结果无法比较的情况，引入了一个极小的常数 $e=10^{-7}$。除此之外，采用拉普拉斯修正来进行平滑处理也是一种常见的方法。具体而言，令 N 表示训练数据集 D 中可能的类别数，N_k 表示第 k 个属性可能的取值数，则先验概率和条件概率分别修正为

$$\hat{P}(c_i)=\frac{|D_{c_i}|+1}{|D|+N}$$

$$\hat{P}(x_k \mid c_i)=\frac{|D_{c_i,x_k}|+1}{|D_{c_i}|+N_k}$$

朴素贝叶斯模型的主要优点在于它实现简单，效率高，训练和预测速度都很快，训练过程也很容易理解。增加新数据后修改概率值方便；它在许多领域都取得了很好的效果；而且易拓展到高维和大数据集；对于结果的可解释性也较好。此外，该模型对高维稀疏数据的效果很好，对参数的鲁棒性也相对较好。朴素贝叶斯模型是很好的基准模型，常用于非常大的数据集，在这些数据集上即使训练线性模型可能也要花费大量时间。但朴素贝叶斯分类器却能较为高效地完成任务。

16.3　贝叶斯网络

概率图模型是以贝叶斯定理为基础发展而来的一大类方法。前面介绍的朴素贝叶斯法也是贝叶斯定理在机器学习领域中的典型应用。但与之不同的是，概率图模型中需要用到图这个工具来表示一些概率依赖关系。贝叶斯网络和隐马尔可夫模型是最常被提及的概率图模型。其中，贝叶斯网络(Bayesian Network)是一种用于表示变量间依赖关系的数据结构，有时它又被称为信念网络(Belief Network)或概率网络(Probability Network)。更广泛地讲，在统计学习领域，概率图模型(Probabilistic Graphical Model，PGM)常用来指代包括贝叶斯网络在内的更加宽泛的一类机器学习模型。

16.3.1　基本结构单元

具体而言，贝叶斯网络是一个有向无环图(Directed Acyclic Graph)，其中每个节点都标注了定量的概率信息，并具有如下结构特点：

(1) 一个随机变量集构成了图结构中的节点集合。变量可以是离散的，也可以是连续的。

(2) 一个连接节点对的有向边集合反映了变量间的依赖关系。如果存在从节点 X 指向节点 Y 的有向边，则称 X 是 Y 的一个父节点。

(3) 每个节点 X_i 都有一个(在给定父节点情况下的)条件概率分布，这个分布量化了父节点对其的影响。

在一个正确构造的网络中，箭头显式地表示了 X 对 Y 的直接影响。而这种影响关系往往来自于现实世界的经验分析。一旦设计好贝叶斯网络的拓扑结构，只要再为每个节点指定当给定具体父节点时的条件概率，那么一个基本的概率图模型就建立完成了。

尽管现实中贝叶斯网络的结构可能非常复杂，但无论多么复杂的拓扑本质上都是由一些基本的结构单元经过一定的组合演绎出来的。而且最终的拓扑和对应的条件概率完全可以给出所有变量的联合分布，这种表现方式远比列出所有的联合概率分布要精简得多。图 16-3 给出了 3 种基本的结构单元，接下来将分别对它们进行介绍。

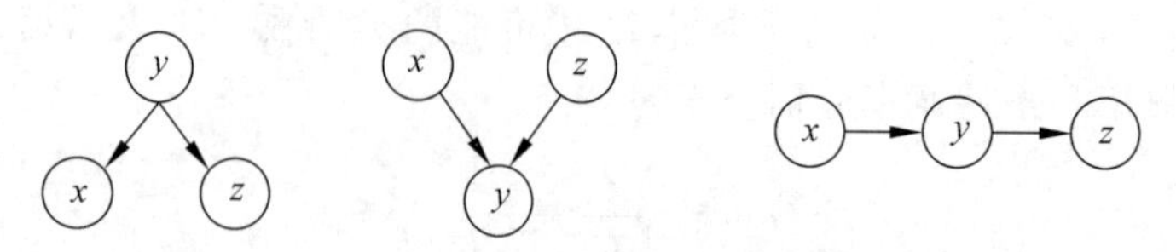

图 16-3　3 种基本的结构单元

首先,如果几个随机变量之间是完全独立的,那么它们之间将没有任何边进行连接。对于朴素贝叶斯中的假设,即变量之间是条件独立 Cconditionally Independent)的,那么可以画出此种结构如图 16-3 中的左图所示。这表明在给定 Y 的情况下,X 和 Z 是条件独立的。

其次,另外一种与之相反的情况如图 16-3 的中图所示。此时 X 和 Z 是完全独立的。通常把左图的情况称为"共因"(Common Cause),而把中图的情况称为"共果"(Common Effect)。

最后,对于图 16-3 中右图所示的链式结构,X 和 Z 不再是相互独立的。但在给定 Y 时,X 和 Z 就是独立的。因为 $P(Z|X,Y)=P(Z|Y)$。

参考文献中给出了一个简单的贝叶斯网络示例,如图 16-4 所示。假设你在家里安装了一个防盗报警器。这个报警器对于探测盗贼的闯入报警非常可靠,但是偶尔也会对轻微的地震有所反应。你还有两个邻居约翰和玛丽,他们保证在你工作时如果听到警报声就给你打电话。约翰听到警报声时总是会给你打电话,但是他们有时候会把电话铃声当成警报声,然后也会打电话给你。另一方面,玛丽特别喜欢大声听音乐,因此有时候根本听不见警报声。给定了他们是否给你打电话的证据,我们希望估计有人入室行窃的概率。

现在暂时忽略图 16-4 中的条件概率分布,而是将注意力集中于网络的拓扑结构上。在这个防盗网络的案例中,拓扑结构表明盗贼和地震直接影响到警报的概率(这相当于一个共果的结构),但是约翰或者玛丽是否打电话仅仅取决于警报声(这相当于一个共因的结构)。因此网络表示出了我们的一些假设:"约翰和玛丽不直接感知盗贼,也不会注意到轻微的地震"(这表明当给定随机变量警报响起时,"盗贼或地震"都独立于"打电话"),并且他们不会在打电话之前交换意见(所以在给定随机变量警报响起时,约翰打电话和玛丽打电话就是条件独立的)。

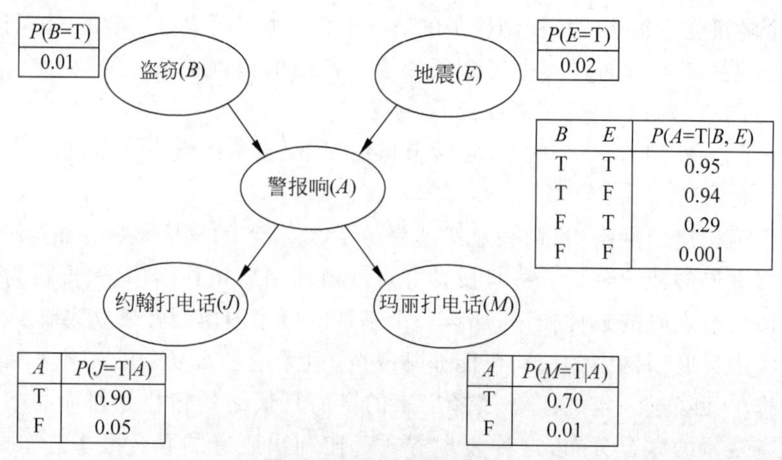

B	E	P(A=T|B, E)
T	T	0.95
T	F	0.94
F	T	0.29
F	F	0.001

A	P(J=T|A)
T	0.90
F	0.05

A	P(M=T|A)
T	0.70
F	0.01

图 16-4　贝叶斯网络示例

注意网络中没有对应于玛丽当前正在大声听音乐或者电话铃声响起来使得约翰误以为是警报的节点。这些因素实际上已经被概括在与从警报响起到约翰打电话或者到玛丽打电话这两条边相关联的不确定性中了。这同时体现了操作中的惰性与无知：要搞清楚为什么那些因素会以或多或少的可能性出现在特殊情况下，需要大量的工作，而且无论如何都没有合理的途径来获取这些相关的信息。

上面的概率实际上概括了各种情况的潜在无限集合，其中包括报警器可能会失效的情况（诸如环境湿度过高、电力故障、电线被切断、警铃里卡了一只死老鼠等）或者约翰和玛丽没有打电话报告的情况（诸如出去吃午饭了、外出度假、暂时性失聪、直升机刚巧飞过而噪声隆隆等）。如此一来，一个小小的智能体可以处理非常庞大的世界，至少是近似地处理。如果能够引入附加的相关信息，近似的程度还可以进一步地提高。

现在回到图16-4中的条件概率分布上。每一个分布在图中都被显示为一个表格的形式，称它们是条件概率表（Conditional Probability Table，CPT）。这种形式的表格适用于离散型随机变量。条件概率表中的每一行包含了每个节点值在给定条件下的条件概率。这个所谓的“给定条件”，就是所有父节点取值的某个可能组合。每一行概率之和必须是1，因为行中条目表示了该对应变量的一个无遗漏的情况集合。

对于布尔变量，一旦知道它为真的概率是 p，那么它为假的概率就应该是 $1-p$。所以可以省略第二个数值。一个具有 k 个布尔父节点的布尔变量的条件概率表中有 2^k 个独立的可指定概率。而对于没有父节点的节点来说，它的条件概率表只有一行，表示了该变量可能取值的先验概率（例如图中的盗贼和地震对应的条件概率表）。

16.3.2 模型推理

在已经确定了一个贝叶斯网络的结构后，就能用它进行查询，即通过一些属性变量的观测值来推断其他属性变量的去值。这个通过已知变量观测值推断待查询变量的过程就是所谓的推断，其中的已知变量观测值称为“证据”（Evidence）。例如，现在想知道当约翰和玛丽都打电话时发生地震的概率，即 $P(E=T \mid J=T, M=T)$，那么 $J=T, M=T$ 就是证据。

总的来说，通常可采用的方法有3种：

首先是利用与朴素贝叶斯类似方法来进行推理（其中同样用到贝叶斯公式），称其为枚举法；

其次是一种更为常用的算法，称之为消去法；

最后还有一种基于蒙特卡洛法的近似推理方法（也就是基于前面讨论过的MCMC方法）。本章将仅讨论前两种算法。

1. 枚举法

回想在朴素贝叶斯中所使用的策略。根据已经观察到的证据计算查询命题的后验概率。并将使用全联合概率分布作为“知识库”，从中可以得到所有问题的答案。这其中贝叶斯公式发挥了重要作用，而下面的示例同样演示了边缘分布的作用。

从一个非常简单的例子开始：一个由 3 个布尔变量 Toothache(牙疼)、Cavity(蛀牙)和由于牙医的钢探针不洁而导致的 Catch(牙龈感染)组成的定义域。其全联合分布是一个 2×2×2 的表格，如表 16-3 所示。

表 16-3　由 3 个布尔变量给出的数据

Toothache	Cavity	Catch	概率
0	0	0	0.576
0	0	1	0.144
0	1	0	0.008
0	1	1	0.072
1	0	0	0.064
1	0	1	0.016
1	1	0	0.012
1	1	1	0.108

根据概率公理，联合分布中的所有概率之和为 1。无论是简单命题还是复合命题，只需要确定在其中命题为真的那些原子事件，然后把它们的概率相加就可获得任何命题的概率。例如，命题 Cavity ∨ Toothache 在 6 个原子事件中成立，所以可得

$$P(\text{Cavity} \vee \text{Toothache}) = 0.108 + 0.012 + 0.072 + 0.008 + 0.016 + 0.064 = 0.28$$

一个特别常见的任务是将随机变量的某个子集或者某单个变量的分布抽取出来，也就是边缘分布。例如，将所有 Cavity 取值为真的条目抽取出来再求和就得到了 Cavity 的无条件概率(也就是边缘概率)

$$P(\text{Cavity}) = 0.108 + 0.012 + 0.072 + 0.008 = 0.2$$

该过程称为边缘化(Marginalization)或“和出”(Summing Out)——因为除了 Cavity 以外的变量都被求和过程排除在外了。对于任何两个变量集合 Y 和 Z，可以写出如下的通用边缘化规则(这其实就是前面给出的公式，这里只是做了简单的变量替换)：

$$P(Y) = \sum_{z} P(Y, z)$$

换言之，Y 的分布可以通过根据任何包含 Y 的联合概率分布对所有其他变量进行求和消元得到。根据乘法规则，这条规则的一个变形涉及条件概率而不是联合概率：

$$P(Y) = \sum_{z} P(Y \mid z) P(z)$$

这条规则称为条件化。以后会发现，对于涉及概率表达式的所有种类的推导过程，边缘化和条件化具有非常强大的威力。

在大部分情况下，在给定关于某些其他变量的条件下，人们会对计算某些变量的条件概率产生感兴趣。条件概率可以如此找到：首先根据条件概率的定义式得到一个无条件概率的表达式，然后再根据全联合分布对表达式求值。例如，在给定牙疼的条件下，可以计算蛀牙的概率为

$$P(\text{Cavity} \mid \text{Toothache}) = \frac{P(\text{Cavity} \wedge \text{Toothache})}{P(\text{Toothache})} = \frac{0.108 + 0.012}{0.108 + 0.012 + 0.016 + 0.064} = 0.6$$

为了验算，还可以计算已知牙疼的条件下，没有蛀牙的概率为

$$P(\overline{\text{Cavity}} \mid \text{Toothache}) = \frac{P(\overline{\text{Cavity}} \wedge \text{Toothache})}{P(\text{Toothache})}$$

$$= \frac{0.016 + 0.064}{0.108 + 0.012 + 0.016 + 0.064} = 0.4$$

注意，这两次计算中的项 $P(\text{Toothache})$是保持不变的，与计算的 Cavity 的值无关。可以把它看成是 $P(\text{Cavity}|\text{Toothache})$的一个归一化常数，保证其所包含的概率相加等于 1，也就是忽略 $P(\text{Toothache})$的值，这一点在介绍朴素贝叶斯时已经讲过。

此外，可以用符号 α 表示这样的常数。用这个符号可以把前面的两个公式合并写成一个：

$$P(\text{Cavity} \mid \text{Toothache}) = \alpha P(\text{Cavity}, \text{Toothache})$$

$$= \alpha\,[P(\text{Cavity}, \text{Toothache}, \text{Catch}) + P(\text{Cavity}, \text{Toothache}, \overline{\text{Catch}})]$$

$$= \alpha\,[\langle 0.108, 0.016\rangle + \langle 0.012, 0.064\rangle] = \alpha\langle 0.12, 0.08\rangle = \langle 0.6, 0.4\rangle$$

在很多概率的计算中，归一化都是一个非常有用的捷径。

由该例子可以抽取出一个通用的推理过程。这里将只考虑查询仅涉及一个变量的情况。我们将需要使用一些符号表示：令 X 为查询变量(前面例子中的 Cavity)；令 E 为证据变量集合(给定的条件，前面例子中的 Toothache)，e 表示其观察值；并令 Y 为其余的未观测变量(前面例子中的 Catch)。查询为 $P(X|e)$，可以对它求值：

$$P(X \mid e) = \alpha P(X, e) = \alpha \sum_{y} P(X, e, y)$$

其中的求和针对所有可能的 y(也就是对未观测变量 Y 的值的所有可能组合)。注意变量 X、E 以及 Y 一起构成了域中所有布变量的完整集合，所以 $P(X, e, y)$只不过是来自全联合分布概率的一个子集。算法对所有 X 和 Y 的值进行循环以枚举当 e 固定时所有的原子事件，然后根据全联合分布的概率表将它们的概率加起来，最后对结果进行归一化。

下面就用枚举法来解决本节开始时提出的问题：

$$P(E \mid j, m) = \alpha P(E, j, m)$$

其中，用小写字母 j 和 m 来表示 $J=T$，以及 $M=T$(也就是给定 J 和 M)。但表达式的形式是 $P(E|j,m)$而非 $P(e|j,m)$，这是因为要将 $E=T$ 和 $E=F$ 这两个公式合并起来写成一个。同样，α 是标准化常数。然后就要针对其他未观测变量(也就是本题中的盗窃和警报响)值的所有可能组合进行求和，则有

$$P(E, j, m) = \sum_{a} \sum_{b} P(E, j, m, b, a)$$

针对图 16-4 所示的贝叶斯网络，应该很容易可以写出下列关系式：

$$P(E, j, m) = \sum_{a} \sum_{b} P(b)P(E)P(a \mid b, E)P(j \mid a)P(m \mid a)$$

如果无法轻易地看出这种关系，也可以通过公式推导一步一步地得出。首先，在给定条件 a 的情况下，J 和 M 条件独立，所以有 $P(j,m|a)=P(j|a)P(m|a)$。B 和 E 独立，所以有 $P(b)P(E)=P(b,E)$。进而有 $P(b)P(E)P(a|b,E)=P(a,b,E)$。在给定 a 的时候，b、E 和 j、m 独立(对应图 16-3 中的最后一种情况)，所以有 $P(j,m|a)=P(j,m|a,b,E)$。由这几个关系式就能得出上述结论。

下面来循环枚举并加和消元：

$$\sum_a \sum_b P(b)P(E)P(a \mid b,E)P(j \mid a)P(m \mid a)$$
$$= P(b)P(E)P(a \mid b,E)P(j \mid a)P(m \mid a) + P(\bar{b})P(E)P(a \mid \bar{b},E)$$
$$P(j \mid a)P(m \mid a) + P(b)P(E)P(\bar{a} \mid b,E)P(j \mid \bar{a})P(m \mid \bar{a}) +$$
$$P(\bar{b})P(E)P(\bar{a} \mid \bar{b},E)P(j \mid \bar{a})P(m \mid \bar{a})$$

在计算上还可以稍微做一点改进。因为 $P(E)$ 对于加和计算来说是一个常数，所以可以把它提出来。这样就避免了多次乘以 $P(E)$ 所造成的低效。

$$\sum_a \sum_b P(b)P(E)P(a \mid b,E)P(j \mid a)P(m \mid a)$$
$$= P(E)\sum_b P(b)\sum_a P(E)P(a \mid b,E)P(j \mid a)P(m \mid a)$$
$$= P(E)\{P(b)[P(a \mid b,E)P(j \mid a)P(m \mid a) + P(b)P(\bar{a} \mid b,E)$$
$$P(j \mid \bar{a})P(m \mid \bar{a})] + P(\bar{b})[P(a \mid \bar{b},E)P(j \mid a)P(m \mid a) +$$
$$P(\bar{a} \mid \bar{b},E)P(j \mid \bar{a})P(m \mid \bar{a})]\}$$

上式中所有的值都可以基于条件概率表求得，这里不具体给出最终的结果。但一个显而易见的事实是当变量的数目变多时，全联合分布的表长增长是相当惊人的。所以人们非常希望能够有一种更简便的方法来替代枚举法，于是便有了下面将要介绍的消去法。

2. 消去法

消去法(Variable Elimination Algorithm)是一种基于动态规划思想设计的算法。而且在算法执行的过程中需要使用因子表来存储中间结果，当再次需要使用时无须重新计算，只需调用已知结果，这样就降低了算法执行的时间消耗。

每个因子是一个由它的变量值决定的矩阵，例如，与 $P(j|a)$ 和 $P(m|a)$ 相对应的因子 $\boldsymbol{f}_J(A)$ 和 $\boldsymbol{f}_M(A)$ 只依赖于 A，因为 J 和 M 在当前的问题里是已知的，$\boldsymbol{f}_J(A)$ 和 $\boldsymbol{f}_M(A)$ 都是两个元素的矩阵(也即向量)：

$$\boldsymbol{f}_J(A) = \begin{bmatrix} P(j \mid a) \\ P(j \mid \bar{a}) \end{bmatrix}, \quad \boldsymbol{f}_M(A) = \begin{bmatrix} P(m \mid a) \\ P(m \mid \bar{a}) \end{bmatrix}$$

在这种记法中括号里的参数表示的是变量，而下标仅仅是一种记号，所以也可以使用 $\boldsymbol{f}_4(A)$ 和 $\boldsymbol{f}_5(A)$ 来代替 $\boldsymbol{f}_J(A)$ 和 $\boldsymbol{f}_M(A)$。这里使用 J 和 M 作为下标的意图是考虑用 $P(\_|A)$ 的“_”作为标记。所以 $P(a|b,E)$ 可写成 $\boldsymbol{f}_A(A,B,E)$，注意因 A、B、E 都是未知的，$\boldsymbol{f}_A(A,B,E)$ 就是一个 $2\times2\times2$ 的矩阵，即

$$\boldsymbol{f}_A(A,B,E) = [P(a \mid b,e)P(a \mid b,\bar{e})P(a \mid \bar{b},e)P(a \mid \bar{b},\bar{e})P(\bar{a} \mid b,e)$$
$$P(\bar{a} \mid b,\bar{e})P(\bar{a} \mid \bar{b},e)P(\bar{a} \mid \bar{b},\bar{e})]^{\mathrm{T}}$$

最初的因子表是经条件概率表改造而来的，如图 16-5 所示，其中由花括号标出的每个部分称为因子(Factor)。

然后进行自底向上的计算，第 1 步：$\boldsymbol{f}_J(A)\odot\boldsymbol{f}_M(A)=\boldsymbol{f}_{JM}(A)$，$A$ 仍然是变量，则有

$$\boldsymbol{f}_E(E)\sum_b \boldsymbol{f}_B(B)\sum_a \boldsymbol{f}_A(A,B,E)\boldsymbol{f}_J(A)\boldsymbol{f}_M(A)$$
$$= \boldsymbol{f}_E(E)\sum_b \boldsymbol{f}_B(B)\sum_a \boldsymbol{f}_A(A,B,E)\boldsymbol{f}_{JM}(A)$$

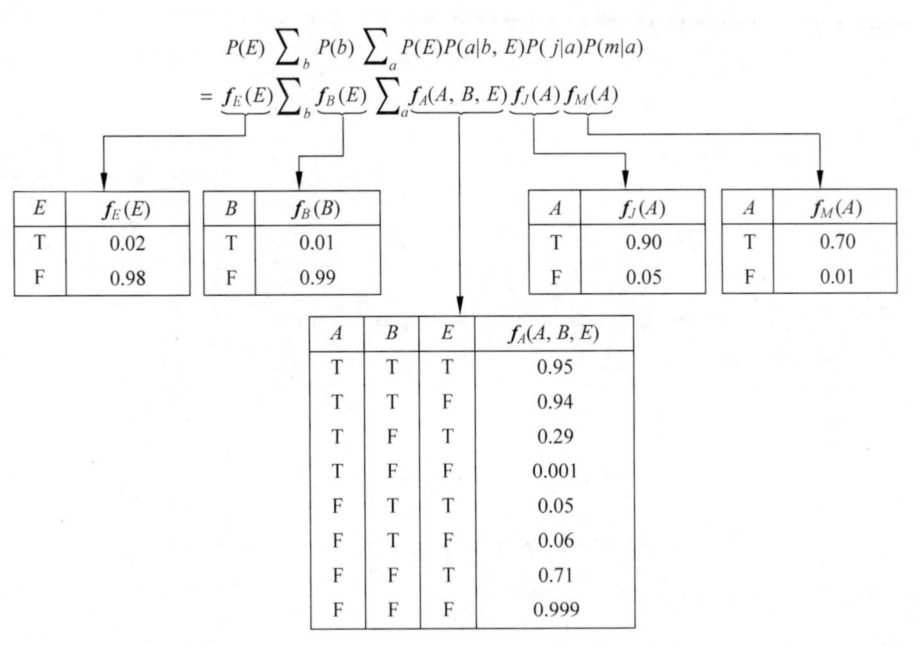

$$P(E)\sum_b P(b)\sum_a P(E)P(a|b,E)P(j|a)P(m|a)$$
$$=f_E(E)\sum_b f_B(E)\sum_a f_A(A,B,E)f_J(A)f_M(A)$$

E	$f_E(E)$
T	0.02
F	0.98

B	$f_B(B)$
T	0.01
F	0.99

A	$f_J(A)$
T	0.90
F	0.05

A	$f_M(A)$
T	0.70
F	0.01

A	B	E	$f_A(A,B,E)$
T	T	T	0.95
T	T	F	0.94
T	F	T	0.29
T	F	F	0.001
F	T	T	0.05
F	T	F	0.06
F	F	T	0.71
F	F	F	0.999

图 16-5　初始的因子表

此时新产生的因子表为

A	$f_{IM}(A)$
T	0.90×0.70
F	0.05×0.01

=

A	$f_I(A)$
T	0.90
F	0.05

⊙

A	$f_M(A)$
T	0.70
F	0.01

注意这里所使用的乘法过程称为逐点积(Pointwise Product),它既不是矩阵乘法,也不是因子中逐个元素相乘。逐点积是由两个因子 f_1 和 f_2 得到一个新因子 f 的计算,其变量集是因子 f_1 和 f_2 变量集的并集。假设这两个因子有公共变量 $y_1,y_2,\cdots,y_k$,则有

$$f(x_1,x_2,\cdots,x_i,y_1,y_2,\cdots,y_k,z_1,z_2,\cdots,z_j)$$
$$=f_1(x_1,x_2,\cdots,x_i,y_1,y_2,\cdots,y_k)f_2(y_1,y_2,\cdots,y_k,z_1,z_2,\cdots,z_j)$$

如果所有的变量都是二值的,那么 f_1 和 f_2 各有 2^{i+k} 和 2^{k+j} 个元素,它们的逐点积有 2^{i+k+j} 个元素。例如,在上面的计算中,因子 $f_J(A)$和 $f_M(A)$的公共变量是 A,而 A 是二值的,所以 $f_{JM}(A)$有 2 个元素。

第 2 步: $f_A(A,B,E)\odot f_{JM}(A)=f_{AJM}(A,B,E)$,即

$$f_E(E)\sum_b f_B(B)\sum_a f_A(A,B,E)f_J(A)f_M(A)$$
$$=f_E(E)\sum_b f_B(B)\sum_a f_A(A,B,E)f_{JM}(A)$$
$$=f_E(E)\sum_b f_B(B)\sum_a f_{AJM}(A,B,E)$$

此时新产生的因子表为

A	B	E	$f_{AJM}(A,B,E)$
T	T	T	0.95×0.63
T	T	F	0.94×0.63
T	F	T	0.29×0.63
T	F	F	0.001×0.63
F	T	T	0.05×0.0005
F	T	F	0.06×0.0005
F	F	T	0.71×0.0005
F	F	F	0.999×0.0005

=

A	B	E	$f_A(A,B,E)$
T	T	T	0.95
T	T	F	0.94
T	F	T	0.29
T	F	F	0.001
F	T	T	0.05
F	T	F	0.06
F	F	T	0.71
F	F	F	0.999

⊙

A	$f_{JM}(A)$
T	0.63
F	0.0005

第 3 步：

$$=f_E(E)\sum_b f_B(B)\sum_a f_{AJM}(A,B,E)$$

$$=f_E(E)\sum_b f_B(B)f_{\underline{A}JM}(B,E)$$

此时新产生的因子表为

A	B	E	$f_{AJM}(A,B,E)$
T	T	T	0.95×0.63
T	T	F	0.94×0.63
T	F	T	0.29×0.63
T	F	F	0.001×0.63
F	T	T	0.05×0.0005
F	T	F	0.06×0.0005
F	F	T	0.71×0.0005
F	F	F	0.999×0.0005

→

B	E	$f_{AJM}(B,E)$
T	T	0.95×0.63+0.05×0.0005
T	F	0.94×0.63+0.06×0.0005
F	T	0.29×0.63+0.71×0.0005
F	F	0.001×0.63+0.999×0.0005

第 4 步：

$$=f_E(E)\sum_b f_B(B)f_{\underline{A}JM}(B,E)$$

$$=f_E(E)\sum_b f_{B\underline{A}JM}(B,E)$$

此时新产生的因子表为

B	E	$f_{B\underline{A}JM}(B,E)$
T	T	0.01×0.5985
T	F	0.01×0.5922
F	T	0.99×0.183
F	F	0.99×0.001 129

=

B	$f_B(B)$
T	0.01
F	0.99

⊙

B	E	$f_{\underline{A}JM}(B,E)$
T	T	0.5985
T	F	0.5922
F	T	0.183
F	F	0.001 129

第 5 步：

$$=f_E(E)\sum_b f_{B\underline{A}JM}(B,E)$$

$$=f_E(E)f_{\underline{BAJM}}(E)$$

此时新产生的因子表为

B	E	$f_{\underline{BA}JM}(B,E)$
T	T	0.01×0.5985
T	F	0.01×0.5922
F	T	0.99×0.183
F	F	0.99×0.001 129

→

E	$f_{\underline{BAJM}}(E)$
T	0.01×0.5985+0.99×0.183=0.1872
F	0.01×0.5922+0.99×0.001 129=0.007

第 6 步：

$$=f_E(E)f_{\underline{BAJM}}(E)$$
$$=f_{\underline{EBAJM}}(E)$$

此时新产生的因子表为

E	$f_{\underline{EBAJM}}(E)$
T	0.02×0.1872
F	0.98×0.0070

=

E	$f_E(E)$
T	0.02
F	0.98

⊙

E	$f_{\underline{BAJM}}(E)$
T	0.1872
F	0.0070

由此便可根据上表算得问题的答案

$$\alpha P(E=T\mid j,m)=\frac{P(E=T\mid j,m)}{P(E=T\mid j,m)+P(E=F\mid j,m)}$$
$$=\frac{0.0037}{0.0037+0.0069}=0.3491$$

最后总结一下变量消去算法的基本过程。给定一个贝叶斯网络$\mathcal{G}$,以及非查询变量的消去顺序 $X_m,X_{m-1},\cdots,X_1,X$ 是待查询变量,$\boldsymbol{e}$ 表示证据。用于查询的变量消去算法 Elimination 返回 X 上的一个分布。

```
初始化 factors←[];
For each i=m…1:
        factors←[构造因子(X_i,e)|factors];
      如果 X_i 是隐变量,那么对 X_i 进行和计算,并将新得到的因子放入 factors;
Pointwise-Product←对 factors 进行逐点积运算;
Return 归一化后的 Pointwise-Product。
```

16.4　贝叶斯网络的应用示例

在 Python 中进行基于贝叶斯网络的推断和分析可以考虑使用 PyBBN 包,该包提供的功能支持精确和近似两种推断方式。需要说明的是,PyBBN 包中的精确推断要求所有的随机变量都必须是离散的,而近似推断则仅支持连续随机变量的情况。此外,PyBBN 包中实现精确推断所采用的算法是联结树(Junction Tree)算法,这是除前面介绍的消去法以外的另一种贝叶斯网络推断算。但无论是何种推断算法,只要是精确推断,那么所得结果就都

是一样的。PyBBN 包中的近似推断是基于吉布斯采样算法实现的。下面就以图 16-4 的例子为基础，演示在 Python 中利用 PyBBN 包进行贝叶斯网络精确推断的方法。

```
from pybbn.graph.dag import Bbn
from pybbn.graph.edge import Edge, EdgeType
from pybbn.graph.jointree import EvidenceBuilder
from pybbn.graph.node import BbnNode
from pybbn.graph.variable import Variable
from pybbn.pptc.inferencecontroller import InferenceController

#创建贝叶斯网络中的节点
burglary = BbnNode(Variable(0, 'Burglary', ['true', 'false']), [0.01, 0.99])
earthquake = BbnNode(Variable(1, 'Earthquake',
             ['true', 'false']), [0.02, 0.98])
alarm = BbnNode(Variable(2, 'Alarm', ['true', 'false']),
        [0.95, 0.05, 0.94, 0.06, 0.29, 0.71, 0.001, 0.999])
johnCalls = BbnNode(Variable(3, 'JohnCalls', ['true', 'false']),
            [0.9, 0.1, 0.05, 0.95])
maryCalls = BbnNode(Variable(4, 'MaryCalls', ['true', 'false']),
            [0.7, 0.3, 0.01, 0.99])

bbn = Bbn() \
.add_node(burglary) \
.add_node(earthquake) \
.add_node(alarm) \
.add_node(johnCalls) \
.add_node(maryCalls) \
.add_edge(Edge(burglary, alarm, EdgeType.DIRECTED)) \
.add_edge(Edge(earthquake, alarm, EdgeType.DIRECTED)) \
.add_edge(Edge(alarm, johnCalls, EdgeType.DIRECTED)) \
.add_edge(Edge(alarm, maryCalls, EdgeType.DIRECTED))
```

基于上述代码，手动搭建一个贝叶斯网络。如果要可视化地展现一下刚刚创建的网络结构，可以使用 PyGraphviz 包。下面的代码演示了利用该包提供的功能绘制贝叶斯网络的方法，注意运行这些代码之前务必确保已经正确安装了 PyGraphviz 包。

```
from pybbn.generator.bbngenerator import convert_for_drawing
import matplotlib.pyplot as plt
%matplotlib inline
import networkx as nx
import warnings

with warnings.catch_warnings():
warnings.simplefilter('ignore')
graph = convert_for_drawing(bbn)
pos = nx.nx_agraph.graphviz_layout(graph, prog = 'neato')
plt.figure(figsize = (5, 5))
labels = dict([(k, node.variable.name) for k, node in bbn.nodes.items()])
nx.draw(graph, pos = pos, with_labels = True, labels = labels)
```

执行上述代码，所得结果如图 16-6 所示，显然这与我们预期中的网络结构是一致的。

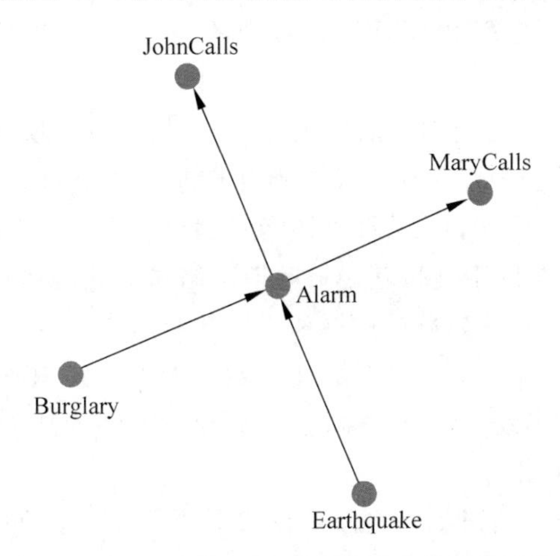

图 16-6　可视化展现创建好的贝叶斯网络结构

在 16.3.2 节中，演示了利用消去法对 $P(E=T|J=T,M=T)$ 进行精确推断的过程，下面的代码将执行同样的任务，即精确推断当约翰和玛丽都打电话时发生地震的概率。

```
# convert the BBN to a join tree
join_tree = InferenceController.apply(bbn)

# insert an observation evidence
ev = EvidenceBuilder() \
    .with_node(join_tree.get_bbn_node_by_name('JohnCalls')) \
    .with_evidence('true', 1.0) \
    .build()

ev2 = EvidenceBuilder() \
    .with_node(join_tree.get_bbn_node_by_name('MaryCalls')) \
    .with_evidence('true', 1.0) \
    .build()

join_tree.set_observation(ev)
join_tree.set_observation(ev2)

# 输出边缘概率
for node in join_tree.get_bbn_nodes():
    potential = join_tree.get_bbn_potential(node)
    print(node)
    print(potential)
```

上述代码会遍历网络中的所有节点，然后将每个节点的概率推断都输出来。其中，我们关心的是(给定约翰和玛丽都打电话这个情况下)地震发生的概率：

```
1|Earthquake|true,false
1 = true|0.35177
1 = false|0.64823
```

可见这与之前手动计算的结果是相符的，无论采用何种精确推断算法，最后的概率推断结果都应该是一致的。注意，由于计算过程中的精度损失，末尾几位有效数字上的差异是正常的。

贝叶斯网络在现实世界的应用可谓比比皆是。因此，可以实现贝叶斯网络分析与推断的工具也是有很多的。而且其中大部分都是基于图形用户界面实现的，所以也就不需要在Python中那样编写代码。例如，由新西兰怀卡托大学开发的、免费的、开源数据挖掘工具Weka中就提供了相关模块用于支持基于贝叶斯网络的分析与推断。作为现今最为完备的数据挖掘系统之一，Weka被誉为数据挖掘和机器学习历史上的里程碑，得到了来自学术界和产业界的广泛认可。2005年8月，在第11届数据挖掘与知识发现国际会议上，国际计算机学会把数据挖掘和知识探索领域的最高服务奖授予了怀卡托大学的Weka团队，以表彰他们在开发该系统上所作出的杰出贡献。

当然，Weka所提供的功能非常丰富，不仅仅局限于贝叶斯网络。作为范例，本书这里介绍一个比较轻巧的专门进行贝叶斯网络分析与推断的工具——JavaBayes。它是由巴西圣保罗大学的法比奥·考兹曼(Fabio Cozman)教授开发的一款基于Java的、免费的开源贝叶斯网络工具。该软件中实现了两种精确推断算法(其中一种就是本书前面介绍的消去法)，具体使用时，用户可根据实际需求进行选择。

同样以图16-4所示的贝叶斯网络为例，下面简单演示一下利用JavaBayes进行贝叶斯网络推断的方法。如图16-7所示，首先设定MaryCalls和JohnCalls节点的观察值为True，即约翰和玛丽都打电话。

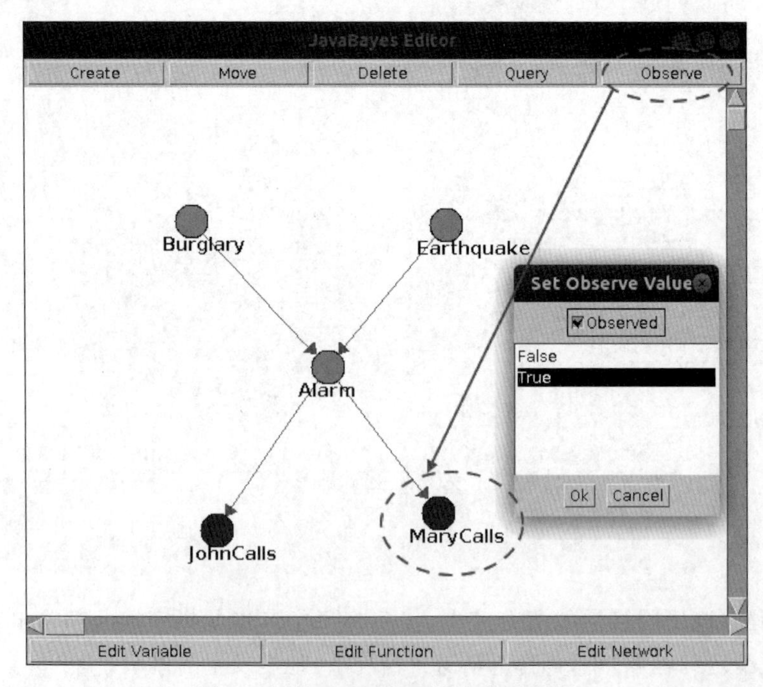

图16-7　修改贝叶斯网络中的观察值

然后，单击界面上的Query按钮开启查询模型，直接单击网络中的Earthquake节点，控制台窗口中就随即给出了概率推断结果，如图16-8所示。可见输出结果与之前手动计算的

结果是一致的，注意，由于计算过程中的精度损失，末尾几位有效数字上的差异是正常的。

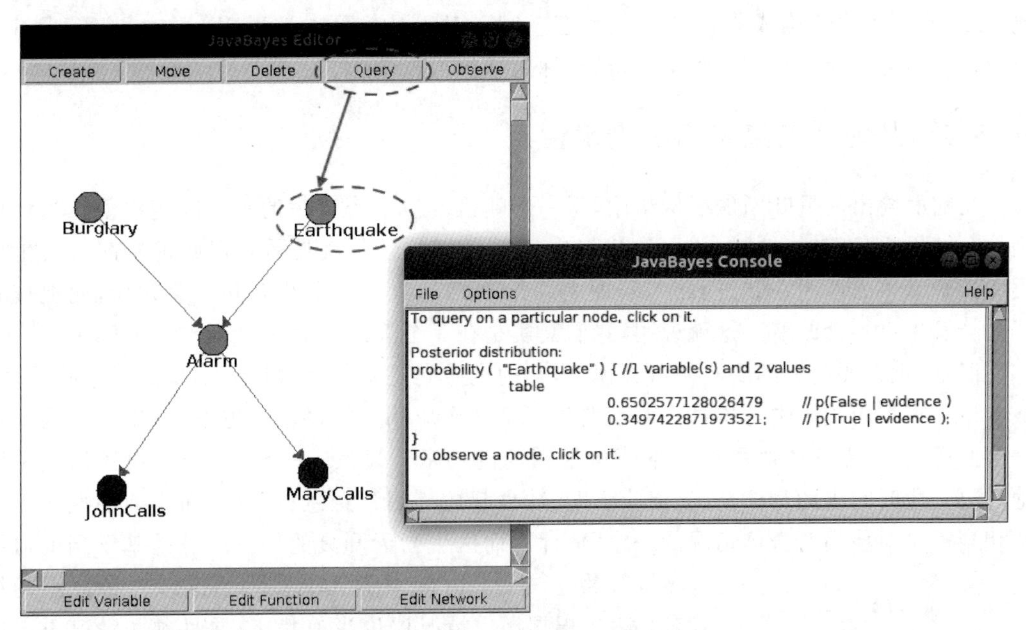

图 16-8 在 JavaBayes 中进行模型推理

16.5 隐马尔可夫模型

隐马尔可夫模型(Hidden Markov Model，HMM)与贝叶斯网络一样，都是典型的概率图模型。更特别地，隐马尔可夫模型是关于时间序列的概率图模型。

16.5.1 随机过程

随机过程(Stochastic Process)是一连串随机事件动态关系的定量描述。如果用更为严谨的数学语言描述，则有：设对每一个 $t\in T$，$X(t,w)$是一个随机变量，称随机变量族。$X_T=\{X(t,w),t\in T\}$为一随机过程(或随机函数)，其中 $T\in\mathbb{R}$ 称为指标集，$\mathbb{R}$ 是实数集。$w\in\Omega$，Ω 为样本空间。用映射来表示 X_T，$X(t,w)$：$T\times\Omega\rightarrow\mathbb{R}$，即 $X(\cdot,\cdot)$是定义在 $T\times\Omega$ 上的二元单值函数，这里 $T\times\Omega$ 表示 T 和 Ω 的笛卡儿积。

参数 $t\in T$ 一般表示时间。当 T 取可列集时，通常称 X_T 为随机序列。$X_T(t\in T)$可能取值的全体集合称为状态空间，状态空间中的元素称为状态。

马尔可夫过程(Markov Process)是本节所要关注的一种随机过程。粗略地说，一个随机过程，若已知现在的 t 状态 X_t，那么将来状态 $X_u(u>t)$取值(或取某些状态)的概率与过去的状态 $X_s(s<t)$取值无关；或者更简单地说，已知现在、将来与过去无关(条件独立)，则称此过程为马尔可夫过程。

同样，给出一个精确的数学定义如下：若随机过程$\{X_t,t\in T\}$对任意 $t_1<t_2<\cdots<t_n<t$，x_i，$1\leqslant i\leqslant n$ 及 A 是$\mathbb{R}$ 的子集，总有

$$P\{X_t\in A\mid X_{t_1}=x_1,X_{t_2}=x_2,\cdots,X_{t_n}=x_n\}=P\{X_t\in A\mid X_{t_n}=x_n\}$$

则称此过程为马尔可夫过程。称 $P(s,x;t,A)=P\{X_t \in A \mid X_s=x\}, s>t$。为转移概率函数。$X_t$ 的全体取值构成集合 S 就是状态空间。对于马尔可夫过程 $X_T=\{t \in T\}$，当 $S=\{1,2,\cdots\}$ 为可列无限集或有限集时，通常称为马尔可夫链。

16.5.2 从时间角度考虑不确定性

在前面给出的贝叶斯网络例子中，每一个随机变量都有唯一的一个固定取值。当观察到一个结果或状态时(例如，玛丽给你打电话)，我们的任务就是需要据此推断此时发生地震的概率有多大。而在此过程中，玛丽是否给你打过电话这个状态并不会改变，而地震是否已经发生也不会改变。这就说明，我们其实是在一个静态的世界中来进行推理的。

但是，现在要研究的隐马尔可夫模型，它的本质则是基于一种动态的情况来进行推理，或者说是根据历史来进行推理。假设要为一个高血压病人提供治疗方案，医生每天为他量一次血压，并根据这个血压的测量值调配用药的剂量。显然，一个人当前的血压情况是跟他过去一段时间里的身体情况、治疗方案、饮食起居等因素息息相关的，而当前的血压测量值相当于是对他当时身体情况的一个"估计"，而医生当天开具的处方应该是基于当前血压测量值及过往一段时间里病人的多种情况综合考虑后的结果。为了根据历史情况评价当前状态，并且预测治疗方案的结果，就必须对这些动态因素建立数学模型。

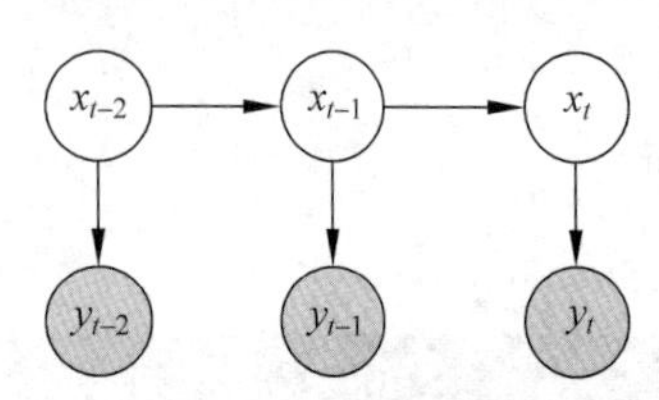

图 16-9 基本的隐马尔可夫模型

隐马尔可夫模型是解决这类问题时最常用的一种数学模型。简单来说，隐马尔可夫模型是用单一离散随机变量描述过程状态的时序概率模型。它的基本模型可用图 16-9 表示，其中有阴影的圆圈 y_{t-2}, y_{t-1}, y_t 相当于观测变量，空白圆圈 x_{t-2}, x_{t-1}, x_t 相当于隐变量。

回到刚刚提及的高血压治疗的例子，你所观测到的状态(例如血压计的读数)相当于是对其真实状态(即病人的身体情况)的一种估计(因为观测的过程中必然存在噪声)，用数学语言来表述就是 $P(y_t \mid x_t)$，这就是模型中的测量模型或测量概率(Measurement Probability)。另一方面，当前(真实)状态(即病人实际身体状况)应该与其上一个观测状态相关，即存在这样的一个分布 $P(x_t \mid x_{t-1})$，这就是模型中的转移模型或转移概率(Transition Probability)。当然，HMM 中隐变量必须都是离散的，对观测变量并无特殊要求。

这里其实使用了马尔可夫假设：当前状态只依赖于过去的、有限的、已出现的历史。前面所采用的描述是："已知现在的 t 状态 X_t，那么将来状态 $X_u(u>t)$ 取值(或取某些状态)的概率与过去的状态 $X_s(s<t)$ 取值无关。"两种表述略有差异，但显然本质上是一致的。而且更准确地说，在 HMM 中，我们认为当前状态紧跟上一个时刻的状态有关，即前面所谓的"有限的已出现的历史"就是指上一个状态。用数学语言表述就是

$$P(x_t \mid x_{t-1}, x_{t-2}, \cdots, x_1)=P(x_t \mid x_{t-1})$$

这是 PGM 的 3 种基本的结构单元中的最后一种情况，即条件独立型的结构单元。

再结合 HMM 的基本图模型，就得出 HMM 模型中的两个重要概率的表达式：

（1）离散的转移概率

$$P(x_t \mid x_{t-1}, x_{t-2}, \cdots, x_1, y_1, \cdots, y_{t-1}) = P(x_t \mid x_{t-1})$$

（2）连续（或离散）的测量概率

$$P(y_t \mid x_t, x_{t-1}, \cdots, x_1, y_1, \cdots, y_{t-1}) = P(y_t \mid x_t)$$

读者应该已经了解了隐马尔可夫模型的基本结构，现在不妨通过一个实际的例子来考查 HMM 的转移概率和测量概率到底是什么样的。图 16-10 给出了一个用于表示股市动态的概率图模型，更具体地说，这是一个马尔可夫模型，因为该图并未涉及隐状态信息。根据之前（以贝叶斯网络为例）所介绍的 PGM 内容，读者应该可以看懂该图所要展示的信息。

例如，在图 16-10 中，标记为 1 的圆圈表示当前股市正处于牛市，由此出发引出一条指向自身，权值为 0.6 的箭头，这表示股市（下一时刻）继续为牛市的概率为 0.6；此外，由标记为 1 的圆圈引出的一条指向标记为 2 的圆圈的箭头，其权值为 0.2，这表示股市（下一时刻）转入熊市的概率是 0.2；最后，由标记为 1 的圆圈引出的一条指向标记为 3 的圆圈的箭头，其权值为 0.2，这表示股市（下一时刻）保持不变的概率是 0.2。显然，从同一状态引出的所有概率之和必须等于 1。

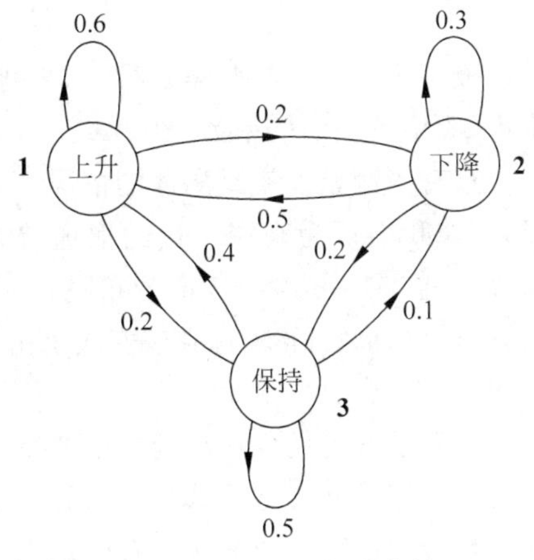

图 16-10 用于表示股市动态的 PGM

所以马尔可夫模型中的各个箭头代表的就是状态之间相互转化的概率。而且，通常会把马尔可夫模型中所有的转移概率写成一个矩阵的形式，例如针对本题，则有

$$\mathbf{A} = \begin{bmatrix} 0.6 & 0.2 & 0.2 \\ 0.5 & 0.3 & 0.2 \\ 0.4 & 0.1 & 0.5 \end{bmatrix}$$

如果马尔可夫模型中有 k 个状态，那么对应的状态转移矩阵的大小就是 $k \times k$。其中，第 m 行、第 n 列所给出的值就是 $P(x_t = n \mid x_{t-1} = m)$。即给定状态 m 的情况下，下一时刻转换到状态 n 的概率。例如，上述矩阵中的第 2 行、第 1 列的值为 0.5，它的意思就是如果当前状态是标记为 2 的圆圈（熊市），那么下一时刻转向标记为 1 的圆圈（牛市）的概率是 0.5。而且，矩阵中，每一行的所有值之和必须等于 1。

至此，读者已经知道可以用一个矩阵 $\mathbf{A}$ 代表 $P(x_t \mid x_{t-1})$，那又该如何表示 $P(y_t \mid x_t)$ 呢？当然，由于 $P(y_t \mid x_t)$ 可能是连续的，也可能是离散的，所以不能一言以蔽之。为了简化，当前先仅考虑离散的情况。当引入 $P(y_t \mid x_t)$ 之后，才真正得到了一个隐马尔可夫模型，上面所说的标记为 1、2 和 3 的（分别代表牛市、熊市和平稳）3 个状态现在就变成了隐状态。当隐状态给定后，股市的表现可能有 $l=3$ 种情况，即当前股市只能处于“上涨”“下跌”或者“不变”3 种状态之一。完整的 HMM 如图 16-11 所示。

易知，当测量概率是离散的情况下，HMM 中的 $P(y_t \mid x_t)$ 也可以用一个矩阵 $\boldsymbol{B}$ 表示。并且 $\boldsymbol{B}$ 的大小是 $k \times l$。对于当前这个例子而言，有

$$\boldsymbol{B} = \begin{bmatrix} 0.7 & 0.1 & 0.2 \\ 0.1 & 0.6 & 0.3 \\ 0.3 & 0.3 & 0.4 \end{bmatrix}$$

其中，第 1 行、第 1 列就表示 $P(y_t = 1 \mid x_t = 1)$，也就是说，已知当前市场正处于牛市，股票上

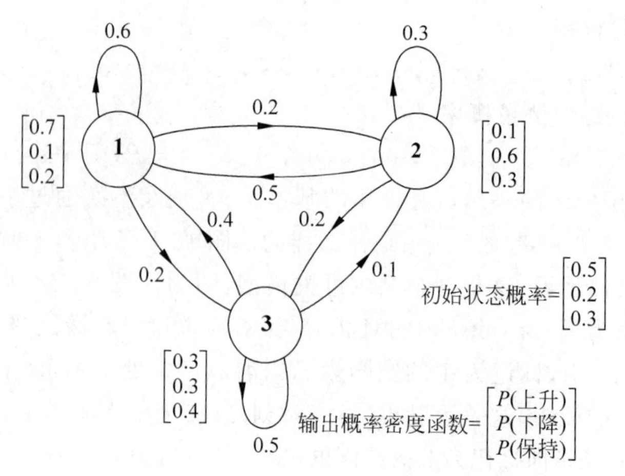

图 16-11 用于表示股市动态的 HMM

升的概率为 0.7；同理，第 1 行、第 2 列就表示 $P(y_t=2|x_t=1)$，也就是说，已知当前正处于牛市，股票下跌的概率为 0.1。

只有当测量概率是离散的情况下，才能用一个矩阵来表示 $P(y_t|x_t)$。对于连续的情况，例如我们认为观测变量的取值符合高斯分布，也即概率 $P(y_t|x_t)$的分布符合高斯分布，那么应该有多少个高斯分布呢？显然有多少个隐状态(例如 k 个)，就应该有多少个高斯分布。那么矩阵 $\boldsymbol{B}$ 就应该变成了由 k 个高斯分布的参数，即 $\sigma_1,\mu_1,\sigma_2,\mu_2,\cdots,\sigma_k,\mu_k$，组成的一个集合。

人类学习的任务是从资料中获得知识，而机器学习的任务是让计算机从数据资料中获得模型。那模型又是什么呢？回想一下机器学习中比较基础的线性回归模型 $y=\boldsymbol{wx}$，我们最终是希望计算机能够从已有的数据中获得一组最合适的参数 $\boldsymbol{w}$，因为一旦 $\boldsymbol{w}$ 被确定，线性回归的模型也就确定了。同样，面对 HMM，最终的目的也是要获得能够用来确定(数学)模型的各个参数。通过前面的讨论，读者也知道了定义一个 HMM，应该包括矩阵 $\boldsymbol{A}$ 和矩阵 $\boldsymbol{B}$(如果测量概率是离散情况的话)，那只有这些参数能否足以定义一个 HMM 呢？

要回答这个问题，不妨思考一下这样一个问题。假如现在已经得到了矩阵 $\boldsymbol{A}$ 和矩阵 $\boldsymbol{B}$，那么能否求出下面这个序列的概率 $P(y_1=\text{上涨},y_2=\text{上涨},y_3=\text{下跌})$。对于这样一个序列，并不知道隐状态的情况，所以采用贝叶斯网络中曾经用过的方法，设法把隐状态加进去，再通过积分的方法将未知的隐状态积分积掉。于是有

$$
\begin{aligned}
P(y_1,y_2,y_3) &= \sum_{x_1}^{k}\sum_{x_2}^{k}\sum_{x_3}^{k} P(y_1,y_2,y_3,x_1,x_2,x_3) \\
&= \sum_{x_1}^{k}\sum_{x_2}^{k}\sum_{x_3}^{k} P(y_3 \mid y_1,y_2,x_1,x_2,x_3)P(y_1,y_2,x_1,x_2,x_3)
\end{aligned}
$$

这里可以运用马尔可夫假设进行简化，所以上式就变成

$$
\begin{aligned}
&P(y_1,y_2,y_3) \\
&= \sum_{x_1}^{k}\sum_{x_2}^{k}\sum_{x_3}^{k} P(y_3 \mid x_3)P(y_1,y_2,x_1,x_2,x_3)
\end{aligned}
$$

$$
\begin{aligned}
&= \sum_{x_1}^{k}\sum_{x_2}^{k}\sum_{x_3}^{k} P(y_3 \mid x_3)P(x_3 \mid y_1,y_2,x_1,x_2)P(y_1,y_2,x_1,x_2) \\
&= \sum_{x_1}^{k}\sum_{x_2}^{k}\sum_{x_3}^{k} P(y_3 \mid x_3)P(x_3 \mid x_2)P(y_1,y_2,x_1,x_2) \\
&= \sum_{x_1}^{k}\sum_{x_2}^{k}\sum_{x_3}^{k} P(y_3 \mid x_3)P(x_3 \mid x_2)P(y_2 \mid x_2)P(x_2 \mid x_1)P(y_1 \mid x_1)P(x_1)
\end{aligned}
$$

至此，很容易发现，在上面的式子中，还有一个未知量，那就是 PGM 的初始状态，将其记为 π。于是知道，要确定一个 HMM 模型，需要知道 3 个参数，将其记作 $\lambda(\boldsymbol{A},\boldsymbol{B},\pi)$。关于 HMM 的更多内容，包括它的具体应用将在 16.5.3 节做进一步探讨。

16.5.3 前向算法

定义一个 HMM 模型，需要 3 个参数，或者说可以把一个 HMM 记作 $\lambda(\boldsymbol{A},\boldsymbol{B},\pi)$。其中，矩阵 $\boldsymbol{A}$ 表示转移概率 $P(x_t|x_{t-1})$，$\boldsymbol{B}$ 表示测量概率 $P(y_t|x_t)$，最后 π 指示了 HMM 模型的初始状态。

假设现在有如图 16-11 所示的一个 HMM，而且已经得到了连续的 3 个观测值 $P(y_1=$上涨$, y_2=$上涨$, y_3=$下跌$)$，能否据此得到相应的隐状态序列呢？

这是 HMM 可以实现的第一种功能。有时称为似然计算(Computing Likelihood)，其实它所要做的就是评估 $P(Y|\lambda)$ 的大小。因为想知道隐藏在观测值背后的隐状态序列，就是要看哪个隐状态序列可以使得上面这个观测值的概率最大。在 16.5.2 节的末尾，也得出了针对上述问题的一个递推公式，即

$$
P(y_1,y_2,y_3) = \sum_{x_1}^{k}\sum_{x_2}^{k}\sum_{x_3}^{k} P(y_3 \mid x_3)P(x_3 \mid x_2)P(y_2 \mid x_2)P(x_2 \mid x_1)P(y_1 \mid x_1)P(x_1)
$$

根据已有的 HMM 参数以及上面这个公式，当隐状态 x_1、x_2、x_3 取不同的值时，显然可以算出不同的概率，然后其中取值最大的对应序列就是我们想要找的隐状态。具体来说，可以列出如表 16-4 所示的内容，其中 $x_1=1, x_2=1, x_3=2$ 就是最终要找的隐状态序列。

表 16-4 状态概率计算表

状态序列	$P(x_1)$	$P(y_1=$上涨$\|x_1)$	$P(x_2\|x_1)$	$P(y_2=$上涨$\|x_2)$	$P(x_3\|x_2)$	$P(y_3=$下跌$\|x_3)$	总计
	来自 π	来自 $\boldsymbol{B}$	来自 $\boldsymbol{A}$	来自 $\boldsymbol{B}$	来自 $\boldsymbol{A}$	来自 $\boldsymbol{B}$	
1,1,1	0.5×	0.7×	0.6×	0.7×	0.6×	0.1=	0.008 82
1,1,2	0.5×	0.7×	0.6×	0.7×	0.2×	0.6=	0.017 64
1,1,3	0.5×	0.7×	0.6×	0.7×	0.2×	0.3=	0.008 82
1,2,1	0.5×	0.7×	0.2×	0.1×	0.5×	0.1=	0.000 35
1,2,2	0.5×	0.7×	0.2×	0.1×	0.3×	0.6=	0.001 26
				…			
3,3,3	0.3×	0.3×	0.5×	0.3×	0.5×	0.3=	0.002 03

把这种解法泛化，可得下式(注意其中 λ 是已知条件，但是从第 2 行开始为了书写上的简便，将其略去)

$$
\begin{aligned}
P(Y \mid \lambda) &= \sum_X P(Y, X \mid \lambda) \\
&= \sum_{x_1=1}^{k} \sum_{x_2=2}^{k} \cdots \sum_{x_T=1}^{k} P(y_1, y_2, \cdots, y_T, x_1, x_2, \cdots, x_T \mid \lambda) \\
&= \sum_{x_1=1}^{k} \sum_{x_2=2}^{k} \cdots \sum_{x_T=1}^{k} P(x_1) P(y_1 \mid x_1) P(x_2 \mid x_1) P(x_2 \mid x_1) P(y_2 \mid x_2) \\
&\cdots P(x_T \mid x_{T-1}) P(y_T \mid x_T) \\
&= \sum_{x_1=1}^{k} \sum_{x_2=2}^{k} \cdots \sum_{x_T=1}^{k} \pi(x_1) \prod_{t=1}^{T} a_{x_{t-1}, x_t} b_{x_t}(y_t)
\end{aligned}
$$

对最后一行的标记稍作解释。因为 $P(x_1)$是由初始状态决定的，所以它被记作 $\pi(x_1)$。矩阵 **A** 用来表示转移概率 $P(x_t|x_{t-1})$，具体来说，其中第 m 行、第 n 列所给出的值就是 $P(x_t=n|x_{t-1}=m)$，所以矩阵中的 $P(x_2|x_1)$，$P(x_3|x_2)$，…，$P(x_t|x_{t-1})$就可以记作

$$
\prod_{t=1}^{T} a_{x_{t-1}, x_t}
$$

其中，a_{x_{t-1}, x_t} 就是矩阵中第 x_{t-1} 行、第 x_t 列的项。类似地(注意现在讨论的观测值服从离散分布)，***B*** 用来表示测量概率 $P(y_t|x_t)$，所以矩阵 ***B*** 中的项 $b_{x_t}(y_t)$就对应概率 $P(y_t|x_t)$。

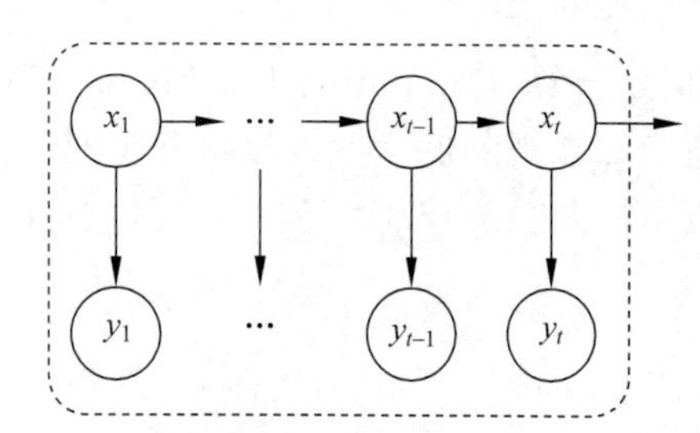

图 16-12　隐马尔可夫链

上述做法确实可以得出想要的结果，但是这种做法的计算量过大。很容易发现，它的复杂度是 $O(k^T)$，实际应用中需要一种更高效的算法，这就是接下来要讨论的内容。

首先针对图 16-12 所示的情况，定义一个新的记号：

$$
\varphi_i(t) = P(y_1, y_2, \cdots, y_t, q_t = i \mid \lambda)
$$

新记号 $\varphi_i(t)$给出了当状态 $q_t=i$ 时，它与到时刻 t 为止所有的观测值的联合分布的概率。

借助上面这个定义，便可以简化原来相当繁杂的运算。不妨来看看 $\varphi_i(1)$所表示的内容：

$$
\varphi_i(1) = P(y_1, x_1 = i) = P(y_1 \mid x_1 = i) P(x_1) = b_i(y_1) \pi(x_1)
$$

同理，还可以写出 $\varphi_j(2)$所表示的内容：

$$
\begin{aligned}
\varphi_j(2) = P(y_1, y_2, x_2 = j) &= \sum_{i=1}^{k} P(y_1, y_2, x_1 = i, x_2 = j) \\
&= \sum_{i=1}^{k} P(y_2 \mid x_2 = j) P(x_2 = j \mid x_1 = i) P(y_1, x_1 = i) \\
&= \sum_{i=1}^{k} P(y_2 \mid x_2 = j) P(x_2 = j \mid x_1 = i) \varphi_i(1) \\
&= P(y_2 \mid x_2 = j) \sum_{i=1}^{k} P(x_2 = j \mid x_1 = i) \varphi_i(1) \\
&= b_j(y_2) \sum_{i=1}^{k} a_{i,j} \varphi_i(1)
\end{aligned}
$$

可见，$\varphi_j(2)$和 $\varphi_i(1)$之间产生了递推关系，所以可以写出 $\varphi_j(T)$的表达式：

$$\varphi_j(T)=b_j(y_T)\sum_{i=1}^{k}a_{i,j}\varphi_i(T-1)$$

至此,已经得到了一个相当高效的计算 $P(y_1,y_2,\cdots,y_T)$的方法。因为根据定义,可知 $\varphi_j(T)=P(y_1,y_2,\cdots,y_T,x_T=j)$。而最终要求的问题就可以通过下式得到:

$$P(y_1,y_2,\cdots,y_T)=\sum_{j=1}^{k}\varphi_j(T)$$

现在问题的复杂度已经降为了 $O(k^2T)$。

16.5.4 维特比算法

前向算法的目的在于求 $P(y_1,y_2,\cdots,y_t)$,之所以在求解公式前面会出现很多的求和,这是因为,当给定一个观测序列(例如“上涨,上涨,下跌”)时,最终的概率值其实是所有可能的情况的概率加总。或者说,针对“上涨,上涨,下跌”这个例子而言,前向算法求出的其实是表16-4中所有行的概率之和。但是,这个表中的概率一共有 K^T 行(这个计算量太大),如果采用前向算法,就可以大大简化计算量。

但现在要回到最开始的那个问题,如果给定一个观测序列,例如“上涨,上涨,下跌”,那最可能的隐状态序列应该是什么?注意这个问题的答案不在整张概率表,而是要求其中(概率值最大的)一行。当然,困难可能在于如果不把整张表列出来,那又如何知道哪一行的概率值最大呢?其实前向算法已经给了我们启示。

对于任何一个包含有隐变量的模型来说,例如HMM,当存在有一组观测值时,确定相应的最有可能之隐变量的方法通常又称为解码(Decoding)。

HMM中用来解码的算法就是所谓的维特比(Viterbi)算法,该算法最初由现代CDMA技术之父——高通公司联合创始人安德鲁·维特比(Andrew Viterbi)院士提出。维特比算法是一种基于动态规划思想设计的算法,最初用于数字通信链路中的卷积码解码。

经由最可能的状态序列 $x_0,x_1,\cdots,x_{t-1}$ 后进入状态 $x_t=j$ 时,前面这些状态序列与到 t 时刻为止所有观测值的联合分布的概率,记为

$$v_j(t)=\max_{x_0,x_1,\cdots,x_{t-1}}P(x_1,x_2,\cdots,x_{t-1},y_1,y_2,\cdots,y_t,x_t=j\mid\lambda)$$

注意,表示“最可能的状态序列”的方法就是在之前所有的状态序列中找到使上述概率取得最大的那个状态序列,这也同当前所面对的问题相一致。

$$\begin{aligned}v_j(t)&=\max_{x_1,x_2,\cdots,x_{t-1}}P(x_1,x_2,\cdots,x_{t-1},y_1,y_2,\cdots,y_t,x_t=j)\\&=\max_{x_1,x_2,\cdots,x_{t-1}}P(x_1,x_2,\cdots,x_{t-1},y_1,y_2,\cdots,y_{t-1})P(y_t\mid x_t=j)P(x_t=j\mid x_{t-1})\\&=\max_{x_1,x_2,\cdots,x_{t-1}}P(x_1,x_2,\cdots,x_{t-1},y_1,y_2,\cdots,y_{t-1})b_j(y_t)a_{x_{t-1},j}\\&=b_j(y_t)\max_{i}^{k}v_i(t-1)a_{i,j}\end{aligned}$$

于是同样得到了一个递归的公式(注意这个递归公式的基础情况由初始状态给定)。这也就是维特比算法的核心原理。此外,由于最终要确定最大可能的隐状态序列,所以记 $\psi_j(t)$是在 $t-1$ 时刻的一个状态,且从该状态转换到状态 j 的概率最大,即

$$\psi_j(t)=b_j(y_t)\arg\max_{k}^{i}v_i(t-1)a_{i,j}$$

现在,回到最开始给出的那个例子来演示一下维特比算法的执行过程。首先,根据已知条件 π 来初始化在 $t=1$ 时刻的概率,则有

$$v_{j=1}(t=1)=0.5\times 0.7=0.35$$

$$v_{j=2}(t=1)=0.2\times 0.1=0.02$$

$$v_{j=3}(t=1)=0.3\times 0.3=0.09$$

如图 16-13 中最左边一列所示。

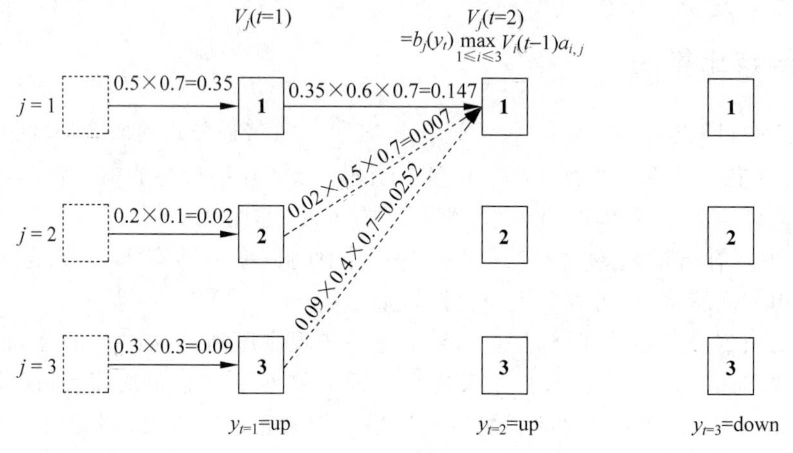

图 16-13　维特比算法示例(1)

接下来,当 $t=2$ 时,要求确定 $v_{j=1}(t=2)$ 的值时,对于 $i=1,2,3$,必须考虑 3 个值,即 $v_i(1)a_{i,1}$,其中第一个最大,所以根据算法执行流程,得到 $v_{j=1}(t=2)=0.147$。也就是图 16-13 中实线所标示的转移路径,其他两条在后续的步骤中不会再参与计算,将其用虚线标出。而且,还可以得到 $\psi_1(2)=1$,这表明当 $t=2$ 时,转入状态 $j=1$ 前的状态是 $j=1$。

同理,当要确定 $v_{j=2}(t=2)$ 的值时,对于 $i=1,2,3$,必须考虑 3 个值,即 $v_i(1)a_{i,2}$,于是得到 $v_{j=2}(t=2)=0.007$。要确定 $v_{j=3}(t=2)$ 的值时,对于 $i=1,2,3$,同样必须考虑 3 个值,即 $v_i(1)a_{i,3}$,于是得到 $v_{j=3}(t=2)=0.021$,同样用实线在图 16-14 中标出。而且,还有 $\psi_2(2)=1$ 和 $\psi_3(2)=1$。

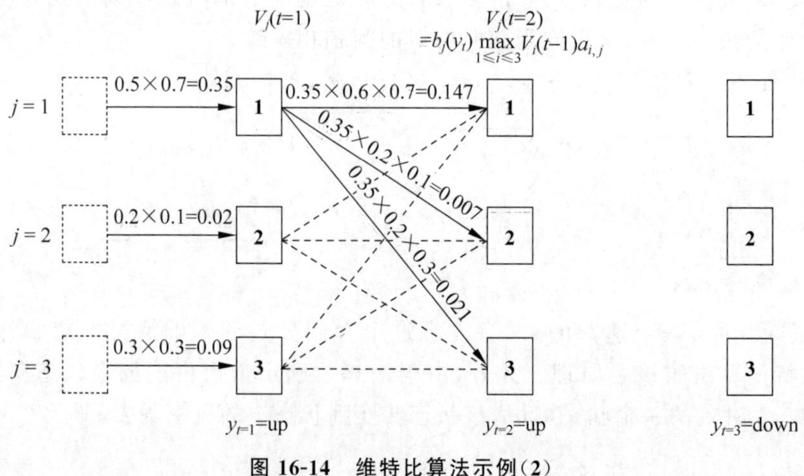

图 16-14　维特比算法示例(2)

在接下来的步骤里，要确定 $v_{j=1}(t=3)$、$v_{j=2}(t=3)$、$v_{j=3}(t=3)$，然后对所有的值进行比较，读者会发现 $v_{j=2}(t=3)=0.01764$ 最大，如图 16-15 所示，用实线标出（其中当 $t=2$ 时，由 $j=2,3$ 发出的路径未画出）。

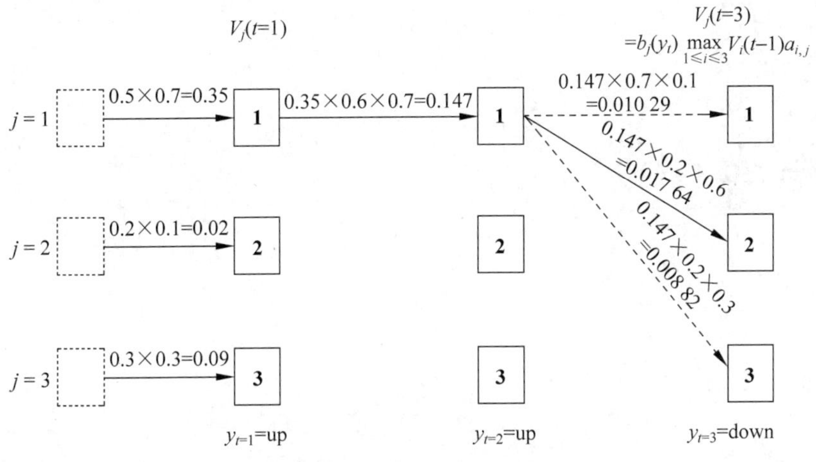

图 16-15 维特比算法示例(3)

至此，因为仅有 3 个观测值，因此可以结束算法执行，从而知道当观测值序列为 $y_1=$上涨，$y_2=$上涨，$y_3=$下跌时，可能性最高的隐状态序列为 $x_1=1,x_2=1,x_3=2$（这个序列由 ψ 给出），且概率为 0.017 64。

前面给出的例子比较简单，不免让人产生一种错觉，以为 HMM 在实践中难当大任。但事实并非如此。HMM 在语音识别和自然语言处理中用处非常广泛，而且准确率也相当高。例如，词性标注的准确率可以达到 96%以上。

例如现在有一个句子“time flies like an arrow”。可以为每个单词标注词性，则有“time/名词 flies/动词 like/介词 an/冠词 arrow/名词”。在单独考查单词 flies 时，它可能是一个名词，也可能是一个动词，但是如果它前面那个词是形容词，那么它显然是名词的概率更高，而如果它前面的那个词是名词，则它是动词的可能性更高。

所以就可以建立一个 HMM 模型，根据观测到的状态序列（及历史）来预测具体某个词到底是什么词性。其中，单词的词性就是 HMM 中的隐状态，而我们所看到的具体的每个词就是观测状态。

附录 A

数学传奇

A.1 群星闪耀时

1736 年，时年 29 岁的莱昂哈德·欧拉(Leonhard Euler)向圣彼得堡科学院递交了题为《哥尼斯堡之七桥》的著名论文，长期悬而未决的哥尼斯堡七桥问题被彻底破解。该篇论文也被认为是标志图论创立的标志性文献。

同年，在遥远的亚平宁半岛上，约瑟夫-路易斯·拉格朗日(Joseph-Louis Lagrange)呱呱坠地。拉格朗日的曾祖父是一名法国军官，后移居至意大利都灵，与当地人结婚后诞下了拉格朗日的祖父。拉格朗日的父亲曾经负责掌管国王军队的金库，并在都灵的公共工程建设机构担任税务官。

拉格朗日本应过上优裕、富足的童年生活，无奈他的父亲在经商过程中，不幸破产，致使家道中落。像其他望子成龙的父亲一样，拉格朗日的父亲一心想把自己的儿子培养成为一名律师，但拉格朗日本人却对法律毫无兴趣。事实上，在都灵大学就读时，拉格朗日最初对数学也不感兴趣，他觉得几何学非常无聊，反而对古典拉丁文颇有兴趣。直到 17 岁时，他读到了英国天文学家、数学家哈雷的介绍牛顿微积分的文章后，才逐渐迷上了数学。

拉格朗日早年的数学研究到底师承何方，至今成谜。或许也只有这样，才能符合一名旷世奇才理应无师自通这样的假设。现在唯一确定的是，1755 年，拉格朗日曾经给已经功成名就的欧拉写信讨论数学问题，彼时拉格朗日只有 19 岁。

在给欧拉的信中，拉格朗日发展了欧拉所开创的变分法，用纯分析的方法求变分极值。欧拉在回信中对拉格朗日的成果大加称赞。这使拉格朗日在都灵声名大噪，并让他在 19 岁时就当上了都灵皇家炮兵学校的教授。欧拉和拉格朗日两人共同奠定了变分法的理论基础，相关成果后来被称为欧拉-拉格朗日方程，这也标志着变分法的创立。

1756 年，欧拉向时任普鲁士科学院院长的皮埃尔·莫佩尔蒂(Pierre Louis

Maupertuis)推荐了拉格朗日。莫佩尔蒂看到拉格朗日才华非凡,便有意延揽他来柏林任讲座教授。然而,拉格朗日彼时尚无此等想法,遂婉言谢绝。作为一种替代方案,他在这一年被任命为普鲁士科学院通讯院士。

1763年,在巴黎游历期间,拉格朗日首次见到了达朗贝尔,这位前辈对拉格朗日也是青睐有加。两年后,达朗贝尔在给普鲁士国王腓特烈大帝的信中热情地赞扬拉格朗日,并建议在柏林给拉格朗日安排一个荣誉职位。腓特烈大帝欣然应允,他认为在“欧洲最伟大之王”的宫廷中理应有“欧洲最伟大的数学家”。但拉格朗日出于对欧拉的尊敬,不愿与其争辉而再次婉拒。闻听此事的欧拉毫不犹豫地展现了其豁达平易和高风亮节的一面,于次年主动离开柏林,远赴圣彼得堡。

1766年3月,达朗贝尔给欧拉写信说明情况,拉格朗日为欧拉的有意成全深深感动,遂同意了前往柏林的邀约。5月3日欧拉离开柏林后,拉格朗日正式接受普鲁士邀请,并于8月21日离开都灵。在柏林期间,拉格朗日深受腓特烈大帝的赏识。腓特烈大帝还多次向拉格朗日传授健康规律之生活的益处。拉格朗日深深地认可国王的建议,并在自己日后的研究和生活中努力践行这一金玉良言。健康规律的生活也间接提升了拉格朗日的工作效率,在柏林期间,他完成了大量重要的研究成果,这是其一生研究中的鼎盛时期,其中多数论文都发表在柏林科学院和巴黎科学院的刊物中。

1786年,与拉格朗日交好的腓特烈大帝去世,一向重情重义的拉格朗日难免触景伤情,越发想离开柏林这块伤心地。于是,在第二年,他决定接受巴黎科学院的邀请,动身前往法国开始工作,并于7月底到达巴黎。只可惜,他的伯乐达朗贝尔已于三年前辞世,二人无缘共事。同样在1783这一年,拉格朗日终生敬爱的另外一位伯乐与导师,欧拉也永远地离开了他。更为巧合的是,就在同一年,拉格朗日的第一任妻子也因久病不愈而撒手人寰。

由于生命中的亲人、导师、伯乐和挚友在短短的两三年内接连离世,拉格朗日陷入了一段时期的低谷之中。直到1789年,法国大革命爆发,才将他从忧郁和低沉中摇醒。但尽管窗外风云变幻,局势动荡,拉格朗日似乎也并无心于此,他只是选择静静地旁观。与拉普拉斯的左右逢源不同,拉格朗日对急转直下的局势表现得相当低调。即便如此,革命的烽火还是险些波及他。1793年,革命政府决定以生于敌国为由逮捕拉格朗日,在化学家拉瓦锡的竭力保护之下,他才逃过一劫。但是,在那样一个政治动荡的风潮里,又有几个人能够完全置身世外,全身而退?

厄运很快就降临到了拉瓦锡自己身上,而这个祸根早在十年之前就已经埋下。彼时,青年科学家马拉向法兰西科学院提交了一篇关于新燃烧理论的论文,希望可以加入科学院,但作为燃烧理论权威的拉瓦锡对这篇论文评价却很低,导致马拉未能得偿所愿。法国大革命爆发后,雅各宾派掌权,已经成为雅各宾派领导人的马拉似乎对当年的事情仍然耿耿于怀。他在一本抨击旧制度下税务官的小册子中,专门指责曾经担任过税务官的拉瓦锡为了盘剥百姓,而向烟草上洒水增加重量。但事实是拉瓦锡是为了防止烟草干燥才要求洒水,并且在洒水之前要称重,所有交易以干重为标准。但在有意的煽动之下,这本小册子的攻击使得民众对税务官的仇恨旋即达到了顶峰。1794年拉瓦锡被捕,5月8日被定罪,而且就在当天便同其他27名税务官一起被送上了断头台。在得知他的死讯之后,拉格朗日惋惜道:“他们只一瞬间就砍下了这颗头,但再过一百年也找不到像他那样杰出的脑袋了。”法国大革命结束后,拉瓦锡很快就被平冤昭雪,重新认定为无罪,但一切都为时已晚,这位被后

世尊称为"近代化学之父"的伟大科学家已经永远地停止了思考。

就在拉瓦锡去世的同一年，巴黎成立了两个共和国最高学府：巴黎高等师范学院和巴黎综合理工大学；第二年，拉格朗日开始于此两所高校任教，成为首批教授。小他十三岁的拉普拉斯也曾在这两所学校任教。两人先后培养出了多位杰出的数学家，其中就包括著名的傅里叶、泊松和柯西。也是在这一年，拉格朗日组织建立了法国最高学术机构——法兰西学院(Institute of France)，并被推选为科学院数理委员会的主席。

1799 年 11 月，政治强人拿破仑通过雾月政变登上历史舞台，成为法兰西第一共和国执政官，从而开启了属于自己的大时代。拿破仑的上台，结束了大革命以来各种恐怖局面轮番交替的形势。五年后的 1804 年，拿破仑称帝，并建立法兰西第一帝国。拿破仑主政时期，非常注重科学研究，尊重科学家。他认为："一个国家只有数学蓬勃的发展，才能展现它国力的强大。数学的发展和至善和国家繁荣昌盛密切相关。"彼时拿破仑与法国的多位数学大师都过从密切、相交甚笃。例如，他曾拜拉普拉斯为师，向其求教，还任命他为自己的内政部长。在更早的 1798 年，拿破仑远征埃及时，跟随其左右的傅里叶就曾因在军中表现突出而受到这位政治新星的赏识。在拿破仑掌权之后，他便任命傅里叶为格伦诺布尔省省长。就在拿破仑被迫退位的前一年，他以法国皇帝的身份授予拉格朗日帝国大十字勋章，但此时这位数学大师已卧床不起。就在 8 天后，1813 年 4 月 11 日早晨，一代数学巨星拉格朗日与世长辞。

拉格朗日一生成果丰硕，在数学、物理和天文等领域都做出了很多重大贡献。除了与欧拉共同奠定了变分法的基础以外，我们熟知的拉格朗日中值定理、拉格朗日乘数法等都源于他的工作。拉格朗日总结了 18 世纪的数学成果，同时又为 19 世纪的数学研究开辟了道路，堪称法国最杰出的数学大师。

尽管这一时期法国历史风云巨变，但拉格朗日在政治上的表现却相当低调和沉郁。与此形成鲜明对比的是，他的同事、数学家和天文学家皮埃尔-西蒙·拉普拉斯(Pierre-Simon Laplace，1749—1827)却完全是另外一种风格。拉普拉斯不仅是数学上的大师，而且在政治上也左右逢源，无论谁上台，他都能始终屹立不倒。正如前面所说的，拉普拉斯不仅担任过拿破仑的老师，并在其主政时期，当过六个星期的内政部长，后来还成为元老院的掌玺大臣。拉普拉斯在政治上的摇摆使其饱受非议，即使在席卷法国的政治变动中，包括拿破仑的兴起和衰落，也都没有使拉普拉斯受到显著影响。他甚至还在拿破仑皇帝时期和路易十八时期两度获颁爵位。有时人们认为拉普拉斯在政治态度方面见风使舵的能力使得他在政治上得益并不太值得钦佩，但不可否认他崇高的学术威望以及他将数学应用于军事问题的才能在动荡的政治中保护了他。拉普拉斯曾分别在巴黎综合理工学院和高等师范学校任教，他还于 1785 年当选法国科学院院士，1789 年又当选英国皇家科学院院士。拉普拉斯在天文学和数学上的造诣极深，素有法国的牛顿之称。现在信号处理中普遍使用的拉普拉斯算子以及拉普拉斯变换都源于他的研究。

法国著名数学家、物理学家约瑟夫·傅里叶(Jean Baptiste Joseph Fourier，1768—1830)无疑是拉格朗日众多的学生中的一个杰出代表。现代数字信号处理中常用的傅里叶变换就是由他的研究成果发展而来的。傅里叶是一个孤儿，九岁时父母双亡，于是被当地教堂收养。但傅里叶从小天资过人，后来还考上了著名的巴黎高等师范学校，成为这座名校的首批毕业生，毕业后曾一度在军队中教授数学。1795 年他回到母校巴黎高等师范学校

教书，之后又被聘为巴黎综合理工学院教授。四年后，他随拿破仑军队远征埃及，由此受到器重，后又被任命为格伦诺布尔省省长，开始在政治上崭露头角。

1817 年傅里叶被提名为法国科学院（French Academy of Sciences）院士，但是他的从政经历阻碍了他的当选。自 1822 年起，他开始担任法兰西学院（Institute of France）终身秘书。同年，傅里叶完成了他最重要的传世著作——《热传导的解析理论》。这本经典文献记述了他在研究热的传播时所创立的一套数学理论，也就是今日被称为“傅里叶分析”的重要数学方法。傅里叶的成就使人们从解析函数或强光滑的函数中解放了出来。傅里叶分析方法不仅放宽了光滑性的限制，还可以保证整体的逼近效果。鉴于傅里叶的一系列重大成果，1827 年，他被选为法国科学院院士。

西莫恩・德尼・泊松（Siméon Denis Poisson，1781—1840）是与傅里叶同一时代的法国数学家、物理学家。著名的泊松方程、泊松分布等皆因其而得名。1798 年，泊松以当年第一名成绩进入巴黎综合理工学院，并受到当时在该校任教的大数学家拉格朗日的指导。拉格朗日很早就认识到泊松的才华，两人也因此一直保持着亦师亦友的关系。泊松在 1802 年成为综合理工学院的代课教授，并于四年后接替傅里叶成为正教授，因为拿破仑把后者派去格勒诺布尔担任省长一职。

泊松擅长用数学的方法研究各类物理问题，并由此得到数学上的发现，因此对数学和物理学都做出了杰出贡献。说到这里就不得不提及一件物理学史上的趣事，也就是关于泊松亮斑发现的轶事。尽管这个物理学名词是以泊松的名字命名的，但泊松最初提出这个概念却是为了证明相关理论是多么的荒谬可笑。在经典物理学时期，关于光的本质有两种针锋相对的观点，即波动论和粒子论，这个争论直到很久以后才被爱因斯坦的波粒二象性所统一。泊松是坚定的粒子论者，他对光的波动说很不屑。为了推翻光的波动说，泊松用很严谨的数学方法计算得出的结论——“假如光是一种波，那么光在照到一个尺寸适当的圆盘时，其后面的阴影中心会出现一个亮斑”。这在当时看来是一个完全不可能的结论，影子的中心应该是最暗的，如果光是波动的反而成了最亮的地方了。泊松自认为这个结论完全可以推翻光的波动说，然而物理学家菲涅耳的试验却使泊松大跌眼镜。菲涅耳试验证明在阴影的中心就是有一个亮斑。泊松本来是希望借此推翻光的波动说，结果反而又一次证明了光的波动性。由于圆盘衍射中的那个亮斑是由泊松最早证明计算出来的，所以现在人们都称之为“泊松亮斑”。

泊松一生共发表过 300 多篇论文，内容涉及积分理论、行星运动理论、热物理、位势理论和概率论等诸多领域。鉴于泊松举世公认的杰出成就，1812 年，他当选为法兰西学院院士。泊松一生挚爱数学研究与教学工作。他有一句非常有名的话：“人生只有两件事最愉快，研究数学与讲授数学。”米歇尔・沙勒（Michel Chasles）、刘维尔（Joseph Liouville）、狄利克雷（Gustav Lejeune Dirichlet）都曾经是泊松的学生。

奥古斯丁・路易・柯西（Augustin Louis Cauchy，1789—1857），法国著名数学家。数学中的很多定理和公式都以他的名字来命名，例如我们熟知的柯西不等式、柯西中值定理以及柯西收敛定理等。柯西的父亲曾与当时法国的大数学家拉格朗日与拉普拉斯交往密切。柯西少年时代的数学才华颇受这两位数学家的赞赏，并预言柯西日后必成大器。拉格朗日还建议他的父亲在他学好文科前不要学数学，其父因此加强了对柯西的文学教养，使他在诗歌方面也表现出很高的才华。

柯西曾在巴黎综合理工学院学习，后来又在此任教。不过在专门从事数学研究之前，柯西曾是一位交通道路工程师。但由于身体欠佳，便接受了拉格朗日和拉普拉斯的劝告，转而致力于纯数学研究。柯西在纯数学和应用数学上的功底相当深厚，而在数学写作上，他是被认为在数量上仅次于欧拉的人。柯西一生大约写了800篇论文，柯西全集有27卷之多。不过并不是他所有的创作质量都很高，因此他还曾被人批评高产而轻率，这点倒是与数学王子高斯恰恰相反。柯西的卓越贡献之一就是与魏尔斯特拉斯一同开展了数学分析的严谨化工作，从而为后续数学分析的发展奠定了基础。但作为久负盛名的科学泰斗，柯西落落寡合，也因此常常忽视青年学者的创造。其中最令人扼腕的是，19世纪两大青年数学天才阿贝尔与伽罗瓦的开创性的论文手稿均因柯西而“失落”，造成群论晚问世约半个世纪。

尼尔斯·亨利克·阿贝尔(Niels Henrik Abel)和埃瓦里斯特·伽罗瓦(Évariste Galois)并称为现代群论的创始人，然而这两个本来前途无量的年轻人，却都英年早逝，也常使后人唏嘘不已。

1811年伽罗瓦出生在法国的一个知识分子家庭。17岁和18岁时，伽罗瓦曾连续两次报考法国巴黎综合理工学院，但均遭落榜。特别是第二次报考期间他还赶上父亲自杀身亡这样沉重的人身打击。

1829年，伽罗瓦将他在代数方程解方面的研究成果呈交给了法国科学院，由柯西负责审阅，柯西却将文章连同摘要都弄丢了。后来，伽罗瓦进入法国巴黎高等师范学校学习，并再次将方程式理论的结果，写成三篇论文，争取当年科学院的数学大奖，但是文章在送到傅里叶手中后，却因傅里叶过世又遭蒙尘。

1830年，法国爆发了“七月革命”，也就是名画《自由引导人民》所描绘的历史时期。1831—1832年，伽罗瓦因为热情参与政治活动而两次被捕入狱。后来学校决定将其开除。在被巴黎高等师范学校开除后，伽罗瓦又回归到他的数学研究，但是他仍然继续参与政治活动。

伽罗瓦接受泊松的建议将方程式理论的成果于1831年1月17日提交。大约在1831年7月初，泊松表示看不懂伽罗瓦的论文，但是在拒绝录用报告的末尾，泊松仍然鼓励伽罗瓦完善文章以使文章内容更加清楚和完整的表述。

伽罗瓦在当年的7月14日第二次被捕。尽管泊松的审稿意见是在伽罗瓦入狱之前做出的，但当他收到审稿意见时已经是身陷囹圄了。后来，伽罗瓦决定不再向科学院投稿，转而寻求私人出版的方式来发表自己的研究成果。但是他并没有忽视泊松给出的审稿意见。伽罗瓦开始在狱中完善自己的手稿并不断雕琢自己的想法，直到1832年4月29日其被释放。

伽罗瓦出狱不久便卷入了一场决斗。而他的死因至今成谜，有人说是因为卷入了感情纠纷，也有人猜测是出于政治上的原因。自知必死无疑的伽罗瓦在决斗前夜将他的所有数学成果狂笔疾书记录下来，并时不时在一旁写下“我没有时间”这样的话语，第二天他果然在决斗中身亡，年仅21岁。一代天才英年早逝，不禁让人扼腕。伽罗瓦的朋友遵照其遗愿，将他的数学论文寄给高斯与雅可比，但是都石沉大海。

直到1843年，泊松的学生约瑟夫·刘维尔(Joseph Liouville)在阅读伽罗瓦的手稿时才首先领悟到其中蕴涵的天才般的想法。1843—1846年，刘维尔对伽罗瓦的手稿进行了彻底

的研究，在充分肯定伽罗瓦结果之正确、独创与深邃的同时，他还极力将其介绍给整个数学界。刘维尔整理了伽罗瓦的部分遗稿并刊登在他主办的《纯粹与应用数学杂志》上。他不仅自己亲自为伽罗瓦的著作撰写导言，还邀请学术圈内的一些朋友，参加关于伽罗瓦工作的系列演讲，使伽罗瓦在代数方面的独创性工作得以为世人所知。因此可以说，刘维尔间接地推动了近世代数学和群论的发展。

伽罗瓦的一生才华横溢，无奈天妒英才。但令后人感佩的是，在各种磨难和波折下，在如此短暂而有限的生命里，他仍然不忘数学研究，用群论彻底解决了根式求解代数方程的问题，而且由此发展了一整套关于群和域的理论，后人们称之为伽罗瓦群和伽罗瓦理论。

18 世纪下半叶至 19 世纪末无疑是法国历史动荡变幻，社会政治风起云涌的剧烈变革时代，法国大革命、拿破仑称帝、波旁王朝覆灭、巴黎公社运动都发生在这一时期。而这一时期同时也是法国大师辈出，科学技术突飞猛进的时代。

在 19 世纪即将结束的 1889 年，埃菲尔铁塔在巴黎战神广场落成。作为巴黎的地标性建筑，该塔由著名建筑师、结构工程师古斯塔夫·埃菲尔设计并主持建造。埃菲尔铁塔上还镌刻了 72 个 18—19 世纪的法国科学家、工程师及其他知名人士的名字，设计师以这种方式纪念他们为推动人类文明和进步所做出的巨大贡献。前面提到的拉普拉斯、拉格朗日、柯西、泊松和傅里叶均在此列。除此之外，还有包括像库伦、安培、拉瓦锡等耳熟能详的科学巨匠。

法国数学大爆发的 18—19 世纪，很难想象在那个短暂的时间和有限的空间中，居然汇集了如此之多的数学大师。这其中的每个人放到任何国家无疑都是引领整个时代的学术巨擘。但历史的巧合让他们如此戏剧化地聚合到了一起，恰似那群星闪耀的时刻，并由此也奠定了法国在数学领域的强大地位。

自拉格朗日以降，法国数学的影响随着一代代门徒薪火相传而深远地扩散，至今不绝。泊松的学生米歇尔·沙勒是让·加斯东·达布(Jean Gaston Darboux)的老师。达布的两个学生古萨(Édouard Goursat)和埃米尔·皮卡(Émile Picard)又是雅克·阿达马(Jacques Hadamard)的老师。信号处理中的沃尔什-阿达马变换即源自阿达马的研究。阿达马的学生保罗·列维(Paul Lévy)在证明概率论里的中心极限定理过程中给出了著名的林德贝格-列维中心极限定理。列维的学生迈克尔·鲁文(Michel Loève)提出了著名的 KL 变换，它的另外一个名字就是我们在降维与流形学习中讨论的主成分分析(PCA)。鲁文的学生里奥·布瑞曼(Leo Breiman)则是著名的 CART 算法以及随机森林的发明人。此外，他在机器学习(特别是其中的集成学习领域)方面的重要贡献还包括 Bagging 以及关于 Boosting 的理论探索。

A.2 格林的风车

每个到访诺丁汉市斯内顿地区的游客远远地就会看到一座巨大的砖式结构风车磨坊和它高高耸立的风轮。这座现在被用作科学中心的风车磨坊始建于 19 世纪早期，1986 年诺丁汉政府将其修复至可以运作，并对公众开放。除了向世人展示 19 世纪风车磨坊的实际运作情况之外，更重要的是，作为英国数学家乔治·格林(George Green)度过艰苦自学岁月的地方，这座磨坊也是人们用作对其永久纪念的一种方式。

1793 年，格林出生在英国诺丁汉，他一生大部分时间都在此度过。格林自学成才的故事给他的一生或多或少地蒙上了一层传奇色彩。格林 8 岁时曾就读于一所私立学校，可惜这段学习仅延续了一年左右。1802 年夏天，格林就辍学回家，帮助父亲做工。

1807 年，格林的父亲在诺丁汉近郊买下一座磨坊，从面包师变成了磨坊主。在跟随父亲做工的期间内，格林始终未忘记自己对数学的钟爱，以惊人的毅力坚持自学。

1828 年，格林完成了他的第一篇论文，同时也是他最重要的一篇论文——《论应用数学分析于电磁学》。在这篇论文中，格林引入了许多重要概念，其中就包括后来的格林定理，还有物理的势函数和格林函数的概念。这篇论文是在他朋友的资助下印发的，并以订阅的方式卖给了为数不多的几十个人。而且其中多数是他的朋友，而且很可能看不懂内容。但在订阅人中有一位勃隆黑德爵士，是林肯郡的贵族，皇家学会会员。勃隆黑德发现了论文作者的数学才能，特地在自己的庄园接见格林，鼓励他继续研究数学。与勃隆黑德的结识成为格林一生的转折点。在勃隆黑德的建议下，格林后来进入剑桥大学深造。

1833 年，格林以 40 岁之龄成为剑桥的本科生。在获得学士学位后，似乎一条豁然开朗的科学道路正在格林面前逐渐展开。但此时这位磨坊工出身的数学家却积劳成疾，不得不回家乡休养，后于 1841 年在诺丁汉病故。

格林短暂的一生，共发表过 10 篇论文，这些原始著作数量不多，但学术价值却相当不俗，对后来的数学物理发展产生了非常深远的影响。格林不仅发展了电磁学理论，引入了求解数学物理边值问题的格林函数，他还发展了能量守恒定律，并在光学和声学等方面均有诸多贡献。更为重要的还有格林那种自强不息、矢志不渝、逆境求存、玉汝于成的精神，实为后人之楷模。

今天，诺丁汉大学的乔治·格林图书馆正是以他的名字命名的。在安葬英国科学巨人牛顿(Isaac Newton)的威斯敏斯特大教堂，毗邻牛顿墓地和物理学家开尔文(Lord Kelvin)墓地的地方，后世安放了一块格林的纪念石，以此作为对这位磨坊工出身的伟大数学家的深切缅怀。

格林之于后世科学的最重要影响之一就体现在电磁学方面。1820 年，丹麦物理学家汉斯·奥斯特(Hans Christian Oersted)发现了电流的磁效应。后来法国物理学家安德烈·安培(André-Marie Ampère)进一步发展了奥斯特的实验，提出了“安培右手定则”，此外安培还创造性地研究了电流对电流的作用。

既然电能够产生磁，那磁能否产生电呢？1831 年，英国物理学家迈克尔·法拉第(Michael Faraday)发现了电磁感应现象，从而回答了这个问题。电磁感应现象是指放在变化磁通量中的导体，会产生电动势。此电动势也就是感应电动势，若将此导体闭合成一回路，则该电动势会驱使电子流动，形成感应电流。1834 年，俄国物理学家海因里希·楞次(Heinrich Lenz)发现了楞次定律，为判定感应电动势及感应电流的方向提供了准则。

在电磁学发展的这一期间，格林于 1828 年发表了《论应用数学分析于电磁学》一文，并在其中提出了著名的格林公式。可惜的是，格林在世时，他的工作在数学界并不知名。直到了 1846 年左右，开尔文爵士才重新发现了格林的著作，并将其推荐给别的数学家，这其中就包括乔治·盖布里埃尔·斯托克斯(George Gabriel Stokes)。

斯托克斯出生于爱尔兰，后以优异的成绩考进剑桥大学。4 年后，他获得了剑桥大学数学荣誉学位考试第一名，成为第一位史密斯数学奖的得奖人(后来斯托克斯的学生麦克斯

韦也曾获得该奖)。

1849 年,斯托克斯成为剑桥大学的数学教授,后又当选英国皇家科学院院士,并担任过该院的秘书和院长。斯托克斯是继牛顿之后担任过卢卡斯数学教授席位、皇家科学院秘书、皇家科学院院长这三项职务的第二个人。物理上,运动黏度的单位斯托克斯便以他的名字命名。

斯托克斯在对光学和流体动力学进行研究时,受格林著作的启发,提出了著名的斯托克斯公式。直至现代,此定理在数学、物理学等方面都有着重要而深刻的影响。

斯托克斯在剑桥大学任教时,他的学生之一就是詹姆斯·克拉克·麦克斯韦(James Clerk Maxwell)。麦克斯韦是经典电动力学的创始人,统计物理学的奠基人之一。科学史上,他被认为是继法拉第之后,集电磁学于大成的伟大科学家,是“牛顿以后世界上最伟大的数学物理学家”。

麦克斯韦出生于苏格兰的爱丁堡。他在少年时期即表现出了卓尔不凡的聪颖睿智,15 岁时,就向爱丁堡皇家科学院递交了一份科研论文。麦克斯韦 16 岁时进入爱丁堡大学学习(彼时爱丁堡大学只相当于中学),后又就读于剑桥大学。在剑桥大学学习时,一次荣誉考试竞赛中,斯托克斯所出的题目就是证明著名的斯托克斯定理。彼时,斯托克斯定理也刚刚被提出不久,因此这个问题对于任何正在求学中的学生而言无疑都不是一个容易解决的问题。但麦克斯韦以他天才的智慧成功地证明了这个定理并在那次考试中取得了第一名。斯托克斯定理最初是应用于流体力学领域的。但麦克斯韦发现了它在电磁理论中的重要作用,并在后来建立麦克斯韦方程组时用到了斯托克斯公式。

1864 年,麦克斯韦集前人的电磁学研究于大成,建立了完整的电磁场理论,并建立了一组描述电场、磁场与电荷密度、电流密度之间关系的偏微分方程,即麦克斯韦方程组。麦克斯韦方程组由 4 个方程组成,它们分别是描述电荷如何产生电场的高斯定律、描述磁单极子不存在的高斯磁定律、描述电流和时变电场如何产生磁场的安培定律,以及描述时变磁场如何产生电场的法拉第感应定律。一般来说,宇宙间任何的电磁现象,皆可由此方程组解释。后来麦克斯韦仅靠纸笔演算,就从这组公式预言了电磁波的存在,揭示了光、电、磁现象的本质的统一性,并推导出电磁波与光具有同样的传播速度,从而完成了物理学的又一次大综合。

麦克斯韦所创立的理论在现实生活中最典型的一个应用就是当前无所不在的无线通信技术。众所周知,手机之间相互“连接”靠的是“电磁波”。电磁波一直广泛存在于我们周围,但长久以来人们都没有认识到它。而正是由麦克斯韦所创建的电磁场理论奠定了今日无线通信的基础。1879 年,麦克斯韦因罹患癌症而去世,当时能够理解他著作的人仍然屈指可数。直到他去世后,德国物理学家海因里希·鲁道夫·赫兹(Heinrich Rudolf Hertz)才通过实验首先证实了电磁波的存在。

电磁波的存在让人们开始意识到麦克斯韦电磁场理论的不凡,这一自然科学的理论成果,奠定了现代的电力工业、电子工业和无线电工业的基础。从这个角度来说,如果没有电磁学就没有现代电工学,也就不可能有现代文明。

根据麦克斯韦电磁波理论,变化的磁场产生电场,变化的电场产生磁场。如果在空间某处发生了变化的电场,那么变化的电场和磁场并不局限于空间的某个区域,而是由近及远向周围空间传播开去。电磁场的传播,就形成了电磁波。

1875年，亚历山大·贝尔(Alexander Graham Bell)发明了电话，次年即取得专利。又过了一年，大发明家爱迪生就制造出了阻抗式送话器，这些都是人类电信技术发展旅程中彪炳史册的大事。当时，科学敏感度极高的麦克斯韦对这些发明也萌生了很大的兴趣，他还在1878年举行了一次有关电话的科普讲演。不知当时他是否预感到，自己的电磁场理论将在未来引发另一场革命，并为贝尔发明的电话插上一对"隐形的翅膀"。

赫兹的电磁波辐射实验，不仅向世人证实了电磁波的存在，更使人们认识到电磁波和电磁波能量是可以控制发射的，这也就暗示电磁波是可以被用来进行通信的。只可惜赫兹本人却认为利用电磁波进行通信是不现实的。后来，俄罗斯物理学家亚历山大·波波夫(Alexander Stepanovich Popov)于1896年成功地用无线电完成了一条莫尔斯电码的传送，其电文内容为"海因里希·赫兹"，只可惜当时的信息传递距离只有250米，实际应用价值不大。

将无线电通信推向实际应用的人是蜚声世界的无线电技术发明人，意大利发明家伽利尔摩·马可尼(Guglielmo Marconi)。1897年，马可尼在固定站与一艘拖船之间开展了一项无线通信试验，那次试验的通信距离达18海里。1899年他又成功地实现了跨越英吉利海峡的无线电报通信。马可尼所发明的无线电技术无疑将人类文明向前推进了一大步，从此信息被真正插上了翅膀，飞遍了全球。为了表彰马可尼对于发展无线电技术所做出的突出贡献，他与布劳恩一起于1909年被授予诺贝尔物理学奖。

上述这些影响人类文明进程的重大成果，无疑都是以麦克斯韦的电磁场理论为基础发展而来的。而格林、斯托克斯、安培、法拉第等人对于麦克斯韦的影响同样功不可没。这不禁让人想起牛顿的那句名言："如果说我比别人看得更远些，那是因为我站在了巨人的肩上。"

A.3 哥廷根的陨落

如果要从人类漫长的历史星河中选出3位最伟大的数学家，那么卡尔·弗里德里希·高斯(Carl Friedrich Gauss)这个名字必然位列其中。作为近代数学的奠基者之一，高斯一生成果极为丰硕，以他的名字命名的成果多达110个，属数学家中之最。

1777年4月30日，后来被称为"数学王子"的高斯出生在普鲁士地区的一个犹太家庭。作为举世公认的超世天才，关于他的睿智与聪颖，一直流传着一个故事。据说，高斯10岁时便曾利用很短的时间就计算出了小学老师提出的问题：自然数从1到100的求和。而他的天才正体现在他所使用的方法非常之巧妙：对50对构造成和101的数列求和(1+100，2+99，3+98，…)，于是很容易得到最终的结果就是5050。

由于小高斯的聪慧远近闻名，卡尔·威廉·费迪南公爵也得知了这个天才儿童的事情，便从高斯14岁起开始资助其学习与生活。1795年，18岁的高斯转入哥廷根大学深造学习。在高斯19岁时，他仅使用直尺和圆规便构造出了十七边形。从而为流传了两千年的欧氏几何提供了自古希腊时代以来的第一次重要补充。自此，高斯走上了数学研究的道路。他的研究几乎遍及数学的所有领域，在数论、代数学、非欧几何、复变函数和微分几何等方面都做出了开创性的贡献。

高斯的学问态度十分严谨，是一个典型的完美主义者。尽管其学术造诣极高，但却很

少公开发表文章。终其一生，高斯也仅公开发表了155篇论文，他只是把他自己认为是十分成熟的作品发表出来。在高斯看来，“建筑完成就要拆除脚手架”。这一点与欧拉截然相反，所以后人拜读高斯的文章只会为他的天才而感到惊讶，但却很难掌握其思想的来龙去脉。阿贝尔在谈及高斯的简洁的写作风格时曾表示“他就像狐狸用尾巴抹去它的踪迹”。

高斯对代数学的重要贡献之一就是证明了代数基本定理，他的存在性证明开创了数学研究的新途径。事实上，在高斯之前已有许多数学家认为已给出了这个结果的证明，可是没有一个证明是严密的。高斯把前人工作中的缺失一一指出，然后提出自己的见解，他一生中一共给出了四个不同的证明。

1806年，法兰西第一帝国皇帝拿破仑·波拿巴指挥的法军与第四次反法同盟爆发了激烈的交战，史称耶拿战役。就在这场抵抗法军的激战之中，卡尔·威廉·斐迪南公爵不幸阵亡，这给高斯以沉重打击。他悲痛欲绝，长时间对法国人怀有一种深深的敌意。尽管高斯居住的哥廷根和法国非常近，但高斯终身都没有踏足过法国一步。

天才总是孤独的。在高斯所处的时代，其思想要远远领先于众人，很难找到能与他比肩和对话的人，所以高斯在性格上就变得更加孤傲与刻板。高斯的孤傲使其常常忽视其他年轻数学家的创造。阿贝尔就曾把自己那篇“一元五次方程没有代数一般解”的论文寄给高斯，希望得到他的指导。孤傲的高斯却把信件当成废纸丢进了垃圾桶。高斯甚至很少指导学生，尽管如此，他为数不多的学生中仍然涌现出了数位杰出的数学家，其中之一就是弗雷德里希·波恩哈德·黎曼(Friedrich Bernhard Riemann)。

1855年，一代数学大师高斯在哥廷根与世长辞。比高斯小28岁的古斯塔夫·勒热纳·狄利克雷(Gustav Lejeune Dirichlet)被选定作为高斯的继任到格丁根大学任教。

现在我们通常都说高斯是一位德国数学家。但前面在谈及他的出生地时所使用的地名却是“普鲁士”。事实上，在历史上的很长一段时期内，德国并不是现在意义上的一个统一的国家。普鲁士作为一个历史地名，一般是指德意志的北部地区。德国分裂的局面使得经济发展趋于缓慢，经济水平又深层制约着数学等基础科学的发展。

除了像高斯这种傲世绝群的天才，早期的德国数学家中有很多都深受邻近的法国数学家的影响。像早期的莱布尼茨就曾借担任驻法外交官的机会师从法国科学院院士惠更斯，尽管惠更斯是荷兰人，但他曾长期在巴黎进行天文观测方面的研究。而狄利克雷则曾经是泊松和傅里叶的学生。狄利克雷是解析数论的奠基者，他还创立了现代函数的正式定义。他的首篇论文是费马大定理$n=5$的情况1，后来亦证明了$n=14$的情况。傅里叶曾声称：“一个变量的任意函数，不论是否连续或不连续，都可展开为正弦函数的级数，而这正弦函数的参数为变量的倍数。”但这个结果其实并不完美，他显然没有考虑傅里叶级数收敛的条件。狄利克雷最先给出，在有限制条件下，对于这结果满意的示范。

1859年狄利克雷去世后，由黎曼接替了他在哥廷根大学的教职。黎曼除了创立黎曼几何之外，他还是复变函数论创始人之一，对数学分析和微分几何都做出了重要贡献。黎曼曾经师从高斯和狄利克雷研究数学。在1854年的论文中，他定义了黎曼积分，给出了三角级数收敛的黎曼条件，从而指出积分论的方向，并奠定了解析数论的基础，提出了著名的“黎曼猜想”。他最初引入“黎曼曲面”概念，对近代拓扑学带来了巨大影响。他继高斯之后，开辟了微分几何的新途径，创立了黎曼几何学，并定义了黎曼空间的曲率，使其在物理学中得到了广泛的应用。他在保角映射、椭圆函数论、多周期函数以及偏微分方程等方面

都做出了开创性的贡献。

总的来看，高斯自从18岁到哥廷根大学深造，终其一生在这里生活、工作，以卓越的成就打破了莱布尼茨逝世后德国数学界长期的冷清局面，凭一人之力创造了德国数学的一个巅峰，同时也开创了哥廷根数学的传统。高斯无疑是哥廷根上空的一颗璀璨的明星，从高斯开始，哥廷根学派开始进入人们的视线。而狄利克雷和黎曼于高斯去世后在哥廷根继续和推进了他的数学事业，为后来哥廷根学派的崛起奠定了基础。但我们也不难看到，高斯本人并不喜欢教书，保守的个性也使他置身于一般的数学交往活动以外。虽然在高斯之后，哥廷根还有狄利克雷和黎曼，虽然哥廷根的数学影响还在不断扩大，但其仍远离欧洲的学术中心。

形势的根本改变发生在19世纪七八十年代，彼时狄利克雷和黎曼均已离世。推动形势转变的两大诱因：一方面源于政治，另一方面才来自于德国数学家内部。

前面曾经讲过，高斯出生在普鲁士，也就是德意志北方的一片地区。1862年，俾斯麦出任普鲁士王国首相。在其领导下，经过艰苦卓绝的内政、军事和外交斗争，普鲁士于1864年联合奥地利击败丹麦，收回北方被丹麦占领的土地。此后，普鲁士又在1866年发动了普奥战争并取得胜利。1870年，俾斯麦又领导了普法战争，最终击败法军。

大家应该对都德的短篇小说《最后一课》还有印象，这篇小说就是从法国人的视角出发，描写普法战争后法国战败，原本教授法语的地区要改教德语的历史事件。普法战争后，德国收回了南部多个由法国统治的地区，并最终于1871年完成了德意志统一并建立了德意志帝国。德意志帝国建立后，俾斯麦于1871—1890年间出任宰相，人称“铁血宰相”。政治上的统一强劲地推进了德国经济腾飞。为赶超英、法老牌资本主义国家，德国政府在国内大力实行鼓励科学发展的政策。

哥廷根学派之崛起的另外一个重要诱因来自于德国数学家内部，而更准确地说是来自两个关键人物——菲利克斯·克莱因(Felix Klein)和大卫·希尔伯特(David Hilbert)。

克莱因年轻的时候也曾渴望成就一番事业，成为世人瞩目、名载史册的数学大家。然而，生不逢时的是，同时代法国出现了一位旷世奇才——儒勒·昂利·庞加莱(Jules Henri Poincaré)，其光彩完全盖住了包括克莱因在内的同时代数学家。世所公认，庞加莱是19世纪后四分之一和20世纪初的领袖数学家，是继高斯之后对于数学及其应用具有全面知识的最后一人。阿达马评价庞加莱“整个地改变了数学科学的状况，在一切方向上打开了新的道路”。

1886年，克莱因接受了哥廷根大学的邀请来到哥廷根，开始了他的数学家的生涯。论个体实力，彼时无人能与法国的庞加莱抗衡。就像高斯所在的时代，其他人相比于高斯的光彩而言都会显得暗淡。意识到这一点的克莱因设想如果不能靠一己之力与庞加莱抗衡，那么是否可以团结一帮人，用集体的力量来使哥廷根与庞加莱及其所代表的法国数学圈分庭抗礼呢？为此，克莱因第一个想到的人就是希尔伯特。希尔伯特之于数学界的凝聚力是无与伦比的。赫尔曼·韦尔(Hermann Weyl)在评论他时就曾说：“希尔伯特就像穿杂色衣服的风笛手，他那甜蜜的笛声诱惑了如此众多的老鼠，跟着他跳进了数学的深河。”

大卫·希尔伯特(David Hilbert，1862—1943)，德国数学家，是19世纪和20世纪初最具影响力的数学家之一。他提出了希尔伯特空间的理论，是泛函分析的基础之一。他热忱地支持康托的集合论与无限数。1900年，希尔伯特在巴黎的国际数学家大会上提出了一系

列的问题，即著名的希尔伯特的23个问题，为20世纪的许多数学研究指出方向。在许多数学家的努力下，希尔伯特问题中的大多数在20世纪得到了解决。值得一提的是希尔伯特问题中的第8题：黎曼猜想、哥德巴赫猜想和孪生素数猜想。尽管这三个猜想仍未彻底解决，但目前已经分别得到了比较重要的突破和被解决的弱化情况。其中关于哥德巴赫猜想之证明的最好成绩是由我国数学家陈景润于1973年发表的"1+2"。而关于孪生素数猜想的最新进展，则是2013年美籍华裔数学家张益唐证明的存在无穷多个之差都小于7000万的素数对，这也是该问题的重大突破。

1895年，恰巧也就是高斯到达哥廷根后的第100年，希尔伯特被克莱因请到了哥廷根。在他的招揽之下，众多数学大师云集哥廷根，这其中就包括赫尔曼·闵可夫斯基(Hermann Minkowski)。闵可夫斯基出生于俄国的亚力克索塔斯(今立陶宛的考纳斯)，他的父亲是一个成功的犹太商人。老闵可夫斯基共有三个儿子，而且兄弟三人都十分杰出。其中，闵可夫斯基的大哥继承父业成为优秀的商人。二哥奥斯卡·闵可夫斯基(Oscar Minkowski)是著名的生理学家和医学家。1889年奥斯卡·闵可夫斯基发现了胰腺中所含有的某种物质可以起到控制血糖的作用，因而建立了糖尿病和胰腺之间的关联。这个研究成果直接导致了后来胰岛素的发现，该任务最终由加拿大生理学家班廷(Frederick Grant Banting)与贝斯特(Charles Herbert Best)共同完成。1921年，班廷和贝斯特一同从动物胰腺中提得可供临床应用的胰岛素，为临床治疗糖尿病做出贡献，因此二人共同荣获了1923年的诺贝尔生理学或医学奖。后来奥斯卡的儿子——赫尔曼的侄子鲁道夫·闵可夫斯基还成为了美国著名的天文学家。

1872年，老闵可夫斯基带全家搬到普鲁士的哥尼斯堡(今俄罗斯的加里宁格勒)定居，与后来成为著名数学家的希尔伯特家仅一河之隔。哥尼斯堡也是著名的七桥问题的诞生地(该问题后来由大数学家欧拉所破解)。闵可夫斯基少年时期就在数学上表现出极高的天赋，被称为神童。闵可夫斯基曾在柏林大学求学，后来又进入哥尼斯堡大学学习。在哥尼斯堡大学，闵可夫斯基和希尔伯特重新相遇，并结为挚友。大学期间闵可夫斯基曾师从克罗内克和维尔斯特拉斯等数学名家。

1885年闵可夫斯基在哥尼斯堡大学获得博士学位。经过短暂的服兵役，1886年成为波恩大学的讲师。1891年闵可夫斯基升为副教授，1894年回到哥尼斯堡大学任教。1895年接替希尔伯特担任哥尼斯堡大学教授。而后，闵可夫斯基转到瑞士苏黎世联邦理工学院工作。这期间，青年时期的爱因斯坦在该校求学，成为闵可夫斯基的学生。1902年，闵可夫斯基受克莱因的邀请，转入哥廷根大学担任数学教授。直至1909年因急性阑尾炎去世。

闵可夫斯基工作的主要领域在数论、代数和数学物理方面。其中，在数学物理方面，闵可夫斯基在波恩大学任职时，曾协助著名物理学家赫兹研究电磁波。1907年，闵可夫斯基认识到可以用非欧空间来描述洛伦兹和爱因斯坦的工作，将过去被认为是独立的时间和空间结合到一个四维的时空结构中，即闵可夫斯基时空。据此，同一现象的不同描述能用简单的数学方式表出。这些工作为广义相对论提供了框架。诺贝尔物理奖得主波恩曾说，他在闵可夫斯基的数学工作中找到了"相对论的整个武器库"。

在希尔伯特和克莱因二人的携手努力下，在20世纪初的三十多年间，哥廷根成为名副其实的国际数学中心，大批青年学者涌向哥廷根，不仅从德国、欧洲，而且来自亚洲，特别是美国。据统计，1862—1934年间获外国学位的美国数学家有114人，其中34人是在哥廷根

获得博士学位的。这34人中就包括后来的美国数学学会主席桑德斯·麦克莱恩(Saunders Mac Lane),他在哥廷根时的博士生导师是赫尔曼·韦尔和保罗·伯尔内斯(Paul Bernays)。麦克莱恩对鼎盛时期的哥廷根推崇备至,他曾经毫不讳言地说:“它是一个真正的智能活动中心。我曾在芝加哥大学念研究生,它比芝大强百倍,我曾在耶鲁念大学,它比耶鲁强万倍!”

犹太裔匈牙利数学家阿尔弗莱德·哈尔(Alfréd Haar)就曾在哥廷根大学求学。哈尔最初的大学生活开始于布达佩斯,但在1904年他转而进入当时世界的数学中心哥廷根大学。1909年,哈尔获得博士学位,他的导师正是希尔伯特。现在我们所熟知的哈尔测度,哈尔小波以及哈尔变换这些数学概念都是以他的名字命名的。1912年,克卢日大学(现称弗兰兹约瑟夫大学)邀请哈尔和里斯前往执教。第一次世界大战结束前,奥匈帝国灭亡,奥地利帝国的伙伴匈牙利王国宣布独立。由于奥匈帝国包含数个不同种族,故此需要重新划定匈牙利、奥地利及其他刚刚独立的新国家的边界。于是便有了后来著名的《特里亚农条约》。根据此条约,特兰西瓦尼亚的部分土地从匈牙利划出成为罗马尼亚的领土。因此大学不得不迁往临近的塞格德。在那里,哈尔与里斯一同建立了一个数学中心,并创立了第一本受国际认可的匈牙利数学学术期刊。

克莱因早在1914年便开始设想筹建专门的数学研究所,该计划最终在1929年得以实现,当时克莱因已经去世。新落成的哥廷根数学研究所迅速成为各国数学家神往的圣地。哥廷根每天都在创造着神话。

然而,成也萧何败也萧何!伴随德国在政治上完成统一后而崛起的哥廷根再次因为政治影响而陨落。准确地说,哥廷根这个盛极一时的数学神话,是在法西斯的浩劫下毁于一旦的。

1933年希特勒上台,掀起了疯狂的种族主义与排犹风潮,使德国科学界陷入一片混乱,哥廷根遭受的打击尤为惨重。在哥廷根漫长的发展历程中,这个数学圣地中一直就包括着不同国籍、不同民族的数学家,其中不少是犹太人。大家一定不会忘记,哥廷根数学的祖师爷高斯就是犹太人。另外,像我们前面提到的哈尔、闵可夫斯基,甚至闵可夫斯基的老师利奥波德·克罗内克(Leopold Kronecker)都是犹太人。

在法西斯政府的种族隔离政策之下,大批犹太人纷纷逃离德国。对于哥廷根大学而言,这个几十年来以智力成就为单一评判标准的研究圣地,相关法令所带来的打击是毁灭性的。

理查德·柯朗(Richard Courant)离开哥廷根去了美国。他在纽约大学创立的数学研究所成为后来美国的三大顶级数学研究所之一。赫尔曼·韦尔自己虽然不是犹太人,但是他的夫人是犹太人。如同爱因斯坦一样,韦尔去了美国的普林斯顿。保罗·伯尔内斯被剥夺了授课的权利,但是他保住了作为希尔伯特最忠实助手的职位,一直到他离开前往苏黎世。

在一次宴会上,希尔伯特发现自己坐在了教育部长的身旁。部长问希尔伯特:“没有犹太人的影响,哥廷根的数学现在怎么样了?”他回答道:“哥廷根的数学?已经不存在了。”

麦克莱恩后来回忆道:“当我和多洛茜于1933年8月离开时,从前的哥廷根,独一无二的伟大的数学系典范已经珍藏在我心底。损失让我十分难过,然而我却不仅仅为科学而悲伤。我没能预见到大屠杀,但我的确意识到了国家机器宣传的威力,也真真切切地为一场

世界大战的前景感到过恐慌，尽管我也知道我不可能阻止这一切。现在回想起来，这整个发展过程就是一场演示，一场任何对民众至上主义，政治压力和引导性的政治原则等的屈从对学术和数学生活的损害的无可置疑的演示。”

哥廷根数学的衰落，是现代科学史上因政治迫害而导致科学文化倒退的一幕典型悲剧。随着哥廷根的影响力日渐削弱，德国的数学也难以再现昨日的辉煌。事实上，直到今日，德国的数学也未能恢复到战前的水平。或许，唯有再降世一位像高斯那样的旷世奇才或者像希尔伯特那样具有超凡凝聚力的数学大师才能重塑德国数学之辉煌。

参考文献

[1] 左飞.统计学习理论与方法——R语言版[M].2版.北京：清华大学出版社,2020.

[2] 左飞.图像处理中的数学修炼[M].2版.北京：清华大学出版社,2019.

[3] 左飞.R语言实战——机器学习与数据分析[M].北京：电子工业出版社,2016.

[4] 徐伟,赵选民,师义民,等.概率论与数理统计[M].2版.西安：西北工业大学出版社,2002.

[5] 茆诗松,周纪芗.概率论与数理统计[M].2版.北京：中国统计出版社,2006.

[6] 盛骤,谢式千,潘承毅.概率论与数理统计[M].4版.北京：高等教育出版社,2008.

[7] 贾俊平,何晓群,金勇进.统计学[M].4版.北京：中国人民大学出版社,2009.

[8] 何晓群,刘文卿.应用回归分析[M].3版.北京：中国人民大学出版社,2011.

[9] 袁建文,李宏,王克林.计量经济学理论与实践[M].北京：清华大学出版社,2012.

[10] 钱伟长.变分法及有限元[M].北京：科学出版社,1980.

[11] 龚怀云,寿纪麟,王绵森.应用泛函分析[M].西安：西安交通大学出版社,1985.

[12] 柳重堪.应用泛函分析[M].北京：国防工业出版社,1986.

[13] 刘诗俊.变分法、有限元法和外推法[M].北京：中国铁道出版社,1986.

[14] 老大中.变分法基础[M].2版.北京：国防工业出版社,2007.

[15] 仇佩亮.信息论与编码[M].北京：高等教育出版社,2004.

[16] 周志华.机器学习[M].北京：清华大学出版社,2016.

[17] 李航.统计学习方法[M].北京：清华大学出版社,2012.

[18] 克莱鲍尔.数学分析[M].庄亚栋,译.上海：上海科学技术出版社,1981.

[19] 章照止,林须端.信息论与最优编码[M].上海：上海科学技术出版社,1993.

[20] 奥特,朗格内克.统计学方法与数据分析引论[M].张忠占,等译.5版.北京：科学出版社,2003.

[21] 萨尔斯伯格.女士品茶：20世纪统计怎样变革了科学[M].邱东,等译.北京：中国统计出版社,2004.

[22] 古扎拉蒂,波特.计量经济学基础[M].5版.费剑平,译.北京：中国人民大学出版社,2011.

[23] Rodríguez A, Mendes B.概率、决策与博弈——基于R语言介绍[M].左飞,补彬,译.北京：清华大学出版社,2019.

[24] Lay D C.线性代数及其应用[M].刘深泉,等译.3版.北京：机械工业出版社,2005.

[25] Tan Pang-Ning, Steinbach M, Kumar V.数据挖掘导论[M].范明,等译.北京：人民邮电出版社,2010.

[26] Ross S M.概率论基础教程[M].郑忠国,等译.7版.北京：人民邮电出版社,2007.

[27] Griffiths D.深入浅出统计学[M].李芳,译.北京：电子工业出版社,2012.

[28] Triola M F.初级统计学[M].刘新立,译.8版.北京：清华大学出版社,2004.

[29] Downey A B.统计思维：程序员数学之概率统计[M].张建锋,陈钢,译.北京：人民邮电出版社,2013.

[30] McEliece R J.信息论与编码理论[M].李斗,等译.2版.北京：电子工业出版社,2004.

[31] 贾正华.Gram矩阵及其行列式.安庆师范学院学报(自然科学版)[J].1998,3.

[32] 刘璋温.赤池信息量准则AIC及其意义.数学的实践与认识.1980,3.

[33] 张文文,尹江霞.AIC准则在回归系数的主相关估计中的应用与计算[D].中国现场统计研究会第九届学术年会论文集,1999.

[34] 陈峰,陆守曾,杨珉.Bootstrap估计及其应用[J].中国卫生统计,1997,5(14).

[35] 刘伟,龙琼,陈芳,等. Bootstrap 方法的几点思考[J]. 飞行器测控学报,2007,26.

[36] 佘守宪,唐莹. 浅析物理学中的旋轮线(摆线)[J]. 大学物理. 2001,6.

[37] Berger T, Rate Distortion Theory: A Mathematical Basis for Data Compression[J]. London: Prentice-Hall,1971.

[38] Cover T M, Thomas J A. Elements of Information Theory[J]. New Jersey: John Wiley & Sons,1991.

[39] Friedberg S H, Insel A J, Spence L E, Linear Algebra[M]. 4th Edition. London: Prentice-Hall, 2003.

[40] Bishop C. Pattern Recognition and Machine Learning[M]. New York: Springer-Verlag, 2006.

图书资源支持

感谢您一直以来对清华版图书的支持和爱护。为了配合本书的使用，本书提供配套的资源，有需求的读者请扫描下方的“书圈”微信公众号二维码，在图书专区下载，也可以拨打电话或发送电子邮件咨询。

如果您在使用本书的过程中遇到了什么问题，或者有相关图书出版计划，也请您发邮件告诉我们，以便我们更好地为您服务。

我们的联系方式：

地　　址：北京市海淀区双清路学研大厦 A 座 714

邮　　编：100084

电　　话：010-83470236　010-83470237

客服邮箱：2301891038@qq.com

QQ：2301891038（请写明您的单位和姓名）

资源下载：关注公众号“书圈”下载配套资源。

书圈

获取最新书目

观看课程直播